建材行业特有工种职业技能培训教材

本培训教材依据最新的国家标准、行业标准以及水泥工业的最新进展编写

水泥化学检验工及化学分析工

中国建材检验认证集团股份有限公司　编
刘文长 邵春山　主编 ◇ 张绍周　主审

中国建材工业出版社

图书在版编目（CIP）数据

水泥化学检验工及化学分析工/刘文长，邵春山主编；中国建材检验认证集团股份有限公司编. —北京：中国建材工业出版社，2013.10

建材行业特有工种职业技能培训教材

ISBN 978-7-5160-0572-9

Ⅰ.①水…　Ⅱ.①刘…②邵…③中…　Ⅲ.①水泥-检验-技术培训-教材　Ⅳ.①TQ172.1

中国版本图书馆CIP数据核字（2013）第206834号

内 容 简 介

本培训教材依据最新的国家标准、行业标准以及水泥工业的最新进展并参照中华人民共和国劳动和社会保障部制定的国家职业标准《建材化学分析工》及《化学检验工》编写。

本培训教材全面、系统地介绍了通用硅酸盐水泥生产的基本知识；水泥化验室管理制度建设；水泥化学分析基本条件和各种化学成分的测定原理及测定要点；水泥及其原料、燃料化学分析方法及基本操作技巧；原料、燃料及水泥生产过程中的质量控制；水泥化验室安全制度管理和化验室常用数理统计方法。全书资料翔实、内容全面、密切联系实际，以八百个题目的问答形式，对水泥化验工作实践中经常碰到的问题进行了解析。掌握本教材所述基本知识，对于提高水泥企业化学检测水平和水泥产品质量具有重要作用。

本培训教材主要供水泥化学检验工和化学分析工使用，也可供水泥企业管理者、工艺技术人员、各级水泥质检站人员、水泥及分析化学专业师生使用、参阅。

水泥化学检验工及化学分析工

中国建材检验认证集团股份有限公司　编

刘文长　邵春山　主编 ◇ 张绍周　主审

出版发行：中国建材工业出版社

地　　址：北京市西城区车公庄大街6号

邮　　编：100044

经　　销：全国各地新华书店

印　　刷：北京雁林吉兆印刷有限公司

开　　本：787mm×1092mm　1/16

印　　张：26.5

字　　数：660千字

版　　次：2013年10月第1版

印　　次：2013年10月第1次

定　　价：**76.00元**

本社网址：www.jccbs.com.cn

本书如出现印装质量问题，由我社发行部负责调换。联系电话：（010）88386906

前　言

水泥是人类社会经济发展的最重要的建筑材料之一。我国是水泥生产和消费的大国，自1985年以来，我国的水泥年产量一直占据世界第一位。作为质量监控的重要手段，水泥化学分析技术及其相应的分析仪器也在不断更新与进步。新的形势要求水泥企业化学分析工作者进一步掌握基础知识，加强基本技能训练，此外还应及时了解新的分析技术和发展动态，不断扩展有关仪器分析的专业知识，在水泥企业质量保证体系中充分发挥作用，做出应有的贡献。

为此，我们会同中国建材检验认证集团股份有限公司、国家水泥质量监督检验中心、有关省（市）建材质检站和水泥企业中具有深厚理论基础和丰富实践经验的高级工程技术人员，参照中华人民共和国劳动和社会保障部制定的国家职业标准《建材化学分析工》（6-26-01-02）《化学检验工》（6-26-01-01）编写了《水泥化学检验工及化学分析工》。国家建筑材料行业职业技能鉴定指导中心李江副主任给予了大力支持并提出了宝贵建议。

在编写本培训教材过程中，我们秉持如下原则：一、先进性。本书所述内容皆以现行国家标准和行业标准为依据，引用了最新制定或修订的分析方法标准。同时，对新出现的分析技术进行了介绍，力求能全面反映我国水泥化学分析领域的新成就。本书所使用的计量方法均执行国家颁布的计量标准。二、实用性。本书所列方法绝大多数都是目前水泥企业广泛应用的方法或正在推广普及的新方法，对于已被新技术取代的一些过时的方法或一般水泥企业很少应用的方法尽量不再列入或仅作一般性的介绍。本书所列内容大多数是水泥化验过程中分析人员应该掌握的基本知识和技巧。三、针对性。本书不是简单地对各种分析方法的操作步骤进行罗列（对于具体操作步骤，分析人员可以参阅各种分析方法的标准文本），而是重在解惑释疑，尽量减少深奥的理论阐述和过多的数学推导，针对很多企业在分析过程中经常碰到的实际问题，对各种分析方法的实验要点、产生误差的原因、减小误差的措施等疑难问题进行了比较详细的介绍，并进行剖析，力图使分析人员不但知其然，而且知其所以然，从根本上提高自己的业务素质。四、突出重点。本书对水泥主要成分硅、铁、铝、钙、镁、硫，有害成分碱、氯、铬等的测定和水泥生产质量控制新技术给予了更多的关注和叙述。

本培训教材共分十部分。1. 化验室质量保证体系；2. 化验工作实验条件；3. 定量分析的程序；4. 滴定分析的基本原理及操作；5. 称量分析的基本原理及操作；6. 试样中各种成分的分析方法；7. 水泥原材料和燃料的分析；8. 水泥生产控制分析；9. 化验室安全管理制度；10. 定量分析中常用的统计技术。全书以八百个题目的问答形式进行编写，包含了初级、中级、高级、技师、高级技师五个层次，方便读者使用。

本培训教材可作为水泥企业化验室人员的培训和考工定级用书，也适用于水泥企业管理者和技术人员、各级水泥质检站人员以及从事水泥与分析化学专业的人士使用、参考。

由于编者水平及时间所限，本培训教材中疏漏和不足之处在所难免，敬请广大读者不吝指正。

编　者

2013年6月

《水泥化学检验工及化学分析工》编委会

目　录

1 化验室质量保证体系

1.1 化验室职责与权限

1.1.1 化学分析工作在水泥生产中有何重要作用?

(1) 质量把关　通过化学分析，保证水泥质量、原燃材料、半成品质量都符合技术要求。杜绝不合格产品出厂，提高企业产品质量的信誉。

(2) 提供信息　对工艺过程的原燃材料、半成品、成品进行质量检验，随时掌握质量动态，及时提供可靠信息，作为控制调配和品质鉴定的依据。

(3) 指导生产　运用数理统计方法，进行质量动态分析，进行质量判断、控制、调整，使各个工序的生产活动符合质量、技术要求，使生产井然有序，正常进行。

(4) 促进企业发展　根据企业发展生产和提高产品质量的需要，积极开展有关科研工作，促进企业提高产品质量、管理水平和经济、社会效益。

1.1.2 化验室的职责和权限是什么?

(1) 质量检验

按照有关标准和规定，对原燃材料、半成品、成品进行检验。按规定做好质量记录和标识，及时提供准确可靠的检验数据，掌握质量动态，保证产品检验的可追溯性。

(2) 质量控制

根据产品质量要求，制定原燃材料、半成品和成品的企业内控质量指标，组织实施过程质量控制，运用数理统计方法掌握质量波动规律，不断提高预见性与预防能力，并及时采取纠正措施、预防措施，使生产全过程处于受控状态。

(3) 出厂水泥和水泥熟料的合格确认和验证

严格按照相关产品标准和企业制定的出厂水泥和水泥熟料合格确认程序进行确认和验证，杜绝不合格水泥和水泥熟料出厂。

(4) 质量统计和分析

利用数理统计方法，及时进行质量统计，做好分析和改进工作。

(5) 试验研究

根据原燃材料、助磨剂、混合材等材料的变更情况及用户需求，及时进行产品试验研究，提高水泥和熟料质量，改善产品使用性能。

(6) 化验室具有水泥和水泥熟料出厂决定权。

1.1.3 化验室基本的工作准则是什么?

化验室是产品质量检测组织，是为质量控制、质量评价、质量改进和提高产品质量等项工作提供技术依据的重要技术机构，其工作质量如何，直接关系到产品信誉和组织的自身发展。只有为各项检测任务提供正确的、可靠的检测结果，才可能对质量做出正确的判断和结论。因此，化验室基本的工作准则应是坚持公正性、科学性、及时性，做好检验工作。

（1）公正性　化验室的全体人员都要严格履行自己的职责，遵守工作纪律，坚持原则，认真按照检验工作程序和有关规定行事。在检测工作中，不受来自各方面的压力的影响。

（2）科学性　保证检测人员数量和素质技能的配备能满足检测工作任务的需要。检测仪器设备和试验环境条件符合检测的技术要求，对检测全过程可能影响检测工作质量的各个要素，都能实行有效的控制和管理，能够持续稳定地提供准确可靠的检测结果。

（3）及时性　化验室的检测服务要快速及时。为了做到及时性，就要精心安排，严格执行检测计划或任务单，做好检测前的各项准备工作，使检测工作能高效有序地进行。试样的制备，仪器设备的校准，环境技术条件的监控，人员的培训及操作规范等都应按照技术规范的要求提前做好准备。在检测过程中，要不出或少出差错，尽量避免出现仪器设备故障等问题，以保证检测工作的及时性。

1.1.4　化验室的机构怎样设置?

化验室应为企业厂长(经理)或管理者代表直接领导的质量检验部门，化验室应设办公室、物理检验组、化学分析组、生产控制组、质量管理组等。

（1）办公室

1）负责化验室的日常管理，包括所有质量报表统计等。

2）负责企业的质量管理体系的日常运转。

3）协助化验室主任工作。

（2）物理检验组

1）熟料的日常检验(凝结时间、成型、抗压强度、抗折强度等)。

2）出磨水泥的物理检验(凝结时间、成型、各龄期的抗折强度和抗压强度检验)。

3）出厂水泥的物理检验(比表面积、凝结时间、成型、各龄期的抗折强度和抗压强度检验)。

4）封存样品的保管。

（3）化学分析组

1）原料、生料、熟料和水泥的化学成分全分析。

2）煤工业分析和灰分成分全分析，混合材化学成分全分析。

3）常用试剂的配制和标准溶液的标定。

4）部分研究试验项目的试验(如混合材活性、钾钠的测定、仪器校验、润滑油及气体分析等)。

（4）生产控制组

1）碳酸钙滴定值(或快速氧化钙)、氧化铁快速滴定，或采用仪器检测生料成分，如X射线荧光分析仪、多元素分析仪、钙铁分析仪等。

2）细度、水分、粒度、三氧化硫、游离氧化钙的测定。

3）水泥混合材掺入量的测定。

4）样品的采取。

5）原料、燃料的堆放与使用管理。

6）质量调度工作等。

1.1.5　化验室的性质是什么？

（1）原则性　是指在工作中要严格贯彻执行国家的质量方针、政策、法律、法规、条例、标准及本企业的质量管理规定。在质量问题上要按质量管理制度办事，一切用数据说话。做到有法必依、执法必严、照章办事、违章必究。

（2）公正性　是指在工作中要站在第三方公正的立场上，作出正确的仲裁。在处理企业内部质量纠纷时，要严格按照有关规定和有效的检验数据，作出正确的结论；申请生产许可证、质量认证和优质产品时，都要实事求是，不得弄虚作假。

（3）权威性　是指化验室的工作、出具的检测数据、检验报告得到用户和企业内部各单位的信赖程度和威望。化验室的权威性只能靠过硬的工作质量、严谨的工作作风和强烈的质量责任感才能树立起来。

1.1.6　化验室的主要任务有哪些？

（1）根据国家产品标准和质量管理规程，起草本企业的质量管理制度及实施细则；制订质量计划和质量控制网，制定合理的生料和水泥配料方案，确定合理的检验控制项目。

（2）负责原燃材料、半成品和产品的检验和监督管理。

（3）负责进厂原材料、半成品、成品堆放（出入库）的管理，做好质量调度工作。

（4）负责生产岗位质量记录和质量数据的收集统计、分析研究并及时上报，同时做好质量档案的管理工作。

（5）贯彻实施《质量管理和质量保证》系列标准，建立健全质量体系并监督其正常进行。

（6）及时了解国内外化学检测技术的动态，积极采用先进的检测技术和方法，不断提高化验工作的科学性、准确性、及时性。

（7）围绕提高产品质量、增加品种，积极开展科学研究及开发试制新产品的工作。

（8）负责产品质量方面的技术服务，及时处理质量纠纷问题。

（9）负责企业生产许可证、创优、创名牌、质量认证的申报和管理工作。

（10）加强化验室内部的思想建设和制度建设，做好质量教育、质量考核工作，不断提高检测水平及工作效率。

1.1.7　化验室的检验任务可以分为几个方面？

为使检验工作更为主动、有效，检验任务可按不同性质、不同要求划分为以下几个方面：

（1）验收进厂原燃材料质量　检验的要求是：以杜绝不合格原燃材料进厂为目的。因此，取样手法应灵活多样，不要求具有代表性，可以根据经验有目的地取样，尽量找出不合格部分作为样品，检验速度要快，能在原燃材料进厂卸料之前就判断其质量。为了达到这一目的，甚至可以在原燃材料产地进行检验控制，凡是简单、可行的办法都可使用。如果缺乏强烈的时间概念，使不合格的物料混进堆场或生产线，检验结果仅作为对供应商的罚款依据，则丧失了严格控制原燃材料质量的真正意义。

（2）工序质量控制　这类检验要求必须具有代表性。所取样品可以是不同时段的混合样，也可以是瞬时样，目的不仅是监督生产人员必须按照质量要求生产，更是为生产人员判断工艺状态提供数据。此检验不但要求速度快，而且应该加强与生产人员的沟通。

（3）出厂水泥质量检验　这是对用户、对社会负责，维护企业产品质量信誉的最后重要关口。它要求检验结果必须真实、准确、迅速。

此外，在企业开发新产品及技术指标的改进工作中，化验室理应责无旁贷地承担相应的检验任务。这种检验更要以准确、具有代表性为目的。

1.2　化验室管理制度

1.2.1　检测人员的基本守则是什么?

（1）化验室应有措施确保检测人员不受任何来自内部和外部的不正当的商业、财务和其他方面的压力和影响，防止商业贿赂，确保检测工作的客观性、独立性和公正性。

（2）化验室及其人员不得与其从事的检测和/或校准活动以及出具的数据和结果存在利益关系；不得参与任何有损于检测和/或校准判断的独立性和诚信度的活动；不得参与和检测和/或校准项目或者类似的竞争性项目有关系的产品设计、研制、生产、供应、安装、使用或者维护活动。

（3）化验室及其人员对其在检测和/或校准活动中所知悉的国家秘密、商业秘密和技术秘密负有保密义务，并有相应措施。

1.2.2　化学检验人员职业道德的基本要求是什么?

（1）忠于职守

在思想认识上，能够正确对待不同的内部分工、不同的劳动报酬、不同的工作环境。按照生产规程和岗位职责的要求，尽职尽责，做好本职工作。

（2）钻研技术

随着经济建设与科学技术的发展，分析检验方法也在不断更新与发展。化学检验人员必须努力学习科学文化知识，刻苦钻研业务技术，适应新形势的要求。无论是现在或是将来，这都是化学检验人员必备的职业道德素质。

（3）遵章守纪

要严格执行技术规范、各项操作规程及企业内部管理制度，自觉遵守劳动纪律。听从指挥，服从工作调配。要有严肃的工作态度，认真的工作作风和严谨的工作秩序。对待工作一丝不苟，保证完成分配的各项任务。

（4）团结互助

团结互助，就是相互协调、密切配合。其表现在职业实践中，一是热爱本职工作，虚心向学有专长的同志学习，形成尊重知识、尊重人才的良好风尚；二是岗位之间、上下工序之间认真负责，讲团结、讲友爱、讲互助、讲奉献；三是坚持原则，按章办事，不扯皮、不推诿、不刁难、不袖手旁观、不相互拆台。

（5）勤俭节约

勤俭节约直接涉及个人、企业和国家的利益，与热爱企业、热爱祖国、热爱人民有密切的关系，具有重要的道德意义。

（6）关心企业

关心企业，就是对企业要有深厚的感情，摆正自己与企业之间的关系。关心企业也是关心自己，企业的利益就是自己的利益，企业的兴衰就是自己的兴衰。只有热爱分析检验事业，把工作成就作为个人的人生追求，才能自觉维护企业、国家利益，同时实现个人利益。

（7）勇于创新

勇于创新，就是要求分析检验人员具有开拓创新的勇气和胆量，积极开展有益于事业发展的实践活动。

1.2.3 如何衡量检验工作的效果？

无论是作为检验部门的化验室，还是作为个人的化验员，其任务不只是按照时间和程序取样、检验、报告结果的形式化工作，只有达到下列要求，才能体现出检验工作的实际效果。

（1）检验结果对生产要有指导意义　为此，取样应有代表性，检验结果要体现出生产中的变化规律。为达到这种要求，化验员应当熟悉诸如影响生料细度、熟料中游离氧化钙的因素等生产工艺知识和熟练的检验操作技能。当然，化验员一开始并不具有这种素质，但企业只要注重培养，加之化验员自身刻苦钻研就能达到。

（2）能及时准确地检验出不合格品，真正起到“眼睛”的作用　对原燃材料的不合格品要防止进厂；对半成品中的不合格品，要指导下道工序注意，并正确处理（半成品即使不合格也不报废，这是水泥生产的特点）；对成品中的不合格品，要杜绝出厂。

（3）提高效益，防患于未然　如果将合格品水泥误检验为不合格品，将增加水泥生产的成本；如果将不合格品水泥误检验为合格品并出厂，不仅不能指导生产、保证产品质量，而且还可能造成重大质量事故。

1.2.4 对化验室的环境条件有何要求？

根据化学分析工作的需要，化验室内应设化学分析室、仪器分析（含物理测试）室、高温室、天平室、标准溶液制备室、磨样室、样品室等。除此之外，还应有办公室、更衣室、储藏室，有条件的还可设图书资料室、微机室等。对各室的环境要求如下：

（1）天平室　应挂遮光窗帘，不受日光直射，室内光线要柔和。室温要求25℃±3℃。室内应干燥，相对湿度应保持在45%~65%之间。天平室附近无震源，天平台应防震。

（2）标准溶液制备室　应安装空调，室温保持18℃~25℃，设除湿机，保持相对湿度在65%±5%。溶液储藏室应挂窗帘。

（3）化学分析室　应采光良好，排风好，上下水道畅通，室温应在25℃±5℃，相对湿度45%~75%。

（4）仪器分析（物理测试）室　应防尘、防震，并满足不同仪器的特有要求。室温应在25℃±3℃，相对湿度45%~60%。

（5）高温室　应有完善的供电系统、消防设施和良好的通风条件。

（6）样品室　应通风良好，安全，避光，并满足产品标准规定的特殊要求。室温25℃±5℃。

（7）磨样室　应设备完好，用电安全、整洁、通风、明亮。

（8）必须具有满足生产控制和产品质量检验要求的试验室、样品存放室、试剂库等检测基础设施　周围环境的粉尘、噪声、振动、电磁辐射等均不得影响检测工作。

（9）化验室的面积、采光、通风、温度、湿度、水和电等均应满足检验需求及国家、行业标准规定的要求。

（10）化学分析用天平和氧弹热量计、氯离子测定仪（蒸馏法）及高温设备（高温炉、干燥箱等）要与分析试验室隔开。

（11）化验室标准试验小磨等制样设备及压蒸釜、沸煮箱、快速强度养护箱等应单独放置。

（12）化验室内仪器设备应摆放合理，方便操作，保证安全。试验室内应保持清洁，不准带入与检测无关的物品。

（13）化学分析试验室应有通风橱（罩），供排出有害气体用。

（14）仪器分析使用易燃易爆气体时，应有安全防护设施。

（15）应有安全处理、处置有毒有害物质的设施和措施。

1.2.5　对化验室检测仪器设备的配备和管理有何要求？

（1）原燃材料、半成品和产品检验所需仪器设备均应齐全，其性能应满足有关规定的技术要求。常用和必备的仪器设备，如空调、温度湿度控制装置、玻璃器皿等消耗品和易损的仪器设备应有备件。

（2）应根据检验工作的需要，配备先进的检测仪器设备，如偏光显微镜、激光粒度分析仪、压蒸釜、X射线荧光分析仪、原子吸收光谱仪等。

（3）化验室应有仪器设备清单和计量检定（校准）周期表并建立设备档案。档案内容包括名称、规格、型号、编号、生产厂家、出厂日期、出厂合格证、使用说明书及使用过程中维修、检定（校准）等记录及证书，并建立仪器设备使用、维修和计量检定（校准）管理制度。

（4）计量器具应按期检定、校准或自校，有检定、校准证书或记录，不发生超期使用现象。

（5）有专人负责仪器设备的管理工作。

1.2.6　对仪器设备的技术要求和检定（校准）周期有何规定？

（1）仪器设备技术要求、检定（校准）周期必须符合《水泥企业质量管理规程》的要求。例如，分析天平：分度值0.1mg，最大称量100g（或200g），检定周期为12个月；高温炉（热电偶）：使用温度400℃~1300℃，精度±10℃，检定周期6个月。

（2）计量器具应按期检定并有有效的计量检定合格证。专业检验仪器设备应按期校准并有有效的校准证书。自检自校仪器设备应建立自检自校方法，并留有自检自校记录。

（3）当水泥产品标准或检验方法标准修订后，应根据标准要求及时更换仪器设备。

1.2.7　化验室应如何配备检验人员？

（1）化验室除了配备的主任、工艺管理、质量调度、统计和根据需要配备的科研人员外，必须配备足够的检验人员。检验人员的人数应能满足检验工作的需要，一般不得低于全厂生产职工总数的4%，或不得少于12人。

（2）检验人员应具有高中（或相当于高中）以上文化水平，熟悉本岗位的操作规程、控制项目、指标范围及检验方法，经专门培训、考核，取得省级（含省级）以上建材行业主管部门或其授权的建材行业协会或其授权的建材质检机构签发的岗位资质证书。

（3）化验员要保持相对稳定，业务骨干的任用和调动应征求化验室主任的意见。

1.2.8　化学分析室应怎样设计？

（1）需要事先考虑的问题　化学分析室在设计上要考虑房屋建筑、供水和排水、通风设施、煤气和供电、试验台的建造等方面的要求。

（2）建筑　化验室的建筑应耐火或用不易燃烧的材料建成，隔断和顶棚也要考虑到防火性能。可采用水磨石地面或铺地板砖，窗户要能防尘，室内采光要好。门窗应向外开，大试验室应设两个门，以便发生意外时人员能迅速撤离。

（3）供水和排水　供水要保证必需的水压、水质和水量，以满足仪器设备正常运行和试验操作的需要。室内总阀门要设在易操作的显著位置。下水道应采用耐酸碱腐蚀的材料，地面应有地漏。

（4）通风设施　由于化验工作中常常产生有毒或易燃的气体，因此化验室应有良好的通风条件。通风设施一般有3种：

1）全室通风。采用排气扇或通风竖井，换气次数一般为5次/小时。

2）局部排气罩。一般安装在大型仪器发生有害气体部位的上方，以减少对室内空气的污染。

3）通风橱。这是试验室常用的一种局部排风设备。内有加热源、水源、照明等装置。可采用防火防爆的金属材料制作通风橱，内涂防腐蚀材料，通风管道要能耐酸碱气体腐蚀。风机可安装在顶层机房内，并有减轻或消除震动和噪声的装置，排气管应高于屋顶2m以上。通风橱在室内的正确位置是放在空气流动较弱的地方，不要靠近门窗。

（5）煤气和供电　有条件的化验室可安装管道煤气。化验室的电源分照明用电和设备用电。照明最好采用荧光灯。设备用电中，24h运行的电器，如冰箱要单独供电，其余电器设备均由总开关控制，烘箱、高温炉等电热设备应设专用插座、开关及熔断器。在室内及走廊上安装应急灯，以备夜间突然停电时使用。

（6）化学分析试验台　试验台主要由台面、台下的支架和器皿柜组成。为了方便操作，台上可设置试剂架，台的两端可安装水槽。试验台面一般宽度为750mm，长度可根据房间大小确定，可为1600mm～3200mm，高度可为800mm～900mm。台面可用木材、塑料或水磨石预制板等制成。理想的台面应平整、不易碎裂、耐酸碱及溶剂腐蚀，耐热，不易碰碎玻璃仪器等。一般用实木制作台面，涂以油漆以增强耐酸性能，也可以采用其他涂料，如三聚氰胺树脂、环氧树脂等。加热设备可置于砖砌底座的水泥台面上，高度为500mm～700mm。

（7）辅助室的设计　化学试剂储藏室，仅用于存放少量近期要用的化学试剂，且要符合危险品存放的安全要求。化学试剂室应朝北、干燥、通风良好，顶棚应遮阳隔热，门窗应坚固，窗应为高窗，门窗应设遮阳板。门窗向外开。

易燃液体储藏室，室温一般不许超过 28 ℃；易爆品储藏室的室温不许超过 30 ℃。少量危险品可用铁板柜或水泥混凝土柜分类隔离储存。室内设排气降温风扇，采用防爆型灯具。亦可以符合上述要求的半地下室为化学试剂储藏室。

易燃或助燃气体钢瓶，要远离热源、火源及可燃物仓库。室内应设有直立稳固的铁架，用于安放气体钢瓶。

1.3 贯彻执行产品质量法

1.3.1 我国产品质量法何时起施行？其目的是什么？

我国产品质量法于 1993 年 9 月1日起施行。产品质量法共 74 条，对产品质量的监督、生产者的责任和义务、损害赔偿、罚则都作了明确规定。在中华人民共和国境内从事产品生产、销售活动，必须遵守本法。国家颁布产品质量法的目的是加强对产品质量的监督管理，提高产品质量水平，明确产品质量责任，保护消费者的合法权益，维护社会经济秩序。其中第十二条规定："产品质量应当检验合格，不得以不合格产品冒充合格产品。"

1.3.2 什么是质量检验？质量检验的功能是什么？

质量检验的定义：对产品的一种或多种质量特性进行观察、测量、试验，并将结果和规定的质量要求进行比较，以确定每项质量特性合格情况的技术性检查活动。也就是对产品符合性的检查。

质量检验的功能有：

（1）鉴别功能　判定产品的质量特性是否符合规定的要求。

（2）把关功能　是质量检验的最重要功能，对产品质量的各个环节检验把关，剔除不合格并予以隔离，实现不合格原料不投产，不合格中间产品不转序、不放行，不合格产品不交付。

（3）预防功能　对前道工序是把关，对后续工序、工位及以后其他的产品就是预防。

（4）报告功能　提供产品质量情况，评价分析质量控制的有效性，为管理层进行质量决策提供依据。

1.4 贯彻执行标准化法

1.4.1 我国标准化法何时起施行？其目的是什么？

我国标准化法于 1989 年 4 月 1 日起施行。标准化法共计 26 条，对标准的制定、标准的实施、法律责任都作了明确规定，其目的是发展社会主义商品经济，促进技术进步，改进产品质量，提高社会经济效益，维护国家和人民的利益，使标准化工作适应社会主义现代化建设和发展对外经济关系的需要。

1.4.2　什么是标准化？标准化的目的是什么？

标准化是指在经济、技术、科学及管理等社会实践中，对重复性事物和概念通过制定和实施标准，达到统一，以获得最佳秩序和社会效益。通过标准化的过程，可以达到以下四个目的：

（1）得到综合的经济效益　通过标准化可以对产品、原材料、工艺制品、零部件等的规格进行合理简化，将给社会带来巨大的经济效益。

（2）保护消费者利益　这是标准化的另一重要目的。国家颁布法律、法规，对商品和服务质量、食品卫生、医药卫生、人身安全、物价、计量、环境、商标、广告等做出规定，有效地保护消费者的利益。国家制定各类产品的标准，包括质量标准、卫生标准、安全标准等，强制执行这些标准并通过各个环节，包括商标、广告、物价计量、销售方式等进行监督，以保障消费者利益。

（3）标准化能促进保障人类的生命、安全与健康　为此，国家颁布了大量的法律、法规与标准。如《民法通则》中规定，因产品质量不合格，造成他人财产、人身伤害的，产品制造者、销售者依法承担民事责任，有关责任人要承担侵权赔偿责任。

（4）通过标准化工程的技术规范、编码和符号、代号、业务规程、术语等，可促进国际、国内各部门、各单位之间的技术交流。

1.4.3　按照发生作用的范围或审批权限的不同，标准分为几类？

按照标准发生作用的范围或审批权限，常把标准分为以下几类：国际标准、区域标准、国家标准、行业标准、地方标准、企业标准。

（1）国际标准　国际标准是国际标准化工作的成果。主要包括国际标准化组织（ISO）、国际电工委员会（IEC）和国际电信联盟（ITU）所颁布的标准，以及 ISO 认可并收录在《国际标准题内关键词索引》（KWIC Index）中的其他 39 个国际组织发布的标准。我国也鼓励积极采用国际标准，把国际标准和国外先进标准的内容不同程度地转化为我国的各类标准，同时必须使这些标准得以实施，用以组织和指导生产。

（2）区域标准　区域标准是指世界某一区域标准化团体颁布的标准或采用的技术规范，如欧洲标准化委员会 EN、欧洲电气标准协调委员会 ENEL 等。

（3）国家标准　国家标准是指对全国经济、技术发展具有重大意义的，必须在全国范围内统一的标准。我国国家标准简称 GB（“国标”汉语拼音的缩写），主要包括重要的工农业产品标准，原材料标准，通用的零件、部件、原件、器件、构件、配件和工具、刃具、量具标准，通用的试验和检验方法标准，广泛使用的基础标准以及有关安全、卫生、健康、无线电干扰和环境保护标准等。

（4）行业标准　对没有国家标准而又需要在全国某个行业范围内统一的技术要求，可以制定行业标准，经审议通过、批准发布后，在行业范围内统一实施。在公布国家标准之后，该项行业标准即行废止。

（5）地方标准　地方标准是指没有国家标准和行业标准而又需要在省、自治区、直辖市范围内统一的工业产品的安全、卫生要求的标准，由省、自治区、直辖市标准化行政主管部门制定。

（6）企业标准　企业生产的产品如没有国家标准和行业标准，均应制定企业标准；对已有国家标准或行业标准的，国家鼓励企业制定严于国家标准或行业标准的企业标准，由企业组织制定。企业标准分为技术标准、管理标准和工作标准三大类。

1.4.4　我国的标准就其性质可分为哪两类?

我国的标准就其性质可分为强制性标准和推荐性标准两类。推荐性标准若被强制性标准所引用，即成为强制性标准。例如，GB/T 176《水泥化学分析方法》被强制性标准 GB 175—2007/XG 1—2009《通用硅酸盐水泥》引用，也成为强制性标准。

1.4.5　什么叫强制性标准？标准的强制性如何体现？

强制性标准必须执行，不符合强制性标准的产品，禁止生产、销售和进口。标准文本代号中凡是不带“T”字的标准，均为强制性标准，如 GB 175—2007/XG 1—2009《通用硅酸盐水泥》。强制性标准的强制作用和法律地位是由国家有关法律赋予的。强制性标准可分为全文强制和条文强制两种形式。标准中全部技术内容需要强制的为全文强制形式；标准中部分技术内容需要强制的为条文强制形式。强制性标准的范围主要有：

（1）有关国家安全的技术要求。

（2）保障人体健康和人身、财产安全的要求。

（3）产品及产品生产、储运和使用的安全、卫生、环境保护、电磁兼容等技术要求。

（4）过程技术的质量、安全、环境保护要求及国家需要控制的工程建设的其他要求。

（5）污染物排放限量和环境质量要求。

（6）保护动植物生命安全和健康的要求；防止欺诈、保护消费者利益的要求。

（7）国家需要控制的重要产品的技术要求。

1.4.6　什么是推荐性标准?

推荐性标准的代号中加“T”字，如 GB/T 8170—2008《数值修约规则与极限数值的表示和判定》。推荐性标准是指在生产、交换、使用方面，通过经济手段自愿采用的一类标准，又称自愿性标准。这类标准任何单位都有权决定是否采用，违反这类标准不承担经济或法律方面的责任。但是，如果被强制性标准引用，或各方商定同意纳入商品、经济合同之中，即成为共同遵守的技术依据，具有法律上的效力，各方必须严格遵照执行。

1.4.7　企业在什么情况下应该制定产品的企业标准?

《中华人民共和国标准化法》规定“企业生产的产品没有国家标准、行业标准的，应当制定企业标准”。也就是说，产品已有国家标准、行业标准的，应执行国家标准和行业标准，不能制定水平低于国家标准、行业标准的企业标准。国家鼓励企业制定严于国家标准、行业标准或地方标准的企业标准，在企业内部使用。如产品的国家标准、行业标准为推荐性标准，企业应制定采用或不采用推荐性标准的企业标准。

1.4.8　什么是标准物质?

标准物质的定义是：已确定其一种或几种特性，用于校准测量器具、评价测量方法或确定材料特性量值的物质。标准物质要求材质均匀、性能稳定、批量生产、准确定值、有标准物质证书（标明标准值及定值的准确度等内容）。

标准物质是校准测量仪器、评价和验证测试方法、统一测试量值的标准，是化学计量值溯源的技术基础，是一种计量标准。

随着我国标准化和计量工作的开展，标准样品和标准物质的研究与应用受到各方面广泛关注和重视。在建材行业，为了保证标准样品的研制工作严格符合 GB/T 15000 系列标准的导则和《标准样品管理办法》的规范要求，规范标准样品的研制和发行工作，全国标准样品技术委员会批准由中国建筑材料科学研究总院国家水泥质量监督检验中心成立“建筑材料国家标准样品研制中心”。该中心所研制的国家一级（GBW）和二级标准物质［GBW（E）］以及一级标准样品（GSB）已涵盖了水泥企业用的原燃料、成品及半成品种类和范围（见附录 C）。

1.4.9 标准物质有哪些应用?

（1）用于校准分析仪器

理化测试仪器及成分分析仪器如酸度计、电导仪、量热计、色谱仪等都属于相对测量仪器，在制造时需要用标准物质的特定值来决定仪表的显示值。如 pH 计，需用 pH 标准缓冲物质配制 pH 标准缓冲溶液来定位，然后测定未知样品的 pH 值。电导率仪需用已知电导率的标准氯化钾溶液来校准电导率常数。成分分析仪器要用已知浓度的标准物质校准仪器。

（2）用于评价分析方法

采用与被测试样组成相似的标准物质以同样的分析方法进行处理，测定标准物质的回收率，比加入简单的纯化学试剂测定回收率的方法更加简便可靠。

（3）用作工作标准

1）制作工作曲线。仪器分析大多是通过工作曲线来建立被测物质的含量和某物理量的线性关系来求得测定结果的。如果采用自己配制的标准溶液制作工作曲线，由于各化验室使用的试剂纯度、称量和容量仪器的可靠性、操作者技术熟练程度等的不同，影响测定结果的可比性。而采用标准物质做工作曲线，使分析结果建立在一个共同的基础上，使数据更为可靠。

2）给物料定值。在测量仪器、测量条件都正常的情况下，用与被测试样基体和含量接近的标准物质与试样交替进行测定，可以比较准确地测出被测试样的结果。

（4）提高化验室间的测定精密度

在多个化验室进行合作实验时，由于各化验室条件不同，合作实验的数据往往发散性较大。比如，各化验室的工作曲线的截距和斜率的数值不同。如果采用同一标准物质，用标准物质的保证值和实际测定值求得该化验室的修正值，以此校正各自的数据，可提高化验室间测定结果的再现性。

（5）用于分析化学的质量保证

分析质量保证负责人可以用标准物质考核、评价分析者和化验室的工作质量，制作质量控制图，使检测工作的测量结果处于质量控制中。

（6）用于制订标准方法、产品质量监督检验和技术仲裁

在拟定测试方法时，需要对各种方法作比较试验。采用标准物质可以评价方法的优劣。

在制订标准方法和产品标准时，为了求得可靠的数据，常常使用标准物质作为工作标准。

产品质量监督检验机构为确保其出具数据的公正性与权威性，采用标准物质评价其测定结果的准确度对其检验能力进行监视。

在商品质量检验、分析仪器质量评定、污染源分析等工作中，当发生争议时，需要用标准物质作为仲裁的依据。企业在进行对比分析时，实测值与证书值之差若在允许误差范围内，则表明测定过程合格；否则，应查原因，再作测定。

1.4.10　我国水泥行业执行的水泥产品国家标准和行业标准有哪些？

见表1-1。

表1-1　水泥产品标准

标准代号	标准名称
GB 175—2007/XG 1—2009	通用硅酸盐水泥
GB 200—2003	中热硅酸盐水泥、低热硅酸盐水泥、低热矿渣硅酸盐水泥
GB 201—2000	铝酸盐水泥
GB/T 203—2008	用于水泥中的粒化高炉矿渣
GB 748—2005	抗硫酸盐硅酸盐水泥
GB/T 1596—2005	用于水泥和混凝土中的粉煤灰
GB/T 2015—2005	白色硅酸盐水泥
GB/T 2847—2005	用于水泥中的火山灰质混合材料
GB 2938—2008	低热微膨胀水泥
GB/T 3183—2003	砌筑水泥
GB/T 5483—2008	天然石膏
GB/T 4131—1997	水泥的命名、定义和术语
GB 9774—2010	水泥包装袋
GB 10238—2005	油井水泥
GB 13590—2006	钢渣硅酸盐水泥
GB 13693—2005	道路硅酸盐水泥
GB/T 18046—2008	用于水泥和混凝土中的粒化高炉矿渣粉
GB 20472—2006	硫铝酸盐水泥
GB/T 21372—2008	硅酸盐水泥熟料
JC/T 311—2004	明矾石膨胀水泥
JC/T 418—2009	用于水泥中的粒化高炉钛矿渣
JC/T 452—2009	通用水泥质量等级
JC 600—2010	石灰石硅酸盐水泥
JC/T 667—2004	水泥助磨剂
JC/T 736—1996	特快硬调凝铝酸盐水泥
JC/T 737—1996	I型低碱度硫铝酸盐水泥
JC/T 740—2006	磷渣硅酸盐水泥
JC/T 742—2009	掺入水泥中的回转窑窑灰
JC 870—2012	彩色硅酸盐水泥

1.4.11　我国水泥行业执行的水泥物理性能检验方法国家标准和行业标准有哪些？

见表1-2。

表1-2　水泥物理性能检验方法及设备标准

标准代号	标准名称
GB/T 208—1994	水泥密度测定方法
GB/T 749—2008	水泥抗硫酸盐侵蚀试验方法
GB/T 750—1992	水泥压蒸安定性试验方法
GB/T 1345—2005	水泥细度检验方法 筛析法
GB/T 1346—2011	水泥标准稠度用水量、凝结时间、安定性检验方法
GB/T 2419—2005	水泥胶砂流动度测定方法
GB/T 8074—2008	水泥比表面积测定方法 勃氏法
GB/T 12573—2008	水泥取样方法
GB/T 12957—2005	用作水泥混合材料的工业废渣活性试验方法
GB/T 12959—2008	水泥水化热测定方法
GB/T 17671—1999	水泥胶砂强度检验方法（ISO法）
JC/T 313—2009	膨胀水泥膨胀率试验方法
JC/T 421—2004	水泥胶砂耐磨性试验方法
JC/T 453—2004	自应力水泥物理检验方法
JC/T 455—2009	水泥生料球性能测定方法
JC/T 578—2009	评定水泥强度匀质性试验方法
JC/T 601—2009	水泥胶砂含气量测定方法
JC/T 602—2009	水泥早期凝固检验方法
JC/T 603—2004	水泥胶砂干缩试验方法
JC/T 668—2009	水化胶砂中剩余三氧化硫含量的测定方法
JC/T 681—2005	行星式水泥胶砂搅拌机
JC/T 682—2005	水泥胶砂试体成型振实台
JC/T 683—2005	40mm×40mm水泥抗压夹具
JC/T 721—2006	水泥颗粒级配测定方法 激光法
JC/T 722—1982（2009）	水泥物理检验仪器 胶砂搅拌机
JC/T 723—2005	水泥胶砂振动台
JC/T 724—2005	水泥胶砂电动抗折试验机
JC/T 726—2005	水泥胶砂试模
JC/T 727—2005	水泥净浆标准稠度与凝结时间测定仪
JC/T 728—2005	水泥标准筛和筛析仪
JC/T 729—2005	水泥净浆搅拌机

续表

标准代号	标准名称
JC/T 730—2007	水泥回转窑热平衡、热效率、综合能耗计算方法
JC/T 731—2009	机械化水泥立窑热工测量方法
JC/T 732—2009	机械化水泥立窑热工计算
JC/T 733—2007	水泥回转窑热平衡测定方法
JC/T 738—2004	水泥强度快速检验方法
JC/T 955—2005	水泥安定性试验用沸煮箱
JC/T 956—2005	勃氏透气仪
JC/T 959—2005	水泥胶砂试体养护箱
JC/T 960—2005	水泥胶砂强度自动压力试验机

1.4.12 我国水泥行业执行的水泥化学分析方法国家标准和行业标准有哪些？

见表1-3。

表1-3 水泥化学分析方法标准

标准代号	标准名称
GB/T 176—2008	水泥化学分析方法
GB/T 205—2008	铝酸盐水泥化学分析方法
GB 5484—2012	石膏化学分析方法
GB 5762—2012	建材用石灰石、生石灰和熟石灰化学分析方法
GB/T 7563—2000	水泥回转窑用煤技术条件
GB/T 12960—2007	水泥组分的定量测定
GB/T 28629—2012	水泥熟料中游离二氧化硅化学分析方法
GB/T 29422—2012	水泥化学分析废液的处理方法
JC/T 312—2009	明矾石膨胀水泥化学分析方法
JC/T 850—2009	水泥用铁质原料化学分析方法
JC/T 874—2009	水泥用硅质原料化学分析方法
JC/T 911—2003	建材用萤石化学分析方法
JC/T 912—2003	水泥立窑用煤技术条件
JC/T 1085—2008	水泥用X射线荧光分析仪
JC/T 1073—2008	水泥中氯离子的化学分析方法
JC/T 1084—2008	中国ISO标准砂化学分析方法

1.4.13 我国水泥行业引用其他行业的标准有哪些？

见表1-4。

表 1-4 水泥行业引用的其他行业的标准

标准代号	标准名称
GB/T 211—2007	煤中全水分的测定方法
GB/T 212—2008	煤的工业分析方法
GB/T 213—2008	煤的发热量测定方法
GB/T 214—2007	煤中全硫的测定方法
GB/T 483—2007	煤炭分析试验方法一般规定
GB/T 1574—2007	煤灰成分分析方法
GB/T 6682—2008	分析实验室用水规格和试验方法

1.5 贯彻执行计量法

1.5.1 我国计量法何时颁布施行？其目的是什么？

我国计量法 1986 年 7 月 1 日起施行。内容包括：计量基准器具、计量标准器具和计量检定、计量器具管理、计量监督、法律责任共 35 条。其目的是加强计量监督管理，保障国家计量单位的统一和量值的准确可靠，有利于生产、贸易和科学技术的发展，适应社会主义现代化建设的需要，维护国家、人民的利益。

1.5.2 “计量”的定义是什么？

计量的定义是：实现单位统一、量值准确可靠的活动。该定义说明：

（1）计量的目的是为了实现单位统一、量值准确可靠，从而实现同一物体测量结果具有可比性和一致性。

（2）其内容包括为实现这一目的所进行的各项活动。这一活动具有广泛性，它包括技术、管理和法制方面的有组织的活动。

1.5.3 “计量”的特点是什么？

计量的特点一般可概括为四个方面：准确性、一致性、溯源性及法制性。

（1）准确性 是指测量结果与被测量真值接近的程度。所谓量值的“准确”，即是指在一定的不确定度或允许误差范围内的准确。只有测量结果量值的准确，计量才能实现一致性，测量结果才具有使用价值，才可能为社会提供计量保证。

（2）一致性 是指在统一计量单位的基础上量值的一致性。无论采用何种方法，使用何种计量器具，由何人测量，只要符合有关的要求，对同一被测量对象其测量结果应在给定的区间内一致。也就是说，测量结果应是可重复、可再现、可比较的。计量的一致性不限于国内，也适用于国际。

（3）溯源性 是指任何一个测量结果或测量标准的值，都能通过一条具有规定不确定度的不间断的比较链，与测量基准联系起来。

（4）法制性　是指计量的法制保障方面的特性。由于计量涉及社会的各个领域，量值的准确可靠不仅依赖于科学技术手段，还要有相应的法律、法规和行政保证。

1.5.4　我国关于计量的系列国家标准有哪些？

为使我国法定计量单位的工作制度化、标准化，全国量和单位标准化技术委员会以 ISO 的 TC 12 技术委员会于 1992 年制定的相应 ISO 国际标准为蓝本，参考其他国家和地区的标准，结合我国情况，制定了 GB 3100 ~ GB 3102 共 15 项《量和单位》系列国家标准，经原国家技术监督局批准，于 1993 年 12 月 27 日正式发布，规定从 1994 年 7 月 1 日起实施。这些国家标准都是强制性国家标准，所有科技工作者都要正确理解，准确遵照执行。

1.5.5　计量法规的作用是什么？

《计量法》是国家管理计量工作的基本法。实施计量法还必须制定具体的计量法规，以便将计量法的各项规定具体化，形成一个以计量法为基本法的计量法规体系。计量法规包括计量管理法规和计量技术法规两大部分。

计量管理法规是指国务院以及省、自治区、直辖市的人民代表大会及其常务委员会为实施计量法颁布的各种条例、规定和实施细则。

计量技术法规包括计量检定系统表、计量检定规程和计量技术规范。计量检定系统表也称计量检定系统，是国家法定技术文件，它用图表结合文字的形式，规定了国家基准、各级标准和工作计量器具的检定主从关系；计量检定规程是检定计量器具时必须遵守的法定技术文件；计量技术规范是进行有关鉴定、检验、测试时，在样机资料、计量性能、检查方法、技术条件、结果处理等方面必须遵守的规范性文件。

1.5.6　什么是量值溯源和量值传递？

通过一条具有规定不确定度的不间断的比较链，使测量结果或测量标准的值能够与规定的参考标准（通常是国家计量标准或国际计量标准）联系起来的特性，称为量值溯源性。

这一比较链的表述，就是我国的计量检定系统表或溯源等级图。它表述了某一量从计量基准、计量标准、计量器具直到被测的量，它们之间的关系和程序，规定了不确定度或最大允许误差及其测量方法，这就是计量溯源性的比较链。在我国，计量检定系统表就相当于国际上所指的国家溯源等级图。

实施这一比较链有两种途径或形式，即量值传递和量值溯源。检定和校准是实施量值传递和量值溯源的重要环节、方法和手段。

（1）量值溯源　是一种自下而上的途径，从被测量的测量结果→工作计量器具→计量标准→计量基准，可以逐级或越级向上追溯，以使测量结果与计量基准联系起来，通过校准而构成溯源体系。

（2）量值传递　是一种自上而下的途径，从计量基准→计量标准→工作计量器具→被测量的测量结果，逐级传递下去，以确保测量结果单位量值的统一准确，通过逐级检定而构成检定系统。

实际上量值溯源是量值传递的逆过程。

1.5.7　什么叫做“校准”？

在规定的条件下，为确定测量仪器或测量系统所指示的量值，或实物量具或参考物质所代表的量值，与对应的由标准所复现的量值之间关系的一组操作，称为校准。校准的目的主要是确定计量器具的校准值及其不确定度，或者确定示值误差，得出标称值偏差，并调整测量仪器或对其示值加以修正。校准的依据是校准规范或校准方法，通常对其应作统一规定，特殊情况下也可自行制定。

1.5.8　什么叫做“检定”？

检定是指“查明和确认计量器具是否符合法定要求的程序，它包括检查、加标记和（或）出具检定证书”。检定结果的形式是检定证书（合格）或检定结果通知书（不合格），属于法制性文件。

我国《计量法》规定，我国计量器具实施强制检定和非强制检定两类，均属依法管理。

强制检定是指由政府计量行政主管部门所属的法定计量检定机构或授权的计量检定机构，对某些测量仪器实行的一种定期的检定。我国规定：属于国家强制检定的管理范围包括：社会公用计量标准，部门和企业、事业单位使用的最高计量标准，用于贸易结算、安全防护、医疗卫生、环境监测四个方面，列入《中华人民共和国强制检定的工作计量器具明细目录》的工作计量器具。

非强制检定是指由计量器具使用单位自己或委托具有社会计量标准或授权的计量检定机构，对除了强制检定以外的其他计量器具依法进行的一种定期检定。其特点是使用单位依法自主管理，自由送检，自求溯源，可按照规定程序确定检定周期。

强制检定和非强制检定均属于法制检定，都要受到法律的约束。计量检定工作应按照经济合理的原则，就近就地进行。

1.5.9　什么是“计量器具”？

计量器具，是指可单独地或与辅助设备一起，以直接或间接方法确定被测对象量值的量具和装置。在我国，计量器具是计量仪器（仪表）、量具以及计量装置的总称。

根据在量值传递中所处的位置和作用，可将计量器具分为三类：计量基准器具、计量标准器具和工作计量器具。

（1）计量基准器具

计量基准器具，简称计量基准，是指在特定计量领域内复现和保存计量单位，具有最高计量学特性，经国家鉴定、批准并作为统一全国量值最高依据的计量器具。

经国家鉴定或批准，具有当代或本国科学技术所能达到的最高计量特性的计量基准，称为国家计量基准，是一个国家统一量值的最高依据。

经国际协议公认，具有当代科学技术所能达到的最高计量学特性的计量基准，称为国际计量基准，是国际间统一量值的最高依据。

若要对计量基准作细的划分，通常将其划分为主基准、副基准和工作基准。

1）主基准 是指具有最高计量特性，并作为统一量值最高依据的计量器具。只用于对副基准、工作基准的定度（检定）或校准。

2）副基准 是直接或间接由主基准定度或校准，可代替主基准使用，它是为维护主基准而建立的。

3）工作基准 是由主基准或副基准定度或校准，用于日常计量检定的计量基准。

（2）计量标准器具

计量标准器具，简称计量标准，是指在特定计量领域内复现和保存计量单位，具有较高计量特性，是在相应范围内统一量值的依据。

计量标准的等级是按准确度来划分的，一般上一等级计量标准的误差是下一等级计量标准或工作计量器具的误差的1/10～1/3。计量标准是量值传递的中间环节，起着承上启下的重要作用。可选用不确定度为受检计量器具不确定度 1/10～1/3 的计量标准进行检定。

（3）工作计量器具

工作计量器具是指不参与计量检定和校准，而用于现场测量的计量器具，它由相应等级的计量标准进行检定或校准，具有必须具备的计量性能，可以获得某给定量的测量结果。

1.5.10 表示计量器具特性的参数有哪些？

计量器具的特性主要有以下几个方面：

（1）标称范围　将计量器具的操纵器件调到特定位置时可得到的示值范围。标称范围通常用其上限和下限来表示。标称范围上下限之差的模，称为量程。例如，有一块电压表标称范围为 -10V～100V，其量程为 110V。

（2）测量范围　计量器具的误差处于允许极限内的一组被测量的值的范围。测量范围亦称工作范围，其上下限可分别称为上限值、下限值。

（3）准确度等级　符合一定的计量要求，使误差保持在规定极限以内的计量器具的等别或级别。

（4）响应特性　在确定条件下，作用于计量仪器的激励与计量仪器所作出的对应响应之间的关系。

（5）灵敏度　计量仪器响应的变化与对应的激励变化之比。当激励和响应为同种量时，灵敏度也可称为放大比或放人倍数。

（6）指示装置分辨力　指示装置对紧密相邻量值有效辨别的能力。一般认为模拟式指示装置的分辨力为标尺分度值的一半，数字式指示装置的分辨力为末位数的一个字码。

（7）稳定性　在规定条件下，计量仪器保持其计量特性随时间恒定不变的能力。通常稳定性是对时间而言，当对其他量考虑稳定时，则应明确说明。

通常还提到计量仪器的漂移。它是指计量仪器的计量特性随时间的慢变化。在规定条件下，对一个恒定的激励在规定时间内的响应变化，称为“点漂”，标称范围最低值上的点漂称为“零点漂移”，简称“零漂”；当最低值不为零时称“始点漂移”。

1.5.11 计量器具的“等”和“级”有什么不同？

计量标准的准确度等级应符合一定的计量要求，并使误差保持在规定极限以内的计量标准等级或级别。

精密度和准确度是两个不同的概念。准确度是一个定性概念，因此不要定量使用。例如，可以说准确度高低，准确度为0.25级，准确度为2等及准确度符合1等标准；尽量不使用如下表达方式：准确度为0.25%，10mg，≤10mg及±10mg。

“等”和“级”是两个不同的概念，使用时应注意两者的区别。前者对应于加修正值使用的情况，以计量标准所复现的标准值的不确定度大小划分；后者对应于不加修正值使用的情况，数值前一般应带“±”号。例如可以写成“MPE：±0.05mm”；“MPE：±0.01mg”。

对工作器具进行校准后，可以加上修正值，以提高其精密度。修正值是指“用代数方法与未修正测量结果相加，以补偿其系统误差的值”。当计量器具的示值误差为已知时，则可通过减去（当示值误差为正值时）或加上（当示值误差为负值时）该误差值，使测量值等于被测量的实际值。减去或加上的这个值即为修正值，它与示值误差在数值上相等，但符号相反，修正值等于负的系统误差。

真值＝测量结果＋修正值＝测量结果－误差

在量值溯源和量值传递中，常常采用这种加修正值的直观的办法。用高一个等级的计量标准来校准或检定测量仪器，其主要内容之一就是要获得准确的修正值。由于系统误差不能完全获知，因此这种补偿是不完全的，亦即修正值本身就含有不确定度。

【例】用一个0mV～100mV的电压表测量某一电压值，其测量结果为49.8mV，而高一等级的电表测得的该电压实际值为50.0mV，则：

绝对误差 $v=49.8\text{mV}-50.0\text{mV}=-0.2\text{mV}$，相对误差 $H=(-0.2/50.0)\times100\%=-0.4\%$。

引用误差 $=(-0.2/100)\times100\%=-0.2\%$，修正值 $=50.0\text{mV}-49.8\text{mV}=0.2\text{mV}$。

1.5.12　我国法定计量单位由哪几部分构成？

我国法定计量单位是由国家法律承认，具有法定地位的计量单位。我国的法定计量单位是以国际单位制为基础，并根据我国的实际情况，选定了16个非国际单位制单位构成的（图1-1）。

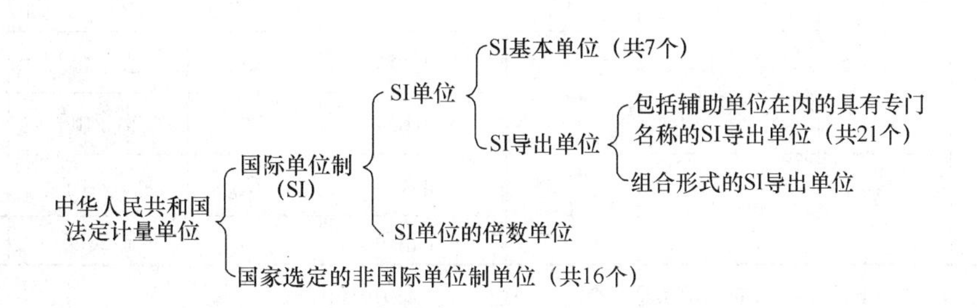

图1-1　我国法定计量单位构成示意图

1.5.13　国际单位制的基本单位有哪些？

国际单位制的基本单位共7个。见表1-5。

表 1-5　国际单位制的基本单位

量		单位		量		单位	
名称	符号	名称	符号	名称	符号	名称	符号
长度	l，(L)	米	m	热力学温度	T	开［尔文］	K
质量	m	千克，(公斤)	kg	物质的量	n	摩［尔］	mol
时间	t	秒	s	发光强度	I，(I_v)	坎［德拉］	cd
电流	I	安［培］	A				

1.5.14　国际单位制中具有专门名称的 SI 导出单位有哪些?

在国际单位制中，除了上述的 7 个基本单位以外，在各学科领域实际应用的单位绝大多数都是组合形式 SI 导出单位。对其中 21 个组合形式 SI 导出单位给予了专门名称，其主要原因是：这些单位在科技工作中大量使用，若用 SI 基本单位表示比较复杂。例如，电压单位伏特（V），如果用基本单位表示，应为 $m^2 \cdot kg \cdot s^{-3} \cdot A^{-1}$，而用专门名称的导出单位，仅用 V 即可代替。其中分析化学中常用的单位见表 1-6。

表 1-6　国际单位制中具有专门名称的导出单位（部分）

导出量		单位		导出量		单位	
名称	符号	名称	符号	名称	符号	名称	符号
平面角	α，β，γ，α，φ…	弧度	rad	功率，辐［射能］，通量	P，Φ，(Φ_e)	瓦［特］	W
立体角	Ω	球面度	sr	电荷［量］	Q	库［仑］	C
频率	f，ν	赫［兹］	Hz	电压，电动势，电位	U，ΔV，E，V，φ	伏［特］	V
力	F	牛［顿］	N				
压力，压强，应力	P，σ	帕［斯卡］	Pa	电容	C	法［拉］	F
				电阻	R	欧［姆］	Ω
能［量］注，功，热量	E，$W(A)$，Q	焦［耳］	J	电导	G	西［门子］	S
				摄氏温度	t，θ	摄氏度	℃

注：瓦特小时（W·h），ISO 目前也承认是一个能量单位，但只能用于电能。

1.5.15　SI 单位的倍数单位有哪些?

倍数单位，是指按约定的比率，由给定单位形成的更大的计量单位。

比率，在国际单位制中是 10^n（n 为整数）。倍数单位一般是针对主单位而言。倍数单位一词也用于指比率小于 1 的单位。当比率小于 1 时，实际上形成了比给定单位更小的单位，也称之为“分数单位”。SI 词头几经发展、补充，目前共有 20 个，见表 1-7。

表 1-7　SI 词头

因数	词头符号	中文	因数	词头符号	中文
10^{24}	Y	尧	10^{-1}	d	分
10^{21}	Z	泽	10^{-2}	c	厘
10^{18}	E	艾	10^{-3}	m	毫
10^{15}	P	拍	10^{-6}	μ	微
10^{12}	T	太	10^{-9}	n	纳
10^{9}	G	吉	10^{-12}	p	皮
10^{6}	M	兆	10^{-15}	f	飞
10^{3}	k	千	10^{-18}	a	阿
10^{2}	h	百	10^{-21}	z	仄
10^{1}	da	十	10^{-24}	y	幺

注意：可与 SI 单位并用的摄氏温度单位摄氏度（℃），以及非十进制单位如平面角单位度（°）、分（′）、秒（″），时间单位日（d）、时（h）、分（min）不能用 SI 词头构成倍数单位。

在使用词头时，应特别注意字母的大小写。大于 10^6 的词头，字母为大写；等于和小于 10^3 的词头，字母为小写。如 10^3（千）的词头为小写的“k”，不要写成大写的“K”。例如，千克的符号是 kg，而不能写成 Kg。

由于历史原因，质量 SI 基本单位名称“千克”中已包含 SI 词头“千（10^3）”，所以，质量的十进倍数单位由词头加在“克”前构成。例如，“千分之一克”应该用 mg 表示，而不能用 μkg 表示，虽然它们的量值是相等的。“不得重叠使用词头”是词头的使用规则之一。

1.5.16　我国选定的非国际单位制单位有哪些？

由于实用上的广泛性与重要性，我国选定了一些可与国际单位制并用的非国际单位制单位，共 16 个（见表 1-8），作为我国的法定计量单位，具有同国际单位制同等的地位。

表 1-8　我国选定的非国际单位制单位

量		单位		量		单位	
名称	符号	名称	符号	名称	符号	名称	符号
时间	t	分	min	质量	m	吨	t
		［小］时	h			原子质量单位	u
		日，（天）	d	能	E	电子伏	eV
平面角	α，β，γ，θ，φ…	升	L，（l）	长度	l	海里	n mile
		度	（°）	速度	v，c，u，ω	节	kn
		［角］分	（′）	面积	A	公顷	hm^2
体积	V	［角］秒	（″）	级差		分贝	dB
旋转速度		转每分	r/min	线密度	ρ_L	特［克斯］	tex

注：1. ［ ］内的字，是在不致混淆的情况下，可以省略的字。

2. （ ）内的字为前者的同义语。

3. 角度单位度、分、秒的符号不处于数字后时，用括弧。

4. 升有两个单位符号 L 和（l）。这在 SI 的构成规则中是一个例外。单位符号若非来自人名本应小写，但小写 l 的印刷体易与数字 1 混淆，故改为大写，把小写的置于圆括号中，仅作为备用符号。

5. r 为“转”的符号。

6. 人民生活的贸易中，质量习惯称为重量。

7. 面积单位“公顷”法定符号为“hm^2”（平方百米），1990 年经国务院批准列入国家法定计量单位。

8. 分贝定义中的“可与功率类比的量”，通常是指电流平方、电压平方、质点速度平方、声压平方、位移平方、速度平方、加速度平方、力平方、振幅平方、场强平方、声强和声能密度等。

1.5.17 在化学分析中有哪些不符合国家计量法的量及其单位应该停止使用？

按照国家计量法及 GB 3100～3102—1993 的规定，建材化学分析及物理检验中过去经常使用的一些不符合国家计量法规定的量及其单位应予以废除，在建材检测的标准、检验报告及论文中不应再采用（见表 1-9）。

表 1-9 化学分析中常用的标准化量名称与已废除名称举例

国家标准规定的量的名称和单位				应废除的量的名称和单位	
量的名称	量的符号	单位名称	单位符号	已废除的名称	与 SI 单位换算关系或说明
质量	m	千克	kg	重量 W	科技中应区分两者概念
相对原子质量	A_r		1	原子量，相对原子量	
相对分子质量	M_r		1	分子量，当量，式量	
物质的量	n	摩[尔] 毫摩[尔]	mol mmol	摩尔数，克分子数，克原子数，克当量数，克式量数	在单位名称后加“数”，作为量的名称是错误的
摩尔质量	M	千克每摩[尔] 克每摩[尔]	kg/mol g/mol	克分子量，克原子量，克当量，克式量，克离子量	
质量比	ξ		1	重量比 $x_{W/W}$	
体积比	ψ		1	（体积比）$x_{V/V}$	
物质 B 的浓度（物质 B 的物质的量浓度）	c_B	摩[尔]每立方米 摩[尔]每升	mol/m^3 mol/L	摩尔浓度 M 克分子浓度 M 当量浓度 N 式量浓度 F	
物质 B 的质量浓度	ρ_B	克每升 克每毫升	g/L g/mL	质量/体积浓度（%），重量浓度，百分浓度	
物质 B 的质量分数	w_B		1	质量百分数 x_B，百分含量，质量百分浓度[%（m/m）]，ppm，pphm，ppb	1ppm = 10^{-6} 1pphm = 10^{-8} 1ppb = 10^{-9}
物质 B 的体积分数	φ_B		1	体积百分数，体积百分浓度[%（V/V）]	
[质量]密度	ρ	千克每立方米 克每立方厘米 克每毫升	kg/m^3 g/cm^3 g/mL	比重	标准规定：“比”加在某量名称前，表示该量除以质量。而“比重”全无此义
相对[质量]密度	d		1	比重	
压力，压强	p	帕[斯卡] 千帕 兆帕	Pa kPa MPa	巴 bar 标准大气压 atm 毫米汞柱 mmHg 千克力每平方米[kgf/cm^2] 托 torr	1 bar = 1×10^5 Pa 1 atm = 1.01325×10^5 Pa 1mmHg = 133.3224 Pa 1 kgf/cm^2 = 9.80665×10^4 Pa 1 torr = 133.3223684 Pa

续表

国家标准规定的量的名称和单位				应废除的量的名称和单位	
量的名称	量的符号	单位名称	单位符号	已废除的名称	与 SI 单位换算关系或说明
热力学温度 摄氏温度	*T* *t*	开[尔文] 摄氏度	K ℃	绝对温度 K 华氏温度 F	
热量	*Q*	焦耳	J kJ	卡	1 cal_{15} =4. 1855 J 1 cal_{20} =4. 1816 J
质量热容，比热容	*c*			比热	
电流	*I*	安培	A	电流强度	
旋光角				旋光度	
比旋光本领 α_m				比旋光度 α	
热力学能 质量热力学能 摩尔热力学能	*U* *u* U_m			内能[*U*，(*E*)] 质量内能 摩尔内能[U_m，(E_m)]	从名称将热力学定义的能量与力学、电学、磁学中的能量加以区分

1.5.18　为什么在科技工作中试样的“重量”应改称为“质量”？

质量为国际单位制（SI）七个基本量之一。“质量”和“重量”是两个已标准化的完全不同的物理量，其含义是根本不同的。

“质量”是衡量物质本身固有性质的一个物理量，通俗地讲，质量是指物体中所含物质的多少，是不随所在地区的不同而变化的。质量的符号是英文小写斜体 *m*，单位是千克，单位符号为 kg。在检测工作中，质量的单位常用克(g)、毫克(mg)和微克(μg)。

而“物体在特定参考系中的重量是使该物体在此特定参考系中获得其加速度等于当地自由落体加速度时的力”，重量(力)的符号是 *W*(或 *P*，*G*)，单位是力的单位牛[顿]，单位符号为 N，与所在地区有关。因为地球不是理想的圆球，赤道距地心的距离大于两极距地心的距离，在地球的赤道和地球的两极，同一物体所受的重力是不同的，即其重量是不同的，物体在地球赤道处的重量小于在地球两极处的重量。

但由于历史的原因，在日常生活和贸易中，常用“重量”(有时更将其简称为“重”)一词表示物品的多少，即指的是物理量“质量”，并非指物理上的力，因为人们买卖的是物品，而绝不会是力。还有诸如“载重”、“体重”、“毛重”、“皮重”、“净重”等，指的也都是质量。不过，要将这种日常用语中的“重量”“重”等一律改为“质量”“质”等，一时又会很不习惯，甚至造成误解。因此，在日常生活中，目前有时只能把“重量”作为“质量”的同义语。但在科技工作和科技书刊中，应力求将两者区分清楚。凡是用杠杆天平称出来的量，均应称作“质量”，不应再称之为“重量”。例如，“称重”应改为“称量”，“恒重”应改为“恒量”，“重量分析法”改为“称量分析法”。能改的就改，能避开的就避开，以逐步达到国家计量标准的要求。

每个量都有标准化的符号。例如“质量”，SI 单位中的符号为 m，一般不要再用其他符号，如 G，W 等表示。

1.5.19 为什么将原子量、分子量改称为“相对原子质量”、“相对分子质量”？

“原子量”的含义不明确，容易被误解为原子的“质量”。原子的质量太小，例如氢原子^{1}H 的质量仅为 1.660×10^{-27}kg。这样微小的数值运用起来十分不便，因此，科学家们用碳原子^{12}C 质量的 1/12 作为比较的基准，其他各种元素的原子质量与其进行比较，得出的数值称为“相对原子质量”，用符号 A_r表示（A 表示“原子”，下标 r 表示“相对”）。相对原子质量是质量与质量之比，是量纲一的量。

同理，物质的相对分子质量是指物质的分子或特定单元的平均质量与核素^{12}C 原子质量的 1/12 之比。用符号 M_r表示（M 表示“分子”，下标 r 表示“相对”）。相对分子质量也是质量与质量之比，是量纲一的量。

因此，不要将“相对原子质量”称为“原子量”或“相对原子量”，也不要将“相对分子质量”称为“分子量”或“相对分子量”。

1.5.20 为什么将“比重”改称为“密度”或“相对密度”？

密度是质量密度的简称，其定义为质量除以体积，符号用希腊字母小写斜体 ρ 表示，即 $\rho=m/V$，m 为物质的质量，V 为质量为 m 的该物质所占的体积。

密度的 SI 单位为千克/立方米(kg/m^3)，读作“千克每立方米”。常用单位为其分数单位克/立方厘米(g/cm^3)或克/毫升(g/mL)。

相对密度是指物质的密度与参考物质的密度在对两种物质所规定条件下的比，其符号为 d，即 $d=\rho_1/\rho_2$，ρ_1为待测物质的密度，ρ_2为参考物质的密度。相对密度是量纲一的量，SI 单位为一，符号为 1。

所谓比重，过去定义为：某物质的密度与 4℃ 纯水密度之比值，即 $d=\rho/\rho$（H_2O，4℃），可见，“比重”仅是相对密度的一个特例而已。但过去对“比重”这一术语的用法也很混乱，有时也把“比重”定义为“单位体积的质量”，所以，“比重”一词定义不统一，含义不确切，更何况按标准的规定，“比”字加在量的名称之前，是指该量除以质量，而比重与“除以质量”毫无关系，因而，国际标准与国家标准中都使用“相对密度”一词，而将“比重”废除。

1.5.21 在使用量的符号中经常存在哪些问题应该予以注意？

（1）所有量的符号，不论大写还是小写，一律用斜体字母表示，有些书籍经常违背这一规定，往往使用正体表示物理量，这是不正确的。只有 pH 例外，用正体（p 在此处是数学上对某数取对数后乘以负 1 的意思，p 应该用小写，正体）。

不应将化学元素符号作为量的符号使用。如，混合熔剂的成分表示为：$Na_2CO_3:KNO_3=9:2$ 是不正确的，应该表示为：$m(Na_2CO_3):m(KNO_3)=9:2$。

（2）在使用量的单位名称或符号时应注意的问题：

单位的名称或符号必须作为一个整体使用，不得拆开。例如，摄氏温度单位“摄氏度”表示的量值“20℃”应写成并读成“20 摄氏度”，不得写成并读成“摄氏 20 度”。

压强单位“帕”的符号为“Pa”，是来源于人名“帕斯卡”，第一个字母要大写，不要写成“pa”。同样，“兆帕”的符号是“MPa”，不要写成“Mpa”。

（3）在使用 SI 词头的用法时应注意的问题：

1）在一些科技书刊和科技论文中，一些人常将 SI 单位中的词头“k”误写为“K”，例如，将质量单位千克（kg）的符号误写为“Kg”（甚至误写为“KG”）；将“千焦”的符号误写为“KJ”；将功率单位“千瓦”的符号误写为“KW”，这都是不正确的。在 SI 单位制中，是以小写英文字母“k”表示“千”（10^3），而不是大写字母“K”。这点是必须加以注意的。

2）选用 SI 单位的倍数单位或分数单位时，一般应使量的数值处于 0.1 ~ 1000 范围内。

例如，1.2×10^4N 可以写成 12 kN。

0.00394m 可以写成 3.94mm。

11401 Pa 可以写成 11.401 kPa。

3.1×10^{-8}s 可以写成 31 ns。

3）不得使用重叠的词头。

例如，纳米应该用 nm 表示，不应该用 mμm；应该用 am，不应该用 μμμm，也不应该用 nnm。

（4）在量的单位符号的组合与运算中应注意的问题：

一个量被另一个量除，其组合可用下列 3 种形式之一表示。如，$c = n/V = \frac{n}{V} = n \cdot V^{-1}$。

如果分子或分母本身都已是乘或除的组合，必要时要加括号以免混淆，在同一行内表示除的斜线（/）之后不得再有乘号和除号。如：

$\frac{a}{bc} = a/(b \cdot c) = a/(bc)$，不得写成 $a/b \cdot c$。如吨每千瓦小时不能写成 t/kW · h，应写成 t/(kW · h)。

$\frac{a-b}{c-d} = (a-b)/(c-d)$，不得写成 $a-b/c-d$。

（5）在计算某物质在试样中的含量时应注意的问题：

某物质在固体试样中的含量，标准规定使用的量的单位是“质量分数”，符号为 w_B，此时下角标 B 表示任意物质。若物质 B 有具体名称，例如二氧化硅，则宜将其化学符号 SiO_2 写在 w 之后的括号内，表示为 w（SiO_2），其量纲为一。不要使用“质量百分数”、“百分含量”、“重量百分数”等名词，也不要用 W、X_{SiO_2} 或用化学符号 SiO_2 等一类符号表示其质量分数。

（6）表示范围值时应注意的问题：

两量值之间要用波浪号“~”，不得用直线“—”，而且前一个量值后面不能省略单位的符号。例如：35% ~50% 的表示方式是正确的，若表示为 35 ~50% 或 35%—50% 是不正确的；又例如表示为 2mL ~3mL 是正确的，若表示为 2 ~3mL 、2 –3mL 或 2mL—3mL，都是不正确的。

（7）表示两个数的和或差应注意的问题：

应写成各个量值的和或差，或将数值组合并加圆括号，将共同的单位符号置于全部数值之后。如 $l = 12\text{m} - 5\text{m}$ 或 $l = (12 - 5)\ \text{m}$ 的表示方法是正确的，不得写成 $l = 12 - 5\text{m}$；$T = 20℃ \pm 1\ ℃$ 或 $T = (20 \pm 1)℃$ 的表示方法是正确的，不得写成 $T = 20 \pm 1\ ℃$。

（8）表示试件尺寸时应注意的问题：

200mm × 200mm × 200mm 的表示方法是正确的。若表示为 200 × 200 × 200mm 或 200 × 200 × 200mm^3，是不正确的。

2　化验工作实验条件

2.1　分析用纯水

2.1.1　分析用纯水有哪几种制备方法？

（1）蒸馏法

将天然水用蒸馏器蒸馏、冷凝就得到蒸馏水。由于绝大部分矿物质在蒸馏时不挥发，所以蒸馏水中所含杂质比天然水少得多。但蒸馏水也不是绝对纯净的，其中仍含有一些杂质，其来源是：

1）二氧化碳在蒸馏时挥发，但能重新溶于蒸馏水中，形成碳酸，使蒸馏水微显酸性。

2）蒸馏时少量液体水呈雾状飞出，将少量不纯水带入蒸馏水中。

3）一般蒸馏器是用铜、不锈钢制成，蒸馏出的水中会或多或少地带有金属离子。

用对洗涤要求不太严格的仪器作定性试验或工业分析时，可用一次蒸馏水；如果对洗涤仪器的洁净程度要求严格或进行精密的定量分析，则需使用二次蒸馏水或离子交换水。

（2）离子交换法

应用离子交换树脂分离除去水中杂质离子得到的纯水称作离子交换水或去离子水。去离子水的纯度一般比蒸馏水高，这种纯水是各工业部门的化验室广泛采用的。一般化验室都有自制离子交换水的小型设备。

如果直接用天然水制取离子交换水是不太适宜的，因为天然水中杂质离子含量较高，若直接进行离子交换处理，离子交换树脂会很快失效，需要经常用盐酸和氢氧化钠对阳、阴离子交换树脂进行再生，而再生的手续是比较麻烦的。最好的办法是用一次蒸馏水进行离子交换处理，可制得高纯水，而且离子交换树脂很长时间内不会失效。

2.1.2　水泥化验用纯水的质量如何检定？

纯水要通过质量检定，确认合格后方可使用。通常水泥化验用水主要检定项目如下：

（1）电阻率　25℃时电阻率为（1～10）$\times 10^6\Omega \cdot cm$的水为纯水；电阻率大于$10\times 10^6\Omega \cdot cm$的水为超纯水。一般分析用纯水电阻率为$2\times 10^6\Omega \cdot cm$。

（2）酸碱度　要求pH值为6.5～7.0。取2支试管，各加10mL被检查的水。一管加2滴甲基红指示剂溶液（2g/L），不得显红色（pH<6.2时甲基红为红色）；另一管加5滴溴百里酚蓝指示剂溶液（1g/L），不得显蓝色（pH>7.6时溴百里酚蓝为蓝色）。

（3）钙、镁离子　取10mL被检查的水，加氨－氯化铵缓冲溶液（pH=10），使溶液pH值至10左右，加入少量固体酸性铬蓝K－萘酚绿B混合指示剂（1+2.5），不得显紫色而应显纯蓝色。或取200mL被检查的水，加入10mL氨－氯化铵缓冲溶液（pH=10），加少量固体K－B指示剂（1+2.5），搅拌，如呈紫红色，用EDTA标准滴定溶液（0.015mol/L）

滴定，如EDTA消耗量为1滴（≈0.05mL），则合格；2滴以上为不合格。消耗1滴~2滴时，测定时应将此水的空白扣除（最好连同试剂空白一起扣除）。

（4）氯离子　取10mL被检查的水，加2滴硝酸酸化，加2滴硝酸银溶液（10g/L），不浑浊。

2.1.3　分析用纯水如何保存？

分析用纯水必须严格保持纯净，防止污染，使用时应注意下述事项：

（1）装纯水的容器本身要清洁，特别是容器内壁。新容器使用前要用毛刷刷净（可以使用肥皂，最好不用洗衣粉），再用天然水、蒸馏水洗净。

（2）纯水瓶口要随时盖上盖子，防止灰尘落入水中。

（3）自瓶中取水一定要用专用玻璃导管（虹吸管），导管内外要预先洗净再插入水中。

（4）纯水瓶旁不得放置易挥发试剂，如浓盐酸、氨水等。

（5）盛装纯水的洗瓶要做好标记，保持清洁，勿与其他试剂的洗瓶相混淆。

2.2　化学试剂

2.2.1　化学试剂有哪些规格？

化学试剂的规格是以其中所含杂质的多少来划分的，一般可分为四个等级，其规格与适用范围列于表2-1。

表2-1　化学试剂规格与适用范围

等级	名称	符号	标签标志	适用范围
一级品	优级纯（保证试剂）	G. R.	绿色	纯度很高，适用于精密分析工作和科学研究工作
二级品	分析纯（分析试剂）	A. R.	红色	纯度仅次于一级品，适用于多数分析工作和科学研究工作
三级品	化学纯	C. P.	蓝色	纯度较二级差些，适用于一般分析工作
四级品	实验试剂	L. R.	棕色或其他颜色	纯度较差，适用于做试验辅助试剂

此外，还有光谱纯试剂（符号S. P.）、基准试剂、色谱纯试剂等。光谱纯试剂的杂质含量用光谱分析法测不出来，或杂质含量低于某一限度。这种试剂用来作为光谱分析中的标准物质。基准试剂的纯度相当于或高于保证试剂。用基准试剂作为滴定分析中的基准物质是非常方便的，也可用于直接配制标准滴定溶液。

2.2.2　化学试剂的选用与使用应注意哪些事项？

（1）化学分析工作中应根据分析要求，包括分析任务、分析方法、对结果准确度的要求等，选用不同等级的试剂。如痕量分析要选用高纯或优级纯试剂，以降低空白值和避免杂质的干扰。在以大量酸、碱进行样品处理时，其酸、碱也应选择优级纯或分析纯试剂。同时，对所用的纯水的制取方法和玻璃仪器的洗涤方法也应有特殊要求。作仲裁分析也常选用优级纯、分析纯试剂。一般车间控制分析，选用分析纯、化学纯试剂。某些制备试验、冷却浴或加热浴的药品，可选用工业品。不同等级的试剂价格相差甚远，纯度越高价格越贵。若试剂等级选择不当，将会造成资金浪费或影响分析结果。

（2）虽然化学试剂必须按照国家标准进行检验合格后才能出厂销售，但不同厂家、不同原料和工艺生产的试剂在性能上有时有显著差异。甚至同一厂家、不同批号的同一类试剂，其性质也很难完全一致。因此，在某些要求较高的分析中，不仅要考虑试剂的等级，还应注意生产厂家、产品批号等。必要时应进行专项检验和对照试验。有些试剂由于包装或分装不良，或放置时间太长，可能变质，使用前应作检查。

（3）为了保障检测人员的人身安全，保持化学试剂的质量和纯度，得到准确的分析结果，化验室管理者应制定化学试剂的使用守则，严格要求有关人员共同遵守。使用化学试剂的检测人员应熟悉所用化学试剂的性质和使用方法，如市售酸、碱的浓度，试剂在水中的溶解度，有机溶剂的沸点、燃点，试剂的腐蚀性、毒性、爆炸性等。

（4）所有试剂、溶液以及试样的包装瓶上必须有标签。标签要完整、清晰，标明试剂的名称、规格、质量。溶液除了标明名称外，还应标明浓度、配制日期等。如果标签脱落，应照原样贴牢。绝对不允许在容器内装入与标签不相符的物品。无标签的试剂必须取小样检定后方可使用。不能使用的化学试剂或有毒试剂要慎重处理，不能随意乱倒。

2.2.3 化学试剂取用时应注意哪些问题?

取用试剂过程中要防止污染瓶中的试剂，需注意下列事项：

（1）固体试剂应用洁净干燥的小牛角勺或不锈钢小勺取用，一次不要取出过多，特别是一级品或基准试剂，取出的试剂一般不应再倒回原试剂瓶中，以防将瓶中的试剂污染。

（2）液体试剂应倒入量筒中量取或倒入烧杯中。多余的液体试剂一般也不应倒回原试剂瓶中。

（3）用吸管吸取试剂溶液时，决不能用未经洗净的同一吸管插入不同的试剂瓶中吸取。

（4）用滴瓶盛装试剂时，注意橡皮头一定要用水煮后洗净。吸入溶液时不要将溶液吸入橡皮头中，也不要将吸有试剂溶液的滴管倒置，以免溶液流入橡皮头中，造成污染。

（5）取试剂时，瓶塞要按规定放置。玻璃磨口塞、橡皮塞、塑料内封盖要翻过来倒放在洁净处。取用完毕后立即盖好密封，防止被其他物质玷污或变质。

2.3 玻璃计量容器

2.3.1 对常用的玻璃量器的允许误差有何规定?

化验室中常用的玻璃量器有滴定管、吸量管（单标线和分度）、容量瓶、量筒、量杯等。

滴定管分为具塞、不具塞两种。具塞滴定管用直通活塞连接管体和流液口，又称为酸式滴定管；不具塞滴定管用内孔带有玻璃小球的胶管连接管体和流液口，又称为碱式滴定管。

分度吸量管分为流出式和吹出式。前者当液体自然流至管口端不流时，口端应保留残留液；后者则将流液口端残留液排出至盛接溶液的烧杯中。其使用最普遍的是流出式。

单标线吸量管又称为移液管，是从制备好的试验溶液中分取一定体积溶液时常用的量器。最常用的是流出式，当液体自然流至管口端不流时，将管口端与盛接所分取试验溶液的烧杯（倾斜45°左右）内壁接触一定时间（一般为15 s），将单标线吸量管提起后，口端应保留残留液，此残留液不应吹入烧杯中。

对玻璃量器的计量要求列于表2-2～表2-7中。

表2-2 滴定管计量要求

<table>
<tr><td colspan="2">标称容量/mL</td><td>1</td><td>2</td><td>5</td><td>10</td><td>25</td><td>50</td><td>100</td></tr>
<tr><td colspan="2">分度值/mL</td><td colspan="2">0.01</td><td>0.02</td><td>0.05</td><td>0.1</td><td>0.1</td><td>0.2</td></tr>
<tr><td rowspan="2">容量允差/mL</td><td>A级</td><td colspan="2">±0.010</td><td>±0.010</td><td>±0.025</td><td>±0.04</td><td>±0.05</td><td>±0.10</td></tr>
<tr><td>B级</td><td colspan="2">±0.020</td><td>±0.020</td><td>±0.050</td><td>±0.08</td><td>±0.10</td><td>±0.20</td></tr>
<tr><td rowspan="2">流出时间/s</td><td>A级</td><td colspan="2">20～35</td><td colspan="2">30～45</td><td>45～70</td><td>60～90</td><td>70～100</td></tr>
<tr><td>B级</td><td colspan="2">15～35</td><td colspan="2">20～45</td><td>35～70</td><td>50～90</td><td>60～100</td></tr>
<tr><td colspan="2">等待时间/s</td><td colspan="7">30</td></tr>
<tr><td colspan="2">分度线宽度/mm</td><td colspan="7">≤0.3</td></tr>
</table>

表2-3 单标线吸量管计量要求

<table>
<tr><td colspan="2">标称容量/mL</td><td>1</td><td>2</td><td>3</td><td>5</td><td>10</td><td>15</td><td>20</td><td>25</td><td>50</td><td>100</td></tr>
<tr><td rowspan="2">容量允差/mL</td><td>A级</td><td>±0.007</td><td>±0.010</td><td colspan="2">±0.015</td><td>±0.020</td><td>±0.025</td><td colspan="2">±0.030</td><td>±0.05</td><td>±0.08</td></tr>
<tr><td>B级</td><td>±0.015</td><td>±0.020</td><td colspan="2">±0.030</td><td>±0.040</td><td>±0.050</td><td colspan="2">±0.060</td><td>±0.10</td><td>±0.16</td></tr>
<tr><td rowspan="2">流出时间/ s</td><td>A级</td><td colspan="2">7～12</td><td colspan="2">15～25</td><td colspan="2">20～30</td><td colspan="2">25～35</td><td>30～40</td><td>35～45</td></tr>
<tr><td>B级</td><td colspan="2">5～12</td><td colspan="2">10～25</td><td colspan="2">15～30</td><td colspan="2">20～35</td><td>25～40</td><td>30～45</td></tr>
<tr><td colspan="2">分度线宽度/mm</td><td colspan="10">≤0.3</td></tr>
</table>

表2-4 分度吸量管计量要求

<table>
<tr><td rowspan="3">标称容量/mL</td><td rowspan="3">分度值/mL</td><td colspan="4">容量允差/mL</td><td colspan="4">流出时间/ s</td><td rowspan="3">分度线宽度/mm</td></tr>
<tr><td colspan="2">流出式</td><td colspan="2">吹出式</td><td colspan="2">流出式</td><td colspan="2">吹出式</td></tr>
<tr><td>A级</td><td>B级</td><td>A级</td><td>B级</td><td>A级</td><td>B级</td><td>A级</td><td>B级</td></tr>
<tr><td>0.1</td><td>0.001
0.005</td><td>—</td><td>—</td><td>±0.002</td><td>±0.004</td><td colspan="2" rowspan="3">3～7</td><td colspan="2" rowspan="4">2～5</td><td rowspan="10">A级：≤0.3
B级：≤0.4</td></tr>
<tr><td>0.2</td><td>0.002
0.01</td><td>—</td><td>—</td><td>±0.003</td><td>±0.006</td></tr>
<tr><td>0.25</td><td>0.002
0.01</td><td>—</td><td>—</td><td>±0.004</td><td>±0.008</td></tr>
<tr><td>0.5</td><td>0.005
0.01
0.02</td><td>—</td><td>—</td><td>±0.005</td><td>±0.010</td><td colspan="2">4～8</td></tr>
<tr><td>1</td><td>0.01</td><td>±0.008</td><td>±0.015</td><td>±0.008</td><td>±0.015</td><td colspan="2">4～10</td><td colspan="2" rowspan="2">3～6</td></tr>
<tr><td>2</td><td>0.02</td><td>±0.012</td><td>±0.025</td><td>±0.012</td><td>±0.025</td><td colspan="2">4～12</td></tr>
<tr><td>5</td><td>0.05</td><td>±0.025</td><td>±0.050</td><td>±0.025</td><td>±0.050</td><td colspan="2">6～14</td><td colspan="2" rowspan="2">5～10</td></tr>
<tr><td>10</td><td>0.1</td><td>±0.05</td><td>±0.10</td><td>±0.05</td><td>±0.10</td><td colspan="2">7～17</td></tr>
<tr><td>25</td><td>0.2</td><td>±0.10</td><td>±0.20</td><td colspan="2">—</td><td colspan="2">11～21</td><td colspan="2" rowspan="2">—</td></tr>
<tr><td>50</td><td>0.2</td><td>±0.10</td><td>±0.20</td><td colspan="2">—</td><td colspan="2">15～25</td></tr>
</table>

表 2-5 单标线容量瓶计量要求

标称容量/mL		1	2	5	10	25	50	100	200	250	500	1000	2000
容量允差/mL	A 级	±0.010	±0.015	±0.020	±0.020	±0.03	±0.05	±0.10	±0.15	±0.15	±0.25	±0.40	±0.60
	B 级	±0.020	±0.030	±0.040	±0.040	±0.06	±0.10	±0.20	±0.30	±0.30	±0.50	±0.80	±1.20
分度线宽度/mm		≤0.4											

表 2-6 量筒计量要求

标称容量/mL		5	10	25	50	100	250	500	1000	2000
分度值/mL		0.1	0.2	0.5	1	1	2 或 5	5	10	20
容量允差/mL	量入式	±0.05	±0.10	±0.25	±0.25	±0.5	±1.0	±2.5	±5.0	±10
	量出式	±0.10	±0.20	±0.50	±0.50	±1.0	±2.0	±5.0	±10	±20
分度线宽度/mm		≤0.3		≤0.4				≤0.5		

表 2-7 量杯计量要求

标称容量/mL	5	10	20	50	100	250	500	1000	2000
分度值/mL	1	1	2	5	10	25	25	50	100
容量允差/mL	±0.2	±0.4	±0.5	±1.0	±1.5	±3.0	±6.0	±10	±20
分度线宽度/mm	≤0.4					≤0.5			

2.3.2 玻璃仪器检定前应做好哪些准备工作?

（1）被检定仪器必须预先洗净、干燥。

如果仪器被玷污得很严重，可先用洗涤液处理。洗涤液的选择需根据污垢的性质而定，如为酸性（或碱性）污垢，用碱性（或酸性）洗涤液洗；如为氧化性（或还原性）污垢，用还原性（或氧化性）洗涤液洗；如为有机污垢，用碱液或有机溶剂洗。

重铬酸钾的硫酸溶液是化验室中较常用的一种洗涤液，其使用方法如下：

1）使用洗涤液前，必须先将仪器用自来水和毛刷洗刷，倾尽水，以免洗液被稀释后降低洗涤能力。

2）将洗涤液倒入或吸入欲洗涤的器皿中，慢慢摇动或转动仪器，使仪器内壁都沾上铬酸洗液，稍等片刻，使铬酸洗液与污物充分作用。也可将需要洗涤的仪器浸泡在热的(70℃左右）洗涤液中约十几分钟。

3）用洗液洗涤后的仪器，先用自来水冲净，再用蒸馏水润洗内壁 2 次～3 次。

4）用过的洗液倒回原瓶，以备下次再用。

（2）容量示值检定的环境条件：

1）室温为（20 ±5)℃，且室温变化不得大于 1℃/h。

2）水温与室温之差不得大于 2℃。

3）检定介质为纯水（蒸馏水或去离子水），应符合 GB/T 6682—2008 的要求。

（3）将待校准的玻璃量器连同蒸馏水放在天平室内一段时间，使其与室温达到平衡，用校准过的温度计（分度值 0.1℃）准确测量蒸馏水的温度。

2.3.3 玻璃计量容器容量示值检定点应怎样选择?

（1）滴定管

1）标称容量1mL~10mL的滴定管：半容量和总容量两点；

2）标称容量25mL的滴定管：0mL~5mL、0mL~10mL、0mL~15mL、0mL~20、0mL~25mL五点；

3）标称容量50mL的滴定管：0mL~10mL、0mL~20mL、0mL~30mL、0mL~40mL、0mL~50mL五点；

4）标称容量100mL的滴定管：0mL~20mL、0mL~40mL、0mL~60mL、0mL~80mL、0mL~100mL五点。

（2）分度吸量管

1）标称容量0.5mL以下（含0.5mL)：半容量（半容量刻度至流液口）和总容量两点；

2）标称容量0.5mL以上：总容量的1/10。若无总容量的1/10分度线，则检2/10点（自流液口起)；半容量点（半容量刻度至流液口)；总容量点。

2.3.4 滴定管容量示值如何检定?

（1）将洗净的被检滴定管垂直稳固地安装到检定架上，充水至最高标线以上约5mm处。

（2）将液面缓慢地调整到零位，同时排出流液口中的空气，移去流液口的最后一滴水珠。

（3）取一只容量大于被检滴定管的带盖称量杯，称量空杯的质量（m_0)。

（4）完全开启活塞（对于无塞滴定管还需用力挤压玻璃小球)，使水充分地从流液口流出。

（5）当液面降至被检分度线以上约5mm处时，等待30 s，然后10 s内将液面调至被检分度线上，随即用称量杯移去流液口的最后一滴水珠。

（6）将被检滴定管内的纯水放入称量杯后，称量纯水质量[m =（称量杯 + 水）的质量 $m_1 - m_0$]。

（7）在调整被检滴定管液面的同时，应观察测温筒内的水温，读数应精确至0.1℃。

（8）按式（2-1）计算被检滴定管在标准温度20℃时的实际容量。

（9）检定次数至少两次，两次检定数据的差值不应超过被检玻璃容器允差的1/4，并取两次的平均值。

（10）对滴定管除计算各检定点容量误差外，还应计算任意两检定点之间的最大误差。

滴定管在标准温度20℃时的实际容量V_{20}按式（2-1）计算：

$$V_{20} = \frac{m(\rho_B - \rho_A)}{\rho_B(\rho_W - \rho_A)}[1 + \beta(20 - t)] \tag{2-1}$$

式中 V_{20}——标准温度20℃时的被检玻璃容器的实际容量，mL；

ρ_B——砝码密度，取8.00 g/cm³；

ρ_A——测定时化验室内的空气密度，取0.0012 g/cm³；

ρ_W——蒸馏水t℃时的密度，g/cm³；

β——被检玻璃容器的体积膨胀系数，℃$^{-1}$；

t——检定时蒸馏水的温度，℃；

m——被检玻璃容器内所容纳水的表观质量，g。

为简便计算过程，也可将式（2-1）化为下列形式：

$$V_{20} = m \cdot K(t) \tag{2-2}$$

其中：

$$K(t) = \frac{\rho_B - \rho_A}{\rho_B(\rho_W - \rho_A)}[1 + \beta(20 - t)]$$

$K(t)$——常用玻璃量器衡量法体积膨胀系数，查表2-8和表2-9。

2.3.5 如何检定分度吸量管和单标线吸量管容量示值？

（1）将清洗干净的吸量管垂直放置，充水至最高标线以上约5mm处，擦去吸量管流液口外面的水。

（2）将液面缓慢地调整到被检分度线上，移去流液口的最后一滴水珠。

（3）取一只容量大于被检吸量管容器的带盖称量杯，称量空杯的质量（m_0）。

（4）将称量杯倾斜30°，使流液口与称量杯内壁接触，让吸量管内的水充分地流入称量杯中。对于流出式吸量管，当水流至流液口口端不流时，大约等待15s，随即用称量杯内壁移去流液口的最后一滴水珠（口端保留残留液）。对于吹出式吸量管，当水流至流液口口端不流时，随即将流液口残留液排至称量杯内（口端不保留残留液）。

（5）将被检吸量管内的纯水放入称量杯，称量纯水质量［m =（称量杯 + 水）的质量 $m_1 - m_0$］。

（6）在调整被检吸量管液面的同时，应观察测量筒内的水温，读数应精确至0.1℃。

（7）按式（2-2）计算被检吸量管在标准温度20℃时的实际容量。

（8）对分度吸量管除计算各检定点容量误差外，还应计算任意两检定点之间的最大误差。

表2-8 钠钙玻璃体积膨胀系数 $K(t)$ 值

25×10^{-6}℃$^{-1}$，空气密度0.0012 g/cm^3

水温 t/℃	0.0	0.1	0.2	0.3	0.4	0.5	0.6	0.7	0.8	0.9
15	1.00208	1.00209	1.00210	1.00211	1.00213	1.00214	1.00215	1.00217	1.00218	1.00219
16	1.00221	1.00222	1.00223	1.00225	1.00226	1.00228	1.00229	1.00230	1.00232	1.00233
17	1.00235	1.00236	1.00238	1.00239	1.00241	1.00242	1.00244	1.00246	1.00247	1.00249
18	1.00251	1.00252	1.00254	1.00255	1.00257	1.00258	1.00260	1.00262	1.00263	1.00265
19	1.00267	1.00268	1.00270	1.00272	1.00274	1.00276	1.00277	1.00279	1.00281	1.00283
20	1.00285	1.00287	1.00289	1.00291	1.00292	1.00294	1.00296	1.00298	1.00300	1.00302
21	1.00304	1.00306	1.00308	1.00310	1.00312	1.00314	1.00315	1.00317	1.00319	1.00321
22	1.00323	1.00325	1.00327	1.00329	1.00331	1.00333	1.00335	1.00337	1.00339	1.00341
23	1.00344	1.00346	1.00348	1.00350	1.00352	1.00354	1.00356	1.00359	1.00361	1.00363
24	1.00366	1.00368	1.00370	1.00372	1.00374	1.00376	1.00379	1.00381	1.00383	1.00386
25	1.00389	1.00391	1.00393	1.00395	1.00397	1.00400	1.00402	1.00404	1.00407	1.00409

表 2-9　硼硅玻璃体积膨胀系数 $K(t)$ 值

$10\times10^{-6}℃^{-1}$，空气密度 0.0012 g/cm^3

水温 t/℃	0.0	0.1	0.2	0.3	0.4	0.5	0.6	0.7	0.8	0.9
15	1.00200	1.00201	1.00203	1.00204	1.00206	1.00207	1.00209	1.00210	1.00212	1.00213
16	1.00215	1.00216	1.00218	1.00219	1.00221	1.00222	1.00224	1.00225	1.00227	1.00229
17	1.00230	1.00232	1.00234	1.00235	1.00237	1.00239	1.00240	1.00242	1.00244	1.00246
18	1.00247	1.00249	1.00251	1.00253	1.00254	1.00256	1.00258	1.00260	1.00262	1.00264
19	1.00266	1.00267	1.00269	1.00271	1.00273	1.00275	1.00277	1.00279	1.00281	1.00283
20	1.00285	1.00286	1.00288	1.00290	1.00292	1.00294	1.00296	1.00298	1.00300	1.00303
21	1.00305	1.00307	1.00309	1.00311	1.00313	1.00315	1.00317	1.00319	1.00322	1.00324
22	1.00327	1.00329	1.00331	1.00333	1.00335	1.00337	1.00339	1.00341	1.00343	1.00346
23	1.00349	1.00351	1.00353	1.00355	1.00357	1.00359	1.00362	1.00364	1.00366	1.00369
24	1.00372	1.00374	1.00376	1.00378	1.00381	1.00383	1.00386	1.00388	1.00391	1.00394
25	1.00397	1.00399	1.00401	1.00403	1.00405	1.00408	1.00410	1.00413	1.00416	1.00419

2.3.6　如何检定容量瓶的容量示值?

（1）衡量法

1）称量清洗干净并经干燥处理过的被检容量瓶，称量空容量瓶的质量（m_0）。

2）注纯水至被检容量瓶的标线处，称量纯水的质量[m =（容量瓶 + 水）的质量 $m_1 - m_0$]。

3）将温度计插入到被检容量瓶中，测量纯水的温度，读数应精确至 0.1℃。

4）按式（2-2）计算被检容量瓶在标准温度 20℃时的实际容量。

（2）容量比较法

容量瓶一般与移液管配套使用，通常采用两者之间的相对校准法。

洗净 1 支 25mL 已校准的移液管，将被检定的 250mL 容量瓶预先清洗、干燥（不可在烘箱中加热烘干）后，用移液管准确移取 10 次纯水，连续放入容量瓶中。然后观察容量瓶中水弯月面的最低点是否与标线相切。如不相切，则另在容量瓶上做出标记。

经相互校准后，此容量瓶应与校正用的移液管配套使用。

2.3.7　给出一个玻璃计量容器容量示值检定示例。

见表 2-10。

被检仪器名称：具塞滴定管　　仪器编号：______　　制造厂：______

标称容量：50mL　　容量允差：±0.05mL　　玻璃材料：钠钙玻璃

检定依据：JJG 196—2006《常用玻璃量器检定规程》　　环境条件：化验室温度 $t_{空}$ = 24 ℃

表 2-10　具塞滴定管容量示值检定示例

序号	检定点/mL	流出时间/s	等待时间/s	纯水温度/℃	K（t）值
1	0～10.00	20	30	23.7	1.00359
2	0～20.10	37	30	23.7	1.00359
3	0～30.00	52	30	23.6	1.00356
4	0～40.00	70	30	23.5	1.00354
5	0～50.00	86	30	23.5	1.00354

续表

序号	称量瓶的质量 m_0/g	“称量瓶＋水”的质量 m_1/g	水的实测质量 m/g	实际容量 V_{20}/mL $V_{20}=m\cdot K(t)$	容量偏差/mL	检定结果
1	28.30	38.23	9.93	9.97	-0.03	符合A级50mL滴定管容量允差±0.05mL的要求，可作为A级滴定管使用
2	29.12	49.15	20.03	20.10	0	
3	28.95	58.85	29.90	30.01	+0.01	
4	28.46	68.34	39.88	40.02	+0.02	
5	30.16	80.02	49.86	50.04	+0.04	

检定结果与处理：该量器为A级；准予该计量器具作定量移取标准溶液或试验溶液使用

证书编号：________ 有效期至：____年____月____日

检定员：________ 核验员：________ 检定日期：____年____月____日

2.4 天平

2.4.1 分析天平的等级是如何划分的？

分析天平的等级按相对精度进行划分。分析天平能准确称量的最小质量称为名义分度值。其与最大载荷之比即为相对精度。通常按相对精度高低将天平分为10级，见表2-11。

表2-11 天平的等级

精度级别	1	2	3	4	5
相对精度	1×10^{-7}	2×10^{-7}	5×10^{-7}	1×10^{-6}	2×10^{-6}
精度级别	6	7	8	9	10
相对精度	5×10^{-6}	1×10^{-5}	2×10^{-5}	5×10^{-5}	1×10^{-4}

1级天平精度最好，10级天平精度最差。例如，常用的分析天平最大载荷为200 g，名义分度值（感量）为0.1mg，其精度为：$0.0001/200 = 5\times10^{-7}$，相当于三级天平。型号TG-429-1的单盘全机械电光天平，最大载荷100 g，分度值0.1mg，其精度等级为四级；型号为TG-328A的全机械加码电光天平，最大荷载200 g，分度值0.1mg，其精度级别为三级。使用三级或四级分析天平称量试样时，物质的质量应记录至0.0001 g。

在选用天平时，不仅要注意天平的精度级别，还必须注意最大荷载。在常量分析中，使用最多的是最大荷载为（100～200）g的分析天平，属于三、四级天平。

2.4.2 分析天平的型号和规格有哪几种？

根据天平的感量，通常把天平分成三类：感量在0.001 g～0.1 g之间的称为普通天平，适于一般粗略称量用，称量通常是几克到几百克的物质；感量在0.0001 g的天平称为分析天平，适用于称取样品、标样及称量分析等，最大称量通常为数10 g；感量在0.01mg的天平称为微量天平，又称十万分之一克天平，称量常为几毫克，适用于有机半微量或微量分析与精密分析。

根据天平的构造原理，又把天平分为机械天平（又称杠杆天平）和电子天平两大类。

机械天平又分为等臂双盘天平和不等臂单盘天平。双盘天平又分为摆动天平和阻尼天平。阻尼天平有老式的空气阻尼天平、部分机械加码天平（半自动电光天平）、全机械加码天平（全自动电光天平）等。我国基层化验室使用较多的为部分机械加码天平和单盘天平。近年来，随着技术水平的提高和设备的更新，许多基层化验室也广泛使用电子天平。

2.4.3 天平灵敏性的含义是什么？

分析天平的灵敏性用灵敏度表示。灵敏度（E）通常是指在天平的一个盘上增加1mg质量时所引起指针偏移的程度，单位是“分度/mg”。在实际工作中，天平的灵敏度常用分度值（感量）来表示。天平的分度值（S）是指使天平指针位置偏移一个分度所需要的质量值（mg），单位为“mg/分度”。

$$S = 1/E(\text{mg/ 分度}) \tag{2-3}$$

显然，如果天平分度值太小，则灵敏度太高，天平不稳定；如果天平分度值太大，则灵敏度太低，称量误差大。一般要求阻尼天平分度值为（0.40～0.33）mg/分度，即灵敏度为2.5～3.0分度/mg；半机械加码电光天平的分度值为10mg/（100±2）分度。如所测天平的灵敏度不符合要求，则应以重心螺丝细致地调整重心：若灵敏度太高，可将重心螺丝下移，降低其灵敏度；若灵敏度太低，应将重心螺丝上移，可提高其灵敏度。

2.4.4 天平示值变动性的含义是什么？

分析天平的示值变动性是指天平在载荷不变的情况下，多次开关天平，天平平衡位置变化的情况，它表明天平衡量结果的可靠程度。一般用多次分别测定空载或全载时平衡点的最大值与最小值之差表示，即：

$$\text{空载示值变动性}\ \delta_0 = I_0(\text{最大}) - I_0(\text{最小}) \tag{2-4}$$

$$\text{全载示值变动性}\ \delta_p = I_p(\text{最大}) - I_p(\text{最小}) \tag{2-5}$$

根据天平检定规程的规定，一台合格的分析天平，其示值变动性一般不得超过读数标尺的一个分度。

分析天平的衡量准确度，既与天平的灵敏度有关，也与天平的变动性有关。因此，只有在保证变动性不超过允许范围的前提下，适当提高灵敏度，才能保证天平的衡量准确度。灵敏度与示值变动性的比例关系按规定是1:1。如果单纯提高灵敏度，必然会引起变动性增大，这样，既不能保证准确的称量结果，又增加了称量中的麻烦。

2.4.5 天平稳定性的含义是什么？

分析天平的稳定性系指平衡中的天平梁在受到扰动离开平衡位置后，仍旧能自动恢复到原来平衡位置的能力，它是天平计量的先决条件。天平的稳定性与灵敏性和示值变动性之间有密切关系。重心位置愈高，天平愈灵敏，但也愈不稳定，示值变动性也就较大。因此，在一架调校好的天平中，是这些相互矛盾的因素在一定条件下达到了相对的统一。对于稳定性，不规定具体的检定指标，实际上它包含在天平的灵敏性和示值变动性之中。

2.4.6 天平不等臂性的含义是什么？

等臂天平的两臂应是等长的，但实际上会稍有差异。由于两臂不等长引起的系统称量误差，称为不等臂性误差或偏差。

天平的两臂虽不可能完全相等，但两臂长度之差应符合一定的要求（长度之差值相对于臂长不超过1/40000），以控制天平不等臂性误差不超过一定的程度。一台新出厂的天平，一般要求在最大载荷下因不等臂性引起的指针波动偏移不超过标尺3个分度。天平检定规程中规定：在使用中，电光天平允许不等臂性引起的误差不得超过9分度，普通阻尼天平可允许6分度的变化。在实际工作中，通常称量物远比最大载荷轻，且使用同一台天平进行称量，不等臂性误差可以抵消或可忽略不计。

2.4.7 天平的使用规则是什么?

（1）同一试验应使用同一台天平和配套的砝码。

（2）天平载重不得超过最大负荷。

（3）称量前后应检查天平是否处于正常状态，如有异常现象应立即报告负责人，经专人调整或修理后方能使用。

（4）经常保持天平的清洁。若不慎在天平内洒落了物品，应立即清理干净，以免腐蚀天平。干燥剂常用变色硅胶，盛放在小烧杯中，放在天平盘附近。如硅胶变为红色，要及时更换为蓝色的。红色硅胶可放在烘箱中在105℃～110℃下烘干。被称量物应放在洁净的器皿中称量。挥发性、腐蚀性、吸潮性的物体必须放在密封加盖的容器中称量。

（5）被称物体和砝码均应放在天平秤盘中央。

（6）不得把过热或过冷的物体放到天平上称量。应在物体和天平室温度一致后进行称量。

（7）开门、取放物体、加减砝码时天平必须处于休止状态。起落升降钮、取放物体、加减砝码时不能用力过猛，要做到“轻、慢、稳”。旋转圆盘加减克以下砝码时要特别缓慢，以防游码被弹出脱离吊钩。

（8）称量完毕，应及时取出被称物，把砝码放回盒中，数字盘转到“0”位，关好天平门，拔下电源插头，罩上防尘罩。

（9）搬动天平时，应卸下秤盘、吊耳、横梁等部件，搬动后应检验天平的性能。

（10）天平与砝码是国家规定的强制检定的计量量具，出厂天平应符合国家有关标准。化验室使用的天平与砝码，应定期（每年）由计量部门检定性能是否合格。执行强制检定的机构对检定合格的计量量具（如天平、砝码），发给国家统一规定的检定证书，或者在计量器具上加盖检定合格印章。

2.4.8 砝码的使用规则是什么?

为了衡量各种不同质量的物体，需要配备一套质量由大到小能组成任何量值的砝码，这样的一组砝码叫做砝码组。例如，以100、50、20、10、10、5、2、1（带·标记）和1(g)九个砝码组成的砝码组，可组成1g～199g间任意克质量值。

（1）每台天平应配套使用同一盒砝码，在一盒砝码中相同名义质量的砝码其真值会有微小差别。称量时，应先取用无“·”标记的砝码（并进行记录），以减小称量误差。

（2）砝码必须用镊子夹取，不得用手直接拿取。镊子应是骨质或塑料头的，不能用金属头镊子，以免划伤砝码。

(3) 砝码只准放在砝码盒内相应的空位上或天平的秤盘上，不得放在其他地方。

(4) 砝码表面应保持清洁，经常用软毛刷刷去尘土，如有污物可用绸布蘸无水酒精擦净。

(5) 砝码如有跌落碰伤，发生氧化痕迹，以及砝码头松动等情况，要立即进行检定。合格的砝码才能使用。

2.4.9 如何管理分析天平室？

分析天平应摆放在专门的“天平室”内，并明确专人负责天平室的管理及天平的维护保养。

天平室最好选择在朝北方向，温度保持稳定（15℃～30℃）。分析天平应放在牢固的混凝土实验台上，避免阳光直射，避免震动，防止潮湿及腐蚀性气体侵蚀。

2.4.10 电子天平的称量原理是什么？

电子天平应用现代电子控制技术及电流测量的准确性，加快了天平的称量过程，提高了称量的准确性和稳定性。电子天平的规格品种齐全，最大载荷可以大到数吨，小到毫克，其读数精度从10g至0.01mg。超微量天平其读数精确度达1μg，再现性（标准偏差）也能达到1μg。

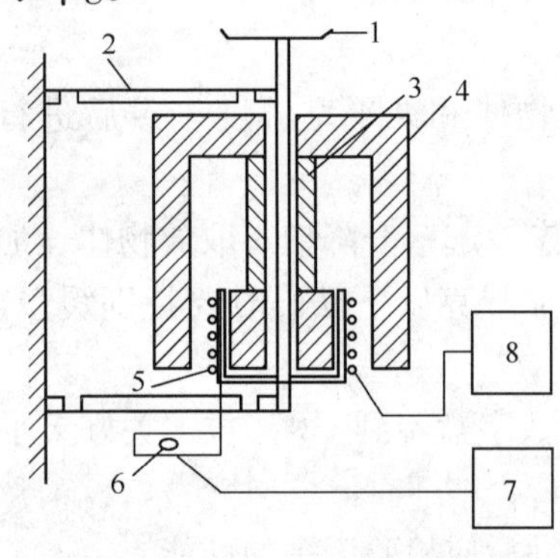

图2-1 电子天平结构示意图

1—秤盘；2—簧片；3—磁钢；4—磁回路体；5—线圈及线圈架；6—位移传感器；7—放大器；8—电流控制电器

电子天平的控制方式和电路结构有多种形式，但其称量依据都是电磁力平衡原理，是将质量信号转化为电信号，然后放大、数字显示而完成对被称量物体质量的精确计量。现以上海天平仪器厂生产的MD系列电子天平(图2-1)为例，加以说明。

根据电磁学基本理论，通电的导线在磁场中将产生电磁力或称安培力。力的方向、磁场方向、电流方向三者互相垂直。当磁场强度不变时，产生电磁力的大小与流过线圈的电流强度成正比。

电子天平的秤盘通过支架连杆与线圈相连，线圈置于磁场中，且与磁力线垂直。秤盘及被称物体被弹簧片支承，秤盘及被称物的重力通过连杆支架作用于线圈上，方向向下。线圈内有电流通过，产生一个向上作用的电磁力，与秤盘重力方向相反。若以适当的电流流过线圈，使产生的电磁力大小正好与重力大小相等，则两力大小相等，方向相反，处于平衡状态，位移传感器处于预定的中心位置。当秤盘上的物体质量发生变化时，位移传感器检出位移信号，经调节器和放大器改变线圈的电流，直至位移传感器回到中心位置为止。通过线圈的电流与被称物的质量成正比，即可用数字的形式显示出物体的质量。

2.4.11 电子天平有哪些特点？

(1) 电子天平支承点采用弹簧片，不需要机械天平的宝石、玛瑙刀与刀承，取消了升降框的装置，采用数字显示方式代替指针刻度式显示，以及采用体积小的集成电路。因此，电子天平具有寿命长、性能稳定、灵敏度高、体积小、操作方便、安装容易和维护简单等优点。

(2) 电子天平采用了电磁力平衡原理，称量时全量程不用砝码，放上被称物体后在几秒钟内即可达到平衡，显示读数。有的电子天平采用单片微处理机控制，可使称量速度更快、精度更高、准确度更好。

(3) 电子天平内装有稳定性监测器，超载指示、故障报警，达到稳定时才输出数据。因而重现性好、准确度高。

(4) 电子天平内装有标准砝码。校验天平时无需再使用任何额外器具，按下开关键，数秒内即能完成天平的自动校验。

(5) 电子天平抗干扰能力较强，可在较差环境下保持良好的稳定性。

(6) 有自动去皮重等功能，使称量过程更加快速、方便。

(7) 电子天平具有 RS232C 标准输出接口，可以将质量信号输出至打印机、计算机，实现称量、记录、打印、计算等自动化。同时也可以与其他分析仪器联用，实现从样品称量、样品处理、分析检验到结果处理、计算等全过程的自动化，大大地提高了工作效率。上海天平仪器厂生产的 MD、FA 等系列电子天平，装有配套的数字记录器，具有定时打印、称量单位转换（克、克拉、盎司等互换）、四则运算、比率、增减额等混合运算、自编记录数、累加及百分比等功能，以油墨滚动串行打印，印字速度为每秒 1.3 行。

由于电子天平具有以上特点，现已在教学、科研、生产单位中获得广泛应用。

2.4.12 为什么要经常对电子天平进行校准?

电子天平，特别是在安装之后、称量之前进行校准是一个必不可少的环节。此外，将电子天平从一地移到另一地使用时，或在使用一段时间后（约 30d），应按使用说明书规定的程序对其重新校准。

电子天平需要经常校准的原因是其称量原理与杠杆式天平不同。杠杆式天平是通过与砝码的质量进行比较而得到被称物体质量值的，其值不因地域的不同而不同。但电子天平是将被称物所受的重力通过传感器转换成电信号来得到被称物体的质量值的，称量结果实质上是反映被称物体所受重力的大小，故其显示值与当地的重力加速度有关。地球不是理想的圆球体，而是呈扁平状，南北直径小于东西直径。同一物体在南北极时所受重力大于在赤道时所受重力，因此，显示值随纬度的增高而增大，比如在北京与香港采用同一台电子天平称量同样质量的物体，如不对天平进行校准，则其测量值是不相同的，在北京的称量值高些，在香港的称量值则低些。另外，称量值还随海拔的升高而减小，比如在内地和青藏高原采用同一台电子天平称量同样质量的物体，如不校准天平，其结果是在青藏高原的称量值比在内地时的低。还有，使用天平的环境条件发生变化，比如从一个较冷的房间移到一个较暖的房间，天平室的温度、湿度达不到要求，天平室周围有震动源(接近空压机、排风机、电梯等设备)，天平安装在离门窗和通风设备排气口很近的地方，附近有磁场影响，天平没有放稳，隔震减震措施不到位等等，都会影响到电子天平的称量准确性。为了使电子天平称量值准确无误、真实可靠，必须按要求经常对其进行校准。

2.5 仪器设备

2.5.1 使用电热恒温箱时应注意哪些事项?

（1）有鼓风装置的干燥箱，在加热与恒温过程中必须将鼓风机开启，否则会影响工作室温度的均匀性，工作室的气流不通畅，影响测定结果，还可能损坏加热元件。

（2）使用干燥箱时，顶部的排气阀应旋开一定间隙，以便于水蒸气逸出，停止使用后应关闭，防止潮气及灰尘落入。

（3）干燥箱温度控制表盘的数字比较粗略，常与实际温度不符，应以顶部的水银温度计指示的温度值为准，检查调整至所需温度（精度要求为 ±1℃）。

（4）加热烘干物品时不得超过规定的最高使用温度。

（5）易燃、易爆、有腐蚀性的物品不得在干燥箱内烘烤。

（6）试样、试剂和玻璃仪器要使用各自专用的烘箱分别烘干，以免相互污染。被烘干物品之间应当有一定间隙，不可过密。不允许将被烘物品放在干燥箱底板上，因为底板温度大大超过所控制的温度。

（7）禁止在干燥箱内烘烤食物、存放碗筷等餐具及其他物品。

（8）干燥箱使用后，应先关闭开关，再切断电源。做好箱内外的清洁工作。

2.5.2 使用电热恒温水浴锅时应注意哪些事项?

（1）水浴锅应放在固定的平台上使用，电源应安装安全开关，务必将地线接好。

（2）使用中，箱内决不能缺水，以免烧坏加热元件。也不能加水过多，防止水温达到100℃后沸腾溢出箱外。

（3）使用时，切勿触碰感温管，以免损坏管内的恒温调节器而使控温失灵。同时，应避免将水溅到电器盒里而引起漏电，甚至损坏电器元件。

（4）使用完毕，必须及时放尽水箱里的水，并擦拭干净，置于通风干燥处存放。

2.5.3 使用马弗炉时应注意哪些事项?

（1）马弗炉应放置在牢固的水泥台面上。周围不要存放化学试剂、精密仪器，更不可存放易燃易爆物品。室内应安装排气扇。

（2）马弗炉要用专用电闸控制电源。

（3）热电偶要插入炉膛的中部，防止偶端与炉壁（底）接触，使指示的温度不准。

（4）禁止熔融物料和灼烧沉淀在同一炉膛内进行。不得在炉内灰化滤纸，容易飞溅的熔剂更不能直接放在高温下熔融，以免玷污炉膛。

（5）马弗炉应按要求对热电偶和控制器定期检定或校正，马弗炉（热电偶）控温点的精度要求为 ±10℃（或相对误差 ±1%），相对误差要小于 ±1%。

（6）马弗炉电源线应按电炉功率大小选用适当线径的带橡胶包皮的铜导线。若线径过细会因电阻过大、发热过高而烧毁导线。电炉外壳应接地线。

（7）当马弗炉第一次使用或长期停用后再次使用时，必须进行烘炉干燥。烘炉温度为室温至200 ℃，时间为恒温 4 h，打开炉门进行。

（8）使用马弗炉时，炉温不得超过额定温度，以免损坏加热元件。禁止向炉膛内直接灌注各种液体及熔解金属。经常清除炉膛内的铁屑和氧化物，以保持炉膛内的清洁。

（9）熔融试样时，应在炉膛底板上放置耐火泥板。如果熔体溢出坩埚，冷却后取出耐火泥板，用水洗净、烘干后重新放入，以保护炉膛。

（10）马弗炉功耗较大，使用完毕后应立即切断电源。

（11）晚上无人在时，不要启用马弗炉，以免控制器失灵，烧毁炉内的容器或炉丝，严重时会引起火灾。

（12）定期检查马弗炉、温度控制器导电系统各连接部分的接触是否良好。

2.5.4　校正马弗炉炉温的简便方法是什么？

用简便方法校正马弗炉炉温常用的熔剂有：

氢氧化钠，熔点 318.3℃。校正方法是取 2g～3g 氢氧化钠置于瓷坩埚中，放入马弗炉中，从 300℃逐步升温至 320℃，恒温 3min～4min，观察其是否熔化，然后调节。

无水碳酸钠，熔点 851℃；碳酸钾，熔点 891℃；无水硼砂（$Na_2B_4O_7$），熔点 741℃。校正方法同用氢氧化钠的校正方法。

2.5.5　使用电炉时应注意哪些事项？

（1）电炉电源最好用闸刀开关控制通断，不要只用插头控制，功率较大的电炉尤其应该如此。

（2）电炉不要放在木质、塑料等可燃材料制成的实验台上，应放在混凝土砌筑的实验台上；熔样用电炉要安装在通风橱内。

（3）加热玻璃容器时要垫上石棉网。如果是金属容器，切记不要触及炉丝，取下金属容器时要切断电源，防止触电。

（4）炉盘内的凹槽要保持清洁，及时清除污物。

（5）更换炉丝时，新炉丝的功率要与原来的相同。安装时，炉盘下的连接导线一定要套上绝缘瓷管。

2.5.6　温度计的使用方法及注意事项是什么？

（1）使用温度计之前，应首先估计一下待测介质温度的高低，若待测介质温度在所用温度计的测量范围内，才可以使用该温度计。否则，不能使用。

（2）大多数精密温度计都是全浸式的，在使用时，其末端感温泡应完全浸没在待测介质中。

（3）温度计不应不经适当方法预热就立即插入热介质中。

（4）读数时必须在正面读数，并保持视线、刻度和温度计内液面基准线在同一水平线上。

（5）刚测量过高温物体温度的温度计，不能立即用冷水冲洗，以免水银球炸裂。

（6）不能用温度计代替玻璃棒进行搅拌。

（7）使用温度计时应轻拿轻放。温度计一旦打碎洒出水银，应立即进行处理（如用硫磺粉覆盖），以免长期吸入汞蒸气而中毒。

（8）使用电接点式水银温度计时，其尾部应完全浸入待测介质中，但标尺部分不能浸入介质受热。

（9）温度计中的水银柱若发生中断现象，可将水银温度计插入冷冻剂中，使毛细管中的水银全部缩回到感温泡中，然后再撤去冷冻剂使其升温膨胀。这样反复进行几次，此现象即可消除。

2.5.7 使用试验小磨时应注意哪些事项？

（1）使用设备时，要认真阅读技术说明书，熟悉技术指标、工作性能、使用方法、注意事项，严格遵照仪器使用说明书的规定步骤进行操作。

（2）初次使用设备的人员，必须有熟练人员进行指导，熟练掌握后方可独立进行操作。

（3）使用时所用的仪器设备及器材要布局合理，摆放整齐，便于操作、观察及记录。

（4）电子仪器设备通电前，要确保供电电压符合仪器设备规定的输入电压值，配有三线电源插头的仪器设备，必须插入带有保护接地供电的插座中，以保证安全。

（5）使用时应经常清理外表及罩壳内表面，将其擦拭干净。

（6）要经常检查紧固件，若有松动需及时拧紧后才可继续运转。

（7）经常检查润滑部分有无漏油，润滑油或润滑脂有无变质，如已变质要及时更换。齿轮润滑油是 4 号机油（GB 443—1989），轴承润滑使用钙基润滑脂（GB/T 491—2008）。

（8）磨机运转过程中，要经常注意有无异常的噪声和不正常的冲击声，轴承温升及齿轮减速电机温度是否有过高、异味、冒烟等现象。若有，要立即停止运转，查找原因，待排除故障后才能恢复运转。

（9）要经常检查各密封垫，发现有损坏处，要及时更换。

（10）经常检查电源，保证接触良好，控制箱需保持干燥。

2.5.8 使用振动磨时应注意哪些事项？

（1）每次启动前仔细检查各零部件是否安全紧固，根据震动情况判断弹簧是否正常。物料破碎是否合格，主要取决于破碎部分的情况，要经常检查破碎锅、破碎环、破碎锤是否光洁无麻点，如出现麻点则应该更换新的。

（2）震动大小与偏心锤、弹簧和橡胶墩有关，偏心锤在出厂时已经调试好，不需再经常调整。弹簧折断或橡胶墩劈裂是引起震动的主因，发现问题要及时更换新的零件。更换断裂弹簧时要将六只一齐更换，或隔开更换三只，不能只更换一只，否则会因新旧弹簧的弹性不匀引起再次断裂，出现故障。

（3）震动部件与电源是用电缆连接，由于经常处于抖动状态，可能引起电缆外表橡胶皮套断裂，导致电线漏电。所以要经常检查，以防出现触电事故。

2.5.9 使用压样机时应注意哪些事项？

（1）应将制备压片的钢环擦拭干净，避免沾有杂物；

（2）倒入钢环中的样品应适量，不宜太多或太少；

（3）样品应保持清洁，避免混有杂物；

（4）定期对压片机加润滑油，并做好润滑记录；

（5）送交荧光室的样片一定要符合要求，避免样片有划痕、凸面、裂痕及带有粉尘等。

2.5.10　电磁矿石粉碎机的工作原理是什么？使用时应注意哪些事项？

电磁矿石粉碎机是利用电磁吸力原理，驱动料管快速将物料打碎成细微状态的新型实验粉碎机，没有传动部件，具有体积小、质量轻、操作方便、噪声低、使用寿命长、粉碎速度快、全封闭、无粉尘飞扬的特点，是圆盘粉碎机、偏心振动粉碎机的更新换代产品。

使用时注意事项：

（1）供电电压应符合要求，电压过低会使继电器吸合不良，触头易烧坏。如发现供电电压长期低于210V，应立即切断电源，必要时向厂商另购变压器。

（2）地线一定要接地良好。

（3）试样水分含量过高时，应先烘干后再入磨。

（4）料杯清理：如果按品种使用专用料杯，可不必清理，或进行简单清理即可。用户可根据需要增购料杯。料杯一般不用水冲洗，但如果习惯用清水冲洗，必须特别注意，水冲洗后应立即放入烘箱烘干，以免生锈。有些用户习惯于用试样过磨的方法清理料杯料管，即将要磨的试样先取出一部分磨一下倒掉，再正式取样入磨，或先用石英砂或矿渣预磨，以清理粉碎装置，这些方法在特别严格的测试场合也许是必要的，但预磨的物料量不能太多也不能太少，而且研磨10s至30s已足够。

2.5.11　使用密封式制样机时应注意哪些事项？

如有下列情况之一时不得接通电源：

（1）无粉碎样品时，冲击环和冲击块不应放在钵内，以免相互击坏。压杆松动及电机电源有可能成为单相或两相时，均不能使电机运转。

（2）料样应干燥脱水后加入料钵。潮湿、有强烈腐蚀性的样品不得放进料钵内粉碎加工。

（3）电源闸刀离机体2m～3m。将料钵盖及压杆压紧压妥后，方可通电运转。粉碎机未停稳静止前不得松开压盖倒料。

（4）每钵加工量（即装载量）和粒度不能超过允许的限度。装料后必须保持料钵内冲击环和冲击块之间有一定的空隙，不能被料卡死，否则不能粉碎或达不到粉碎制样的要求。

（5）为了保持样品的纯度，可先用少量样品进行一次或多次粉碎洗钵，然后正式粉碎制样。

（6）整机不用时，应保持在干燥、无尘、无腐蚀性气体的环境中，防止机体锈蚀。

2.5.12　粉状物料自动取样器的工作原理是什么？使用时应注意哪些事项？

采用螺旋绞刀输送方式，控制箱控制减速电机，减速电机带动螺旋绞刀。循环工作流程是：清料→间隔→取样→间隔。每个工作状态的时间长短均可调节（详见说明书），此设置能保证取出的样品代表性强，准确反映各种原料成分的配比。用于散装库的取样器的工作流程有别于煤粉、生料、出磨水泥、包装水泥等的取样器的工作流程，散装库的取样器与卸料机同步，卸料机工作，则取样器工作即立即取样；卸料机停，则取样器先停止取样，然后进行清料（停电延时反转功能），以此确保下次取样时管内不留残料，样品的代表性及准确性更强。

使用时的注意事项：

（1）控制器与取样器的接插件（接插件是带有键式凸凹槽插件，请勿强行手拧，谨防损坏）连接线在安装时长度有可能不够，接插件连接线需要加长时，剪断接插件线按原线的色线对应相接，否则取样器运转程序会发生错误，无法工作。

（2）取样器配有两种卸料筒：一种为普通圆管卸料筒；另一种为负压圆管密封卸料筒，它是在负压比较大的情况下，装上塑料瓶减压取样。使用负压圆管密封卸料筒应注意两点：一是塑料瓶必须拧紧，形成密封取样，不能用别的容器接装料，否则取不出样或是取样不具代表性；二是塑料瓶密封取样，必须定时定量，超时超量取样将会导致取样器发生阻塞（如需在负压状态下取样可另行订货）。

（3）更换取样品种或几天内未用，再使用时应开机使取样器运转 10min 左右消除余灰，以保证更换品种后所取物料具有代表性，并可防止余灰阻塞结块。最好是不间断地运转。

（4）取样器在长期使用时，内部结构的密封件有可能会损坏，更换时，非标准件为左旋牙拆卸。

2.5.13 熔融试样、测定烧失量、三氧化硫、不溶物和煤的工业分析用马弗炉可共用吗？

马弗炉作为一个提供不同温度的仪器可以改变样品的状态，保证样品的质量恒定。但是，对于不同的用途，使用同一台马弗炉是不符合要求的。对于熔融试样，因为在样品中混合加入了强碱性化学试剂，在使用过程中，炉膛内碱性气氛增强；而测定烧失量、三氧化硫和不溶物时，需要充足的有氧燃烧状态，才能保证烧失量发生氧化－还原反应，保证三氧化硫和不溶物的灼烧恒量；而煤的工业分析用马弗炉，因为要保证测温点保持在样品的最近水平，也就是说煤的工业分析用的马弗炉，热电偶的测温位置和其他用途的马弗炉测温位置不一样，位置要稍高，以保证测定的是最佳温度。所以，样品熔融用的马弗炉碱性气氛较浓，不能用来测定发生氧化－还原反应的烧失量和三氧化硫、不溶物的恒量，而因为温度测点要求不同，使物质的质量达到恒量的马弗炉也不能用来进行煤的工业分析用。所以，对于样品熔融、烧失量、三氧化硫和不溶物、煤的工业分析而言，不能使用同一台马弗炉完成上述的测定，而是要各有专用马弗炉。

2.6 金属器皿

2.6.1 使用铂坩埚及铂制品时应注意哪些事项？

（1）禁止使用还原火焰进行加热，否则铂易被还原火焰中的炭腐蚀而形成化合物，使铂变脆。最好在电热板或电炉上加热。

（2）不得在器皿内熔融或加热含磷、碳和大量硫化物的物质，过氧化钠（Na_2O_2）、氢氧化钠（NaOH）、氢氧化钾（KOH），碱金属和钡的氰化物、硝酸盐和亚硝酸盐及硫代硫酸钠（$Na_2S_2O_3$），以及含重金属的样品（如铅、铋、锡、锑、镉、银、砷、汞、铜等），因为铂易与 P、C、S 形成化合物，易与重金属形成合金。

（3）不允许在铂皿中处理含卤素及能分解出卤素的物质，例如王水、溴水及盐酸和氧化剂的混合物（例如盐酸和二氧化锰反应会生成氯气：$2HCl + MnO_2 \longrightarrow Cl_2$）。

（4）由于铂的材质较软，拿取时勿过于用力，以免变形。也不能用玻璃棒等尖头物件在铂坩埚中捣、刮熔融物，以免损伤内壁。如已发生变形，用一个特制的木质平头圆棒（外径比铂坩埚内径稍小）伸入坩埚内轻压坩埚变形部分，使之变得圆滑。

（5）红热状态下的铂坩埚不能与其他金属接触，以免生成质脆的合金。高温下夹取铂坩埚时须用带铂头的坩埚钳。镍或不锈钢坩埚钳只能在低温时使用。

（6）已达到红热状态的铂坩埚不许骤然放入冷水中冷却。

（7）制品应保持内外清洁光亮。使用过的铂皿可用下述方法清洗：

1）用盐酸溶液（1+5）加热处理；

2）如器皿上粘有脏物时，可用焦硫酸钾或碳酸钠熔融除去；

3）如有轻微腐蚀，可用细砂轻轻抹擦腐蚀部分。

2.6.2 使用银坩埚时应注意哪些事项？

（1）新的银坩埚使用前应进行处理。将银坩埚放于300℃～400℃高温炉中灼烧数分钟以除去油污，取出稍冷后，再用热盐酸溶液（1+20）洗涤，然后用水冲洗干净、烘干。

（2）使用时，加热要均匀，严格控制温度不要超过700℃。为此，一般在高温炉中加热。

（3）银坩埚一经加热，表面会产生一层耐碱侵蚀的氧化膜。因此可用NaOH或KOH作熔剂，也可以用Na_2CO_3（或K_2CO_3）与$NaNO_3$（或过氧化钠Na_2O_2）的混合熔剂以烧结法分解试样，但熔融时间一般以不超过30min为宜。

（4）银坩埚不适用于以Na_2CO_3（或K_2CO_3）作熔剂熔融样品，因易生成Ag_2CO_3沉淀。

（5）含硫试样及硫化物熔剂不能在银坩埚内熔融，因能生成硫化银。

（6）银坩埚不要长时间地与稀酸接触。在浸取熔融物时也应先用沸水、后用少量稀酸浸取。银坩埚不能接触浓酸，尤其不能接触浓硝酸或热浓硫酸，否则会被溶解。

（7）灼烧至红热的银坩埚不能很快用水冷却，以免产生裂纹。

3 定量分析的程序

3.1 实验室样品的采取

3.1.1 为什么正确地采取实验室样品是分析工作的首要环节?

“实验室样品”是指按照科学的方法选取的能代表全部物料或某一矿山地段的平均组成的样品;将实验室样品经过破碎、筛分、混匀、缩分至一定量,制得的样品称为“分析试样”(简称“试样”)。从试样中称取一定量,用以进行有关成分或性能的具体测定,这部分试样称为“试料”。通常“试料”只有零点几克或几克,要用这么小量的试料的测定结果代表大批物料的平均组成,显然对实验室样品的代表性有严格的要求。否则,不但大量的分析工作会毫无意义,而且,还会对生产和实验造成错误的判断,产生严重的后果。因此,正确地采取实验室样品是分析工作的首要环节,必须给予高度重视。

3.1.2 如何在矿山上采取实验室样品?

从矿山上采取实验室样品进行化学分析的目的,是为了掌握整个矿山的化学成分的变化情况,为编制矿山网和制定开采计划提供必要和充分的化学分析数据。

由于各个矿山的生成条件不同,各水泥厂的矿山取样方法也不可能一致,应根据矿层分布的情况、矿层不均匀性以及矿山的大小来制定采样方法。

矿山采样一般采用刻槽、钻孔或沿矿山开采面分格取样等方法。

(1) 刻槽取样法　刻槽法取样应垂直于矿层的延伸方向,沟间距离视矿层成分的均匀程度而定,一般在 50 m ~ 80 m 之间。在沟槽中取样,一般每隔 1 m 取一个样品。槽的断面一般为长方形,断面为 3 cm × 2 cm ~ 10 cm × 5 cm。将刻槽凿下的碎屑混合作为实验室样品。刻槽前应将岩石表面刮平扫净。

(2) 钻孔取样法　主要是为了了解矿山内部结构和化学成分的变化情况,将各孔钻出的细屑混合作为实验室样品。

(3) 沿矿山开采面分格取样法　当矿山各矿层化学成分变化不大时,可采用沿矿山开采面分格取样法,沿矿山的开采面,每平方米面积上用铁锤砸取 1 小块样品,混合后作为实验室样品。采取黏土实验室样品时,要特别注意原料的均匀性,据此确定取样的沟道及方法。当有夹层砂时,应在矿层走向的垂直方向每隔 1 m 左右取 1 个样品(约 50 g)。在一般情况下,则根据黏土层的厚度进行分层取样。取样沟道之间的距离约为 10 m ~ 25 m。

3.1.3 采取原始样品的质量与样品颗粒大小之间有何种关系?

通常所选取的实验室样品的质量都很大,必须经过逐次破碎和缩分。原始样品的最低可靠质量 Q(单位:kg)大体上与其最大颗粒直径 d(单位:mm)的平方成正比关系(缩分公式）：

$$Q = Kd^2 \qquad (3\text{-}1)$$

式中 K——根据矿石特性而确定的经验系数。

表3-1为根据矿石均匀程度而列出的K的经验值。表中的K值不能概括所有情况，必要时可用试验方法确定。

表3-1 K的经验值

矿石均匀程度	K值
较均匀的	0.1～0.3
不均匀的	0.4～0.6
很不均匀的	0.7～1.0

【例】 选取某较均匀的矿石样品时，其中最大颗粒直径约50 mm，设K值为0.2，问原始样品应选取多少千克？送实验室的样品约需0.1 kg，问此样品最粗颗粒的直径应不超过多少毫米？

解：原始样品的最低可靠质量为：

$$Q = 0.2 \times 50^2 = 500\ (\text{kg})$$

送往化验室的样品最大直径为：

$$d = \sqrt{\frac{Q}{K}} = \sqrt{\frac{0.1}{0.2}} = 0.7\ (\text{mm})$$

3.1.4 如何在原料堆场上取样？

已进厂的成批原材料（如石灰石、白云石、黏土、砂子等），如果在运输过程中没有取样，进厂后可在分批堆放的料堆上取样。在料堆的周围，从地面起，每隔0.5 m左右，用铁铲划一横线，每隔1 m～2 m划一竖线，间隔选取横竖线的交叉点作为取样点。用铁铲将表面物刮去，深入0.3 m～0.5 m挖取100 g～200 g矿样，作为实验室样品。如遇块状物料，取出用铁锤砸取一小块。一般是每100 t原料、燃料堆取出5 kg～10 kg样品，送往化验室制备试样。

3.1.5 破碎后的石质原料如何取样？

破碎后的石质原料如石英、长石、石灰石等，在破碎机出口皮带上用宽150 mm槽形长柄铁铲每5 min截取石质样品一次，将30 min内采取的样品合并为一个样品，现场四分法缩分至2 kg。截取时，铁铲应紧贴传送皮带而不得悬空，一次横切物料流的断面采取一个子样。

3.1.6 如何采取水泥熟料样品？

一般水泥厂熟料样品由人工采取

（1）在熟料链板机上定时采取。

新型干法水泥企业采取熟料地点，大多是在熟料出窑后经破碎、冷却（篦冷机）向熟料库输送的链板机上定时采取，每隔5 min～10 min取样一次，每次使用铁铲随机挖取3 kg

~5 kg，不少于20次。

（2）在熟料贮库取样

1）在熟料堆场取样：从地面向上每隔1 m左右用铁铲划一横线，再在横线上每隔2 m ~3 m划一条竖线，选取横竖线的交点处作取样点，挖取3 kg~5 kg，不少于20点。

2）在库侧/底取样：在熟料出口处，每间隔5 min~10 min取3 kg~5 kg，不少于20次。然后将各次（处）取得的样品混合，组成某段时间内的实验室样品。将所取熟料样品倒在清洁的水泥地面，用铁铲将样品堆成锥形，堆锥时必须从锥中心倒下，以便使样品从锥顶大致等量地流向各个方面。然后用铁铲从这一堆一铲一铲地移向另一堆，如此反复3次~5次。最后用四分法将样品缩分到30 kg为止。

3.1.7 如何采取出厂水泥样品？

出厂水泥物理性能检验样品的采取，应按照国家标准GB/T 12573—2008《水泥取样方法》进行。水泥出厂前，按同品种、同强度等级进行编号，每一编号为一取样单位。GB 175—2007/XG 1—2009规定：出厂水泥编号按水泥厂年生产能力确定：120万t以上的，不超过1200t为一编号；60万吨至120万吨的，不超过1000t为一编号；30万吨至60万吨的，不超过600t为一编号；10万吨至30万吨的不超过400t为一编号；10万吨以下的，不超过200t为一编号。取样应有代表性，可连续取样，也可从20个以上不同部位取等量样品，总量至少12 kg。进行单一编号水泥强度均匀性试验的样品，是从每个品种水泥产品中随机抽取一个编号，按GB/T 12573—2008标准规定的方法采取10个分割样。

3.1.8 从包装成桶或袋的物料中抽取样品有几种方法？

统计学的第一类问题即是如何从总体中抽取样本。抽样分为不放回抽样和放回抽样两种情况。当逐个地从总体中抽取个体时，如果每次抽取的个体不再放回总体，称为不放回抽样；如果每次抽取一个个体后，把它放回总体，然后再抽取下一个个体，称为放回抽样。很显然，放回抽样的特点是在抽样过程中，总体里所含个体情况始终未发生变化。这里主要介绍不放回抽样。

抽样方案是在随机抽样基础上建立起来的，为了使样本对批质量具有充分的代表性，样本必须从整批产品中随机抽取，即应采取概率抽样方法，而不能人为主观地随意抽取。在确定抽样方法时，要考虑随机性和经济性。从总体中抽取样品常用的方法有简单随机抽样法、系统随机抽样法、分层抽样法等。

3.1.9 什么是简单随机抽样法？

设一个总体（批）中有N个不同的单位产品，如果通过逐个抽取的方法从中抽取一个样本，且每次抽取时各个个体在该次抽取中被抽到的概率相等，这样的抽样方法称为简单随机抽样法。简单随机抽样法体现了抽样的客观性与公平性，且方法比较简单，因而成为其他较复杂抽样方法的基础。此法适用于批内产品质量比较均匀一致的情况。

【例】 从批量$N=1000$的产品中用简单随机抽样法抽取一个大小为$n=8$的样本。

解： 将产品从1~1000编号。

（1）抽签、抓阄法　用纸卡写出1~1000的号码，摇匀后从中任意抽出8个签，即为应抽取的样品编号。抽签法简便易行，当总体中的个数 N 不多时，易于做到使总体处于“混合均匀”的状态，使每个个体有均等的机会被抽中。

（2）扑克牌法 一副扑克牌的四组 A，2，……9，10 共 40 张。A 作为 1，10 作为 0。每次彻底洗牌、切牌后，翻开最上面的一张，即可以得到一个数码。如果需要 n 位数的数列，就把 n 次洗、切牌后得到的数码组成一组。这种方法简便易行，但每次必须把抽出的牌放回。

（3）利用计算机随机数发生器抽样 在许多计算机的高级语言中都设有一个随机数发生器，利用它可以产生随机数。

（4）随机数表抽样法 随机数表是将 0 到 9 十个数字由计算机随机生成。在表中每个位置 0 到 9 十个数字出现的概率是相等的。有的资料仅列出一页随机数表（有的书给出 2 页或 4 页或 6 页），每页横排（行）为 50 个数字，竖排（列）亦为 50 个数字，每页共有 2500 个数字，但每行中的 50 个数字排成了 25 个二位数。使用随机数表的步骤各种书籍不尽相同，其中一种方法的步骤如下：

1）决定页码 将圆珠笔横着投向任一页随机数表，笔尖所指向的数字若为奇数，则选用第一页表；若指向偶数，则用第二页表。

2）确定起点 将圆珠笔横着投向所选定的随机数表，以笔尖所指向的两位数字作为起点所在的行数；再投一次，以笔尖所指向的两位数字作为起点所在的列数。若笔尖所指向的数字大于 50，则将该数字减去 50，用余数确定起点的行数或列数；若笔尖所指向的数字为 00，则将该数字加上 50，即用 50 确定起点的行数或列数。例如，经过投掷圆珠笔，确定使用随机数表的第一页，第一次笔尖指向 26，第二次笔尖指向 20，则起点为“第一页的第 26 行第 20 列”，该数字为“2”。

3）确定抽样样品的编号 因为批量 1000，故所抽取的样品号应小于等于 1000，即最多为 3 位数。从起点开始，自左至右依次取 8 个 3 位数字，如果达到最右端尚未取足，则转移到下一行继续取。本例取出的数字为：267，190，071，746，047，212，968，020。按照从小到大的顺序排列，所应抽取的 8 个样品编号为：20，47，71，190，212，267，746，968。

3.1.10 什么是系统随机抽样方法？

当产品可按某个顺序排列时，给 1 到 N 的产品编号码，用记号 $[N/n]$ 表示这个数的整数部分，以 $[N/n]$ 为抽样间隔，并用简单随机抽样法在 1 至 $[N/n]$ 之间随机抽取一个整数作为样本的第一个单位产品的号码。往后，每隔 $[N/n]-1$ 个单位产品抽取一个样品，一直抽取 n 个单位产品即为所求样本。这种样本叫做系统样本。

【例】 有一批产品 $N=200$，可排成一线，试用系统抽样法抽取一个 $n=10$ 的样本。

解： 抽样间隔为 $[N/n]=200/10=20$，在 1～20 之间用简单随机抽样法先选取首数，假定选 15，则第一个样品为排在第 15 号的产品，接着应抽取第 35 号，55 号…一直到 195 号，即得到一个 $n=10$ 的样本。

在生产流水线上，总体可以看做是无限的，在总体中每个个体的排列是随机的。可以按确定的产品数量（如每 1000t）或确定的时间间隔（如每 1h）进行取样。

大块的钢板、玻璃、装饰装修材料堆码后不易做到随机抽样，可在产品移动过程中按预先确定的随机数码抽取相应的产品。

3.1.11 什么是分层抽样方法?

有时为了取得有代表性的样本，可将整批产品按某些特征（不同的班组，不同的设备，不同的生产时间等）划分成若干层。同一层内的产品质量应尽可能均匀一致。在各层内按比例分别随机抽取一定数量的单位产品，然后合在一起组成一个样本，称为分层抽样。

使用分层抽样的前提是总体可以分层，层与层之间有明显的差异，而每层内个体之间的差异较小，每层所抽取的个体数按各层个体数在总体中所占比例抽取，而每层又可以按简单随机抽样和系统抽样方法进行抽取。只要分层恰当，一般来说，抽样结果比简单随机抽样和系统抽样更能反映总体的情况。因此，在解决实际问题时，抽样方法经常是交叉使用。

【例】 一批产品共计38100件，来自五个不同的班组，分为5层，各层的件数分别为30000，4000，3000，1000，100。为了检验批的质量水平，从各班组中分别抽取样品，样本量为500。折算系数为 $500/38100 = 0.01312$。各层的抽取样本数按比例分别为：$30000 \times 0.01312 = 394$，$4000 \times 0.01312 = 53$，$3000 \times 0.01312 = 39$，$1000 \times 0.01312 = 13$，$100 \times 0.01312 = 1$。

在上例中，如果各个班组的质量有明显差异，一致性不能保证。为了避免混批后由于拒收频率增大需要查找原因所造成的困难，可以把每一层当成独立的批，分别检验。但样本量、检验费用将增加。所以，只要各层质量没有明显差异，就应该做整批处理，分层随机抽取各层所需样本。

3.1.12 几种抽样方法之间有何关系?

几种抽样方法之间的关系见表3-2。

表3-2 三种抽样方法的比较

<table>
<tr><th>类别</th><th>共同点</th><th>各自特点</th><th>相互关系</th><th>适用范围</th><th>操作要点</th></tr>
<tr><td>简单随机抽样</td><td rowspan="3">抽样过程中每个个体被抽取的概率相等</td><td>从总体中逐个抽取</td><td rowspan="2">在起始部分抽样时，采用简单随机抽样</td><td>总体中的个数较少</td><td>个体编号，随机抽取</td></tr>
<tr><td>系统抽样</td><td>将总体均分成几部分，按事先确定的规则在各部分抽取</td><td>总体中的个数较多</td><td>个体编号，平均分组，确定首号，按规则抽样</td></tr>
<tr><td>分层抽样</td><td>将总体均分成几层，分层进行抽取</td><td>各层抽样时，采用简单随机抽样或系统抽样</td><td>总体由差异明显的几部分组成</td><td>差异分组，个体编号，按比例抽样</td></tr>
</table>

3.1.13 什么叫统计抽样?

抽样检验是从一批交验的产品（总体）中，随机抽取适量的产品样本进行质量检验，然后把检验结果与判定标准进行比较，从而确定该产品是否合格或需再进行抽检后裁决的一种质量检验方法。

过去，一般采用百分比抽样检验方法。我国也一直沿用前苏联20世纪40年代采用的百分比抽样检验方法。这种检验方法认为样本与总体一直是成比例的，因此，把抽查样本数与检查批总体数保持一个固定的比值，如5%、0.5%等。可是，实际上却存在着大批严、小批宽的不合理性，也就是说，即使质量相同的产品，因检查批数量多少不同却受到不同的处理，而且随着检查批总体数量的增多，即使按一定的百分比抽样，样本数也是相当大的，不能体现抽样检验在经济性方面的优点。因此，这种抽样检验方法已被逐步淘汰。

人们经过对百分比抽样检验方法的研究，获知百分比抽样检验方法不合理的根本原因是没有按数理统计的科学方法设计抽样方案。为此，统计学家们逐步研究和设计了一系列建立在概率论和数理统计科学基础上的各种统计抽样检验或统计抽样检查方案，并制订成标准。实践证明，统计抽样检验方法标准应用于产品质量检验时，虽然也存在着误判的可能，即通常所说的存在着生产方风险和使用方风险，但可以通过选用合适的抽样检验方案，把这种误判的风险控制在人们要求的范围之内，符合社会生产使用的客观实际需要，因此，很快在世界各国得到广泛推行，取代了原先的不合理的百分比抽样检验方法。

我国标准化工作与世界接轨，积极采用国际标准，至今已制定的统计抽样检验方法标准有：GB/T 2828系列计数抽样检验标准、GB/T 6378系列计量抽样检验标准等二十余项国家标准。统计抽样检验方法已在我国开始得到广泛应用。

3.2　分析试样的制备

3.2.1　从实验室样品如何制备分析试样?

首先将样品烘干，然后粗碎。每次样品破碎后需过筛，将筛上物继续破碎，然后与筛下物混合，用锥形四分法或挖取法进行缩分。弃去一半，保留另一半，继续破碎、过筛、混合、缩分的过程。当样品磨碎至颗粒直径为0.2 mm ~ 2 mm的颗粒后，用研钵细碎，研磨至全部通过0.080 mm方孔筛，获取20 g ~ 30 g分析试样。其流程图如图3-1所示。

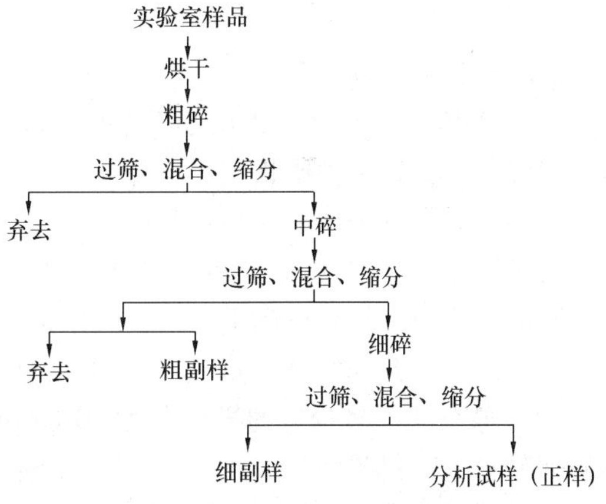

实验室样品
烘干
粗碎
过筛、混合、缩分
弃去
中碎
过筛、混合、缩分
弃去
粗副样
细碎
过筛、混合、缩分
细副样
分析试样（正样）

图3-1　分析试样的制备过程

3.2.2　制备试样前为何要将样品烘干?

如果样品过于潮湿，粉碎、研细与过筛时就会发生困难（如发生粘结、堵塞现象）。因此，制备试样前必须先将样品干燥，然后再进行处理。

如系大量的样品，可在空气中干燥，即把样品放在胶合板、塑料布或洁净的混凝土地面上，摊成一个薄层，并经常翻动，在室温下放置几天，使其逐渐风干。

如系小量样品，可放入烘箱中干燥，一般应在105 ℃ ~ 110 ℃下进行。对易分解的样品，如煤粉、含结晶水的石膏等，应在较低的温度下（45 ± 3）℃烘干，否则将会给主成分的测定结果带来很大误差。铝土矿、锰矿等吸水能力较强的样品，可在较高的温度下（120 ℃ ~ 130 ℃）烘干。

3.2.3 如何将样品破碎与磨细？

粒状样品的破碎一般用机械或人工方法逐步进行，大致分为粗碎、中碎和细碎等阶段。

（1）粗碎　用颚式破碎机将大颗粒样品压碎至通过孔径为3.36 mm ~4.76 mm的筛。

（2）中碎　用球磨机或圆盘粉碎机将粗碎后的样品磨碎至通过孔径为0.84 mm的筛。

没有机械设备时，也可用人工破碎，但不要让样品飞散。通常先把试验室样品经25 mm的筛子过筛，对较大的颗粒一般采用小型颚式破碎机或在钢板上用铁锤粗碎。如果样品的颗粒直径在10 mm以下，可用轧辊式中碎机破碎或人工在钢板上、铁研钵中用铁锤击碎。

（3）细碎　用圆盘式粉碎机进一步磨碎，必要时用瓷研钵研磨，最后再在玛瑙研钵中研细，使样品全部通过0.080 mm方孔筛（或按相应标准的规定筛孔）。

在水泥生产过程中取得的实验室样品，若为出磨物料，如混合生料、煤粉、水泥等，一般不再进行研磨，经混匀与缩分之后，即可作为试样直接送化验室进行分析或测定。

3.2.4 为什么在缩分前需先将样品混匀？

为了使分析试样具有代表性，必须把试样充分混匀。由于在同一试样中往往含有几种密度、硬度等物理性质相差较大的矿物组分存在，有的脆性较大易于破碎，有的硬度较大则不易破碎。就密度而言，密度大的矿物相对集中在下层，小的则相对集中在上层，所以在缩分之前，如不加以充分地混匀，缩分后的试样就不会具有充分的代表性。

混匀有如下几种方法：

（1）锥堆法　大批（如几百千克）样品的混匀，多采用铁铲混匀法与环锥混匀法。所谓铁铲混匀法，即用铁铲将实验室样品从原来的一堆，堆成另一堆，把样品混匀。环锥混匀法是先将样品用铲子堆成一个规则的圆锥体，然后用木板或金属板从锥顶插入，以锥体轴为中心将板转动，把圆锥体分成一个环形（环形的直径要比锥体直径大两倍左右），然后用铲子沿环的外线或内线将样品重新堆成圆锥体。应注意使每一铲子的样品，都必须准确地撒在锥体的顶部，如此反复进行两三次，即可将样品混匀。

（2）掀角法　较少量的样品（如20 kg以下），可用掀角法进行混匀，即将样品放在光滑的塑料布上，提起塑料布的一角使样品滚到对角，然后再提起相对的一角，使样品滚回来，如此进行3次~4次之后，将样品留在塑料布的中央。再用另外两个对角如此反复进行3次~4次，使样品充分混匀。

（3）对少量的样品，在化验室中也可用分样器混匀。

3.2.5 如何对样品进行缩分？

用任何一种方法将样品混匀之后，即可进行缩分。一般缩分样品的方法有锥形四分法、挖取法和用分样器缩分法三种。缩分的次数不是随意的，在每次缩分时，保留的样品量与样品粒度之间都应符合“缩分公式”（见题3.1.3：$Q = Kd^2$）。缩分有如下几种方法：

（1）锥形四分法　将混匀的样品堆成圆锥体，然后用铲子或木板将锥顶压平，使其成为截锥体。通过圆心将其分成四等份，去掉任一相对两等份，再将剩下的两等份堆成圆锥体

(见图 3-2)，如此重复进行，直至缩分到所需数量为止。

（2）挖取法（正方形法）　将混匀的样品铺成正方形或长方形的均匀薄层，然后以直尺划分成若干个小正方形。用小铲将每一定间隔的小正方形中的样品全部取出（见图 3-3），然后放在一起再进行混匀。

通常在缩减少量样品或缩分到最后的分析样品时，常用此法。

（3）分样器缩分法　分样器有许多种，最简单的是槽形分样器（见图 3-4）。分样器中有数个左右交替的用隔板分开的小槽（一般不少于 10 个，而且必须是偶数），在下面的两侧分别放有承接样品的样槽。将样品倒入分样器中后，样品即从两侧流入两边的样槽内，于是把样品均匀分成两等份。

缩分样品的最大颗粒直径不应大于格槽宽度的 1/3 ~ 1/2。用分样器可不需预先混匀样品即可进行缩分。

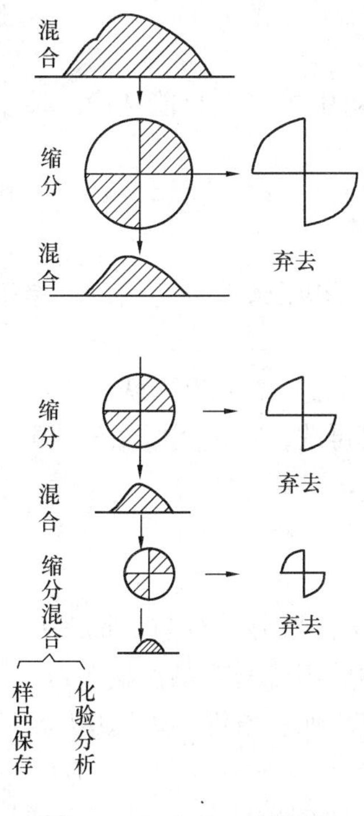

图 3-2　四分法取样图解

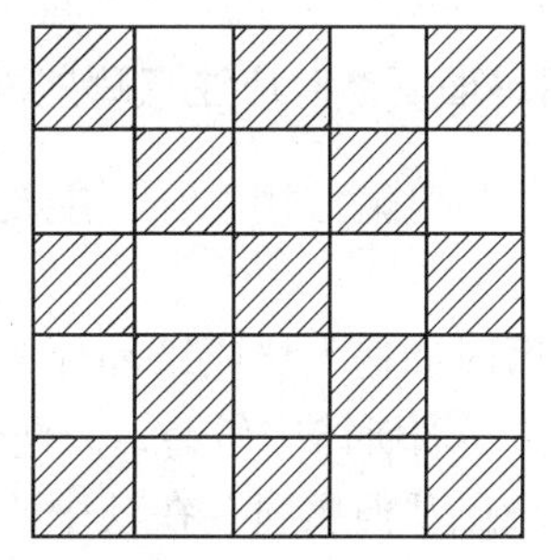

图 3-3　挖取法（正方形法）

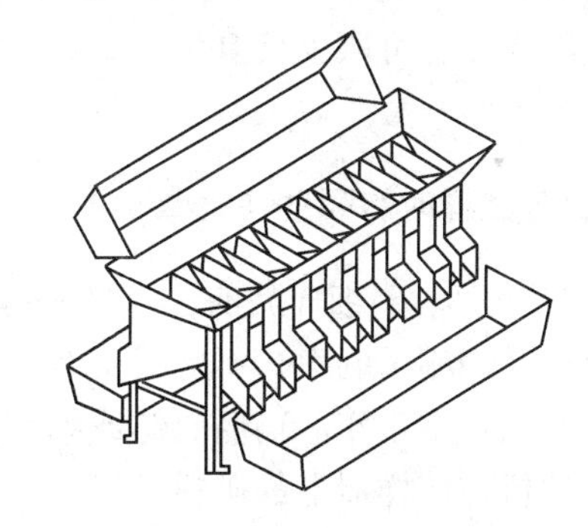

图 3-4　槽形分样器

3.2.6　过筛时应注意哪些事项？

（1）选择适宜筛号的筛子，检查筛孔中是否留有前一次筛过的粉末。必要时，用电吹风机的办法吹去粉尘，或用乙醇浸洗后用冷风吹干，才能使用。

（2）将筛子置于清洁的底盘上，放入少量实验室样品，加上盖，轻轻转动过筛，以防止飞尘散开。

（3）未通过筛孔的粗粒需再次粉碎后过筛，不能随便丢弃，否则影响试样的组成。

（4）过筛完毕，立即用软毛刷刷去筛子、底盘、盖子上的粉尘，必要时用乙醇浸洗，吹干保存，以防金属网锈蚀。

3.2.7 研磨时应注意哪些事项？

（1）将不超过研钵体积1/3的实验室样品放入研钵里，用研钵棒小心地压碎较大块的物料，使之成为细碎分散颗粒。

（2）研磨时，将棒压在研钵壁上，并沿研钵做圆周运动。速度不宜过快，防止物料甩出。

（3）当研磨易扬出粉尘的样品时，用一块光洁的厚纸，中间挖一个直径与研棒柄一样大小的孔，把棒套在孔中，然后将纸盖在研钵上，再在通风橱里进行研磨。

（4）研磨完毕后，洗净研钵及棒，必要时用少量食盐或盐酸放在研钵中研磨擦洗，以除去钵壳上的夹杂物。最后用自来水冲洗，蒸馏水淋洗，晾干。瓷研钵可置于110 ℃的干燥箱中烘干。

3.2.8 使用玛瑙研钵时应注意哪些事项？

（1）不能与氢氟酸接触，不能受热，也不能放在烘箱中烘烤，只能洗净、擦干后任其自然晾干。

（2）研磨时如遇大块或结晶体，要轻轻压碎再进行研磨。硬度过高、粒度过粗的物质最好不要放在玛瑙研钵中研磨，以防损坏其表面。

（3）玛瑙虽硬但质脆，在其中研磨物质时只能将研杵紧压磨体进行研磨，绝不能用研杵使劲敲击磨体，以免造成破损。

（4）使用后一定要用水洗净，必要时可先用稀盐酸溶液（1+20）洗，然后再用水冲洗。如仍不干净，可取少量氯化钠研磨一定时间后，倒出再洗，也可用脱脂棉浸蘸无水乙醇擦净。

3.2.9 制备试样时有哪些注意事项？

（1）在破碎、磨细样品前，应将所有的设备如机器中的颚板、轧辊、磨盘或钢板、铁锤以及研钵等用刷子刷净，不应残留有其他样品粉末。然后用待磨样品洗刷1次~2次，弃去，方可开始正常工作。玛瑙研钵或细筛则用软毛刷刷净。如有条件，可用压缩空气或电吹风机吹除残留在碎样器上的矿粉。

（2）碎样时应尽量防止样品小块或粉末飞散。如果偶尔跳出大颗粒，仍须拣回继续粉碎。

在过筛时，如有筛余，特别是质地坚硬难以破碎的部分，即使是很小一个颗粒也不应随意弃去，仍须继续粉碎至全部过筛为止，以免使分析结果失去对原样的代表性。也不得未经磨细而一起混合，影响样品的均匀性，造成前功尽弃。

（3）在破碎或磨细过程中，因破碎器的磨损而使样品中铁的含量增加，所以最好使用锰钢制成的磨盘、轧辊或颚板等。必要时可用瓷研钵或玛瑙研钵把样品反复磨细，将此未进入金属铁的样品与上述样品进行平行分析，而加以校正。在一般情况下，如实验室样品中没有金属铁或磁铁成分存在，可用磁石吸除由破碎器进入样品中的铁。

（4）制备好的试样应保存在磨口的试样瓶中，必要时用胶带封好，以免化学组成及水分含量发生变化。同时应在试样瓶上贴上标签，编号并登记试样名称、产地、送样单位及收样日期等。试样都要保存一定时间，工厂中通常把原料、燃料或其他物料的试样一直保存到不用这种物料时为止。如为控制生产工艺过程的取样，至少要保存到该批产品出厂时为止。

3.3 试验溶液的制备

3.3.1 称取试样进行分析前应注意试样的哪些性质?

在称取试样进行分析前，应对其初始性质进行检验，以判断其是否符合要求，并确定试验溶液的制备方法。

(1) 试样的细度是否符合分析的要求

如果是取自原材料生产线上的试样，在制备过程中，已研细至全部通过0.080 mm方孔筛，其细度自然符合要求。

如果试样取自出磨的物料中（如出磨水泥、出磨生料），应检验其粒度是否符合要求。一般可用手捻法初试其细度，如能感觉出有颗粒状物质，则试样太粗。应取一定量试样，在玛瑙研钵中研细、过筛，筛余物再研细，直至全部通过0.080 mm方孔筛，然后混匀。

(2) 试样的水分含量是否符合分析的要求

试样吸附的水分为无效成分，一般应在分析前除去。除去吸附水的办法通常是在一定温度下将试样烘干一定时间。

黏土、铁矿石、石灰石、生料、石英砂、萤石、重晶石、矿渣等原材料样品，在105 ℃ ~ 110 ℃下烘干2 h。黏土试样烘干后吸水性很强，冷却后要迅速称量。

石膏试样一般可不烘干。在潮湿地区如要烘干，应在（45 ±3）℃下烘2 h。一定不要在105℃ ~110℃下烘干，否则石膏试样将失去部分结晶水，而导致主要成分三氧化硫和氧化钙测定结果严重偏高。

刚由车间取回的水泥试样、熟料试样可不烘干。

其余试样，如明矾石、矾土、镁砂、生石灰、消石灰等可不烘样。

(3) 试样是否具有酸溶性（主要指水泥熟料）

取0.1 g ~0.2 g试样，放在小烧杯中，加约10 mL盐酸溶液（1 +1），加热，微沸，搅拌，用玻璃棒压碎块状物。如最后无颗粒状硬物，则为酸可溶性试样（溶液可能会因析出硅酸而浑浊）。如仍剩有颗粒状硬物，则为酸不溶试样，应采用熔融法分解试样。

3.3.2 试样的分解方法有哪几种?

分解试样的目的是将固体试样处理成便于分离和测定的溶液。试样分解要完全，使被测组分全部转入溶液中，避免被测组分损失，也应避免从外界引入被测物质和其他干扰物质。

分解试样的方法很多，总的说来不外乎酸溶法和熔融法两种，应根据试样的种类、测定项目及所准备采取的分析方法进行选择。硅酸盐试样能否为酸所完全分解，主要取决于试样中二氧化硅与碱性氧化物含量之比。其比值越大，则越不易为酸所分解；反之，碱性氧化物含量越高，则试样越易为酸所分解。

3.3.3 常用的酸溶法有哪几种？

分解硅酸盐试样的酸通常采用盐酸、磷酸、氢氟酸、硝酸、高氯酸等。

（1）盐酸　在硅酸盐系统分析中，利用盐酸的强酸性和氯离子的配位性，可以分解石灰石、白云石、菱镁矿及品位较好的水泥熟料及水泥试样。例如，以氯化铵称量法测定水泥或熟料中的二氧化硅时，若试样中酸不溶物含量小于0.2%，则可用盐酸分解试样。分离除去二氧化硅后所得的试验溶液可用来测定铁、铝、钛、钙、镁等成分。

（2）磷酸　磷酸在200 ℃～300 ℃（通常为250 ℃左右）是一种强有力的溶剂，在该温度下磷酸变成焦磷酸，具有很强的配位能力，能溶解不为盐酸、硫酸分解的硅酸盐、硅铝酸盐、铁矿石等矿物试样。但在系统分析中，溶液中有大量磷酸存在是不适宜的，会干扰配位滴定法对铁、钙、镁等元素的测定，故磷酸溶样只适用于某些元素的单项测定，如在水泥生产控制中，铁矿石、生料试样中铁的快速测定，萤石中氟的蒸馏法测定，水泥中三氧化硫的还原－碘量法测定等。

（3）氢氟酸　氢氟酸是弱酸，但具有较强的配位能力，与硫酸混合，可分解绝大多数硅酸盐矿物。使用氢氟酸－硫酸分解试样的目的，通常是为了测定除二氧化硅以外的其他成分，二氧化硅则以四氟化硅的形式挥发。例如，配位滴定法测定萤石中铁、铝、钙、镁的试验溶液的制备，即用氢氟酸－硫酸在铂皿中加热除去试样中的二氧化硅。加入硫酸的目的是为了防止试样中的钛、锆、铌等元素与氟形成挥发性化合物而损失，同时利用硫酸的沸点（338 ℃）高于氢氟酸沸点（120 ℃）的特点，加热除去剩余的氢氟酸，以防止铁、铝等形成稳定的氟配合物而无法进行测定。

（4）其他酸　硝酸具有强酸性和强氧化性，溶解能力强而且速度快；热的浓硫酸具有强氧化性和脱水性，能分解铬铁矿；热的浓高氯酸具有强氧化性和脱水性。这几种酸主要用于分解某些矿物或对某种元素单独进行测定。对于一些较难分解的硅酸盐试样，常使用混合酸，如盐酸与硫酸、盐酸与硝酸、磷酸与硫酸、氢氟酸与硫酸、氢氟酸与高氯酸。使用高氯酸时要特别小心，因其加热时如遇有机物会发生爆炸。

3.3.4 常用的碱分解法有哪几种？

熔融硅酸盐矿物的熔剂很多，一般多为碱金属的化合物，如氢氧化物、过氧化物、碳酸盐、硼酸盐、焦硫酸盐等。用这些熔剂进行熔融的目的，是增加熔体中碱性氧化物的比率，使不能被酸所分解的矿物岩石中的主要成分变为碱金属化合物，从而易于被酸所分解。

熔剂有酸性熔剂和碱性熔剂之分。

酸性熔剂有焦硫酸钾、硫酸氢钾，适用于熔融在分析过程中灼烧所得到的混合氧化物，进而测定其中的某些成分。

碱性熔剂有碳酸钠（熔点850 ℃）、碳酸钾（熔点890 ℃）、氢氧化钠（熔点318 ℃），氢氧化钾（熔点360 ℃）、过氧化钠（熔点460 ℃）等。为了降低熔点，可将碳酸钠与碳酸钾按质量比4∶5混合，其熔点为700 ℃左右，用于测定硅酸盐中某些易挥发的成分（如氟、氯等）时熔融试样。

3.3.5 用碳酸钠熔样时的条件是什么?

用碳酸钠作熔剂时，通常使用铂坩埚作熔器，熔融温度为950 ℃~1000 ℃（在喷灯上），熔剂加入量一般为试料质量的4倍~6倍，熔融时间20 min~30 min（见表3-3）。难熔试样（如含铝较高的矾土试样），可加6倍~10倍的碳酸钠，熔融时间也需适当延长。试样中铁含量较高时，熔融之前，应先用盐酸处理试样，使大部分铁溶解，将滤出的残渣再用碳酸钠熔融，与盐酸溶解部分合并。

表3-3 常见试样熔融条件（碳酸钠-铂坩埚熔融）

试样种类	试料质量/g	熔剂质量/g	熔融温度/℃	熔融时间/min	注解
石灰石	0.5	2~3	900~1000	15~20	800 ℃~900 ℃预烧10 min~15 min
生料	0.5	2~3	900~1000	20	生料预烧10 min~15 min
黏土	0.5	3~4	950~1000	25~30	
铁矿石（残渣）	0.25	2~3	950~1000	15~20	
矿渣（中性，酸性）	0.5	2~3	900~1000	20	加几粒硝酸钾
粉煤灰	0.3	2~3	950~1000	25~30	
铝矾土（二氧化硅）	0.2	2（K_2CO_3）	1000~1100	5~10	
铝矾土（全分析）	0.5	4（K_2CO_3+硼砂，1+1）	950~1000	无气泡后3 min~5 min	以100 mL HNO_3（1+6）溶解

3.3.6 用碳酸钠烧结试样有什么优点?

用碳酸钠半熔（烧结）法分解试样时，一般碳酸钠的用量为试料质量的0.6倍~1倍，可使某些试样分解完全。在水泥厂对水泥生料、石灰石、熟料等试样进行分析，采用氯化铵称量法测定二氧化硅的系统分析方法时，基本上都采用半熔法分解试样。半熔法速度快，所得半熔物易从坩埚中脱出，铂坩埚损失小，但不宜用来分解难熔试样。

3.3.7 为什么用氢氧化钾-镍坩埚熔样主要适用于单一成分的分析?

目前在硅酸盐试样的熔融分解中，使用最普遍的是氢氧化钠和氢氧化钾。氢氧化钠和氢氧化钾是强碱性熔剂，适用于熔融分解硅含量高的试样，而对于铝含量高的试样（如矾土、矾土水泥等）则分解不完全。

由于镍离子对系统分析中的钙、镁离子的测定有影响，故主要应用于对单一成分的测定中。例如在水泥分析中，以氟硅酸钾容量法单独称样测定二氧化硅时，多以氢氧化钾为熔剂，在镍坩埚中熔融。熔样条件见表3-4。

表3-4 常见试样测定单一成分时熔融条件（氢氧化钾-镍坩埚熔融）

试样种类	试料质量/g	熔剂质量/g	熔融温度/℃	熔融时间/min	注解
石灰石	0.3	3~5	500	15	
矿渣	0.2	3~4	400	20	
粉煤灰	0.5	7~9	500	20	称量法单测SiO_2

续表

试样种类	试料质量/g	熔剂质量/g	熔融温度/℃	熔融时间/min	注解
萤石	0.3	3～4，1.5KF	400	30	容量法单测 SiO_2
石膏	0.3	3～4	400	15	容量法单测 SiO_2
生料	0.15	3	500	6	容量法单测 SiO_2

3.3.8　如何准备熔样用的镍坩埚？

（1）新的镍坩埚使用前的处理　将镍坩埚放于700 ℃高温炉中灼烧2 min～3 min，用坩埚钳取出，置于耐热板上冷却，此时镍坩埚应呈蓝紫色或灰黑色。然后在稀盐酸溶液（1＋20）中煮沸片刻，用玻璃棒夹出，用水冲洗干净。将洗净的镍坩埚置于垫有石棉网的电炉上烘干。

（2）洗涤　每次使用镍坩埚前，应将坩埚及盖置于盛水的烧杯中，放在电炉上煮沸后洗涤。若坩埚内部仍留有前次工作的残渣，可滴加少量盐酸，稍煮片刻，再用蒸馏水洗净。必要时可用纱布将附着在上面的污物擦去，擦去污物后一定要用蒸馏水冲洗。每次镍坩埚用后，一定要立即用水冲洗干净。

3.3.9　系统分析时试样的熔融为什么用氢氧化钠做熔剂而不用氢氧化钾？

目前水泥厂化验室广泛使用氢氧化钠作熔剂，熔融水泥、生料、熟料、石灰石、黏土、铁矿石、粉煤灰等试样，制成澄清透明的试验溶液，以氟硅酸钾容量法快速测定二氧化硅，以配位滴定法测定铁、铝、钛、钙、镁等元素，方法简便快速，在生产上得到广泛应用。

氢氧化钠的吸水性和挥发性都比氢氧化钾低。当熔融温度较高时，氢氧化钾易逸出，以酸分解熔块后得到的溶液常呈浑浊现象；而以氢氧化钠作熔剂时，熔融温度可达750 ℃，熔融过程比较稳定，以酸分解熔块后易于得到澄清透明的溶液。对一般的水泥原料均能一次熔融完全，不留残渣。

以氢氧化钠为熔剂熔融试样时，以银坩埚为熔器。银坩埚耐碱性强，可使用百次以上。银不与亚铁化合物反应，不会影响铁的测定结果。进入试验溶液的少量银离子能被酸化溶液时加入的大量盐酸中的氯离子配位，生成 $[AgCl_4]^{3-}$ 配离子，既能防止生成氯化银沉淀，又可防止银离子对配位滴定产生影响。

3.3.10　如何准备熔样用的银坩埚？

（1）新的银坩埚使用前的处理　将银坩埚放于300 ℃～400 ℃高温炉里灼烧数分钟，用坩埚钳取出，置于耐热板上稍冷，再用热的稀盐酸溶液（1＋20）洗涤，然后用水冲洗干净。将洗净的银坩埚置于干燥箱内或在垫有石棉网的小电炉上烘干。

（2）洗涤　使用前先用水煮沸洗涤，若内部仍留有残渣，可再用热的稀盐酸溶液（1＋20）洗涤，然后用水洗，待坩埚洗净后，用蒸馏水清洗。坩埚使用完毕后，立即用水冲洗干净。

（3）将洗净的银坩埚及盖，置于垫有石棉网的电炉上烘干。

（4）将烘干后的银坩埚及盖，放入干燥器中备用。

3.3.11 不同种试样用氢氧化钠–银坩埚熔样时的条件有什么不同？

氢氧化钠熔剂的加入量通常为试料质量的10倍~20倍，熔融温度以650 ℃~700 ℃较为适宜。不同种试样熔样的具体条件，可参照表3-5根据实际情况灵活掌握。

表3-5 常见试样熔样条件（氢氧化钠–银坩埚熔融）

试样种类	试料质量/g	熔剂质量/g	熔融温度/℃	熔融时间/min	加入酸体积/mL	
					浓盐酸	浓硝酸
水泥，熟料①	0.5	6~7	650~700	20	25~30	1
萤石②	0.5	5~6	600~650	10	25~30	1
水泥生料	0.5~0.7	7~8	700	30	25~30	1
黏土③	0.5	7~8	650~700	20~30	25~30	1
石灰石④	0.5~0.7	6~7	650~700	20	25~30	1
铁矿石⑤	0.3	10	700~750	40以上	数滴盐酸溶液（1+5）洗坩埚	20
矿渣⑥	0.5	6~7	650~700	20	25~30	1~2

注：①一般用于不溶物含量高的试样。
②萤石试样熔融时间不要超过10 min，以防止硅与氟形成四氟化硅逸出。
③火山灰、页岩、粉煤灰、煤矸石、窑灰等可按黏土试样条件熔融。
④石灰石试样中二氧化硅含量高于5%时，按生料试样条件熔融；不溶物含量高于3%的石膏试样可按石灰石试样条件熔融。
⑤包括氧化铁粉、钛铁矿、硫酸渣。
⑥包括炉渣、钢渣、电石渣、碱渣等。

3.3.12 用氢氧化钠-银坩埚熔融试样时如何防止熔体从坩埚中溢出？

（1）氢氧化钠熔剂要妥善保存，开封取用后要注意及时密封试剂瓶，勿使其长时间暴露于空气中，以免吸水过多，熔融时产生飞溅。

（2）将试样进行预烧，将碳酸盐分解除去，熔融时熔液不易溢出。

（3）银坩埚盖不要盖严，而应留有较大缝隙。将盖弯成一定弧度后再盖上，可防止熔融物溢出。

（4）熔融时要从低温（400 ℃）起升温，在400 ℃~500 ℃保温一段时间，使坩埚中的水分充分逸去，然后在逐渐升温至熔样所需温度。

（5）熔融时装有试料和熔剂的银坩埚不要直接放在马弗炉炉膛的底板上，而应放在铺于炉膛底板的耐火泥板上，以免溢出物污染炉膛底板；银坩埚应尽量位于炉膛中部，不要与炉膛内壁接触或过分靠近，以免熔融温度过高。

3.3.13 有些试样分解前为什么要预烧？

（1）熔融生料时，应预先在700 ℃~750 ℃将试料预烧10 min~15 min，将可能含有的有机物烧去，促使包含在有机物中的灰分完全熔融，否则某些成分的测定结果会偏低。预烧还可使碳酸盐分解除去，保证熔融时熔液不溢出。

（2）熔融氧化铁粉、钛铁矿、硫酸渣、铁矿石等铁含量高的试样，应先在700℃~750 ℃预烧10 min~15 min，使试样中的亚铁和硫化物氧化。

（3）熔融萤石试样时，注意掌握熔融时间，以 10 min 左右为宜，不要过长，以免试样中的硅与氟生成四氟化硅逸出，造成硅与氟的测定结果偏低。

3.3.14 用氢氧化钠-银坩埚熔样时如何又快又好地将熔融物从坩埚中脱下来？

熔融过程结束以后，将坩埚取出。为使熔体易于脱出，并使银坩埚不易变形，熔融过程结束后，立即取出银坩埚，用坩埚钳夹持坩埚并使之旋转几圈，使熔体均匀地附着在坩埚内壁上。坩埚冷却后，放入盛有 100 mL 热水的 300 mL 烧杯中，盖上表面皿，加热，使熔块完全溶解。

长时间使用后的银坩埚底部会变得凹凸不平，变形严重。使用这样的坩埚熔融试样时，熔体很难脱出，需要长时间在玻璃烧杯中加热。这时，强碱性的氢氧化钠溶液将严重腐蚀玻璃烧杯，而使玻璃中的二氧化硅进入溶液，导致以氟硅酸钾容量法测定二氧化硅的结果偏高。为避免这种情况发生，可将少量盐酸溶液（1+5）加入坩埚中，盖上表面皿，在电炉上低温加热，使熔体溶解，将溶液倒入烧杯中。再加入少量盐酸溶液（1+5），重复 2 次～3 次，直至熔体完全溶解。

3.3.15 用氢氧化钠-银坩埚熔样时熔融物从坩埚中脱下后如何酸化才能得到澄清溶液？

首先要将溶液的体积调整为 100 mL 左右。溶液体积如果太小，在用盐酸酸化溶液时，有可能析出硅酸胶体。

为防止强碱性溶液对玻璃烧杯的侵蚀，要尽快酸化，不要久置。

酸化溶液的关键是要尽快将溶液从强碱性转化为强酸性。为此，酸化时预先用量杯量取一定体积的强酸（除铁矿石用硝酸外，其余试样均用盐酸）。将烧杯中的溶液加热，将溶液充分搅拌至产生旋涡，盖上表面皿，立即从杯口将酸化用的强酸迅速倒入烧杯中，取下表面皿，再次充分搅拌溶液，加热至沸腾，即可得到澄清溶液。

加几滴或 1 mL 浓硝酸，将二价铁离子氧化为三价铁离子，以保证用配位滴定法测定三氧化二铁结果的准确度。

冷却后将溶液移入 250 mL 容量瓶中，用水稀释至标线，摇匀。

放置后如果发现容量瓶底部有灰黑色絮状物质，是从银坩埚进入溶液中的银颗粒造成的，对测定结果无影响。

如果溶液呈现浑浊，表明熔融温度偏低或熔融时间不足。应重新称取试样，提高熔融温度或延长熔融时间，必要时增加氢氧化钠的加入量。

如果容量瓶中有硅酸胶体析出，对铁、铝、钙、镁的测定没有影响，但如果分取此试验溶液测定二氧化硅，则测定结果会产生较大误差，必须重新熔样，并注意酸化溶液时的操作条件，防止硅酸析出。

3.4 试样组分的分离

3.4.1 何时采用分离的方法使被测离子与干扰离子分开？

在水泥化学分析中遇到的各种试样中，有的试样成分比较复杂。为准确测定某些成分，通常采用特殊试剂来提高选择性，或采用掩蔽剂消除其他离子的干扰。如果这些方法还不能满足测定准确度的要求时，则采用将待测成分与其他干扰成分分离的办法。水泥化学分析中常用的分离方法有蒸馏分离法、沉淀分离法、萃取分离法、离子交换分离法等。

3.4.2　蒸馏分离法在水泥分析中有何应用?

在水泥及其原材料试样中少量或微量的氟化物、氯化物的测定受大量基体成分的影响。对于它们的测定，往往采取蒸馏法，将其从基体中分离出来。其应用情况如下。

（1）氟化物的测定　采用磷酸溶样，通入水蒸气，在205 ℃～210 ℃的温度下，使氟化物形成氟化氢或氟硅酸被蒸馏分离出来，收集后，用酸碱滴定法或镧-EDTA法进行测定。

（2）少量氯化物的测定　采用磷酸-过氧化氢溶样，在250℃～260℃的温度下，用净化后的空气将溶液中生成的氯化氢蒸馏分离出来，收集后，以汞盐溶液滴定。

为了提高蒸馏分离效率，设计了快速蒸馏分离装置，将蒸馏加热部分罩在一个有保温效果的容器内，这样蒸馏管出口部分的温度得到提高，可以减少蒸出物在管口部分的冷凝现象，提高蒸馏速度。

（3）还原-碘量法测定水泥中的三氧化硫　在磷酸介质中加热，用二氯化锡将硫酸盐还原为硫化氢蒸馏出来，收集后再用碘量法进行测定。

3.4.3　沉淀分离法在水泥分析中有何应用?

沉淀分离法是一种经典的分离方法，根据物质溶解度的不同，使被测离子生成沉淀而与溶液中其他干扰离子分离，或是将干扰离子沉淀而与溶液中被测离子分离。

（1）将硫酸盐沉淀为硫酸钡　在硫酸盐中钡盐的溶解度很小，而钙、镁、铁、铝、钾、钠等离子的硫酸盐溶解度都比较大。测定水泥试样中三氧化硫的含量时，用氯化钡将溶液中的硫酸根离子沉淀为硫酸钡，与其他离子分离。

（2）二氧化硅的测定　在水泥及其原材料试样的溶液中，加入盐酸和氯化铵加热，可以使溶液中的水分逐渐脱去，使溶液中的硅酸凝胶生成二氧化硅沉淀，加盐酸溶液将其他金属离子的盐溶解，过滤除去，从而可以得到比较纯净的二氧化硅沉淀。

（3）高锰试样中锰的测定　在其他金属离子存在测定高含量锰离子时，可以用过硫酸铵将溶液中二价锰离子氧化为四价锰离子，使之生成氢氧化物沉淀，从而与其他干扰离子分离：

$$Mn^{2+} + S_2O_8^{2-} + 3H_2O = MnO(OH)_2 \downarrow + 4H^+ + 2SO_4^{2-}$$

生成的沉淀用盐酸溶解后测定其中的锰离子。

（4）在用EDTA配位滴定法测定水泥类试样中的钙离子时，镁离子有干扰，这时用强碱溶液将试验溶液调节至pH＞12，使镁离子生成氢氧化镁沉淀而不再干扰钙的滴定。

（5）在用EDTA配位滴定法测定水泥类试样中的钙离子时，为消除其他离子的干扰，以氨水将铁、铝、钛等沉淀为氢氧化物，过滤除去，然后加入草酸铵将钙离子沉淀为草酸钙，沉淀溶解后用高锰酸钾标准滴定溶液滴定与钙离子等物质的量的草酸根离子。

3.4.4　溶剂萃取分离法的原理是什么?

这种方法是利用某一物质在不同溶剂中的分配系数不同的性质进行分离。物质在水相中和在有机相中有不同的溶解度。当被萃取的物质同时接触到两种互不相溶的溶剂时，此时被萃取的溶质就按不同的溶解度分配在两种溶剂中，当达到平衡时，溶质在两相中的平衡浓度的比值称为分配系数。在一定的温度下，同一溶质在确定的两种溶剂中的分配系数是一定的。

溶剂萃取分离法使用的有机溶剂挥发性较强，需要在通风柜中进行萃取。萃取分离时需使用分液漏斗，以便将上下两相分开。

3.4.5 什么是离子交换树脂？离子交换树脂有几种类型？

离子交换树脂的基体是一些具有网状结构的有机高分子聚合物，例如聚苯乙烯。在网状结构的有关部位，植上某些阴离子基团之后，这些基团便固定在基体上，并能与水溶液中各种阳离子以极性键相结合，这种树脂便是阳离子交换树脂；同理，若在网状结构的有关部位植上一些阳离子基团，这些基团能与水溶液中的各种阴离子以极性键相结合，这种树脂便是阴离子交换树脂。

植在阳离子交换树脂上的活性基团，有磺酸基—SO_3H、羧基—COOH、酚基—OH 等。因磺酸为强酸，所以，含—SO_3H 的树脂是强酸性阳离子交换树脂。而含有弱酸性基团，如—COOH、—OH 的树脂，则为弱酸性阳离子交换树脂。阳离子交换树脂中可离解的 H^+ 能与其他阳离子发生交换反应。

植在阴离子交换树脂上的活性基团有—NH_2、—$NH(CH_3)$、—$N(CH_3)_2$ 等弱碱性基团，这种树脂为弱碱性阴离子交换树脂。它们水化后分别形成 R—NH_3OH、R—$NH_2(CH_3)OH$ 和 R—$NH(CH_3)_2OH$ 等可以离解出 OH^- 的 OH 型树脂；而含有强碱性基团—$N(CH_3)_3^+$ 的树脂则为强碱性阴离子交换树脂 R—$N(CH_3)_3OH$。阴离子交换树脂中可离解的 OH^- 能与溶液中其他阴离子进行离子交换反应（R 代表树脂的网状骨架，即树脂的基体）。

3.4.6 为什么只有当溶液中有相反离子时才能发生交换反应？

离子交换树脂网状结构上所含可离解的活性基团，在水中是已经离子化或可离子化的。如含磺酸基（—SO_3H）的强酸性阳离子交换树脂，在水中离子化的情形为：

$$R—SO_3H \rightleftharpoons R—SO_3^- + H^+$$

含有碱性基团的阴离子交换树脂，如强碱性阴离子交换树脂，在水中离子化的情形为：

$$R—N(CH_3)_3OH \longrightarrow R—N(CH_3)_3^+ + OH^-$$

但是，这样离解出来的 H^+ 或 OH^- 不容易扩散到外部溶液中去，因为固定在树脂上的阴离子或阳离子基团，对它们有静电引力，使它们只能在网眼空隙内活动。

当溶液中的相反离子扩散至树脂表面或进入树脂的网状结构的内部时，活性基团上离解了的相反离子（H^+ 或 OH^-）才与之发生化学交换反应。

3.4.7 影响离子交换速度的因素有哪些？

交换速度依赖于溶液的混合程度。通常把树脂与溶液一起搅拌（静态交换），或将溶液通过交换柱中的树脂（动态交换），一般都能得到良好的混合效果。在树脂表面上包围着一层溶液，这一液层不易流动，是比较固定的。离子扩散穿过树脂表面的溶液层进入树脂，再扩散到交换位置；被交换的离子则以相反的方向扩散到树脂表面的溶液层，然后再离开溶液层。因而这一过程就成为整个离子交换过程速度的决定因素。一般在树脂相中（交联度为 8

~12）离子的扩散速度仅为在溶液中扩散速度的1/10~1/5。提高溶液的温度，有利于提高交换离子在溶液中和树脂内部的扩散速度；而加强搅拌（静态交换）则有利于交换离子在外部溶液中的扩散。所以在静态离子交换法的操作中，都是在热的溶液中和以电磁搅拌器进行机械搅拌的情况下进行的。

3.4.8　为什么将树脂与试样放在溶液中搅拌叫做“静态”离子交换法？有什么应用？

因为试样与树脂（过量）虽然放在溶液中一起搅拌，似乎在“动”，但是就整体而言，树脂和试样的相对位置并没有发生改变，所以称之为“静态”离子交换法。待交换反应达到平衡后，滤出树脂及试样残渣，再进行测定。

静态离子交换法有其一定的优越性，例如测定水泥或石膏中的三氧化硫，若用动态离子交换法，必须首先将试样中的$CaSO_4$完全溶解，然后再通过交换柱进行交换，操作繁琐。而静态法是将强酸性阳离子交换树脂与试样放在水中一起搅拌，由于树脂对Ca^{2+}的交换作用，因而$CaSO_4$随着离子交换反应的进行很快溶解，并迅速达到平衡：

$$2R—SO_3H + Ca^{2+} \rightleftharpoons (R—SO_3)_2Ca + 2H^+$$

因而在上述情况下，用静态法操作简便、快速，比动态法优越。

增加树脂的用量有助于离子交换正向反应的进行。由于树脂结构、性能以及操作条件的不同，许多静态交换法使用的树脂量相差很大。在一般情况下，树脂的实际用量多为理论量的3倍~4倍。

3.4.9　为什么将试样溶液通过树脂柱交换叫做“动态”离子交换法？有什么应用？

使含某离子B的溶液不断地流经离子交换柱内的树脂层（或称交换层），离子交换作用自上而下一层层地依次进行。试样溶液和树脂的位置相对而言是不断在“动”的，所以称其为动态离子交换法。在交换作用进行到一定时间后，上面一段树脂已全部被交换，下面一段树脂完全未被交换，而在交界层一段中的树脂，部分已交换，部分未交换。当溶液继续通过交换柱时，由于上面一段不再发生交换反应，故溶液中B的浓度仍保持原来值；而当溶液流至交界层时，因其中有未被交换的树脂，则交换作用开始在这里发生，溶液中B离子的浓度渐渐降低；当溶液流至交界层底部时已全部被交换，B离子浓度等于零。

如果此后继续通入交换溶液，随着交换反应的不断进行，交界层亦不断地向下移动。最后，交界层的底部到达了交换柱内树脂的底部（即交换层的底部）。从交换作用开始直至这一点时为止，交换溶液中被交换的B离子全部被交换，在流出液中其浓度等于零。

在动态交换中，还要将被交换在交换柱上的离子洗脱下来。洗脱过程是交换过程的逆反应。当淋洗液不断地流经交换柱时，已被交换的阳（或阴）离子不断地被洗脱下来。如交换过程那样，洗脱过程也是自上而下渐次进行的。开始时从柱的上端洗脱下来的阳（或阴）离子，到交换柱下端又可以再度被交换。因此，在最初的流出液中，被洗脱离子的浓度等于零。而在不断进行淋洗的情况下，被洗脱离子的浓度逐渐增高，至达最高浓度后，又渐渐降低。

对于某种离子的洗脱效率，与淋洗液的浓度、流速以及树脂的性能等因素有关。

在试验室用离子交换法制备纯水，以及将测定石膏及水泥中三氧化硫时用过的树脂进行再生，一般都选用动态交换法，这是因为动态交换的效率远比静态法高，可以节约大量试剂，并且得到质量较好的树脂。

3.4.10 新购入的离子交换树脂为何要进行处理?

新购入的阳离子交换树脂一般为钠型，必须先将其处理成氢型，才能用于三氧化硫的测定；新购入的阴离子交换树脂一般为氯型，必须先将其处理成 OH 型，才能和溶液中的阴离子进行交换反应。

干燥的树脂，应预先用水浸泡 7h ~ 8h 或过夜，使树脂的网眼结构为水所充满，这样在用酸或碱溶液淋洗时，即可迅速地进行交换反应。

树脂处理（或再生）的方法，有静态法和动态法两种。但静态法的效果较差，得到的树脂的质量不稳定，且耗酸量较大，很不经济，所以通常多采用动态法。将树脂装入离子交换柱中，自上而下地用试剂溶液淋洗。

强酸性阳离子交换树脂的处理，通常使用盐酸，酸的浓度一般为（1+3）~（1+4）。用酸处理时的反应式为：

$$R—SO_3Na + H^+ \rightleftharpoons R—SO_3H + Na^+$$

淋洗速度以不超过 10 mL/min 为宜。用盐酸溶液（1+3 或 1+4）处理 500 g 磺酸型强酸性阳离子交换树脂，当流出液体积达到 700 mL 时，其浓度已达 2 mol/L 以上，因此应予保留，以供下次处理树脂时继续使用。

强碱性阴离子交换树脂的处理，常以氢氧化钠溶液（100g/L）将其转化成 OH 型，其反应为式：

$$R—N(CH_3)_3Cl + OH^- \rightleftharpoons R—N(CH_3)_3OH + Cl^-$$

淋洗速度为 5 mL/min ~ 10 mL/min。氢氧化钠溶液的用量，一般为全部树脂所需理论用量的 3 倍以上。

3.4.11 离子交换树脂装柱后为何树脂柱中不能存在气泡?

离子交换树脂柱中若有气泡存在，则试剂溶液流经该处时不能同树脂充分接触，该处的树脂不能被完全转化为所需的型式，处理后所得树脂的品质不能得到保证。例如，如果是用来测定三氧化硫的阳离子交换树脂，其中若有部分不是氢型而仍是钠型，测定时则发生下述反应：

$$2R—SO_3Na + Ca^{2+} \rightleftharpoons (R—SO_3)_2Ca + 2Na^+$$

交换得到的不是氢离子而是钠离子，则三氧化硫的测定结果就会偏低。

3.4.12 离子交换树脂装柱时如何操作才能使树脂柱中不产生气泡?

关键是在装柱的过程中，要始终使树脂一直存在于水中，而不能使树脂露出水面。操作时，将交换柱直立固定好，关闭下方的活塞。装入至少柱高 1/4 ~ 1/3 的水。将树脂放入烧杯中，加入水，边搅拌边将树脂倒入柱中，将树脂自下而上地装入柱中。如果柱中水过多，可放掉一些，但不能使树脂露出水面。最后树脂装到离柱口约 10 cm 处，停止加入，使树脂上面的水柱保持 5 cm 左右，然后塞好塞子，连接好盐酸溶液贮液瓶，使盐酸溶液滴入。由于柱是密闭的，故滴入几滴后盐酸溶液即不能再滴入（如果能继续滴入，表明塞子密封性不好，应采取措施使其密封）。旋开柱下部的活塞，调节滴出速度在 10 mL/min 左右。这样，只要塞子密封性良好，柱底部的流出速度与上部盐酸溶液的滴入速度会自动保持一致，直至淋洗结束，中间不必人工干预。

3.4.13　在用盐酸溶液淋洗完毕后为何要用水自下而上地逆洗，而不能自上而下地顺洗?

当以盐酸溶液淋洗完了之后，柱中的树脂变得十分紧密，用水淋洗时，树脂的体积会显著地膨胀。此时如果再自上而下地进行顺洗，玻璃交换柱有被树脂胀破的危险。并且由于树脂的急剧膨胀使压强增大，当有悬浮物存在时，甚至造成树脂层的闭塞现象。因此，用水淋洗应采取逆洗方式。这样可使柱内积压比较结实的树脂层得以松动，调整了树脂的充填状态，并使树脂中的悬浮物溢流除去。用水逆洗的速度一般为 10 mL/min ~ 20 mL/min，直至流出液中 Cl^- 的反应消失（用 $AgNO_3$ 溶液检验）和 pH 值为 7 ~ 8 为止。如淋洗的速度太快，会使淋洗效果降低，淋洗液的消耗量亦会因之增大。

如果应用离子交换法制备纯水，应根据所用交换柱的大小适当增大通入的酸、碱和用水淋洗的流速。但应注意，在处理（或再生）树脂时所用盐酸、氢氧化钠与水的纯度，同样都会影响制取纯水的质量。因此，在制备纯水时，应使用纯水和分析纯的酸和碱试剂。

3.4.14　测定三氧化硫用过的阳离子交换树脂如何再生?

用过的盐型树脂（主要是 Ca 型），用酸进行再生使其重新转变成 H 型后仍可继续使用。其反应式为：

$$(R—SO_3)_2Ca + 2H^+ \rightleftharpoons 2R—SO_3H + Ca^{2+}$$

将用过的树脂收集起来，晾干，用筛子将水泥粉末筛除。将树脂用水洗一下，然后用废盐酸溶液（处理新树脂时最后收集的浓度约 2 mol/L 的盐酸溶液）或工业纯的盐酸浸泡，将残余的水泥粉末溶解、除去。然后装柱，用与处理新树脂的办法使其再生。

3.4.15　处理好的阳离子交换树脂如何保存?

将树脂柱中处理好的树脂倒在洁净的纱布上，绑成袋状，悬挂起来，使水分自动淋出。直至再无水淋出时，将树脂盛装于洁净的塑料瓶中，密闭保存。不要使用玻璃瓶，因保存过程中离子交换树脂有可能同玻璃的成分（Na、Ca、K 等）进行交换，使树脂的品质下降。测定三氧化硫时，取出的树脂先放在漏斗的滤纸上用蒸馏水冲洗一下，以除去保存过程中可能产生的游离酸。

3.5　试剂溶液的制备

3.5.1　什么是溶液、溶质、溶剂?

溶液：由两种或两种以上的物质组成的均匀系，称为溶液。它包括气体混合物、液态溶液和固态溶液。通常说的溶液，一般指的是液态溶液。

溶质、溶剂：溶液由溶质和溶剂组成。凡能溶解其他物质的物质称为溶剂；凡是被溶解的物质称为溶质。如氯化钠溶于水中，酚酞溶于乙醇中，所得的均匀体系都叫溶液。在这些溶液中，氯化钠、酚酞是溶质，水、乙醇是溶剂。用水做溶剂的溶液叫水溶液，用乙醇做溶剂的溶液叫乙醇溶液。如不指明溶剂，则通常认为是水溶液。

3.5.2 何谓溶解、结晶？

将固体溶质放入溶剂中，溶质表面的分子或离子由于本身不停地运动，并受到溶剂分子的吸引，克服了溶质内部分子间的吸引力，离开了溶质表面，逐渐扩散到溶剂中形成溶液的过程，称为溶解。在溶质溶解的同时，还有一个相反的过程，就是已溶解的溶质粒子不停地运动，不断与未溶解的溶质碰撞，被固体表面所吸引，重新回到固体表面上来，这个过程称为结晶。

3.5.3 何谓饱和溶液、过饱和溶液、溶解度？

饱和溶液：当溶质在溶剂中的溶解和结晶的速度相等时，即达到了动态平衡，此时溶液的浓度不再发生变化，处于这种状态的溶液叫做饱和溶液。

过饱和溶液：若将饱和溶液中过剩的固体溶质分离出去，使澄清的溶液缓慢冷却，这时溶液中溶质的量虽然超过了该温度下饱和溶液中溶质应有的量，但并不析出溶质，这种溶液称为过饱和溶液。过饱和溶液是不稳定的，若将其振荡、搅拌或用玻璃棒摩擦容器内壁，或加入一颗晶形相似的晶体，过量的溶质就会析出，变成该温度下的饱和溶液。

溶解度：在一定温度下，某物质在 100 g 溶剂中达到饱和时所能溶解的克数，叫该物质在该溶剂中的溶解度。例如，在 20 ℃时，氯化钠的溶解度是 35.9 g，即在 20℃时 100 g 水中最多能溶解 35.9 g 氯化钠。

3.5.4 何谓易溶、可溶、微溶和难溶物质？

绝对不溶的物质是没有的，通常把在常温下溶解度在 10g 以上的物质称为易溶物质；溶解度在 1g 至 10g 之间的物质称为可溶物质；溶解度在 1g 以下、0.01g 以上的物质称为微溶物质；溶解度小于 0.01g 的物质称为难溶物质。

所谓易溶、可溶、微溶和难溶物质是相对的，因为各种物质在不同溶剂中的溶解度是不同的，溶剂改变了，溶解度也随之而变。如碘在水中是难溶的，而在乙醇中是易溶的。

3.5.5 试剂溶液有哪几种？

水泥化学成分测试工作中经常使用的化学试剂溶液有以下几种：

（1）一般溶液：对浓度要求不很严格的溶液，如调节溶液 pH 值用的酸、碱溶液，用作掩蔽剂、指示剂的溶液，缓冲溶液等。

（2）标准滴定溶液：确定了准确浓度的、用于滴定分析的溶液。如氢氧化钠标准滴定溶液、EDTA 标准滴定溶液。

（3）基准溶液：由基准物质制备或用多种方法标定过的溶液，用于标定其他溶液。如：氧化还原滴定法中重铬酸钾基准溶液，配位滴定法中碳酸钙基准溶液。

（4）标准溶液：由用于制备溶液的物质而准确知道某种元素、离子、化合物或基团浓度的溶液。如：离子选择电极法测定氟离子时所用的氟离子标准溶液，火焰光度分析所用的钾离子标准溶液、钠离子标准溶液（浓溶液又称“储备溶液”）。

（5）标准比对溶液：已准确知道或已规定有关特性（如色度、浊度）的溶液，用来评价与该特性有关的试验溶液。如：分光光度法测定铁时所用的铁离子系列标准比色溶液。标准比对溶液可由标准滴定溶液、基准溶液、标准溶液或具有所需特性的其他溶液配制。

3.5.6 常用的表示试剂溶液标度的方法有哪几种?

根据国家标准 GB 3100～3102—1993《量和单位》中的规定，化学成分检测中常用的溶液标度的表示方法有下述几种：

（1）物质 B 的体积比 φ_B；

（2）物质 B 的体积分数 φ_B；

（3）物质 B 的质量分数 w_B；

（4）物质 B 的质量浓度 ρ_B；

（5）物质 B 的物质的量浓度 c_B（简称“浓度”）；

（6）标准滴定溶液 A 对物质 B 的滴定度 $T_{B/A}$。

3.5.7 体积比的定义是什么?

体积比 φ_B 是指溶质 B 的体积 V_B 与溶剂 A 的体积 V_A 之比，即：

$$\varphi_B = V_B/V_A \tag{3-2}$$

例如，稀硫酸溶液 $\varphi(H_2SO_4)=1:4$，稀盐酸溶液 $\varphi(HCl)=3:97$，其中的 1 和 3 是指市售浓酸的体积，4 和 97 是指水的体积。在 ISO 及国家标准 GB/T 176—2008《水泥化学分析方法》中，常用 $H_2SO_4(1+4)$、$HCl(3+97)$ 表示上述溶液的标度。

这种表示方法十分简单，溶液的配制十分方便，常用来表示一般稀酸溶液、稀氨水溶液的标度。

3.5.8 物质 B 的体积分数的定义是什么?

物质 B 的体积分数 φ_B 的定义是 B 的体积与相同温度 T 和压力 p 时的混合物体积之比，即：

$$\varphi_B = \frac{x_B V_{m,B}^*}{\sum_A x_A V_{m,A}^*} \tag{3-3}$$

式中 x_A、x_B——分别代表 A 与 B 的摩尔分数；

$V_{m,A}^*$、$V_{m,B}^*$——分别代表与混合物相同温度 T 和压力 p 时，纯 A 和纯 B 的摩尔体积；

$\sum_A$——对所有物质求和。

φ_B 为量纲一的量，SI 单位为一，符号为 1。

这种表示方法常用于表示液体溶质(如乙醇)在溶液中的标度以及其稀溶液的配制中。

例如，无水乙醇含量不低于 99.5%，应表示为 $\varphi(C_2H_5OH)\geqslant 99.5\%$，即每 100 mL 此种乙醇溶液中，$C_2H_5OH$ 的体积大于或等于 99.5 mL。

以前常用的“体积百分比浓度[%(V/V)]”的表示方法应予以废除。例如，“乙醇的百分浓度为 70%(V/V)”的表达方式是不正确的，应表示为 $\varphi(C_2H_5OH)=0.70$ 或 70%。

3.5.9 物质B的质量分数的定义是什么？为什么ppm等符号不能再使用？

物质B的质量分数w_B的定义是物质B的质量与混合物的质量之比，即

$$w_B = m_B / \sum_A m_A \tag{3-4}$$

式中 m_B——B的质量；

$\sum_A m_A$——混合物的质量。

w_B为量纲一的量，SI单位为一，符号为1。

化学试剂厂包装出售的浓硫酸、浓盐酸、浓硝酸、浓磷酸、冰乙酸、浓氨水等常用这种方法表示其标度，主要基于生产计量上的方便。如浓硫酸（98%），是指100g这种浓硫酸中含有98gH_2SO_4，浓盐酸（37%）是指100g这种浓盐酸中含有37g氯化氢（HCl）。

在检测工作中应注意下述问题：

（1）质量分数是量纲一的量，其值可以用10^{-n}表示。当其值为10^{-2}时，也可用百分数%表示。除%以外的其他符号，诸如千分号不能使用，应该用1×10^{-3}或0.1%表示。ppm、pphm以及ppb等符号均不得使用，因为它们既非单位1的专门名称，也不是数学符号，更不是计量单位的符号，而只是一些英文短语的缩写，而应分别用10的方次表示。ppm是英文parts per million（百万分之一）的缩写，应该用10^{-6}表示；pphm是英文parts per hundred million（亿分之一）的缩写，应该用10^{-8}表示；ppb在中国、美国、法国等国家是英文parts per billion（十亿分之一）的缩写，应该用10^{-9}表示。

（2）凡是以质量比表示的组分B在混合物中的浓度或含量，都属于质量分数w_B。以前所用的“质量百分比浓度”以及表示分析结果的“质量百分数”、“百分比含量”等旧的量名称及其表示方法应予以废除，均应表示为“质量分数w_B”。若物质B有所指时，应将代表该物质的化学符号写在与主符号w齐线的圆括号内，如$w(NaCl)$、$w(SiO_2)$等。

3.5.10 物质B的质量浓度的含义是什么？为何不能用“10%”表示氢氧化钠溶液的浓度？

物质B的质量浓度ρ_B的定义是溶液中物质B的质量除以混合物的体积，即

$$\rho_B = m_B / V \tag{3-5}$$

物质B的质量浓度ρ_B的国际单位制单位为kg/m^3。在实际中常用其分倍数g/dm^3（g/L）或g/mL、mg/mL表示。

在检测实验中以质量浓度表示由固体试剂配制的普通溶液或标准溶液的浓度，是十分方便的。例如，氢氧化钠溶液（200g/L），是指将200g氢氧化钠（NaOH）溶于少量水中，冷却后再加水稀释至1L，贮存于塑料瓶中。

以含有结晶水的固体试剂配制溶液时，一般其试剂的质量是包含结晶水在内的。如氟化钾溶液（150g/L），是将150g氟化钾二水合物（$KF \cdot 2H_2O$）加水溶解后，再用水稀释至1L，贮存于塑料瓶中。

用固体试剂配制成的普通溶液，一般均应该用质量浓度表示。下列的表示方法是错误的：

（1）有些书籍用“质量百分浓度%”或“%（W/V）”表示质量浓度，例如，“10%氢氧化钠溶液”的表示方法是不确切的。因为配制这种溶液时，不是用天平将溶液的质量调

节成100 g，而是将10 g氢氧化钠溶于水中，然后用水稀释至100 mL。溶质的单位是质量，溶液的单位是体积。而质量和体积是两种不同的物理量，量纲不同，其比值并非量纲为一的量，不能用%表示，只能用质量浓度表示。应该表示成为："氢氧化钠溶液的质量浓度为100 g/L"。

（2）一些书籍经常把应该用mg/L或μg/L为单位表示的溶液组成，用ppm或ppb表示。这是不正确的。尽管对极稀的水溶液而言，其密度与1 g/mL相差无几，1L这种溶液的质量近似为100万毫克，其中的1 mg溶质近似为溶液质量的百万分之一。但溶质的单位是用质量表示的，溶液的单位是用体积表示的，两者是完全不同的物理量，它们之间不能用"百万分之几"表示。更何况ppm、ppb等缩写符号在国家标准中已禁止使用，不应该再用这些英文缩写符号表示极稀水溶液的质量浓度。

（3）在分母中不要加其他数字，例如"1g/100 mL"的表示方法也是不正确的，应该表示为"10 g/L"。

3.5.11 什么是B的物质的量？

物质的量n_B是国际单位制（SI）中七个基本量之一，是从粒子数这一角度出发，用以表示物质的特定单元B有多少这一属性的一个物理量。它与物质的质量m是完全不同的两个概念，是对物质的两种不同属性进行量度时引入的两个物理量，决不能混同。

物质的量的符号是n_B，单位是摩［尔］，符号为mol。摩尔是一系统的物质的量，该系统中所包含的基本单元数与0.012 kg碳－12的原子数目相等。如果待研究的体系中所含的粒子数与阿伏伽德罗常量的数值相等，该系统中此种粒子的物质的量n_B就是1 mol。可见，B的物质的量n_B就是以阿伏伽德罗常量为单位来表示系统中基本单元B的多少的一个物理量。

现在公认的阿伏伽德罗常量$L=(6.0221367 \pm 0.0000036)\times 10^{23}/mol$。

与所有其他物理量的定义一样，B的物质的量n_B的定义与其单位的选择无关。因此，将物质的量称为"摩尔数"是错误的，这就像把长度称为"米数"、将质量称为"千克数"一样，在定义上是错误的，在语法上也是不合逻辑的。

3.5.12 什么叫物质的"基本单元"？

物质的量n_B是比例于特定单元B的数目N_B的一个量。特定单元在GB 3102.8—1993中统称为"基本单元"。在实际应用中，当不致产生误解时，常简称为"单元"。

基本单元可以是各种粒子，例如：原子、分子、离子、电子及其他粒子或是这些粒子的特定组合，如H、H_2、NaOH、H_2SO_4、$(1/2)H_2SO_4$、$K_2Cr_2O_7$、$(1/6)K_2Cr_2O_7$等，因此，在应用物质的量时，必须指明基本单元。在一般性讨论中不必具体指明单元时，可用B表示单元，记作n_B。如果已经确定了具体的基本单元，则需用化学符号表示，并写在与量符号n齐线的圆括号中，例如$n(H_2SO_4)$、$n(H^+)$、$n(K_2Cr_2O_7)$、$n[(1/6)K_2Cr_2O_7]$等。

使用含有物质的量的所有导出量时，如摩尔质量M_B、B的浓度c_B，等等，也必须指明其基本单元。

3.5.13 怎样确定物质的基本单元？

分析化学中通常是以某种反应物实际参加反应的最小单元为基本单元。与之反应的另外一种物质的基本单元，则应根据该物质参加的化学反应确定，使所选基本单元的物质的量等于第一种物质基本单元的物质的量，而不能再是任意的。

（1）中和反应　每一式量酸或碱或盐在与碱或酸反应时，给出或接受的质子（H^+）数为 p，则该酸或碱或盐的基本单元为其分子式所示物质的 $1/p$。

1）一元酸、碱及其盐：在反应中给出或接受 1 个质子(H^+)，故基本单元即为分子式所示物质，如：盐酸(HCl)，硝酸(HNO_3)，乙酸(CH_3COOH，简写为 HAc)，氢氟酸(HF)，苯二甲酸氢钾($KHC_8H_4O_4$)；氢氧化钠(NaOH)，氢氧化钾(KOH)，氨水($NH_3 \cdot H_2O$)；乙酸钠(CH_3COONa，简写为 NaAc)，氯化铵(NH_4Cl)，硝酸钠($NaNO_3$)。

2）二元酸、碱及其盐：完全反应时，给出或接受 2 个质子(H^+)，故其基本单元为分子所示物质的 1/2。如：硫酸[$(1/2)H_2SO_4$]，碳酸[$(1/2)H_2CO_3$]，草酸[$(1/2)H_2C_2O_4$]；氢氧化钙[$(1/2)Ca(OH)_2$]，氢氧化钡[$(1/2)Ba(OH)_2$]，碳酸钙[$(1/2)CaCO_3$]，碳酸镁[$(1/2)MgCO_3$]，碳酸钠[$(1/2)Na_2CO_3$]，氟化钙[$(1/2)CaF_2$]。如每一式量物质未完全参加反应，在反应中仅给出或接受 1 个质子，则其基本单元为分子式所示物质。

3）三元酸、碱及其盐：完全反应时，其基本单元为分子式所示物质的 1/3。如磷酸、氢氧化铁。不完全反应时，视反应程度而定。若每一式量物质在反应中仅给出或接受 1 个质子，则其基本单元为分子式所示物质；若每一式量物质在反应中仅给出或接受 2 个质子，则其基本单元为分子式所示物质的 1/2。

（2）沉淀容量反应　阴离子若为一价的沉淀剂，其基本单元为其分子式所示物质；阳离子则按照与沉淀剂一价阴离子反应的物质确定基本单元。如：氯离子、氟离子、硝酸银、硫氰酸铵、氯化钠基本单元为其分子式所示物质；硝酸汞基本单元为$(1/2)Hg(NO_3)_2$；硝酸镧基本单元为$(1/3)La(NO_3)_3$。

（3）氧化还原反应　若每一式量氧化剂或还原剂在反应中得到或失去的电子数为 p，则该物质的基本单元为其分子式所示物质的 $1/p$。

例如在下述反应中，先选定铁的基本单元为 Fe，则重铬酸钾的基本单元为$(1/6)K_2Cr_2O_7$。

$$6Fe^{2+} + Cr_2O_7^{2-} + 14H^+ = 6Fe^{3+} + 2Cr^{3+} + 7H_2O$$

计算公式中铁常以 Fe_2O_3表示，则三氧化二铁的基本单元为$(1/2)Fe_2O_3$，因为(1/2)个Fe_2O_3中含 1 个 Fe^{3+}。

（4）配位反应　大多数金属阳离子与 EDTA 皆生成配位数比为 1∶1 的配离子，故 EDTA 的基本单元即为 EDTA。

配位反应中，金属阳离子通常是以金属氧化物表示。若金属氧化物分子中只含 1 个金属阳离子，如氧化钙(CaO)、氧化镁(MgO)、二氧化钛(TiO_2)，则以其分子式所示物质为基本单元；若 1 个氧化物分子中含 2 个金属阳离子，如三氧化二铁、三氧化二铝，则其基本单元分别为$(1/2)Fe_2O_3$和$(1/2)Al_2O_3$。返滴定剂的基本单元亦按上述原则确定。如硫酸铜的基本单元为($CuSO_4$)，硝酸铋的基本单元为 $Bi(NO_3)_3$，硫酸锌的基本单元为 $ZnSO_4$，乙酸铅的基本单元为 $PbAc_2$。

（5）间接滴定法　间接滴定法中涉及多步反应。先按照反应次序，列出平衡后的各步反应式，找出滴定剂与被测物质之间的关系，据此选定滴定剂与被测物质的基本单元（见题 3.5.14 和题 3.5.15）。

3.5.14 在氟硅酸钾容量法测定二氧化硅时二氧化硅的基本单元为什么是（1/4）SiO_2？

硅酸钾容量法测定二氧化硅的反应大致分为3步：

（1）生成氟硅酸钾沉淀阶段：

$$6H^+ + 2K^+ + SiO_3^{2-} + 6F^- = K_2SiF_6 \downarrow + 3H_2O$$

（2）氟硅酸钾洗净后在沸水中水解：

$$K_2SiF_6 + 3H_2O = H_2SiO_3 + 4HF + 2KF$$

（3）用氢氧化钠标准滴定溶液滴定生成的氢氟酸：

$$HF + NaOH = NaF + H_2O$$

各有关物质之间的物质的量的关系为（下式中 n 为正整数）：

$$1n(SiO_2) = 1n(K_2SiF_6) = 4n(HF) = 4n(NaOH)$$

即

$$4n(NaOH) = 1n(SiO_2)$$

$$n(NaOH) = n[(1/4)SiO_2]$$

在此例中，通常选定氢氧化钠的基本单元为(NaOH)，则二氧化硅的基本单元为(1/4)SiO_2。

3.5.15 在离子交换－中和法测定三氧化硫时三氧化硫的基本单元为什么是(1/2)SO_3？

离子交换法－中和法测定水泥试样中的三氧化硫，反应步骤为：

（1）第二次离子交换反应式为：

$$CaSO_4 + 2R—SO_3H = Ca(R—SO_3)_2 + H_2SO_4$$

（2）用氢氧化钠标准滴定溶液滴定时的中和反应式为：

$$H_2SO_4 + 2NaOH = Na_2SO_4 + 2H_2O$$

各有关物质之间的物质的量的关系为（下式中 n 为正整数）：

$$1n(CaSO_4) = 1n(SO_3) = 1n(H_2SO_4) = 2n(NaOH)$$

通常选择氢氧化钠的基本单元为（NaOH），则由此可确定三氧化硫的基本单元为(1/2) SO_3。

3.5.16 什么是B的摩尔质量？

物质的质量 m_B除以物质的量 n_B，称为物质的摩尔质量，符号为 M_B，即：

$$M_B = m_B/n_B \tag{3-6}$$

摩尔质量 M_B的SI单位为kg/mol，化学实验中常用的单位为g/mol。摩尔质量是包含物质的量 n 的导出量，因此，在使用摩尔质量这个量时，必须指明基本单元。一般说来，当确定了基本单元之后，它的摩尔质量很容易求出。如果基本单元B为分子，其 M_B的数值就是相应的相对分子质量 M_r；如果基本单元B为原子，其摩尔质量 M_B的数值就是其相应的相对原子质量 A_r。如：

HCl的相对分子质量 $M_r = 36.46$，其摩尔质量 $M(HCl) = 36.46$ g/mol；

Fe_2O_3的相对分子质量 $M_r = 159.7$，其摩尔质量 $M(Fe_2O_3) = 159.7$ g/mol；

Fe的相对原子质量 $A_r = 55.85$，其摩尔质量 $M(Fe) = 55.85$ g/mol。

对于同一物质，若规定的基本单元不同，其摩尔质量亦不相同。例如硫酸，若以 H_2SO_4 为基本单元，其相对分子质量 $M_r=98.08$，则其摩尔质量 $M(H_2SO_4)=98.08$ g/mol；若以 $(1/2)H_2SO_4$ 为基本单元，其相对分子质量 $M_r=49.04$，则其摩尔质量 $M[(1/2)H_2SO_4]=49.04$ g/mol。

摩尔质量、质量、物质的量三者之间的关系为式(3-6)：$M_B=m_B/n_B$；或其变换式：

$$m_B = n_B M_B \tag{3-7}$$

在这三个量中只要知道任意两个量，即可求得第三个量。在配制溶液时经常用到这三个量之间的关系。

3.5.17 物质 B 的物质的量浓度的定义是什么？

物质 B 的物质的量浓度，也称为 B 的浓度。国际计量单位符号为 c_B，其定义为：B 的物质的量 n_B除以混合物的体积，即：

$$c_B = n_B/V \tag{3-8}$$

式中 c_B——物质 B 的物质的量浓度，mol/L；

n_B——溶液中 B 的物质的量，mol；

V——混合物的体积，L。

若物质 B 有所指，应将代表该物质的化学符号写在与主符号 c 齐线的圆括号内，例如，在 10 L 溶液中含有 2 mol 氢氧化钠，则此溶液中氢氧化钠的浓度为：

$$c(NaOH)=n(NaOH)/V=2mol/10L=0.2mol/L$$

如以 M_B表示物质 B 的摩尔质量：$M_B=m_B/n_B$，则此式可变换为 $n_B=m_B/M_B$，代入式(3-8)中得到：

$$c_B = n_B/V = (m_B/M_B)/V \tag{3-9}$$

式中 c_B——物质 B 的物质的量浓度，mol/L；

V——混合物的体积，L；

m_B——物质 B 的质量，g；

M_B——物质 B 的摩尔量，g/moL。

例如，在 10L 溶液中含有 80g 氢氧化钠，则该溶液中氢氧化钠的浓度为：

$$c(NaOH)=n(NaOH)/V=\{m(NaOH)/M(NaOH)\}/V=(80/40)/10=0.2(mol/L)$$

按照标准规定，“浓度”二字独立使用时，就是指 B 的物质的量浓度 c_B。其他的浓度，如“质量浓度”，应写出其全名称，不得用“浓度”代表“质量浓度”。

3.5.18 配制固体试剂的溶液时如何估算所需固体试剂的质量？

用固体溶质配制溶液时所需固体溶质 B 的质量 m_B可由式（3-9）变形后的式（3-10）计算：

$$m_B = n_B M_B = c_B V_B \cdot M_B \tag{3-10}$$

式中：体积 V 的单位为 L；M_B的单位为 g/mol；c_B的单位为 mol/L 时，m_B的单位为 g。

【例】 欲配制 1L 浓度为 $c[(1/6)K_2Cr_2O_7]=0.0300$ mol/L 的重铬酸钾溶液，应称取多少克重铬酸钾？

解：$(1/6)K_2Cr_2O_7$的摩尔质量 $M=49.03$ g/mol，应称取的重铬酸钾质量为：

$$m_B = c_B V \cdot M_B = 0.0300 \times 1 \times 49.03 = 1.471(g)$$

【例】 欲配制 1L 浓度为 c（EDTA）$= 0.015$mol/L 的 EDTA 溶液，应称取多少克 EDTA 二钠盐的二水合物（$Na_2H_2Y \cdot 2H_2O$）[摩尔质量 M（$Na_2H_2Y \cdot 2H_2O$）$= 372.26$ g/mol]？

解：应称取 EDTA 二钠盐二水合物（$Na_2H_2Y \cdot 2H_2O$）的质量为：

$$m(Na_2H_2Y \cdot 2H_2O) = c(EDTA)\ V \cdot M(Na_2H_2Y \cdot 2H_2O) = 0.015 \times 1 \times 372.26 = 5.58\ (g)$$

3.5.19 配制液体试剂的稀溶液时如何估算所需浓溶液的体积？

将浓溶液加水稀释时，稀释前后溶液中所含溶质的物质的量不变，即：

$$n_{浓} = n_{稀}$$

或

$$c_{浓} V_{浓} = c_{稀} V_{稀}$$

故应量取浓溶液的体积为：

$$V_{浓} = c_{稀} V_{稀} / c_{浓} \qquad (3\text{-}11)$$

【例】 欲配制 10L 浓度为 c(HCl) $= 0.5$ mol/L 的盐酸溶液，需量取浓度为 c(HCl) $=$ 12 mol/L的浓盐酸溶液多少毫升？

解：应量取浓盐酸的体积为：

$$V_{浓} = c_{稀} V_{稀} / c_{浓} = 0.5 \times 10 \times 1000/12 = 417\ (mL)$$

量取 417 mL（或近似 420 mL）市售浓盐酸，放入烧杯中，加水稀释，转移至 10 L 试剂瓶中，加水至 10 L，摇匀，放置，待其温度与室温达到平衡时，进行标定。

3.5.20 标准滴定溶液对某物质的滴定度的定义是什么？

“滴定度”是化验室在分析大批试样中同一组分时，为简化计算而常用的一个术语。通常将标准滴定溶液的反应强度说成 1 毫升标准滴定溶液相当于被滴定物质的质量，称此相当关系为标准滴定溶液 A 对被测物质 B 的滴定度 $T_{B/A}$。如果用量的方程表示，可写成：

$$T_{B/A} = m_B / V_A \qquad (3\text{-}12)$$

式中 A——标准滴定溶液中的滴定剂；

B——被测物质；

m_B——被滴定物质的质量；

V_A———标准滴定溶液的体积。

在滴定剂明确的条件下，A 常被省略。滴定度的常用单位为 g/mL 或 mg/mL。

例如，在水泥化验室用来测定水泥及其原材料试样中氧化钙、氧化镁、氧化铁、氧化铝含量的 EDTA 标准滴定溶液，通常在标定好其浓度后，再将其对 CaO、MgO、Fe_2O_3、Al_2O_3 的滴定度计算出来，标示于 EDTA 标准滴定溶液试剂瓶上，使用起来十分方便。例如，$T_{CaO} = 0.8412$ mg/mL，即表示滴定时，每消耗 1.00 mL 此 EDTA 标准滴定溶液，就相当于烧杯中被滴定的溶液中含有 0.8412 mg 氧化钙，或者说，每毫升此 EDTA 标准滴定溶液能与 0.8412 mg 氧化钙中的钙离子完全配位。

需注意的是：滴定度不是溶液标度的表示方法，而是代表标准滴定溶液对被测定物质的反应强度，是指每毫升标准滴定溶液相当于被测物质的质量（g 或 mg）。

另外，滴定度 $T_{B/A}$ 和质量浓度 ρ_B 的单位形式很类似，但不能将滴定度看成质量浓度，因为滴定度中的质量是被滴定物质的质量；而质量浓度中的质量是溶液中溶质自身的质量。

3.5.21 如何求得滴定剂 A 对物质 B 的滴定度 $T_{B/A}$？

在水泥化学分析中，滴定度的确定有下述两种方法：

(1) 根据试验结果直接计算。例如，GB/T 176—2008《水泥化学分析方法》中，苯甲酸-无水乙醇标准滴定溶液对氧化钙的滴定度的测定，表述如下：

将基准碳酸钙在(950 ± 25)℃下灼烧至恒量，从中称取 0.04g(m_5)的氧化钙，精确至 0.0001 g。按照游离氧化钙的测定步骤进行反应，最后以苯甲酸-无水乙醇溶液进行滴定，消耗苯甲酸-无水乙醇溶液的体积为 V_{14}(mL)，则苯甲酸-无水乙醇标准滴定溶液对氧化钙的滴定度为：

$$T''_{CaO/\text{苯甲酸}} = m_5 \times 1000/V_{14} (\text{mg/mL})$$

(2)由标准滴定溶液的浓度 c_A 及被测物质 B 的摩尔质量 M_B 计算求得。由式(3-10)可得：

$$m_B = c_B V_B M_B \times 10^{-3} (\text{体积 } V_B \text{单位为毫升})$$

滴定剂 A 与被测物质 B 恰好完全反应时，符合等物质的量定律，即：

$$n_A = n_B$$

$$c_A V_A = c_B V_B$$

所以 $$m_B = c_A V_A M_B \times 10^{-3}$$

若 V_A = 1.00 mL，则 m_B 即为与 1.00 mL 标准滴定溶液 A 相作用的被测物质 B 的质量，亦即标准滴定溶液 A 对被测物质 B 的滴定度 $T_{B/A}$。所以，

$$T_{B/A} = m_B/V_A = c_A M_B \times 10^{-3} (\text{g/mL}) = c_A M_B (\text{mg/mL}) \quad (3\text{-}13)$$

式中 M_B——被测物质 B 的摩尔质量，g/mol(注意，根据选择的基本单元确定 M_B)；

c_A——标准滴定溶液 A 的浓度，mol/L。

【例】 求浓度为 c (EDTA) = 0.01500mol/L 的 EDTA 标准滴定溶液对 CaO、Fe_2O_3 的滴定度。

解：EDTA 与钙离子、铁离子分别形成 1∶1 的配合物。根据等物质的量反应规则有：

$$n(\text{EDTA}) = n(\text{CaO}) = n[(1/2)Fe_2O_3]$$

已知 M(CaO) = 56.08g/mol，$M[(1/2)Fe_2O_3]$ = 79.85g/mol，由式(3-13)可得：

$$T_{CaO/EDTA} = c(\text{EDTA}) \times M(\text{CaO}) = 0.01500 \times 56.08 = 0.8412 (\text{mg/mL})$$

$$T_{Fe_2O_3/EDTA} = c(\text{EDTA}) \times M[(1/2)Fe_2O_3] = 0.01500 \times 79.85 = 1.1978 (\text{mg/mL})$$

3.5.22 在 GB/T 176—2008 式(14)中为什么 $T_{SiO_2} = c(\text{NaOH}) \times 15.02$？

根据式(3-13)，$T_{B/A} = c_A M_B$(mg/mL)。根据第 3.5.14 题的解释，在氟硅酸钾容量法中二氧化硅的基本单元为(1/4)SiO_2。二氧化硅的相对分子质量为 60.08，(1/4)SiO_2 的相对分子质量为 15.02，其摩尔质量 M_A 为 15.02 g/mol。所以，氢氧化钠标准滴定溶液对二氧化硅的滴定度为：

$$T_{SiO_2} = c(\text{NaOH}) \times M[(1/4)SiO_2] = c(\text{NaOH}) \times 15.02 (\text{mg/mL})$$

3.5.23 在 GB/T 176—2008 式(16)中为什么 $T'_{SO_3} = c'(\text{NaOH}) \times 40.03$？

根据式 (3-13)，$T_{B/A} = c_B M_A$ (mg/mL)。根据第 3.5.15 题的解释，在离子交换-中和法

中三氧化硫的基本单元为（1/2）SO_3。三氧化硫的相对分子质量为80.06，（1/2）SO_3的相对分子质量为40.03，其摩尔质量M_A为40.03 g/mol。所以，氢氧化钠标准滴定溶液对三氧化硫的滴定度为：

$$T'_{SO_3} = c'(\mathrm{NaOH}) \times M[(1/2)\mathrm{SO_3}] = c'(\mathrm{NaOH}) \times 40.03(\mathrm{mg/mL})$$

3.5.24 配制试剂溶液时应注意哪些事项？

（1）分析试验所用的化学试剂溶液应使用符合GB/T 6682—2008《分析实验室用水规格和试验方法》中三级水规格的蒸馏水或同等纯度的纯水配制，容器应用纯水洗三次以上。特殊要求的溶液应事先进行纯水的空白值检验。如配制硝酸银溶液，应检验水中无氯离子；配制用于EDTA配位滴定的溶液应检验水中无杂质阳离子。采用离子交换处理的水时，可溶性硅酸的除去效果不好，应重视容量法测定二氧化硅时的空白试验。

（2）所用试剂应为分析纯或优级纯试剂。用于标定与配制标准溶液的试剂，除另有说明外，应为基准试剂。试剂需要干燥时，取出比需要量稍多的试剂放到称量瓶中，在规定的温度和时间条件下进行干燥，取出后盖上称量瓶盖，放在干燥器中，冷却后称量。

（3）在烧杯中将试剂溶解后，要毫无损失地将溶液转移至容量瓶中。为使试剂溶液不残留，应用洗瓶中的水冲洗烧杯内壁几次，并且将这种洗涤液一并移入容量瓶中。当遇到一定要用化学处理才能溶解或不加热难于溶解的物质时，要在溶解操作完全结束，溶液冷却至室温后再移入容量瓶中。

（4）溶液要用带塞的试剂瓶盛装。见光易分解的溶液要装于棕色瓶中；如用挥发性有机溶剂配制的溶液，瓶塞要严密；见空气易变质及放出腐蚀性气体的溶液也要盖紧，长期存放时要用蜡封住。浓碱溶液应用塑料瓶盛装，如装在玻璃瓶中，要用橡皮塞塞紧，不能用玻璃磨口塞。

（5）配制标准溶液时应专人负责，计算及称量的数值都要记在专用的记录本上备查。每瓶试剂溶液必须贴上标签，标明名称、规格、浓度和配制人员、配制日期等。

（6）配制硫酸、磷酸、硝酸、盐酸、氢氧化钠（钾）等溶液时，都应在烧杯中进行，不可在试剂瓶中配制，以免产生的热量将试剂瓶炸裂而发生危险。特别是用浓硫酸配制稀硫酸溶液时，必须将用量筒量好的浓硫酸沿烧杯内壁慢慢倒入水中，且边加入浓硫酸边加强搅拌，必要时以冷水冷却烧杯外壁。浓硫酸密度高，很快向下沉入水中并与水充分混合，所产生的热量不会集中。绝不可反过来将水加入到浓硫酸中，否则产生的溶解热集中在加入的水中，会将液面的水带着浓硫酸向外喷出，飞溅到外面的硫酸溶液会对人身造成伤害。

（7）用有机溶剂配制溶液时（如配制指示剂溶液），如果有机试剂溶解较慢，应不时搅拌，可以在热水浴中温热溶液，但不可直接加热。使用易燃溶剂时要远离明火。几乎所有的有机溶剂都有毒，应在通风柜内操作。烧杯应加盖，以避免有机溶剂不必要的蒸发。

（8）不要用手接触腐蚀性及有剧毒的溶液。剧毒废液应作解毒处理（见本书第9部分），不可直接倒入下水道中。

3.5.25 如何用直接法配制标准滴定溶液？

在分析天平上，准确称取一定量的纯物质，在烧杯中以适量水溶解后，定量转移到容量瓶中，用水稀释至标线，摇匀。根据纯物质的质量和容量瓶的容积，计算该标准滴定溶液的准确浓度。

【例】 准确称取4.903 g基准物质重铬酸钾($K_2Cr_2O_7$)，溶解后全部转移至500 mL容量瓶中，用水稀释至标线，摇匀。已知$K_2Cr_2O_7$的摩尔质量$M = 294.2$ g/mol。求此标准滴定溶液的浓度$c(K_2Cr_2O_7)$和$c[(1/6)K_2Cr_2O_7]$。

解：$M[(1/6)K_2Cr_2O_7] = 294.2/6 = 49.03(g/mol)$

此$K_2Cr_2O_7$标准滴定溶液的浓度为：

$$c(K_2Cr_2O_7) = n(K_2Cr_2O_7)/V = [m(K_2Cr_2O_7)/M(K_2Cr_2O_7)]/V$$
$$= (4.903/294.2)/0.5000 = 0.03333(mol/L)$$
$$c[(1/6)K_2Cr_2O_7] = n[(1/6)K_2Cr_2O_7]/V = \{m(K_2Cr_2O_7)/M[(1/6)K_2Cr_2O_7]\}/V$$
$$= (4.903/49.03)/0.5000 = 0.2000(mol/L)$$

直接法的优点是操作简便，所配制的标准滴定溶液不需要用其他方法确定其浓度，即可直接作滴定剂用。但并非所有的试剂都能用直接法配制标准滴定溶液。能用直接法配制标准滴定溶液的物质，称为基准物质。

3.5.26 能用直接法配制标准滴定溶液的基准物质必须符合哪些要求？

（1）试剂的实际组成与其化学式相符合　若含有结晶水(如铬酸水合物$H_2Cr_2O_7 \cdot 2H_2O$，硼砂$Na_2B_4O_7 \cdot 10H_2O$)，其结晶水的数目也应与化学式相符合。

（2）试剂必须有足够的纯度　一般要求纯度在99%以上，而所含杂质的量应在滴定分析允许的误差限度以下。

（3）化学性质稳定　使用前加热干燥时不挥发、不分解，称量时不吸收空气中的二氧化碳和水分，不被空气氧化等。

（4）具有较大的摩尔质量　摩尔质量越大，称取的质量就越多，称量的相对误差就越小。

酸碱滴定中常用的基准物质有：无水碳酸钠，邻苯二甲酸氢钾，草酸，硼砂等。

配位滴定中常用的基准物质有：碳酸钙，氧化钙，金属锌，氧化锌等。

沉淀滴定中常用的基准物质有：氯化钠，氯化钾，硝酸银等。

氧化还原滴定中常用的基准物质有：重铬酸钾，溴酸钾，碘酸钾，草酸钠，草酸等。

3.5.27 如何用间接法配制标准滴定溶液？

大多数物质不符合上述要求，如氢氧化钠易吸收空气中的水分和二氧化碳；市售盐酸由于其中的氯化氢易挥发，其浓度会有一定波动；高锰酸钾、硫代硫酸钠等试剂不易提纯，且见光易分解。这类物质的标准滴定溶液需要用间接法配制。先粗略地称取一定质量的试剂(或量取一定体积的浓溶液)，配制成接近于所需浓度的溶液，然后用基准物质或已知准确浓度的溶液确定其准确的浓度。这一操作过程称为“标定”，故间接配制法也称作“标定法”。

【例】 欲配制10 L浓度为$c(NaOH) = 0.1$ mol/L的氢氧化钠标准滴定溶液，应如何配制(氢氧化钠的摩尔质量为40.00 g/mol)？

解：按照式（3-10）估算需称取的固体氢氧化钠的质量：

$$m = c(NaOH)VM(NaOH) = 0.1 \times 10 \times 40.00 = 40(g)$$

在托盘天平上粗略称取40 g左右固体氢氧化钠试剂，放入烧杯中，溶于大约200 mL煮沸过冷却后的蒸馏水中（防止二氧化碳的干扰），冷却后，移入10 L的试剂瓶中，加入煮沸过冷却后的蒸馏水使其总体积为10 L，摇匀，即为浓度近似为0.1 mol/L的氢氧化钠溶液。放置至与室温平衡。然后用基准物质邻苯二甲酸氢钾或草酸对其浓度进行标定。

3.5.28 标定标准滴定溶液浓度的依据是什么？

容量分析的计算以“等物质的量反应规则”为基础，其定义为：在化学计量点，参加反应的各物质的物质的量相等。在直接滴定法中，当滴定至化学计量点时，被测物质B与滴定剂A的物质的量相等，即：

$$n_B = n_A$$

若被测物质与滴定剂均为溶液，则等物质的量反应规则可写为：

$$c_B V_B = c_A V_A$$

或

$$c_B = c_A V_A / V_B \tag{3-14}$$

式中 c_B，V_B——被测物质溶液的物质的量浓度（mol/L）和体积（mL）；$c_B V_B = 1000 n_B$；

c_A，V_A——标准滴定溶液的物质的量浓度（mol/L）和体积（mL）；$c_A V_A = 1000 n_A$。

若被测物质为固体，质量以克（g）计，则等物质的量反应规则可写为：

$$c_A V_A = 1000 m_B / M_B$$

或

$$c_A = 1000 m_B / (M_B V_A) \tag{3-15}$$

式中 c_A——标准滴定溶液的物质的量浓度，mol/L；

V_A——滴定时消耗标准滴定溶液的体积，mL；

m_B——被测物质的质量，g；

M_B——被测物质的摩尔质量，g/mol。

应用等物质的量反应规则标定标准滴定溶液的浓度时，首要条件是要按照第3.5.13题所述，根据反应式正确地确定在反应中各物质的基本单元。

3.5.29 如何用基准物质邻苯二甲酸氢钾直接标定氢氧化钠标准滴定溶液的浓度？

例如，用（$KHC_8H_4O_4$）标定0.1 mol/L氢氧化钠标准滴定溶液浓度的方法。

准确称取两份已在105 ℃~110 ℃下烘干1 h~2 h并冷却至室温的邻苯二甲酸氢钾（简写为KHP）基准试剂（例如$m_1 = 0.3991$ g，$m_2 = 0.4108$ g），分别置于锥形瓶中。往锥形瓶中各加入70 mL~80 mL水溶解后，再加入4滴酚酞指示剂溶液（10g/L），用0.1 mol/L待标定的氢氧化钠溶液滴定至酚酞变成微红色（30 s内不褪色）为终点，消耗氢氧化钠溶液的体积分别记为$V_1 = 19.35$ mL，$V_2 = 19.90$ mL。

标定反应为：

$$KHC_8H_4O_4 + NaOH = KNaC_8H_4O_4 + H_2O$$

滴定终点时有

$$n(NaOH) = n(KHP)$$

根据式（3-15）计算氢氧化钠溶液的浓度：

$$c(NaOH) = 1000m(KHP) / [M(KHP) \times V(NaOH)]$$

已知：邻苯二甲酸氢钾的摩尔质量$M(KHP) = 204.2$ g/mol

当 $V_1(NaOH)=19.35mL$，$m_1(KHP)=0.3991\ g$ 时：

$$c_1(NaOH)=(1000\times0.3991)/(204.2\times19.35)=0.1010(mol/L)$$

当 $V_2(NaOH)=19.90\ mL$，$m_2(KHP)=0.4108\ g$ 时：

$$c_2(NaOH)=(1000\times0.4108)/(204.2\times19.90)=0.1011(mol/L)$$

两次标定的平均值为（0.1010+0.1011）/2=0.1010（mol/L）

最后按照国家标准 GB/T 601—2002《化学试剂标准滴定溶液的制备》，确定溶液的准确浓度（见题3.5.33）。

对标定好浓度的标准滴定溶液，应选用国家一级或国家二级标准样品，对具有较高含量的成分（如水泥样品中的氧化钙）进行验证。若测定结果超出标准证书中规定的允许误差范围，应查找原因，重新标定。

3.5.30 如何用基准碳酸钠标定盐酸标准滴定溶液的浓度?

准确称取1 g已于270 ℃～300 ℃灼烧至恒量的基准无水碳酸钠，精确至0.0001 g，放入锥形瓶中，加入约100 mL水，摇动使之溶解，摇匀。加入2滴～3滴甲基红-溴甲酚绿混合指示剂溶液，用待标定的盐酸标准滴定溶液滴定至溶液颜色由绿色变为酒红色为终点。近终点时要煮沸2 min，驱除反应中生成的二氧化碳，冷却后继续滴定至溶液再现酒红色，以免由于溶液中二氧化碳过饱和而造成假终点，同时进行空白试验。盐酸标准滴定溶液的浓度按下式计算：

$$c(HCl)=\frac{m\times1000}{(V-V_0)\times M\left(\frac{1}{2}Na_2CO_3\right)}$$

式中　m——碳酸钠的质量，g；

V——滴定时消耗盐酸溶液的体积，mL；

V_0——空白试验消耗盐酸溶液的体积，mL；

$M[(1/2)Na_2CO_3]$——$(1/2)Na_2CO_3$的摩尔质量，53.00 g/mol。

3.5.31 如何用已知准确浓度的氢氧化钠标准滴定溶液标定盐酸标准滴定溶液的浓度?

【例】 现有 $c(NaOH)=0.5017mol/L$ 的氢氧化钠溶液，用来标定浓度大约为0.5 mol/L的盐酸标准滴定溶液，应如何进行?

解 由酸式滴定管向锥形瓶中放入25.00 mL待标定的盐酸标准滴定溶液，加入2滴～3滴甲基橙指示剂溶液（10g/L），用氢氧化钠标准滴定溶液滴定至甲基橙指示剂变为黄色，即为终点。记录消耗氢氧化钠溶液的体积：$V=24.44\ mL$。

标定反应为：

$$NaOH+HCl=\!=\!=NaCl+H_2O$$

滴定终点时有：

$$n(NaOH)=n(HCl)$$

根据式(3-14)计算盐酸溶液的准确浓度：

$$c(NaOH)\times V(NaOH)=c(HCl)\times V(HCl)$$

$$c(HCl)=c(NaOH)\times V(NaOH)/V(HCl)$$

已知：$c(NaOH)=0.5017mol/L$，$V(HCl)=25.00$ mL

当 $V(NaOH)=24.44$ mL 时：

$c(HCl)=c(NaOH)\times V(NaOH)/V(HCl)=0.5017\times 24.45/25.00=0.4907(mol/L)$

3.5.32　如何用已知准确浓度的盐酸标准滴定溶液标定氢氧化钠标准滴定溶液的浓度？

例如，现有 $c(HCl)=0.09873$ mol/L 的盐酸标准滴定溶液，用来标定 0.1 mol/L 的氢氧化钠溶液。

由酸式滴定管放出 25.00 mL 的盐酸标准滴定溶液，置于锥形瓶中，加入 2 滴 ~3 滴酚酞指示剂溶液（10 g/L），用待标定的氢氧化钠溶液滴定至酚酞变为微红色，30s 内不褪色即为终点。记录消耗氢氧化钠溶液的体积：$V(NaOH)=24.44$ mL。

标定反应为：

$$NaOH+HCl═══NaCl+H_2O$$

滴定终点时有：

$$n(NaOH)=n(HCl)$$

根据式（3-14）计算氢氧化钠溶液的准确浓度：

$$c(NaOH)=c(HCl)\times V(HCl)/V(NaOH)$$

已知：$c(HCl)=0.09873mol/L$，$V(HCl)=25.00mL$，$V(NaOH)=24.44$ mL

所以，$c(NaOH)=c(HCl)\times V(HCl)/V(NaOH)=0.09873\times 25.00/24.44=0.1010(mol/L)$

3.5.33　制备与标定标准滴定溶液的一般规定是什么？

GB/T 601—2002《化学试剂标准滴定溶液的制备》对标准滴定溶液的制备原则作了规定。

（1）除另有规定外，所用试剂的纯度应在分析纯以上，所用制剂及制品，应按 GB/T 603—2002 的规定制备，实验用水应符合 GB/T 6682—2008 中三级水的规格。

（2）制备的标准滴定溶液的浓度，除高氯酸外，均指 20 ℃时的浓度。在标准滴定溶液标定、直接制备和使用时若温度有差异，应按 GB/T 601—2002 附录 A 补正。标准滴定溶液标定、直接制备和使用时所用分析天平、砝码、滴定管、容量瓶、单标线吸管等均须定期校正。

（3）在标定和使用标准滴定溶液时，滴定速度一般应保持在（6 ~8）$mL\cdot min^{-1}$（注意：对滴定管校正时应按国家计量检定规程 JJG 196—2006《常用玻璃量器检定规程》和本规定的滴定速度进行）。

（4）称量工作基准试剂的质量数值小于等于 0.5g 时，按精确至 0.02mg 称量；数值大于 0.5 g 时，按精确至 0.2 mg 称量。

（5）制备标准滴定溶液的浓度值应在规定浓度值的 ±5% 范围以内。

（6）标定标准滴定溶液的浓度时，须两人进行实验，分别各做四平行。每人四平行测定结果极差的相对值[1]不得大于重复性临界极差［C_rR_{95}（4）］的相对值[2]，即 0.15%；两人共八平行测定结果极差的相对值不得大于重复性临界极差［C_rR_{95}（8）］的相对值，即 0.18%。取两人八平行测定结果的平均值为测定结果。在运算过程中保留五位有效数字，浓度值报出结果取四位有效数字。

注：[1] 极差的相对值是指测定结果的极差值与浓度平均值的比值，以“%”表示。

[2] 重复性临界极差是指一个数值，在重复性条件下，几个测试结果的极差以95%的概率不超过此数。重复性临界极差的相对值是指重复性临界极差与浓度平均值的比值，以“%”表示。

(7) 标准滴定溶液浓度平均值的相对扩展不确定度一般不应大于0.2%，可根据需要报出，其计算参见GB/T 601—2002附录B（资料性附录）。

(8) 一般情况下使用工作基准试剂标定标准滴定溶液的浓度，当对标准滴定溶液浓度值的准确度有更高要求时，可使用二级纯度标准物质或定值标准物质代替工作基准试剂进行标定或直接制备，并在计算标准滴定溶液浓度值时，将其质量分数代入计算式中。

(9) 标准滴定溶液的浓度小于等于0.02 $mol \cdot L^{-1}$时，应于临用前将浓度高的标准滴定溶液用煮沸过并冷却的水稀释，必要时重新标定。

(10) 除另有规定外，标准滴定溶液在常温(15℃~25℃)下保存时间一般不超过两个月，当溶液出现浑浊、沉淀、颜色变化等现象时，应重新制备。

(11) 储存标准滴定溶液的容器，其材料不应与溶液起理化作用，壁厚最薄处不小于0.5 mm。

(12) 所用溶液以“%”表示的均为质量分数，只有乙醇（95%）中的（%）为体积分数。

3.5.34 给出一个标定标准滴定溶液浓度时平行结果的允许最大极差示例。

按照GB/T 601—2002第6条的规定，给出示例见表3-6。

表3-6 标定标准滴定溶液时的允许最大极差示例

标准滴定溶液	滴定度 平均值/（mg/mL）	每人四平行结果 最大极差/（mg/mL）	极差 相对值	两人八平行结果 最大极差/（mg/mL）	极差 相对值
0.015 mol/L EDTA	$T_{CaO}=0.8410$	$\Delta T_{CaO} \leqslant 0.0012$	0.14%	$\Delta T_{CaO} \leqslant 0.0015$	0.18%
0.15 mol/L NaOH	$T_{SiO_2}=2.250$	$\Delta T_{SiO_2} \leqslant 0.0034$	0.15%	$\Delta T_{SiO_2} \leqslant 0.0040$	0.18%

3.5.35 标准滴定溶液为什么要定期复标？如何确定标准滴定溶液的有效期？

标准滴定溶液在常温（15℃~25℃）下，保存时间一般不得超过2个月。如超期溶液并未出现浑浊、沉淀、颜色变化等现象时，需重新标定。及时复标的原因：

(1) 玻璃在水和试剂的作用下或多或少地会被侵蚀（特别是碱性溶液），使溶液中含有钠、钙、硅酸盐等杂质。某些离子被吸附于玻璃表面，这种影响对于低浓度的标准溶液不可忽略。故质量浓度低于1mg/mL的标准溶液不能长期储存。基于这一理由，通常是制备浓度较高的试剂的储备溶液，需要时再用此储备溶液稀释成浓度更低的标准溶液。

(2) 由于试剂瓶密封不好，空气中的二氧化碳、氧气、氨气或酸雾侵入而使溶液成分发生变化，如氨水吸收二氧化碳生成碳酸氢铵；碘化钾溶液见光易被空气中的氧气氧化生成碘单质而呈现黄色；二氯化锡、硫酸亚铁、亚硫酸钠等还原剂溶液易被氧化。

(3) 某些溶液见光分解，如硝酸银、汞盐等。有些溶液放置时间较长后会逐渐水解，如铋盐、锑盐等。在微生物的作用下硫代硫酸钠溶液的浓度会逐渐降低。对见光易分解的溶液，应贮存于棕色瓶中或放于暗处。贮液瓶最好用蜡密封，以免水分蒸发使溶液浓度改变。

3.5.36　配制 EDTA 标准滴定溶液后用水泥生料标样进行验证，氧化钙的结果总是偏高的最可能的原因是什么?

最可能的原因是使用的基准试剂的纯度不符合要求。按照规定，标定前要将基准试剂的吸附水烘干除去。如果基准试剂吸附水未被烘干除去，则标定得到的标准滴定溶液的浓度必将偏高。特别是对 EDTA 标准滴定溶液而言，其浓度值偏高，必将导致水泥主成分氧化钙的测定结果偏高。因为在 GB/T 176—2008 中，EDTA 标准滴定溶液浓度的计算公式（5）的分子中，m_1为称取的基准碳酸钙的质量（表观值）。如碳酸钙试剂瓶开封后久置于空气中，碳酸钙会吸潮，用前又未再次烘干，则实际称取的碳酸钙有效质量低于记录值 m_1，标定时消耗 EDTA 标准滴定溶液的体积 V_4将比理论值小，而 m_1用的是表观值，从而计算得到的 EDTA 标准滴定溶液的浓度 c（EDTA）偏高。因此，用水泥生料标样进行验证时，氧化钙的结果会总是偏高。这是系统误差，必须从根本上予以消除。

3.5.37　标定 EDTA 标准滴定溶液时需要注意哪些事项?

（1）标定前要将基准试剂碳酸钙的吸附水烘干除去。

（2）溶解基准试剂时要特别仔细。以盐酸溶液（1＋1）溶解基准碳酸钙时，要盖好表面皿，沿杯壁滴加盐酸溶液（1＋1），勿使其飞溅。溶解完毕后，缓慢加热，以驱除二氧化碳。煮沸时要微沸，不要强烈煮沸。为防止暴沸，于加热前将一小块滤纸用玻璃棒压在杯底，使其成为汽化中心。

（3）配制基准碳酸钙溶液所用的 250 mL 容量瓶与配套使用的 25 mL 移液管，一定要预先进行校正，使其容积之比准确为 10 比 1。

3.5.38　标定苯甲酸标准滴定溶液时需要注意哪些问题?

（1）要保证苯甲酸基准试剂的干燥，配制前 24 h，要将苯甲酸的瓶盖打开，将苯甲酸放置在干燥器中使其干燥；

（2）配制苯甲酸溶液需要的无水乙醇纯度必须是体积分数 99.5% 以上，严禁将水掺进苯甲酸溶液中；

（3）标定前要将混合均匀的苯甲酸溶液放置过夜，然后再进行标定；

（4）对于不同的游离氧化钙测定方法，选择不同的标定方案：用乙二醇－乙醇萃取法测定游离氧化钙时，标定时要选择乙二醇－乙醇萃取法的试验条件，用苯甲酸标准滴定溶液进行滴定，标定苯甲酸标准滴定溶液的浓度；采用甘油（丙三醇）－乙醇法测定游离氧化钙时，标定时要选择甘油（丙三醇）－乙醇法的试验条件，用苯甲酸标准滴定溶液进行滴定，标定苯甲酸标准滴定溶液的浓度。

（5）苯甲酸标准滴定溶液具有极强的挥发性，要保存在密闭的玻璃容器中，放置在滴定管中的苯甲酸标准滴定溶液，第二次使用前，要将其倒掉，以免因苯甲酸标准滴定溶液浓度发生变化而影响测定结果。

（6）因为苯甲酸标准滴定溶液对乳胶管具有强烈的腐蚀性，在使用过程中要经常检查滴定管下端乳胶管部分的腐蚀情况，及时更换失效的乳胶管。

3.5.39　标定氢氧化钠标准滴定溶液时需要注意哪些问题?

（1）标定氢氧化钠标准滴定溶液前，要将溶液充分溶解并摇匀，放置过夜后再标定。

（2）氢氧化钠标准滴定溶液一定要在塑料试剂瓶中保存，瓶口的橡胶塞上打一孔，加装一个干燥管，内装颗粒状钠石灰，钠石灰的上下部分用棉花隔挡，以防钠石灰吸水后受潮掉入氢氧化钠标准溶液中，影响标准滴定溶液的浓度。

（3）建立氢氧化钠标准滴定溶液的复标制度，并用标准样品验证，使氢氧化钠标准滴定溶液浓度处于受控状态。

（4）标定 NaOH 溶液的基准试剂苯二甲酸氢钾的化学性质很稳定，平时在干燥器中保存，称量之前不必烘干。

3.5.40　为什么氢氧化钠标准滴定溶液要用塑料器皿贮存?

玻璃的主要成分为二氧化硅，氢氧化钠溶液为强碱性溶液，玻璃的特点是对酸的耐腐蚀性极强，而对碱的耐腐蚀性较差，日久玻璃会受腐蚀致使磨口塞难以拔出。另外，如果氢氧化钠溶液存储在玻璃容器中，氢氧化钠会与腐蚀后的玻璃中的二氧化硅反应，生成 Na_2SiO_3。少部分溶于氢氧化钠溶液中，造成空白值增大，使二氧化硅测定结果偏高。

3.5.41　配制硝酸铋标准滴定溶液时应注意哪些问题?

配制时将称量好的硝酸铋固体放置在干烧杯中，加入一定量的浓硝酸，在电炉上加热，边加热边搅拌，直到硝酸铋完全溶解为止，再加入适量的水稀释，摇匀。如果直接在水中溶解硝酸铋，因为酸度很低，硝酸铋易水解生成氢氧化铋沉淀，所得溶液浑浊，配制失败。

3.6　试样成分的测定

3.6.1　试样中待测组分的定量测定有哪几种方法?

试样中待测组分的定量测定，应根据不同的元素，采用不同的方法。常用的水泥及其原材料化学成分的分析方法之分类及其应用情况，见表3-7。

表3-7　水泥及其原材料化学成分常用的分析方法

分析方法分类	测定方法	测定试样中的成分	附　注
称量分析法	硫酸钡称量法	硫酸盐	
	盐酸脱水称量法	二氧化硅	
	氯化铵脱水称量法	二氧化硅	
	称量受热后的残渣	烧失量	
		水分	
		煤工业分析（水分，灰分，挥发分）	
	称量溶解后的残渣	水泥中混合材掺加量	选择溶解法
		不溶物	
		游离二氧化硅	
	酸分解-碱吸收称量法	碳酸盐含量	用酸将碳酸盐分解为二氧化碳

续表

分析方法分类	测定方法	测定试样中的成分	附　注
容量分析法	酸碱滴定法	碳酸钙滴定值	
		二氧化硅	氟硅酸钾容量法（间接法）
		硫酸盐	离子交换-中和法（间接法）
		全硫，硫酸盐	燃烧-中和法
		氟离子	蒸馏分离-中和法
		游离氧化钙	甘油-乙醇法，乙二醇-乙醇法
		二氧化碳	碱吸收-中和法
	配位滴定法	铁，铝，钙，镁，钛，锰	EDTA 配位滴定
		氟离子	蒸馏分离-镧-EDTA 滴定法
		氯离子	蒸馏分离-汞盐滴定法
	氧化还原滴定法	铁离子	重铬酸钾滴定法
		全硫，硫酸盐，硫化物	燃烧-碘量法
		硫酸盐	还原-碘量法
	沉淀容量法	氯离子	银量法
		氟离子	蒸馏分离-镧-EDTA 滴定法
电化学分析法	离子选择性电极法	氢离子（pH 值测定）	玻璃电极
		氟离子	氟离子选择性电极
	电位滴定法	氯离子	银电极-硝酸银滴定法
	库仑积分法	全硫，硫酸盐，硫化物	燃烧-库仑积分法
光学分析法	原子发射光谱分析（火焰光度分析）	钾，钠	测量原子外层电子跃迁产生的辐射
	原子吸收光谱分析	钾，钠，镁，铁，锰	测量原子外层电子吸收特征辐射
	分子吸收光谱分析（分光光度法）	硅，铁，铝，钛，锰，磷	紫外－可见光分光光度法
	X 射线荧光分析	钙，硅，铝，铁，镁，硫，钾，钠，钛等	测量原子内层电子跃迁产生的辐射
	中子活化分析	钙，硅，铝，铁，镁，硫，钾，钠，钛，锰，氧，氢，氮等	测量元素原子核被热中子活化后放出的特征 γ 射线

3.7 实验数据的记录

3.7.1 什么是有效数字的位数?

有效数字的位数，是指在一个表示量值大小的数值中，含有的对表示量值大小起作用的数字位数。也就是试验中实际测定的数字，从最前面一个非零数字开始，到最后一位是可疑数字的数值的位数。例如：

1. 21 g，三位有效数字；

24. 0403 g，六位有效数字。

在试验工作中记录量度值，如称量所得的克数或毫克数，滴定所得的毫升数，分光光度法测定所得的吸光度数值等，都是把由仪器能肯定读出的数值记下，并增加一位估计值。例如，当使用一支分度为0. 1 mL 的滴定管进行滴定时，肯定可以精确读到小数点后第一位，而小数点后第二位数字则往往是估计得来的，通常把这一位数字叫做“不定数字”或“不准确数字”。例如，滴定时消耗的标准滴定溶液体积为35. 25 mL，从滴定管刻度上看，我们可以精确读到十分位上的2，而百分位上的5 则为估计值。在读取如上数字时，有人可能读为35. 26，有人可能读为35. 24，即末位数字上下可能有一个单位的出入。在记录各种量度值时，一般均可估计到最小刻度的十分位，即只保留最后一位“不定数字”，其余数字均为准确知道的数字，我们称此时所记数字为有效数字。上述记录方法，已成为科学试验人员所共同遵守的准则。所以，有效数字是指试验中实际测定的数字，一般情况下是指只含有一位可疑数字的数值。

3. 7. 2　有效数字位数在记录测定结果时有何作用?

（1）有效数字的位数标志着数值的可靠程度（实际可测得数值），反映了数值相对误差的大小，也反映了使用的量具的精密度。

例如，称量某试样得到 $m_1 = 0.5100$ g，是四位有效数字，其相对误差 $E_r = (\pm 0.0001)/0.5100 \approx \pm 0.02\%$，表示是用感量为0. 1 mg 的分析天平称量得到的数值。

而称量某样品得到 $m_2 = 5.1$ g，是两位有效数字，其相对误差 $E_r = (\pm 0.1)/5.1 \approx \pm 2\%$，表示是用感量为0. 1 g 的台秤称量得到的数值。

（2）根据有效数字位数确定应称取的试样量。

按公式：

$$称樯的精确度 = \frac{天平灵敏度}{试样的质量}$$

如所用分析天平的灵敏度为0. 0001 g，要求称样的精确度为0. 1%，则：

$$试样的质量 = \frac{0.0001\ \text{g}}{0.001} = 0.1000\ \text{g}（记四位有效数字）$$

即称样量不得少于0. 1000 g。

如用此天平称取1 g 以上的试样，若要求称样的精确度仍为0. 1%，则此时称样量精确至1 g×0. 1% =0. 001 g 即能符合要求。

在水泥生产检验的实际工作中，对某些低含量组分的单项测定（如三氧化硫、游离氧化钙等），对称样精确度的要求还可放宽。如，水泥中三氧化硫的质量分数一般在3%左右，如果称样量为0. 5 g，要求测定的绝对误差为0. 1%，即相对误差为3. 3%，在此情况下，如不考虑其他操作环节的误差，则称样量精确至0. 5g ×3. 3% =0. 0165 g 即可。而通常称量如精确至5mg，则完全能够满足测定准确度的要求。

（3）根据有效数字位数确定滴定时需用标准滴定溶液的最小体积。

$$滴定相对误差 = \frac{滴定的最大误差（mL）}{标准滴定溶液需用的最小体积 V（mL）}$$

在滴定过程中，标准滴定溶液不可避免地会有半滴到一滴（0.02 mL ~ 0.04 mL）的误差，假如要求滴定相对误差为0.1%，则滴定所需用的标准滴定溶液的最小体积为：

$$V=\frac{0.02\ \mathrm{mL}}{0.001}=20.00\ \mathrm{mL}\text{（记四位有效数字）}$$

因此，供滴定的试样量应保证标准滴定溶液的消耗量大于20 mL。如果要求滴定相对误差为0.2%，滴定的最大误差为0.04 mL，则滴定所需的试样量也应保证标准滴定溶液的消耗量大于20 mL。

所以，在一般容量分析中，根据滴定管刻度所能达到的精确度，滴定时标准滴定溶液的用量在不小于20.00 mL的情况下，就可适应于一般常量分析对准确度的要求。

3.7.3　如何判断有效数字的位数？

（1）数字1 ~ 9不论处于数值中什么位置，都是有效数字，都计位数。

（2）数字0：要根据具体情况进行判断。

1）在数值中间都计位数。

如12.01：四位；10804：五位。

2）在数值前面都不计位数。

如0.143：三位；0.024：两位。

3）在小数数值右侧都计位数。

如6.5000：五位；0.0240：三位。

4）在整数右侧，按规范化写法都应计位数，否则应以指数形式表示。

如35000：五位；而350×10^{2}（或3.50×10^{4}）：三位；35×10^{3}（或3.5×10^{4}）：两位。

（3）特殊情况：若一个数值的第一个数字等于或大于8，则该数值的有效位数应多计一位。

如8.35，以四位有效数字计；9.8%，以三位有效数字计。

因为8.35的相对误差为：$E_r=(\pm0.01)/8.35=\pm1/835$，更接近于±1/1000（四位），而非1/100（三位）。

（4）有效数字位数和小数点的位置无关，或者说与量值所选单位无关。例如，下述3个数值的有效位数均为两位：12 g，0.012 g，12×10^{3} mg。

3.7.4　近似数的运算规则是什么？

在处理数据时，常常会遇到一些精确度不同的数据（即有效数字位数不同的数据）。对于这些数据，要按照一定的法则进行数学运算，以避免计算过繁而引入错误，还可节约计算时间，使结果能真正反映实际测量的精确度。

（1）加减法

以小数位数最少的数为准（此数绝对误差最大），其余各数均修约成比该数多一位，运算结果的数值的位数与小数位数最少的数相同。例如：

$$60.4+2.02+0.212+0.0367=?$$

其中60.4小数位数最少，只1位，其最后一位数字有±1的绝对误差，即绝对误差为0.1，是四个数据中绝对误差最大者。以它为准，其余数字修约成小数点后两位，再进行运算。最后结果保留小数位数一位（下列运算式中下加横线的数字为不准确的数字）。

$$
\begin{array}{r}
60.\underline{4} \\
2.0\underline{2} \\
0.2\,1 \\
+\quad 0.0\underline{4} \\
\hline
62.\underline{6}\,\underline{7} \approx 62.\underline{7}
\end{array}
$$

从计算式可以看出，结果中的0.6这一位已不准确，其后的7更无保留意义。

（2）乘除法

以有效数字位数最少的数为准（此数相对误差最大），其余各数均修约成比该数多一位，运算结果的数值的位数与有效数字位数最少的数相同。例如：

$$12.72 \times 0.045 = ?$$

12.72的最后一位有±1的绝对误差，即0.01，其相对误差为 $E_r = 0.01/12.72 = 0.000786$。

0.045的最后一位有±1的绝对误差，即0.001，其相对误差为 $E_r = 0.001/0.045 = 0.222$。

显然，有效数字位数为二位的0.045的相对误差最大。以它为准，将12.72修约成比二位多一位即三位，再进行运算。最后结果保留有效数字位数二位。（下列运算式中下加横线的数字为不准确的数字）。

$$
\begin{array}{r}
12.7 \\
\times\quad 0.0\,4\,5 \\
\hline
0.0\underline{6}\,\underline{3}\,\underline{5} \\
0.5\,0\,8 \\
\hline
0.5\,\underline{7}\,\underline{1}\,\underline{5} \approx 0.5\,\underline{7}
\end{array}
$$

从计算式可以看出，结果中的0.07这一位已不准确，其后的15更无保留意义。

（3）乘方或开方

结果与原数字有效位数相同，而与小数点的位置无关。

例如：计算 $\sqrt{95.8} = 9.79$

计算 $61.3^3 = 230 \times 10^3$。（61.3为三位，运算结果230也取三位）

（4）对数运算

所取对数有效数字位数只算小数部分，与真数的有效位数相同（真数两位）。

pH＝6.18（只算小数部分，两位）

若 $[H^+] = 9.6 \times 10^{-12}$，则 $pH = -\lg [H^+] = -\lg (9.6 \times 10^{-12}) = 11.02$（真数9.6两位，其对数 $11.\underline{02}$ 中，11是由10的方次决定，对数部分是0.02，取两位）

（5）其他情况

1）常数、倍数、分数等非检测所得数字，有效位数可视需要取。

2）如有4个以上的数值进行平均，则平均值的有效数字位数可以增加一位。

3.7.5 什么是数值修约规则?

按照 GB/T 8170—2008 标准，数值修约是指通过省略原数值的最后若干位数字，调整所保留的末位数字，使所得到的值最接近原数值的过程。

数值修约规则包括以下内容。

（1）确定修约间隔

修约间隔系指修约值的最小数值单位。修约间隔的数值一经确定，修约值即应为该数值的整数倍。

1）指定修约间隔为 10^{-n}（n 为正整数），或指明将数值修约到 n 位小数；

2）指定修约间隔为 1，或指明将数值修约到“个”位；

3）指定修约间隔为 10^n（n 为正整数），或指明将数值修约到 10^n 数位，或指明将数值修约到“十”、“百”、“千”数位……

（2）进舍规则

1）拟舍弃数字的最左一位数字小于 5 时，则舍去，保留其余各位数字不变。

例：将 12.1498 修约到个数位，得 12；

将 12.1498 修约到一位小数，得 12.1。

2）拟舍弃数字的最左一位数字大于 5，则进 1，即保留数字的末位数字加 1。

例：将 1268 修约到“百”数位，得 13×10^2（特定场合可写为 1300）。

将 1268 修约成三位有效位数，得 127×10（特定场合可写为 1270）。

注：本标准中，“特定场合”系指修约间隔明确时。

3）拟舍弃数字的最左一位数字为 5，且其后有非 0 数字时进 1，即保留数字的末位数字加 1。

例：将 10.5002 修约到个数位，得 11。

将 10.850001 修约到一位小数，得 10.9。

4）拟舍弃数字的最左一位数字为 5，且其后无数值或皆为 0 时，若所保留的末位数字为奇数（1，3，5，7，9）则进 1，即保留数字的末位数字加 1；若所保留的末位数字为偶数（0，2，4，6，8），则舍去。

例 1：修约间隔为 0.1（或 10^{-1}）

拟修约数值	修约值
1.050	10×10^{-1}（特定场合可写为 1.0）
0.35	4×10^{-1}（特定场合可写为 0.4）

例 2：修约隔为 1000（或 10^3）

拟修约数值	修约值
2500	2×10^3（特定场合可写为 2000）
3500	4×10^3（特定场合可写为 4000）

5）负数修约时，先将它的绝对值按上述规定进行修约，然后在所得值前面加上负号。

例 1：将下列数字修约到“十”数位：

拟修约数值	修约值
-355	-36×10（特定场合可写为 -360）

-325　　　　　　　　　　-32×10（特定场合可写为-320）

例2：将下列数字修约到三位小数，即修约间隔为10^{-3}：

拟修约数值　　　　　　　　修约值

-0.0365　　　　　　　　　-36×10^{-3}（特定场合可写为-0.036）

（3）不允许连续修约

拟修约数字应在确定修约间隔或指定修约位数后一次修约获得结果，不得多次连续修约。

例1：修约97.46，修约间隔为1。

正确的做法：97.46→97；

不正确的做法：97.46→97.5→98。

例2：修约15.4546，修约间隔为1。

正确的做法：15.4546→15；

不正确的做法：15.4546→15.455→15.46→15.5→16。

3.8　对分析结果的处理和报告

3.8.1　什么叫“测量重复性”？

按照JJF 1059.1—2012《测量不确定度评定与表示》的规定，测量重复性是“在一组重复性测量条件下的测量精密度”。

（1）重复性测量条件　是指：“相同测量程序、相同操作者、相同测量系统、相同操作条件和相同地点，并在短时间内对同一或相类似被测对象重复测量的一组测量条件”。

（2）重复性标准差　是指：在重复性测量条件下所得测试结果的标准差，用σ_r表示。重复性标准差是重复性测量条件下对测试结果分布的分散性的度量。

3.8.2　什么叫“测量复现性”？

按照JJF 1059.1—2012《测量不确定度评定与表示》的规定，测量复现性是“在复现性测量条件下的测量精密度”。

（1）复现性测量条件　是指：“不同地点，不同操作者，不同测量系统，对同一或相类似被测对象重复测量的一组测量条件”。

（2）复现性标准差　是指在复现性测量条件下所得测试结果的标准差，用σ_R表示。复现性标准差是复现性条件下对测试结果分布的分散性的度量。

3.8.3　两次平行测定结果是否可以用平均值报出，用什么进行检查和判断？

进行平行测试结果可接收性检验的前提条件是：测量方法已标准化，重复性限r和再现性限R已按照GB/T 6379.1—2004《测量方法与结果的准确度（正确度与精密度）第1部分：总则与定义》规定的方法在测试方法标准中予以确定。当N个测试结果的极差超过了重复性限或再现性限，就认为N个结果中的一个、两个或者所有测试结果异常，需对测试结果进行处理。计算中所使用的概率水平为95%。

（1）重复性限　一个数值，在重复性测量条件下，两个测试结果的绝对差小于或等于此数的概率为95%。重复性限用 r 来表示。重复性限为重复性标准差的2.8倍，即 $r=2.8\sigma_r$。在同一试验室的日常分析工作中，对两个测定结果的可接收性应采用重复性限进行判断。如果两次测量结果之差小于等于重复性限 r，则取两次测量结果的算术平均值作为结果报出；否则，应进行第三次测量（或第四次测量），按照图3-5所示流程进行判断。

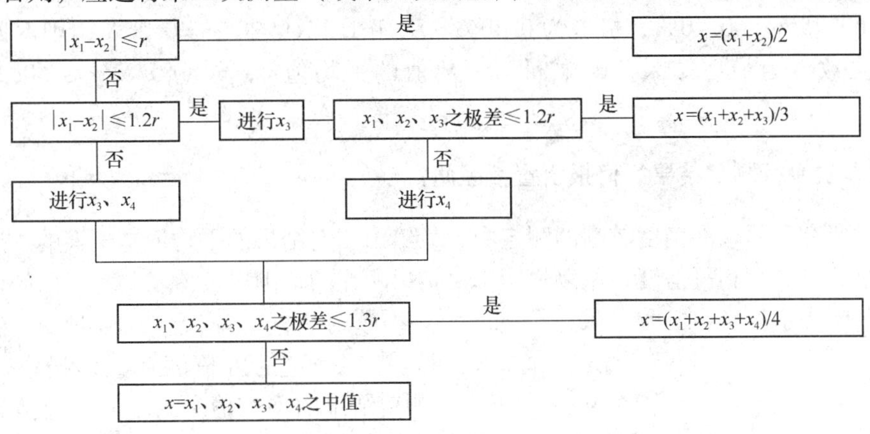

图3-5　平行测试结果精密度的检验流程

x_1，x_2，x_3，x_4—试样的有效分析值；r—试样重复性限

（2）复现性限　一个数值，在复现性测量条件下，两个测试结果的绝对差小于或等于此数的概率为95%。复现性限用 R 来表示。复现性限为复现性标准差的2.8倍，即 $R=2.8\sigma_R$。在不同试验室的日常分析工作中，对两个测定结果的可接收性应采用复现性限进行判断。如果两次测量结果之差小于等于复现性限 R，则取两次测量结果的算术平均值作为结果报出；否则，应进行第三次测量（或第四次测量），按照图3-5所示流程进行判断。

3.8.4　试举例说明如何对两次平行测试结果的精密度进行检验？

设某分析人员在标准分析工作中，对某水泥试样中二氧化硅的两次分析结果分别为 $x_1=60.00\%$，$x_2=60.23\%$。如何验收该分析人员对试样的分析结果？

解：按照“平行测试结果精密度的检验”图示（图3-5）判断分析结果的精密度。

GB/T 176—2008《水泥化学分析方法》中给出测定二氧化硅分析结果的重复性限 $r=0.20\%$。

因为 $|x_1-x_2|=|60.00\%-60.23\%|=0.23\%$，大于重复性限 $r=0.20\%$，而小于 $1.2r=1.2\times0.20\%$ 即0.24%，因此需进行第三次测定。

（1）设第三次测定结果为 $x_3=60.22\%$。三次测定结果从小到大依次为60.00%、60.22%、60.23%，极差为0.23%，小于 $1.2r=1.2\times0.20\%=0.24\%$，则取三次测定结果的算术平均值，作为最后结果：$\bar{x}=(x_1+x_2+x_3)/3=(60.00\%+60.22\%+60.23\%)/3=60.15\%$。

（2）设第三次测定结果为 $x_3=60.25\%$，三次测定结果从小到大依次为60.00%、60.23%、60.25%，极差为0.25%，大于 $1.2r=1.2\times0.20\%=0.24\%$，则需进行第四次测定。

1）若第四次测定结果为 x_4 = 60.20%。四次测定结果从小到大依次为 60.00%、60.20%、60.23%、60.25%，极差为 0.25%，小于 1.3×0.20% = 0.26%，则取四次测定结果的算术平均值为最后结果：$\bar{x} = (x_1 + x_2 + x_3 + x_4)/4$ =（60.00% +60.20% +60.23% +60.25%）/4 =60.17%。

2）若第四次测定结果为 x_4 = 60.40%。四次测定结果从小到大依次为 60.00%、60.23%、60.25%、60.40%，极差为 0.40%，大于 1.3×0.20% = 0.26%，则取四次测定结果的中位数 $\tilde{x}$ 为最后结果，即中间两个数值的平均值：$\tilde{x}$ =（60.23% +60.25%）/2 =60.24%

3.8.5 对多次平行测定结果如何报出置信区间？

在科学研究和要求准确度较高的测定中，只给出测定结果的平均值是不够的，还应该给出测定结果的可靠性和可信度，用以说明真实结果所在的范围以及落在此范围内的概率，通常用置信区间表示。

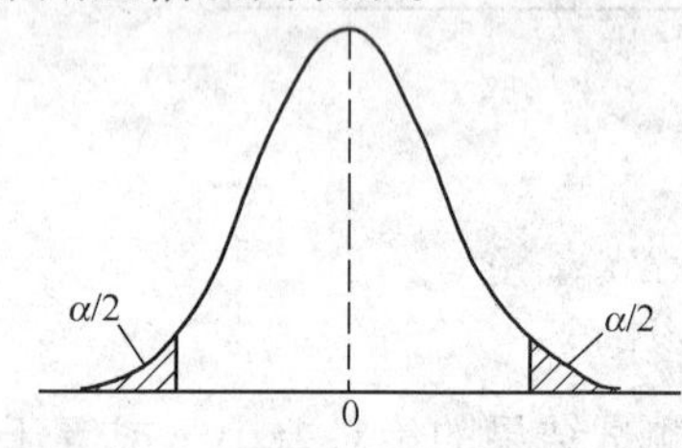

图 3-6 显著性水平（α）

置信区间是指在一定的置信度（置信概率，一般为 95%）下，以测定结果的平均值 $\bar{x}$ 为中心，包括总体平均值 μ 在内的所有测量结果落在置信区间内的概率，或者说真实值在该范围内出现的概率。

在图 3-6 所示的标准正态分布曲线上，置信度是指曲线与横坐标所围成的总面积减去阴影部分面积，即 1.0 − α。阴影面积 α 称为显著性水平。α 大，则结果可靠性小。如果设定置信度为 95%，则由正态分布的重要结论可知，测定结果（x）落在 $\mu \pm 1.96\sigma$ 范围内的概率是 95%。这是指测定次数为无穷多次时的情况。

实际上，不可能也无必要对同一试样进行无穷多次测定，μ 和 σ 常常是未知的。一般分析中，平行测定 4 次 ~5 次已足够，因此，通常只能知道样本平均值 $\bar{x}$ 和实验标准偏差 s。如果用 $\bar{x}$ 代替 μ，用 s 代替 σ，表示置信区间，势必引入误差。在数理统计中，根据同一试样平行测定次数（n），用 t 值来校正这种引入的误差。在消除了系统误差的前提下，对于有限次数的测定，平均值的置信区间用式（3-16）表示：

$$\mu = \bar{x} \pm t_{\alpha,f}\frac{s}{\sqrt{n}} \tag{3-16}$$

式中 μ——平均值的置信区间；

$\bar{x}$——测定结果平均值；

$t_{\alpha,f}$——置信因数；

s——实验标准偏差；$\frac{s}{\sqrt{n}}$ 为平均值的标准偏差；

n——测定次数。

式中的 t 称为置信因数。n 大，则 t 小，s 接近 σ；n 小，则 t 大，s 与 σ 差别大。t 值不仅与置信度有关，而且也与自由度 $f = n - 1$ 有关。故表示 t 值时，要注明显著性水平 α 和自由度 f，写成为 $t_{\alpha,f}$。t 值可根据要求的置信度和自由度，由表 3-8“t 检验临界值”查得。

表 3-8 t 检验临界值（部分）

自由度 $f=n-1$	置信度（$=1-\alpha$）				自由度 $f=n-1$	置信度（$=1-\alpha$）			
	0.90	0.95	0.99	0.995		0.90	0.95	0.99	0.995
2	2.920	4.303	9.925	14.089	8	1.860	2.306	3.355	3.833
3	2.353	3.182	5.841	7.453	9	1.833	2.262	3.250	3.690
4	2.132	2.776	4.604	5.598	10	1.812	2.228	3.169	3.581
5	2.015	2.571	4.032	4.773	20	1.724	2.086	2.845	3.153
6	1.943	2.447	3.707	4.317	30	1.697	2.042	2.750	3.030
7	1.895	2.365	3.499	4.029	40	1.684	2.021	2.704	2.971

【例】 对某试样中铁的含量进行了五次平行测定，结果为：39.10、39.12、39.19、39.17、39.22（%），平均值 $\bar{x}=39.16$（%），标准偏差 $s=0.052$（%）。试写出分析结果报告。

解： 由表3-8可查得当自由度 $f=5-1=4$，置信度 $1.0-\alpha=95\%$（即显著性水平 $\alpha=0.05$）时 $t=2.776$，代入式（3-16），得：

$$w(\mathrm{Fe})=\left(39.16\pm\frac{2.776\times0.052}{\sqrt{5}}\right)\%=39.16\%\pm0.06\%$$

所以，分析结果的置信区间为：$w(\mathrm{Fe})=(39.16\pm0.06)\%$

从结果可以看出，通过5次测定，有95%的把握，认为该试样中铁的含量在39.10%至39.22%之间。

3.8.6 怎样检验分析过程有无系统误差？

系统误差是由某些经常性的原因造成的。有无系统误差的检验，常用的方法是：

（1）以标准物质进行比对分析。即用已知准确组成的标样（与被测试样的组成应相近），按照相同的分析方法和条件进行平行测定，以其分析结果检验本方法的误差。实测结果与标准结果之差若在误差范围内，则表明测定过程合格；否则，应查找原因，再行测定。

（2）用两种或两种以上的比较可靠的分析方法进行比对分析。特别是用经典的、基准的方法进行比对分析，对于保证结果的准确度实属必要。如果分析结果差值不大，说明所用方法所得结果的准确度可以满足要求。因为两种或两种以上操作方法同时发生差错或系统误差的可能性较小。

3.8.7 在对水泥及其原材料试样进行全分析时对总结果加和有何作用？如何加和？

重要的水泥原料、水泥生料、熟料及水泥的全分析中，各种成分的总结果应在（100±0.5）%的范围内，有时可以放宽到（100±0.7）%，一般不应超出（100±1）%的范围。在进行要求比较高的分析时，根据对总结果的加和，可以判断主要成分的分析结果是否存在较大误差。如总结果远远低于100%，则表明有某种主要成分未被测定；如主要成分均已测定，则某种主要成分的分析结果可能存在较大的偏低因素；如总结果远高于100%，则表明某种成分的测定结果可能存在较大的偏高因素，应先从主要成分（如硅酸盐试样中的硅、钙）查找；也可能是在加和总结果时，误将某些成分的测定结果进行了重复相加。

如试样已有烧失量、SiO_2、Fe_2O_3、Al_2O_3、TiO_2、CaO、MgO、SO_3（总）、K_2O、Na_2O、F 的测定结果，注意不要将下列结果加和到总结果中：

（1）*f*-CaO（已包含在 CaO 结果中）；

（2）CaF_2（已包含在 CaO、F 的结果中）；

（3）不溶物（已包含在 SiO_2、Al_2O_3、TiO_2等结果中）；

（4）硫化物（已包含在总 SO_3结果中）。

3.8.8 提高测试结果准确度的措施有哪些？

对于任何一种特定的分析方法而言，有没有较大的系统误差以及精密度如何，都是在该方法的形成之初就客观存在了的。因此，要使分析结果准确，首先要选择适当的分析方法。假如所选用的分析方法精密度符合要求，通过重复多次分析，可以使随机误差减小到一定程度以下，因此，有效地检验并消除系统误差，是提高分析结果准确度的重要途径，为此常采取如下措施：用标准样品进行对比分析；用标准方法进行对比分析；进行空白试验；减小测量误差；增加平行测定次数等。

3.8.9 如何用标准样品进行对比分析？

采用与被测试样组成相似的标准物质以同样的分析方法进行处理，测定标准物质的回收率，比加入简单的纯化学试剂测定回收率的方法更加简便可靠。其操作是：选择浓度水平、化学组成和物理形态合适的标准物质进行若干次平行测定，如果标准物质的分析结果（$\bar{x} \pm t \cdot s/\sqrt{n}$）与证书上所给的保证值（$A \pm U$，$A$ 为标准值，U 为总不确定度）一致，则表明分析测定过程不存在明显的系统误差，试样的分析结果也是可靠的。所谓测定值 $\bar{x}$ 与保证值 A 一致，是指 $|\bar{x}-A| \leqslant [(t \cdot s/\sqrt{n})^2 + U^2]^{1/2}$。（$t$、$s$、$n$ 的含义见题 3.8.5）

3.8.10 如何用标准样品对试样的分析结果进行校正？

在通常情况下，应选取与分析样品的组成比较接近的标准样品进行对比分析。例如，分析试样若为水泥熟料，则以选用相应的水泥熟料标准样品最为合适。

由于对比分析是在相同的试验条件下进行的，所以比较标准样品的测得数据和标准样品数据，可以很容易地看出所选用的分析方法的系统误差有多大。如果在允许误差的范围之内，一般可不予校正。假如存在的系统误差比较大，对分析结果的准确度有显著影响，则须根据所得分析结果，用如下计算公式进行校正：

$$\text{被测组分在试样中的含量} = \frac{\text{标样的证书值}}{\text{标样的测定结果}} \times \text{试样的测定结果} \tag{3-17}$$

式中 $\frac{\text{标样的证书值}}{\text{标样的测定结果}}$ = 校正系数。

应注意的是，有些标准样品，如黏土、水泥及水泥熟料等，有时由于保存时间过长或保存不当，烧失量会发生变化。主成分，如氧化钙、二氧化硅的质量分数会下降。此时在进行对比分析时应同时准确测定标准样品的烧失量，按式（3-18）将标样中某组分的实测结果校正为假设烧失量未发生变化时的结果，代入式（3-17）的分母，作为“标样的测定结果”：

$$\text{校正后标样的分析结果} = \frac{1-\text{烧失量证书值}}{1-\text{烧失量测定结果}} \times \text{实测结果} \tag{3-18}$$

例如，某分析人员测定水泥标准样品中的氧化钙的质量分数，实测结果为59.60%，同时测得该水泥标准样品的烧失量为1.20%。该水泥标准样品的证书值为：烧失量0.80%，氧化钙60.00%。试计算校正系数：标样的证书值/标样的测定结果。

将已知数据代入式（3-18）中，计算校正后标样中氧化钙的分析结果：

$$\text{校正后标样中氧化钙的分析结果} = \frac{1-0.80\%}{1-1.20\%} \times 59.60\% = 59.84\%$$

则校正系数为：

$$\frac{\text{标样的证书值}}{\text{标样的测定结果}} = \frac{60.00\%}{59.84\%} = 1.0027$$

该分析人员的测定结果经校正后为：59.60% ×1.0027 =59.76%，此时再与标准样品证书上的置信区间进行比较，判断测定经过是否超差。

需要附带说明的是，在用水泥、水泥熟料或黏土标样考核分析人员操作水平时，如标样的烧失量变化较大，也需用式（3-18）对实测结果进行校正，然后再与标准结果进行比较，看误差是否超过允许误差。

3.8.11 什么叫“空白试验”？有什么作用？

空白试验，就是在不加试样的情况下，按试样分析的方法进行平行试验，根据所得空白值对分析结果进行校正。

进行空白试验的目的，是为了消除因所用化学试剂和蒸馏水中含有的某些杂质给分析结果带来的系统误差。对准确度要求高的分析，进行空白试验往往是必要的。

空白值一般都很小。如所得空白值很大，必然还有其他原因，用这样的空白值来校正分析结果，必然会引起很大的误差。

3.8.12 增加平行测定次数可以减小哪一类误差？

在消除系统误差的前提下，增加平行测定次数，可以减小随机误差，使平均值接近真值。产品验收等重要分析中，通常要求平行测定2次~4次，以求得准确结果。

从平均值的标准偏差计算公式 $\sigma_{\bar{x}} = \sigma/\sqrt{n}$ 中可以看出，增加测量次数 n，会使 $\sigma_{\bar{x}}$ 减小。但增加测量次数的效果是有限的。图3-7表示 $\sigma_{\bar{x}}$ 与测量次数 n 的关系。开始时 $\sigma_{\bar{x}}$ 随 n 的增大而减小很快；当 $n=5$ 或 6 时，开始变慢；当 $n>10$ 时，$\sigma_{\bar{x}}$ 随 n 的变化实际上已不显著。因此，通常规定在重复性测定中 $n=10$ 或 12 已经足够了。

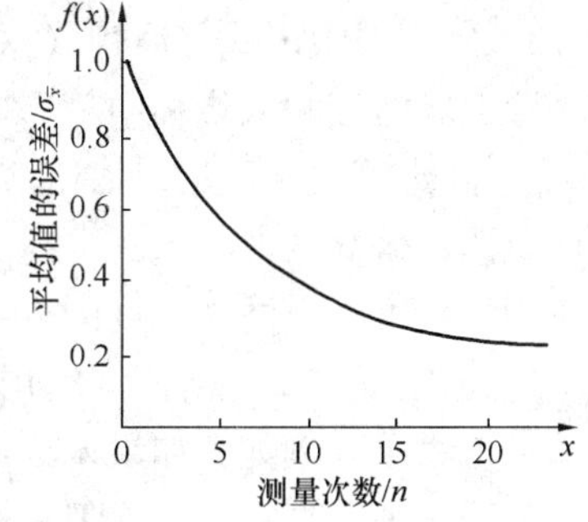

图3-7 平均值的误差同测量次数之间的关系

3.8.13 分析结果偏高的因素有哪些？

分析结果偏高的因素很多，除明显的操作过失外，偏高因素因分析方法不同和分析成分不同，情况十分复杂。此处，仅将一些共同因素做一简要归纳，以供参考。

（1）在测定条件下其他成分也被测定。

1）来自试剂的“空白”。例如：

① 磷酸中的铁；铝片（丝）中的铁；

② 氟化钾、氯化钾中的硅；

③ 氨-氯化铵缓冲溶液中的镁；

④ 阳离子交换树脂中的残余酸等。

2）来自水的“空白”。例如：

① 蒸馏水中的铁、钙、镁离子；

② 离子交换水中的硅酸；

③ 水中的碳酸。

3）来自实验器皿中的“空白”。例如：

① 氟硅酸钾容量法测定二氧化硅时，若错误地使用玻璃器皿盛装、过滤含有氢氟酸的溶液（包括以硝酸酸化后的氟化钾溶液），或使用带颜色的塑料筷子做搅拌棒，则玻璃器皿或塑料筷子有色填料中的硅会被氢氟酸溶解而进入试验溶液，造成二氧化硅结果偏高。

② 以氢氧化钠熔融试样后脱埚时，若熔块难以脱下而长时间在玻璃烧杯中煮沸（在使用底部变形的银坩埚时常会如此），或脱埚后将强碱性溶液在玻璃烧杯中长时间放置而未及时酸化，则玻璃烧杯中的硅将进入试验溶液，造成二氧化硅测定结果偏高。

③ 滴加试剂溶液（如1+1盐酸溶液）用的滴管橡胶头内部未清洗干净，吸取试剂溶液时又不正确地将橡胶头头部朝下，或吸入量过多，试剂溶液进入橡皮头内，使橡胶头内部的不洁物（常为滑石粉）进入试验溶液，造成硅、镁等测定结果偏高。

（2）来自溶液中共存离子的干扰。

在确定分析条件时一般都采取了相应措施消除此种干扰，如操作不当，此种干扰最易发生。例如：

1）EDTA配位滴定中，铝对铁的干扰，钛对铝的干扰（多数水泥企业测定的是铝+钛合量），锰对铝、镁的干扰，钙对铝的干扰等；

2）硫酸钡称量法中沉淀对共存离子的吸附，或用酸溶解试样时未过滤除去不溶杂质，均会造成结果偏高；

3）离子交换-中和法测定含氟、氯、磷水泥试样中的三氧化硫时，这些离子对三氧化硫的测定结果产生严重干扰；

4）使用成分不明的原料配制水泥生料时，不明离子产生干扰。

（3）计量用的容量器皿不准确或使用不当。例如：

1）滴定管、容量瓶、移液管未校准；

2）配套使用的移液管与容量瓶之间的体积比未校准；

3）使用非吹出式移液管（这种移液管最为常见）移取试验溶液时，不正确地将尖部最后一滴试验溶液吹入烧杯中；

4）滴定管内壁不洁，沾留溶液，或滴定速度太快而又过早地读数等，导致标准滴定溶液体积读数偏高。

（4）标准滴定溶液浓度的表观值高于实际值（直接滴定法中）。

1）标定标准滴定溶液浓度用的基准试剂纯度不够，或试剂瓶开封后长久放置造成吸水用前又未烘干。例如：如果苯二甲酸氢钾不纯，用于标定氢氧化钠标准滴定溶液的浓度，则得出的浓度值偏高；标定EDTA标准滴定溶液用的基准碳酸钙若开封后久置吸水，而未烘干即直接称取，则标定出的EDTA标准滴定溶液的浓度值偏离，其影响明显地反映在EDTA配位滴定氧化钙的结果偏高。

2）氢氧化钠等碱性标准滴定溶液久置于空气中因吸收二氧化碳而导致浓度下降，又未及时复标。

（5）试样经受了不正确的预处理而导致成分发生变化。例如：

1）二水石膏试样应在（45±3）℃下烘干。若错误地在105 ℃~110 ℃烘干，导致其失去结晶水，而使主成分氧化钙、三氧化硫的测定结果偏高。

2）以硫酸钡称量法测定矿渣水泥中的三氧化硫（硫酸盐），溶解试样时不正确地加入了硝酸，将硫化物氧化为硫酸盐，造成三氧化硫的测定结果偏高。

（6）直接滴定时滴过终点。

1）用EDTA滴定三价铁离子，近终点时加入EDTA标准滴定溶液的速度过快；

2）用EDTA滴定氧化钙时，高镁试样中的镁生成氢氧化镁沉淀吸附指示剂，造成颜色突变不明显；

3）指示剂质量不好，或混合指示剂配比不当，或加入量过多，造成滴定终点不明显。

（7）返滴定时未滴定至终点，或被返滴定的物质发生损失。例如：测定水泥生料中的碳酸钙时，若加热分解试样的温度过高，煮沸时间过长，造成盐酸损逸，而使碳酸钙滴定值结果偏高。

3.8.14 分析结果偏低的因素有哪些？

（1）操作中造成试料损失。例如：

1）熔样时试料飞溅、溢出；

2）脱埚后加酸时未加盖表面皿，造成试验溶液损失；

3）坩埚盖及坩埚未洗净；

4）转移试验溶液时造成损失；

5）萤石样品用氢氧化钠熔融时，熔融时间过长（超过10 min），硅与氟生成四氟化硅逸出。

（2）试料未全部进入试验溶液中。例如：

1）试料颗粒太粗，熔剂量不足，熔融温度低，熔融时间短；

2）生料熔融前未除去有机物，致使部分被测物质包含在有机物中而未进入试验溶液；

3）以酸处理酸不溶物含量高的试样，不溶残渣中的成分未全部进入试验溶液（如以盐酸溶样快速测定水泥生料中的氧化钙，其结果低于碱熔融法）；

4）离子交换-中和法测定硬石膏中三氧化硫时，树脂质量不好，用量不足，交换时间短，硫酸钙未能全部溶解交换。

（3）试料成分发生变化。

水泥及水泥熟料、黏土等试样，放置时间过久，烧失量增高，导致主成分含量下降（此时要用烧失量对结果进行校正）。

（4）称量法中部分沉淀漏失到溶液中，或沉淀生成不完全。

（5）标准滴定溶液表观浓度值不正确。例如：

1）用基准物质标定时，标定值偏低；

2）标准滴定溶液久置后溶剂挥发，造成实际浓度偏高，滴定时，标准滴定溶液的用量减少。

（6）试验条件控制不正确。例如：

1）配位滴定中溶液的 pH 值不正确（观察有误，或试纸质量不好，精密度不高）；

2）氢氧化钠熔融试样后，酸化溶液时，忘记加硝酸将二价铁离子全部氧化为三价铁离子，用 EDTA 直接滴定三价铁离子时，造成铁的结果偏低；

3）用铜盐溶液返滴定法测定铝时，加入的 0.015 mol/L EDTA 标准滴定溶液剩余量（不是实际加入量）不足 15 mL，或煮沸时间不够，导致 EDTA 与铝离子配位不完全，或滴定终点不正常；

4）带硅滴定钙时，加入的掩蔽剂氟化钾溶液量过多，氟离子与钙离子生成氟化钙沉淀；

5）带硅滴定钙时，加入氢氧化钾溶液（200 g/L）调节溶液 pH 值大于 13 以后，放置时间超过半小时，被氟化钾解聚的硅酸又重新聚合，与钙离子生成硅酸钙沉淀，使钙的测定结果偏低。

（7）返滴定时滴过终点。

（8）连续滴定中（如以 EDTA 连续滴定铁、铝），铁滴定过量，造成铝的结果偏低；差减滴定法中（如从钙 + 镁合量中减去钙量得镁量），钙测定结果偏高，则导致镁测定结果偏低。

（9）氟硅酸钾容量法测定二氧化硅，洗涤氟硅酸钾沉淀或中和残余酸时，时间过长（特别是夏天室温高时），造成氟硅酸钾沉淀提前水解。

（10）计算有误。如：某人测定水泥标准样品，从实测的（铝 + 钛）合量计算纯三氧化二铝的含量时，直接从测得的合量减去标准物质证书上给出的二氧化钛含量，而未乘以 0.64，导致三氧化二铝的计算结果偏低。

3.8.15 最后的分析结果报告中应注意哪些事项？

分析结果的报告包括两方面：一是分析结果在报告中的正确体现；二是报告信息的充分性以及报告格式的合理性。分析结果是分析人员的产品，它不仅说明一个数据的数值，而且还能表示分析方法、仪器精度及数据的准确程度，因此分析结果的报告既要准确，又要科学，既要满足客户的需要，也要规避风险。

分析结果通常是分析人员通过选用适当精度的计量器具，按照标准方法操作，经过一系列计算而获得的。分析结果测量的准确性与人员、仪器（计量器具）、方法、试剂、环境、试样的代表性有关。报告分析结果时还应考虑计算过程中数字的修约、方法的准确度、计量器具的精度、方法的检出限等因素。

在最终测试结果中，应对如下两点进行说明：

——用于计算最终报告测试结果所用的测试结果数；

——最终报告测试结果用的是测试结果的算术平均值还是中位数。

3.8.16 在报出分析结果时如何确定应该保留的有效数字位数？

（1）测定结果的有效数字位数要按照 GB/T 8170—2008 进行修约。

测试结果应按测试方法标准中指定的位数报出。在具体实施中，有时测试与计算部门先将获得数值按测试方法标准中指定的修约位数多一位或几位报出，而后由质量管理部门判定。为避免产生连续修约的错误，应按下述步骤进行。

1）报出数值最右的非零数字为5时，应在数值右上角加“+”或加“-”或不加符号，分别表明已进行过舍、进或未舍未进。

例：16.50^{+}表示实际值大于16.50，是经修约舍弃得到的16.50；16.50^{-}表示实际值小于16.50，是经修约进一得到的16.50。

2）如对报出值需进行修约，当拟舍弃数字的最左一位数字为5，而其后面无数字或皆为零时，数值右上角有“+”者进一，有“-”者舍去，其他仍按上述进舍规则进行。

例：将下列数字修约到“个”数位（报出值多留一位，至一位小数）。

实测值	报出值	修约值
15.4546	15.5^{-}	15
-15.4546	-15.5^{-}	-15
16.5203	16.5^{+}	17
-16.5203	-16.5^{+}	-17
17.5000	17.5	18

例：GB/T 176—2008中规定，水泥中三氧化硫的分析结果以质量分数计，以%表示至小数点后两位。假如某水泥试样中三氧化硫的测试结果为3.1457%，测试室向质量管理部门报出结果可以为3.15^{-}%。质量管理部对外报结果时，按照GB 175—2007/XG 1—2009的规定，以%计修约至小数点后一位，为3.1%。

（2）报出的分析结果的有效数字，应遵循有效数字的运算规则。

例如，用EDTA直接配位滴定法测定水泥试样中三氧化二铁的含量，从250 mL试验溶液中吸取25.0 mL（分取比$p=10$）试验溶液，按照标准操作，最终消耗2.25 mL（V）EDTA标准滴定溶液（对三氧化二铁的滴定度为$T_{Fe_2O_3}=1.198$ mg/mL）。试样中三氧化二铁的质量分数w（Fe_2O_3）按下式计算：

$$w(Fe_2O_3)=\frac{T_{Fe_2O_3}\times V\times p}{m\times 1000}=\frac{1.198\times 2.25\times 10}{0.5026\times 1000}=5.36\%$$

式中，分取比10、克与毫克的换算系数1000，有效数字位数可按任意位计。滴定度T、试料的质量m的数据都是4位有效数字，但$V=2.25$ mL为3位，所以最终结果应报告为三位有效数字。

（3）有效数字的位数应准确反映方法的准确度。

有效数字表明数量的大小，反映测量的准确度。从另一个角度讲，方法的准确度决定分析结果报告的有效数字位数。

化学分析方法、色谱分析方法、分光光度分析方法固有的误差一般分别为0.1%、2%~5%和2%~5%。为了体现所用分析方法的准确度，报告分析结果时应适当修约。

（4）有效数字的位数应准确反映所用计量器具的精度。

3.8.17 如何对测定结果进行修正？

（1）已知回收率时。样品如果经过前处理步骤，特别是比较繁琐的处理过程，如萃取、消解、富集等，不可避免地会导致待测组分的损失。实际分析工作中常常通过测定加标回收率来考察整个方法的准确度，尽管有局限性，但加标回收率的数值在特定的条件下有借鉴作用。特定的条件是指标样和待测组分形态或价态相同、加标量在合适的范围内（或者相对于待测组分含量），加入标样后不改变样品的基体等等。

一般地，加标回收率不会是100%。假设加标回收率为90%，在满足特定条件下，最终分析结果应该除以0.90后报告。

（2）已知方法误差时。在对方法检验后，若已经测出误差的大小，在最终的测定结果中应该进行校正。例如，用EDTA法测定水泥中的三氧化二铝质量分数时，以纯铝丝为标样，按照水泥化学分析的标准方法进行检测，测得相对误差为 -2.9%。水泥试样中三氧化二铝质量分数的实际测定值为5.67%，则三氧化二铝质量分数最终报告结果应为5.67% ×（1 + 0.029）=5.83%。

（3）已知仪器误差时。例如用库仑积分仪测定水泥试样中三氧化硫时，在测定若干个试样后，及时测定一个已知三氧化硫含量（假如为2.50%）的样品，假设测定值为2.40%，则校正系数为2.50/2.40 = 1.042。将试样测定结果乘以校正系数1.042，得到校正后的结果。

3.8.18 根据检验结果对产品质量是否合格进行判定时有哪两种比较方法？

在产品质量标准（或其他技术规范）中，以数值形式给出指标或参数时，应当规定极限数值。极限数值表示符合该标准要求的数值范围的界限值，它通过给出最小极限值和（或）最大极限值，或给出基本数值与极限偏差值等方式表达。标准中极限数值的表示形式及书写位数应适当，其有效数字应全部写出。书写位数表示的精确程度，应能保证产品或其他标准化对象应有的性能和质量。

在判定测定值或计算值是否符合标准要求时，应将测试所得的测定值或计算值与标准规定的极限数值作比较，执行国家标准GB/T 8170—2008《数值修约规则与极限数值的表示和判定》。比较的方法有全数值比较法和修约值比较法两种。

当标准和有关文件中，若对与极限数值的比较方法（包括带有极限偏差的数值）无特殊规定，均应使用全数值比较法；如规定采用修约值比较法，应在标准中加以说明。

若标准或有关文件规定了使用其中一种比较方法时，一经确定，不得改动。

（1）全数值比较法。将测试所得的测定值或计算值不经修约处理（或虽经修约处理，但应标明它是经舍、进或未进未舍而得），用该数值与规定的极限数值进行比较，只要超出极限数值规定的范围（不论超出程度大小），都判定为不符合要求。

（2）修约值比较法。将测定值或其计算值进行修约，修约数位应与规定的极限数值数位一致。

当测试或计算精度允许时，应先将获得的数值按指定的修约数位多一位或几位报出，然后按修约规则修约至规定的数位。

将修约后的数值与规定的极限数值进行比较，只要超出极限数值规定的范围（不论超出程度大小），都判定为不符合要求。

对测定值或计算值与规定的极限数值用全数值比较法和修约值比较法的示例与比较见表3-9。

表 3-9　全数值比较法和修约值比较法的示例与比较

项　目	标准规定极限数值	测定值或其计算值	按全数值比较法是否符合要求	修约值	按修约值比较法是否符合要求
中碳钢抗拉强度/MPa	≥14×100	1349	不符合	13×100	不符合
		1351	不符合	14×100	符合
		1400	符合	14×100	符合
		1402	符合	14×100	符合
氢氧化钠的质量分数/%	≥97.0	97.01	符合	97.0^{+}	符合
		97.00	符合	97.0	符合
		96.96	不符合	97.0^{-}	符合
		96.94	不符合	96.9	不符合
中碳钢的硅的质量分数/%	≤0.5	0.452	符合	0.5	符合
		0.500	符合	0.5	符合
		0.549	不符合	0.5	符合
		0.551	不符合	0.6	不符合
中碳钢的锰的质量分数/%	1.2~1.6	1.151	不符合	1.2	符合
		1.200	符合	1.2	符合
		1.649	不符合	1.6	符合
		1.651	不符合	1.7	不符合
盘条直径/mm	10.0±0.1	9.89	不符合	9.9	符合
		9.85	不符合	9.8	不符合
		10.10	符合	10.1	符合
		10.16	不符合	10.2	不符合

由上表可见，对同样的极限数值，若它本身符合要求，则全数值比较法比修约值比较法相对较严格。

4　滴定分析的基本原理及操作

4.1　滴定分析法的基本概念

4.1.1　什么是滴定分析法？

滴定分析法又称容量分析法，是化学分析中的重要方法之一，在科学研究和生产实践中具有重要的实用价值，占据重要的地位。

滴定分析法是指使用滴定管将一种已知准确浓度的试剂溶液即标准滴定溶液滴加到被测物质的溶液中，直到所加的试剂与被测组分恰好按化学式计量定量反应完全为止，然后根据标准滴定溶液的浓度和所消耗的体积，计算出待测组分的含量。

滴定分析法适用于测定常量组分，即被测组分的含量一般在1%以上；采取某些辅助措施后，有时也可测定微量组分。滴定分析法操作简便快速，所需仪器设备简单，在硅酸盐分析中的应用十分广泛。

4.1.2　滴定分析中的基本术语有哪些？

（1）滴定：滴加标准滴定溶液的过程称为“滴定”。

（2）标准滴定溶液：用基准试剂直接配制或用标准物质标定的已知准确浓度的溶液，用来对试验溶液进行滴定，以求得试样的化学组成。

（3）化学计量点：滴加的标准滴定溶液中的化学试剂与待测组分恰好完全反应的这一点，也就是两者的物质的量正好符合化学反应式所表示的化学计量关系时，称为化学计量点（或等量点）。在化学计量点时，反应往往没有易为人察觉的外部特征，因此，需通过物理化学性质（如电位）的突变，或是指示剂颜色的突变，来判断化学计量点的到达。

（4）滴定突跃：在滴定终点前后被滴定溶液中某种成分（氢离子，金属离子）的浓度或某种物理化学性质（电位，电导）发生突跃式的改变。

（5）滴定终点：在电位突变或指示剂颜色突变时停止滴定，这一点称为“滴定终点”。

（6）滴定误差：实际分析操作中滴定终点与理论上的化学计量点不可能恰好符合，它们之间往往存在很小的差别，由此而引起的误差称为“滴定误差”。滴定分析法的相对误差应在1%～3%间为宜。

（7）指示剂：在滴定分析中滴定终点前后能改变颜色从而指示滴定终点到达的试剂。滴定误差的大小，取决于滴定反应和指示剂的性能及用量，因此，选择适当的指示剂是滴定分析的重要环节。

4.1.3　滴定分析对化学反应有哪些要求？

化学反应很多，但是适用于滴定分析法的化学反应必须具备下列条件：

（1）反应定量地完成。即反应按一定的反应式进行，无副反应发生，而且进行完全（通常要求达到99.9%以上），这是定量计算的基础。

（2）反应速度要快。滴定反应能在瞬间完成。对于速度慢的反应，应通过加热、改变溶液的酸度或改变滴定程序等办法提高其反应速度。

（3）能用比较简便的方法确定滴定终点的到达。

凡能满足上述要求的反应，都可应用于直接滴定法中，即用标准滴定溶液直接滴定被测成分。

4.1.4　滴定分析法分为几类？

滴定分析法一般包括以下五类方法：

（1）酸碱滴定法　是以中和反应为基础，利用酸标准滴定溶液或碱标准滴定溶液进行滴定的分析方法，也称中和法。常用的标准滴定溶液是强酸和强碱的溶液，如 HCl、NaOH 等。酸碱滴定法的实质是溶液中氢离子浓度［H^+］呈规律性变化，并且在反应达到等量点时，［H^+］的变化出现突跃。

（2）氧化还原滴定法　是以氧化还原反应为基础的滴定分析方法。用氧化剂或还原剂的标准滴定溶液，可以直接滴定还原剂或氧化剂，也可以间接滴定一些能与氧化剂或还原剂发生定量反应的物质。最常用的滴定剂是 $K_2Cr_2O_7$、$KMnO_4$、I_2 等。

（3）配位滴定法　是以生成配位化合物的反应为基础的滴定分析方法。配位剂与被测离子生成稳定的配位化合物，滴定终点时，稍微过量的配位剂能使指示剂变色。配位剂有无机配位剂和有机配位剂两种。无机配位剂的种类不少，但能用于配位滴定的却不多。直到合成了 EDTA 系列的有机配位剂后，配位滴定方法才得以迅速发展。

（4）沉淀滴定法　是以沉淀反应为基础的容量分析方法，在滴定过程中有溶解度很小（一般要求小于 10^{-6} g/mL）的沉淀生成，可对 Ag^+、SCN^-、CN^- 及卤素等离子进行滴定。应用较广的是以生成难溶银盐的反应为基础的银量法。目前仍常用银量法测定氯离子：在含有氯离子的硝酸溶液中，加入过量的硝酸银标准滴定溶液，使之与氯离子反应生成氯化银沉淀。剩余的银离子用硫氰酸铵标准滴定溶液返滴定，生成硫氰酸银（AgCNS）沉淀。到达滴定终点时，稍过量的硫氰酸根离子同指示剂铁铵矾［$NH_4Fe(SO_4)_2 \cdot 12H_2O$］中的三价铁离子发生反应，生成红色的硫氰酸铁配离子 $Fe(CNS)^{2+}$，指示滴定终点的到达。

（5）非水滴定法　在有机溶剂中进行滴定的分析方法。水泥熟料中 f－CaO 的测定就是非水滴定法，使用的溶剂为甘油－无水乙醇溶液或乙二醇－无水乙醇溶液，滴定剂是苯甲酸－无水乙醇标准滴定溶液。

4.1.5　什么是直接滴定法？

用标准滴定溶液直接滴定被测物质溶液的方法，称为直接滴定法。它是最常用、最基本的滴定方式。

例如，用 EDTA 标准滴定溶液滴定 Ca^{2+} 离子，用 $K_2Cr_2O_7$ 标准滴定溶液滴定 Fe^{2+} 离子，用 HCl 标准滴定溶液滴定 NaOH 溶液等。

4.1.6　什么是返滴定法？

返滴定法又称回滴定法。先使被测物质（B）与一定量的过量的标准滴定溶液（A）作用，反应完全后，再用另一种标准滴定溶液（E）滴定剩余的A。返滴定法适用于反应进行较慢需加热，或直接滴定无合适指示剂等类型的反应。例如，水泥生料中 $CaCO_3$ 滴定值的测定、$CuSO_4$ 返滴定法测定水泥中的 Al_2O_3。

返滴定法适用于反应物为固体，或直接滴定反应速度较慢，或直接滴定缺乏合适指示剂等类型的反应。例如，用EDTA配位滴定法测定水泥试样中三氧化二铝的含量时，因 Al^{3+} 与EDTA的配位反应速度慢，常采用返滴定法，先加入过量的EDTA标准滴定溶液，加热，使 Al^{3+} 与EDTA充分配位，然后，以PAN为指示剂，用硫酸铜标准滴定溶液返滴定剩余的EDTA。

4.1.7 什么是置换滴定法？

置换滴定法又称取代滴定法。对于不按确定的反应式进行（伴随有副反应）的反应，可以不直接滴定被测物质，而是先用适当试剂与被测物质发生反应，使其置换出另一生成物，再用标准滴定溶液滴定此生成物。

例如，用EDTA配位滴定法测定水泥试样中的二氧化钛时，铝离子干扰测定，可先用EDTA标准滴定溶液与钛氧基离子（TiO^{2+}）和铝离子定量配位，然后加入苦杏仁酸，使其与 TiO^{2+}-EDTA配合物中的 TiO^{2+} 离子定量反应，置换出与 TiO^{2+} 等物质的量的EDTA，然后以硫酸铜标准滴定溶液滴定置换出的EDTA，可以求得试样中二氧化钛的含量。

4.1.8 什么是间接滴定法？

有时被测物质并不能直接与标准滴定溶液作用，却能通过另外的化学反应，生成可以与该标准滴定溶液直接作用的另外一种物质，这时即可采用间接滴定法进行测定。该法因被测物不同而异。

例如，氟硅酸钾容量法间接测定二氧化硅时，先使硅酸根离子在强酸性溶液中与过量的钾离子、氟离子反应生成氟硅酸钾沉淀，然后将不带游离酸的氟硅酸钾沉淀在沸水中水解生成氢氟酸，即可用氢氧化钠标准滴定溶液进行滴定，间接地计算试样中二氧化硅的含量。此外，碘量法测定水泥中 SO_3、离子交换-中和法测定三氧化硫，均属于间接滴定法。

4.1.9 滴定分析的计算——等物质的量规则是什么？

等物质的量规则：广义地说，就是在化学反应中，在反应的任何时刻，反应的或生成的各基本单元的物质的量相等。

在滴定反应中，可以说是：反映了的标准物质B与待测物质 i 的基本单元的物质的量相等。用数学表达式表示，即为：

$$n_i = n_B$$

或

$$c_iV_i = c_BV_B$$

或

$$m_i/M_i = c_BV_B \tag{4-1}$$

式中 n——物质的量；

c——物质的量浓度；

V——滴定时所消耗的溶液的体积；

M——物质的摩尔质量；

m——物质的质量。

应用等物质的量规则时，最重要的是正确地选择物质的基本单元。通常是以实际反应的最小单元为基本单元。当第一种物质的基本单元选定后，随后其他物质的基本单元的选择必须按等物质的量规则而定，即要使所定基本单元的物质的量等于第一种物质基本单元的物质的量，而不能是任意的。

4.1.10　滴定分析中的误差来源有哪些?

滴定分析中的误差来源主要有测量误差、滴定误差和浓度误差。

（1）测量误差

测量误差是由于测量仪器不准确或观察刻度不准确所造成的误差。测量仪器不准确是指刻度不准确，或仪器容积、溶液的体积随温度的变化而发生变化，这时需对仪器刻度、仪器容积、溶液的体积等进行校准，并提高实验技巧，以减小误差。

（2）滴定误差

滴定误差是指滴定过程中所产生的误差，主要有以下几种。

1）滴定终点与反应的化学计量点不吻合。正确选择指示剂可以减小这类误差。

2）指示剂消耗标准滴定溶液。例如酸碱滴定法中使用的指示剂本身就是弱酸或弱碱，也要消耗少量标准滴定溶液才能改变颜色。因此，应尽量控制指示剂的用量。必要时可用空白试验进行校正。

3）标准滴定溶液用量的影响。滴定近终点时应半滴半滴地加入标准滴定溶液，以减小误差。若半滴（0.02 mL）产生的误差按相对误差 ±0.1% 计，滴定时标准滴定溶液的用量应为：

$$V = \frac{0.02}{0.1\%} \times 100\% = 20\ (\text{mL})$$

在滴定分析中，一般消耗标准滴定溶液的体积为 30 mL 左右为宜。

4）杂质的影响。试液中有消耗标准滴定溶液的杂质时，应设法消除。

（3）浓度误差

浓度误差是指标准滴定溶液浓度不当或随温度变化而改变所带来的误差。

1）标准滴定溶液的浓度不能过浓或过稀。若过浓，稍差一滴就会给结果造成较大的误差；若过稀，则终点不灵敏。一般分析中，标准滴定溶液常用浓度以 0.05 mol/L ~ 1.0 mol/L 为宜。

2）标准滴定溶液的体积随温度的变化而变化，其浓度也随之发生变化。

用直接法配制的溶液，其浓度应按校正后的容积计算。

滴定分析中的系统误差，主要是在标定溶液和用标准滴定溶液滴定待测组分含量的过程中引入的。当两者操作条件完全相同时，系统误差可互相抵消。

4.2　酸碱滴定法

4.2.1　何谓酸碱质子理论?

凡是能给出质子（H^+）的物质称为酸，而能接受质子的物质称为碱。当一种酸（HA）

给出质子后，余下的A^-缺少质子，故有接受质子的能力，因而是一种碱，为了和一般碱相区别，称其为共轭碱。显然，一种酸给出质子后，生成与其相对应的共轭碱。因此，酸必定含有能给出的质子，称为酸形；生成的共轭碱，缺少质子，称为碱形。例如：

$$HCl \rightleftharpoons H^+ + Cl^-$$

$$NH_4^+ \rightleftharpoons H^+ + NH_3$$

上述这些反应称为酸碱半反应。HCl、NH_4^+都是酸，Cl^-、NH_3都是碱。酸和碱在水溶液中发生酸碱半反应，其平衡常数用K表示。K只与反应温度有关，而与浓度无关。酸的平衡常数用K_a表示：

$$HA \rightleftharpoons H^+ + A^-$$

$$K_a = \frac{[H^+][A^-]}{[HA]}$$

碱的平衡常数用K_b表示：

$$BOH \rightleftharpoons B^+ + OH^-$$

$$K_b = \frac{[B^+][OH^-]}{[BOH]}$$

K_a、K_b反映了酸和碱的强弱，K_a、K_b值越大，酸和碱越强。对于强酸例如盐酸、硫酸、硝酸等，强碱例如氢氧化钾、氢氧化钠，在水溶液中完全电离，不用平衡常数表示；对于弱酸例如乙酸，弱碱例如氨水，在水溶液中部分电离，用平衡常数表示。

4.2.2 何谓水的离子积？

用精密的仪器可以测出纯水有微弱的导电能力，所以纯水也是极弱的电解质，也存在电离平衡，即：

$$H_2O \rightleftharpoons H^+ + OH^-$$

和其他电解质一样，当水的电离达到平衡时，也存在着如下关系式：

$$\frac{[H^+][OH^-]}{[H_2O]} = K$$

K为水的电离常数。在22 ℃时由实验测得纯水中H^+离子的浓度$[H^+]$和氢氧根离子OH^-的浓度$[OH^-]$都是1×10^{-7} mol/L。这个数值很小，说明电离的水很少，可以忽略不计，也就是说，上式中的$[H_2O]$一项可以看做是一个常数，这样电离常数K和$[H_2O]$两个常数可以合并成一个常数，一般用K_W表示，称为“水的离子积”，即。

$$K_W = [H^+][OH^-] = K[H_2O] = 1\times10^{-7}\times1\times10^{-7} = 1\times10^{-14}$$

K_W和其他电离常数一样，温度不变时为一常数。它表示在稀的水溶液中，不论H^+离子的浓度$[H^+]$和氢氧根离子OH^-的浓度$[OH^-]$有什么变化，两者的乘积总是一个常数。

因此，在水溶液中，$[OH^-] = K_W/[H^+]$，或$[H^+] = K_W/[OH^-]$。

4.2.3 溶液的酸碱性是如何形成的？

如果往纯水中加一点酸，即提高溶液中的$[H^+]$浓度，而$[OH^-]$浓度就必然降低，即有一部分OH^-被加入的酸中的H^+结合成水。这样原来建立的电离平衡状态被打破，水即继续电离，而且在某一瞬间会达到一个新的平衡状态。但由于$[H^+]$和$[OH^-]$的乘积仍

然等于 K_W，此时［H^+］已不再等于［OH^-］而是［H^+］>［OH^-］，溶液呈酸性，具有酸性溶液的一切特征；同理，若往水中加入少量的碱，溶液中［OH^-］已不再等于［H^+］，而是［OH^-］>［H^+］，这时溶液呈碱性，具有碱性溶液的一切特征。

4.2.4 pH 值的定义是什么？为什么通常其使用范围为 0 至 14？为什么不能写成“PH”？

在化学中，pH 是一个比较特殊的量，没有基本的意义，只有操作上和实用上的定义；作为量的符号，在国家标准给出的所有物理量符号中，它是唯一用正体字母书写的。

对于稀溶液，当氢离子浓度处在 10^{-1} mol/L 至 10^{-14} mol/L 范围内时，直接用物质的量浓度表示溶液酸碱度十分不便。化学家们提出 pH 值的概念，首先是以下列形式定义的：

$$\mathrm{pH} = -\lg c\ (\mathrm{H}^+)$$

这就是以前所说的：“pH 值即氢离子浓度的负对数。”符号“p”为数学上“对某数取对数之后再加负号”的意思（弱酸、弱碱的电离常数 pK 中的 p 亦是这种含义），因而 pH 中的 p 为英文小写、正体，所以，不应将 pH 写成 PH。这是一种实用型定义，用 pH 值 1～14 表示氢离子浓度范围为 10^{-1} mol/L 至 10^{-14} mol/L 的溶液的酸碱度是十分方便的。

对氢离子浓度超出此范围的溶液的酸碱度，则直接用物质的量浓度表示即可。例如，浓度为 2 mol/L 的氢氧化钠溶液，浓度为 1 mol/L 的硫酸溶液等。这时如用 pH 值表示反而不便。所以，通常 pH 的使用范围为 0～14。

类似地，碱溶液的碱度常用 pOH 表示。$\mathrm{pOH} = -\lg\ (K_W/[\mathrm{H}^+]) = -(\lg K_W - \lg[\mathrm{H}^+]) = 14 - \mathrm{pH}$。

4.2.5 溶液酸度（［H^+］）及 pH 值之间如何换算？

（1）由溶液的酸度（［H^+］）计算 pH 值

利用带有函数功能的袖珍计算器的“log”键可以计算其 pH 值：

例如，$[\mathrm{H}^+] = 5.25\times10^{-3}$，则 $\mathrm{pH} = -\lg\ (5.25\times10^{-3}) = -(\lg 5.25 + \lg 10^{-3})$，输入“5.25”，按下“log”键，得“0.72”；而 10^{-3} 的常用对数为 −3，于是

$$\mathrm{pH} = -(0.72-3) = -(-2.28) = 2.28$$

（2）由 pH 值计算溶液的酸度（［H^+］）

这是上述计算的逆过程。仍以上例为例，求 pH = 2.28 时溶液的酸度［H^+］= ?

将 −2.28 变换为：−3 + 0.72。在计算器上输入“0.72”，连续按下“2ndF”键和“log”键，得到“5.25”，此为真数；由 −3 直接得到 10 的方幂为 −3，即 10^{-3}，所以［H^+］$= 5.25\times10^{-3}$。

4.2.6 酸的浓度和溶液的酸度有何不同？

酸的浓度和溶液的酸度在概念上是不相同的。酸的浓度又叫酸的分析浓度，它是指某种酸的物质的量浓度，即酸的总浓度，包括溶液中未离解的酸的浓度和已经离解的酸的浓度。而溶液的酸度是指溶液中氢离子的浓度，通常用 pH 值表示。

在水溶液中，强酸和强碱可完全电离为相应的阳离子和阴离子。因此，由强酸和强碱溶液的浓度 c 即可直接得出氢离子浓度［H^+］或氢氧根离子浓度［OH^-］。

而对于弱酸和弱碱，其浓度 c 是指溶液中已离解的酸的浓度和未离解的酸两种浓度之

和。例如，乙酸 HAc 溶液的浓度为 c，在溶液中离解达到平衡时：

$$HAc \rightleftharpoons H^+ + Ac^-$$

平衡浓度为 $[HAc]\ [H^+]\ [Ac^-]$

酸度为 $c = [HAc] + [H^+] = [HAc] + [Ac^-]$

HAc 溶液的酸度为 HAc 达到离解平衡时的氢离子浓度 $[H^+]$。

同理，碱的浓度和溶液的碱度在概念上也是不同的。碱度通常用 pOH 表示。

4.2.7 什么叫缓冲溶液？其缓冲作用的原理是什么？

缓冲溶液是一种能对溶液的酸度在一定程度上起到稳定作用的溶液，即往该溶液中加入少量强酸或强碱，或用少量水稀释时，溶液的 pH 值基本不变。许多化学反应必须在一定的酸度范围内才能进行完全，所以，在化学实验中，特别是 EDTA 配位滴定水泥试样中的铝、镁离子时必须使用缓冲溶液。

“缓冲溶液对”由“共轭酸碱对”组成，例如乙酸－乙酸钠缓冲溶液、氨－氯化铵缓冲溶液。以乙酸－乙酸钠缓冲溶液为例，说明其具有缓冲作用的原理。

乙酸－乙酸钠缓冲溶液中含有较高浓度的乙酸和乙酸钠。乙酸钠是强电解质，在水溶液中全部电离：$NaAc = Na^+ + Ac^-$；而乙酸是弱电解质，在水溶液中只能部分电离，在有大量共同离子乙酸根离子（Ac^-）时离解得更少，而且始终达成下述平衡：

$$HAc \rightleftharpoons H^+ + Ac^-$$

若向此体系中加入少量强酸，则抗酸部分 Ac^- 与加入的氢离子结合，使平衡向左移动，生成少量乙酸，而大量的 Ac^- 消耗不多，溶液中仍存在上述平衡，pH 值基本不变；若向此体系中加入少量强碱，溶液中的 H^+ 离子被消耗，上述平衡向右移动，作为弱酸的乙酸立即电离出氢离子，使得溶液中的氢离子浓度减少不多，pH 值也基本不变；若加入少量水，则溶液中氢离子浓度和乙酸根离子浓度均降低，同离子效应减弱，促使乙酸更多地电离，所产生的氢离子仍可维持溶液的 pH 值基本不变。

4.2.8 什么是缓冲溶液的缓冲容量？

缓冲溶液的缓冲作用是有一定限度的。对每一种缓冲溶液而言，只有在加入一定数量的酸或碱时，才能保持溶液 pH 值基本不变；当加入酸或碱及溶剂超过了一定的限度时，缓冲溶液就失去缓冲能力，即溶液的 pH 值会发生较大幅度的变化。由此可见，每一种缓冲溶液只是具有一定的缓冲能力，通常用“缓冲容量”来衡量缓冲溶液缓冲能力的大小。缓冲容量是使 1L 缓冲溶液的 pH 值增加或减少一个单位时所需要加入的强碱或强酸的物质的量。显然，所需加入量愈大，缓冲溶液的缓冲能力愈强。

缓冲容量的大小与缓冲溶液的总浓度及其组分比有关。缓冲溶液的浓度愈高，其缓冲容量也愈大。缓冲溶液的总浓度一定时，缓冲组分比等于 1 时，缓冲容量最大，缓冲能力最强。因此，通常将两组分的浓度比控制在 0.1～10 之间比较合适。

4.2.9 什么是缓冲溶液的缓冲范围？

任何缓冲溶液的缓冲作用都有一定的范围，缓冲溶液所能控制的 pH 值范围称为该缓冲溶液的有效作用范围，简称缓冲范围。这个范围一般在 pK_a 值两侧各一个 pH 值单位，对于

酸式缓冲溶液，其范围为

$$pH = pK_a \pm 1$$

对于碱式缓冲溶液，则为

$$pH = 14 - (pK_b \pm 1)$$

例如 HAc - NaAc 缓冲溶液，$pK_a = 4.74$，其缓冲范围为 $pH = 4.74 \pm 1$，即 $pH = 3.74 \sim 5.74$。$NH_3 - NH_4Cl$ 缓冲溶液，$pK_b = 4.74$，$pH = 14 - (pK_b \pm 1) = 14 - (4.74 \pm 1)$，即其缓冲范围为 $pH = 8.26 \sim 10.26$。

4.2.10 缓冲溶液的选择原则是什么？

在选用缓冲溶液时，应考虑以下几点：

（1）缓冲溶液对分析过程没有干扰；

（2）缓冲溶液的 pH 值应在所要求控制的酸度范围内；

（3）缓冲溶液应有足够的缓冲容量。

为此，选择缓冲体系的酸（碱）的 pK_a（pK_b）应等于或接近所要求控制的 pH 值；缓冲组分的浓度要高一些（一般在 0.1 mol/L ~ 1 mol/L 之间）；实际应用中，使用的缓冲溶液在缓冲容量允许的情况下适当稀一点好，目的是既节省药品，又避免引入过多的杂质而影响测定。一般要求缓冲组分的浓度控制在 0.05 mol/L ~ 0.5 mol/L 之间即可，组分浓度比接近 1 较为合适。

例如，在需要 $pH = 5.0$ 的缓冲溶液时，选择 HAc - NaAc 缓冲体系，因为 HAc 的 $pK_a = 4.74$，接近所需要的 pH 值 5.0。若需要 $pH = 9.5$ 的缓冲溶液，选择 $NH_3 - NH_4Cl$ 体系，因为 $pH = 14 - pK_b = 14 - 4.74 = 9.26$，接近所需要的 pH 值 9.5。对需要保持溶液 $pH = 0 \sim 2$ 或 $pH = 12 \sim 14$ 时，可用强酸或强碱溶液控制溶液的酸度。

4.2.11 如何配制缓冲溶液？

作为缓冲溶液，对其浓度不要求十分准确，可采用近似计算方法。对于弱酸 HA 及其共轭碱 NaA 组成的缓冲溶液，其各自的浓度 c（HA）、c（A）与溶液 pH 值的关系为：

$$pH = pK_a - \lg \frac{c(HA)}{c(A)} \tag{4-2}$$

对于弱碱及其共轭酸组成的缓冲溶液，其各自的浓度 c（碱）、c（共轭酸）与溶液 pH 值的关系为：

$$pH = 14.0 - pK_b - \lg \frac{c(\text{碱})}{c(\text{共轭酸})} \tag{4-3}$$

式中 pK_a——弱酸电离常数的对数的负值；

pK_b——弱碱电离常数的对数的负值。

4.2.12 试举例说明配制缓冲溶液的方法。

【例】将 42.3 g 无水乙酸钠溶于水中，加入 80 mL 冰乙酸，用水稀释至 1 L。

已知乙酸的电离常数 $K_a = 1.8 \times 10^{-5}$，$pK_a = 4.74$；冰乙酸的浓度近似为 17 mol/L；乙酸钠的摩尔质量 $M = 82.03$ g/mol。

缓冲溶液中乙酸的浓度 $c(HAc) = 80 \times 17/1000 = 1.36$（mol/L）；缓冲溶液中乙酸钠的浓

度 $c(\text{NaAc}) = (42.3/82.03)/1 = 0.516(\text{mol/L})$。将两者的浓度值代入式(4-2)中，得：

$$pH = 4.74 - \lg \frac{1.36}{0.516} = 4.74 - 0.42 = 4.32$$

【例】将135g氯化铵溶于适量水中，加1140 mL浓氨水，然后用水稀释至2L，此缓冲溶液的pH值是多少？

已知氨水（$NH_3 \cdot H_2O$）的 $pK_b = 4.75$，浓氨水的浓度近似为15 mol/L，氯化铵的摩尔质量为 M（NH_4Cl）$= 53.5$ g/mol。由这些物质配制成2L溶液，则

$$c(NH_3) = (15\ \text{mol/L} \times 1.14\ \text{L})/2\ \text{L} = 8.55\ \text{mol/L}$$

$$c(NH_4Cl) = [135\ \text{g}/(53.5\ \text{g/mol})]/2\text{L} = 1.26\ \text{mol/L}$$

代入式（4-3）得：$pH = 14.0 - 4.75 + \lg(8.55/1.26) = 10.0$

4.2.13 缓冲溶液主要应用在什么地方？

缓冲溶液主要应用在要求严格控制溶液酸度的分析工作中，例如，EDTA配位滴定水泥试样中的铝离子时，用铜盐返滴定法要求溶液 $pH = 3.8 \sim 4.0$，直接滴定法要求溶液的 $pH = 3.0$；EDTA配位滴定镁离子时，要求溶液的 $pH = 10.0$。但在配位滴定过程中，EDTA不断放出氢离子，如不加入缓冲溶液，则溶液pH值会降低，使配位反应不能定量进行。又如，在用氟离子选择性电极测定试样中的氟离子时，为防止溶液酸度的变化而影响氟的测定结果，需加入 $pH = 6.0$ 的总离子强度缓冲溶液。

4.2.14 在盐酸溶液的标定过程中，由于基准物质碳酸钠灼烧得不够充分（含有少量水分），由此得到的盐酸标准滴定溶液的浓度是偏高还是偏低？

得出的盐酸标准滴定溶液的浓度要偏高。用基准物质碳酸钠标定盐酸溶液的浓度 c（HCl）的计算公式如下：

$$c(\text{HCl}) = \frac{m_{基} \times 1000}{M_{基} \times V(\text{HCl})}$$

式中 $m_{基}$——称取基准碳酸钠的质量，g；

$M_{基}$——基准碳酸钠的摩尔质量，g/mol；

V（HCl）——被标定的盐酸溶液消耗的体积，mL。

如果碳酸钠中含有少量水分，则实际碳酸钠的质量 $< m_{基}$，滴定时消耗的盐酸溶液的体积 V（HCl）就会比理论值小，而分子用的仍然是碳酸钠的表观质量 $m_{基}$，因而得出的盐酸溶液的浓度 c（HCl）就会偏高。

4.2.15 什么是酸碱滴定法？酸碱滴定法在水泥分析中有何应用？

酸碱滴定法又称中和滴定法，是利用酸碱中和反应进行滴定的方法。其反应实质是 H^+ 与 OH^- 离子中和生成难以电离的水：

$$H^+ + OH^- \rightleftharpoons H_2O$$

酸碱滴定法的特点是反应速率快，瞬时即可完成；反应过程简单；有很多指示剂可供选用以确定滴定终点。一般的酸、碱以及能与酸、碱直接或间接反应的物质几乎都可以用酸碱滴定法进行滴定。

酸碱滴定法在水泥及其原材料的化学成分分析中应用十分广泛。例如，碳酸钙滴定值的测定、氟硅酸钾容量法测定二氧化硅、离子交换－中和法测定水泥中三氧化硫、燃烧－中和法测定全硫、蒸馏分离－中和法测定氟离子、游离氧化钙的测定、碱吸收－中和法测定二氧化碳等，都属于酸碱滴定法。

4.2.16 酸碱指示剂的作用原理是什么?

在酸碱滴定中外加一种物质，在化学计量点（终点）时，物质的颜色发生变化，这种物质称为酸碱指示剂。

酸碱指示剂之所以能指示滴定终点，原因在于酸碱指示剂本身的特点。

(1) 酸碱指示剂本身都是有机弱酸或有机弱碱；

(2) 酸型和共轭碱型（或碱型和共轭酸型）具有不同的颜色；

(3) 当溶液 pH 值发生突变时，指示剂的酸型（或碱型）失去（或得到）质子转变为共轭碱型（或酸型），颜色发生突变。

例如，甲基橙：

$$\text{醌式（红色）} \underset{pK=3.4}{\rightleftharpoons} \text{偶氮式（黄色）}$$

当溶液 pH <3.4 时，甲基橙主要以红色醌式形式存在；当溶液 pH 值 >3.4 时，甲基橙主要以黄色偶氮式形式存在。当溶液的 pH 值由 3.4 以下突变为 3.4 以上时，溶液的颜色则由红色变为黄色。

用一般通式说明指示剂的离解平衡：

$$HIn \rightleftharpoons H^+ + In^-$$

$$K_a = \frac{[H^+][In^-]}{[HIn]}$$

式中 K_a——指示剂的离解常数；

HIn——指示剂分子（酸型）；

In^-——指示剂阴离子（共轭碱型）。

由上式可推导出：$\frac{[HIn]}{[In^-]} = \frac{[H^+]}{K_a}$

显然，$[HIn]/[In^-]$比值随$[H^+]$而变化。当$[H^+] = K_a$，即 $pH = pK_a$ 时，$[HIn]/[In^-] = 1$，即$[HIn] = [In^-]$，人眼看到的是 HIn 和 In^-的混合色，称为理论变色点。对于人的眼睛来说，两者浓度之比大于 10 时，才能分辨出其颜色。当人看到 HIn(酸型)颜色时，$[HIn]/[In^-] \geqslant 10$，即$[H^+]/K_a \geqslant 10$，所以，$[H^+] \geqslant 10K_a$，$pH \leqslant pK_a - 1$；当人看到 In^-(共轭碱)颜色时，$[HIn]/[In^-] \leqslant 1/10$，即$[H^+]/K_a \leqslant 1/10$，所以，$[H^+] \leqslant K_a/10$，$pH \geqslant pK_a + 1$。

综上所述，可以归纳如下：

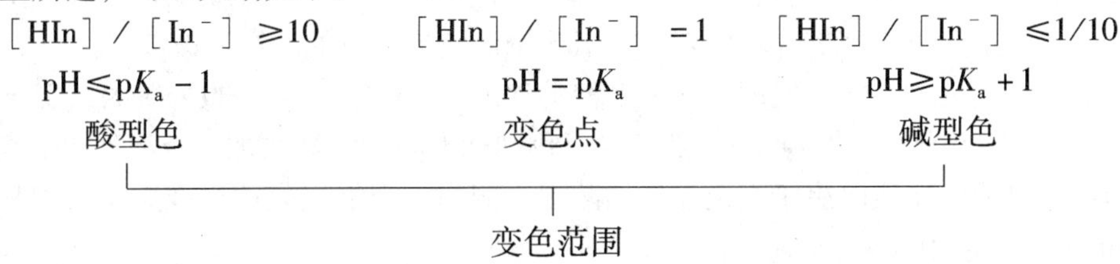

当溶液 pH 值由 pK_a-1 变化到 pK_a+1 时，人看到指示剂由酸型色变为碱型色，所以，$pH=pK_a\pm1$ 称为指示剂的变色范围。

4.2.17 为什么指示剂的实际变色范围与题 4.2.16 推导出的 $pH=pK_a\pm1$ 不一致？

由于人眼对各种颜色的敏感程度不同，实际变色范围与 $pH=pK_a\pm1$ 不一致。例如，甲基橙的 $pK_{HIn}=3.4$，$pH=pK_a\pm1=2.4\sim4.4$，而实测变色范围为 3.1 ~ 4.4，这是由于人眼对红色比对黄色更敏感，酸式结构的浓度只需超过碱式浓度的 2 倍，即能观察到红色，所以甲基橙的变色范围 pH 值小的一端就窄些，由 2.4 变为 3.1。

4.2.18 影响酸碱指示剂变色范围的因素有哪些？

（1）温度。温度的变化会引起指示剂离解常数的改变，指示剂的变色范围也随之变动。一般来说，温度升高，在酸性范围内变色的指示剂的变色范围移向更酸性。例如，18 ℃时，甲基橙的变色范围为 pH = 3.1 ~ 4.4；而在 100 ℃时，变色范围则为 pH = 2.5 ~ 3.7。

（2）指示剂的用量。指示剂用量过多（或浓度过高），对双色指示剂和单色指示剂都会使终点时变色不明显，而且指示剂本身也会多消耗标准滴定溶液，因此，在不影响指示剂变色敏锐的前提下，应少用一些指示剂为宜。对单色指示剂而言，指示剂用量过多还会使指示剂的变色范围发生移动。例如，50 mL ~ 100 mL 溶液中，加入 2 滴 ~ 3 滴酚酞溶液（1 g/L），pH = 9 时变色；若加 10 滴 ~ 15 滴酚酞溶液（1 g/L），则在 pH = 8 时就出现红色。

（3）溶剂。指示剂在不同溶剂中的 pK_{HIn} 值是不同的，指示剂的变色范围也就不同。例如，甲基橙在水溶液中 $pK_{HIn}=3.4$，而在甲醇中则为 3.8。

（4）滴定顺序。滴定时使指示剂的颜色变化由浅到深，或由无色变为有色，易于观察。

4.2.19 混合指示剂的作用原理是什么？

混合指示剂是用一种酸碱指示剂和另一种不随溶液 pH 值变化而改变颜色的染料，或者用两种指示剂混合配制而成。混合指示剂的原理是利用颜色互补进行调色，掩盖过渡色。其目的是使指示剂颜色的变化更为敏锐，减小滴定误差，提高滴定的准确度。混合指示剂的特点是变色范围窄，变色明显。

例如，常用的溴甲酚绿与甲基红组成的混合指示剂比两种单一指示剂的变色敏锐，由绿（或酒红）色变化为酒红（或绿）色，中间为灰色（pH = 5.1），变色范围比单一指示剂窄得多。在配制混合指示剂时要严格控制两种组分的比例，否则颜色的变化将不显著。

4.2.20 酸碱滴定曲线是如何得出的？

表示滴定过程中溶液 pH 值随标准滴定溶液的加入量而改变的曲线称为滴定曲线。

例如，用 0.1000 mol/L 的氢氧化钠标准滴定溶液滴定 20.00 mL 浓度为 0.1000 mol/L 的盐酸溶液。滴定过程中，溶液 pH 值随着氢氧化钠溶液加入量的不同而改变。

（1）滴定前，溶液的 pH 值即为盐酸溶液的浓度。$[H^+]=0.1000$ mol/L，pH = 1.00。

（2）滴定开始至化学计量点前，随着氢氧化钠标准滴定溶液的加入，溶液中氢离子浓度逐渐减小，溶液的 pH 值取决于剩余盐酸的酸度。例如，当氢氧化钠标准滴定溶液加入量为 18.00 mL 时，溶液中氢离子浓度为：

$$[H^+] = \frac{c(HCl)V(HCl) - c(NaOH)V(NaOH)}{V(HCl) + V(NaOH)}$$

$$= \frac{0.1000 \times 20.00 - 0.1000 \times 18.00}{20.00 + 18.00} = 5.26 \times 10^{-3}(mol/L)$$

pH = 2.28。依此方法计算，当加入氢氧化钠溶液为 19.80 mL 及 19.98 mL 时，溶液的 pH 值分别为 3.30 和 4.30。

(3) 化学计量点时，溶液中的盐酸完全被氢氧化钠中和，溶液呈现中性，pH = 7.00。

(4) 化学计量点后，溶液 pH 值取决于过量的氢氧化钠的浓度。例如，当 NaOH 标准滴定溶液的加入量为 20.02 mL 时，溶液中氢氧根离子的浓度为：

$$[OH^-] = \frac{c(NaOH)V(NaOH) - c(HCl)V(HCl)}{V(HCl) + V(NaOH)}$$

$$= \frac{0.1000 \times 20.02 - 0.1000 \times 20.00}{20.02 + 20.00} = 5.00 \times 10^{-5}(mol/L)$$

pOH = 4.30，pH = 14.00 − 4.30 = 9.70。

以溶液的 pH 值为纵坐标，加入氢氧化钠溶液的体积（mL）为横坐标，可画出滴定曲线，如图 4-1 所示。从图可以看出，在化学计量点前后曲线都比较平坦，而在加入氢氧化钠溶液的体积从 19.98 mL 增加到 20.02 mL 时，即在化学计量点前后 ±0.1% 相对误差范围内，溶液的 pH 值从 4.30 急剧上升至 9.70，溶液由酸性突变为碱性，在滴定曲线上出现了近似于垂直的一段，称之为“滴定突跃”。突跃所在的 pH 值范围称为滴定突跃范围。

用氢氧化钠溶液滴定弱酸，例如乙酸，滴定曲线如图 4-2 中第 I 条曲线所示，因乙酸为弱酸，溶液起始 pH 值增大；化学计量点时，因乙酸钠的水解作用，溶液显碱性，pH = 8.72；这些都导致其突跃范围减小。

4.2.21　如何根据酸碱滴定曲线选择适当的指示剂?

凡是在突跃范围内发生颜色变化的指示剂都可用来指示滴定终点；指示剂的变色范围应尽量靠近化学计量点。

按照图 4-1，强碱滴定强酸，可选用的指示剂比较多，例如，可以选择甲基橙或酚酞；而按照图 4-2，强碱滴定弱酸，则只能选择酚酞作指示剂。

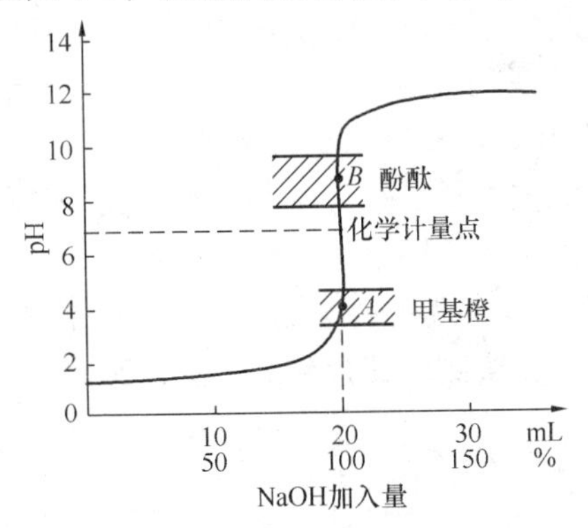

图 4-1　0.1000 mol·L⁻¹ NaOH 滴定 20.00 mL 0.1000 mol·L⁻¹ HCl 溶液的滴定曲线

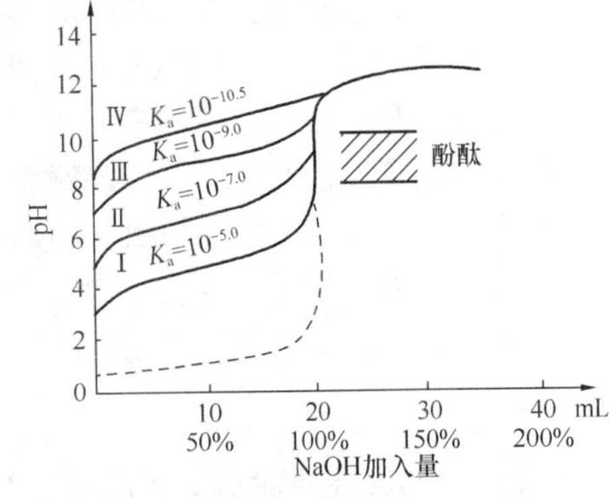

图 4-2　0.1000 mol·L⁻¹ NaOH 滴定 20.00mL0.1000 mol·L⁻¹不同强度一元弱酸的滴定曲线

4.3 配位滴定法

4.3.1 EDTA 配位滴定法的优、缺点是什么?

当 EDTA 与 1 价 ~4 价金属离子配位时，其配位比除极少数高价离子之外，皆为 1: 1，不存在分级配位现象。配位比简单，使得反应能定量进行，计算分析结果时也十分简便。另外，EDTA 的阴离子带有四个负电荷，通常金属离子多为 1 价 ~3 价，因此生成的配合物仍带电荷而易溶于水，从而使配位滴定可以在水溶液中进行。因而具有以下优点：

（1）快速。完成一次滴定只需几分钟到十几分钟。

（2）准确。灵敏度高，分析误差小。

（3）节省。不需要贵重的分析仪器。

（4）广泛。应用面广，测定含量范围宽。

（5）方便。计算方便，EDTA 与被测金属离子形成的配合物绝大多数为 1 比 1 的配合物，计算公式简单。

但 EDTA 配位滴定法也有缺点：

（1）干扰元素多，选择性差；特别是铝的测定，干扰因素较多。

（2）对测定条件要求严格。尤其是溶液的酸度，对配合物的稳定性和指示剂的变色都有很大影响。因而要求分析人员要具有一定的基本知识和熟练的操作技巧。

4.3.2 什么是配位化合物?

以具有接受电子对的空轨道的原子或离子为中心（统称为中心原子），一定数目可以给出电子对的离子或分子为配位体，两者按一定的组成和空间构型形成以配位个体为特征的化合物，叫做配位化合物，简称配合物。

例如，在硫酸铜溶液中加入氨水，开始时有蓝色碱式硫酸铜 $Cu_2(OH)_2SO_4$ 沉淀生成。当继续加入氨水至过量时，蓝色沉淀消失，变成深蓝色溶液。在其中加入乙醇后，有深蓝色晶体析出。经过分析，晶体的化学组成为 $[Cu(NH_3)_4]SO_4$ [硫酸四氨合铜（Ⅱ）]，此即为配位化合物。方括号 [ ] 内的成分称为配离子，它是由一个简单的金属正离子（称为中心离子，例如铜离子）和一定数目的中性分子或负离子（称为配位体，例如氨分子）所组成的复杂离子。配位体上直接和中心离子连接的原子叫配位原子，例如配位体 NH_3 上与中心离子铜离子直接连接的是氮原子，氮原子即为配位原子。一个中心离子所能结合的配位原子的总数称为该中心离子的配位数。例如铜氨配离子中，铜离子的配位数为 4。

最常见的中心离子是一些过渡元素的金属离子，例如铁、铜、镍、钙、铝、镁离子等。在一定条件下使这些离子形成配位化合物，从而用容量法测定其含量的方法，称为配位滴定法。

4.3.3 为什么 EDTA 是一种强有力的配位剂?

EDTA 是乙二胺四乙酸的英文缩写，是人工合成的一种四元有机酸，具有很强的配位能力。其结构式为：

$$\begin{matrix} HO^*OC-H_2C \\ HO^*OC-H_2C \end{matrix} \Big\rangle N^*-CH_2-CH_2-N^* \Big\langle \begin{matrix} CH_2-COO^*H \\ CH_2-COO^*H \end{matrix}$$

每个 EDTA 分子中共有六个配位原子（右上角标有 * 的原子）可以同金属离子配位，其中两个氨氮（N）原子，四个羧氧原子（羧基 - COOH 上与氢原子相连的氧原子），都可以提供电子对，因而具有较强的配位能力。当一个 EDTA 分子与一个金属阳离子配位时，因金属阳离子具有可以接纳电子对的空电子轨道，故两者生成很稳定的配合物（钾、钠等碱金属离子除外）。

例如，EDTA 与三价铁离子形成的配位化合物具有立体结构，十分稳定。其结构式如图 4-3 所示。

通常用 H_4Y 代表乙二胺四乙酸，EDTA 是白色粉末结晶，相对分子质量为 292.1，微溶于水，22 ℃时，100g 水中仅溶解 0.02g，不溶于酸和一般溶剂，易溶于氨液和碱液。通常将其制成二钠盐使用，以 Na_2H_2Y 表示。其二钠盐每个分子通常含有两个结晶水，以 $Na_2H_2Y \cdot 2H_2O$ 表示，其相对分子质量为 372.2，为白色粉末结晶，无毒无嗅，它在水中的溶解度较大，22 ℃时，100g 水中可溶解 11.1g，此溶液的浓度约为 0.3 mol/L。在配制 EDTA 标准滴定溶液时，一般均使用 EDTA 二钠盐的二水合物。$Na_2H_2Y \cdot 2H_2O$ 水溶液的理论 pH 值为 4.4 左右。EDTA 生产厂家不同，有时配制成 EDTA 溶液的 pH 值低于 4.8，甚至为 2～3，这时应以氢氧化钠溶液将其调节至 pH 值至 4.4 左右，以防析出 EDTA 酸而使其浓度发生变化。

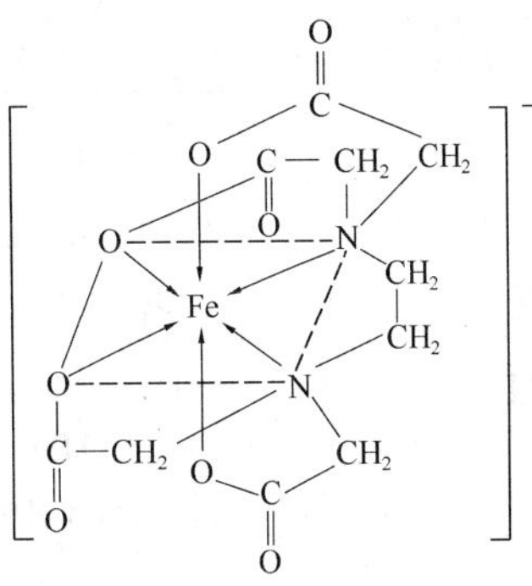

图 4-3　EDTA 与 Fe^{3+} 配合物的结构示意图

4.3.4　什么是配合物的稳定常数？

当配位反应达到平衡时，生成的配位化合物的浓度与未反应物的浓度符合质量作用定律，其平衡常数 K_{MY} 表示如下：

$$M + Y = MY$$

$$K_{MY} = \frac{[MY]}{[M][Y]}$$

平衡常数 K_{MY} 称为配合物的稳定常数。K_{MY} 很大，常用其对数 $\lg K_{MY}$ 表示（表 4-1）。

表 4-1　常见金属离子 - EDTA 配合物（MY）的稳定常数的对数值（25 ℃）

金属离子 M	$\lg K_{MY}$	金属离子 M	$\lg K_{MY}$	金属离子 M	$\lg K_{MY}$
Na^+	1.66	Ce^{3+}	16.00	Ni^{2+}	18.62
Li^+	2.79	Al^{3+}	16.30	Cu^{2+}	18.80
Ba^{2+}	7.86	Co^{2+}	16.31	Hg^{2+}	21.80
Sr^{2+}	8.73	Cd^{2+}	16.46	Cr^{3+}	23.40
Mg^{2+}	8.7	Zn^{2+}	16.50	Th^{4+}	23.20
Ca^{2+}	10.69	TiO^{2+}	17.30	Fe^{3+}	25.10
Mn^{2+}	13.87	Pb^{2+}	18.04	V^{3+}	25.90
Fe^{2+}	14.33	Y^{3+}	18.09	Bi^{3+}	27.94

4.3.5 为什么溶液的酸度对 EDTA 的配位能力影响很大?

乙二胺四乙酸（EDTA，简写为 H_4Y）在水溶液中有四步解离平衡。如果把它在强酸性介质中的解离平衡考虑在内（在强酸性介质中 EDTA 的两个羧基可再接受氢离子），则共有六级解离平衡、七种存在形式：

$$H_6Y^{2+} \rightleftharpoons H_5Y^{+} \rightleftharpoons H_4Y \rightleftharpoons H_3Y^{-} \rightleftharpoons H_2Y^{2-} \rightleftharpoons HY^{3-} \rightleftharpoons Y^{4-}$$

EDTA 在水溶液中总是以上述七种形式并存。在不同的酸度下，各种存在形式的浓度是不同的（表 4-2）。

表 4-2　在不同酸度介质中 EDTA 的存在形式

溶液 pH 值	<0.9	0.9~1.6	1.6~2.0	2.0~2.67	2.67~6.16	6.16~10.26	>10.26
主要存在型体	H_6Y^{2+}	H_5Y^{+}	H_4Y	H_3Y^{-}	H_2Y^{2-}	HY^{3-}	Y^{4-}

在 EDTA 的七种存在形式中，只有 Y^{4-} 离子能与金属阳离子（M）直接配位。因为其他形式的离子已经全部或部分地与氢离子 H^+ 配位，故不能直接与金属阳离子配位。它们只有在放出与其配位的氢离子转化成 Y^{4-} 离子以后，才能同金属阳离子直接配位。从表 4-2 中可以看出，在溶液 pH 值大于 12 以后，EDTA 才几乎全部以 Y^{4-} 离子的形式存在，也就是说，只有在强碱性介质中，EDTA 的配位能力才是最强的，在酸性介质中 EDTA 的配位能力弱。因此，溶液的酸度对 EDTA 的配位能力影响很大，这是由 EDTA 自身的性质决定的。

4.3.6 什么叫做 EDTA 的酸效应系数?

如果用 c_Y 代表溶液中 EDTA 的总浓度，用［Y］代表 EDTA 的有效浓度（即 Y^{4-} 离子的浓度），则两者的比值为：

$$\alpha_{Y(H)} = c_Y / [Y]$$

$\alpha_{Y(H)}$ 称为 EDTA 的酸效应系数。

当溶液的 pH 值一定时，EDTA 的酸效应系数为一常数。pH 越低（酸性越强），酸效应系数越大，EDTA 的有效浓度［Y］在 EDTA 总浓度 c_Y 中所占的比率越小，即 $\alpha_{Y(H)}$ 越大，EDTA 的配位能力越弱；pH 值越高（碱性越强），酸效应系数 $\alpha_{Y(H)}$ 越小，EDTA 的有效浓度［Y］在 EDTA 总浓度 c_Y 中所占的比率越大，EDTA 的配位能力越强。因此，当降低溶液酸度时，EDTA 的配位能力增强；反之，若提高溶液的酸度，则会减弱 EDTA 的配位能力。

EDTA 酸效应系数的对数值 $\lg\alpha_{Y(H)}$ 见表 4-3。

表 4-3　不同 pH 值时 EDTA 的酸效应系数的对数值 $\lg\alpha_{Y(H)}$

pH	$\lg\alpha_{Y(H)}$	pH	$\lg\alpha_{Y(H)}$	pH	$\lg\alpha_{Y(H)}$
0.0	21.18	3.4	9.71	6.8	3.55
0.4	19.59	3.8	8.86	7.0	3.32
0.8	18.01	4.0	8.04	7.5	2.78
1.0	17.20	4.4	7.64	8.0	2.26
1.4	15.68	4.8	6.84	8.5	1.77
1.8	14.21	5.0	6.45	9.0	1.29
2.0	13.52	5.4	5.69	9.5	0.83
2.4	12.24	5.8	4.98	10.0	0.45
2.8	11.13	6.0	4.65	11.0	0.07
3.0	10.63	6.4	4.06	12.0	0.00

4.3.7 什么叫做 EDTA 的酸效应曲线？酸效应曲线有何用途？

对于某种金属离子，假设其起始浓度为0.01 mol/L，终点时配位反应相对不完全程度允许为0.1%（即滴定误差为0.1%），则由于 EDTA 的酸效应，滴定该种金属离子时有一最低允许 pH 值。低于此值，则不能准确滴定该种金属离子。如果以各种金属离子的 $\lg K_{MY}$ 值为横坐标，以其相应的最低允许 pH 值为纵坐标，绘制曲线，则得到 EDTA 的酸效应曲线，如图4-4所示。酸效应曲线的用途如下：

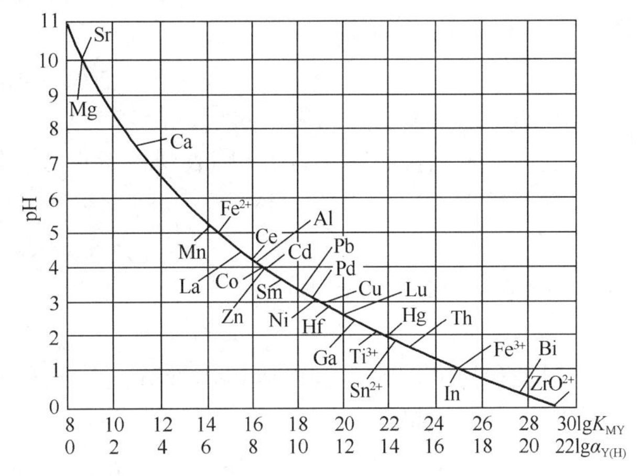

图4-4 EDTA 的酸效应曲线［c（M^{n+}）=0.01 mol/L］

（1）可粗略地估计出各种金属离子能定量进行配位滴定的最低允许 pH 值，如小于该 pH 值，则配位不完全。例如，Fe^{3+} pH 1.0，Al^{3+} pH 4.2，Mn^{2+} pH 5.4，Ca^{2+} pH 7.6，Mg^{2+} pH 9.7。

（2）可初步判断在某一 pH 值时，共存离子相互之间的干扰情况。在曲线上相隔越远的离子，越易利用酸效应进行选择性分步滴定。当滴定某一种金属离子时，位于曲线右方的金属离子会对其产生干扰，而位于曲线左方的金属离子有可能对其不产生干扰（离得远不干扰，离得近有可能产生干扰，特别是干扰离子浓度高时）。

4.3.8 除溶液的酸度外影响配位化合物稳定性的其他因素还有哪些？

（1）溶液中存在的其他辅助配位剂，它能使金属离子的有效浓度降低，影响金属离子与 EDTA 的配位能力；

（2）对于一些易水解的金属离子，例如铝离子、钛氧基离子，溶液 pH 值稍高时能引起金属离子的水解，也降低金属离子与 EDTA 的配位能力。

在滴定分析的实践中，被测金属离子 M 同时参与几种副反应的情况并不普遍，总是其中一种副反应占主导地位，其他副反应可以忽略。

4.3.9 什么是配合物的表观稳定常数？

当有副反应发生时，就不能用绝对稳定常数 K_{MY} 表示配合物 MY 在溶液中的实际稳定情况，而必须用所有副反应系数对其进行修正，这样得到的稳定常数叫“表观稳定常数”，用 K'_{MY} 表示，又称作“条件稳定常数”。此处的 K'_{MY} 是抽象地表示配合物的条件稳定常数。有时为了明确表示是哪一组分发生了副反应，将“′”号写在该组分符号的右上角。

（1）如果金属离子 M 和 EDTA 都发生了副反应，则表观稳定常数写作 $K_{M'Y'}$（将“′”号写在金属离子 M 符号和 EDTA 代号 Y 符号的右上角）：

$$K_{M'Y'} = K_{MY}/\alpha_M\alpha_{Y(H)} \tag{4-4}$$

式（4-4）的对数形式为：

$$\lg K_{M'Y'} = \lg K_{MY} - \lg\alpha_M - \lg\alpha_{Y(H)} \tag{4-5}$$

式中　K_{MY}——金属离子-EDTA 配合物的绝对稳定常数；

α_M——金属离子的水解效应系数；

$\alpha_{Y(H)}$——EDTA 的酸效应系数。

（2）如果只有金属离子发生了副反应，则表观稳定常数写成 $K_{M'Y}$（将“′”号只写在金属离子 M 符号的右上角）：

$$K_{M'Y} = K_{MY}/\alpha_M$$

（3）如果只有 EDTA 发生副反应（酸效应），而金属离子 M 没有发生副反应（不发生水解反应或水解反应可忽略不计），则表观稳定常数写作 $K_{MY'}$（将“′”号只写在 EDTA 代号 Y 符号的右上角）：

$$K_{MY'} = K_{MY}/\alpha_{Y(H)} \tag{4-6}$$

式（4-6）的对数形式为：

$$\lg K_{MY'} = \lg K_{MY} - \lg\alpha_{Y(H)} \tag{4-7}$$

使用表观稳定常数 K'_{MY} 可以得出准确滴定某种金属离子的判别式。则可使用式（4-8）进行判断。即，如果

$$\lg K_{MY'} = \lg K_{MY} - \lg\alpha_{Y(H)} \geqslant 8 \tag{4-8}$$

则该种金属离子可以被准确滴定。

4.3.10　应用于配位滴定的反应必须具备什么条件？

（1）配位反应应定量进行，生成的配合物要稳定。当要求分析误差小于 0.1% 时，cK_{MY} 需大于等于 10^6。

（2）形成的配合物组成固定，配位数不变，否则无法进行定量计算。

（3）配位反应速率要快，生成的配合物水溶性好。

（4）有适当的指示剂能指示滴定终点。

4.3.11　选择滴定的条件——“8、5、3”规则是什么？

（1）“8、5、3”规则中的“8”是指：如仅考虑酸效应时，准确滴定金属离子 M 的自身条件：M 与 EDTA 配合物的表观稳定常数的对数值需满足式（4-8）的条件：

$$\lg K_{MY'} = \lg K_{MY} - \lg\alpha_{Y(H)} \geqslant 8$$

例如，溶液 pH = 2 时，Fe^{3+}、Al^{3+} 均不发生水解。此时，可用式（4-8）进行判断。查 $\lg K_{MY}$ 表（表 4-1），得 $\lg K_{FeY} = 25.10$，$\lg K_{AlY} = 16.10$。查 EDTA 酸效应系数 $\lg\alpha_{Y(H)}$ 表（表 4-3），得 pH = 2 时，EDTA 酸效应系数的对数 $\lg\alpha_{Y(H)} = 13.51$，则

$$\lg K_{FeY}' = 25.10 - 13.51 = 11.59 > 8$$

$$\lg K_{AlY}' = 16.10 - 13.51 = 2.59 < 8$$

因此，pH = 2 时，可以用 EDTA 直接滴定 Fe^{3+}，而不能直接滴定 Al^{3+}。

（2）“8、5、3”规则中的“5”是指干扰离子 N 的起始浓度与 M 接近时，N 不干扰被滴定离子 M 需满足下列条件：

$$\lg K_{MY} - \lg K_{NY} > 5 \tag{4-9}$$

例如，对滴定铝离子时溶液中共存的铁离子、钙离子和镁离子是否干扰测定进行讨论。在图 4-4 上可以看出，三价铁离子位于铝离子的下方，肯定产生干扰。所以，通常是先在

pH 值 1. 8 至 2. 0 的条件下滴定铁离子，然后再滴定铝，此时不再考虑三价铁离子的干扰，主要考虑溶液中共存的钙离子和镁离子。查表4-1，得 $\lg K_{AlY}=16.30$，$\lg K_{CaY}=10.69$，$\lg K_{MgY}=8.7$，

$\lg K_{AlY}-\lg K_{CaY}=16.30-10.69=5.61>5$，$\lg K_{AlY}-\lg K_{MgY}=16.30-8.7=7.61>5$

两者均符合式（4-9）的条件，因此，在钙离子、镁离子存在下，可以选择滴定铝离子。

（3）“8、5、3”规则中的“3”是指干扰离子 N 不参与配位滴定反应的条件：

$$\lg K_{NY}'=\lg K_{NY}-\lg\alpha_{Y(H)}\leqslant 3 \qquad (4\text{-}10)$$

或改写为：

$$\lg\alpha_{Y(H)}\geqslant \lg K_{NY}-3 \qquad (4\text{-}11)$$

此时对应的 pH 值称为最高 pH 值。例如，钙离子，$\lg K_{CaY}=10.69$。由式（4-11）可得：$\lg\alpha_{Y(H)}\geqslant \lg K_{CaY}-3=10.69-3=7.69$。

查图 4-4 可知，对应于 $\lg\alpha_{Y(H)}$ 的 pH = 4. 4。即钙离子不与 EDTA 配位的最高 pH 值为 4. 4。如果高于此值，例如 pH = 5. 0 时，$\lg\alpha_{Y(H)}=6.45$，$\lg K_{CaY}'=\lg K_{CaY}-\lg\alpha_{Y(H)}=10.69-6.45=4.24>3$，不符合式（4-10）的条件，故部分钙离子会与 EDTA 反应，从而产生干扰。

经计算，滴定铝离子的最低允许 pH 值为 4. 2，钙离子存在下不干扰铝离子测定的最高 pH 值为 4. 4，故应严格控制溶液 pH 值为 4. 2（使用 pH = 4. 2 的缓冲溶液），此时可定量测定铝离子，而钙、镁离子不干扰。

应注意：水泥试样溶液中钙离子浓度比铝离子浓度高几十倍，其产生干扰的趋势比上述情况要大，故应适当降低溶液的 pH 值至 3. 8 ~ 4. 0。

由上可知，两种离子 M、N 共存时，准确滴定金属离子 M 的条件为：

$$\lg K_{MY}'-\lg K_{NY}'\geqslant 5 \qquad (4\text{-}12)$$

因为在同一溶液中，$\lg\alpha_{Y(H)}$ 相同，故

$$\lg K_{MY}-\lg K_{NY}\geqslant 5 \qquad (4\text{-}13)$$

4. 3. 12　配位滴定反应临近终点时的突跃取决于哪些因素？

在配位滴定中，随着滴定剂的加入，金属离子不断被配位，浓度不断减小。达到化学计量点时，金属离子浓度产生突变。和酸碱滴定一样，在配位滴定中也希望在计量点附近滴定曲线有较大的突跃。配位滴定曲线的突跃部分的大小与下列因素有关：

（1）与金属离子的起始浓度有关　金属离子的起始浓度越小，起点 pM 越高，滴定突跃就越短，不利于指示剂的选择。

（2）与溶液的 pH 值有关　溶液 pH 值高时，突跃增大。适当提高溶液的 pH 值（在金属离子不水解的前提下），有利于金属离子的定量滴定。

（3）与配合物的绝对稳定常数有关　在同一条件下（即金属离子起始浓度相同，pH 值相同），金属离子的 $\lg K_{MY}$ 越大，则滴定突跃也越大。

以上所述是被测金属离子不发生副反应的情况。如果被滴定的金属离子易水解，或易与其他配位剂配位，则化学计量点前因金属离子浓度降低，使滴定曲线的起始点相应升高，而减小了突跃，故应尽量少加其他配位剂。

4. 3. 13　什么是金属指示剂？常用的金属指示剂有哪些？

在配位滴定中，通常利用一种能与金属离子生成有色配合物的显色剂，指示滴定过程中

金属离子浓度的变化。这种显色剂称为金属指示剂，它可以指示配位滴定的终点。

常用的金属指示剂有：磺基水杨酸钠（S. S.）、1－（2－吡啶偶氮）－2－苯酚（PAN）、铬黑 T、钙指示剂、二甲酚橙（X. O.）、甲基百里酚蓝（MTB）、CMP 混合指示剂、K－B 混合指示剂等。

4.3.14 金属指示剂应具备什么条件?

（1）在滴定的 pH 范围内，指示剂本身的颜色应与金属离子和指示剂形成的配合物的颜色有明显的区别，只有这样才能使终点颜色的变化明显。

（2）指示剂与金属离子形成的配合物的稳定性应适当小于 EDTA 与金属离子形成的配合物的稳定性。否则，达到终点后，稍过量的 EDTA 不能从指示剂与金属离子的配合物中夺取金属离子，致使终点无颜色变化。

（3）指示剂应具有一定的选择性。即在滴定条件下，只与被测金属离子显色，且显色反应灵敏度要高。

（4）指示剂与金属离子的反应应灵敏、迅速，有良好的变色可逆性。

（5）指示剂以及指示剂和金属离子形成的配合物应易溶于水，如果生成胶体溶液或沉淀，则会影响颜色反应的可逆性，使变色不明显，终点拖长。

（6）金属指示剂应比较稳定，便于贮存和使用。

4.3.15 金属指示剂的工作原理是什么?

金属指示剂大多数是有机染料，能与某些金属离子生成有色配合物，此配合物的颜色与金属指示剂的颜色不同。

例如，用 EDTA 标准滴定溶液滴定镁离子，当加入指示剂铬黑 T（以 H_3In 表示）时，在 pH＝10 的缓冲溶液中，它以蓝色的 HIn^{2-} 形式存在。与镁离子配位时，生成红色配合物，反应式如下：

$$\underset{}{Mg^{2+}} + \underset{\text{蓝色}}{HIn^{2-}} \rightleftharpoons \underset{\text{红色}}{MgIn^{-}} + H^{+}$$

当以 EDTA 滴定时，EDTA 的酸根阴离子 H_2Y^{2-} 逐渐夺取配合物 $MgIn^-$ 中的 Mg^{2+}，生成更稳定的配合物 MgY^{2-}，反应式如下：

$$\underset{\text{红色}}{MgIn^{-}} + H_2Y^{2-} \rightleftharpoons MgY^{2-} + H^{+} + \underset{\text{蓝色}}{HIn^{2-}}$$

直到 $MgIn^-$ 完全转变为 MgY^{2-}，同时游离出蓝色的 HIn^{2-}。当溶液由红色变为纯蓝色时，即表示溶液中的 Mg^{2+} 已被定量测定，滴定已达终点。

4.3.16 什么是金属指示剂的封闭现象？如何消除?

有些指示剂与某些金属离子生成较稳定的配合物，滴入过量的 EDTA 也不能夺取配合物中的金属离子，因而使指示剂在化学计量点附近没有颜色的变化，这种现象称为指示剂的封闭现象。

如果发生封闭作用的离子是溶液中的干扰离子，一般采用加入比指示剂配位能力更强的试剂，把干扰离子掩蔽起来，以达到消除封闭的目的。如常用的掩蔽剂：三乙醇胺、氰化钾等；如果能发生封闭作用的离子是被测离子，一般采用返滴定法或选用其他指示剂。如以二甲酚橙为指示剂测定 Al^{3+}，pH = 5 ~ 6，则用 Zn^{2+} 或 Pb^{2+} 标准滴定溶液返滴定过量的 EDTA 标准溶液。

4.3.17　什么是金属指示剂的僵化现象？如何消除？

一些指示剂或者指示剂与金属离子生成的配合物在水中不易溶解，或溶解度较小，或指示剂与金属离子形成的配合物稳定性接近于 EDTA 与金属离子形成的配合物稳定性，使交换反应缓慢，滴定终点拖长，即指示剂僵化。

当僵化现象不很严重时，滴定近终点时要缓慢滴定。也可加入有机溶剂或加热，以增大指示剂与金属离子生成的配合物溶解度，可以避免僵化现象。

4.3.18　甲基百里（香）酚蓝的性质是什么？

甲基百里（香）酚蓝又称甲基麝香草酚蓝，在碱性溶液中与钙、镁、钡、锰等离子生成蓝色配合物，游离状态呈灰色或浅蓝色。在水泥分析中，用作滴定钙离子的指示剂，不被氢氧化镁沉淀所吸附，终点变色敏锐，最佳 pH 值为 12.5 左右。pH 值过高，则终点时底色加深。此指示剂的水溶液不够稳定，通常以固体硝酸钾按适当比例将其稀释后使用。在使用氢氧化钠银坩埚熔样时，溶液中有银离子存在，终点为淡紫色，终点变色不明显，此时应改用 CMP 混合指示剂。

4.3.19　钙黄绿素的性质是什么？

钙黄绿素为橙红色粉末，在酸性溶液中呈黄色，碱性溶液中呈淡红色。pH > 12 时，指示剂本身呈橘红色，没有荧光。但和钙、锶、钡、铝等离子配位后，呈现绿色荧光，对钙离子特别灵敏，而镁离子不能同时被指示。测定钙离子时，通常加入氢氧化钾溶液调节，pH 值大于 13，而不用氢氧化钠，因钠离子与钙黄绿素产生的荧光比钾离子产生的荧光强，使终点变色不敏锐。

为消除因指示剂分解产生的荧光黄发出的残余荧光对终点的干扰，常将钙黄绿素与甲基百里（香）酚蓝、酚酞指示剂，按质量比 1 + 1 + 0.2 配成混合指示剂，并以 50 倍固体硝酸钾稀释（简称 CMP 混合指示剂），用酚酞与甲基百里（香）酚蓝的混合色调——紫红色将残余荧光遮蔽，终点更为敏锐。

4.3.20　磺基水杨酸钠（S. S. ）的性质是什么？

磺基水杨酸钠为白色结晶，水溶液为无色。在 pH = 1.8 ~ 2.5 时，与三价铁离子生成紫红色的 $FeIn^+$ 配合物。用 EDTA 滴定三价铁离子时，终点由 $FeIn^+$ 的紫红色变为 FeY^- 的黄色。其黄色的深浅视试样中三氧化二铁的含量而定。如含量较高，最后黄色较深，终点前残存的一丝红色是否褪去很难判断，所以，被滴定溶液中三氧化二铁的含量不宜超过 25mg。由于指示剂无色，$FeIn^+$ 配合物又不很稳定，所以应多加些指示剂，以提高反应灵敏度，增大 $FeIn^+$ 的稳定性，避免终点提前。

4.3.21　PAN 的性质是什么？

PAN 化学名称为 1 -（2 - 吡啶偶氮）- 2 - 萘酚，为橙红色针状结晶，几乎不溶于水，可溶于碱及乙醇溶剂中。PAN 在 pH = 1.9 ~ 12.2 时呈黄色，pH > 12.2 时呈红色。PAN 与多数金属离子形成红色配合物。它可以在广泛的 pH 范围内（1.9 ~ 12.2）使用，终点由红色变为黄色。PAN 是二价铜离子的良好指示剂。在水泥分析中，多以 PAN 为指示剂用硫酸铜标准滴定溶液返滴定法测定铝，或用 Cu – PAN 作指示剂以 EDTA 直接滴定铝。

PAN 及其与金属离子形成的配合物水溶性差，故滴定时常需加热或加入适量有机溶剂使终点清晰。

4.3.22 二甲酚橙（X.O.）的性质是什么？

二甲酚橙为紫色结晶粉末，易溶于水，不溶于乙醇。在水溶液中，当 pH < 6.3 时为黄色，pH > 6.3 时为紫红色，它与金属离子的配合物均为紫红色，因此它只适宜在 pH < 6.3 时使用。在 pH < 6.3 的溶液中，许多 2 价 ~ 4 价金属离子，如：铋、铅、锌离子，可以用二甲酚橙作指示剂进行直接滴定，终点由红变黄，且很敏锐。铝离子封闭指示剂，可用锌离子或铅离子标准滴定溶液在 pH = 5 ~ 6 进行返滴定。

4.3.23 酸性铬蓝 K 的性质是什么？

酸性铬蓝 K 为棕黑色粉末，溶于水。此指示剂在酸性介质中呈玫瑰色，在碱性介质中呈蓝灰色。它与金属离子的配合物都是红色。它是钙、镁、锰、锌离子的指示剂，在 pH = 10.0 时，可作为测定钙 + 镁合量的指示剂。该指示剂的缺点是终点时略带紫色，若滴定至纯蓝色，将产生较大误差。在实际应用中，将酸性铬蓝 K 与萘酚绿 B（一种惰性染料）按质量比 1 + 2.5 混合，再以 50 倍固体硝酸钾稀释。使用这种混合指示剂时，终点呈现纯蓝色，易于掌握。

4.3.24 EDTA 直接滴定法在水泥分析中有何应用？

直接滴定法是配位滴定中的基本方法。这种方法是将待测组分的溶液调节至所需要的酸度，加入必要的试剂（如掩蔽剂）和指示剂，直接用 EDTA 标准滴定溶液滴定。

采用直接滴定法，必须符合下列条件：

（1）待测离子与 EDTA 的配位速率应该很快，其配合物应满足 $\lg c_{M} \cdot K'_{MY} \geqslant 6$ 的要求。

（2）在选定的滴定条件下，有变色敏锐的指示剂，且没有封闭现象。

（3）在选定的滴定条件下，待测离子不发生其他反应。

许多金属离子如 Ca^{2+}、Mg^{2+}、Ni^{2+}、Zn^{2+}、Pb^{2+}、Cu^{2+}、Fe^{3+}、Bi^{3+} 等在一定酸度的溶液中，可用 EDTA 直接滴定。

直接滴定法操作简单，准确度较高。

4.3.25 EDTA 返滴定法在水泥分析中有何应用？

返滴定法是在试验溶液中加入一定过量的 EDTA 标准滴定溶液，待测组分反应完全后，再用另一种金属离子的标准滴定溶液滴定剩余的 EDTA。

返滴定剂与 EDTA 形成的配合物应有足够的稳定性，但不宜超过待测离子形成的配合物的稳定性太多，否则在滴定过程中，返滴定剂会置换出待测离子而引起误差。

返滴定法主要适用于下列情况：

(1) 采用直接滴定法时，缺乏符合要求的指示剂，或者待测离子对指示剂有封闭作用；
(2) 待测离子与 EDTA 的配位速度较慢；
(3) 待测离子发生副反应，影响测定。

例如，铝离子 Al^{3+} 与 EDTA 的配位速度很慢；Al^{3+} 对二甲酚橙指示剂有封闭作用；在酸度不高甚至 pH =4 时，Al^{3+} 易生成一系列多核羟基化合物。因此不容易采用直接滴定法测 Al^{3+} 离子。返滴定法测定 Al^{3+} 是在试验溶液中加入过量 EDTA，在 pH =3.5 时加热煮沸使 Al^{3+} 与 EDTA 配位完全，然后调节溶液 pH =4.2，以 PAN 为指示剂，用 Cu^{2+} 标准滴定溶液返滴定。

4.3.26　EDTA 置换滴定法在水泥分析中有何应用?

利用置换反应置换出等物质的量的金属离子或 EDTA，然后进行滴定的方法，称为置换滴定法。

置换滴定法主要适用于下列情况：
(1) 待测离子与 EDTA 的配位速度较慢；
(2) 杂质离子的存在严重干扰测定结果；
(3) 在选定的滴定条件下，没有变色敏锐的指示剂；
(4) 在选定的滴定条件下，生成的配合物 MY 不稳定。

用一种配位剂 L 与待测离子 M 与 EDTA 配合物 MY 中的 M 配位，置换出等物质的量的 EDTA，然后用另一金属离子标准滴定溶液滴定释放出来的 EDTA，从而求得 M 的含量。

例如，氟化铵置换 - EDTA 配位滴定法可消除锰的干扰，适用于 MnO 含量高于 0.5% 的试样中 Al_2O_3 的测定。

以氟化铵形式加入的氟离子能与铝离子生成稳定的氟配合物 AlF_6^{3-}（总稳定常数的对数值为 19.84）。当溶液中的铝离子与其他干扰离子（如二价锰离子）共存时，在一定的条件下，先使铝离子与 EDTA 充分配位，加入氟化铵，其中的 F^- 与铝离子生成更为稳定的氟配合物 AlF_6^{3-}，从而释放出相同物质的量的 EDTA，然后再用铅离子返滴定释出的 EDTA，从而求得溶液中铝离子的含量。其反应式如下：

$$Al^{3+}-EDTA + 6F^- \rightleftharpoons AlF_6^{3-} + EDTA$$

而锰（Ⅱ）离子与 EDTA 的配合物不被氟离子置换，从而避免了二价锰离子的干扰。

4.3.27　如何提高配位滴定的选择性?

(1) 控制溶液的酸度；
(2) 采用掩蔽剂消除干扰元素的干扰；
(3) 采用适当的滴定方式。例如可以采用返滴定法消除干扰元素的干扰。

4.3.28　在 EDTA 配位滴定中可以利用哪些掩蔽方法提高配位滴定的选择性?

掩蔽方法通常是加入某种试剂与干扰离子反应，使其不再与 EDTA 或指示剂配位，从而消除其干扰。起掩蔽作用的试剂称为掩蔽剂。

(1) 配位掩蔽法

利用掩蔽剂与干扰离子形成稳定的配合物，降低干扰离子浓度以消除干扰的方法。

配位掩蔽剂应具备下列条件：

1）掩蔽剂与干扰离子形成的配合物的稳定性必须大于 EDTA 与干扰离子形成的配合物的稳定性；

2）掩蔽剂与干扰离子形成的配合物为无色或浅色，不影响终点观察；

3）掩蔽剂不与被测离子配位。即使形成配合物，其稳定性必须远远小于被测离子与 EDTA 配合物的稳定性；

4）掩蔽剂在滴定所要求的 pH 范围内应具有很强的掩蔽能力。

常用的配位掩蔽剂有：

① 三乙醇胺（TEA），在 pH = 10 的溶液中可掩蔽铝离子、三价铁离子、四价锡离子、钛氧基离子，pH = 11 ~ 12 时掩蔽三价铁离子、铝离子及少量二价锰离子（为防止铁、铝的水解，应在酸性介质中加入 TEA，然后再调节 pH 值）；

② 酒石酸钾钠（Tart），在 pH = 6 ~ 7 的溶液中能掩蔽三价铁离子、铝离子，pH 值继续升高时，酒石酸钾钠对三价铁离子、铝离子的掩蔽能力增强。

③ 此外掩蔽剂还有氟化物、邻二氮杂菲等。

（2）沉淀掩蔽法

利用沉淀反应降低干扰离子浓度以消除其干扰的方法。例如单独测定水泥试样中钙离子时，常用氢氧化钾溶液调节溶液 pH 值使其高于 12，这时溶液中共存的镁离子生成氢氧化镁沉淀，不再与 EDTA 配位，从而可以消除镁离子对钙离子配位滴定的影响。

（3）氧化还原掩蔽法

利用氧化还原反应改变干扰离子的价态，从而消除其干扰的方法。例如，在 pH = 1.0 的溶液中用 EDTA 滴定铋离子、锆氧基离子（ZrO^{2+}）时，共存的三价铁离子干扰测定。这时加入抗坏血酸或盐酸羟胺，将三价铁离子还原为不干扰测定的二价铁离子，则可以消除三价铁离子的干扰。

4.4 氧化还原滴定法

4.4.1 氧化还原滴定法有什么特点?

以氧化还原反应为基础的滴定分析法称为氧化还原滴定法。

氧化还原滴定法与酸碱滴定法、沉淀滴定法、配位滴定法的反应原理不同。后三种滴定法是基于离子或分子相互结合的反应，反应历程简单、快速；而氧化还原滴定法是基于氧化还原反应，其特点是：

（1）氧化还原反应是电子（反应式中用 e 表示）转移反应，反应机理比较复杂；

（2）氧化还原反应是分步进行的，反应速率较慢；

（3）氧化还原反应除了主反应以外，还经常伴随有副反应发生，受外界条件影响较大。

因而，在氧化还原滴定中，要控制反应条件，使其符合滴定反应的要求。另外，应针对不同的氧化还原反应的特点，选择适当的氧化还原指示剂。

氧化还原滴定法可对具有氧化性或还原性的物质（如二价铁离子、硫离子）进行滴定。在水泥生产控制分析中，常用重铬酸钾滴定法和碘量法。

4.4.2　影响氧化还原反应速率的因素有哪些？

（1）反应物浓度的影响：一般说来，反应物的浓度越高，反应速率越快。

（2）反应温度的影响：对大多数化学反应而言，溶液的温度每升高 10 ℃，反应速率约增快 2 至 3 倍。

（3）催化剂的影响：对于某些氧化还原反应，利用催化剂可以改变反应速率。

（4）诱导反应的影响：有些氧化还原反应在通常情况下不发生或进行很慢，但在另一反应进行时会促使这一反应的发生，称为诱导反应。

4.4.3　氧化还原滴定法的终点如何确定？

在氧化还原滴定过程中，除了用电位法确定滴定终点外，还可以应用某些物质颜色的变化指示滴定终点的到达。

（1）自身指示剂　例如在高锰酸钾滴定法中，高锰酸钾自身显紫红色。在酸性溶液中滴定无色或浅色的还原剂时，紫红色的高锰酸根离子被还原为无色的二价锰离子。当滴定到达化学计量点时，稍微过量的半滴高锰酸钾溶液（一般浓度仅为 2×10^{-6} mol/L）即可以使溶液呈现粉红色，从而指示滴定终点的到达。

（2）专属指示剂　例如，碘量法常用淀粉作指示剂。在有碘离子 I^- 存在时，可溶性淀粉与碘单质 I_2 作用生成蓝色吸附化合物，反应灵敏度很高，即使在 5×10^{-6} mol/L 的 I_3 溶液中，也能看出蓝色。直接碘量法中蓝色出现为滴定终点；间接碘量法中以蓝色消失为滴定终点。

（3）氧化还原指示剂　这类指示剂是较弱的氧化剂或还原剂。在滴定终点前后因被氧化或还原而发生颜色的变化，从而指示滴定终点的到达。例如，用重铬酸钾法测定水泥生料中铁的含量时，使用二苯胺磺酸钠为指示剂。它的还原型为无色，氧化型为紫色。当重铬酸钾溶液将试验溶液中的二价铁离子全部氧化后，稍过量的重铬酸钾溶液将二苯胺磺酸钠氧化为氧化型，溶液则呈现紫色，指示滴定终点的到达。

4.4.4　重铬酸钾滴定法的原理是什么？在水泥化学分析中有何应用？

重铬酸钾是一种较强的氧化剂（标准电极电位 1.33V），在酸性介质中六价的铬能夺取还原剂的电子而生成三价铬离子，因而可以测定具有还原性的物质：

$$Cr_2O_7^{2-} + 14H^+ + 6e = 2Cr^{3+} + 7H_2O \qquad E^0 = 1.33V$$

重铬酸钾滴定法的特点是：

（1）重铬酸钾易于提纯，在 140 ℃ ~150 ℃干燥 2 h 后，可以直接称量配制标准滴定溶液，不需另行标定。

（2）重铬酸钾标准滴定溶液相当稳定，贮存于密闭容器中，浓度可长期保持不变。

（3）重铬酸钾的氧化能力比高锰酸钾略弱（高锰酸钾在酸性介质中的标准电极电位为 1.51V），因而选择性比较高。

（4）重铬酸钾可以在一般浓度的盐酸介质中（盐酸浓度低于 3 mol/L 时）滴定还原剂，而不会将氯离子氧化，因而实用性较强。

在水泥化学分析中，可以用重铬酸钾滴定法测定硅质原料、铁质原料以及水泥生料中三氧化二铁的含量。先用适当的还原剂（铝片，二氯化锡，三氯化钛）将试验溶液中的全部铁离子还原为二价铁离子（Fe^{2+}），再以二苯胺磺酸钠作指示剂，用重铬酸钾标准滴定溶液滴定。在二价铁离子全部被重铬酸钾氧化为三价铁离子后，稍过量的重铬酸钾将指示剂二苯胺磺酸钠氧化，使之呈现紫红色，指示滴定终点的到达。重铬酸钾氧化二价铁离子的反应式如下：

$$Cr_2O_7^{2-} + 6Fe^{2+} + 14H^+ = 2Cr^{3+} + 6Fe^{3+} + 7H_2O$$

4.4.5 直接碘量法的原理是什么？在水泥化学分析中有何应用？

碘是较弱的氧化剂。固体碘在水中的溶解度很小，而且易于挥发。通常将碘溶解于碘化钾溶液中，此时碘以配离子I_3^-形式存在，其标准电极电位为0.545 V。其半反应为：

$$I_3^- + 2e = 3I^- \qquad E^0 = 0.545\ V$$

用碘量法可以测定还原剂，如二氧化硫、亚硫酸（H_2SO_3）、氢硫酸（H_2S）等。库仑积分测硫仪测定水泥中的三氧化硫即是用电解的方法生成单质碘，对通入的二氧化硫进行跟踪滴定。

4.4.6 间接碘量法的原理是什么？在水泥化学分析中有何应用？

在水泥化学分析中可用间接碘量法（滴定碘法）测定水泥试样中的硫酸盐（三氧化硫）。在用磷酸分解除去硫化物以后，以二氯化锡－磷酸溶液将试样中的硫酸盐还原为硫化氢，用氨性硫酸锌溶液吸收，生成硫化锌沉淀，然后加入过量的碘酸钾标准滴定溶液（内含碘化钾）及硫酸溶液，硫化锌溶解产生硫化氢，同时碘酸钾与碘离子发生反应生成单质碘。碘单质立即将硫化氢氧化为硫单质。

氧化反应完成后剩余的碘单质用硫代硫酸钠标准滴定溶液返滴定，以淀粉为指示剂，淀粉吸附碘单质后显示蓝色。在到达滴定终点时，碘单质被还原完毕，淀粉因吸附碘单质而显示的蓝色消失。硫代硫酸钠标准滴定溶液还原碘单质的反应式如下：

$$I_2 + 2S_2O_3^{2-} = 2I^- + S_4O_6^{2-}$$

4.5 滴定分析的基本操作

4.5.1 常用的玻璃计量仪器有哪些？

化验室中常用的玻璃量器有滴定管、吸量管（单标线和分度）、容量瓶、量筒、量杯等。

滴定管分为具塞、不具塞两种。具塞滴定管用直通活塞连接管体和流液口，又称为酸式滴定管；不具塞滴定管用内孔带有玻璃小球的胶管连接管体和流液口，又称为碱式滴定管。

分度吸量管分为流出式和吹出式。前者当液体自然流至管口端不流时，口端应保留残留液；后者则将流液口端残留液排出至盛接溶液的烧杯中。

单标线吸量管又称为移液管，是从制备好的试验溶液中分取一定体积溶液时常用的量器。最常用的是流出式，当液体自然流至管口端不流时，将管口端与盛接所分取试验溶液的烧杯（倾斜45°左右）内壁接触一定时间（一般为15 s），将单标线吸量管提起后，口端应保留残留液，此残留液不应吹入烧杯中。

4.5.2 一般玻璃仪器应如何洗涤?

分析操作中使用的玻璃仪器常粘附有化学药品、反应产物、灰尘及油污等。这些物质有易溶于水的，也有难溶于水的；有的与仪器粘附得紧密，也有的与仪器粘附得不那么紧密。在进行分析工作前后都应洗涤，以保证所进行的分析实验不受污染，否则将影响分析结果的准确度。

在定量分析中，玻璃仪器一般要求洗涤到将容器内的水放出后，其内壁只有一薄层均匀的水膜而无水的条纹，且不挂水珠。洗涤的一般方法是用自来水、去污粉或洗衣粉刷洗，若还不能洗净，则可根据污垢的性质选配适当的洗涤液进行洗涤。

针对仪器玷污物的性质，采用不同洗涤液通过化学或物理作用能有效地洗净仪器。几种常用的洗涤液见表4-4。要注意在使用各种性质不同的洗涤液时，一定要把上一种洗涤液除去后再用另一种，以免相互作用，生成的产物更难洗净。

表4-4 几种常用的洗涤液

名称	配制方法	适用范围及使用方法
合成洗涤剂或去污粉	将合成洗涤剂或去污粉用热水搅拌配成溶液	用于洗涤油脂或某些有机物玷污的容器
铬酸洗液（尽量不用）	将20g研细的重铬酸钾溶于40 mL水中，慢慢加入360 mL浓硫酸	用于去除器壁残留油污，用少量洗液刷洗或浸泡一夜，洗液可重复使用；废洗涤液经处理解毒方可排放
工业盐酸	浓盐酸或稀盐酸溶液（1+1）	用于洗去碱性物质及大多数无机物残渣
纯酸洗液	体积比为（1+1）、（1+2）或（1+9）的盐酸或硝酸（除去Hg、Pb等重金属杂质）	用于除去微量的离子； 常将洗净的仪器浸泡于纯酸洗液中24h
碱性洗液	氢氧化钠水溶液（100 g/L）或碳酸钠、碳酸氢钠溶液（约50 g/L）	水溶液加热（可煮沸）使用，其去油效果较好； 注意：煮的时间太长会腐蚀玻璃
氢氧化钠－乙醇（或异丙醇）洗液	将120g NaOH溶于150 mL水中，用乙醇（95%）稀释至1L	用于洗去油污及某些有机物
碱性高锰酸钾洗液	高锰酸钾溶液（30 g/L）和氢氧化钠溶液（1 mol/L）的混合溶液	清洗油污或其他有机物质，洗后容器玷污处有褐色二氧化锰析出，再用浓盐酸或草酸洗液、硫酸亚铁、亚硫酸钠等还原剂去除
酸性草酸或酸性羟胺洗液	称取10 g草酸或1 g盐酸羟胺，溶于100 mL盐酸溶液（1+4）中	洗涤氧化性物质，如洗涤高锰酸钾，用洗液洗后产生的二氧化锰，必要时加热使用
硝酸－氢氟酸洗液	将50 mL氢氟酸、100 mL硝酸、350 mL水混合，储于塑料瓶中，盖紧	利用氢氟酸对玻璃的腐蚀作用有效地去除玻璃、石英器皿表面的金属离子； 不可用于洗涤量器、玻璃砂芯滤器、吸收池及光学玻璃零件；使用时特别注意安全，必须戴防护手套

续表

名称	配制方法	适用范围及使用方法
碘－碘化钾溶液	将1g碘和2g碘化钾溶于水中，用水稀释至100 mL	洗涤用硝酸银滴定后留下的黑褐色玷污物，也可用于擦洗沾过硝酸银的白瓷水槽
有机溶剂	汽油、二甲苯、乙醚、丙酮、二氯乙烷等	可洗去油污或可溶于该溶剂的有机物质，用时要注意其毒性及可燃性； 用乙醇配制的指示剂溶液的干渣可用盐酸－乙醇洗液（1+2）洗涤

4.5.3　怎样配制重铬酸钾洗液？使用时应注意哪些问题？

重铬酸钾洗液是化验室中常用的一种强有力的洗涤液。配制方法：称取20g重铬酸钾（L. R级，化学纯）放入400 mL烧杯中，加入40 mL热水，溶解后，冷却，一面搅拌，一面缓慢地加入360 mL浓硫酸（注意安全！必要时将烧杯冷却。决不能将水加入到浓硫酸中！），溶液呈暗红色。冷却后贮存于磨口玻璃瓶中。

使用该洗涤液前，先将仪器用自来水和毛刷洗刷，倾尽水，以免洗涤液被稀释而降低洗涤效果。将洗涤液倒入欲洗涤的仪器中，慢慢转动仪器，使仪器内部都沾上洗涤液，稍等片刻，使洗涤液与污物充分反应。对于污染特别严重的仪器，可将其浸泡在热的（70 ℃左右）洗涤液中约十几分钟。对于移液管、滴定管，可将其直立，将洗涤液充满管，放置十几分钟。

用过的洗涤液放回原瓶中，可重复使用。直到溶液颜色变绿，放在垫有石棉网的小电炉上低温加热除去水分后，可恢复洗涤功能。

用洗涤液洗过的仪器，先用自来水冲洗，再用蒸馏水润洗内壁两三次。

使用铬酸洗涤液时要特别注意安全，勿使其接触皮肤和衣物，因其有强烈的腐蚀性。

4.5.4　如何准备和使用移液管和吸量管？

（1）洗涤　移液管和吸量管均可用自来水洗涤，再用蒸馏水洗净。较脏时（内壁挂水珠时），需用铬酸洗液洗净。

（2）移液管和吸量管的润洗　用待吸溶液润洗移液管、吸量管的目的，是使管的内壁及有关部位，保证与待吸溶液处于同一体系浓度状态，以提高分析结果的可靠性。方法是：先用吸水纸将管的尖端内外的水除去，将待吸液吸至球部的1/4处（注意：勿使溶液流回，以免稀释溶液），如此反复荡洗3次，润洗过的溶液应从尖口放出、弃去。吸量管的润洗操作与此相同。

（3）移取溶液　用右手的拇指和中指捏住移液管或吸量管的上端，将管的下口插入待吸液液面下1 cm～2 cm深处。管尖不应伸入太浅或太深，太浅会产生吸空现象，把溶液吸到洗耳球内弄脏溶液，太深又会在管外粘附溶液过多。左手拿洗耳球，把球内空气压出，接在管的上口，将洗耳球慢慢放松，管中的液面徐徐上升，如图4-5所示，当液面上升至标线以上时，迅速移去洗耳球，并立即用右手的食指按住管口（右手的食指应稍带潮，便于调节液面）。

（4）调节液面　将移液管或吸量管向上提升离开液面，使管尖端靠着盛溶液器皿的内壁，略为放松食指并用拇指和中指轻轻转动移液管或吸量管，让溶液慢慢流出，使液面平稳下降，直到溶液的弯月面与标线相切时，立刻用手指压紧管口。将尖端的液滴靠壁去掉，移出移液管或吸量管，插入盛接溶液的器皿中。

（5）放出溶液　将盛接溶液的器皿倾斜，移液管或吸量管直立，移液管尖靠着器皿内壁成45°左右。然后松开食指，让溶液沿器壁流下，如图4-6所示。溶液流完后再等待10～15 s，取出移液管或吸量管。残留在管末端的少量溶液不可用外力强使其流出，因校准移液管或吸量管时已考虑了末端保留溶液的体积。只有管上注有“吹”字的，才能将其末端的溶液吹出（这种管很少见）。

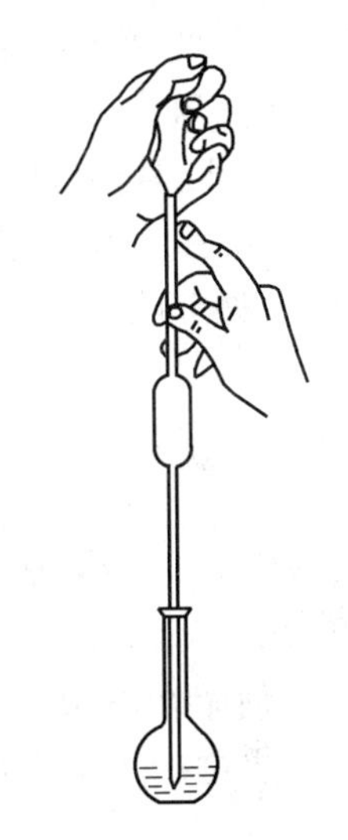

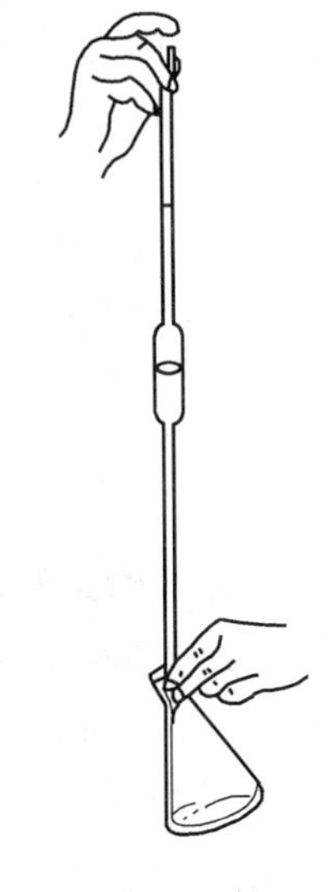

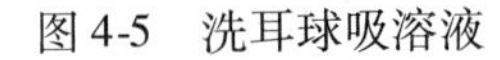

图4-5　洗耳球吸溶液　　图4-6　放出溶液

4.5.5　使用移液管时的注意事项是什么？

（1）不允许在烘箱中烘干移液管，也不能吸取温度高的溶液，尤其是已检定过的移液管。

（2）不能用洗耳球向移液管中的溶液吹气（洗涤时也不可以），也不允许将最后一滴液体吹入或排入盛接容器内（标有“吹”字的移液管除外，但这种移液管很少用）。

（3）调整液面要用洁净的小烧杯盛接，不能往地上放或接触瓶外壁以除去余液。

（4）分度移液管每次都应从最上面刻度起始往下放出所需体积，不能用多少体积就取多少体积。

4.5.6　如何准备和使用容量瓶？

（1）容量瓶的检查

容量瓶使用前必须进行检查：

1）检查瓶塞是否漏水；

2）检查标度刻线位置距离瓶口是否太近。

如果容量瓶漏水或标度刻线离瓶口太近（它不便混匀溶液），则不宜使用。

检查瓶塞是否漏水的方法如下：

在瓶中加水至标线，塞紧磨口塞，用左手食指按住塞子，右手托住瓶底边缘（如图 4-8 所示）。将瓶倒立 2 min，观察瓶口是否有水渗出。如不漏水，将瓶直立后转动瓶塞 180°，再倒立试一次，如不漏水，即可使用。

为了使瓶塞不被玷污和搞错，可用橡皮筋将塞子系在瓶颈上，磨口塞与瓶是配套的，搞错后会引起漏水。

（2）洗涤

（3）定量转移溶液

用容量瓶配制标准滴定溶液或试验溶液时，最常用的方法是将待溶固体称出置于小烧杯中，用水或其他溶剂溶解后，再定量地转移到容量瓶中。定量转移溶液的操作如图 4-7 所示，一手拿玻璃棒，一手拿烧杯，使烧杯嘴紧靠玻璃棒，而玻璃棒则悬空伸入容量瓶口中，棒的下端应靠在瓶颈内壁上（不要太接近瓶口，以免有溶液溢出），使溶液沿玻璃棒和内壁流入容量瓶中。待溶液倾完后，将烧杯沿玻璃棒轻轻上提，同时将烧杯直立，使附在玻璃棒和烧杯嘴之间的液滴回到烧杯中，并将玻璃棒放回烧杯。然后，用洗瓶吹洗玻璃棒和烧杯内壁，将残留在烧杯中的少许溶液定量地转移到容量瓶中。如此吹洗、定量转移溶液的操作，一般应重复 5 次以上，以保证转移干净。

如果是浓溶液稀释，则用移液管吸取一定体积的浓溶液，放入容量瓶中，再按下述方法稀释。

（4）稀释

溶液转移至容量瓶后，加蒸馏水稀释至容积的 2/3 处时，将容量瓶拿起，按同一方向摇动几周（切勿倒转摇动），使溶液初步混匀，这样还可避免混合后体积的改变。然后继续加蒸馏水至距离标度刻线约 1 cm 处时，等 1 min ~ 2 min，使附在瓶颈内壁的溶液流下后，再用细长滴管滴加蒸馏水至弯月面下缘与标度刻线相切（注意：勿使滴管接触溶液。也可用洗瓶加水至标线），盖紧塞子。

（5）摇匀

以食指压住瓶塞，其余手指拿住瓶颈标线以上部分，用另一只手手指尖托住瓶底边缘，然后将容量瓶倒转并摇动，如图 4-8 所示，再倒转过来，仍使气泡上升到顶；如此反复 15 次 ~ 20 次，即可混匀。

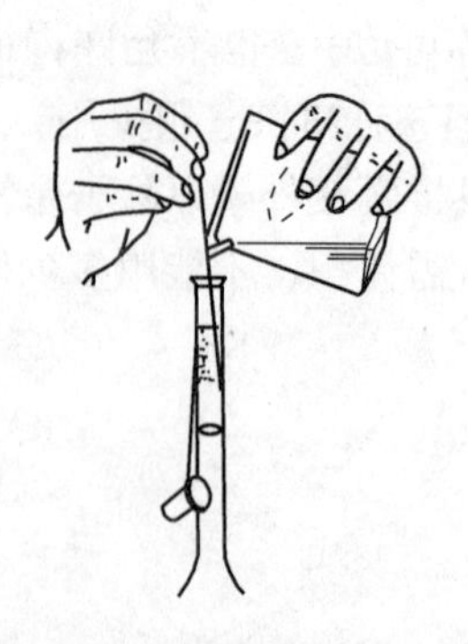

图 4-7　溶液从烧杯转移至容量瓶

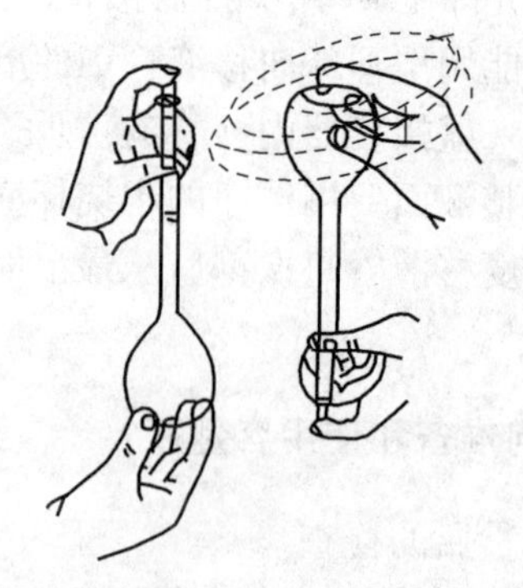

图 4-8　摇匀溶液

4.5.7　使用容量瓶时的注意事项是什么？

（1）不允许将容量瓶放在烘箱中烘干，或用加热的方法使容量瓶中的物质溶解。容量瓶的使用温度应和检定时的温度基本一致。

（2）配好的溶液应转移至试剂瓶中存放，不应将容量瓶作为试剂瓶使用。

（3）容量瓶长期不用时，应洗净后使其自然沥干，在塞子磨口处用纸垫上，以防日久瓶塞处粘结打不开。

4.5.8 酸式滴定管使用前的准备工作有哪些?

（1）首先检查玻璃活塞是否配合紧密，如不紧密将会出现严重的漏液现象，则不宜使用。其次，应进行充分的清洗。

（2）玻璃活塞涂油。为了使玻璃活塞转动灵活并防止漏液现象，需在活塞上涂油（凡士林或真空活塞油脂），其方法如下：

1）取下活塞小头处的固定橡皮圈，取下活塞。

2）用滤纸片将活塞和活塞套擦干，如图 4-9 所示。将酸管平放擦拭，以防滴定管壁上的水进入活塞套中。

3）活塞涂油的方法有两种。一是用手指将油脂涂润在活塞的大头部分（*a* 部），再用火柴杆或玻璃棒将油脂涂润在相当于活塞 *b* 部的滴定管活塞套内壁部分，如图 4-10 所示；另一种方法是用手指蘸上油脂后，均匀地在活塞 *a*、*b* 两部分涂上薄薄的一层（注意，滴定管活塞套内壁不涂油），如图 4-11 所示。油脂不要涂得太多，否则活塞孔被堵住，但也不能涂得太少，因为太少达不到转动灵活和防止漏水之目的。

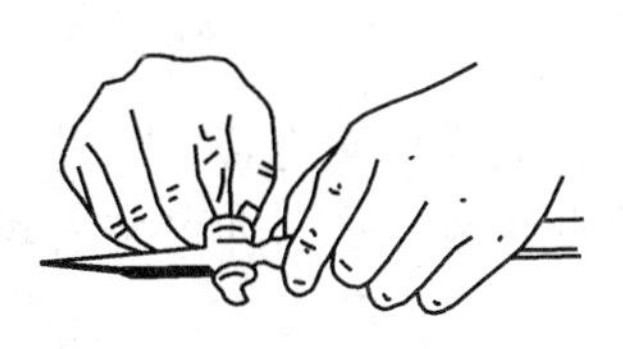

图 4-9 擦干活塞内壁手法

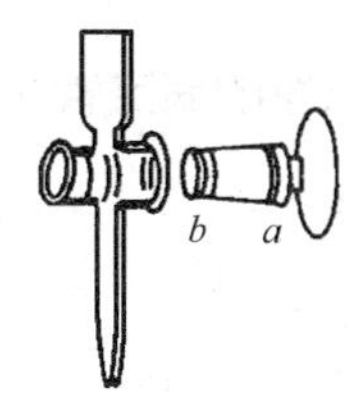

图 4-10 活塞涂油操作一

4）用以上两种方法中任何一种涂油后，将活塞直接插入活塞套中。插时活塞孔应与滴定管平行，此时活塞不要转动，这样可以避免将油脂挤到活塞孔中去。然后，向同一方向不断旋转活塞，如图 4-12 所示，直至旋塞全部呈透明状为止。旋转时，应有一定的向活塞小头部分方向挤的力，以免活塞来回移动，使孔受堵。最后用内径 5 mm ~ 7 mm、长约 3 mm 的乳胶管套住活塞的小头部，使活塞不易从活塞套中脱出。

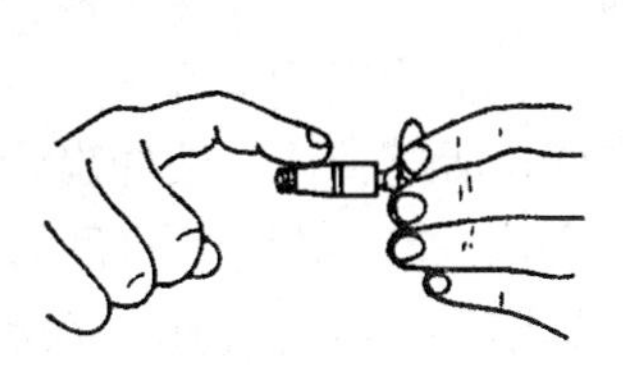

图 4-11 活塞涂油操作二

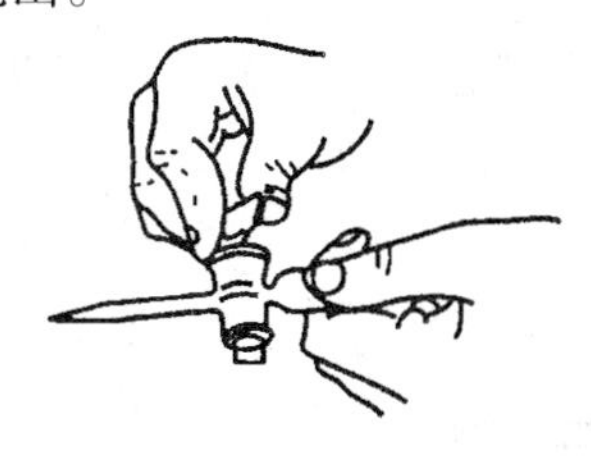

图 4-12 转动活塞

经上述处理后，活塞应转动灵活，油脂层中没有纹路，旋塞呈均匀的透明状态。若仍转动不灵活或出现纹路，表示涂油不够，如果有油从活塞缝隙处溢出或挤入活塞孔，则表示涂油太多。遇到这些情况，都必须重新涂油。

5）清除活塞孔或出口管孔中凡士林的方法：如果是活塞孔堵住，取下活塞，用细铜丝捅出即可。如果是出口管孔堵塞，则将水充满全管，将出口管浸在热水中。温热片刻后打开活塞，使管内水突然冲下，可把熔化的油带出。如此法未能奏效，则用四氯化碳浸溶。若各种方法都失败时，只好取下活塞，用一根细软的铜丝自下而上地从出口管口捅上去，用力要轻，以免损坏管口。然后再拉下来，多次反复就能清除堵塞的凡士林油。

（3）试漏：用自来水充满滴定管，将其放在滴定管架上直立静置 2 min，观察有无水滴漏下。然后，将活塞旋转 180°，再在滴定管架上直立静置 2 min，观察有无水滴漏下。如果漏水，则应重新进行涂油操作。

4.5.9　碱式滴定管使用前的准备工作有哪些？

（1）首先检查橡皮管是否老化、变质，检查玻璃珠是否适当玻璃珠过大，则不便操作；过小，则会漏水。如不合要求，须重新更换。

（2）洗涤。通常用铬酸洗涤液洗涤滴定管，不能用去污粉，尤其是已检定好的滴定管，以免影响其校正值的准确性。碱式滴定管洗涤时不能直接倒入铬酸洗涤液，以免烧坏胶管。倒入铬酸洗涤液前应将乳胶管及尖嘴拔下，另外洗涤尖嘴和乳胶管，洗净后再安装好。沥干。

（3）装入溶液润洗并赶出气泡。

4.5.10　如何向洗净的滴定管中装入溶液进行润洗？

向准备好的滴定管中装入约 10 mL 滴定溶液，然后横持滴定管，慢慢转动，使溶液与管壁全部接触，直立滴定管，将溶液从管尖放出，如此反复三次，即可装入滴定溶液至零刻度以上。调节初始读数时应等待 1 min ~ 2 min。

注意：用纯水或标准滴定溶液洗涤滴定管时，倒立滴定管从管口处放出水或溶液时不要开活塞，以免油污进入管内，污染洗净的管壁。应先从下口放出少量（约 1/3）以洗涤尖嘴部分，然后关闭活塞，横持滴定管并慢慢转动，使溶液与管内壁各处接触，最后将溶液从管口倒出弃去，尽量倒空后再洗第二次，每次都要冲洗尖嘴部分。

标准滴定溶液应直接倒入滴定管中，不得用其他容器（如烧杯、漏斗等）来转移。

4.5.11　如何排除滴定管尖嘴部分的气泡？

滴定管充满标准滴定溶液后，应检查管的出口下部尖嘴部分是否充满溶液，是否留有气泡。酸式滴定管的气泡，一般容易看出，当有气泡时，右手拿滴定管上部无刻度处，并使滴定管倾斜 30°，左手迅速打开活塞，使溶液冲出管口，反复数次，一般可达到排除酸式滴定管出口气泡的目的。碱式滴定管中气泡的排除，是将碱式滴定管垂直地夹在滴定管架上，左手拇指和食指捏住玻璃珠部位，使胶管向上弯曲翘起，并捏挤胶管，使溶液从管口喷出，即可排除气泡，如图 4-13 所示。碱式滴定管的气泡一般是藏在玻璃珠附近，必须对光检查胶管内气泡是否完全赶尽。

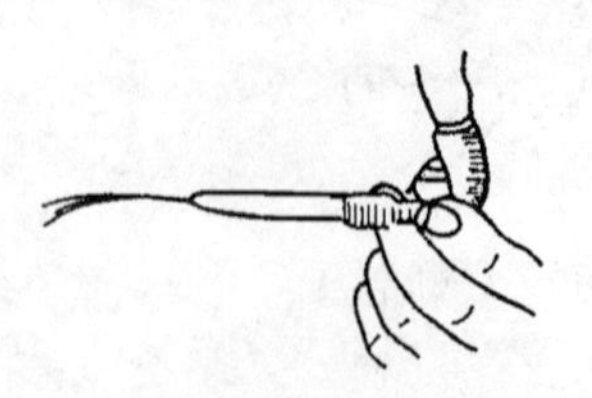

图 4-13　碱式滴定管除气泡方法

4.5.12 如何使用滴定管?

使用滴定管时，应将滴定管垂直地夹在滴定管架上。

使用酸管时，注意对活塞的控制。左手手指要从管后空心握住活塞，其无名指和小指向手心弯曲，轻轻地贴着出口部分，用其余三指控制活塞的转动，如图 4-14 所示。转动时手指轻轻用力把活塞向里扣住，切勿用手心顶活塞尾部，以免使活塞松动，溶液从活塞缝隙中流出。

使用碱管时，注意对玻璃珠的控制。用左手拇指和食指捏住玻璃珠稍上方的部位，无名指和中指夹住出口管，使出口管垂直而不摆动，如图 4-15 所示。用拇指和食指向右边挤橡皮管，使玻璃珠移至手心一侧，形成玻璃珠旁边的空隙，如图 4-16 所示，使溶液从空隙中流出。必须指出，不要用力捏玻璃珠，也不要使玻璃珠上下移动，不要捏玻璃珠下部的橡皮管，以免松手后空气进入尖嘴而形成气泡，影响读数。

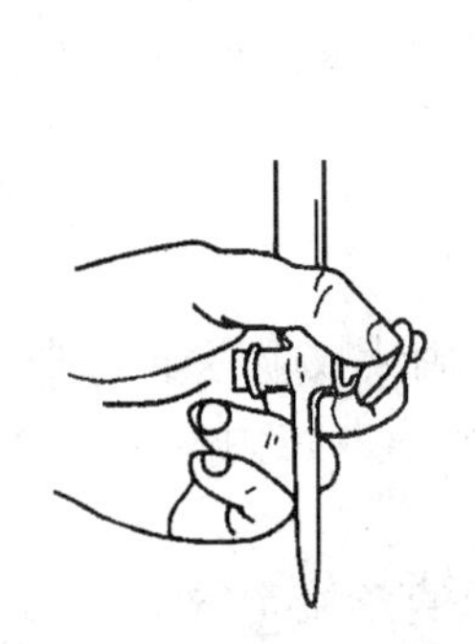

图 4-14 玻璃活塞的控制

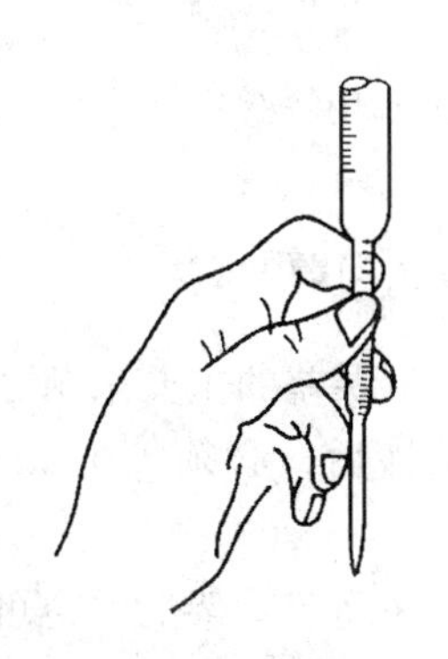

图 4-15 碱管的操作

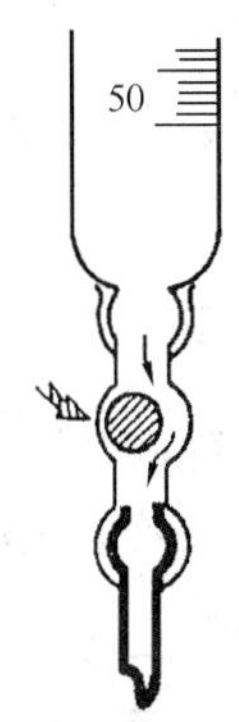

图 4-16 玻璃珠的控制

4.5.13 滴定操作的要点是什么?

滴定时，滴定操作可在锥形瓶或烧杯内进行。

(1) 在锥形瓶中进行时，用右手的拇指、食指和中指拿住锥形瓶，其余两指辅助在下侧，使瓶底高出滴定台 2 cm ~ 3 cm，滴定管下端伸入瓶口内 1 cm ~ 2 cm 处。左手握住滴定管，按前述方法，边滴加溶液，边用右手摇动锥形瓶，其两手操作姿势如图 4-17 所示。

(2) 在烧杯中滴定时，将烧杯放在滴定台上，调节滴定管的高度，使其下端伸入烧杯内 1 cm ~ 2 cm 处。而滴定管下端应在烧杯中心约左后方处，不要离杯壁过近。左手滴加溶液，右手持玻璃棒搅拌溶液，如图 4-18 所示。搅拌应做圆周运动，不要碰到烧杯壁和底部。当滴定至接近终点只滴加半滴溶液时，用搅棒下端承接悬挂的半滴溶液于烧杯中，但要注意，搅棒只能接触液滴，不能接触管尖。其他操作同前所述。

4.5.14 如何选择滴定速度?

按照离终点的远近程度，分别采用下述三种滴定速度:

(1) 开始滴定、离终点较远时，采用连续滴加“见滴成线”的方法，即一般的滴定速度；不要过快，更不能直流放入。一般滴定速度控制在 8 mL/min ~ 10 mL/min 为宜。滴定时要边滴边摇动（搅拌）。

（2）临近滴定终点时应一滴一滴加入或半滴、1/4 滴加入，做到需要一滴就能只加一滴，并用洗瓶以少许纯水冲洗瓶内壁，使滴定剂完全进入烧杯的溶液中。

（3）已经到达终点，但还要确认时，使液滴悬而不落，只加半滴，甚至不到半滴的方法。加入后充分搅拌，观察指示剂颜色的变化情况，如确认已到达终点，停止滴定，读数。

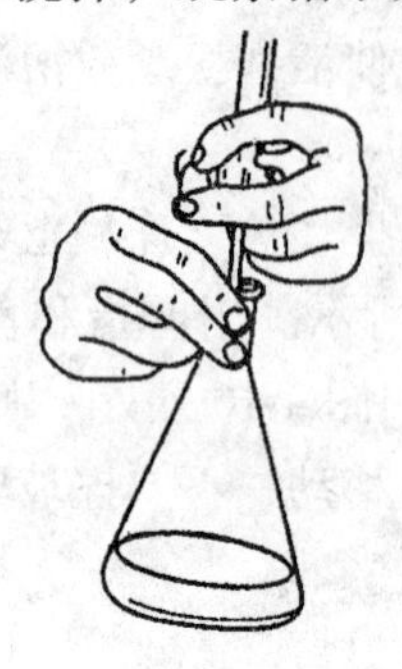

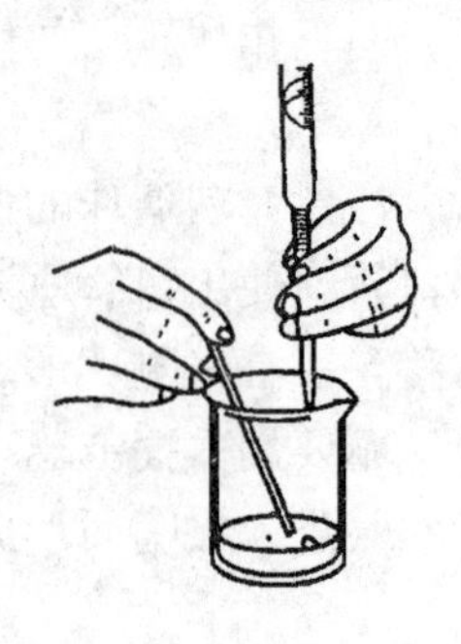

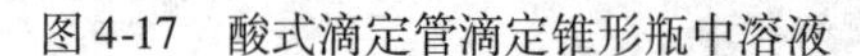

图 4-17　酸式滴定管滴定锥形瓶中溶液

图 4-18　碱式滴定管滴定烧杯中溶液

4.5.15　滴定管读数时应注意什么问题？

滴定管读数不准确是容量分析误差的主要来源之一。为了正确读数应遵守下列规则。

（1）在管装满溶液或放出溶液后，必须等 1 min ~ 2 min，待附着在内壁上的溶液流下后，再读数。

（2）读数时，滴定管可以夹在滴定管架上，也可以用左手垂直拿滴定管上部无刻度处。不管用哪一种方法读数，均应使滴定管保持垂直。

（3）由于水的附着力和内聚力的作用，滴定管内的液面呈弯月形，无色和浅色溶液的弯月面比较清晰，读数时，应读弯月面下缘实线的最低点。为此，读数时视线应与弯月面下缘实线的最低点相切，即视线应与弯月面下缘实线的最低点在同一水平面上。如图 4-19（a）所示。对于深色溶液，由于弯月面不够清晰，读数时应使视线与液面两侧的最高点相切，如图 4-19（b）所示。初读和终读应采用同一方法，以减小误差。

（4）有一种蓝线衬背的滴定管，它的读数方法（对无色溶液）与上述不同，无色溶液有两个弯月面相交于滴定管蓝线的某一点，如图 4-19（c）所示，读数时视线应与此点在同一水平面上。对深色溶液读数方法与上述普通滴定管相同。

（5）采用读数卡协助读数。读数卡用黑纸或涂有黑长方形（约 3 cm × 1.5 cm）的白纸制成。

读数时，将读数卡放在滴定管背后，使黑色部分在弯月面下约 1 mm 处，此时即可看到弯月面的反射层成为黑色，如图 4-19（d）所示。然后，读此黑色弯月面下缘的最低点。

（6）读数要求读到小数点后第二位，最后一位数为估计值，即要估计到 0.01 mL（注意，估计读数时，应该考虑到刻度线本身的宽度）。

4.5.16　滴定管使用后应如何处理？

滴定结束后，如较长时间内不再使用，将滴定管内的剩余溶液弃去，不要倒回原标准滴

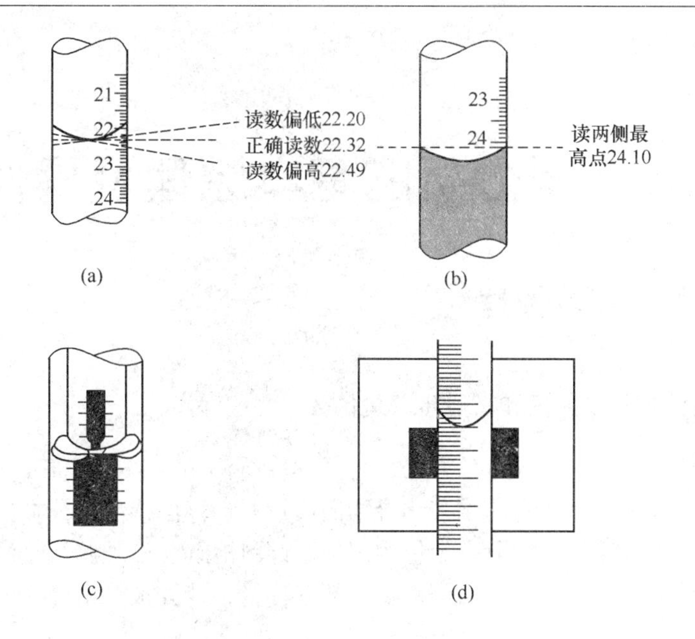

图4-19　滴定管读数示意图

（a）普通滴定管读数；（b）有色溶液读数；（c）蓝线滴定管读数；（d）借黑纸卡读数

定溶液瓶中，以免将其玷污。随后，洗净滴定管，用蒸馏水充满全管，用小试管（或洗净的小塑料瓶盖）套在管口上，或用水洗净后倒置在滴定管架上。下次使用时不必再洗涤滴定管。

酸式滴定管较长时间不用时，应在活塞套和活塞间垫上纸。碱式滴定管应取下胶管，洒上滑石粉保存。

5 称量分析的基本原理及操作

5.1 称量分析的基本原理

5.1.1 称量分析法的基本原理和一般步骤是什么？

称量分析通常是通过物理或化学方法，将试样中待测组分以某种形式与其他组分分离，以称量的方法称得待测组分或它的难溶化合物的质量，计算出待测组分在试样中的含量。

称量分析的一般步骤是：称取一定量的试样、试料溶解、使被测组分沉淀、过滤并洗涤沉淀、烘干并灼烧沉淀、将灼烧后的剩余物冷却并称量，计算被测组分含量。

5.1.2 称量分析法的特点是什么？有哪些应用？

称量分析法的特点是先分离后称量。称量分析法是化学分析中的经典方法，只需将被测组分以某种形式与其他组分分离，直接称量试样和所得物质的质量，即可获得分析结果。

根据分离方法的不同，一般将称量分析法分为四类：沉淀法、气化法、电解法和萃取法。

（1）沉淀法 沉淀法是称量分析法的主要方法。这种方法是将待测组分生成溶解度很小的沉淀，经过滤、洗涤后，烘干或灼烧成为一定的物质，然后称其质量，再计算待测组分的含量。例如，测定试样中硫酸盐含量时，在试验溶液中加入过量 $BaCl_2$ 溶液，使 SO_4^{2-} 离子生成 $BaSO_4$ 沉淀。待沉淀完全后，经过滤、洗涤、烘干、灼烧后，称量 $BaSO_4$ 的质量，再计算试样中SO_4^{2-}（或以 SO_3 表示）的含量。

（2）气化法（也称挥发法） 这种方法是通过加热或用其他方法使试样中的待测组分挥发逸出，根据试样质量的减少来计算该组分的含量；或者用吸收剂吸收逸出的组分，根据吸收剂质量的增加计算该组分的含量。例如，测定试样中的二氧化碳的含量，就是将一定质量的试样在规定温度下加入磷酸使二氧化碳逸出，用碱石棉吸收剂将其吸收，由碱石棉吸收前后的质量差，可求得试样中二氧化碳的含量。

（3）电解法 利用电解原理，控制适当电压，使待测金属离子在电极上析出，由电极增加的质量计算其含量。

（4）萃取法（提取法） 利用被测物质在两种互不相溶的溶剂中溶解度的不同，使被测物与试样中的其他组分分离，然后将萃取液处理掉，称取萃取物的质量，计算被测组分的含量。

称量分析法的优点是不需用基准物质和容量仪器，引入误差小，准确度较高。对于常量组分的测定，相对误差为0.1%～0.2%。水泥中二氧化硅、三氧化硫含量的测定，至今仍采用称量分析法作为基准法。

称量分析法的缺点是操作比较繁琐，费时较长，不能满足快速分析要求。对低含量组分的测定，误差较大。所以，水泥中主要元素如铁、铝、钙、镁的称量分析方法已被快速的容量分析方法所取代。

5.1.3　沉淀分哪两大类？什么是晶形沉淀？什么是无定形沉淀？

沉淀的类型，对沉淀的纯净程度及过滤、洗涤等操作都有决定性的影响。按其性质，沉淀可分为晶形沉淀和无定形沉淀（也称为非晶形沉淀或胶状沉淀）两大类。

晶形沉淀通常是一定形状的晶体，颗粒较大，杂质较少，在过滤、洗涤等操作上比较方便，例如硫酸钡沉淀。

无定形沉淀是指没有晶体结构特征的一类沉淀，其体积庞大，结构疏松，吸附、包藏杂质较多，在过滤、洗涤等操作上比较困难，例如氢氧化铁沉淀。

5.1.4　称量分析中的沉淀法对沉淀的要求是什么？

利用沉淀法进行分析时，待测组分在进行沉淀反应后，以“沉淀形式”沉淀出来，然后经过滤、洗涤、烘干或灼烧成为“称量形式”，再进行称量。“沉淀形式”和“称量形式”可能是相同的，也可能是不同的。

（1）对沉淀形式的要求

1）沉淀的溶解度要小。沉淀的溶解度必须足够小，才能保证被测组分沉淀完全。通常要求沉淀溶解损失不超出分析天平的称量误差，即0.2 mg。

2）沉淀要纯净，并应容易过滤和洗涤。颗粒较大的晶形沉淀（如磷酸铵镁 $MgNH_4PO_4$）吸附杂质少，容易洗净。颗粒细小的晶形沉淀（如硫酸钡 $BaSO_4$、草酸钙 CaC_2O_4）就差一些，吸附杂质稍多，有时过滤会渗漏，洗涤次数也相应增多。

非晶形沉淀如 $Al(OH)_3$、$Fe(OH)_3$，体积庞大，沉淀疏松，吸附杂质较多，过滤费时且不易洗净。对于这类沉淀，必须选择适当的沉淀条件以满足对沉淀形式的要求。

3）沉淀容易转化为称量形式。

（2）对称量形式的要求

1）组成必须与化学式符合。称量形式的组成与化学式符合，这是计算分析结果的基本依据。

2）称量形式要有足够的稳定性。称量形式应不受空气中的水分、CO_2 和 O_2 的影响，不易被氧化分解。

3）称量形式的摩尔质量要大。称量形式的摩尔质量大，则待测组分在称量形式中所占比率小，可以减小称量误差。

5.1.5　影响晶形沉淀完全的因素有哪些？

在利用沉淀反应进行称量分析时，要求沉淀反应进行完全。一般可以根据反应达到平衡后，溶液中未被沉淀的待测组分的量来衡量，也就是根据沉淀物的溶解度的大小来衡量。在称量分析中，要求沉淀因溶解而损失的量不超过分析天平所允许的称量误差0.2 mg，选择沉淀的溶解度小于10^{-5} mol/L，即可认为沉淀完全。但是，许多沉淀不能满足这一要求。

影响沉淀溶解度的因素很多，有同离子效应、异离子效应、酸效应、配位效应等，这些因素对溶解度大小的影响，都能用化学平衡移动原理进行解释；此外，温度、溶剂、沉淀结构及颗粒大小等对沉淀的溶解度也有影响。

(1) 同离子效应

当沉淀反应达到平衡时，若向溶液中加入与沉淀组成相同离子的试剂或溶液，则沉淀的溶解度降低，这种现象称为同离子效应。

例如，用 $BaCl_2$ 将 SO_4^{2-} 沉淀为 $BaSO_4$，$K_{sp,BaSO_4}=1.1\times10^{-10}$，当加入 $BaCl_2$ 的量与 SO_4^{2-} 的量符合化学计量关系时（反应正好完全），在 200 mL 溶液中溶解的 $BaSO_4$ 的质量为：

$$\sqrt{1.1\times10^{-10}}\times233\times\frac{200}{1000}\text{ g}=5\times10^{-4}\text{g}=0.5\text{ mg}>0.2\text{ mg}$$

溶解所损失的量已超过称量分析的要求。如果利用同离子效应向溶液中加入过量的 $BaCl_2$，使溶液中 Ba^{2+} 的浓度为 0.01 mol/L，则 $BaSO_4$ 在 200 mL 溶液中溶解的质量为：

$$\frac{1.1\times10^{-10}}{0.01}\times233\times\frac{200}{1000}\text{ g}=5\times10^{-7}\text{g}=0.0005\text{ mg}<0.2\text{ mg}$$

显然，这个损失量远小于称量分析的允许误差，可以认为 SO_4^{2-} 已沉淀完全。

因此，在称量分析中，常加入过量沉淀剂，利用同离子效应来降低沉淀的溶解度，使待测组分沉淀完全。是否过量越多越好呢？事实证明：沉淀剂过量太多，可能引起异离子效应、酸效应或配位效应，反而使沉淀的溶解度增大。

由此可见，在利用同离子效应降低沉淀溶解度时，应考虑到异离子效应等的影响，即沉淀剂不能过量太多，否则将使沉淀的溶解度增大，所以沉淀剂过量的程度，应根据沉淀剂的性质来确定。在烘干或灼烧时易挥发除去的沉淀剂可过量多些，约 50% ~100%；对不易挥发除去的沉淀剂以过量 20% ~30% 为宜。

(2) 异离子效应(盐效应)

沉淀反应达到平衡时，由于强电解质的存在或加入其他强电解质，使沉淀的溶解度增大，这种现象称为异离子效应（盐效应）。例如，在 KNO_3 强电解质存在的情况下，$BaSO_4$、AgCl 的溶解度比在纯水中大，而且溶解度随强电解质浓度的增大而增大。

(3) 其他因素

除上述因素外，温度、其他溶剂的存在、沉淀颗粒大小和结构等，都对沉淀的溶解度有影响。

5.1.6 晶形沉淀(如硫酸钡)的沉淀条件是什么？

晶形沉淀的形成包括生成晶核和晶核长大两个阶段。

为了获得准确的分析结果，要求沉淀完全、纯净、易于过滤和洗涤，进行沉淀时应根据沉淀的性质控制适当的沉淀条件。

(1) 稀。应在适当稀的溶液中进行沉淀。在这样的溶液中晶核的生成速度较慢，有利于形成较大颗粒的晶体，便于过滤和洗涤。

(2) 热。沉淀应在热溶液中进行。热溶液使沉淀的溶解度增大，有利于晶体生长；热溶液中沉淀吸附杂质的量也减少，可以得到较纯净的沉淀。

(3) 搅。在不断搅拌下慢慢滴加沉淀剂。这样，可以使沉淀剂迅速扩散，防止局部过浓，减小过饱和度，防止细小晶粒产生，有利于获得大颗粒结晶。

（4）陈化。晶形沉淀要进行陈化处理，以使其更加纯净。

5.1.7　非晶形沉淀的生成条件是什么？

（1）沉淀应在较浓的溶液中进行，并且快速加入沉淀剂。
（2）沉淀反应应在热溶液中进行。
（3）沉淀时加入强电解质，使胶体凝聚。
（4）沉淀完毕后用热水稀释。
（5）沉淀应趁热过滤。

5.1.8　简述进行沉淀时的操作要点。

称量分析对沉淀的要求是尽可能地完全和纯净。为了达到这个要求，应该按照沉淀的不同类型选择不同的沉淀条件，如沉淀时溶液的体积、温度、放置时间等。

进行沉淀操作时，必须按照规定的操作手续进行。应左手拿滴管加入沉淀剂溶液，右手持玻璃棒不断搅动溶液，搅动时玻璃棒不要碰烧杯壁或烧杯底，以免划损烧杯。

若溶液需要加热，一般在水浴或电热板上进行。

沉淀后应检查沉淀是否完全。检查的方法是：待沉淀下沉后，在上层澄清液中，沿杯壁加入1滴沉淀剂（检查氯离子，用酸化的硝酸银溶液），观察滴落处是否出现浑浊。若无浑浊出现，表明已沉淀完全；如出现浑浊，需要补加沉淀剂，直至再次检查时，上层清液中不出现浑浊为止，然后盖上表面皿。

5.1.9　沉淀的纯净度受哪些因素的影响？

称量分析不仅要求沉淀完全，而且还要求沉淀纯净，不应混有其他杂质。实际上获得完全纯净的沉淀是很难的，当沉淀析出时，总是或多或少地夹杂着溶液中的某些组分，使沉淀受到玷污，从而影响分析结果的准确度。要想获得一个纯净的沉淀，首先要了解沉淀被玷污的原因，然后采取适当的措施进行减免。影响沉淀纯净的主要因素有共沉淀和后沉淀。

5.1.10　什么是共沉淀现象？对测定结果有何影响？

在进行沉淀反应时，难溶化合物从溶液中沉淀析出时，溶液中存在的某些可溶性物质也同时被沉淀下来而混入沉淀中，这种现象称为共沉淀现象。例如，用 $BaCl_2$ 沉淀 SO_4^{2-} 时，若试验溶液中含有少量 Fe^{3+}，则生成的 $BaSO_4$ 沉淀中常混杂有 $Fe_2(SO_4)_3$，沉淀经灼烧后因含有 Fe_2O_3 而呈棕色。若有大量的 Ca^{2+} 存在，则生成 $CaSO_4$ 共沉淀，使测定结果产生误差。共沉淀现象是沉淀称量法中最重要的误差来源之一。

5.1.11　什么是后沉淀现象？对测定结果有何影响？

当沉淀析出后，在放置过程中，某些可溶或微溶的杂质离子在沉淀表面上慢慢沉淀下来的现象，叫做后沉淀现象，又叫追随沉淀。例如，在含有少量镁的钙盐溶液中，用草酸铵 $(NH_4)_2C_2O_4$ 作沉淀剂时，由于 MgC_2O_4 的溶解度比 CaC_2O_4 大，所以 CaC_2O_4 先析出沉淀，MgC_2O_4 并不沉淀。但是，CaC_2O_4 沉淀生成后，在放置过程中，其表面会析出 MgC_2O_4 沉淀。

由后沉淀引入杂质的量，随沉淀在试液中放置时间的延长而增多。要避免或减少后沉淀的产生，主要是缩短沉淀与母液共置的时间。所以，有后沉淀现象发生时就不要进行陈化。

5.1.12　什么叫“陈化”？陈化有什么作用？

在晶形沉淀生成完毕后，将沉淀连同溶液一起放置一段时间，这一过程称为陈化。

陈化可以使溶液中小晶体不断溶解，大晶体不断长大，同时能使沉淀更加纯净。常温下陈化的时间一般为 8 h ~ 10 h，若在加热和搅拌的情况下，陈化的时间可以缩短为 1 h ~ 2 h。

如果有后沉淀的杂质离子存在，陈化时间不宜过长，否则会增加沉淀中的杂质。

5.1.13　称量分析中试样的称取量如何确定？

称量分析是一种误差小、准确度高的分析方法，其相对误差约为 0.1% ~ 0.2%。因此，试样的称取及沉淀灼烧物的称量都要用分析天平。为了控制沉淀量，以节约试剂及分析时间，控制称料量十分重要。一般分析称样量为 0.5 g 左右。但当分析中得到的是那种体积庞大、结构疏松的无定形沉淀（非晶形沉淀）时，称取的试料只需 0.1 g 左右即可。

5.2　称量分析的基本操作

5.2.1　如何选择滤纸？

过滤的目的是使沉淀与母液分开。根据沉淀性质的不同，过滤沉淀时常采用无灰滤纸（每张滤纸的灰分小于 0.02 mg）或微孔玻璃（砂芯）坩埚。对于需要灼烧的沉淀，应根据沉淀的性质和形状，选用紧密程度不同的无灰滤纸。

无灰滤纸根据滤纸孔隙大小分为三种（表 5-1）：滤纸盒上标有白色道的是快速滤纸，孔隙最大，适用于过滤无定形沉淀，如 $Fe(OH)_3$ 等；标有蓝色道的是中速滤纸，适用于过滤粗粒及中等颗粒的晶形沉淀，如草酸钙、磷酸铵镁等；标有红色道或橙色道的是慢速滤纸，孔隙最小，适用于过滤细颗粒的晶形沉淀，如 $BaSO_4$ 等。

表 5-1　滤纸的规格

编 号	102	103	105	120
类 别	定量滤纸			
灰 分	0.02 mg/张			
滤速/（s/100 mL）	60 ~ 100	100 ~ 160	160 ~ 200	200 ~ 240
滤速区别	快速	中速	慢速	慢速
盒上色带标志	白	蓝	红	橙
实用实例	$Fe(OH)_3$　$Al(OH)_3$	K_2SiF_6	$BaSO_4$	
编 号	127	209	211	214
类 别	定性滤纸			
灰 分	0.2mg/张			
滤速/（s/100mL）	60 ~ 100	100 ~ 160	160 ~ 200	200 ~ 240
滤速区别	快速	中速	慢速	慢速
盒上色带标志	白	蓝	红	橙

滤纸的大小取决于沉淀的量和沉淀的形状。一般要求沉淀的量不要超过滤纸圆锥体高度的一半，否则不易洗涤。无定形沉淀如氢氧化铁体积较大，宜选用直径为 11 cm 的快速滤纸；晶形沉淀如硫酸钡颗粒小，宜选用直径为 7 cm ~ 9 cm 的慢速滤纸。

5.2.2　微孔玻璃坩埚的作用是什么?

对于烘干即可作为称量形式的沉淀，例如，水泥中的不溶物，应选用微孔玻璃坩埚进行过滤。微孔玻璃坩埚的过滤层是用玻璃粉末在高温下熔结而成。按照玻璃粉的粗细不同，空隙大小也不相同，一般分为六个等级（见表 5-2）。

表 5-2　微孔玻璃坩埚规格及用途

滤片代号	孔径/μm	用 途	滤片代号	孔径/μm	用 途
1	80 ~ 120	过滤粗颗粒沉淀	4	5 ~ 15	过滤细颗粒沉淀
2	40 ~ 80	过滤较粗颗粒沉淀	5	2 ~ 5	过滤极细颗粒沉淀
3	15 ~ 40	过滤一般晶形沉淀	6	<2	滤除细菌

使用微孔玻璃坩埚的优点是可以采用减压抽滤法，分离和洗涤沉淀的速度比用滤纸过滤的速度快得多。

在非定量分析中过滤溶液（如过滤 EDTA 溶液）都采用定性滤纸，以节省成本。

5.2.3　沉淀在过滤和洗涤时如何加快过滤速度?

(1) 为加快过滤速度，要使用长颈漏斗，最好是带六个槽沟的长颈漏斗，锥体角 60°、颈口倾斜处磨成 45°，颈长为 15 cm ~ 20 cm，颈的内径不宜过粗，以 3 mm ~ 5 mm 为宜，若太粗则不易形成水柱，如图5-1所示。

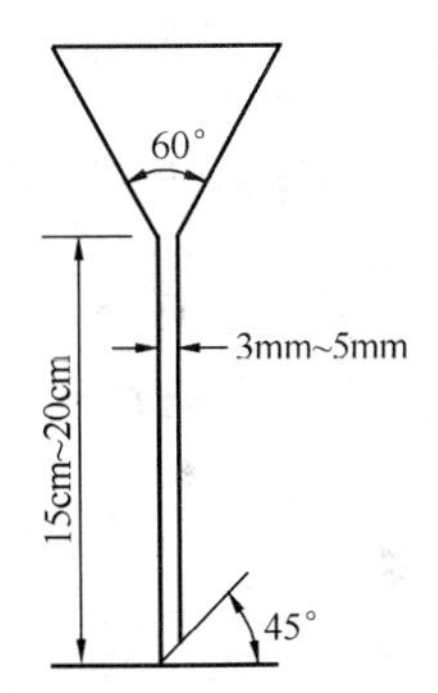

图 5-1　漏斗规格

(2) 在颈中形成水柱，水柱所受的重力对颈内液体产生向下的拉力，可以加快过滤速度。

(3) 要采用倾泻法进行洗涤。先将烧杯中的液体静置后，使沉淀沉在底部。过滤时先将上层液体倒入漏斗中，最后将沉淀转移至漏斗上，再用洗涤液将烧杯中残余的沉淀冲洗至漏斗中，洗涤。不要一开始即将沉淀倒入烧杯中，那样过滤速度会很慢。

5.2.4　如何又快又好地制备漏斗中的水柱?

制备一个好的水柱，可加快过滤速度，并保证取得良好的洗涤效果。

(1) 选好长颈漏斗，将漏斗内壁洗干净，其表征是能均匀地沾上一层水的薄膜，而不挂水珠。用滤纸将漏斗内壁擦干。

(2) 选择规格合适的滤纸，放入漏斗中后其上缘要低于漏斗的上缘约 0.5 cm。滤纸的折叠一般采用四折法。将手洗净擦干后，把滤纸整齐地对折[如图 5-2(a)所示]，然后再对折，但不要把两角对齐而应向外错开一点[如图 5-2(b)所示]，打开后呈顶角稍大于 60°的圆锥体[如图 5-2(c)所示]。为保证滤纸和漏斗密合，第二次对折时不要折死，以便调整。将圆锥体滤纸打开后，放入洁净而又干燥的漏斗中，如果上边缘不十分密合，可以稍稍改变滤纸的折叠程度，直至与漏斗密合为止。再用手轻按滤纸，把第二次的折边折死，所得的圆锥体半边为三层，另半边为一层。取出滤纸，把三层厚的外层撕下一角（最外层多撕一点，第二层少撕一点，第三层即内层不撕，这样便成为梯形，便于滤纸贴紧漏斗壁），保存在干燥的表面皿上，备用。

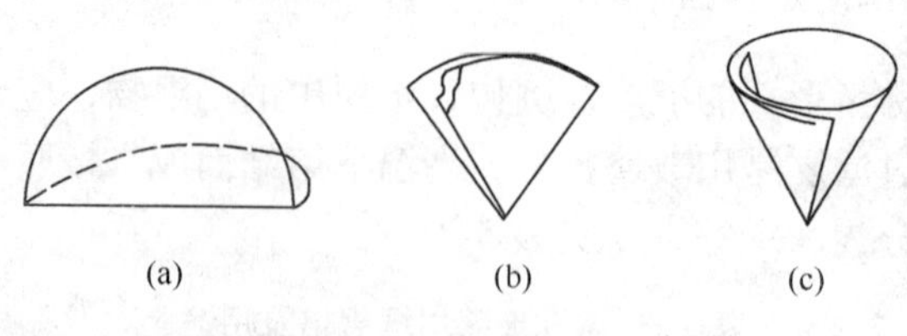

图 5-2　滤纸折叠的方法

（3）用洗净的左手持漏斗，用食指将漏斗的出口处堵住，往漏斗中加水至漏斗颈部充满水，且多出 1mL ~ 2 mL（不要过多，否则在制备水柱的过程中滤纸易被撕破），将滤纸放入漏斗中，使多出的水刚好能将滤纸浸湿而又不剩余太多，同时用洗净的右手拇指和食指逐次将润湿的滤纸压向漏斗内壁，赶出滤纸和漏斗内壁之间的气泡，使滤纸和漏斗内壁紧密接触，放开左手食指，滴下几滴水之后，水柱即可形成。

（4）如有气泡从水柱中流过，表明滤纸同漏斗之间还有空隙，再稍加些水，压气泡将其赶出，直至水柱完全形成。如仍不能形成水柱，则重新洗净漏斗，或改变滤纸的折叠角度，再次制作水柱。

制备好水柱后再用蒸馏水冲洗一次滤纸，然后将准备好的漏斗放在漏斗架上，下面放一洁净的烧杯盛接滤液，漏斗出口长的一边紧靠杯壁，漏斗和烧杯均盖好表面皿，备用。

5.2.5　如何进行倾泻法过滤?

一手拿起烧杯置于漏斗上方，一手轻轻地从烧杯中取出玻璃棒，紧贴杯嘴，垂直地立于滤纸三层部分的上方，尽可能接近滤纸，但又要不接触滤纸，慢慢将烧杯倾斜，尽量不要搅起沉淀，将上层清液沿玻璃棒倾入漏斗中（图 5-3）。注意，倾入漏斗的溶液，最多加到滤纸边缘下 5 mm ~ 6 mm 的地方，以免沉淀浸到漏斗上去。当暂停倾注时，将烧杯沿着玻璃棒慢慢向上提一段，再立即放正烧杯，将玻璃棒放回烧杯中。这样可以避免烧杯嘴上的液体沿杯壁流到杯外。同时玻璃棒不要放在烧杯嘴边，以免烧杯嘴处的少量沉淀沾在玻璃棒上。

过滤过程中，带有沉淀和溶液的烧杯放置方法应如图 5-4 所示，以利于沉淀和清液分开，便于转移清液。如一次不能将清液倾注完，应待烧杯中沉淀下沉后再次倾注。

过滤开始后，应随时检验滤液是否澄清，如滤液不澄清，则必须另换一洁净的烧杯盛接滤液，用原漏斗将滤液进行第二次过滤，若滤液仍不澄清，则应更换滤纸重新过滤。第一次所用的滤纸应保留，待洗。

当清液倾注完毕后，即可对烧杯中的沉淀进行初步洗涤。洗涤时，借助于洗瓶每次用 10 mL ~ 20 mL 洗涤液洗烧杯内壁，将粘附在烧杯壁上的沉淀洗下，用玻璃棒充分搅拌，放置澄清，再倾泻过滤。如此重复洗涤 3 次 ~ 4 次。每次待滤纸内洗涤液流尽后再倾注下一次洗涤液。因为如果所用洗涤液总量相同，则每次用量较少、多洗几次的方式，比每次用量较多、少洗几次的方式效果要好。

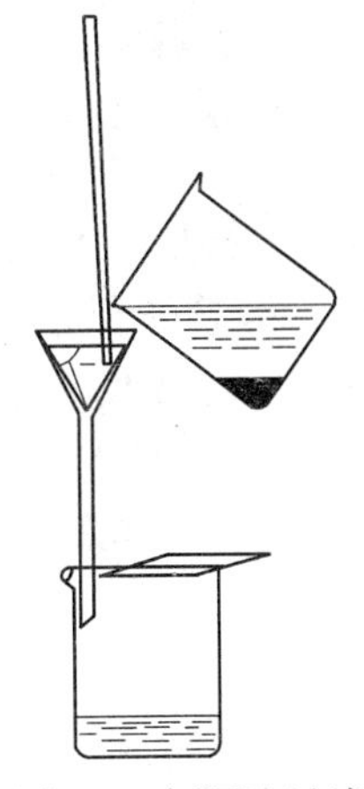

图 5-3 倾泻法过滤

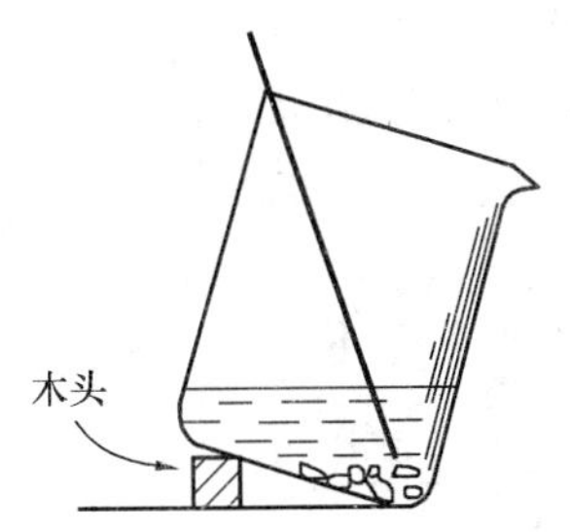

图 5-4 过滤时带沉淀和溶液的烧杯放置方法

5.2.6 如何将烧杯中的沉淀无损失地转移到漏斗上?

初步洗涤几次之后，再进行沉淀的转移。向盛有沉淀的烧杯中加入少量洗涤液，搅动混合，立即将沉淀与洗涤液沿玻璃棒倾入漏斗中。如此反复多次，尽可能地将沉淀都转移到滤纸上。

如粘附在烧杯壁上的沉淀仍未转移完全，则可按图 5-5 所示的方法进行清洗。左手持烧杯放在漏斗的上方，烧杯嘴向着漏斗，拇指在烧杯嘴下方，同时用右手把玻璃棒从烧杯中取出横在烧杯口上，使玻璃棒的下端伸出烧杯嘴 2 cm ~ 3 cm，此时用左手食指按住玻璃棒较高的地方，倾斜烧杯使玻璃棒下端指向滤纸三层一边。用洗瓶吹洗整个烧杯壁，使沉淀同洗涤液一起沿玻璃棒流入漏斗中。注意勿使溶液溅出。

若仍有少量沉淀牢牢地粘附在烧杯壁上吹洗不下来，可将烧杯放在桌上，用沉淀帚(图 5-6，它是一头带橡皮的玻璃棒）在烧杯内壁自上而下、自左至右擦拭，使沉淀集中在底部。再按图 5-5 操作将沉淀吹洗到漏斗上。对牢固地粘在杯壁上的沉淀，也可用前面折叠滤纸时撕下的滤纸角擦拭玻璃棒和烧杯内壁，将此滤纸角放在漏斗的沉淀上。用洗瓶吹洗沉淀帚和杯壁，并在明亮处仔细检查烧杯内壁、玻璃棒、沉淀帚、表面皿是否干净。应丝毫不粘附沉淀，若稍有痕迹，也要再行擦拭、转移，直至完全彻底为止。若有穿孔滤纸，也放在沉淀上进行洗涤。

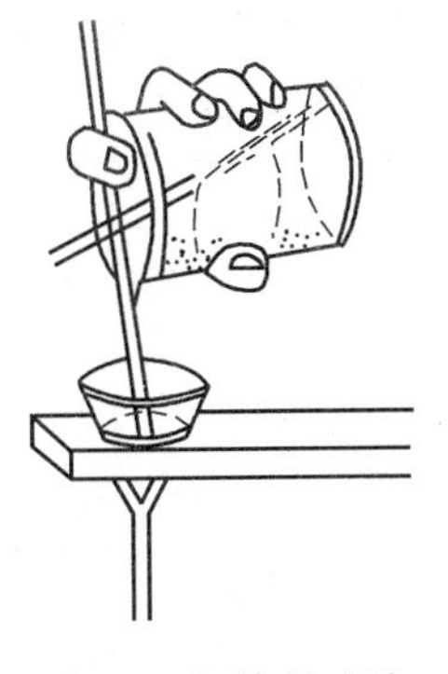

图 5-5 沉淀的吹洗

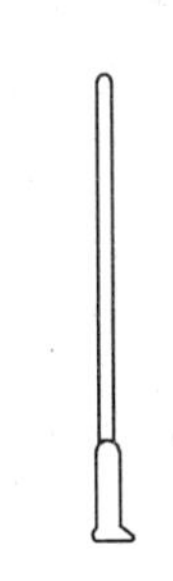

图 5-6 沉淀帚

5.2.7 如何对漏斗上的沉淀进行有效的洗涤?

沉淀全部转移到漏斗上以后，继续用洗涤液洗涤沉淀及滤纸。

(1) 洗涤沉淀时应注意，既要将沉淀洗净，又不能用太多的洗涤液，否则将增大沉淀的溶解损失，为此须用“少量多次”的洗涤原则以提高洗涤效率，即总体积相同的洗涤液应尽可能多分几次洗涤，每次用量要少，而且每次加入洗涤液前应使前次的洗涤液尽量流尽。

(2) 洗涤时，洗瓶喷出的水流从滤纸上缘开始往下作螺旋形移动，将沉淀冲洗到滤纸的底部（图5-7），洗涤液不可超出滤纸的上边缘，滤纸中所盛溶液的上缘要低于滤纸上缘0.5 cm左右。注意不要直接冲洗沉淀以防沉淀损失。

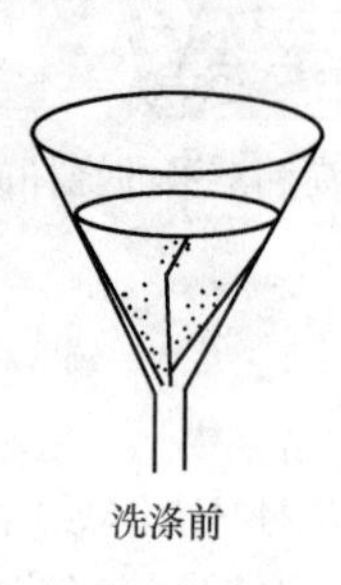

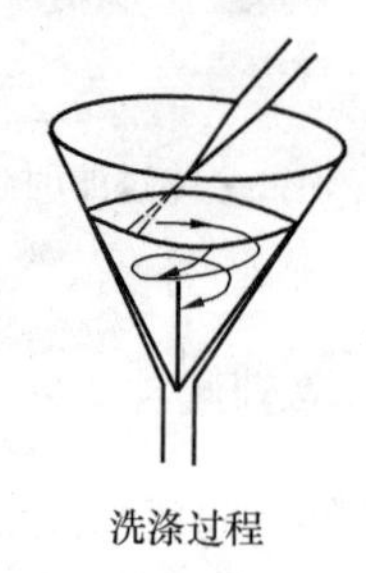

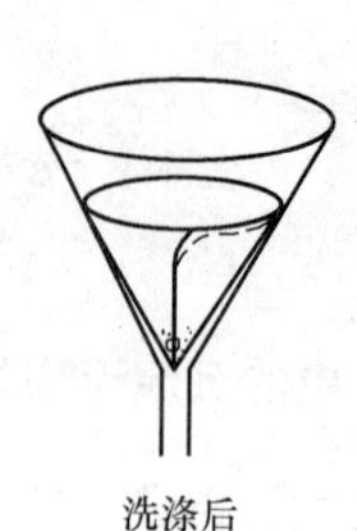

图5-7 沉淀的洗涤

(3) 充分洗涤后，必须检查洗涤的完全程度。为此，取一小试管（或表面皿）承接1 mL~2 mL滤液，检查其中是否还有母液成分存在。例如，用硝酸酸化的硝酸银溶液，可检验滤液中是否还有氯离子存在，如无白色氯化银浑浊生成，表示沉淀已经洗净。

(4) 洗涤操作必须连续进行，一次完成，不能将沉淀干涸放置太久，尤其是无定形沉淀凝聚后，不易干净。

5.2.8 为什么说采用“少量多次法”洗涤沉淀效果好?

怎样洗涤沉淀的效果最好，可以从定量的角度进行讨论。

假设烧杯内沉淀中残留母液量为1 mL，洗涤开始时含有可溶性杂质10 mg，有甲乙两位化验员分别采用不同的洗涤方法进行沉淀的洗涤，洗涤效果比较如下：

甲化验员采用大量洗液、少次洗涤方法（大量少次洗涤法）进行沉淀的洗涤。如用100 mL洗液洗涤沉淀1次，沥出清液后沉淀上仍残留母液1 mL，此时剩余的杂质质量应为：

$$10\times[1/(100+1)]=0.1(\mathrm{mg})$$

乙化验员采用少量洗液、多次洗涤方法（少量多次洗涤法）进行沉淀的洗涤。

第一次加入洗液9 mL，搅拌澄清后沥出清液，沉淀中残留母液量为1 mL，剩余杂质质量为：

$$10\times[1/(9+1)]=1(\mathrm{mg})$$

第二次仍用9 mL洗液洗涤，洗涤后杂质剩余量为：

$$1\times[1/(9+1)]=0.1(\mathrm{mg})$$

第三次还用9 mL洗液洗涤，洗涤后杂质剩余量为：

$$0.1\times[1/(9+1)]=0.01(\mathrm{mg})$$

由此可以看出，甲化验员虽然一次用了许多洗液（100 mL），但洗涤效果并不理想；而乙化验员三次共用了很少的洗液（27 mL），却获得了较好的洗涤效果。这充分说明，在进行沉淀的洗涤时，采用少量多次洗涤的方法，可以获得较好的洗涤效果。

5.2.9　如何将洗涤好的沉淀进行包裹？

从漏斗中取出沉淀和滤纸时，应将沉淀包裹。对于晶形沉淀，用顶端细而烧圆的玻璃棒将滤纸的三层部分挑起，再用洗净的手将滤纸和沉淀一起取出，然后按图5-8所示方法折卷成小包，把沉淀包卷在里面。此时应特别注意，勿使沉淀有任何损失。如果漏斗上沾有微量沉淀，可用滤纸碎片擦下，与沉淀包卷在一起。

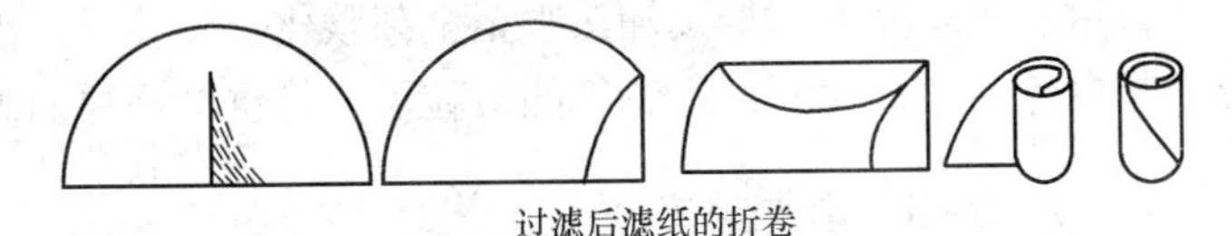

过滤后滤纸的折卷

图5-8　晶形沉淀的包裹

对于胶状蓬松的沉淀，应在漏斗中进行包裹。应用扁头玻璃棒将滤纸边挑起，将滤纸四周边缘向中间折叠，使其将沉淀盖住，如图5-9所示。再用玻璃棒轻轻转动滤纸包，以便擦净漏斗内壁可能粘附的沉淀。然后将滤纸包用干净的手转移至已恒量的瓷坩埚中，使其倾斜放置，滤纸包的尖端朝上。

图5-9　胶状沉淀的包裹

5.2.10　对沉淀进行烘干的作用是什么？

烘干通常是指在250℃以下的热处理，烘干可除去沉淀中的水分和挥发性物质，使其后的灰化与灼烧能够顺利进行，同时使沉淀的组成达到恒定。烘干的温度和时间应随着沉淀的不同而异。经洗涤后的沉淀连同滤纸一并折叠好放进坩埚，斜盖上坩埚盖（留一缝隙），置于电炉上小火加热至干燥。

5.2.11　沉淀的灰化过程中应注意哪些事项？如何提高灰化效果？

沉淀和滤纸干燥后（这时滤纸只是被干燥，而不是变黑），可适当升高小电炉的温度继续加热，滤纸开始慢慢碳化（呈黑色）。注意，电炉的温度不能升高太快，否则滤纸会生成整块的炭，而需要较长时间才能将其碳化。

有的沉淀在灰化滤纸时，由于空气不足，沉淀发生部分还原，可在灼烧前加几滴浓硝酸或硝酸铵饱和溶液润湿滤纸，使滤纸灰化时氧化迅速。

有一种专用的灰化罩，外径同电炉相近比电炉稍小，可以稳定地放在电炉上，将待灰化的坩埚架放在电炉的炉盘上，放在通风柜中使用。由于灰化罩类似烟囱，在保温的情况下，还可加速罩内空气的流动，供给充分的氧气，可大大提高灰化效果。

灰化时应特别注意不要使滤纸着火，如已着火，应立即切断加热电源，将坩埚盖盖上，让其自行熄灭，然后再继续灰化。碳化时如遇滤纸着火，应立即用坩埚盖盖住，使坩埚内的火焰熄灭（切不可用嘴吹灭）。着火时不能置之不理让其燃尽，否则沉淀易随大的气流飞散损失。待火熄灭后，将坩埚盖斜盖上，继续加热直至全部碳化。碳化后，继续加热使滤纸灰化。滤纸灰化后应呈灰白色。如灰化不好，滤纸的炭粒可能将沉淀还原而影响测定结果。

5.2.12 怎样准备干燥、灼烧用的坩埚？

沉淀的干燥和灼烧是在一个预先灼烧至已恒量的瓷坩埚中进行。在沉淀的干燥与灼烧前，必须预先准备好瓷坩埚。先将瓷坩埚用热的盐酸溶液（1+1）浸泡 10 min，用水洗净，烤干或烘干，编号。然后，在所需温度下，加热灼烧。

灼烧可在高温炉中进行。由于温度的骤升或骤降常使坩埚破裂，最好是先将坩埚放入冷的炉膛中（400℃以下，炉膛不显红色），逐渐升高温度，或者将坩埚放在已升至较高温度的炉膛口预热片刻再放进炉膛中。一般在 800℃～950℃下灼烧 0.5 h（新坩埚需灼烧 1 h）。从高温炉中取出坩埚后，应先在实验台上的耐火板上放置片刻（1 min 以内），待红热稍褪后将坩埚移入干燥器中。将干燥器连同坩埚一起冷却至室温（约需 30 min）后，移至天平室，待与天平室温度达到平衡后取出称量。随后进行第二次灼烧，约 15 min～20 min，冷却后称量。若前后两次称量结果之差不大于 0.2 mg（有时规定为 0.5 mg），即可认为坩埚已达恒量。否则，还需再次灼烧，直至恒量为止。灼烧空坩埚的温度必须与以后灼烧沉淀时的温度保持一致。

5.2.13 怎样在瓷坩埚上编码写字？

将坩埚洗净、烘干，在高温炉内在与灼烧沉淀相同的温度下灼烧至少半小时后，取出，冷却。

用笔或削尖的竹签或火柴棍蘸取蓝黑墨水，或 $K_4Fe(CN)_6$ 溶液，或三氯化铁溶液，或硫酸亚铁溶液加入少许氯化钴粉末加入饱和硼砂溶液中，在坩埚外侧面和盖上编号，放置，风干，然后放入高温炉中从低温升起，进行灼烧。

或用铁钉在无釉的坩埚底部用力写字，然后灼烧。

5.2.14 灼烧过程中应注意哪些事项？

在 250℃～1200℃温度下的热处理叫灼烧。灼烧可除去沉淀中的水分、挥发性物质及其所吸附的沉淀剂、洗涤剂和滤纸中的有机物质等，还可以使初始生成的沉淀在高温下转化为组成恒定的称量形式。以滤纸过滤的沉淀，常置于瓷坩埚中进行烘干和灼烧。若沉淀需加氢氟酸处理，应改用铂坩埚。使用微孔玻璃（砂芯）坩埚过滤的沉淀，应在电烘箱里烘干，不能灼烧。

灰化后，用长的坩埚钳（或自制铁叉）将坩埚移入高温炉中，盖上坩埚盖（稍留有缝隙），在与灼烧空坩埚相同的条件下（定温定时）灼烧。从高温炉中取出坩埚，稍冷却后放入干燥器中，冷却至室温，称量。再进行第二次灼烧，直至恒量。灼烧的温度和时间，随沉淀的性质而定。例如 $BaSO_4$ 需在800℃～850℃灼烧20 min。

5.2.15　什么叫做恒量？

在指定温度下灼烧40 min～50 min，取出冷却、称量。如此反复第二次、第三次灼烧，每次灼烧时间为15 min～20 min，直至恒量（旧称恒重）。

不同的分析方法，关于恒量的标志有不同的规定。

GB/T 176—2008《水泥化学分析方法》中规定：经第一次灼烧、冷却、称量后，通过连续对每次15 min的灼烧，然后冷却、称量的方法来检查恒定质量，当连续两次称量之差小于0.0005 g时，即达到恒量。

有的标准规定：前后两次称量之差不超过0.2 mg，即可认为达到了“恒量”。

5.2.16　在称量分析中烘干或灼烧后的样品，为什么不能一直放在空气中冷却到室温再称量？

烘干温度一般为105℃～110℃，灼烧温度一般为950℃～1000℃，均比室温高得多。灼烧或烘干后的物质若在空气中冷却会吸收空气中的水分，使测定结果不准确。因此，从烘箱或高温炉中取出试样后，稍冷却几秒钟，要尽快放入干燥器中冷却，而且每次冷却的条件（时间，是否吹风）要一致。

5.2.17　灼烧及冷却、称量沉淀时的注意事项有哪些？

灼烧和冷却瓷坩埚均应定温定时，具体的温度和时间视沉淀的性质而定。灼烧温度应与灼烧沉淀的温度相同。灼烧时间通常第一次为45 min左右，第二次灼烧时间约20 min。

冷却的条件也要保持一致。通常为了更快地冷却，将放有灼烧后的物体的干燥器放在水平放置的排风扇约1 m处，用风吹使其冷却，然后放在天平室中，待与天平室温度平衡后再进行称量。冷却的时间每次必须相同。

5.2.18　使用干燥器时应注意哪些事项？

（1）干燥器的磨口处应涂些凡士林，以加强其密封效果。凡士林不要涂得过多，以免盖子容易滑动、跌落。

（2）干燥器底部的干燥剂不可放得太多，以免玷污坩埚底部。

（3）不可将太热的物体放入干燥器中。刚从高温炉中取出的灼热物体，应先放在实验台上的耐火板上稍冷片刻，待其红热褪去后再将其放入干燥器中。

（4）有时较热的物体放入干燥器中后，空气受热膨胀会把盖子顶起来，为了防止盖子被打破，应当用手按住，不时把盖子稍微推开（不到1 s），以放出热空气，然后再盖好盖子。

（5）灼烧或烘干后的坩埚和沉淀，在干燥器内不宜放置过久，否则会因吸收一些水分而使质量略有增加。干燥剂吸收水分的能力都是有一定限度的。例如硅胶，20℃时，被其干燥过的 1 L 空气中残留水分为 6×10^{-3} mg；无水氯化钙，25℃时，被其干燥过的 1 L 空气中残留水分小于 0.36 mg。因此，干燥器中的空气并不是绝对干燥的，只是湿度较低而已。

（6）变色硅胶干燥时为蓝色（无水 Co^{2+} 色），受潮后变粉红色（水合 Co^{2+} 色）。可以在 120℃将受潮的硅胶烘干待其变蓝后反复使用，直至破碎不能用为止。

（7）开启干燥器时左手将干燥器向操作者的怀里用力，右手将干燥器的盖慢慢向前推出。移动干燥器时，双手拇指与食指固定好盖，勿使其滑动。通常使用真空干燥器更为方便，放入热坩埚前将活塞打开，放入物体后盖好盖，稍等几秒钟，使热空气从干燥器中排出一部分后，关闭活塞。待干燥器冷却后，旋开活塞，使空气进入干燥器，几秒钟后，待内外气压平衡后，关闭活塞，打开盖，取出干燥器中的物体。

6　试样中各种成分的分析方法

6.1　化学分析基本知识

6.1.1　物质是由什么组成的？构成物质的微粒有哪些？

物质是由元素组成的。元素一般有两种形态，即游离态（单质）和化合态（化合物）。目前已知的100多种元素的原子以各种结合方式构成了世界上数千万种物质。构成物质的基本微粒有原子、分子、离子等。

元素：具有相同核电荷数（质子数）的同一类原子的总称。同一元素可以有几种不同原子——同位素。元素是一种宏观名称，有“种类”之分，没有“个数”、“大小”、“质量”的涵义。

单质：由同种元素组成的纯净物。

化合物：由不同元素组成的纯净物。

原子：是保持物质化学性质的最小微粒。

分子：是化学变化中的最小微粒。

离子：是带电荷的原子或原子团。

6.1.2　什么是“质量”？

质量：物质中含有物质的多少。物质的质量不随形状、状态和位置而改变。某物体给定了，其质量就定下来了。因此，质量是物体本身的一种属性。国际单位制中质量的单位是千克（kg）。常用单位还有吨（t）、克（g）、毫克（mg）。1 t = 1000 kg，1 kg = 1000 g，1 g = 1000 mg。

6.1.3　什么是“密度”？

密度的定义：质量除以体积，即：

$$\rho = m/V$$

式中　ρ——物质的密度；

m——物质的质量；

V——质量为 m 的物质所占有的体积。

密度的 SI 单位为 kg/m^3。常用其分数单位 g/cm^3，或 g/mL。

密度是表示物质特性的量，这是由于：

（1）不同物质密度不同，密度表示了物质间的这种差别；

（2）各种物质都有它的一定密度，不同物质的密度一般不同；

（3）密度仅取决于物质本身，跟物质的质量、体积、形状和位置无关。如铝的密度为

$2.7\times10^3\ kg/m^3$，当所取的体积或大或小，质量或大或小，或改变其形状，或拿到月球上去，其密度仍然是$2.7\times10^3\ kg/m^3$。不能说，密度跟质量成正比，跟体积成反比。

6.1.4 名词和术语

(1) 测定与平行测定

测定是指取得物质特性量值的操作，如被测物质所含的成分、各成分的含量等。

平行测定是指取几份同一试样，在相同的操作条件下对它们进行的测定。

(2) 空白试验与平行试验

空白试验是不加试样，但与用试样同样的操作进行的试验。

平行试验与平行测定的含义基本相同。

(3) 检测与鉴定

检测（检验、测试、试验）：是指按规定程序，通过观察、测量、试验所进行的符合性评价活动。

鉴定是指未知物质通过比较试验或用其他方法试验后，确认某种特定物质的操作。

(4) 纯度与含量

纯度是指化学物质中，主要成分在该物质中所占的质量分数或体积分数。

含量是指物质中某种成分的质量分数或体积分数。

(5) 校准与校准曲线

校准是指在规定条件下，为确定测量仪器（或测量系统）所指示的量值，或实物量具（或参考物质）所代表的量值，与对应的由标准所复现的量值之间关系的一组操作。

校准曲线是指物质的特定性质、体积、浓度等和测定值或显示值、测定值和显示值之间关系的曲线。校准曲线又称工作曲线。

(6) 试样与试料

试样是指经过加工处理、均匀且有代表性的用于分析的样品。

试料是指从试样中称取出的一定量、用于分析的试样。

(7) 熔融与灼烧

为熔解难熔物质，一般加入适量熔剂与其混合并加热，使之与熔剂进行反应的操作，称为熔融。

在称量分析中，在高温下加热沉淀，使其转化为组成固定的称量形式，或在高温下加热称量器皿使其质量达到恒量的过程，称为灼烧。

(8) 挥发分与烧失量

固体试样在120℃左右的温度下，在干燥箱中烘干1 h～2 h后，因挥发而失去的质量占试样质量的分数，称为挥发分。

在高温炉中，在1000℃左右的高温下将固体试样灼烧0.5 h后，所失去的质量占试样质量的分数，称为烧失量。

(9) 灰分与残渣

试样在规定条件下，经灼烧后，剩余物质的质量占试样质量的分数，称为灰分。

试样在一定温度下蒸发、灼烧或经规定的溶剂提取后所得的残留物，称为残渣。

(10) 标准物质与标准溶液

以确定某一种或几种特性，用于校准测量器具、评价测量方法或确定材料特性量值的物质，称为标准物质。

用标准物质或高纯度试剂标定或配制的已知浓度的溶液，称为标准溶液。

(11) 换算因数与换算系数

被测组分的摩尔质量与称量形式的摩尔质量之比，称为换算因数，或称为换算系数、化学因数。用下式表示：

$$f = M_{被测组分}/M_{称量形式}$$

式中 f——换算因数；

M——物质的摩尔质量，g/mol。

此式的意义是：1 g 称量形式相当于被测组分的克数。

如用 $BaSO_4$ 称量法测定 SO_3，$M(SO_3)/M(BaSO_4)=0.343$。SO_3 为被测组分，$BaSO_4$ 为灼烧后的称量形式，0.343 为 $BaSO_4$ 对 SO_3 的换算因数。

6.1.5 在常温下稀释强酸、强碱、弱酸或弱碱溶液时 pH 值有何变化？

在常温下：强酸溶液的浓度稀释至原来的 $1/10^n$，pH 值上升 n 个单位；无限稀释时，pH 值只能上升到接近 7，但仍然 <7 而不能等于 7，更不能超过 7。

强碱溶液的浓度稀释至原来的 $1/10^n$，pH 值下降 n 个单位；无限稀释时，pH 值只能下降到接近 7，但仍然 >7 而不能等于 7，更不能小于 7。

而弱酸或弱碱溶液稀释时，由于电离度的增大，使得溶液浓度被稀释至原来的 $1/10^n$，pH 值增大或减小不到 n 个单位。

6.1.6 分别说明氢氧化钠、碳酸钠、碳酸氢钠的俗称、性质、用途及保管方法。

氢氧化钠俗称烧碱、火碱、苛性钠，是常用的强碱。它是一种易潮解的白色固体，极易溶于水，同时放出大量的热，其水溶液有强烈的腐蚀性，并具有碱类的通性。

氢氧化钠是化工生产的主要原材料之一，广泛应用于石油、造纸、制皂、纺织、印染等工业中。由于它容易跟空气中的 CO_2 作用，生成 Na_2CO_3，因此它应保存在密闭容器中。由于它能跟 SiO_2 反应，因此存放它的试剂瓶，瓶口要用橡皮塞塞住，而不能用玻璃塞。

碳酸钠俗名纯碱、苏打，化学式为 Na_2CO_3，无水碳酸钠是白色固体。每个分子中通常含十分子结晶水，是无色晶体。碳酸钠广泛应用于制造玻璃、肥皂、造纸、纺织等工业中以及日常生活中作洗涤剂。

碳酸氢钠俗称小苏打，化学式为 $NaHCO_3$，是白色粉状固体。主要用作食品业焙制糕点的发酵粉。

6.1.7 盐酸、硫酸、硝酸有哪些性质？

盐酸的性质：浓盐酸是无色液体，有氯化氢刺激性气味，一般工业上生产的盐酸因混有铁盐等杂质而显黄色。盐酸是一种挥发性酸，是一种强酸，具有酸的通性。能使酸碱指示剂变色，能跟金属活动性顺序表中氢以前的金属起置换反应，能与碱发生中和反应，能跟盐发生复分解反应。它与金属、碱或盐的反应全都生成金属氯化物。

硫酸的性质：纯硫酸是无色黏稠油状液体，不易挥发，能与水以任意比例混合，溶于水时放出大量的热，具有吸水性、脱水性、强氧化性。三氧化硫溶于浓硫酸生成发烟硫酸。质量分数为98%的浓硫酸密度为1.84 g/cm^3，沸点338℃。浓硫酸溶于水时放出大量的热，因此稀释时一定要在搅拌下将浓硫酸缓慢倒入盛于烧杯的水中，而决不能将水倒入浓硫酸中，以免发生喷溅事故，造成人身伤害。

硝酸的性质：纯硝酸是无色、有刺激性气味的液体，易挥发，在空气中呈白雾状。密度为1.5027 g/cm^3，沸点为83℃，它能以任何比例溶解于水。98%的浓硝酸叫发烟硝酸。常用的浓硝酸质量分数大约为69%。硝酸是强酸，除具有酸的通性外，还有强氧化性、不稳定性等，见光或受热易分解，生成二氧化氮，溶于硝酸而使浓硝酸呈黄色，因而浓硝酸应保存在棕色瓶中并置于冷暗处。无论是稀、浓硝酸与金属单质反应都不放出氢气，而是生成氮氧化物。常温下浓硝酸能使铁、铝发生钝化，因而铁或铝制容器也可贮存、运输浓硝酸。

浓硝酸与浓盐酸按体积比1比3混合，称为“王水”。它能把不溶于硝酸的金、铂等贵重金属溶解。一般认为在王水中产生了高浓度的氯离子和强氧化性的氯化亚硝酰：

$$HNO_3 + 3HCl = NOCl + Cl_2 + 2H_2O$$

王水中的氯离子能与金、铂贵金属离子形成可溶性的配合物。在溶解过程中，NOCl起着催化作用：

$$Au + HNO_3 + 4HCl = H[AuCl_4] + NO + 2H_2O$$

$$3Pt + 4HNO_3 + 18HCl = 3H_2[PtCl_6] + 4NO + 8H_2O$$

6.1.8 什么是“酸”、“碱”、“盐”?

酸：在水中电离时生成的阳离子全部是氢离子的化合物，如硫酸 H_2SO_4，盐酸 HCl，硝酸 HNO_3，乙酸 CH_3COOH。根据酸根中有无氧原子可分为无氧酸，如盐酸 HCl；和含氧酸，如硫酸。根据电离能力强弱可分为强酸，如硫酸、硝酸、盐酸；中强酸，如磷酸；弱酸，如乙酸、氢氟酸。根据酸分子在水溶液中电离时生成的氢离子数，把酸分为一元酸，如盐酸、氢氟酸、乙酸；二元酸，如硫酸、碳酸、草酸；三元酸，如磷酸（二元以上统称为多元酸）。

碱：在水中电离时生成的阴离子全部是氢氧根离子的化合物，如氢氧化钠，氢氧化钾。根据碱的溶解性可分为可溶性碱，如氢氧化钠 NaOH、氢氧化钾 KOH；不溶性碱，如氢氧化铁 $Fe(OH)_3$。在水中易电离出 OH^- 的碱为强碱，如氢氧化钠、氢氧化钾；难电离出 OH^- 的碱称为弱碱，如氨水 $NH_3 \cdot H_2O$。含两个以上 OH^- 的碱可称为多元碱，如氢氧化钡 $Ba(OH)_2$，氢氧化钙 $Ca(OH)_2$。

盐：由金属离子（包括 NH_4^+）和酸根离子组成的化合物，如氯化钠，碳酸钙。正盐是酸跟碱完全中和的产物；酸式盐是多元酸分子中的氢只部分被中和的产物。如碳酸氢钠 $NaHCO_3$；碱式盐是多元碱分子中的氢氧根只部分被中和的产物，如碱式碳酸铜 $CuCO_3 \cdot Cu(OH)_2$。

6.1.9 什么是“碳酸盐”、“硅酸盐”?

碳酸盐是一种弱酸盐。碱金属碳酸盐易溶于水，并能水解而使溶液呈碱性，如碳酸钠。其他金属的碳酸盐是难溶于水的，如碳酸钙。

碳酸钙 $CaCO_3$ 是自然界分布最广的一种碳酸盐，常以石灰石、方解石、白垩、大理石等多种形式存在。碳酸钙难溶于水，但能溶于 CO_2 的水溶液中，生成较易溶的酸式碳酸钙（碳酸氢钙）：

$$CaCO_{3(固)} + CO_2 + H_2O = Ca(HCO_3)_2$$

碳酸氢钙遇热又会分解放出二氧化碳，生成不溶于水的碳酸钙。这就是钟乳石的生成原理。

硅酸盐：硅酸所对应的各种盐，统称为硅酸盐，如硅酸钙。天然的硅酸盐一般是难熔化的和不溶于水的固体。在硅酸盐中，只有硅酸钠和硅酸钾能溶于水。

由于浓磷酸（高于260℃时）、氢氟酸和熔融状态的碱（如 NaOH 或 Na_2CO_3）能够破坏硅酸盐的基本骨架——硅氧四面体，因而经常应用它们来溶（熔）解一切难溶（熔）的硅酸盐及铝硅酸盐。

6.2 材料性质与成分的检验

6.2.1 什么是定性分析和定量分析?

定性分析：确定物质的组成，即确定物质中含有哪些元素、离子、原子团（或官能团：一种能决定有机化合物化学特性的原子或原子团）和化合物的分析方法。

定量分析：确定物质中各组分的相对含量，即各组分的质量分数的分析方法。水泥化学分析的主要任务是进行定量分析。

6.2.2 什么是化学分析? 什么是仪器分析?

根据测定原理和操作方法的不同，对被测物质的分析可分为化学分析和仪器分析。

化学分析法：以物质的化学反应为基础的分析方法。属于化学分析的有称量分析、滴定分析和气体分析等。

仪器分析法：以物质的物理或物理化学性质为基础并使用特殊仪器的分析方法。如火焰光度分析、分光光度分析、原子吸收光谱分析、X 射线荧光分析等。

6.2.3 什么是例行分析? 什么是仲裁分析?

例行分析是一般化验室在日常生产中的分析测定，即常规分析。目的是控制生产，因此要求在尽可能短的时间内报出结果。例行分析常用快速分析方法，一般允许差较宽。

仲裁分析在对发生怀疑和争议的分析结果进行复查或校验时进行，通常发生在两个单位之间，一般由上级检验机构或双方同意委托的第三方实施仲裁分析。

6.2.4 按称取试样的质量，分析方法可以分为几类?

（1）常量分析：对 0.1 g 以上的试样进行的分析；

（2）半微量分析：对 10 mg ~ 100 mg 的试样进行的分析；

（3）微量分析：对 1 mg ~ 10 mg 的试样进行的分析；

（4）超微量分析：对 1 mg 以下的试样进行的分析；

（5）痕量分析：对待测组分的含量小于 0.01% 的分析；

(6) 超痕量分析：对待测组分的含量小于0.0001%的分析。

6.2.5 怎样进行空白试验？

由试剂和器皿带进杂质造成的系统误差，一般通过空白试验可以消除。空白试验就是在不加试料的情况下，按分析试样的同样操作规程和条件进行分析，所得结果称为空白值。从试样的分析结果中扣除空白值，即可得到更接近于真实含量的分析结果。

空白值一般应很小。若发现异常，应选用适当的仪器和纯度较高的试剂。

6.2.6 怎样进行比对试验？

比对试验是检验分析过程有无系统误差的有效措施。根据不同情况和要求，比对试验可有以下几种方法。

(1) 用“标准试样”进行比对。所谓“标准试样”就是已知其准确含量的均匀试样。用选好的方法在相同的分析条件下对“标样”进行测定。分析方法的准确度越高，比对试样所得的结果越应符合标准试样的证书值。比对试验分析结果与“标样”证书值之差，即是分析方法在该具体条件下的误差，可用来作为试样测定结果的校正值。其计算方法如下：

被测组分含量 = （试样的证书值/标样的分析结果） × 试样的分析结果

(2) 用标准方法进行比对，以检验所选用的分析方法的准确性。

(3) 由不同人员或请外单位人员，分析同一被测试样进行比对。

6.2.7 如何才能及时发现检验误差？

(1) 对留样进行复核。这是当前大多数水泥企业，对检验人员考核普遍采取的方法。但如果取样不具有代表性，这种复核就发现不了任何问题，仅起考核化验员的作用，对生产毫无意义，因为这种复核在时间上相当滞后。

任何检验的主要目的，不是考核检验人员，而是对生产车间的操作者提供有价值的信息。

(2) 根据生产状态及时发现检验误差。这是高水平、有经验的检验员与新手的根本区别。无论是生料、熟料或水泥，从外观上都有一定的表征。再加上观察控制室显示屏上的重要参数，很快就能判别出物料的实际质量水平与检验数据是否一致。

检验员应当经常进中央控制室了解质量情况，核实检验结果，发现问题及时改进。

6.2.8 对原始记录有什么要求和规定？

原始记录是通过一定的表格形式，对质量检验各程序最初数据和文字的记载。它是计量测试数据准确、可靠、公正的主要依据。因此，对原始记录作如下规定：

(1) 记录内容要齐全。

(2) 必须直接真实填写、不得转抄、不得用铅笔书写，字迹要端正。

(3) 原始记录涂改率≤1%，记录人应在更改处划双横线并盖章。

(4) 原始记录应建立档案，由资料室负责保存，保存期为三年。

6.2.9 对非例行检验样品，怎样进行分析方案的设计？

在分析工作中，有时可能会遇到非例行样品的分析。对这种样品应从何入手，如何制定一个合适的分析方案，是分析人员所应掌握的基本技术。

一般应从以下工作做起：

（1）了解情况　向送样人或单位了解样品来源、取样地点、分析目的、分析项目等，初步估计样品的组成，使分析工作少走弯路。

（2）外观检查　如果是固体样品，应察看其颜色、颗粒大小、结晶状态、大致密度、气味等；如为液体样品，还应察看其透明度、黏度等。

（3）初步试验　应进行溶解度、酸碱度（pH 值）、灼烧等试验；液体样品还可测定其密度。据此可以基本确定样品是无机物还是有机物。

（4）定性鉴定　如确定为无机物，可根据各种离子的特效反应进行离子鉴定。此时应参考初步试验的情况，如水溶液呈酸性，可排除一些水溶液为碱性的阴离子，还可排除某些金属阳离子，这样可以节省时间，减少许多不必要的工作。如样品为有机物，则应进行有机定性分析。有条件时可利用色谱分析、红外光谱分析、极谱分析、质谱分析等仪器分析方法进行定性。

（5）查阅资料　在确定了样品的基本组成后，应查阅一些参考资料，如国内外标准、分析规程、手册、有关分析化学的杂志、书籍等，为设计分析方案做好准备。

（6）进行分析方案设计　根据初步试验的情况、定性结果以及查阅的资料，先设计一个草案。需根据试验室的条件选择分析方法，要兼顾准确、快速两方面。在保证准确度的基础上，尽量选用简单、快速的方法。同时还要考虑干扰离子及消除干扰的措施。

（7）根据分析方案进行验证试验　第一次做好的分析方案（草案）不一定完全适用，应通过试验确定其是否可行。如有问题还需进行修改。有时一个分析方案需要几经修改方可定稿。

（8）分析方案正式定稿后，即可开始进行分析检验工作。

如收到的样品为已知物，只要了解情况后，即可从查阅资料开始进行分析方案的设计。

（9）通过试验，证明没有问题的分析方案，应归档保存，以便以后遇到类似样品进行分析时参考。

总之，分析方案的设计是在熟练掌握定性、定量分析知识的基础上才能进行的。

6.2.10 水泥化学分析方法现行的国家标准是什么？该标准规定了哪两类分析方法？

现行的《水泥化学分析方法》是国家质量监督检验检疫总局、国家标准化管理委员会于 2008 年 6 月 30 日发布、2009 年 4 月 1 日起实施的。标准代号为 GB/T 176—2008。

本标准适用于通用硅酸盐水泥和制备上述水泥的熟料、生料及指定采用本标准的其他水泥和材料。

本标准代替 GB/T 176—1996《水泥化学分析方法》和 GB/T 19140—2003《水泥 X 射线荧光分析通则》。

本标准规定了水泥化学分析方法的基准法和在一定条件下被认为能给出同等结果的代用

法。在有争议时，以基准法为准。

6.2.11 GB/T 176—2008《水泥化学分析方法》对原标准进行了哪些修订？

本标准与 GB/T 176—1996、GB/T 19140—2003 相比主要变化如下：

（1）配制甘油－无水乙醇溶液的体积比浓度改为 1＋2，且不需在 160℃～170℃温度下加热除去水分。

（2）配制氧化钾、氧化钠标准溶液改为氧化钾、氧化钠混合溶液。

（3）配制一氧化锰（MnO）标准溶液所用基准试剂由硫酸锰（$MnSO_4 \cdot H_2O$）和四氧化三锰（Mn_3O_4）改为无水硫酸锰（$MnSO_4$）。

（4）配制碳酸钙标准溶液："滴加盐酸（1＋1）至碳酸钙全部溶解，加热煮沸数分钟"改为"慢慢加入 5 mL～10 mL 盐酸（1＋1），搅拌至碳酸钙全部溶解，加热煮沸并微沸 1 min～2 min"。

（5）烧失量的测定：灼烧温度由"950℃～1000℃"改为"（950±25）℃"。

（6）不溶物的测定："加水稀释至 50 mL"改为"用近沸的热水稀释至 50 mL"；"加入 100 mL 氢氧化钠溶液"改为"加入 100 mL 近沸的氢氧化钠溶液"；灼烧不溶物的温度由"950℃～1000℃"改为"（950±25）℃"。

（7）三氧化硫的测定（基准法）："将溶液加热微沸 5 min"改为"加热煮沸并保持微沸（5±0.5）min"；"移至温热处静置 4 h 或过夜"改为"在常温下静置 12 h～24 h 或温热处静置至少 4h（仲裁分析须在常温下静置 12 h～24 h）"；灼烧硫酸钡沉淀的温度由"800℃"改为"800℃～950℃"。

（8）二氧化硅的测定（基准法）："在沸水浴上蒸发至干"改为"在蒸汽水浴上蒸发至干后继续蒸发 10 min～15 min。蒸发期间用平头玻璃棒仔细搅拌并压碎大颗粒"；取消在灼烧二氧化硅沉淀前"在沉淀上加 3 滴硫酸（1＋4）"。

（9）三氧化二铁的测定（基准法）：由只采用氯化铵称量法的溶液改为氯化铵称量法的溶液或氢氧化钠熔样的溶液。

（10）氧化镁的测定（基准法）：氢氧化钠熔融－原子吸收光谱法由代用法改为基准法；取消了硼酸锂熔融－原子吸收光谱法。

（11）增加了氯离子的测定——硫氰酸铵容量法（基准法）。

（12）硫化物的测定，称样量由 0.5 g 改为 1 g。

（13）增加了五氧化二磷的测定——磷钼酸铵分光光度法。

（14）增加了二氧化碳的测定——碱石棉吸收称量法。

（15）增加了三氧化二铁的测定——邻菲罗啉分光光度法（代用法）。

（16）增加了氧化钙的测定——高锰酸钾滴定法（代用法）。

（17）增加了三氧化硫的测定——库仑滴定法（代用法）。

（18）增加了氯离子的测定——磷酸蒸馏－汞盐滴定法（代用法）。

（19）游离氧化钙的测定——甘油酒精法（代用法）："在放有石棉网的电炉上加热煮沸"改为"置于游离氧化钙测定仪（6.18）上，以适当的速度搅拌溶液，同时升温并加热煮沸"。

（20）游离氧化钙的测定——乙二醇法（代用法）："在 65℃～70℃水浴上加热 30 min"

改为“置于游离氧化钙测定仪（6.18）上，以适当的速度搅拌溶液，同时升温并加热煮沸，当冷凝下的乙醇开始连续滴下时，继续在搅拌下加热微沸 4 min”。

（21）增加了 X 射线荧光分析方法用仪器设备。

（22）增加了 X 射线荧光分析玻璃熔片的制备中试样的称量。

（23）仪器的工作条件选择，改为“对于新购仪器，或对仪器进行维修、更换部件后，应按 JC/T 1085 对仪器进行校验”。

（24）增加了校准方程的建立和确认。

（25）允许差改为重复性限和再现性限。

6.3　二氧化硅的测定

6.3.1　氯化铵称量法

6.3.1.1　氯化铵称量法测定二氧化硅烧结试样时为什么要控制碳酸钠的加入量？

GB/T 176—2008 规定：称取约 0.5g 试样，置于铂坩埚中。为使试料较快地完全分解，先在 950℃~1000℃ 下灼烧 5 min，冷却后压碎块状物，加入(0.30 ±0.01)g 已磨细的无水碳酸钠，仔细混匀，再将坩埚置于 950℃ ~1000℃ 下灼烧 10 min，然后转移至瓷蒸发皿中，加酸和氯化铵加热脱水。碳酸钠要用分析天平准确称取。如果碳酸钠加入量不足，试样烧结不完全，测定结果不稳定；如果碳酸钠加入量过多，烧结块会熔融，不易脱埚，显示不出烧结法试块易脱埚的优点。

6.3.1.2　氯化铵凝聚－称量法测定二氧化硅的基本原理是什么？

硅酸是一种很弱的无机酸，在水溶液中绝大部分以溶胶状态存在。当用浓酸处理时，可使其中一部分硅酸以水合二氧化硅（$SiO_2 \cdot nH_2O$）的形式沉降下来，但仍有不少存留在溶液中。为了使溶解的硅酸能全部析出，可将溶液蒸发干涸，使其脱水。如加入固体氯化铵后在沸水浴上加热蒸发，可加速硅酸的凝聚和脱水。滤出的沉淀灼烧后，得到含有铁、铝杂质的不纯二氧化硅。沉淀用氢氟酸处理后，失去的质量即为纯二氧化硅的质量。加上从滤液中比色回收的二氧化硅质量，即为二氧化硅的质量。

6.3.1.3　使用盐酸使二氧化硅脱水的优点是什么？

蒸发溶液使硅酸脱水时，使用盐酸比其他无机酸更为适宜。其优点是：

（1）盐酸受热时，其中的氯化氢与水形成恒沸点溶液（含 20.2% HCl），不断挥发。每 20.2 份质量的氯化氢气体挥发，可带走 79.8 份质量的水，从而加速了 $SiO_2 \cdot nH_2O$ 水合物的脱水。

（2）盐酸溶液沸点低（约 110℃），一般在沸水浴上加热，操作比较简便，温度亦易于控制。

（3）金属氯化物大多数都易溶于水，使用盐酸脱水时，不易生成污染二氧化硅沉淀的共存杂质的沉淀，得到的二氧化硅沉淀较纯净。

（4）与高氯酸相比，使用盐酸要安全得多。

6.3.1.4 为什么氯化铵能促进二氧化硅的脱水？

加入氯化铵可起到加速二氧化硅脱水的作用，其原因在于：

（1）在酸性溶液中硅酸是亲水性很强的胶体，带有负电荷，彼此间互相排斥，不易凝聚。氯化铵是强电解质，电离出带正电荷的铵离子（NH_4^+），可将硅酸胶体外围所带的负电荷中和，从而加快硅酸胶体的聚合，使之产生沉淀。

（2）氯化铵是强酸弱碱盐，在水溶液中发生水解生成氨水，受热时氨水挥发，也夺取了硅酸胶体中的水分，加速了脱水过程，促使水合二氧化硅变为不溶于水的凝胶。其反应式为：

$$NH_4Cl + H_2O \rightleftharpoons NH_3 \cdot H_2O + HCl$$

（3）加入氯化铵后，溶液中有大量的铵离子（NH_4^+）存在，减少了硅酸胶体对其他阳离子的吸附；而硅酸胶粒吸附的铵离子在加热时即可除去，从而可获得较为纯净的硅酸沉淀。

氯化铵凝聚称量法测定二氧化硅的操作条件较宽。对 0.5 g 试样而言，浓盐酸的用量为 2 mL ~ 5 mL（实际采用 5 mL），氯化铵加入量为 0.5 g ~ 4 g（实际加入 1 g），在沸水浴上蒸发 10 min ~ 15 min 即可蒸干。

6.3.1.5 如何减小氯化铵凝聚称量法测定二氧化硅的误差？

（1）试样的处理阶段

由于水泥试样中或多或少含有不溶物，如用盐酸直接溶解样品，不溶物将混入二氧化硅沉淀中，造成二氧化硅测定结果偏高。不溶物的主要成分为：SiO_2、Fe_2O_3 和 Al_2O_3。

如果不溶物都混入二氧化硅沉淀，将导致二氧化硅结果偏高，同时，铁、铝的测定结果将偏低。所以，在 GB/T 176—2008 中规定，水泥试样一律用碳酸钠烧结后再用盐酸溶解。

对于掺有大量酸性混合材的普通水泥、火山灰质水泥、粉煤灰水泥，即使以碳酸钠烧结，二氧化硅的测定结果仍会偏高 0.25% ~ 0.50%。如需准确测定，应以氢氟酸进行处理。

以烧结法分解试样，用盐酸浸出烧结物后的溶液体积应控制在 10 mL 左右。通常加 5 mL浓盐酸溶解烧结物，再以 5 mL 盐酸（6 mol/L）洗净坩埚已足够。如果溶液体积太大，蒸干时耗时太长。

（2）脱水的温度要严格控制

脱水的温度不要超过 110℃。如温度过低，可溶性硅酸脱水不完全，不能完全转化为不溶性硅酸，过滤时会透过滤纸造成结果偏低，而且过滤速度很慢；如温度过高，会使沉淀难以洗涤干净。为保证硅酸充分脱水，又不致使温度过高，应采用水浴加热。不宜使用砂浴或红外线灯加热，因其温度难以控制。

（3）脱水的时间要严格控制

脱水时间不宜过长，一般试样 15 min ~ 20 min 即可脱水至糊状。为加速脱水，不要在一开始就加入氯化铵，否则由于大量氯化铵的存在，使溶液的沸点升高，水的蒸发速度反而降低。应在蒸发至糊状后再加氯化铵，继续蒸发至干。总的蒸发时间约 30 min ~ 35 min。蒸发时间如果过长，蒸得过干，部分硅酸胶粒会转变成发黏的胶冻，吸附的金属阳离子较多，且过滤困难，使测定结果产生跳动。黏土试样中的二氧化硅不易脱水，要多蒸发一些时间，直至蒸发到干粉状。

（4）洗涤沉淀时一开始决不能用热水洗涤沉淀

因为热水会促使铁、铝、钛离子发生水解生成氢氧化物沉淀（盐类水解是吸热反应），而且硅酸会形成胶体而漏失，应该是先用温热的稀盐酸溶液（3+97）将硅酸沉淀中夹杂的铁、铝、钛等可溶性盐类溶解，以倾泻法先将溶液倒入漏斗中，然后再将沉淀转移至漏斗内，用中速滤纸快速过滤（并且使用带水柱的长颈漏斗），用热盐酸溶液（3+97）洗涤沉淀3次~4次，再用热水充分洗涤沉淀至无氯离子反应为止。最后使用热水是为了防止因温度降低而使硅酸形成胶冻，致使过滤十分困难。

（5）沉淀的灼烧

灼烧前一定要将滤纸缓慢灰化完全，坩埚盖要半开，使沉淀能与空气充分接触，但不要产生火焰，以防二氧化硅沉淀随火焰损失；也不要有残余的碳，以免在高温灼烧时二氧化硅与碳反应生产碳化硅，导致结果偏低。在950℃~1000℃下灼烧，只要灼烧充分（约60 min），灼烧温度对结果的影响不大。

灼烧后的二氧化硅呈无定形状态而易于吸水，称量要尽可能快，并且每次称量之前的冷却时间和条件要保持一致。

（6）氢氟酸处理

即使严格遵守操作规程，在二氧化硅沉淀中总还是会吸附一些铁、铝等杂质。在进行仲裁分析或其他要求高准确度的分析时，须使用基准方法，将这一部分扣除。其方法是往灼烧过的铂坩埚中的二氧化硅沉淀中加入10 mL氢氟酸，加热，使二氧化硅形成四氟化硅逸出，减少的质量即为纯二氧化硅的质量。为使这一反应进行完全，加入3滴硫酸溶液（1+4），在通风柜中加热至三氧化硫白烟冒尽。

（7）漏失二氧化硅的回收

采用一次脱水蒸干测定二氧化硅时，会有少量硅酸漏失到滤液中。欲得到更加准确的结果，GB/T 176—2008规定要用硅钼蓝分光光度法对滤液中的二氧化硅进行测定，加和到总结果中。

6.3.1.6 为什么在水泥厂一般分析中测定二氧化硅时可不用氢氟酸处理，也不用从滤液中回收漏失的二氧化硅?

这是因为，一方面，二氧化硅会吸附一些铁、铝等杂质而使结果偏高0.05%~0.2%；另一方面，一次脱水蒸干时，会有少量硅酸漏失到滤液中，其量为0.1%~0.3%。二者能部分抵消，使分析结果能满足生产的要求。

6.3.2 氟硅酸钾容量法

6.3.2.1 氟硅酸钾容量法测定二氧化硅的基本原理是什么?

氟硅酸钾容量法测定二氧化硅是间接测定法。

硅酸根离子在有过量的氟离子和钾离子存在下的强酸性溶液中，能与氟离子作用，生成氟硅酸根离子（SiF_6^{2-}），并进而与钾离子作用，生成氟硅酸钾沉淀：

$$SiO_3^{2-} + 6H^+ + 6F^- \rightleftharpoons SiF_6^{2-} + 3H_2O$$

$$SiF_6^{2-} + 2K^+ \rightleftharpoons K_2SiF_6 \downarrow$$

将氟硅酸钾沉淀洗净并中和至无残余酸后，使之在沸水中水解，生成相应的氢氟酸：

$$K_2SiF_6 + 3H_2O \xlongequal{} 2KF + H_2SiO_3 + 4HF$$

然后用氢氧化钠标准滴定溶液进行滴定，以酚酞作指示剂，终点为粉红色：

$$HF + NaOH \xlongequal{} NaF + H_2O$$

6.3.2.2 氟硅酸钾容量法测定二氧化硅时对试验溶液有哪些要求？

氟硅酸钾容量法测定二氧化硅时，试验溶液的制备阶段至关重要。为使氟硅酸钾沉淀快速定量生成，硅在溶液中应以硅酸根离子（SiO_3^{2-}）状态存在，而不宜以胶体硅酸的状态存在。为此需注意下述实验要点。

（1）用酸溶解试样阶段

对于可溶于酸的试样（不溶物<0.2%），如普通水泥熟料，P·I或P·II型水泥，不含酸性混合材的各种硅酸盐水泥，矿渣水泥等，可直接用酸溶解。

用酸溶解试样时，采用硝酸比采用盐酸要好，因为采用硝酸分解试样时不易析出硅酸凝胶。如略有硅酸析出而稍呈浑浊，在加入氟化钾后适当延长放置时间，仍可转化成氟硅酸根离子并进而生成氟硅酸钾沉淀。

为了避免在加酸分解试样时有可能析出硅酸胶体，称样前应将塑料杯擦干，以免倒入试样后，杯底上的水滴使试样结块，加入硝酸后，结块部分易析出硅酸；更好的办法是先在杯中加入15 mL蒸馏水，倒入试样后，立即摇动塑料杯使试样分散，再加入硝酸时不易结块。

（2）用碱熔融试样阶段

不溶物含量>0.2%的试样，应以碱进行熔融分解。若以酸溶样，则硅（以及铁、铝）的结果偏低。

单独称样测定二氧化硅时，可用镍坩埚做熔器，以氢氧化钾进行熔融（0.2 g试样，加5 g氢氧化钾）。为防止往熔融物水溶液中加酸分解时析出硅酸胶体，可先加入氟化钾溶液，然后再加入硝酸。

如进行系统分析，可用碳酸钾做熔剂，在铂坩埚中烧结或熔融；更经常使用的方法是以氢氧化钠做熔剂，在银坩埚中熔融，制成盐酸溶液后，分取一定体积的溶液测定二氧化硅。此时在所制得的澄清溶液中，硅酸已呈离子状态存在。由于溶液呈弱酸性（酸浓度约1 mol/L），不能先加入氟化钾溶液，而应先加入硝酸溶液，否则因酸度不足，会生成极细小的氟硅酸钾晶体，难以过滤和洗涤，共存离子的干扰程度亦会相应增大。

6.3.2.3 采用氟硅酸钾容量法测定 SiO_2 时有哪些因素影响测定结果？

氟硅酸钾容量法测定 SiO_2 比较简便、快速，但需在下列环节上加以注意，否则就会产生较大的误差。

（1）KF的质量。测定时KF溶液（150 g/L）可直接使用。但用从市场上购买的KF来配制的溶液常含有硅，使测定结果偏高。此时应对KF进行处理。

（2）KCl的析出量。当 K_2SiF_6 沉淀出现时，就应加入固体KCl，并不断搅拌、压碎KCl颗粒，仅使少量沉淀析出。如果析出量过多，会延长洗涤 K_2SiF_6 沉淀的时间，使其提前水解，影响测定结果。

（3）K_2SiF_6 的结晶大小。加入KF和KCl后，要静置5 min～10 min，待 K_2SiF_6 结晶颗粒较大后再过滤。否则，不易洗涤，而且容易在洗涤时漂失，使测定结果偏低。

（4）洗涤与过滤。在洗涤沉淀和烧杯三次的过程中，不能先将饱和析出的KCl倒入漏斗中，否则影响洗涤，且使K_2SiF_6吸附杂质。

（5）测试环境。环境温度应在30℃以下，而且不能在风扇下操作，因为风速能促使K_2SiF_6水解。另外，滴定时温度不能低于80℃。

采用氟硅酸钾容量法测定二氧化硅时，应进行空白试验。

6.3.2.4　使氟硅酸钾水解及滴定时要注意哪些事项？氟硅酸钾水解的条件是什么？

（1）在实际操作中，应用刚刚沸腾的水，并使总体积在200 mL以上，因为K_2SiF_6水解是吸热反应，而且分两步进行：

$$K_2SiF_6 \rightleftharpoons 2K^+ + SiF_6^{2-}$$

$$SiF_6^{2-} + 3H_2O\ (\text{沸}) \rightleftharpoons H_2SiO_3 + 2F^- + 4HF$$

所以，水解时水的温度越高、溶液体积越大，越有利于上述两步反应的进行。

（2）滴定速度不可过快，且应保持溶液的温度在滴定终点时不低于70℃为宜。因上述水解反应并非是加入热水之后立即完成，而是随着NaOH标准滴定溶液的不断加入，K_2SiF_6不断水解，直到滴定终点，水解反应才能进行完全。黏土类试样，滴定速度可适当快些。如果滴定速度太慢，硅酸发生水解，使终点不敏锐。

6.3.2.5　氟硅酸钾容量法测定二氧化硅时为什么不要求中和、水解、滴定终点时的三种红色保持一致？

因为酚酞指示剂在常温下和在高温下其变色点pH值范围是不同的，在高温下，变色点pH值比常温下的变色点pH值范围偏高，为了减少系统误差，在30℃以下中和残余酸时，酚酞指示剂的颜色应稍深，为“呈红色”；而中和沸水和滴定终点（约100℃）的颜色则应一致，为“呈微红色”。如滴定到深红色，则测定结果将偏高。二氧化硅含量在30%以下时，滴定终点颜色可稍深些；而对于黏土类二氧化硅含量较高的样品，因为在滴定时产生大量硅酸，滴定终点颜色变化反应迟钝，滴定至溶液刚刚显微红色，30 s不褪色即为滴定终点。

6.3.2.6　氟硅酸钾容量法的空白主要来自哪里？

测定试样前，应检查水、试剂及用具的空白，一般不应超过0.1 mL，并将此值从滴定所消耗的氢氧化钠溶液体积中扣除。如果超过0.1 mL，应检查其来源，设法减小或消除。

造成较大空白值的原因，可能有下述几种：

（1）仅用阳离子交换树脂处理过的去离子水，其中硅酸根离子的含量可能较高。最好再用阴离子交换树脂处理一次。

（2）搅拌用的塑料棒最好用无色透明的有机玻璃棒或塑料棒，而不要用带颜色的塑料筷子，因其中含有无机添加剂，在使用过程中，溶液中的氢氟酸会将添加剂溶解，在塑料棒表面形成无数细小的孔隙，吸附了含有酸的溶液，使本次测定结果偏低，而下一次再使用时，孔隙中的酸会进入溶液，又会造成下一个试样测定结果偏高。

（3）量取氟化钾溶液时要用塑料量筒，不要使用玻璃量筒。特别是事先用硝酸处理过的氟化钾溶液，其中含有氢氟酸，会侵蚀玻璃中的硅酸盐，使结果超常偏高。如无塑料量筒，可将少量熔化的石蜡倒入玻璃量筒中，手持量筒旋转，使一薄层石蜡液体均匀地附着在玻璃量筒内壁上，将玻璃保护起来，冷却后使用。

（4）使用严重变形的银坩埚熔融试样时，熔块不易脱埚，若将其长时间在玻璃烧杯中煮沸，玻璃中的硅酸盐会被强碱溶液溶解，造成二氧化硅结果偏高。使用这种坩埚时，应将少量盐酸加入银坩埚中，将银坩埚放在低温电炉上微热（切勿强热以免溶液溅出损失），小心地将熔块溶解，倒入烧杯中。如此重复 2 次 ~3 次，基本上可将溶块全部溶解。盛于玻璃烧杯中的强碱性溶液不宜久置，应尽快酸化。

（5）氟化钾的纯度不够时，配制成 150 g/L 的溶液后，试剂中的硅酸盐与氟化钾反应生成氟硅酸钾沉淀，因为反应速度较慢，沉淀都慢慢沉积到塑料瓶底部，时间长了，会带来空白，使测定结果偏高。一般要少配，配制的溶液最好能在 20d 之内用完。

6.3.2.7 用硝酸处理并以氯化钾饱和过的氟化钾溶液（150 g/L）为什么不能用玻璃漏斗过滤？

采用氟硅酸钾容量法对二氧化硅测定，在整个试验的过滤过程中必须避免使用玻璃漏斗，而必须使用塑料漏斗，因为用硝酸处理并以氯化钾饱和过的氟化钾溶液中含有氢氟酸，会腐蚀玻璃漏斗而使一部分二氧化硅进入溶液中，并且在酸性介质中与钾离子形成氟硅酸钾，会给测定带来空白，使测定结果偏高。

6.3.2.8 氟硅酸钾容量法测定铝酸盐水泥中二氧化硅时为什么要单独称样测定？在测定过程中应当注意哪些事项？

氟硅酸钾容量法测定铝酸盐水泥中的二氧化硅，一定要采用单独称样测定的方法，如果直接吸取由氢氧化钠 - 银坩埚熔样得到的试验溶液，将会使测定结果偏高。这是因为：采用氟硅酸钾容量法测定二氧化硅时，铁离子、铝离子和钛离子在强酸介质中同样和氟离子、钾离子反应而生成氟铁酸钾、氟铝酸钾和氟钛酸钾沉淀，这部分沉淀水解后，生成氢氟酸，当采用氢氧化钠标准滴定溶液滴定时，这些沉淀也会水解而生成氢氟酸，一起被滴定，使测定结果偏高。单独称样测定二氧化硅，因为是用氢氧化钾熔样，熔样温度低，熔样时间短，只将全部的硅酸盐熔融，而大部分的铁、铝和钛的化合物不被分解，使得铁、铝、钛离子不参与反应，从而避免了铁离子、铝离子和钛离子对测定的干扰。

在测定过程中，要注意：

（1）要保证硝酸介质的酸度，必要时可多加 5 mL 浓硝酸，以防止进入溶液中的少量铁离子、铝离子和钛离子与氟化钾生成沉淀，干扰测定。

（2）要保证加入氟化钾溶液后的沉淀陈化时间不超过 15 min，防止因为放置时间过长而使铁离子、铝离子和钛离子与氟化钾反应生成沉淀，使测定结果偏高。

6.3.2.9 如何测定生料中的游离二氧化硅？

利用挥发法进行测定。称取一定量的试样（m），用浓硫酸加热使其溶解，至冒白烟取下。用水提取、过滤。将滤纸和沉淀取下置于碱溶液中，搅拌均匀，过滤。将滤纸和沉淀取下置于铂坩埚中灰化，于 950℃ 灼烧 1 h 后冷却称量（m_1）。向残渣中加入氢氟酸（HF），在通风橱内加热（150℃）、蒸干，再于 950℃ 灼烧 1 h，冷却后称量（m_2）。如此反复灼烧，直至恒量。生料中 $f\text{-}SiO_2$ 的质量分数按下式计算：

$$w(f - SiO_2) = (m_1 - m_2)/m$$

6.3.2.10 如何测定水泥熟料中的游离二氧化硅?

热的浓磷酸几乎能溶解所有硅酸盐矿物，但对石英（游离二氧化硅）的溶解度很小，利用此特性进行分离，以称量法进行测定。

称取约 1 g 试样（m），精确至 0.0001 g，置于 200 mL 干燥的高型烧杯中，沿杯壁加入 30 mL 磷酸，盖上表面皿，在电炉上加热煮沸 10 min ~ 15 min。取下，冷却至 50℃ ~ 60℃，以水洗涤表面皿，再加入 50 mL 70℃ ~ 80℃的热水，充分搅拌后，加入 10 mL 氟硼酸，在 50℃水浴上保持 30 min（中间搅拌 2 次）。以慢速滤纸过滤，用硝酸铵溶液（2 g/L）洗涤烧杯和沉淀至不显酸性，沉淀连同滤纸移入已灼烧恒量的瓷坩埚中（m_2），低温灰化后，于 950℃ ~ 1000℃下灼烧 1 h。取出坩埚，置于干燥器中，冷却至室温，称量。如此反复灼烧，直至恒量（m_1）。

试样中游离二氧化硅的质量分数 w（f-SiO_2）按下式计算：

$$w(f\text{-}SiO_2)=\frac{m_1-m_2}{m}$$

6.4 配位滴定法测定水泥化学成分

6.4.1 概论

6.4.1.1 水泥试样中各主成分 EDTA 配位滴定时溶液的酸度如何选择?

根据本书 4.3 所述配位滴定法的基本原理，可将水泥及其原材料中主要成分的配位滴定特性、配位滴定条件，连同常用的返滴定剂金属离子、可能共存的干扰阳离子的配位特性，按照其与 EDTA 配合物的绝对稳定常数由大到小依次排列于表 6-1 中。

表 6-1 水泥中主要金属离子 EDTA 配位滴定酸度条件及相关金属离子的数据

变化趋势	待测阳离子	返滴定阳离子	干扰阳离子	$\log K_{MY}$	最低允许 pH 值	开始水解 pH 值	实际滴定 pH 值
↓配位能力下降 要求溶液碱度增高		Bi^{3+}		27.9	0.7		
	Fe^{3+}			25.1	1.0	2.5	直接滴定时 1.8 ~ 2； Bi^{3+} 返滴定时 1 ~ 1.5
		Cu^{2+}		18.8	2.9		
			Ni^{2+}	18.6	3.0		
		Pb^{2+}		18.0	3.2		
	TiO^{2+}			17.3	3.7	2	1.5
		Zn^{2+}		16.5	4.0		
	Al^{3+}			16.3	4.1	3.5	直接滴定时：3.0； 铜盐返滴定时：4.2； 氟化铵置换时：6.0
			Fe^{2+}	14.3	5.0		
	Mn^{2+}			13.9	5.4	在碱性溶液中被空气氧化而沉淀	10
	Ca^{2+}			10.7	7.5		>13
	Mg^{2+}			8.7	9.7	11	10

表6-1 中，Fe^{3+}、TiO^{2+}、Al^{3+}、Ca^{2+}、Mg^{2+}、Mn^{2+}为水泥及其原材料中主要成分，Bi^{3+}、Cu^{2+}、Pb^{2+}、Zn^{2+}为常用的返滴定剂金属离子，Ni^{2+}、Fe^{2+}为干扰离子。

从表6-1 可以得出如下结论：

（1）在接近于表6-1 中最低允许 pH 值的溶液酸度下滴定某种金属阳离子时，位于表上方的金属阳离子干扰测定，而位于其下方的金属阳离子一般不干扰测定（相距很近的离子，浓度高时也干扰测定）。例如：①pH =1.8 ~2.0 测 Fe^{3+}时，位于其下方的TiO^{2+}、Al^{3+}、Ca^{2+}、Mg^{2+}不干扰测定；②pH =4.2 左右测定Al^{3+}时，上方的Fe^{3+}、TiO^{2+}干扰测定，下方的Ca^{2+}、Mg^{2+}不干扰测定；下方的Mn^{2+}含量低时干扰不显著；Mn^{2+}含量高时则干扰；③pH =10 测定Mg^{2+}时，上方的Fe^{3+}、TiO^{2+}、Al^{3+}、Ca^{2+}、Mn^{2+}均干扰测定。因此，在测定各种金属阳离子时，对于位于其上方的离子，必须设法消除其干扰；对于位于表中其下方邻近的特别是含量高的阳离子，需特别注意控制适宜的滴定条件（溶液酸度、温度、体积等），勿使其产生干扰。

（2）在采用返滴定法测定某种金属离子时，应选择位于其上方的金属离子作返滴定剂。例如，返滴定三价铁离子时，应当选择而且只能选择铋离子作返滴定剂，因铋离子的最低允许 pH 值为0.7，比铁离子的1.0 还低，在 pH =1 ~1.5 返滴定时，铋离子可以同 EDTA 定量配位；而位于铁离子下方的铜离子、铅离子或锌离子则不具备这一条件。同理，返滴定铝离子时，则应选择位于其上方的铜离子、铅离子或锌离子。

（3）除各待测离子之间的干扰外，还可能有外来的干扰离子。如，镍离子肯定干扰除铁离子以外的其他离子（铝、钛、钙、镁、锰离子）的测定，而且尚未找到消除其干扰的较好的方法，故熔融分解水泥类试样进行全分析时，不能使用镍坩埚，而应使用铂坩埚或银坩埚。另外，二价铁离子与三价铁离子的配位特性相差很大，在 pH =1 ~2 测定三价铁离子时，二价铁离子根本不能被定量配位，因此，如欲定量测定铁离子，在制备试验溶液时，一定要加入硝酸将二价铁离子全部氧化成为三价铁离子，否则铁的测定结果将偏低。

6.4.1.2 水泥类试样中主成分的 EDTA 配位滴定方法的要点是什么？

由于水泥及其原材料各类试样中主要成分或干扰成分含量不同，主要成分阳离子受干扰的情况亦不相同。为了准确测定某种金属阳离子，对于不同的试样，需分别采取不同的方法，每一种方法都有一定的适用范围。对于水泥及其主要原材料中主要成分的常用的 EDTA 配位滴定方法，可以简要地归纳成表，见表6-2。

表6-2 水泥类试样中主成分的配位滴定法

<table>
<tr><th>试样种类</th><th>Fe^{3+}</th><th>TiO^{2+}</th><th>Al^{3+}</th><th>Ca^{2+}</th><th>$Ca^{2+}+Mg^{2+}$</th><th></th></tr>
<tr><td rowspan="2">水泥，生料，熟料，黏土，石灰石</td><td rowspan="2">EDTA 直接滴定，pH = 1.8 ~ 2.0，60℃ ~70℃，S. S. 指示</td><td rowspan="3">苦杏仁酸置换，Cu^{2+}返滴定，PAN 指示，60℃</td><td>MnO <0.5%</td><td>MnO >0.5%</td><td rowspan="4">EDTA 直接滴定，KF 掩蔽硅，TEA 掩蔽铁、钛、铝，室温，pH >13，C. M. P. 指示</td><td rowspan="4">EDTA 直接滴定，Tart + TEA 掩蔽铁、钛、铝，室温，pH = 10，K – B 指示</td></tr>
<tr><td>Cu^{2+}返滴定，pH = 4.3，约90℃，PAN 指示</td><td>EDTA 直接滴定，pH3，Cu – EDTA + PAN 指示</td></tr>
<tr><td>铁矿石</td><td>Bi^{3+}返滴定，pH1 ~1.5，S. X. O. 指示，室温</td><td colspan="2" rowspan="2">NH_4F 置换法，Pb^{2+}返滴定，pH =6.0，S. X. O. 指示，室温</td></tr>
<tr><td>铝矾土</td><td>Bi^{3+}返滴定，pH = 1.3 ~ 1.5，S. X. O. 指示，室温</td><td>H_2O_2 配位，Bi^{3+}返滴定，S. X. O. 指示，20℃</td></tr>
</table>

注：S. S——磺基水杨酸钠，S. X. O. ——半二甲酚橙，TEA——三乙醇胺，Tart——酒石酸钾钠，K – B——酸性铬蓝 K – 萘酚绿 B 混合指示剂（1 +2.5），C. M. P. ——钙黄绿素 – 甲基百里香酚蓝 – 酚酞混合指示剂（1 +1 +0.2）。

6.4.2 铁的测定

6.4.2.1 三氧化二铁的 EDTA 配位滴定有什么特点?

在水泥试样中的各种金属元素中，Fe^{3+} 与 EDTA 的配位能力最强，二者能在较强的酸度下（$pH=1$ 左右）生成稳定的配合物。但是当溶液 $pH>2.5$ 时，Fe^{3+} 易发生水解，且在此酸度条件下溶液中共存的铝离子易产生干扰，故通常在 $pH=1\sim2.0$ 的酸度下进行选择滴定。水泥试样中其他金属离子，如钙、镁、铝、钛等离子，在此条件下不能和 EDTA 生成稳定的配合物，不会产生干扰，故无须加入掩蔽剂；因 $pH=1\sim2.0$ 时溶液的酸度较高，自身的缓冲能力较强，虽然在滴定过程中 EDTA 不断放出氢离子，也无须加入缓冲溶液。根据试样中三氧化二铁含量的不同，应分别采用直接滴定法和铋盐返滴定法。

6.4.2.2 用 EDTA 直接配位滴定法测定水泥中三氧化二铁的适用范围和原理是什么?

EDTA 直接滴定法测定 Fe^{3+} 的适用范围是：三氧化二铁含量小于 10% 的试样，如水泥、生料、熟料、黏土、石灰石等。

其原理是在 $pH=1.8\sim2.0$、温度为 60℃ ~70℃ 的溶液中，用 EDTA 标准滴定溶液直接滴定，以磺基水杨酸或其钠盐（英文缩写为 S. S. ）作指示剂。在溶液 pH 值为 $1.8\sim2.5$ 时，磺基水杨酸钠能与 Fe^{3+} 生成紫红色配合物。如以 HIn^- 代表磺基水杨酸根离子，则二者在滴定前的显色反应为：

$$Fe^{3+} + HIn^- \rightleftharpoons FeIn^+(\text{紫红色}) + H^+$$

用 EDTA 滴定 Fe^{3+} 至滴定终点时，稍过量的 EDTA 夺取 $FeIn^+$ 中的 Fe^{3+} 与之生成配合物 FeY^-（Y 代表 EDTA 的酸根离子）而游离出无色的磺基水杨酸根离子：

$$\underset{}{H_2Y^{2-}} + \underset{(\text{紫红色})}{FeIn^+} \rightleftharpoons \underset{(\text{黄色})}{FeY^-} + \underset{(\text{无色})}{HIn^-} + H^+$$

因此，终点时溶液颜色由紫红色变为亮黄色。试样中铁含量越高，则黄色越深；铁含量低时，为浅黄色，甚至近于无色。溶液中含有大量氯离子时，FeY^- 与氯离子生成黄色更深的配合物，所以，在盐酸介质中滴定，比在硝酸介质中滴定，可以得到更为明显的终点。

6.4.2.3 用 EDTA 直接配位滴定法测定水泥中三氧化二铁的实验要点是什么?

（1）正确控制溶液的 pH 值

当溶液中无铝离子、钛氧基离子共存时，滴定 Fe^{3+} 时溶液的 pH 范围较宽，于 $pH=1\sim2.5$ 之间均能得到稳定的结果。如溶液 $pH<1$，则 EDTA 的配位能力太弱，不能与 Fe^{3+} 定量配位；同时，磺基水杨酸钠与 Fe^{3+} 生成的紫红色配合物也很不稳定，致使滴定终点提前到达，导致测定结果偏低。如溶液 $pH>2.5$，则 Fe^{3+} 易水解生成 $Fe(OH)^{2+}$、$Fe(OH)_2^+$ 甚至 $Fe(OH)_3$ 沉淀，而使 Fe^{3+} 与 EDTA 的配位能力减弱甚至完全消失。如果再考虑到 EDTA 与 Fe^{3+} 的配位速度，则对于单独 Fe^{3+} 的滴定，溶液的最佳 pH 范围为 $1.7\sim2.2$，滴定终点的变色最为明显。

在实际样品的分析中，试验溶液中常常有其他金属阳离子与 Fe^{3+} 共存，因而必须考虑其他金属阳离子特别是铝离子、钛氧基离子的干扰。试验证明，$pH>2$ 时铝离子的干扰增强，而一般试样中钛氧基离子含量不高，其干扰作用不显著。因此，若有铝离子共存，滴定Fe^{3+}时，溶液的pH值以1.8~2.0为宜(室温下)。

调整溶液pH值时应注意下列事项：

1）有条件的试验室应使用酸度计测定溶液的pH值。如使用精密pH试纸，则所显示的pH值应比酸度计显示值稍高一些。如在室温下使用酸度计，则调节至1.8；选用pH试纸时，应选用低pH值显褐色的，不宜采用显红色的，否则，因pH试纸测试pH后还要放回试验溶液中，试纸造成的红色底色会较深，滴定终点不敏锐。

2）也可用磺基水杨酸钠作为pH值的指示剂，因为它与Fe^{3+}生成的配合物的颜色与溶液的pH值有关：pH>2.5时为紫红色(以$FeIn^{+}$为主)；pH=4~8时为橘红色(以$FeIn_2^{-}$为主)。调整溶液pH值时，加1滴磺基水杨酸钠指示剂溶液，以氨水(1+1)调节至溶液呈现橘红色，此时溶液pH值高于4；然后再用盐酸溶液(1+1)调节至溶液刚刚变成紫红色，再继续滴加8~9滴盐酸溶液(1+1)，此时溶液pH值近似为2。但应特别注意，在用氨水(1+1)调节溶液呈现橘红色时，切勿使氨水过量太多。尤其是测定水泥、黏土类试样时，pH值若偏高，Fe^{3+}、Al^{3+}很易发生水解，生成$Fe(OH)_3$或$Al(OH)_3$，这时即使再加盐酸，也不易使其完全转变成Fe^{3+}或Al^{3+}，而是生成$Fe(OH)_2^{+}$、$Fe(OH)^{2+}$等配合物，使铁不能被定量配位。

（2）正确控制溶液的温度

在pH=1.8~2.0的酸度下，Fe^{3+}与EDTA的配位反应速度较慢，这一方面是由于Fe^{3+}有一定的水解倾向，部分Fe^{3+}呈羟配合物的形式存在，Fe^{3+}从羟配合物中游离出来与EDTA配位，需经历离解过程；另一方面，pH=1.8~2.0时，EDTA主要以H_4Y和H_3Y^{-}形式存在，它们必须首先放出已配位的氢离子，离解成Y^{4-}离子，才能同Fe^{3+}配位，这也需要一定的时间和能量。为了加快Fe^{3+}同EDTA的配位速度，需将溶液加热，因为铁的羟配合物的离解和EDTA中氢离子的离解，都是吸热反应。但加热的温度也不是越高越好，因为试验溶液中有铝离子共存，溶液温度过高，则铝离子同EDTA配位的倾向增强，而使铁的测定结果偏高，铝的结果偏低。通常滴定时，溶液的起始温度以70℃左右为宜，高铝类试样一定不要超过70℃。而滴定终了时，溶液的温度不宜低于60℃。在滴定过程中要注意随时测量溶液的温度(可将短型酒精温度计与玻璃搅拌棒并排绑在一起使用，且使玻璃搅拌棒突出一些，以防搅拌棒不慎碰在烧杯内壁上而将温度计酒精球碰碎)。如溶液温度低于60℃，可暂停滴定，将溶液加热后再继续滴定。

（3）试验溶液的体积一般以80 mL~100 mL为宜。体积过大，滴定终点不敏锐；体积过小，溶液中铝离子的浓度相对增高，干扰程度亦增强。另外，体积过小，则溶液的温度下降速度快，不利于滴定。

（4）滴定近终点时，要加强搅拌，缓慢滴定，最后要半滴半滴加入EDTA溶液，每加半滴，强烈搅拌十数秒，直至无残余红色为止。如滴定过快，铁的结果将偏高，接下去测定铝时，结果又会偏低。

（5）一定要保证试验溶液中铁全部以Fe^{3+}的形式存在，而不能有部分铁以Fe^{2+}形式存在，因为铁(Ⅱ)离子(Fe^{2+})与EDTA的配位能力比铁(Ⅲ)离子(Fe^{3+})差，在pH=1.8~2.0时，Fe^{2+}不能与EDTA定量配位(见图4-4酸效应曲线)，导致铁的测定结果偏低。为此，在用氢氧化钠熔融试样且制成试验溶液时，切勿忘记要加入少量浓硝酸，以保证将Fe^{2+}全部

氧化为 Fe^{3+}。

（6）要保证磺基水杨酸钠指示剂的用量不少于 10 滴，因为该指示剂是弱指示剂，用量不足会影响测定结果。

（7）试样中三氧化二铁含量低于 0.20% 时，不宜采用此方法，建议使用邻菲罗啉分光光度法；三氧化二铁含量高于 10% 时，建议采用铋盐返滴定法，以保证测定结果的准确度。

6.4.2.4　为什么高铁、高铝试样中的铁要用 EDTA－铋盐返滴定法测定而不能用直接滴定法？

（1）直接滴定法用于测定高铁试样中 Fe_2O_3 时将产生较大误差，这是因为：

1）在较强的酸性溶液中，高浓度的 Fe^{3+} 离子会对一般有机指示剂产生氧化破坏作用。

2）滴定过程中生成的高浓度 Fe^{3+}－EDTA 配合物具有较深的黄色，近终点时遮蔽了残余的 Fe^{3+} 离子与磺基水杨酸钠生成的配合物的微红色，导致终点提前到达，由此而产生的误差可达 －0.5%。

3）在 pH＝1.8～2.0 的酸度下，Fe^{3+} 离子有一定的水解效应，特别是 Fe^{3+} 浓度高时，对高铁试样中铁的测定结果会造成较大影响。

（2）直接滴定法测定高铝试样中 Fe_2O_3 时，大量的铝离子将显著干扰铁的测定，导致结果偏高。

6.4.2.5　用 EDTA－铋盐返滴定法测定铁的原理及注意事项是什么？

对于高铁试样（如铁矿石）或高铝试样（如铝矾土）中铁的测定，通常采用铋盐返滴定法。其操作过程是，在室温下于 pH＝1～1.5，加入稍过量的 EDTA 标准滴定溶液，放置 1min，使三价铁离子 Fe^{3+} 与 EDTA 充分配位，然后以半二甲酚橙为指示剂，以硝酸铋标准滴定溶液返滴定剩余的 EDTA。

返滴定法测定铁的基本原理是：

（1）将 pH 值降至 1～1.5（铝矾土试样为 pH＝1.3～1.5）。pH 值的降低，对高铁试样而言，减弱了铁（Ⅲ）离子的水解效应；对高铝试样而言，减弱了铝离子的干扰。

（2）溶液不再加热至 70℃，而是在室温（20℃左右）下进行。因为有过量的 EDTA 存在，即使在室温下，铁（Ⅲ）离子与 EDTA 的配位反应也能在 1 min 内进行完全。温度的降低，还可减弱铁（Ⅲ）离子的水解效应（高铁试样）或铝离子的干扰（高铝试样），保证测定结果的准确性。

（3）控制剩余 EDTA 标准滴定溶液（0.015 mol/L）的量在 3 mL 以内，以消除铝离子的干扰。

注意事项：使用铋盐返滴定法测定铁时，试样熔融并用水浸取后，不能用浓盐酸将溶液酸化，而应改用浓硝酸。否则返滴定时铋离子（Bi^{3+}）将同浓盐酸中大量的氯离子反应生成难溶于水的氯氧铋（BiOCl）沉淀，导致铁的测定结果偏低。但以氢氧化钠作熔剂用银坩埚熔样时，为消除进入溶液中的少量银离子的影响，需要加入一定量的盐酸。试验证明，当试验溶液体积为 200 mL 时，允许有 1 mL 浓盐酸存在。因此，在熔样后用酸分解时，一定要按规定加入硝酸；洗涤银坩埚时，所使用的稀盐酸量越少越好。

6.4.3 铝的测定

6.4.3.1 在水泥主要金属离子中，为什么铝的EDTA配位滴定比较困难？

（1）Al^{3+}与EDTA生成的配合物具有中等程度的稳定性，二者定量配位的最低允许pH值为4.1；而pH高于4时，铝离子开始水解。因此，配位滴定铝离子的pH值范围非常狭窄，必须使用缓冲溶液维持试验溶液的pH值基本不变。

（2）铝离子易生成多核水化物，如$[Al(H_2O)_5OH]^{2+}$等，铝离子与EDTA配位前必须先从其水合物中脱离出来，因此，铝离子与EDTA的配位速度较慢，必要时需通过加热促进配位反应的进行。

（3）目前尚未找到一种能够直接与铝离子生成颜色变化很灵敏的配合物的指示剂，通常采用其他金属阳离子（如铜、铅、锌离子）与相应指示剂（如PAN，X.O.）生成的有色配合物的颜色变化，间接指示滴定铝的滴定终点。

（4）在水泥类试样各主要成分中，铝的配位滴定条件（主要是溶液的pH值）处于中间值，其邻近元素（特别是钛、锰离子，还有高含量的钙离子）的干扰情况较之其余主要成分（铁、钙等）要复杂得多。为消除邻近元素的干扰，提出了若干种测定方法，应用时需根据试样情况，加以选择。

6.4.3.2 用EDTA－铜盐返滴定法测定水泥中的铝的适用范围及其原理是什么？

EDTA－铜盐返滴定法只适用于一氧化锰含量在0.5%以下的试样。

其基本原理是：在进行水泥试样分析时，多数情况都是在同一份溶液中连续滴定铁、铝（钛）。由于铁、铝的EDTA配合物的稳定常数相差较大，可借控制酸度的方法对二者进行分步滴定。先将铁离子滴定完毕，接着再调节pH值，在同一份溶液中继续滴定铝离子。

在滴定完铁的溶液中，加入对（铝＋钛）合量过量的EDTA标准滴定溶液，加热至70℃～80℃，调整溶液体积至150mL，将溶液pH值调整至3.8～4.0，加入乙酸－乙酸钠缓冲溶液（pH＝4.3），再煮沸1 min～2 min，取下稍冷，以PAN溶液（2 g/L）为指示剂，以硫酸铜标准滴定溶液滴定至紫红色。其反应过程可表示如下。

加入过量EDTA后加热，溶液中大部分铝（钛）离子与EDTA配位：

$$Al^{3+} + H_2Y^{2-} \rightleftharpoons AlY^- + 2H^+$$

$$TiO^{2+} + H_2Y^{2-} \rightleftharpoons TiOY^{2-} + 2H^+$$

剩余的EDTA用硫酸铜标准滴定溶液返滴定：

$$Cu^{2+} + H_2Y^{2-}(\text{剩余}) \rightleftharpoons CuY^{2-} + 2H^+$$

终点时：

$$Cu^{2+} + PAN(\text{黄色}) \rightleftharpoons Cu-PAN(\text{红色})$$

煮沸后，取下稍冷（约90℃），趁热用硫酸铜标准滴定溶液返滴定。

6.4.3.3 用EDTA－铜盐返滴定法测定铝时为何要先加过量EDTA再加热，最后调整pH值？

EDTA－铜盐返滴定法测定铝时一定要按照“先加过量EDTA溶液，再加热，最后调整

pH 值”的次序进行操作，为防止铝、钛氧基离子发生水解，特别是铝含量高时更应如此。加入过量 EDTA 溶液后，此时溶液 pH 值仍为滴定铁时的数值（1.8 ~ 2.0），铝离子不能与 EDTA 定量配位。通过加热至 70℃ ~ 80℃，可以促进铝离子与 EDTA 配位，然后再调节溶液 pH 至 3.8 ~ 4.0，铝离子（及钛氧基离子）即不会再发生水解。在 pH 4.3 下再煮沸 1 min ~ 2 min，可保证铝离子与 EDTA 定量配位。

加入过量 EDTA 溶液时，加入的速度不可太快，防止因读数不正确而使测定结果产生误差。

6.4.3.4 用 EDTA – 铜盐返滴定法测定铝时为何要保证 EDTA 溶液过量 10 mL ~ 15 mL？

（1）EDTA 标准滴定溶液过剩量达到 10 mL ~ 15 mL，可使 Al、Ti 与 EDTA 的配位反应进行完全。若过剩量太少，则反应进行不完全，结果会偏低。

（2）所谓“要保证 EDTA 溶液过量 10 mL ~ 15 mL”，是指加入的 EDTA 在与铝、钛定量配位后，溶液中仍能剩余 10 mL ~ 15 mL EDTA 标准滴定溶液，而不是仅仅加入 10 mL ~ 15 mL EDTA标准滴定溶液。控制 EDTA 过剩量的目的，主要是为了得到相同颜色的终点，因为返滴定时生成的 CuY^{2-} 配合物是蓝绿色，终点时生成的 Cu – PAN 配合物为红色，二者的浓度比符合操作规定的条件时，终点为亮紫红色。如果 EDTA 剩余量太多，则生成的 CuY^{2-} 配合物浓度高，蓝绿色深，终点有可能成为蓝紫色或蓝色；如果 EDTA 剩余量太少，则终点时生成的 Cu – PAN 配合物的红色占优势，终点可能为红色。如果终点颜色不一致，往往导致滴定终点难以判断，导致测定产生较大误差。

6.4.3.5 如何根据试样成分及试料的质量保证加入的 EDTA 溶液过量 10 mL ~ 15 mL？

为了控制 EDTA 溶液的剩余量为 10 mL ~ 15 mL，应根据试料的质量及试样中三氧化二铝的大致含量估算 EDTA 溶液的加入量。其计算公式为：

$$V = [(m \times 1/p) \times w(Al_2O_3)/T_{Al_2O_3}] + (10 \sim 15) \tag{6-1}$$

式中 $w(Al_2O_3)$——试样中 Al_2O_3 的质量分数；

V——需加入 EDTA 标准滴定溶液的体积，mL；

m——试料的质量，mg；

p——全部试验溶液与所分取试验溶液的体积比；

$T_{Al_2O_3}$——EDTA 标准滴定溶液对 Al_2O_3 的滴定浓度，mg/mL。

如果试样中二氧化钛的含量也较高，亦需参照上式的前半部分，估算被测溶液中二氧化钛应消耗 EDTA 溶液的体积，将其加和到式（6-1）中。

如果是成分不明的试样，可先测定其余主要成分的质量分数，用差减法估算试样中三氧化二铝的大致含量。特别是高铝试样，例如矾土，需粗略估算 EDTA 溶液的加入量，使 EDTA 与铝配位后，溶液中 EDTA 溶液仍能过量 10 mL ~ 15 mL。

【例】 称取 500 mg 矾土试样（假设其三氧化二铝的质量分数为 80%），制成 250 mL 试验溶液，分取 25.00 mL，用浓度为 0.05 mol/L 的 EDTA 标准滴定溶液测定铝（EDTA 溶液对三氧化二铝的滴定度约为 2.5 mg/mL）。此时应加入多少毫升 0.05 mol/L EDTA 标准滴定溶液才能保证 EDTA 溶液与铝（钛）离子定量配位后仍能剩余 10 mL ~ 15 mL？

解： 按照题意，$m = 500$ mg，$p = 10$，$w(Al_2O_3) = 80\%$，$T_{Al_2O_3} = 2.5$ mg/mL。代入式

(6-1)中得：

$$
\begin{aligned}
V &= [(m\times 1/p)\times w(Al_2O_3)/T_{Al_2O_3}]+(10\sim 15)\\
&=[(500\times 1/10)\times 0.80/2.5]+(10\sim 15)=16+(10\sim 15)\\
&=26\sim 31(mL)
\end{aligned}
$$

即，此时应该加入 26 mL ~ 31 mL 浓度为 0.05 mol/L 的 EDTA 标准滴定溶液，方能保证 EDTA 溶液与铝（钛）离子定量配位后仍能剩余 10 mL ~ 15 mL。

6.4.3.6 用 EDTA – 铜盐返滴定法测定水泥中的铝时的干扰因素及消除其影响的方法是什么？

EDTA – 铜盐返滴定法测定水泥中的铝时，干扰因素主要是钛、氟、锰。

（1）钛的干扰。钛氧基离子（TiO^{2+}）与 EDTA 定量配位的最低允许 pH 值（3.7）低于铝的值（4.1），在 pH = 4 时 TiO^{2+} 亦能与 EDTA 定量配位，因此，如不采取措施，则滴定法测出的是铝 + 钛的合量。如试样中钛的含量不高，钛的影响可忽略不计，用铝 + 钛合量表示三氧化二铝的含量可以满足水泥生产控制的需要。如果试样中钛的含量较高（如黏土试样），则应采取下述三种方法之一对钛的影响进行校正。

方法之一，是在返滴定完铝 + 钛合量之后，加入苦杏仁酸（学名 β – 羟基乙酸）溶液，使其夺取 $TiOY^{2-}$ 中的 TiO^{2+} 离子，生成更稳定的钛氧基离子 – 苦杏仁酸配合物，而置换出等物质的量的 EDTA，再用硫酸铜标准滴定溶液返滴定 EDTA。返滴定铝 + 钛合量时消耗的硫酸铜标准滴定溶液的体积与返滴定钛时消耗的硫酸铜标准滴定溶液的体积之和，即为返滴定铝时所应该消耗的硫酸铜标准滴定溶液的体积。

方法之二，是在调节溶液 pH 值之前，加入苦杏仁酸溶液将钛氧基离子（TiO^{2+}）掩蔽。

方法之三，是用另外的方法测得试样中钛的含量，从铝 + 钛合量中扣除。扣除的数值为 $0.64\times w(TiO_2)$，$0.64=(1/2)Al_2O_3$ 摩尔质量/TiO_2 摩尔质量 $=(101.96/2)/79.88$；$w(TiO_2)$为用另外的方法测得试样中钛的质量分数[注：若对 $w(TiO_2)$不乘以 0.64，则扣除得太多，铝的测定结果即会偏低]。

（2）氟的干扰。氟离子能与铝离子逐级形成 AlF^{2+}、$AlF_2^{\ +}$……$AlF_6^{\ 3-}$ 等稳定的配合物，而干扰铝离子与 EDTA 的配位。如溶液中氟离子的含量高于 2mg，铝的测定结果将明显偏低，且终点变化不敏锐。一般对于氟含量高于 0.5% 的试样，需采取措施消除氟的干扰：①适当减少称样量以降低试验溶液中氟的浓度；②将试样预先在高温下灼烧，促使氟化物分解；③往试验溶液中加入适量硼酸，使其与氟离子生成 $BF_6^{\ 3-}$ 配离子，不再干扰铝的配位。

（3）锰的干扰。锰离子（Mn^{2+}）与 EDTA 定量配位的最低 pH 值为 5.2，与铝离子的最低 pH 值 4.1 十分接近。锰离子对配位滴定铝的干扰程度随溶液的 pH 值和锰离子浓度的增高而增强。在 pH = 4 左右，溶液中共存的锰离子约有一半能与 EDTA 配位。如果一氧化锰（MnO）的含量低于 0.5 mg，对 Al_2O_3 测定结果造成的误差小于 0.2%，且不干扰滴定终点，因此，其影响可以忽略不计。如果 MnO 含量达 1 mg 以上，不仅使 Al_2O_3 的测定结果明显偏高，而且使滴定终点拖长。一般对于 MnO 含量高于 0.5% 的试样，不采取铜盐溶液返滴定法，而采用直接滴定法或氟化铵置换 – EDTA 配位滴定法。

6.4.3.7 配制硫酸铜标准滴定溶液时为什么要加入硫酸？

硫酸铜是强酸弱碱盐，在水溶液中铜离子会发生水解生成氢氧化铜：

$$Cu^{2+} + 2H_2O \rightleftharpoons Cu(OH)_2 + 2H^+$$

从而降低了溶液中铜离子的浓度。加入硫酸后，溶液中氢离子浓度增高，上述平衡向左移动，从而抑制了铜离子的水解，保证了硫酸铜标准滴定溶液浓度的准确性。

6.4.3.8　为什么用铜盐返滴定法测得标准样品中铝的结果不能直接与标准样品证书值比较？

标准样品中氧化铝的标准值是纯氧化铝的含量，而一般水泥厂用铜盐返滴定法测定的水泥及其原材料中的氧化铝含量，实际上是铝＋钛合量，所以不能直接与铝的证书值进行比较，而应与标准样品中铝钛合量的证书值比较才是正确的。

例如，某黏土标准样品中 Al_2O_3 和 TiO_2 的证书值分别是13.27%和0.68%。某化验员用铜盐返滴定法测定此标准样品中 Al_2O_3（实际上是铝＋钛合量）的含量为13.25%。

以 Al_2O_3 计算标准样品中的铝＋钛合量应为：

$$13.27\% + 0.64 \times 0.68\% = 13.71\%$$

式中0.64是 TiO_2 对 Al_2O_3 的换算系数。

则测定误差为：13.25% －13.71% ＝－0.46%

若允许差为±0.35%，则此测定结果超差（偏低），应查找原因，重新进行测定。

6.4.3.9　用铜盐返滴定法测定 Al_2O_3 时易产生哪些误差？

使用滴定铁后的溶液，继续用铜盐返滴定法测定 Al_2O_3 时，应注意以下事项：

（1）测定 Fe_2O_3 时，一定要测准。如果铁测不准，必定影响铝的测定结果。

（2）EDTA的加入量要适中。实际用量为与铝、钛配位后溶液中仍能剩余10 mL～15 mL。若加入量少，Al^{3+} 与EDTA的配合反应不完全，易使测定结果偏低；若加入量过多，滴定终点不明显，呈灰蓝色，影响测定结果。

（3）控制合适的滴定温度，以80℃～90℃为宜。此时PAN指示剂及Cu－PAN的溶解度高，终点为亮紫色，颜色变化敏锐。若温度太低，指示剂不易溶解；但若温度过高，Al－PAN配合物不稳定。因此，要在煮沸后取下稍冷，在90℃左右用铜盐溶液返滴定。

6.4.3.10　用铅（或锌）盐返滴定法测定铝的原理是什么？

对于铝钒土或铝酸盐水泥等试样的分析，常采用铅（或锌）盐溶液返滴定法。在连续滴定完铁、钛之后，于同一份试验溶液中加入过量的EDTA溶液。如用铜盐溶液返滴定一样，于pH＝3.5左右将溶液放置10min（或煮沸1 min～2 min，再冷却至室温）。然后于室温下将溶液调节至pH＝5.5～6.0，用半二甲酚橙为指示剂，以铅（或锌）盐溶液返滴定剩余的EDTA，终点时由黄色变为红色。

其原理是：在溶液pH值为5.5～6.0时，EDTA和铝离子的配位能力相应增强，氟离子的干扰相应减弱，5 mg以上的氟离子才对铝的测定产生干扰。

滴定时的注意事项：

滴定在室温下进行，目的是防止在前一步滴定钛时加入的过氧化氢（H_2O_2）对EDTA产生显著的破坏作用。滴定钛时，需加入一定过量的过氧化氢使之与钛（Ⅳ）离子生成 $TiO(H_2O_2)^{2+}$ 配合物，再和EDTA配位。剩余的过氧化氢在滴定铝离子时，对加入的EDTA具有破坏作用。剩余的过氧化氢量越多、溶液的pH值越高、温度越高，则破坏作用越显著。因此，除了在滴定钛（Ⅳ）离子时应控制过氧化氢的加入量之外，在滴定铝时还必须控制溶液的pH值及溶液的温度。为此，加入过量的EDTA溶液后，先用乙酸－乙酸钠缓冲溶液（pH＝4）将溶液pH值调节至3.0～3.5，放置10 min，再调节溶液pH值至5.5～6.0。这样可防止过氧化氢对EDTA的破坏作用。

锰（Ⅱ）离子与EDTA定量配位的最低允许pH值为5.2，在溶液pH值为5.5～6.0时，锰（Ⅱ）离子亦与EDTA定量配位，从而测得的结果为铝＋锰合量。如锰含量高，应采用氟化铵置换－EDTA配位滴定法或直接滴定法测定铝。

6.4.3.11　用氟化铵置换－EDTA配位滴定法测定铝的原理是什么？

氟化铵置换－EDTA配位滴定法主要优点是可消除锰的干扰，适用于MnO含量高于0.5%的试样中Al_2O_3的测定。

当溶液中的铝、钛（Ⅳ）离子与其他干扰离子（如二价锰离子）共存时，在一定的条件下，先使铝、钛（Ⅳ）离子与EDTA充分配位，再加入氟化铵使铝、钛（Ⅳ）离子与F^-生成更为稳定的氟配合物：AlF_6^{3-}（总稳定常数的对数值为19.84）、$TiOF_4^{2-}$（总稳定常数的对数值为18.0），从而置换出等物质的量的EDTA，然后再用铅离子返滴定释出的EDTA，从而求得溶液中铝或钛（Ⅳ）离子的含量。其反应式如下：

$$Al^{3+}-EDTA + 6F^- \rightleftharpoons AlF_6^{3-} + EDTA$$

$$TiO^{2+}-EDTA + 4F^- \rightleftharpoons TiOF_4^{2-} + EDTA$$

而锰（Ⅱ）离子与EDTA的配合物不被氟离子置换，从而避免了二价锰离子的干扰。

6.4.3.12　用氟化铵置换－EDTA配位滴定法测定铝时的实验要点是什么？

（1）要事先掩蔽Ti。由于TiO^{2+}－EDTA配合物也能被氟离子置换，定量地释出EDTA，故若不掩蔽Ti，则所测结果为铝＋钛合量。为得到纯铝量，预先加入苦杏仁酸溶液掩蔽钛。15 mL～20 mL苦杏仁酸溶液（50 g/L）可消除试样中2%～5%钛的干扰。在测定硅酸盐水泥及原材料中的三氧化二铝时，苦杏仁酸溶液（100 g/L）的加入量一般为10 mL。

用苦杏仁酸掩蔽钛的适宜pH值为3.5～6.0。pH值太低或太高，钛都不易被掩蔽完全。由于铝、钛（Ⅳ）离子均易水解，而且一旦水解，则难以与EDTA或苦杏仁酸再完全配位，因此，一般是在滴定铁后的溶液中（pH≈2）加入苦杏仁酸和过量的EDTA之后，将溶液加热至70℃～80℃，再于pH＝4左右加热煮沸数分钟，在Al^{3+}完全形成EDTA配合物的同时，钛亦被苦杏仁酸完全掩蔽。

（2）溶液的pH值。为使锰（Ⅱ）离子等共存离子与EDTA充分配位，不干扰铝的氟化铵置换反应，将溶液pH调节至5～6，煮沸数分钟。因为锰（Ⅱ）离子与EDTA定量配位的最低允许pH值为5.2，在pH＝6时，锰（Ⅱ）离子能与EDTA定量配位，从而不再干扰铝的测定。

（3）以半二甲酚橙为指示剂，第一次以铅盐溶液返滴定剩余的EDTA由黄色变为橙红色时，溶液中已无游离的EDTA存在，铝、钛（Ⅳ）、锰（Ⅱ）等离子均已与EDTA定量配位。因尚未加入氟化铵进行置换，故此时不必记录铅盐溶液的消耗量。

（4）加入氟化铵溶液的时间及加入量。第一次用铅盐溶液滴定至由黄色变为橙红色后，要立即加入氟化铵溶液且加热，进行置换，否则，痕量的钛会与半二甲酚橙指示剂配位，形成稳定的橙红色配合物，影响第二次滴定的终点。氟化铵的加入量不宜过多，因为大量的氟化物会与 Fe^{3+} - EDTA 中的 Fe^{3+} 反应，造成误差。一般分析中，100 mg 以内的 Al_2O_3，加 1 g 氟化铵（或其 10 mL 100 g/L 的溶液）可完全满足置换反应的需要。因氟化钾或氟化钠不仅能置换 Al - EDTA 或 TiO - EDTA 中的 Al^{3+} 或 TiO^{2+} 离子，也能置换 Fe^{3+} - EDTA 配合物中的 Fe^{3+}，从而造成误差，故应使用氟化铵，而不应使用氟化钾或氟化钠。

6.4.3.13 用 EDTA 直接滴定法测定铝的原理是什么？

在水泥化学分析中，用 EDTA 配位滴定 Al^{3+} 时，最常见的干扰元素是 Mn^{2+}。除了预先将 Mn^{2+} 沉淀分离除去或采用前述的氟化铵置换法外，设法提高配位滴定铝的选择性，也是消除 Mn^{2+} 干扰的一种有效方法。直接滴定法即是通过降低溶液的 pH 值至 3 左右，扩大 Al^{3+}、Mn^{2+} 与 EDTA 配合物稳定性的差异，在 Mn^{2+} 基本不干扰的情况下直接滴定铝。

溶液的 pH 值自 4.0 降至 3，离开 Mn^{2+} 与 EDTA 定量配位的最低 pH 值 5.2 更远了，Mn^{2+} - EDTA 配合物的稳定性大约降至 pH = 4 时的 1/100，从而大大减小了 Mn^{2+} 对铝的配位滴定的干扰。

溶液 pH 值的降低，也使 EDTA 与 Al^{3+} 的配位能力下降。但在 pH = 3 时，Al^{3+} 不易形成多核水化物（Al^{3+} 离子水解形成多核水化物的 pH 值范围为 3.5 ~ 4.0）而呈自由离子形态存在，与 EDTA 的配位反应速度很快，再辅之以加热煮沸，反复滴定，可使 Al^{3+} 的滴定近于定量进行。第一次滴定，约有 90% 以上的 Al^{3+} 被滴定，第二次滴定可达 99% 左右，对于普通硅酸盐水泥类试样而言，滴定 2 次 ~ 3 次后，所得结果已能满足生产上的要求。直接滴定法省去了用铜盐溶液返滴定的步骤，可减小读数误差。

用 EDTA 直接滴定 Al^{3+}，通常使用 PAN 和以等物质的量配制的 Cu - EDTA 为指示剂，终点为稳定的亮黄色。

在 pH = 3 加入 Cu - EDTA 和 PAN 后，一小部分 Al^{3+} 与 Cu - EDTA 发生下述置换反应，而大部分 Al^{3+} 未参加反应：

$$Al^{3+} + Cu-EDTA \rightleftharpoons Al-EDTA + Cu^{2+}$$

游离出来的 Cu^{2+} 与加入的 PAN 生成红色的 Cu - PAN 配合物：

$$Cu^{2+} + PAN（黄色）\rightleftharpoons Cu-PAN（红色）$$

在用 EDTA 标准滴定溶液滴定时，EDTA 与溶液中的 Al^{3+} 配位：

$$Al^{3+} + H_2Y^{2-} \rightleftharpoons AlY^- + 2H^+$$

滴定至终点时，稍过量的 EDTA 夺取 Cu - PAN 红色配合物中的 Cu^{2+} 而使 PAN 游离出来，溶液又呈现黄色：

$$Cu-PAN（红色）+ H_2Y^{2-} \rightleftharpoons CuY^{2-} + PAN（黄色）+ 2H^+$$

煮沸后溶液中残存的 Al^{3+} 又会发生上述一系列反应。一般煮沸、滴定 2 次 ~ 3 次，绝大部分铝离子已被 EDTA 定量配位，分析结果可以满足要求。

6.4.3.14 用 EDTA 直接滴定法测定铝的实验要点是什么？

（1）溴酚蓝指示剂变色范围为 pH = 3.0 ~ 4.6，颜色为由黄色变为蓝紫色。当用氨水调节溶液酸度至出现蓝紫色时，pH 约为 4.6，再用盐酸调节至刚刚呈现黄色时，pH 约为 3.0。

（2）于 pH = 3 左右煮沸溶液，可促使溶液中共存的 TiO^{2+} 离子水解生成 $TiO(OH)_2$ 沉淀。如果在 200 mL 溶液中 TiO_2 的含量为 0.1mg ~ 1.5mg，则 TiO^{2+} 可完全水解而不干扰 Al^{3+} 的测定（如 TiO_2 含量太高，TiO^{2+} 的水解将促进 Al^{3+} 的水解，导致铝的测定结果偏低）。

（3）Cu - EDTA 溶液是以 0.015 mol/L 的 $CuSO_4$ 和 EDTA 标准滴定溶液按等物质的量准确配制的。加入量以 10 滴（约 0.5 mL）左右为宜。如加入量太少，终点颜色的变化不敏锐；如加入量太多，当溶液中 TiO^{2+}、Mn^{2+} 含量高时，它们也会与 Cu - EDTA 发生置换反应，而释放出 Cu^{2+}，与 PAN 生成红色配合物，终点时将多消耗一些 EDTA 才能使 Cu - PAN 配合物释放出黄色的 PAN，因而将使铝的测定结果产生一定的正误差。

（4）PAN 指示剂用量不宜过多，否则近终点时溶液底色为绿色，不利于终点的观察。

6.4.3.15 怎样配制等浓度的 Cu - EDTA 溶液？

用 EDTA 直接滴定法测定 Al_2O_3，使用的 Cu - EDTA 溶液，通常是用已标定好的 EDTA 标准滴定溶液和硫酸铜标准滴定溶液进行配制。

例如，设 EDTA 与硫酸铜标准滴定溶液的体积比 $K = 0.9616$。取 25 mL EDTA 标准滴定溶液，应加多少毫升硫酸铜标准滴定溶液与其混合？

根据：$K = V(EDTA)/V(CuSO_4)$

所以，硫酸铜标准滴定溶液的体积 $V(CuSO_4) = V(EDTA)/K = 25/0.9615 = 26.00(mL)$

6.4.4 钛的测定

6.4.4.1 用 EDTA 配位滴定二氧化钛的基本原理和实验要点是什么？

普通硅酸盐水泥中 TiO_2 的含量一般为 0.2% ~ 0.3%，黏土中 TiO_2 含量为 0.4% ~ 1%，铝酸盐水泥中 TiO_2 含量为 2% ~ 5%。钛的配位滴定法通常有苦杏仁酸置换 - 铜盐溶液返滴定法和过氧化氢配位 - 铋盐溶液返滴定法。

苦杏仁酸置换 - 铜盐返滴定法多应用于生料、熟料、黏土、粉煤灰等 TiO_2 含量低于 1% 的试样，由于可以同铁、铝在同一份溶液中连续滴定，十分方便。

（1）基本原理

在测定完铁后的溶液中，先在 pH = 3.8 ~ 4.0 的条件下，以铜盐返滴定法测定 Al^{3+} + TiO^{2+} 的合量，然后加入苦杏仁酸溶液，煮沸，苦杏仁酸夺取 $TiOY^{2-}$ 配合物中的 TiO^{2+}，与之生成更稳定的苦杏仁酸配合物，同时置换出与 TiO^{2+} 等物质的量的 EDTA，然后仍以 PAN 为指示剂，以铜盐标准滴定溶液返滴定释放出的 EDTA，借以求得 TiO_2 的含量。

（2）实验要点

1）用苦杏仁酸置换 $TiOY^{2-}$ 配合物中的 EDTA 时，适宜的 pH 值为 3.5 ~ 5.0。若 pH < 3.5，则置换反应进行不完全；若 pH > 5.0，则 TiO^{2+} 水解的倾向增强，其与 EDTA 的配合物 $TiOY^{2-}$ 的稳定性亦随之降低。

2）苦杏仁酸溶液（50 g/L）的加入量以 10 mL ~ 15 mL 为宜。

3）测定成分比较复杂的试样，如某些黏土、粉煤灰、页岩时，若溶液温度高于 80℃，在终点时褪色较快。此时，可在滴定之前将溶液冷却至 50℃ 左右，然后加入 3 mL ~ 5 mL 乙醇（95%），增大 PAN 及 Cu - PAN 的溶解度，可改善终点，保证亮紫色终点的正常出现。

6.4.4.2 用过氧化氢配位-EDTA-铋盐返滴定法测定钛的基本原理是什么?

本法多应用于矾土、高铝水泥、钛渣等含钛量较高的试样中钛的测定。

在以铋盐溶液滴定完 Fe^{3+} 的溶液中，加入 0.2 mL~0.5 mL 的 EDTA 标准滴定溶液，将溶液冷却至 20℃左右，加入 2 滴~3 滴过氧化氢（H_2O_2）溶液，使之与 TiO^{2+} 生成 $TiO(H_2O_2)^{2+}$ 黄色配合物，然后再加入过量 EDTA，使之生成更稳定的三元配合物 $TiO(H_2O_2)Y^{2-}$。剩余的 EDTA 以半二甲酚橙为指示剂，用铋盐溶液返滴定。其反应式为：

$$TiO^{2+} + H_2O_2 \rightleftharpoons TiO(H_2O_2)^{2+}$$

$$TiO(H_2O_2)^{2+} + H_2Y^{2-} \rightleftharpoons TiO(H_2O_2)Y^{2-} + 2H^+$$

$$Bi^{3+} + H_2Y^{2-}(\text{剩余}) \rightleftharpoons BiY^- + 2H^+$$

终点时：

$$Bi^{3+} + SXO(\text{黄色}) \rightleftharpoons Bi-SXO(\text{红色})$$

6.4.4.3 用过氧化氢配位-EDTA-铋盐返滴定法测定钛时的实验要点是什么?

（1）试验溶液的 pH 值一般控制在 1.5 左右。若 $pH<1$，虽然有利于 $TiO(H_2O_2)^{2+}$ 配合物的稳定，但不利于 $TiO(H_2O_2)Y^{2-}$ 配合物的形成；若 $pH>2$，则 TiO^{2+} 的水解倾向增强，$TiO(H_2O_2)Y^{2-}$ 配合物的稳定性降低，另外铝离子有可能产生干扰。故 pH 适宜范围为 1~2，通常采用 1.5。在滴定铁时溶液 pH 值为 1.8~2.0，已经超过 1.5，这时应以硫酸溶液(1+4)将溶液 pH 值调整至 1.5。不使用盐酸，是为了防止氯离子对铋离子的干扰。

（2）过氧化氢的加入量一般以过氧化氢(3%)不超过 1 mL 为宜。过多的过氧化氢在其后测定铝时，在煮沸的条件下将对 EDTA 产生一定的破坏作用，影响铝的测定结果。

（3）溶液温度不宜超过 20℃，目的是防止铝离子产生干扰。如温度超过 25℃，放置(或搅拌)时间超过 2 min，则铝离子的影响增强。如温度超过 35℃，则滴定终点拖长，测定结果明显偏高。所以，在以铋盐溶液滴定完 Fe^{3+} 的溶液中，先将溶液冷却至 20℃左右，再加入 2 滴~3 滴过氧化氢(H_2O_2)溶液，以防铝离子产生干扰。

（4）EDTA 过量不宜太多。特别是测定铝矾土及铝酸盐水泥一类高铝试样时。如分取出含 0.1 g 试样的试验溶液测定钛时，0.015 mol/L EDTA 溶液过量 4 mL~5 mL 较为适宜。测定高钛试样时，由于铝的含量较低，EDTA 可以多过量一些。

（5）先加入少量 EDTA 溶液再加入过氧化氢溶液，是为了使溶液中的钛氧基离子先与 EDTA 配位，以免 TiO^{2+} 对测铁时加入溶液中的半二甲酚橙指示剂产生封闭作用。

（6）滴加 EDTA 标准滴定溶液至呈现稳定的黄色后，表明 $TiO(H_2O_2)Y^{2-}$ 已基本定量生成；再放置 3 min，可保证上述配合物定量生成。

6.4.5 钙的测定

6.4.5.1 用 EDTA 配位滴定钙的基本原理是什么?

钙离子与 EDTA 生成的配合物不很稳定，二者定量配位的最低允许 pH 值为 7.5，即应在弱碱性介质中滴定，实际是在 $pH>12.5$ 的强碱性介质中滴定。在强碱性溶液中，EDTA

大部分以 Y^{4-} 离子形态存在，EDTA 的配位能力很强，加之钙离子在水溶液中不发生水解，故二者的配位反应速度很快，无需加热或放置，可采取直接滴定法。另外，滴定钙时，共存金属离子的干扰因素较多，需采取措施予以掩蔽。其中镁离子的干扰，通常采用将溶液 pH 值调至大于 12.5，呈强碱性，使镁离子生成氢氧化镁沉淀而消除；铁、钛、铝的干扰用三乙醇胺掩蔽。

配位滴定法测钙离子的主要反应如下(以采用 CMP 混合指示剂为例)：

调节溶液 pH >12.5，加入 CMP 混合指示剂，则钙离子与 CMP 结合呈现绿色荧光：

$$Ca^{2+} + \text{CMP(红色)} \rightleftharpoons \text{Ca-CMP(绿色荧光)}$$

以 EDTA 滴定钙离子时的反应为：

$$Ca^{2+} + H_2Y^{2-} \rightleftharpoons CaY^{2-} + 2H^+$$

滴定终点时，Ca - CMP 中的钙离子被 EDTA 夺取，游离出来的 CMP 呈现原来的红色：

$$\text{Ca-CMP(绿色荧光)} + H_2Y^{2-} \rightleftharpoons CaY^{2-} + \text{CMP(红色)} + 2H^+$$

使用此指示剂时用量要少，过多则终点不敏锐。

6.4.5.2 为何甲基百里香酚蓝（MTB）不能用作银坩埚熔样时测定钙的指示剂？

MTB 适用于以氯化铵称量法测定二氧化硅后的滤液，或以铂坩埚熔融试样得到的溶液测定钙的系统分析中，因为在这些溶液中无银离子存在。甲基百里香酚蓝（MTB）在碱性溶液中与钙、镁、钡、锰（Ⅱ）等离子生成蓝色配合物，游离状态时呈灰色或浅蓝色，用作滴定钙的指示剂，不被氢氧化镁沉淀所吸附，终点变化敏锐。最佳 pH 值为 12.5 左右，pH 值过高，则终点时底色较深，因此应严格控制溶液的 pH 值。但 MTB 不适宜用作氢氧化钠 - 银坩埚熔样的系统分析中测定钙的指示剂，因为以银坩埚熔样所制得的试验溶液中有银离子存在，使用 MTB 位指示剂时终点时为淡紫色，变化不明显。

6.4.5.3 为何用银坩埚熔样测定钙时要使用 C. M. P. 混合指示剂？

C. M. P. 指示剂是将钙黄绿素与甲基百里香酚蓝、酚酞指示剂，按质量比 1 + 1 + 0.2 配成混合指示剂（简称 CMP 混合指示剂），并加 50 倍固体硝酸钾一同磨细而制成的混合指示剂。钙黄绿素在碱性溶液中呈淡红色，pH >12 时，指示剂本身呈橘红色，不呈现荧光。但和钙、锶、钡、铝等离子生成的配合物则呈现绿色荧光，对钙离子特别灵敏。而镁离子则不与钙黄绿素生成绿色荧光配合物，故可在镁离子存在的条件下，滴定钙离子。使用钙黄绿素做指示剂滴定钙离子时，即使溶液中有 1 mg ~ 5 mg 银离子存在，对钙的滴定终点也无干扰。而且钙黄绿素对溶液 pH 值范围的要求也较宽，只需大于 12.5 即可。

钙黄绿素指示剂会分解生成荧光黄，它会发出残余荧光，使滴定终点变色不敏锐。加入 MTB 和酚酞的目的是用 MTB 与酚酞的混合色调紫红色将钙黄绿素的残余荧光遮蔽，使终点时变色更为敏锐。

6.4.5.4 用 EDTA 配位滴定钙为什么调节溶液 pH 值时要用 KOH 溶液而不用 NaOH 溶液？

当用 MTB 作指示剂滴定钙时，用 KOH 溶液调节 pH 值比用 NaOH 易于掌握。如果 KOH 溶液的加入量稍多一些（pH 达 13.1）时，对终点的影响不大。而用 NaOH 溶液调节 pH 值，pH 值超过 12.8，终点就不太明显。

当用 CMP 作指示剂时，在强碱性溶液中，CMP 混合指示剂中的钙黄绿素也与 K^+、Na^+ 离子反应，产生荧光，但 K^+ 离子的效应比 Na^+ 小。

所以，使用 MTB 或 CMP 作指示剂滴定钙时，调节溶液的 pH 值，应用 KOH 溶液而不用 NaOH 溶液。

6.4.5.5 用 CMP 作指示剂测定水泥中氧化钙时怎样观察确定终点的颜色？

使用 CMP 指示剂不能在光线直接照射下观察终点。近终点时应观察整个液层，至烧杯底部绿色荧光完全消失呈现红色。最好的办法是：滴定到终点时，在烧杯底部垫一块黑布，从眼睛与桌面呈 45 度角观察烧杯中的溶液，如果有绿色荧光，说明还没有到终点，要继续滴定，反复观察，确定绿色荧光彻底消失，红色出现才是真正的滴定终点。

6.4.5.6 用 EDTA 配位滴定水泥中氧化钙时如何消除铁、钛、铝的干扰？

滴定钙时，铁、钛、铝的干扰通常采用三乙醇胺（TEA）予以掩蔽。在 pH = 10 时，三乙醇胺可掩蔽铝、铁（Ⅲ）、钛（Ⅳ）、锡（Ⅳ）离子，pH = 11 ~ 12 时可掩蔽铁（Ⅲ）、铝离子及少量锰（Ⅱ）离子。TEA 与这些离子生成的配合物比 EDTA 与这些离子生成的配合物要稳定得多，但 TEA 不与钙、镁离子反应，故滴定钙、镁离子前，可用 TEA 掩蔽铁、钛、铝等离子的干扰。

为防止铁、铝离子的水解，应在酸性介质中加入 TEA，然后再将溶液 pH 值调节至大于 12.5。TEA 溶液（1 + 2）的加入量一般为 5 mL，可掩蔽 20 mg Fe_2O_3。

测定铁含量高、铝含量高或锰含量高的试样时，应增加 TEA 的加入量至 10 mL，并经过充分搅拌，且加入后溶液应呈酸性。

加入 TEA 后如溶液呈现浑浊，则系铁、铝水解生成氢氧化物沉淀，对下一步滴定钙不利。应以盐酸溶液（1 + 1）将溶液重新调节至酸性，搅拌并放置数分钟，使氢氧化物沉淀充分溶解后再加入 TEA。

6.4.5.7 用 EDTA 配位滴定水泥中氧化钙时如何消除镁的干扰？

以氢氧化钾溶液调节溶液的 pH 值至大于 12.5 使镁生成氢氧化镁沉淀，可消除镁的干扰。但生成的氢氧化镁沉淀有可能吸附少量的钙离子，终点时易返色，且使结果偏低。5 mg ~ 10 mg 氧化镁可使氧化钙的测定结果偏低 0.1% ~ 0.2%。对此，应注意下述操作：

（1）调整溶液 pH 值时，氢氧化钾溶液不要一次快速加入，以免生成极细小的氢氧化镁沉淀颗粒，吸附过多的钙离子，而应慢慢滴加，或在充分搅拌下沿烧杯壁慢慢加入氢氧化钾溶液，使生成颗粒较大的氢氧化镁沉淀，可减少氢氧化镁沉淀对钙离子的吸附，这样，即使含有 30 mg 氧化镁，终点时返色亦较慢，氧化钙的结果偏低不超过 0.1%。

（2）滴定至近终点时应充分搅拌，慢慢滴入 EDTA 溶液，以使被氢氧化镁沉淀吸附的钙离子能脱离下来与 EDTA 充分配位。

（3）测定高镁类试样（如镁砂）中低含量钙时，氢氧化钾溶液应过量 15 mL，使高含量镁离子充分沉淀为氢氧化镁。或采用返滴定法：调节溶液 pH 值大于 12.5 以后，用 EDTA 标准滴定溶液滴定至绿色荧光消失并呈现稳定的红色后，再加入 EDTA 溶液至过量约 1 mL。搅拌，放置片刻，待氢氧化镁沉淀沉降后，过滤将其除去，滤液用碳酸钙标准滴定溶液返滴定至出现绿色荧光后再过量约 1 mL，然后再用 EDTA 标准滴定溶液滴定至绿色荧光消失并呈现稳定的红色。从碳酸钙标准滴定溶液实际消耗量计算溶液中钙的含量。

6.4.5.8 用 EDTA 配位滴定水泥中氧化钙时如何消除锰的干扰？

少量锰用三乙醇胺进行掩蔽，因三乙醇胺与锰离子能生成绿色的 Mn－TEA 配合物而被掩蔽。但是如锰含量太高，则生成的绿色背景太深，也会影响滴定终点的观察，需另行选择其他的方法进行校正。

6.4.5.9 用 EDTA 配位滴定水泥中氧化钙时如何消除硅的干扰？

采用氢氧化钠－银坩埚熔样制备试验溶液，在不分离硅酸的条件下用 EDTA 配位滴定法测定钙时，在 pH＞12.5 的强碱性介质中，硅酸根离子会与钙离子生成硅酸钙沉淀，而使钙的测定结果偏低，这是因为在将熔融物溶解后加入了盐酸进行酸化，虽然溶液的酸度不是很高，但不可避免地会有一部分硅酸形成了中等聚合度的 β-硅酸甚至高聚合度的 γ-硅酸胶体颗粒。聚合状态的硅酸具有较高的表面能，对钙离子具有较强的结合能力，故生成硅酸钙的速度是相当快的。为了消除聚合状态硅酸对钙的干扰，常采用氟硅酸解聚法。

在酸性溶液中加入一定量的氟离子，可将聚合状态的硅酸（$x\mathrm{SiO_2} \cdot y\mathrm{H_2O}$）解聚，生成不会聚合的氟硅酸：

$$H_2SiO_3 + 6H^+ + 6F^- \rightleftharpoons H_2SiF_6 + 3H_2O$$

在下一步以氢氧化钾溶液调节 pH 值大于 12.5 以后，氟硅酸被碱中和又生成硅酸：

$$H_2SiF_6 + 6OH^- \rightleftharpoons H_2SiO_3 + 6F^- + 3H_2O$$

此时生成的硅酸系单分子硅酸（α－硅酸），周围被一层水分子较牢固地包围着，表面能很低，其聚合度很小，不立即同 Ca^{2+} 反应。若放置时间超过 30 min，则单分子硅酸逐渐聚合，又会与 Ca^{2+} 反应生成 $CaSiO_3$ 沉淀。所以，必须在硅酸高度聚合之前（30 min 以内），将 Ca^{2+} 滴定完毕，以避免硅酸的干扰。

氟化钾要在酸性介质中加入，若酸度不够，应先补加一些盐酸，再加氟化钾，才能对聚合硅酸发生解聚作用。加入氟化钾后，应放置 2 min 左右，以使解聚反应进行完全。

氟化钾的加入量要适中，应根据试验溶液中硅、钙含量的不同而有所差别。若加入量不足，则不能完全消除硅酸的干扰；若加入量过多，则氟离子会与钙离子生成氟化钙沉淀，影响终点的判断。两者都将使钙的测定结果偏低。在各类试样中硅与钙的含量范围变动较大，需根据被测溶液中二氧化硅含量，参照表 6-3 所规定的量加入氟化钾。

表 6-3 氟化钾溶液[$KF \cdot 2H_2O$(20 g/L)]加入量

SiO_2 含量/mg	试样种类	KF 溶液加入量/mL
>25	铝酸盐水泥，黏土，粉煤灰，沸石	15
15～25	高硅铁矿石	10
2～15	水泥，生料，熟料，铁矿石，矿渣，明矾石，石膏，矾土	5～7
<2	石灰石	可不加

6.4.5.10　用 EDTA 配位滴定水泥中氧化钙时还要注意哪些事项？

（1）使用的 CMP 混合指示剂，应按标准方法准确称量配制。使用时加入量不能太多，否则终点突跃不明显或滞后。

（2）提取、分解试验溶液时，溶液的体积不能太小，防止酸化时硅形成聚合态的硅酸。

（3）在滴定钙的溶液中，不能引入酒石酸，因为它能与 Mg^{2+} 反应，抑制 $Mg(OH)_2$ 沉淀，产生自由的 Mg^{2+}，它将吸附指示剂，影响测钙时对终点的观察。

6.4.5.11　在有磷元素干扰的情况下如何准确测定氧化钙的含量？

配位滴定氧化钙时要求溶液的 $pH > 12.5$，属于强碱性，当有磷元素存在时，磷酸根离子在强碱性溶液中会与钙离子生成磷酸钙沉淀。近终点时磷酸钙不断溶解，而使钙的滴定终点不断返色，并使钙的测定结果偏低，故滴定至近终点时应缓慢滴入 EDTA 并加强搅拌。

如试样中磷的含量过高，应采用返滴定法测定钙离子：加入掩蔽剂掩蔽硅、铁、钛、铝后，加入过量的 EDTA 标准滴定溶液，以 CMP 为指示剂，用 KOH 溶液调整溶液 pH 值至大于 12.5，然后用碳酸钙标准滴定溶液返滴定剩余的 EDTA，至出现绿色荧光后再过量约 1 mL,然后再用 EDTA 标准滴定溶液滴定至绿色荧光消失并呈现稳定的红色。

6.4.5.12　在有磷元素干扰的情况下准确测定氧化钙含量的具体操作步骤是什么？

称取约 0.5 g 试样（m_4），精确至 0.0001 g，置于银坩埚中，加入 6 g ~ 7 g 氢氧化钠，盖上坩埚盖（留有缝隙），放入高温炉中，从低温升起，在 650℃ ~ 700℃ 的高温下熔融 20 min，其间取出摇动 1 次。取出，冷却，将坩埚放入已盛有约 100 mL 沸水的 300 mL 烧杯中，盖上表面皿，在电炉上适当加热，待熔块完全浸出后，取出坩埚，用水冲洗坩埚和盖。在搅拌下一次加入 25 mL ~ 30 mL 盐酸，再加入 1 mL 硝酸，用热盐酸（1 + 5）洗净坩埚和盖。将溶液加热煮沸，冷却至室温后，移入 250 mL 容量瓶中，用水稀释至标线，摇匀。此溶液 A 供测定氧化钙、氧化镁用。

从溶液 A 中吸取 25 mL 溶液，放入 400 mL 烧杯中，加入 7 mL ~ 10 mL 氟化钾溶液（20g/L），加水稀释至约 200 mL，加 5 mL 三乙醇胺（1 + 2）及适量的 CMP 混合指示剂，在搅拌下加入氢氧化钾溶液（200 g/L）至出现绿色荧光后再过量 5 mL ~ 8 mL，以 EDTA 标准滴定溶液[c(EDTA) = 0.015 mol/L]滴定至绿色荧光消失并呈现稳定的红色，过量 3 mL ~ 5 mL，放置 1 min，然后用碳酸钙标准滴定溶液滴定至绿色荧光出现。

试样中氧化钙的质量分数 w(CaO) 按下式计算：

$$w(\mathrm{CaO}) = \frac{T_{\mathrm{CaO}} \times (V_4 - K_1 \times V_5) \times 10}{m_4 \times 1000} \times 100$$

$$= \frac{T_{\mathrm{CaO}} \times (V_4 - K_1 \times V_5)}{m_4}$$

式中　T_{CaO}——EDTA 标准滴定溶液对氧化钙的滴定度，mg/mL；

V_4——加入 EDTA 标准滴定溶液的体积，mL；

V_5——滴定时消耗碳酸钙标准滴定溶液的体积，mL；

K_1——EDTA 标准滴定溶液与碳酸钙标准滴定溶液的体积比；

m_4——试料的质量，g。

6.4.5.13 为什么将草酸钙－高锰酸钾滴定法列为 GB/T 176—2008 中氧化钙的测定方法之一？

草酸钙－高锰酸钾滴定法测定钙是经典的方法，称样量大，0.3 g 试料全部用来测定氧化钙，准确度较高，干扰因素较少。美国 ASTM 标准将其列为基准法。在一些要求较高的分析中，为了提高氧化钙测定结果的准确度，将其列为 GB/T 176—2008 的代用法。

6.4.5.14 用草酸钙－高锰酸钾滴定法测定氧化钙的原理是什么？

以氨水将铁、铝、钛等沉淀为氢氧化物，过滤除去。然后，将钙以草酸钙形式沉淀：

$$Ca^{2+} + C_2O_4^{2-} = CaC_2O_4 \downarrow$$

过滤和洗涤后，将草酸钙溶解，用高锰酸钾标准滴定溶液滴定产生的草酸根离子：

$$2MnO_4^- + 5C_2O_4^{2-} + 16H^+ = 2Mn^{2+} + 10CO_2 \uparrow + 8H_2O$$

Ca^{2+}与$C_2O_4^{2-}$的物质的量相等，故可由消耗的高锰酸钾标准滴定溶液的体积及浓度，换算成 CaO 的质量分数。

6.4.5.15 用草酸钙－高锰酸钾滴定法测定氧化钙的操作要点有哪些？

（1）称样量　草酸钙沉淀－高锰酸钾滴定法需试样量大，采用分取试样溶液的方法不适宜，为了提高测定的准确度，所以单独称样测定氧化钙。

（2）试样的分解　无水碳酸钠要研细，加入碳酸钠后，要仔细混匀，使试样与碳酸钠完全接触，避免因混合不均匀而引起试样熔解不完全。

（3）消除锰的干扰　在用氨水沉淀去除铁、铝、钛等干扰物质过程中，若样品中锰含量较高，必须用以下方法除去锰：把滤液用盐酸(1＋1)调节至甲基红指示剂呈红色，加热蒸发至约 150 mL，加入 40 mL 溴水和 10 mL 氨水(1＋1)，且煮沸 5 min 以上。沉淀物静置后，用中速滤纸过滤，用热水洗涤 7 次～8 次。滴加盐酸(1＋1)使滤液呈酸性，煮沸，将溴完全驱尽，然后加入草酸铵溶液进行沉淀。

（4）草酸钙大颗粒沉淀的生成　在生成草酸钙沉淀的过程中，首先要在强酸性溶液中加入沉淀剂，这样可以防止局部酸度降低，使沉淀定向生成，也使杂质有充分的时间扩散出去。为此在加入氨水(1＋1)时必须缓慢进行，否则，得到的草酸钙沉淀颗粒小，在过滤时有透过滤纸的趋向。当同时进行几个测定时，下列方法有助于保证缓慢地中和：边搅拌边向第一个烧杯中加入 2 滴～3 滴氨水(1＋1)，再向第二个烧杯中加入 2 滴～3 滴氨水(1＋1)，依此类推。然后返回来再向第一个烧杯加 2 滴～3 滴，直至每个烧杯中的溶液呈黄色，并过量 2 滴～3 滴。

（5）陈化时间　陈化过程可以使不完整的晶粒转化成较完整的晶粒，可以使亚稳态的沉淀转化成稳定态的沉淀，提高沉淀的纯度，但要注意，在陈化的同时会伴有混晶共沉淀现象和继沉淀现象，所以要严格控制陈化时间，实验证明，(60 ±5) min 为最佳陈化时间。

（6）滴定温度 用高锰酸钾标准滴定溶液滴定草酸钙的过程中，溶液应加热到70℃～80℃。因为在室温下，高锰酸钾与草酸钙反应缓慢。但是温度也不宜过高，若高于90℃，则草酸易发生分解

$$H_2C_2O_4 = CO_2\uparrow + CO\uparrow + H_2O$$

（7）酸度 在生成草酸钙沉淀的过程中，应用甲基橙指示剂控制体系的酸度在 pH = 4 左右。如果酸度过高，一方面受酸效应的影响，沉淀不完全；另一方面，会促使 $H_2C_2O_4$ 分解如果酸度过低，$KMnO_4$ 易分解成 MnO_2。

（8）滴定速度 高锰酸钾溶液滴定草酸钙的过程中，开始时滴定的速度不宣太快，否则加入的高锰酸钾溶液来不及与草酸钙反应，即在热的酸性溶液中发生分解

$$4MnO_4^- + 12H^+ = 4Mn^{2+} + 5O_2\uparrow + 6H_2O$$

（9）滴定终点 高锰酸钾滴定至终点后，溶液中出现的粉红色保持30s不变即可，因为空气中的还原性气体和灰尘都能使 MnO_4^- 还原，使溶液中的粉红色消失。

（10）进行空白试验时需加入少许催化剂 当测定空白试验或草酸钙的含量很少时，开始时溶液中催化剂 Mn^{2+} 浓度低，高锰酸钾（$KMnO_4$）的氧化作用很慢。为了加速反应，在滴定前溶液中加入少量硫酸锰（$MnSO_4$），否则，滴定终点不敏锐。

6.4.6 镁的测定

6.4.6.1 用 EDTA 配位滴定镁的基本原理是什么？

用 EDTA 配位滴定法测定镁，目前广泛采用差减法。即在一份溶液中于 pH = 10 用 EDTA滴定钙 + 镁的合量；另取一份溶液，于 pH > 12.5 用 EDTA 滴定钙。从钙 + 镁合量中减去钙的含量，可求得镁的含量。镁的 EDTA 配位滴定对溶液 pH 值范围的要求很严。若低于 9.7，则镁离子与 EDTA 的配位反应不易进行完全；若 pH 值高于 11，镁离子将生成不能与 EDTA 发生配位反应的氢氧化镁沉淀。故用 EDTA 配位滴定钙 + 镁合量时，通常都是在 pH = 10 左右进行。为此，在滴定前必须加入 pH = 10 的缓冲溶液，以使滴定过程中溶液的 pH 值维持在 10 左右。从钙 + 镁合量减去大量钙求得小量镁，常导致较大误差，特别是在镁含量很低的情况下，因此差减法存在一定的局限性。但此法目前在国内应用仍很普遍。GB/T 176—2008 中测定镁的基准法是原子吸收光谱法。

6.4.6.2 用 EDTA 配位滴定镁时常用哪些指示剂？

滴定镁离子的金属指示剂很多。常用的有铬黑 T（EBT）、酸性铬蓝 K-萘酚绿 B（1 + 2.5）混合指示剂，以及甲基百里香酚蓝（MTB）。由于铬黑 T 指示剂易被某些重金属离子所封闭，故日常分析中常用酸性铬蓝 K-萘酚绿 B 混合指示剂（简称 K-B 指示剂）。

酸性铬蓝 K 为棕黑色粉末，在酸性介质中呈玫瑰色，在碱性介质中呈蓝灰色。它与金属离子的配合物都是红色，是钙、镁、锰（Ⅱ）、锌离子的指示剂。该指示剂的缺点是终点时略带紫色，若滴定至纯蓝色，将产生较大正误差。故在实际应用中，加入 2.5 倍质量的萘酚绿 B。萘酚绿 B 为惰性染剂，终点时其绿色可将酸性铬蓝 K 的紫红色掩蔽．使终点呈纯蓝色。

滴定钙 + 镁合量时，最好是先加入 K-B 指示剂，先按滴定氧化钙时所消耗的体积数加

入 EDTA 溶液，然后再加入适量 K-B 指示剂，缓慢滴定，加强搅拌，直至终点呈浅蓝色。若滴定速度过快，将使结果偏高。这是因为酸性铬蓝 K 对镁的结合力较强，滴定至近终点时，稍过量的 EDTA 从镁-酸性铬蓝 K 配合物中夺取镁离子从而使指示剂游离出来的反应速度较慢，颜色变化也慢，故临近终点时要充分搅拌，缓慢滴定。

6.4.6.3 用 EDTA 配位滴定镁时硅有干扰吗？如何消除干扰？

在 pH = l0 的介质中测定钙 + 镁合量时，聚合硅酸对其中钙的干扰，不如在 pH > 12.5 的强碱性介质中显著，但是当溶液中硅、钙的浓度较高时，即使在 pH = 10 的条件下，也往往容易形成硅酸钙沉淀而干扰测定。因此，测定黏土一类试样中的钙 + 镁合量时，亦需先在酸性介质中加入一定量的氟化钾溶液，以掩蔽硅对钙的干扰。一般试样可不加氟化钾。

6.4.6.4 用 EDTA 配位滴定镁时铝、钛有干扰吗？如何消除干扰？

以 K-B 为指示剂用 EDTA 滴定钙 + 镁合量时，铝和钛也有一定的干扰。5 mL 三乙醇胺（1 +2）和 1 mL ~2 mL 酒石酸钾钠（100 g/L），可掩蔽 30mg 三氧化二铝；10 mL 三乙醇胺（1 +2）及 3 mL 酒石酸钠（100 g/L）可掩蔽 50mg 三氧化二铝的干扰。但三氧化二铝超过 50mg 时，即使采用三乙醇胺和酒石酸钾钠联合进行掩蔽，也达不到预想效果，终点时略呈紫灰色，放置后紫色显著加深。钛的干扰。5 mL 三乙醇胺（1 +2）可掩蔽 1 mg 二氧化钛。二氧化钛在 6mg 以下时，溶液略呈浑浊，但不影响滴定终点，滴定完毕放置后略有返色现象。

6.4.6.5 滴定钙 + 镁合量时为什么要采取酒石酸钾钠和三乙醇胺联合掩蔽的方法？

酒石酸钾钠和三乙醇胺是用来掩蔽铁的干扰的掩蔽剂。之所以必须采用联合掩蔽的方式，是因为如果单独采用三乙醇胺掩蔽，三乙醇胺与铁（Ⅲ）离子生成的配合物在 pH = 10 的弱碱性介质中呈黄色，会破坏酸性铬蓝 K 的蓝色，使萘酚绿 B 的绿色背景相应加深，易使滴定终点提前到达。特别是溶液中三氧化二铁含量在 15mg 以上时，对酸性铬蓝 K 的破坏作用速度较快。为克服这一缺点，在加入三乙醇胺前先加入酒石酸钾钠，与三乙醇胺一起对铁（Ⅲ）离子联合进行掩蔽，可收到较好的效果。在弱酸性溶液中先加入 1 mL ~2 mL 酒石酸钾钠溶液（100 g/L），可掩蔽大部分铁、铝、钛，再缓慢加入碱性的三乙醇胺，使溶液 pH 值逐渐升高，可防止铁、铝、钛发生水解。另外，酒石酸钾钠还可以和镁离子生成配合物，虽不很稳定，但可起到暂时保护镁离子的作用，防止在加入三乙醇胺或调节溶液 pH 值至 10 时，镁离子生成氢氧化镁沉淀或 $MgOH^+$ 等状态，影响镁的滴定。在用 EDTA 滴定时，镁离子与酒石酸钾钠的配合物又会放出镁离子使之与 EDTA 生成更稳定的配合物。

另外，铁矿石样品中铁含量很高，如滴定终点不明显，可先在酸性介质中加入 10 mL 氟化钾溶液（20 g/L），使氟离子与铁（Ⅲ）离子生成 Na_3FeF_6 白色沉淀，可改善终点。

6.4.6.6 为什么有的试样在测定钙 + 镁合量时终点为灰绿色甚至观察不到终点？

其原因可能是该试样中锰离子产生的干扰。加入三乙醇胺并将溶液 pH 值调节至 10 之后，锰（Ⅱ）离子即迅速被空气中的氧气氧化为锰（Ⅲ）离子，并形成绿色的 Mn^{3+} – TEA 配合物，使终点不呈现纯蓝色，而呈灰绿色，使终点拖长，甚至于观察不到终点。此时可加入0.5g~1g固体盐酸羟胺，搅拌。如EDTA尚未滴定过量，继续用EDTA滴定，可得到纯蓝色终点。此时EDTA滴定的是钙+镁+锰总量。应采取另外的方法测定试样中一氧化锰的含量，从总量中减去0.57×w(MnO)。w(MnO)为试样中一氧化锰的质量分数，0.57为将一氧化锰含量换算为氧化镁含量的换算系数，0.57 = MgO摩尔质量/MnO摩尔质量 = 40.31/70.94。

6.4.6.7 能否给出测定钙+镁合量时各类试样需加入的掩蔽剂及其用量？

现将测定钙+镁合量时各类试样需加入的掩蔽剂及其用量列于表6-4中，以供参考。

表6-4 滴定钙+镁合量时掩蔽剂的加入量/mL

试样种类	氟化钾溶液KF(20 g/L)	酒石酸钾钠溶液(100 g/L)	三乙醇胺溶液(1+2)
水泥，生料，熟料	—	1	5(MnO<0.5%)，10(MnO>0.5%)
石灰石，石膏	—	1	5
铁矿石	(10)	2	10
黏土	15	1	5~10
矾土	—	2~3	10

6.4.6.8 为什么在用EDTA滴定铝离子、镁+钙离子时要分别加入缓冲溶液？

测定Al_2O_3有两种方法——EDTA直接滴定法和铜盐返滴定法。直接滴定法是在pH = 3.0的弱酸性溶液中进行的，铜盐返滴定法测定铝时是在pH = 4.2的弱酸性溶液中进行的。此时EDTA主要以H_2Y^{2-}的形式存在（见表4-2），在滴定过程中，EDTA与铝离子配位时会不断释放出氢离子：

$$Al^{3+} + H_2Y^{2-} = AlY^- + 2H^+$$

如果不加入缓冲溶液，溶液的pH值会逐渐降低，使EDTA不能与铝离子定量配位。因为返滴法要求溶液pH值以3.8~4.0为宜。pH太高，Al^{3+}不仅发生水解，而且钙、锰也产生干扰；若pH太低，Al^{3+}与EDTA配合不完全，使结果偏低。在直接滴定法中，若pH>3，则Al^{3+}离子水解倾向大；若pH<2.5，则Al^{3+}与EDTA配合反应不完全，均会导致测定结果偏低。所以测定铝时对溶液的pH值一切非常严格。

同理，用EDTA滴定镁+钙合量时是在pH = 10的弱碱性溶液中进行的。此时EDTA主要以H_3Y^-的形式存在（见表4-2），在滴定过程中，EDTA与铝离子配位时也会不断释放出氢离子：

$$Mg^{2+} + HY^{3-} = MgY^{2-} + H^+$$

如果不加入缓冲溶液将试验溶液的酸度稳定在pH = 10，则溶液的pH值会逐渐降低，使EDTA不能与镁离子定量配位。

测定铁时，要求在pH = 1.8~2.0的强酸性溶液中进行；测定钙时要求在pH > 13（CMP为指示剂）的强碱性溶液中进行。而浓度较高的强酸性溶液和浓度较高的强碱性溶液本身都具有抵御外来少量碱和少量酸、稳定溶液酸碱度基本不变的能力，所以不必使用缓冲溶液。

6.4.6.9 如何配制 K-B 指示剂才能获得敏锐的终点？

目前，市场上销售的酸性铬蓝 K 与萘酚绿 B 因为生产厂家不同，配制 K-B 混合指示剂时其配比若严格按照质量比 1+2.5 混合，往往得不到理想的终点，须通过具体实验，找出合理的配比：将 25 mL 氨-氯化铵缓冲溶液（pH=10）加到 200 mL 蒸馏水中，加入适量 K-B 指示剂，搅拌。如为暗红色，则表明二者配比合适；如为鲜艳的红色，则表明酸性铬蓝 K 的比例偏高；如显绿色，则表明萘酚绿 B 的比例偏高。

6.4.6.10 从钙+镁合量计算镁的含量时如何扣除空白？

设试料的质量 $m=0.7000$g，EDTA 标准滴定溶液对 MgO 的滴定度 $T_{MgO}=0.6000$ mg/mL，滴定钙时消耗 EDTA 标准滴定溶液 $V_1=33.15$ mL，空白值为 $V_{10}=0.15$ mL；滴定钙+镁合量时消耗 EDTA 标准滴定溶液 $V_2=36.60$ mL，空白值为 $V_{20}=0.18$ mL。则试样中氧化镁的质量分数 $w(MgO)$ 按下式计算：

$$w(MgO)=\frac{T_{MgO}[(V_2-V_{20})-(V_1-V_{10})]\times 10}{m\times 1000}$$

$$=\frac{0.6000[(36.60-0.18)-(33.15-0.15)]\times 10}{0.7000\times 1000}$$

$$=0.029=2.9\%$$

6.4.7 锰的测定

6.4.7.1 用 EDTA 配位滴定锰的基本原理是什么？

Mn^{2+} 与 EDTA 在 pH 值 6 以上能定量配位。但在碱性溶液中，Mn^{2+} 易被氧化为 4 价而生成 $MnO(OH)_2$ 沉淀。如果往试验溶液中加入三乙醇胺等辅助配位剂，则 Mn^{2+} 被空气氧化为 Mn^{3+} 而不形成沉淀。

水泥原材料（如铁矿石、矿渣）中锰的配位滴定，根据锰含量的不同，选择不同的方法。低含量锰的试样，采用 EDTA 配位滴定差减法；高含量锰的试样，采用以氟化铵掩蔽钙、镁的直接滴定法或用过硫酸铵沉淀分离锰、溶解后直接滴定法。

（1）EDTA 配位滴定差减法

如果试验溶液中 MnO 的含量在 0.5mg 以下，可用酒石酸钾钠和三乙醇胺将 Fe^{3+}、Al^{3+}、TiO^{2+}、Mn^{2+} 等离子掩蔽之后，以酸性铬蓝 K-萘酚绿 B（1+2.5）为指示剂，在 pH=10 以 EDTA 溶液滴定钙+镁合量；另取一份试验溶液，以盐酸羟胺将 Mn^{3+}－TEA 配合物中的 Mn^{3+} 解离出来还原为 Mn^{2+}，用同样的方法，以 EDTA 溶液滴定钙+镁+锰总量。从两次测定所消耗 EDTA 标准滴定溶液体积之差，计算试样中 MnO 的含量。

（2）过硫酸铵沉淀分离法

在酸性溶液中用过硫酸铵将锰沉淀分离：

$$2Mn^{2+} + 2S_2O_8^{2-} + 6H_2O \longrightarrow 2MnO(OH)_2 \downarrow + 8H^+ + 4SO_4^{2-}$$

沉淀的最佳酸度为 pH = 2 ~ 2.5，可使沉淀完全，且可减少 Fe^{3+}、TiO^{2+}、Al^{3+}、Ca^{2+}、Mg^{2+} 等的共沉淀。

将沉淀洗净后，以盐酸-过氧化氢溶液将沉淀溶解。过氧化氢在此是还原剂，可将四价锰还原为二价锰。然后于 pH = 10，以 EDTA 溶液滴定溶液中的 Mn^{2+}。

为了防止锰（Ⅱ）离子在碱性溶液中生成 $MnO(OH)_2$ 沉淀，调节溶液 pH 值之前先加入三乙醇胺将其掩蔽，使锰（Ⅱ）离子与三乙醇胺生成 Mn^{3+} – TEA 配合物。滴定前为了解蔽锰（Ⅲ）离子并将其还原为锰（Ⅱ）离子，加入盐酸羟胺。

6.5 硫的测定

6.5.1 综述

6.5.1.1 为什么水泥中三氧化硫的测定除基准法硫酸钡称量法之外又列入了四种代用法？

硫是水泥及其原材料中的一种重要元素，特别是硫酸钙作为水泥凝结时间的调节剂，对其在水泥中的含量有严格的规定。硫又是煅烧水泥的煤中的一种重要成分，其含量对于煤的质量以及对水泥熟料的成分都有较大影响。硫的化学性质比较活泼，除了单质硫、有机硫（存在于煤中）之外，其化合物中的硫有正六价的：硫酸，硫酸盐，三氧化硫；正四价的：亚硫酸盐，二氧化硫；负二价的：硫化物，氢硫酸。为了快速、准确地测定其含量，分析工作者利用硫的化合物的各种相关化学性质，研究了各种测定方法（大多是间接法）。其中硫酸钡称量法是传统的直接测量方法，多年来对其研究得比较透彻，测定结果也比较准确，因此将其作为基准法。但是该法需时较长，难以适应水泥生产控制对分析速度的要求。为此，分析工作者研究了数种快速、准确的测定方法，例如，离子交换-中和法、还原-碘量法、铬酸钡分光光度法、燃烧-库仑滴定法。因为这些方法各有各的特点和适用范围，均与基准法等效，所以，GB/T 176—2008 将它们列入代用法，供各单位根据自身情况选择使用。拥有 X 射线荧光光谱仪的单位也可用该仪器快速、准确地测定三氧化硫的含量。

6.5.2 硫酸钡称量法

6.5.2.1 在 GB/T 176—2008 中对硫酸钡称量法的测定条件有哪些新的规定？

（1）“将溶液加热微沸 5 min” 改为 “加热煮沸并保持微沸（5 ± 0.5）min”；

（2）“移至温热处静置 4 h 或过夜” 改为 “在常温下静置 12 h ~ 24 h 或温热处静置至少 4 h（仲裁分析应在常温下静置 12 h ~ 24 h）”；

（3）灼烧硫酸钡沉淀的温度由 “800 ℃” 改为 “800 ℃ ~ 950 ℃”。因为大量实验结果表明，硫酸钡在 950 ℃ 下并不分解，故不必严格控制在 800 ℃。

6.5.2.2 为什么硫酸钡沉淀完毕静置后有时会发现溶液表面有一层白色粉末不易下沉？

很可能是在加入氯化钡溶液沉淀硫酸钡时，加入氯化钡溶液的速度过快，又未能充分搅拌，以致生成很多硫酸钡结晶中心，使生成的硫酸钡沉淀非常细小，受水的表面张力的影响而漂浮在水面上。白色粉末不易定量转移到滤纸上，即使转移到了滤纸上，也不容易洗干净，测定结果不可靠。遇到这种情况，应该称取样品重新进行测定，按照“稀、热、慢、搅”的原则加入氯化钡溶液。

6.5.2.3　为什么晶形沉淀可用冷的稀沉淀剂洗涤，而硫酸钡沉淀却不能用稀的氯化钡溶液洗涤，而用水洗涤？

因为任何沉淀在水中都有一定的溶解度，如果单纯用水洗涤，可使沉淀的溶解度增大，使沉淀不完全，造成测定结果偏低。如用冷的挥发性沉淀剂的稀溶液洗涤，由于同离子效应，可减少沉淀的溶解损失。但是，测定 SO_4^{2-} 时用 $BaCl_2$ 作沉淀剂，却不能用 $BaCl_2$ 的稀溶液洗涤。这是因为 $BaCl_2$ 是不挥发性沉淀剂，如果洗涤不干净，在灼烧时不能挥发掉，会使测定结果偏高。另外，$BaSO_4$ 沉淀的溶解度很小，故可直接用水洗涤。

6.5.2.4　为什么可以在 800 ℃～950 ℃温度下灼烧硫酸钡沉淀？灼烧前为什么要使滤纸完全灰化？

硫酸钡的分解温度 1580 ℃。试验表明，分别在 800 ℃和 950 ℃下灼烧硫酸钡沉淀的测定结果一致，说明在 950 ℃下灼烧硫酸钡沉淀，对三氧化硫的测定结果没有什么影响。只要恒量空坩埚和恒量沉淀时，保持灼烧温度、灼烧时间、冷却时间、冷却条件一致，测定结果的准确度能得保证。故可以在 800 ℃～950 ℃下灼烧硫酸钡沉淀。

灼烧前滤纸一定要缓慢灰化完全，如有未烧尽的炭存在，灼烧时硫酸钡可能部分地被碳还原成硫化钡，而不是硫酸钡，使结果偏低，从而影响测定结果的准确性：

$$BaSO_4 + 2C = BaS + 2CO_2 \uparrow$$

在这种情况下，灼烧后的沉淀不是纯白色，而是暗灰色。如只有少量 $BaSO_4$ 被还原，可敞开坩埚盖，在氧化性气氛中继续灼烧一段时间，使 BaS 重新转化为 $BaSO_4$；如 $BaSO_4$ 被还原得较多，最好用 1 滴～2 滴浓硫酸将沉淀润湿，并小心地加热，将过剩的硫酸除去，然后再重新灼烧至恒量。

6.5.3　离子交换-中和法

6.5.3.1　用静态离子交换-中和法测定石膏中三氧化硫的基本原理是什么？

将 001×7 苯乙烯强酸性阳离子交换树脂与石膏试样放在烧杯的水中一起搅拌，则树脂上的氢离子与石膏中硫酸钙溶解下来的钙离子发生离子交换作用。随着离子交换反应的进行，固体硫酸钙很快溶解，并迅速达到离子交换平衡，生成相应的硫酸：

$$CaSO_4 = Ca^{2+} + SO_4^{2-}$$

$$2R—SO_3H + Ca^{2+} \rightleftharpoons Ca(R—SO_3)_2 + 2H^+ \quad (6\text{-}2)$$

滤出树脂，用氢氧化钠标准滴定溶液滴定生成的硫酸，可间接测得试样中硫酸盐（以三氧化硫表示）的含量。与动态法相比，静态法操作简便、快速。若用动态离子交换法，必须首先将硫酸钙完全溶解，然后再通过交换柱进行交换。

6.5.3.2　为什么测定石膏试样中的三氧化硫时用一次交换，而测定水泥试样时却要两次交换？

对于石膏样品，进行一次离子交换后即可进行中和滴定；若是水泥试样，则需进行两次离子交换，才能进行中和滴定，其原因是硅酸盐水泥的组分比石膏复杂得多，除掺入调凝剂石膏之外，还有大量的水泥熟料矿物。熟料矿物中的硅酸三钙（以及少量的硅酸二钙）在水中水化而生成氢氧化钙和硅酸：

$$3CaO \cdot SiO_2 + nH_2O = 3Ca(OH)_2 + SiO_2 \cdot (n-3)H_2O$$

这时如加入阳离子交换树脂，即有下述副反应发生：

（1）大部分氢氧化钙被阳离子交换树脂交换并中和：

$$Ca(OH)_2 + 2R—SO_3H = Ca(R—SO_3)_2 + 2\ H_2O$$

（2）一部分氢氧化钙将水泥中石膏经离子交换产生的硫酸中和，又生成硫酸钙：

$$Ca(OH)_2 + H_2SO_4 = CaSO_4 + 2\ H_2O$$

生成的硫酸钙又与离子交换树脂进行交换反应，直至树脂的交换容量接近饱和而失效。此后，由于硅酸三钙继续水化而又生成氢氧化钙。最后，得到的是含有硫酸钙（由石膏来）及氢氧化钙（熟料矿物水化产生）的碱性溶液。这时不能进行中和滴定。

为了终止硅酸三钙的水化作用，并将第一次交换产生的氢氧化钙中和，同时将石膏中的硫酸钙重新变成硫酸，需将水泥残渣及已失效的离子交换树脂过滤除去，在滤液中再次加入新的离子交换树脂进行交换。此时发生下述两种反应：

（1）新树脂将第一次交换时硅酸三钙水化产生的氢氧化钙中和：

$$Ca(OH)_2 + 2R-SO_3H = Ca(R-SO_3)_2 + 2H_2O$$

（2）新树脂与溶液中的硫酸钙交换，使之重新变成硫酸：

$$2R—SO_3H + Ca^{2+} = Ca(R—SO_3)_2 + 2H^+$$

第二次交换时中和反应及离子交换反应很快进行完全。这时将树脂滤去，滤液用氢氧化钠标准滴定溶液进行滴定，才能根据所消耗的氢氧化钠标准滴定溶液的体积和浓度，计算水泥样品中三氧化硫的含量。

6.5.3.3　用静态离子交换-中和法测定水泥中三氧化硫的试验条件是什么？

（1）溶液的体积：静态离子交换反应是反应物及产物处于同一体系中的可逆反应，当树脂的用量一定时，随着溶液中氢离子浓度的不断增高，式（6-2）逆向反应的趋势亦逐渐增强，使硫酸钙与树脂的离子交换反应不能进行完全，导致测定结果偏低。为促使离子交换反应向生成氢离子的方向移动，溶液的体积应当大一些。石膏试样以 100 mL～150 mL 为宜，水泥试样以 50 mL 为宜。但溶液体积也不能过大，否则操作不便。

（2）充分搅拌：在静态离子交换反应中，通过机械搅拌能使溶液中的金属离子很快扩散到树脂表面，同磺酸基上的氢离子发生交换，并使氢离子很快进入溶液中。因此，在交换过程中进行搅拌至关重要。一般都使用磁力搅拌器将树脂及溶液充分搅拌。

（3）溶液的温度：由于强酸性阳离子交换树脂与溶液中的金属阳离子交换速度很快，加之进行机械搅拌，故交换反应本身无需加热。但在实际操作中通常都是使用沸水，且边搅拌边加热，其主要目的是消除碳酸对滴定的影响。在石膏及水泥试样中常含有少量石灰石或白云石等杂质，它们与阳离子交换树脂进行交换后生成碳酸（温度高时分解为二氧化碳和水）：

$$CaCO_3 + 2R—SO_3H \rightleftharpoons Ca\ (R—SO_3)_2 + H_2CO_3$$

如不将二氧化碳逐去，以酚酞为指示剂，用氢氧化钠标准滴定溶液滴定时，将产生较大的正误差。为此，需加入煮沸过的热水，并在搅拌过程中加热，使碳酸分解为水和二氧化碳逸去。

（4）树脂的用量及搅拌时间：石膏有二水石膏（$CaSO_4 \cdot 2H_2O$）、半水石膏（$2CaSO_4 \cdot H_2O$）和硬石膏（$CaSO_4$）几种形态。近年来很多水泥企业使用硬石膏作调凝剂。硬石膏溶解速度慢，溶解度也低，树脂用量及搅拌时间均需适当增加和延长，以确保硬石膏中的硫酸钙能完全溶解和交换。具体条件可参照表6-5。

表6-5　石膏及水泥（第一次交换）离子交换条件

试　样	试料质量/g	树脂用量/g	搅拌时间/min	溶液体积/mL
石膏及硬石膏	0.1	5	15	100
含有硬石膏的水泥	0.2	5	10	50
含二水石膏的水泥	0.5	2	2	50

6.5.3.4　用静态离子交换法测定水泥中三氧化硫时两次交换的树脂加入量和交换时间为何不同?

测定时一般称取0.2g水泥试样。第一次交换须加入5g树脂，搅拌10min；第二次交换只需加入2g树脂，搅拌3min。

第一次交换之所以加树脂量多、搅拌时间长，是因为除水泥中的石膏成分被交换生成H_2SO_4需要树脂外，水泥中的C_3S和少量C_2S在离子交换过程中水化生成的$Ca(OH)_2$也会与树脂发生离子交换反应。其中一部分$Ca(OH)_2$将中和石膏交换生成的H_2SO_4，又生成$CaSO_4$。交换如此循环，直至树脂的交换容量接近饱和，因此需要的树脂量多、搅拌的时间长。

进行第二次交换时，已将水泥残渣及已失效的树脂滤去，此时溶液中的$Ca(OH)_2$已很少，主要是$CaSO_4$，经过搅拌很快即会转化为与三氧化硫等物质量的H_2SO_4。所以第二次交换加入树脂的量不必太多，2g足够；搅拌时间也仅需3min即可。

6.5.3.5　为什么不能用离子交换-中和法测定含有氟、氯、磷的试样中的三氧化硫?

离子交换-中和法是间接测定法，不是直接测定硫酸根离子，而是间接测定与硫酸根离子（SO_4^{2-}）结合的钙离子与阳离子树脂交换后产生的硫酸（实质是氢离子H^+）。而含有氟、磷、氯的水泥试样，在用离子交换法测定SO_3的同时，氟、磷、氯也会被交换生成相应的酸（HF、H_3PO_4、HCl）。这些酸会与石膏交换出来的硫酸一起被NaOH标准滴定溶液滴定，从而导致SO_3的测定结果偏高，所以不能用离子交换法测定含氟、氯、磷的水泥试样中的SO_3，这是使用本方法必须注意的前提。

6.5.3.6 为什么有时用离子交换法测定水泥中三氧化硫时加入树脂后会产生大量泡沫？

试样中可能有较多的未分解完全的碳酸钙，或者加入了石灰石作为混合材，加入树脂后，碳酸钙与阳离子交换树脂发生反应，生成二氧化碳：

$$CaCO_3 + 2R—SO_3H \rightleftharpoons Ca(R—SO_3)_2 + H_2O + CO_2 \uparrow$$

生成的二氧化碳从试样的表面冒出液面，会产生很多气泡。如遇这种情形，须报告负责人和水泥生产车间。另外，应补加离子交换树脂，继续测定三氧化硫。

6.5.4 还原-碘量法

6.5.4.1 用还原-碘量法测定水泥试样中三氧化硫的原理是什么？

应用还原-碘量法测定试样中三氧化硫的含量，是用磷酸加热溶样，借助强还原剂氯化亚锡将试样中的硫酸盐还原为硫化氢，然后用碘量法进行测定。这是间接测定法。本方法中硫化物干扰测定，需预先用磷酸加热将其除去；黄铁矿（FeS_2）中的硫不干扰测定。所用仪器如图 6-1 所示。

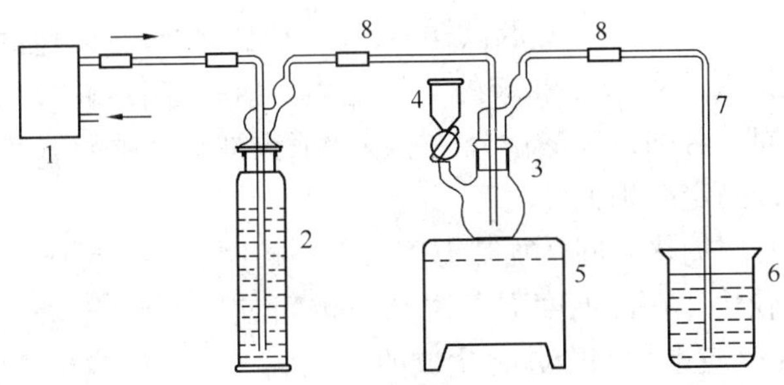

图 6-1 还原-碘量法测硫仪示意图

1—吹气泵；2—洗气瓶（250 mL），内盛 100 mL 硫酸铜溶液（50 g/L）；3—反应瓶（100 mL）；4—加液漏斗（20 mL）；5—电炉（600W），与 1kVA ~ 2kVA 调压变压器相连接；6—烧杯（400 mL），内盛 300 mL 水及 20 mL 氨性硫酸锌溶液；7—导气管；8—硅橡胶管

主要反应过程如下：

（1）以磷酸进行预处理，低温加热并通入空气除去硫化物（如 CaS、FeS、MnS 等）：

$$3CaS + 2H_3PO_4 = Ca_3(PO_4)_2 + 3H_2S \uparrow$$

（2）加入氯化亚锡-磷酸溶液，加热至 250 ℃ ~ 300 ℃，二价锡离子将硫酸盐还原为硫化氢气体逸出，自身被氧化为四价锡离子。化学反应方程式为：

$$3CaSO_4 + 12SnCl_2 + 10H_3PO_4 = 3H_2S \uparrow + 6SnCl_4 + Ca_3(PO_4)_2 + 2Sn_3(PO_4)_4 + 12H_2O$$

离子反应方程式为：

$$SO_4^{2-} + 4Sn^{2+} + 10H^+ = H_2S \uparrow + 4Sn^{4+} + 4H_2O$$

（3）反应生成的硫化氢气体用氨性硫酸锌溶液吸收，生成硫化锌沉淀保留下来：

$$Zn(NH_3)_4^{2+} + H_2S + 2H_2O = ZnS \downarrow + 2NH_3 \cdot H_2O + 2NH_4^+$$

（4）在保留有硫化锌沉淀的吸收液中，加入过量的碘酸钾标准滴定溶液（内含碘化钾）及硫酸溶液，则在酸性溶液中同时发生下述反应：

碘酸钾与碘化钾反应，生成单质碘（过量）：

$$IO_3^- + 5I^- + 6H^+ \xlongequal{} 3I_2 + 3H_2O$$

硫化锌沉淀被硫酸溶解又生成硫化氢：

$$ZnS + 2H^+ \xlongequal{} Zn^{2+} + H_2S$$

生成的硫化氢立即被单质碘氧化：

$$H_2S + I_2 \xlongequal{} 2HI + S\downarrow$$

（5）溶液中剩余的单质碘，用硫代硫酸钠标准滴定溶液返滴定至淡黄色，再加入淀粉指示剂溶液，继续以硫代硫酸钠标准滴定溶液滴定至蓝色消失，即为终点：

$$I_2 + 2S_2O_3^{2-} \xlongequal{} 2I^- + S_4O_6^{2-}$$

根据浓度为 c（$1/6KIO_3$）的碘酸钾标准滴定溶液的加入量及返滴定时浓度为 c（$Na_2S_2O_3$）的硫代硫酸钠标准滴定溶液的消耗量，以及二者的体积比，即可算出实际消耗的碘酸钾标准滴定溶液的消耗量，从而可求出试样中三氧化硫的质量分数。

6.5.4.2 用还原-碘量法测定试样中三氧化硫溶样及还原阶段的操作要点是什么？

（1）试样量以含三氧化硫为 10 mg ~ 15 mg 为宜。如水泥试样中三氧化硫的含量为 3%，则称取的试样质量为 0.3g ~ 0.5g，称取试样前，反应瓶应烘干，以免试样结块。

（2）磷酸要预先脱水，可增强磷酸的溶样能力。氯化亚锡-磷酸溶液每次不宜多配制，使用时间不宜超过两周。否则，在酸性介质中氯化亚锡被空气中的氧气所氧化，使氯化亚锡的还原能力不足，导致测定结果偏低。

（3）还原硫酸盐时，加热时间及加热温度要严格控制。还原反应在 250 ℃ ~ 300 ℃（最好为 280 ℃）下进行较快。在此温度下，约 10 min 可使还原反应进行完全，适当降温并继续通气 5 min，可确保反应进行完全并将生成的硫化氢气体全部载带入吸收液中。如温度较低，或反应时间不足，试料分解、还原不完全；如温度过高，或反应时间太长，磷酸将生成焦磷酸和偏磷酸，强烈腐蚀玻璃反应瓶，缩短反应瓶的使用寿命。

6.5.4.3 用还原-碘量法测定试样中三氧化硫吸收阶段的操作要点是什么？

（1）吸收液要有足够的高度，一般使用 400 mL 的烧杯，内盛 20 mL 氨性硫酸锌吸收液，并用水稀释至 300 mL，以保证气体通过时，有足够长的吸收路径使其中的硫化氢被完全吸收。

（2）通气速度：以每秒 4 个 ~ 5 个气泡为宜。如通气速度过快，则硫化氢有可能吸收不完全；如通气速度过慢，在规定的时间内硫化氢不能全部被载带入吸收杯中。二者都将导致结果偏低。

6.5.4.4 用还原-碘量法测定试样中三氧化硫酸化阶段的操作要点是什么？

（1）还原反应结束后，为确保安全，必须先拆下吸收杯中的进气导管，切断吸收液与反应瓶之间的通路，然后再拆下反应瓶，最后关闭吹气泵。如按相反次序操作，吸收液会发生倒流，进入反应瓶而使 200 ℃左右的反应瓶炸裂，试验作废，且易造成烫伤事故。

（2）酸化溶液时，以拆下的进气导管为搅拌棒，在充分搅拌下一次性快速加入硫酸溶液（1+2），防止生成的硫化氢尚未与同时生成的单质碘反应已逸出，而使结果偏低。

硫酸溶液（1+2）的加入量以 30 mL 左右为宜，不要过多，因为如果酸的浓度超过 1mol/L，在下一步滴定时淀粉指示剂将和碘生成红色化合物，使滴定终点不正常。

6.5.4.5 用还原-碘量法测定试样中三氧化硫返滴定阶段的操作要点是什么?

（1）用硫代硫酸钠标准滴定溶液返滴定剩余的碘时，杯中溶液的温度不应太高，以防碘挥发；如溶液温度高，淀粉与碘的显色反应不灵敏，终点不正常。

（2）返滴定的速度不宜过快，且应加强搅拌，防止硫代硫酸钠溶液局部过浓，遇酸形成极不稳定的硫代硫酸而分解，使测定结果偏低：

$$Na_2S_2O_3 + 2H^+ = H_2S_2O_3 + 2Na^+$$

$$H_2S_2O_3 = H_2O + SO_2\uparrow + S\downarrow$$

（3）淀粉指示剂溶液要现用现配，加防腐剂，不能久置，否则淀粉水解产生具有还原作用的化合物，与碘反应，硫代硫酸钠的消耗量将比理论值少，使结果偏高。

淀粉指示剂溶液不要在滴定开始时就加入，而应在返滴定至淡黄色后再加入，否则生成淀粉与碘的蓝色化合物，至终点时蓝色不易褪去。

（4）碘酸钾标准滴定溶液、硫代硫酸钠标准滴定溶液在放置、使用以及标定浓度、进行试样分析等操作时，均须避免阳光的直接照射。

6.5.5 铬酸钡分光光度法

6.5.5.1 用铬酸钡分光光度法测定水泥中三氧化硫的原理是什么?

铬酸钡分光光度法以 $BaSO_4$ 沉淀反应为基础，但将最终的测定方式转化为分光光度法，此方法同时具有 $BaSO_4$ 称量法和分光光度法的优点，适应性强，不受氟、磷的干扰，结果准确，实验操作简单，分析速度快（单样测定 15min～20min，1h 可测定 5 个～6 个样品）。另外，由于反应过程简单，所用试剂很少，分析成本低廉。该法是一种通用型 SO_3 测定法，适合于通用硅酸盐水泥的分析，对于加有萤石、磷石膏和氟石膏的水泥，优点更为明显。此法不仅适用于水泥的质量检验，也可用于水泥生产控制分析。

本法利用铬酸钡 $BaCrO_4$ 在不同酸度介质中的溶解度的不同，使铬酸钡在弱酸性介质中溶解，与硫酸根离子生成硫酸钡，然后铬酸钡在碱性介质中沉淀出来，留下与硫酸根离子等物质的量的铬酸根离子，进行测定。

样品经盐酸溶解后，将体系调整至弱酸性，加入过量的 $BaCrO_4$ 弱酸性溶液，这时溶液中 $a$mol 的 SO_4^{2-} 便与 $a$mol 的 Ba^{2+} 定量反应生成 $a$mol $BaSO_4$ 沉淀：

$$aSO_4^{2-} + bBaCrO_{4(液)} = aBaSO_4\downarrow + (b-a)Ba^{2+} + bCrO_4^{2-}$$

此时溶液中 CrO_4^{2-} 的物质的量与 Ba^{2+} 的物质的量不再相等，CrO_4^{2-} 为 b mol，Ba^{2+} 为（$b-a$）mol，前者比后者多 $a$mol。然后将体系调至 pH＞8.0，这时在溶液中多余的（$b-a$）mol Ba^{2+} 便与溶液中（$b-a$）mol 的 CrO_4^{2-} 生成（$b-a$）mol 的 $BaCrO_4$ 沉淀：

$$(b-a)Ba^{2+} + bCrO_4^{2-} = (b-a)BaCrO_4\downarrow + aCrO_4^{2-}$$

而溶液中则留下与原来 SO_4^{2-} 等物质的量的 $a$mol CrO_4^{2-}。将体系中的各种沉淀一并滤出，得到含有 CrO_4^{2-} 的溶液，呈黄色，用分光光度法在 420nm 处测定 CrO_4^{2-} 的浓度，通过事先做好的工作曲线求得溶液中CrO_4^{2-}的浓度，继而求得试样中SO_3的含量。

6.5.5.2 用铬酸钡分光光度法测定水泥中三氧化硫的要点是什么？

(1) 酸度的影响。实验表明，pH > 8.0 时，溶液中六价铬主要以CrO_4^{2-}一种离子形式存在。因此，只要控制测定体系的 pH > 8.0，就不会因六价铬的存在形式不同而产生测定误差。

(2) 实验证明，只要控制好反应时的体积和离子总量，则在同样的离子强度下，$BaSO_4$的生成率虽然不是100%，但却是稳定的。根据这一特点，只要采用工作曲线法，并在标准比对溶液中加入相应的基体，使其离子强度和样品体系一致，这样，两体系就能具有相同的转化率，通过比较法获得的结果依然是正确的。

(3) 硫化物干扰的消除。本方法最终是通过分光光度法测定CrO_4^{2-}的浓度。由于它是一种氧化剂，还原性物质能将其还原成Cr^{3+}，致使测定无法进行。因此，溶样前，先在样品中加入甲酸，然后于电炉上微热烤干，便能将H_2S完全赶净。对于硫化物含量较高的矿渣水泥，加入2 mL甲酸溶液（1+1）即可消除硫化物的干扰。对于不含硫化物的水泥，经此处理也不影响分析结果。

(4) 亚铁离子干扰的消除。亚铁离子也能与铬酸根离子CrO_4^{2-}发生反应，从而影响测定。过氧化氢在酸性溶液中是强氧化剂，反应产物是水，多余的H_2O_2加热便可分解，产物也是水，因此，它是一种非常干净和有效的氧化剂。理论计算和实验证明，每份试样中只要加入1滴~2滴H_2O_2（1+1），将Fe^{2+}离子氧化成Fe^{3+}，即可完全消除样品中亚铁离子的干扰。

(5) 放置时间。由于本方法最终不直接称量$BaSO_4$固体，因此形成的$BaSO_4$沉淀不需要长时间放置陈化，只要Ba^{2+}和SO_4^{2-}形成有形沉淀即可。所以，统一规定放置10min。

6.5.6 库仑积分法

6.5.6.1 库仑积分测硫仪的工作原理是什么？

库仑积分测硫仪是根据库仑滴定法原理设计的（图6-2）。它是通过测量待测物质定量地进行某一电极反应，或在它与某一电极反应产物定量地进行化学反应的过程中所消耗的电量（库仑）来进行定量分析的。方法原理如下。

在高温和五氧化二钒助熔剂的作用下，试样中的硫分解为SO_2和SO_3（当测定条件一定时，其中SO_2的体积分数为97%，SO_3的体积分数为3%）：

$$CaS + 2O_2 \xlongequal{} CaSO_4$$

$$CaSO_4 \xlongequal{} CaO + SO_2\uparrow + 0.5O_2\uparrow$$

用净化的空气将SO_2载带至盛在电解池中的含有KI的乙酸溶液中。溶液中插有一对指示电极，两电极间通过一极小的直流电（10 mA），则发生下述反应：

$$\text{阳极上}\quad 2I^- - 2e \xlongequal{} I_2$$

$$\text{阴极上}\quad I_2 + 2e \xlongequal{} 2I^-$$

当气体中无SO_2时，上述两电极反应很快达到平衡，指示电极不发出信号。插入溶液中

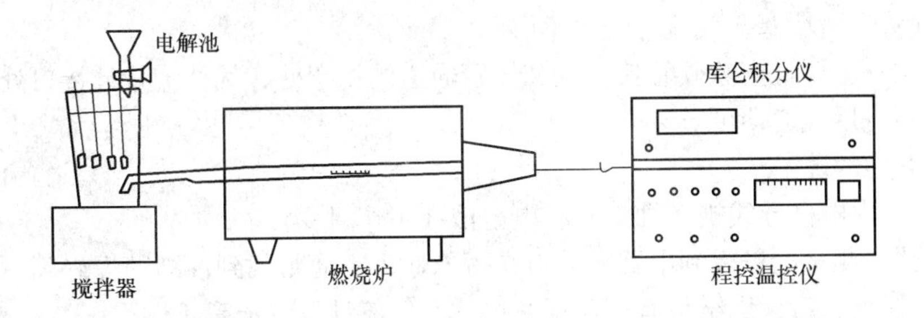

图 6-2　库仑积分仪示意图

的电解电路无电流通过，数字显示仪显示为零。

当电解池中有 SO_2 通过时，SO_2 立即和阳极附近的碘反应：

$$I_2 + SO_2 + 2H_2O \longrightarrow H_2SO_4 + 2HI$$

两电极间的平衡被打破，指示电极立即发出信号，使电解电路导通，在电解电极的正极附近发生下述反应，生成“电生碘”：

$$2I^- - 2e \longrightarrow I_2$$

电生碘继续与通入的 SO_2 反应。电解作用则跟踪 SO_2 的通入而进行。通入的 SO_2 浓度越高，电解电流越大；通入 SO_2 浓度越小，电解电流越小；当通入的气体中不再含有 SO_2 时，则电流停止通过。总电解电量与通入的 SO_2 的量成正比，由库仑积分仪记录并显示，仪器出厂前已将显示的数字调节为硫的毫克数。

6.5.6.2　库仑积分测硫仪由哪些部件组成?

（1）燃烧室：使煤样在催化剂作用下燃烧生成 SO_2 气体。

（2）气路：供给燃烧室空气，并使生成的 SO_2 气体全部被导入电解池。

（3）电解池和积分电路：电解滴定，记录电解滴定所消耗的电量。

（4）搅拌器：使电解滴定反应充分进行。

（5）控制电路：控制气泵、搅拌器和送样机构工作。

（6）计算、数据处理、显示和打印控制电路。

6.5.6.3　库仑积分测硫仪有哪些常见的故障和处理方法?

（1）燃烧室故障

1）燃烧室的石英（或刚玉）管或气管接口处断裂，使测量值偏低，结果不准。

处理方法：更换石英（或刚玉）管。

2）加热的硅碳棒（管）烧断或老化，造成不升温或升不到规定温度或升温慢。

处理方法：更换硅碳棒（管）。

（2）气路故障

1）导气软管老化龟裂，使气流计显示流量不足、测量值偏低。

处理方法：更换软管。

2）气泵内气拍老化龟裂，使气流不够。

处理方法：更换气拍。

3）导气管通路堵塞，气流计流量不够。

处理方法：主要检查软硬管接口处和导管通道的拐弯处、气体流量计接口处有无积灰堵塞，找到故障点后疏通即可。

（3）电解池故障

1）电解池内电极导线被腐蚀断开，电解液在工作时变红。

处理方法：测量电极板到电路板接口是否连通，不通则找到蚀断处焊好。

2）烧结板堵塞后，烧结板有一薄层灰黑体、气流计显示流量不够。

处理方法：用5%重酪酸洗液清洗后，用蒸馏水冲净，并用洗耳球吹通。

3）电极板上积有杂质层，使测试过程明显过长。

处理方法：用砂纸打磨掉电极板杂质层，用酒精擦拭后用蒸馏水洗净。

（4）搅拌器故障

1）搅拌器转速慢，此时电解池内电解溶液会形成黄色浑浊微粒、搅拌棒转动慢。

处理方法：调整搅拌电动机背后的可调电阻（如电动机的稳压电路故障，则更换稳压电路板）。

2）搅拌器转速过快，电解池内搅拌棒乱跳。

处理方法：调整搅拌电动机背后的可调电阻（如电动机的稳压电路故障，则更换稳压电路板）。

（5）送样机构故障，送样盘转不停

处理方法：此故障如果是光电电路控制的，则一般由光电管被灰尘玷污引起，只需拿一截空心管子对着光电头猛吹几下，把灰尘吹去即可恢复正常。

6.5.6.4 用库仑积分测硫仪测定水泥及原材料中三氧化硫与测定煤中三氧化硫有哪些不同？

（1）测定水泥及其原材料时可以分别测出水泥及原材料全硫量、硫酸盐硫和硫化物硫的含量：通过加入甲酸溶液（1+1）后在电炉上加热将多余的甲酸溶液（1+1）赶尽，再进行测定，就能得到硫酸盐硫的含量；再测定未加甲酸溶液（1+1）的样品，就可以得到全硫量；用全硫量减去硫酸盐硫含量，就可以得出硫化物硫含量。而测定煤中的三氧化硫含量只能测出全硫量。

（2）测定水泥及原材料中的三氧化硫时用五氧化二钒做助熔剂，而测定煤中三氧化硫用三氧化钨做助熔剂。

（3）测定水泥及原材料中的三氧化硫时燃烧温度为1200 ℃，测定煤中三氧化硫的燃烧温度为1050 ℃。

6.5.6.5 为什么用库仑积分测硫仪测定水泥试样中的三氧化硫时要先滴入几滴甲酸，待反应停止并烘干后才能测定？

水泥中三氧化硫是一项重要的品质指标，一般指硫酸盐硫含量。滴加几滴甲酸是为了消除硫化物对测定结果的影响。测定水泥试样中三氧化硫含量时先用甲酸（1+1）分解试样，在电炉上低温加热3min～5min除去硫化物，同时将剩余的甲酸蒸发除去。然后加入助熔剂再进行测定，此时得到的是硫酸盐中三氧化硫的含量。留在试样中的残余甲酸在其后的燃烧过程中被氧化成水和二氧化碳，不干扰硫的测定。

6.6 氯离子的测定

6.6.1 用硫氰酸铵容量法测定水泥中氯离子的原理是什么？

此方法为GB/T 176—2008中的基准法，属于沉淀滴定法、返滴定法。

在含有氯离子的硝酸溶液中，加入过量的硝酸银标准溶液，银离子与氯离子生成氯化银沉淀：

$$\underset{(过量)}{Ag^{+}} + Cl^{-} = AgCl\downarrow + \underset{(剩余量)}{Ag^{+}}$$

剩余的银离子以三价铁离子（硫酸铁铵）作指示剂，用硫氰酸铵标准滴定溶液进行返滴定，生成白色的硫氰酸银沉淀：

$$\underset{(剩余量)}{Ag^{+}} + CNS^{-} = AgCNS\downarrow$$

待银离子被滴定完毕，稍过量的硫氰酸根离子便和三价铁离子反应生成红色的配合物，指示滴定终点的到达：

$$Fe^{3+} + CNS^{-} = \underset{(红色)}{Fe(CNS)^{2+}}$$

根据硫氰酸铵标准滴定溶液的消耗量、其与硝酸银标准溶液的体积比，计算试样中氯离子的含量。返滴定的原理见图6-3。

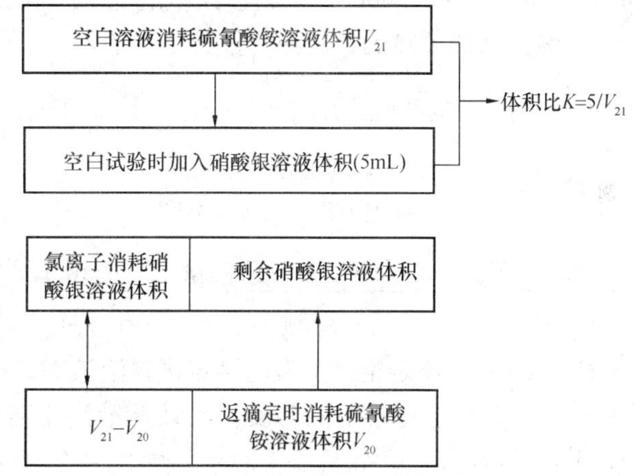

图6-3 硫氰酸铵返滴定法测定氯离子原理图

6.6.2 测定水泥中氯离子时为什么滴定要在硝酸溶液中进行？

滴定反应是在硝酸溶液中进行，酸度保持在0.3 mol/L～1 mol/L。这时许多弱酸根离子如磷酸根离子（PO_4^{3-}）、砷酸根离子（AsO_4^{3-}）、铬酸根离子（CrO_4^{2-}）等都不与Ag^{+}生成沉淀，方法的选择性较好。

若是中性溶液，则Fe^{3+}水解生成$Fe(OH)_3$沉淀，影响终点的确定。

若是氨性溶液，则银离子会与氨反应生成配合物：$Ag^{+} + 2NH_3 \rightarrow Ag(NH_3)_2^{+}$，影响测定结果。

若是碱性溶液，则$Ag^{+} \rightarrow Ag_2O$沉淀，$Fe^{3+} \rightarrow Fe(OH)_3$沉淀，影响滴定终点的判断；

若在H_2SO_4、HCl、H_3PO_4介质中，Ag^{+}会分别生成Ag_2SO_4沉淀、AgCl沉淀、Ag_3PO_4沉淀，干扰终点的判断。

强氧化剂、铜盐、汞盐等与硫氰酸根离子发生反应，对测定有干扰；大量Co^{2+}、Ni^{2+}等有色离子，影响终点的观察。如有这些干扰离子，必须预先除去。本法所测得的实际上是氯离子、溴离子、碘离子和硫氰酸根离子的总量，但在一般的水泥样品中，均很少含有溴离子、碘离子和硫氰酸根离子，故通常可不予考虑。

6.6.3 硝酸银标准溶液用何种等级的试剂配制？为什么配好以后不再用基准试剂标定其浓度？其对氯的滴定度 $T_{Cl}=1.773$ mg/mL 是如何计算得出的？

因为试样中氯离子的质量分数很小，只有万分之几，硝酸银标准溶液可以使用分析纯试剂配制，其对氯离子的滴定度亦可根据其浓度直接换算，不必再用氯离子标准溶液标定。

硝酸银的摩尔质量 $M(AgNO_3)=169.88g/mol$。称取 8.4940g 硝酸银，溶于水后，稀释至 1L。其物质的量浓度为：

$$c(AgNO_3)=(8.4940g/169.88g/mol)/1L=0.05000mol/L$$

其对氯离子的滴定度为［计算公式参见第 3 部分式（3－11）］：

$$T_{Cl}=c(AgNO_3)\times M(Cl)=0.05000mol/L\times 35.45g/mol=1.773\ g/L=1.773\ mg/mL。$$

6.6.4 GB/T 176—2008《水泥化学分析方法》中式（35）硫氰酸铵容量法测定氯离子质量分数的计算公式是如何推导出来的？

按照固体试样中某成分的质量分数的计算公式，试样中氯离子的质量分数为：

$$w(Cl)=\frac{T_{Cl}\times \text{硝酸银溶液的消耗量(mL)}}{\text{试料的质量}\ m(g)\times 1000}$$

$$=\frac{T_{Cl}\times \text{硫氰酸铵溶液消耗量之差(mL)}\times \text{硝酸银溶液与硫氰酸铵溶液体积比}\ K}{m_{26}\times 1000}$$

参见图 6-3，滴定空白溶液与滴定试样溶液时，硫氰酸铵标准滴定溶液的消耗量之差为 $V_{21}-V_{20}$，而硝酸银标准溶液与硫氰酸铵标准滴定溶液的体积比 K 可由空白试验直接求得：$K=5/V_{21}$。因此有：$K\times(V_{21}-V_{20})=5\times(V_{21}-V_{20})/V_{21}$，即将消耗的硫氰酸铵标准滴定溶液的体积换算成了消耗的硝酸银标准溶液的体积。代入上式中，得：

$$w(Cl)=\frac{T_{Cl}\times(V_{21}-V_{20})\times K}{m_{26}\times 1000}=\frac{T_{Cl}\times 5.00\times(V_{21}-V_{20})}{m_{26}\times V_{21}\times 1000}$$

$$=\frac{1.773\times 5.00\times(V_{21}-V_{20})}{m_{26}\times V_{21}\times 1000}=0.008865\frac{(V_{21}-V_{20})}{m_{26}\times V_{21}}$$

式中 $w(Cl)$——氯离子的质量分数，%；

V_{20}——滴定时消耗硫氰酸铵标准滴定溶液的体积，mL；

V_{21}——空白试验滴定时消耗的硫氰酸铵标准滴定溶液的体积，mL；

m_{26}——试料的质量，g；

1.773——硝酸银标准溶液对氯离子的滴定度，mg/mL。

6.6.5 测定氯离子时，加入硝酸银标准滴定溶液后为什么要将溶液煮沸 1min～2min 并过滤后才进行滴定？

煮沸并过滤的目的是为了将生成的氯化银沉淀从溶液中除去，以免干扰滴定。

因为在用硫氰酸铵滴定的过程中，产生的硫氰酸银沉淀对银离子具有强烈的吸附性，致使在化学计量点前溶液中的银离子尚未被滴定完毕，硫氰酸根离子（CNS^-）就与指示剂三

价铁离子生成 $Fe(CNS)^{2+}$ 而显色，而使终点过早出现。为了避免这一影响，滴定时将含有硫氰酸银沉淀的悬浊液充分摇荡，使被沉淀吸附的银离子释放出来，即可防止终点的提前到达。

但是，在滴定的溶液中还有氯化银沉淀与硫氰酸银沉淀共存，在化学计量点以后，如继续用力摇荡，溶液的红色就会消失，使终点难于判别。这种现象的产生，是由于溶液中剩余的银离子被滴定之后，稍过量的硫氰酸根离子一方面与三价铁离子生成红色的 $Fe(CNS)^{2+}$ 配离子，另一方面还能将氯化银沉淀（溶解度 1.3×10^{-5} mol/L）转化为溶解度更小的硫氰酸银沉淀（溶解度 1.0×10^{-6} mol/L）：

$$AgCl_{(S)}\downarrow + CNS^{-} = AgCNS\downarrow + Cl^{-}$$

此时，如果剧烈摇荡，就会促进沉淀的转化，使 $Fe(CNS)^{2+}$ 与氯化银沉淀之间发生置换反应，溶液的红色因而消失。为了得到持久的红色，就必须多加硫氰酸铵溶液，这样就会造成较大的分析误差。比较好的办法是将含有氯化银沉淀的溶液煮沸，滤去沉淀，然后再用硫氰酸铵标准滴定溶液滴定滤液中剩余的银离子，就不会再发生上述现象，从而使结果更加准确。过滤的同时，还可以除去未溶解的残渣，便于终点的观察。

用此法测定某些原材料如黏土、铁矿石、火山灰质混合材料、粉煤灰、掺加大量酸不溶性混合材的水泥中的氯离子时，过滤速度很慢，必要时可用抽吸法进行过滤。

6.6.6　测定氯离子时，为什么滤液和洗涤液要冷却至 25 ℃以下才能用硫氰酸铵标准滴定溶液进行滴定?

滴定要求在室温进行。如果温度太高，$Fe(SCN)^{2+}$ 的电离度增大，其红色易褪色，滴定终点时变色灵敏度下降，终点不明显。另外，降低温度，可以降低反应产物硫氰酸银AgCNS沉淀的溶解度，使其沉淀完全。

放在暗冷处或弱光线处冷却，是为了防止硝酸银溶液见光分解。

6.6.7　用蒸馏分离-汞盐滴定法测定试样中微量氯的基本原理是什么?

用规定的蒸馏装置在 250 ℃ ~260 ℃温度条件下，以磷酸和过氧化氢分解试样，以净化空气作载体，蒸馏分离氯离子。氯化物以氯化氢形式蒸出，用稀硝酸作吸收液，蒸馏 10min ~15min（视试样中氯的含量而定）后，向蒸馏液中加入乙醇，使其体积分数为 75%。在 pH 值为 3.5 左右，以二苯偶氮碳酰肼为指示剂，用硝酸汞标准滴定溶液进行滴定。

其反应式如下：

反应蒸馏　$3Cl^{-} + H_3PO_4 = 3HCl\uparrow + PO_4^{3-}$

滴定反应　$Hg^{2+} + 2Cl^{-} = HgCl_2$

终点时稍过量的汞离子与指示剂生成紫红色化合物，指示滴定终点的到达：

Hg^{2+} + 二苯偶氮碳酰肼指示剂 = Hg－二苯偶氮碳酰肼（紫红色）

6.6.8　用蒸馏分离-汞盐滴定法测定氯离子的测定条件是什么?

（1）分解试样采用磷酸。磷酸的沸点高，溶解矿物的能力强，在高温下用其分解试料的同时，可使氯化物生成易挥发的氯化氢而被蒸馏出来。蒸馏过程中，还可使其他卤化物和硫化物以相应的氢卤酸、氢硫酸形式同时被蒸馏出来，其中的氢溴酸、氢碘酸、氢硫酸干扰测定。水泥原材料中溴、碘几乎不存在，而氢氟酸不干扰测定，主要干扰因素是硫化物。往试料中滴入数滴过氧化氢，蒸馏时硫化物生成氢硫酸后被过氧化氢氧化为硫酸而不被蒸出。用0.1mol/L 硝酸做吸收液，可进一步消除被蒸出的极少量氢硫酸的干扰。

市售磷酸浓度的质量分数一般为85%，含有较多的水分。加热蒸馏时，生成的氯化氢与水相遇，形成盐酸蒸气被空气载体带出，经空气冷却后直接回收，从而可采用较高的通气速度，缩短蒸馏时间，也省去了磷酸预先脱水的步骤。

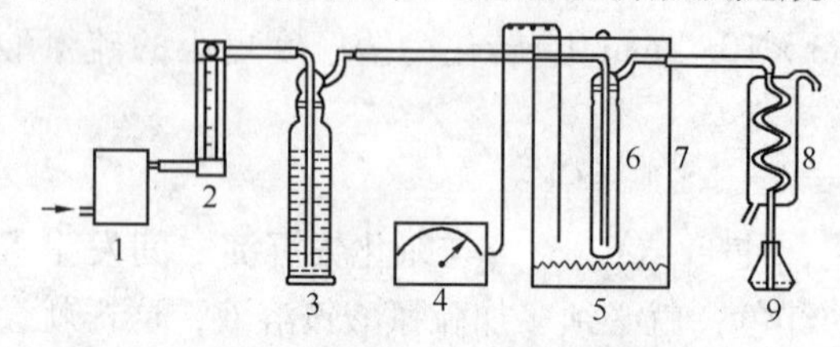

图6-4　测氯蒸馏装置示意图

1—吹气泵；2—转子流量计；3—洗气瓶，内装硝酸银溶液；4—控温仪；5—加热炉；6—石英蒸馏管；7—炉膛保温罩；8—蛇形冷凝管；9—锥形瓶（50 mL）

（2）为了减少盐酸蒸气因在蒸馏管顶端及出口壁冷凝而造成的损失，对蒸馏装置进行了设计，采用了快速蒸馏法测氯的装置（图6-4），在加热电炉周围加装了炉罩，将蒸馏管全部置于炉罩内的热气流中。由于炉罩底部不密闭，自然进风量大，使炉罩顶端出口部分形成170 ℃以上的热空气对流，将出口管烘干，可减少盐酸蒸气在此处的凝结损失，提高蒸馏效率。对低含量氯（0.2%左右）蒸馏时间5min，0.5%～1.0%的氯蒸馏时间8min，回收率可达99%，蒸馏速度显著提高。当出口温度保持在170 ℃左右，气流速度超过180 mL/min时，气流速度的变化对测定结果已无明显影响。

6.6.9　用蒸馏分离-汞盐滴定法测定氯离子时有哪些注意事项？

（1）试样的称取量、蒸馏时间、硝酸汞溶液浓度，应根据试样中Cl^-的含量确定（表6-6）。

表6-6　蒸馏分离-汞盐滴定法测定氯离子时的条件

$w(Cl^-)$	试样的称取量/g	蒸馏时间/min	硝酸汞溶液的浓度 c/(mol/L)
<0.2%	0.3～0.5	10～15	0.001
0.2%～1.0%	0.1～0.3	15～20	0.005

（2）控制磷酸的加热温度不宜太高，否则磷酸将生成偏磷酸或焦磷酸，失去溶解能力。

（3）用磷酸分解石灰石、生料时，加入磷酸后要立即摇动石英管，让产生的CO_2及时逸出，然后再连接到仪器上。否则，试样会溢出，倒流入洗气瓶中，使试验无法进行。

（4）为保证氯化氢气体吸收充分，可酌情加入不超过5 mL的水，但须与空白试验一致。

（5）控制好气体流速，保证蒸馏出来的氯化氢被吸收液充分吸收。若流速过快，测定结果偏低；若流速过慢，试验时间拖长。测定时，锥形瓶中应有连续的气泡产生，否则，说明气路存在漏气现象。

（6）蒸馏液总体积应为20 mL～30 mL，其中乙醇的体积要占75%以上，以增大指示剂的溶解度，使终点敏锐。

（7）在测定的同时，应做平行空白试验。除不加试样外，其他步骤、条件应完全相同。计算时，应从测定结果中扣除空白值。

（8）试验结束后，应及时洗净石英蒸馏管，以免石英管壁上粘附沉淀物。

（9）该试验应在单独的试验室内进行；试验所用的水、试剂和玻璃量器要与其他化学分析试验用的分开。

6.6.10 在蒸馏分离-汞盐滴定法中测氯仪的操作步骤及注意事项是什么?

（1）测氯仪的操作步骤：

打开包装后，按仪器说明书图示装配。使用前将洗气瓶与石英蒸馏管的连接口用硅橡胶管连接好，再将石英蒸馏管与冷凝管连好，然后在冷凝管下面放入烧杯或锥形瓶。

控温仪表与时间控制器出厂前已设定好所需数值，不必再调节。如需调节，应参照说明书，不要随意调节。

转子流量计可根据需要旋动调节钮自行调节，使气流速度保持在 100 mL/min ~ 200 mL/min。

按 GB/T 176—2008 标准中规定的分析方法测定水泥原料或水泥中氯离子的含量。

连接好电源线，开机，打开电源开关，按“确定”键开始运行。当温度达到 250 ℃以上时，仪表将提示操作者放好试管。按“确定”键，此时气泵开始工作，计时器开始计时。当计时完毕，仪器自动报警，提示测定结束。取出蒸馏管置于试管架内。

如需连续进行测定，按“恢复”键，按显示屏提示操作。工作结束后关闭电源开关。

（2）注意事项：

试验前应检查气路是否连接好，不得有漏气现象。

仪器应可靠接地。

温度传感器放在炉内时，应轻拿轻放，以免损坏，降低精度。

6.6.11 在蒸馏分离-汞盐滴定法中使用石英蒸馏管时应注意哪些事项?

（1）加入磷酸后，磷酸首先将试样中的碳酸盐分解。如果试样中碳酸盐含量较高（如石灰石、生料等），加入 5 mL 磷酸后，要摇动石英管，以便将碳酸盐遇酸生成的大量二氧化碳排除，待液面平静后，再将石英管连接到仪器上，否则，产生的大量二氧化碳有可能将试样喷出，甚至流入吸收液中，使试验失败。另外，如果往蒸馏管中加入磷酸后没有充分摇匀试样，试样容易结块，影响测定结果，缩短蒸馏管的使用寿命。

（2）试验完毕，石英蒸馏管稍放置后，应及时洗涤干净。具体操作是，用手触摸蒸馏管的外壁不再烫手（50 ℃以下）时，用自来水冲洗内壁，用毛刷刷净内壁，再用蒸馏水冲洗 2 次 ~3 次，在干燥箱内烘干备用。石英管若冲洗不干净，以后使用时石英管内壁上易粘附试样，或造成试样结块。

（3）在测定试样的过程中，由于受热，磷酸会变成焦磷酸或者偏磷酸，在温度降低时形成不溶于水的黏稠状物体，不易洗涤。为避免发生此现象，用热盐酸溶液（1 +5）将结块充分溶解，然后用毛刷刷净管壁，用蒸馏水彻底洗净蒸馏管，防止由盐酸带进氯离子，使试验空白值增大。

6.6.12 怎样测定水泥外加剂和混凝土外加剂中氯离子的含量?

对于水泥助磨增强剂和混凝土外加剂等氯含量较高的试样，应该根据具体情况采用不同的分析方法。

（1）对于无机盐类的外加剂，可减少称样量，采用蒸馏分离-汞盐滴定法。另外，此类试样中的氯化氢蒸馏时容易逸出，应降低气体流速，延长蒸馏时间。

(2) 对于液体外加剂，如果本身有颜色，蒸馏时其蒸气易逸出到馏出液中，使滴定终点不明显，结果不稳定，因而不宜采用蒸馏分离-汞盐滴定法，可以采用电位滴定法进行测定(见题6.8.3.11至题6.8.3.15)。

(3) 对于没有颜色干扰的液体外加剂，可以考虑减少称样量，直接用水稀释，增大其稀释倍数，再从中定量移取一部分溶液再调节pH值，加入二苯偶氮碳酰肼指示剂，用硝酸汞标准滴定溶液滴定至终点。

(4) 对于氯离子含量较高的固体状混凝土外加剂，用硝酸溶样，转移到大体积的容量瓶中直接用水稀释至刻度数，再从中定量移取一部分溶液，调节pH，加入二苯偶氮碳酰肼指示剂，用硝酸汞标准滴定溶液滴定至终点。

6.6.13 配制和标定硝酸汞标准滴定溶液时应注意什么问题?

因为硝酸汞遇水会发生水解而生成沉淀，所以在硝酸汞标准滴定溶液的配制过程中，一定要先将硝酸汞固体放入干燥的玻璃烧杯中，加入浓硝酸将硝酸汞固体完全溶解后，再加水稀释。如果溶液出现浑浊，说明硝酸汞已经水解生成了沉淀，应重新配制。

6.7 碱含量的测定

6.7.1 水泥中碱含量的测定方法是什么?

水泥中碱含量的测定方法，目前国际上有火焰光度法和原子吸收分光光度法两种。我国标准GB/T 176—2008《水泥化学分析方法》标准中列出了水泥中碱含量的测定方法——火焰光度法（基准法）和原子吸收光谱法（代用法）。

火焰光度法是发射光谱分析法中的一种，具有操作简单、测定结果重复性好、精密度高等优点。原子中外层的电子在不同的情况下会处于不同的能级上。当原子的外层电子排布方式具有最低能量时，原子处于基态；当试样溶液经雾化装置被雾化为细雾送入喷灯的火焰中燃烧时，原子受外界能量的激发，外层电子吸收一定的能量后跃迁至更高的能级上，原子处于激发态。处于激发态的电子是很不稳定的，它们很快就从较高的能级再返回到较低的能级上，此时就辐射出一定的能量，而产生各种具有固定波长的谱线。每一种元素的原子结构彼此都不相同，各能级之间的能量差是各种元素特有的，因而电子跃迁时发出的都是自己的特征光谱。根据某一元素谱线的出现，就可以判定该元素的存在，而谱线的强度I与元素含量c之间在一定的范围内具有一种简单的函数关系：

$$I = f(c)$$

由实验得知，谱线强度还与外界条件有关，如激发条件、溶液组成、仪器性能等，故上式通常用如下实验式表示：

$$I = ac^b$$

式中a、b在一定的实验条件下为常数。a与上述许多因素有关。当元素含量较低时，b接近于1，所以公式可简化为：

$$I = ac$$

在火焰光度分析中，钾、钠元素的原子受热激发然后辐射出各自的特征光谱，通过滤光片把钾和钠的谱线简易地分离开来，特征谱线照射到硒光电池上，从而测得电流强度，电流强度大小取决于谱线的强度，而谱线的强度直接与被测元素的含量成正比。利用事先以系列标准溶液绘制的工作曲线，即可对被测试样中的钾、钠元素的含量进行定量分析。

6.7.2　用火焰光度法测定钾、钠时为何要先将其他干扰离子除去?

从火焰光度计的测定原理的公式“$I = ac$”中不难看出，结果的准确性取决于“a”，它包括激发条件、溶液组成、仪器性能等。值得特别说明的是：火焰光度计采用汽油或液化气作为燃料，温度在1500 ℃左右，激发温度较低，一般碱金属元素被完全激发，而碱土金属元素，如钙元素和镁元素等，也有部分被激发，产生光谱重叠现象，使结果偏高。因此必须预先除去。另外，二氧化硅易生成硅酸而堵塞仪器管道，所以也必须消除。一般情况下“a”应该是恒定的，但是溶液的组成保持恒定难度较大，为了得到相同的基体溶液，必须采用化学分离法将试样中的干扰元素分离出去，使被测溶液中只含有钾、钠两种金属离子，得到均一的溶液。所谓的化学分离法，就是通过化学的手段，将被测元素与干扰元素分离开，从而消除干扰，以得到准确的结果。

6.7.3　用火焰光度法测定钾、钠时如何除去干扰离子?

第一步：分离二氧化硅，一般采用氢氟酸和硫酸（1＋1）联合处理试样，使二氧化硅生成 SiF_4 气体逸出，不再产生干扰：

$$SiO_2 + 4HF = SiF_4\uparrow + 2H_2O$$

同时金属阳离子钙、镁、铁、铝、钾、钠等与 H_2SO_4 生成可溶性的硫酸盐。

第二步：将硫酸铁和硫酸铝分离。采用氨水（1＋1）调节溶液的pH值。加1滴甲基红指示剂溶液，用氨水（1＋1）调溶液至显黄色，此时溶液的pH值为4左右，硫酸铁和硫酸铝水解生成沉淀：

$$Fe_2(SO_4)_3 + 6NH_3 \cdot H_2O = 2Fe(OH)_3\downarrow + 3(NH_4)_2SO_4$$

$$Al_2(SO_4)_3 + 6NH_3 \cdot H_2O = 2Al(OH)_3\downarrow + 3(NH_4)_2SO_4$$

第三步：将硫酸钙和硫酸镁分离。加入 $(NH_4)_2CO_3$ 溶液（100 g/L）使硫酸钙和硫酸镁形成碳酸钙和碳酸镁沉淀。通过加热的方法，使其沉淀完全：

$$CaSO_4 + (NH_4)_2CO_3 = CaCO_3\downarrow + (NH_4)_2SO_4$$

$$MgSO_4 + (NH_4)_2CO_3 = MgCO_3\downarrow + (NH_4)_2SO_4$$

第四步：快速过滤除去铁、铝、钙、镁生成的所有沉淀，可溶性的钾盐和钠盐留存于滤液中，从而达到了分离的目的。

6.7.4　用火焰光度法测定钾、钠时使用汽油做燃料有什么缺点?

目前，火焰光度计通常用汽油作为燃料，通过空气压缩机形成压缩空气，通入汽油中将汽油汽化，达到一定的浓度时，点燃汽油气进行分析。但使用汽油做燃料存在以下弊病：

(1) 温度的影响。汽油的汽化程度与环境温度成正比，随着环境温度的升高而增大。我国的北方四季分明，夏天高温，汽油极易汽化，而在寒冷的冬天，汽化效果较差，火焰不易点燃，温度低，造成分析结果偏低。有的企业在储油罐旁加设一个电炉来提高环境温度，这是非常危险的。

（2）汽油质量的影响。汽油的标号很多，质量也不相同。一般要求使用航空汽油，但价格昂贵，另外，受地理位置的影响，有的企业根本买不到航空汽油，只好使用质量较差的汽油，一则燃烧温度较低；二则随着汽油的积存，水分越来越多，最后不能将火焰点燃，只好将罐中残存的汽油定期倒掉，这样就增加了成本，造成不必要的浪费。

（3）汽油液面的影响。仪器规定储油罐中的液面要保持在储油罐的三分之二处，但随着汽油的消耗，罐中汽油体积逐渐减小，要想保持汽油液面的高度非常困难，从而造成火焰燃烧不稳定，影响分析结果的重复性。

（4）靠压缩产生的汽油气自然燃烧，燃气阀门和助燃气阀门不能调节，火焰高度和温度不易控制，影响测定结果的稳定性。

随着液化石油气的生产和利用，分析工作者逐步用液化石油气代替汽油做燃料，消除了因为使用汽油给仪器造成的不良后果，提高了分析结果的精密度和准确度。使用液化石油气时，压力稳定，气体纯度较高，火焰能稳定燃烧，保证了仪器测定结果的稳定性。而且液化石油气耗用量小，使用时间较长，一般一罐液化石油气使用5年左右不用更换。

从大量的测定数据中可以得出结论：使用液化石油气测定结果的偏差都小于GB/T 176—2008《水泥化学分析方法》中对碱含量的测定结果重复性限的规定，其平均值与硅酸盐水泥标准样品中的证书值非常符合，证明使用液化石油气做燃气是完全可行的。

6.7.5 用火焰光度法测定钾、钠时的操作要点是什么？

（1）试样的称取量

火焰光度计的检测范围在0 mg/mL ~ 3.5×10^{-2} mg/mL之间，超过该检测限需要减小称样量或将试验溶液稀释。

不同原材料中钾、钠的含量不同。钾、钠主要来源于黏土、铁粉或煤，如：黏土中钾、钠的含量一般小于4%，铁粉或煤灰中钾的含量在1% ~2%之间，而石灰石、石膏、矿渣等原料中钾、钠的含量一般小于1%，因此，必须根据不同的试样，确定适宜的称样量（表6-7），以适应仪器的测定范围。

表6-7 测定钾、钠时不同试样的称样量

试样名称	试料质量 m/g	稀释体积 V/mL
水泥、熟料、生料、石灰石、石膏	0.18 ~ 0.20	100
黏土、铁粉、粉煤灰、矿渣、	0.1	250
窑灰	0.05	250
混凝土外加剂	0.05 ~ 0.20	100 ~ 500

（2）加酸方式与加酸量

加入的硫酸量应能满足各阳离子完全形成硫酸盐的需要，H_2SO_4(1+1)的加入量一般为1 mL。如果硫酸量不足，各种阳离子将生成氟化物，并紧密地包裹着同时形成的溶解度较小的氟铝酸钠或氟化钠，当用水浸取残渣时被包裹在沉淀中的难溶钠盐，不能很快地被浸取到溶液中，随后用氨水和碳酸铵分离铁、铝、钙、镁时，未被浸出的难溶钠盐又被包裹在新的沉淀中，被过滤除去，将使钠的测定结果偏低。

氢氟酸的加入量要根据试样中二氧化硅的含量而定，一般加入 5 mL ~ 10 mL 氢氟酸即能达到要求。为了与空白试验相吻合，统一规定氢氟酸的加入量为 10 mL。加入酸之前先用水使试样分散，然后边摇动铂皿边加入酸。加入氢氟酸时要十分小心，使用塑料量杯时要戴乳胶手套，严防将氢氟酸沾在手上，因为氢氟酸会与骨头中的钙发生反应而形成 CaF_2，使骨头溃烂。

（3）加热的方式

加热时应低温，同时边加热边摇动铂皿几次。注意在钙含量很高的情况下，摇动铂皿时有可能发生剧烈的反应，所以必须低温加热，防止溅失。在即将蒸干时，用铂钳夹起铂皿，将其中稠状物摇匀，使其均匀地附在皿壁上，严防样品溅失，否则，一会使测定结果偏低，二会污染相邻试样。特别是熟料和水泥，当加热冒白烟时将电炉电压调高，升高温度，使试样中 SO_3 白烟冒尽，残渣呈黄色，以保证绝对蒸干，否则钠的测定结果将偏高。

加入 $NH_3 \cdot H_2O(1+1)$ 和 $(NH_4)_2CO_3$ 后，继续加热，要在较低的温度下使 Fe、Al、Ca、Mg 离子完全沉淀。如果温度过高，$(NH_4)_2CO_3$ 易分解，对钙、镁的沉淀不完全，影响测定结果。中间要摇动 2 次 ~3 次，使碳酸盐和氨水充分分解，最终体积一般以 10 mL ~ 15mL为宜，届时再也闻不到氨气的味道。加热时不能将残渣烤干，否则试样易溅失，使结果偏低。如果溶液中有残存的 CO_2 或氨气，在过滤后摇匀容量瓶时，气体会将瓶盖顶出，严重时溶液会溅出甚至使容量瓶炸裂。

（4）要经常洗手

防止将手上的汗液中的钾、钠的盐类带入试验溶液中。制作漏斗的水柱前，要洗手。制好水柱后过滤试验溶液之前要用蒸馏水冲洗滤纸 1 次 ~2 次，尽量减小空白。

（5）器皿要注意清洁

在使用之前要用水冲洗，而且容量瓶定容后应尽快测试。测试完毕后立即将容量瓶洗净，因为玻璃中钠是主要成分之一，以免长时间浸泡使玻璃中的少量钠进入溶液中，使测定结果偏高。

（6）应专门设立钾钠分析室房间

要求通风良好，门窗严密，防止含钾、钠的物质混入室内。玻璃仪器及化学试剂要专门使用。

（7）进行空白试验

自然界中的钾、钠含量丰富，在实验中极易带进空白，使测定结果偏高。所以必须进行包括试剂和水在内的试剂空白试验，在计算中将其扣除。

（8）要选择最佳测定条件

例如最佳吸液速度为 2 mL/min ~4 mL/min。过小，液体流量小，数据偏低；过大，由于大量的液体进入火焰中，使温度下降，激发不完全，甚至产生谱线自吸现象，也使测定结果偏低。

6.7.6 用火焰光度法测定钾、钠时，对于能被酸分解的试样可以不加氢氟酸吗？

对于能被酸分解的试样，如 P·I 型硅酸盐水泥及水泥熟料，也可以不加氢氟酸，而直接用盐酸或硝酸分解，用氨水和碳酸铵沉淀分离硅、铁、铝、钙、镁之后，用滤液进行钾、钠的测定。这与用氢氟酸-硫酸处理试样所得的分析结果完全一致，而且使操作简化，并避免了接触剧毒药品氢氟酸。采用这一方法处理0.2 g~0.3 g熟料试样时，进入滤液中的可溶性硅酸一般在20mg左右，但即使可溶性硅酸达到40mg以上，也未发现对钾、钠的测定产生影响。

6.7.7　火焰光度计由哪几部分组成？各有什么作用？

火焰光度分析所使用的仪器称为火焰光度计。市售仪器有多种型号，大体上都由光源（燃烧系统）、单色器（色散系统）和检测器三部分组成，如图6-5所示。

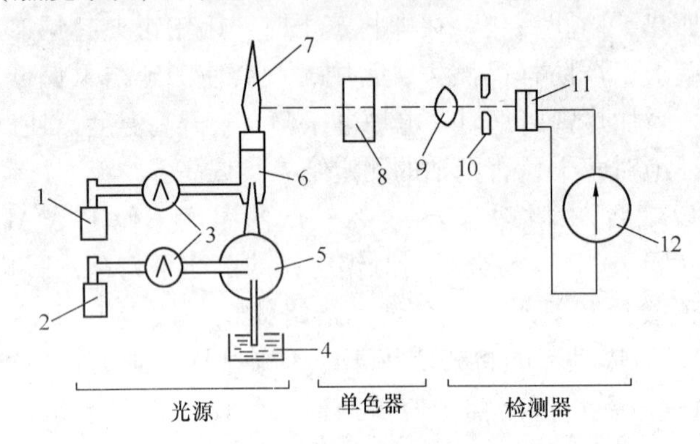

图6-5　火焰光度计结构示意图

1—燃气；2—助燃气；3—压力表；4—试液杯；5—喷雾器；6—喷灯；7—火焰；8—滤色片；9—聚光镜；10—光圈；11—光电池；12—检流计

（1）光源（燃烧系统）

光源由燃气、助燃气及其调节器、喷雾器、燃烧器等部分组成。

1）燃气和助燃气及其调节器主要作用是提供恒定的燃气及助燃气的流量，确保获得稳定的火焰及稳定的试验溶液吸入速度。适用于碱金属元素测定的燃气有汽油、煤气、液化石油气等，以空气助燃，温度约1800 ℃。其中最适用的是罐装液化石油气。

2）喷雾器的作用是利用高速气流将试验溶液制成极细的雾滴。喷雾器的喷嘴和其前面的撞击球的距离对形成的细雾滴的大小影响非常显著。

3）燃烧器主要是通过火焰的热能，将试样雾滴蒸发。试验溶液引入火焰后，化合物在火焰热能的作用下经历蒸发、干燥、熔化、离解、激发、化合等复杂过程，变为气态，同时产生原子发射光谱。

（2）单色器：通常使用滤光片，仅使被测元素所发射的某一谱线附近波长范围的光通过滤光片进入检测器。

（3）检测器：通常使用光电池或光电管。经单色器分出的谱线投射至检测器上，产生光电流，由检流计指针显示，或放大后由数字显示系统显示。

6.7.8　在使用火焰光度计时如何保持激发情况的稳定？

（1）保持燃料气体及助燃气体的压力稳定。压力不稳定会直接影响火焰大小、火焰温度以及试样溶液的喷雾量，从而影响测定结果。

1）对于助燃气而言，如用压缩机供给压缩空气，一般压缩机都设有气缸，当气缸中气体压力高于设定的上限值时，压缩机自动断电；当低于设定的下限值时，会自动启动，在经过适当的减压阀后，可维持助燃气的压力基本稳定。

2）对于燃气而言，如使用液化石油气，可在气瓶的减压阀后装置一个20L的玻璃缓冲瓶，装入5cm左右高的水。橡胶瓶塞上打三个孔。一个插进气管，进气管要插入水中2 cm~3cm；一个插出气管，接至仪器；另一个插安全管，安全管底端插入水中2 cm~3 cm，上端露出橡胶塞即可。安装这样一个缓冲瓶，一是可以对液化石油气进行洗涤；二是对稳定燃气压力会有所改善；三是一旦瓶内压力过高，气体可从安全管中逸出，不致发生危险。

（2）保持喷灯火焰的稳定。在试验溶液中不得有任何固体颗粒，以免堵塞喷嘴；雾化系统须保持清洁，在每批试样测定结束后，应以蒸馏水进行喷雾冲洗，每隔一段时间，以适宜的无机酸或有机溶剂清洗雾化器。

（3）使用优质的燃料气体。如燃料气体中挥发成分的沸点不一，则所得火焰难以稳定，致使检流计读数不易得到稳定的数值。若以汽油为燃料，用汽油气化器供给燃料气体时，应选用质量较好的溶剂汽油。

6.7.9　用火焰光度法测定钾、钠时如何尽量消除仪器的误差？

（1）滤光片的选择性要好，应能将试验溶液中干扰元素的谱线过滤除去，以免分析结果偏高。

（2）注意光电池的质量，尤其是其灵敏度。室温变化不要太大，以免使光电池光电效应的灵敏度发生变化。不要较长时间地使光电池受光照射，测量一个读数后，应立即关闭光电池，以免连续过久使用而使光电池产生“疲劳”现象，造成测定误差。

（3）注意试验溶液的浓度不要过高，以减少谱线“自吸”现象。

6.7.10　用火焰光度法测定钾、钠时工作曲线为何会弯曲？

工作曲线弯曲的主要原因是溶液浓度太高。

火焰光度计的火焰中心温度高，而火焰外层的温度低。碱金属元素的原子在火焰光度计的火焰中心高温部分被激发，电子在由高能级返回低能级时所辐射出的能量在透过火焰向外辐射时，一部分能量会被火焰外围较冷的原子所吸收，而使谱线强度降低。这种现象称之为“自吸”。试验溶液中元素的浓度越高，火焰外围较冷的原子浓度越高，自吸现象就越严重。因而工作曲线随着试验溶液中被测元素浓度的增高而向下弯曲，不按线性关系延伸。要改善这种曲线的线性关系，最简单的办法是将溶液稀释至适当的浓度。水泥类试样中各种样品中碱的含量不同，因此，要根据其含量，确定试样的称取量及最后的稀释体积。但过度的稀释也会给测定带来较大的误差。现代先进的仪器中，有的具有工作曲线校直功能。

6.7.11　用火焰光度法测定碱含量的方法有什么改进？

GB/T 176—2008《水泥化学分析方法》中碱含量的测定方法在实际的生产质量控制中有一定的局限性：对于单个样品来讲，工作曲线法的操作繁琐、费时，给测定结果的及时报出带来了困难。为此，可以使用“比较法”解决这一问题。比较法的特点：方便 、简单、实用、快速，特别适用于单个样品的测定。

（1）改进的主要方面

1）燃料由汽油改为液化石油气，液化气导管加长至5m～7m。不仅使用方便，而且使火焰更加稳定。

2）溶解试样不用铂金皿，而改用聚四氟乙烯坩埚（30 mL），可节省大量资金。

3）计算 K_2O、Na_2O 含量不采用工作曲线法，而采用比较法。这样可使试验条件更加一致，提高测试的准确度。

操作步骤与 GB/T 176—2008 相同。

测定时用最接近被测试样中碱含量的两个标准溶液从两边紧密相夹的办法（实际是内插法）。因为在浓度变化范围很小的区域内，可以近似地将工作曲线看做是直线。

试样中氧化钾、氧化钠的质量分数按下式计算：

$$w(K_2O,Na_2O) = [c_{标} \times (a_x/a_{标})/(m \times 1000)] \times 100\%$$

式中 $c_{标}$——所选标准溶液的浓度（即每 100 mL 溶液中所含 K_2O、Na_2O 的毫克数）；

$a_{标}$、a_x——分别表示所选标准溶液及试样溶液测定时相应的检流计读数；

m——试料的质量，g。

（2）注意事项

1）电热板温度控制在 120 ℃ ~ 150 ℃为宜。温度过低，蒸发过程将延长；温度过高，蒸发时容易发生迸溅，且影响塑料坩埚的使用寿命。

2）在氢氟酸驱尽后继续加热使 SO_3 气体逸尽后应立即取下，若时间过长，沉淀呈咖啡色，则会影响操作和 Na_2O 的测定结果。

3）配制$(NH)_2CO_3$ 溶液(100 g/L)时，切记不能因$(NH)_2CO_3$ 结块、溶解速度慢，而在电炉上加热；在用$(NH_4)_2CO_3$ 沉淀钙、镁离子时，加热温度也不要太高；否则，$(NH_4)_2CO_3$ 分解、挥发，使 Ca^{2+}、Mg^{2+} 沉淀不完全而使测定结果偏高。

4）在分析样品时，要尽量使选择的标准溶液的浓度与试样溶液的浓度靠近，并同时进行测定以使两者测定条件趋于一致，可提高测试的准确度。

5）试样溶液制备好后即应进行测定，不宜将其放置过夜或较长时间，以免试液中残留的氢氟酸腐蚀玻璃，影响测定结果。

6.7.12 对火焰光度计如何加强保养与维修？

（1）每次完成测试工作后，再继续使空白溶液进样 3min，使雾化室腔体内得到充分的清洗，防止酸碱玷污管道。

（2）雾化室的清洗。雾化室的雾化效果是仪器正常使用的关键。长期使用，喷嘴会被阻塞玷污。用户可自行拆下进行清洗。安装时注意喷嘴一定要对准吸样口出口，二者相距不大于 0.5mm。拆卸和清洗的步骤如下。

1）旋下雾化室下端三只固定螺钉，将雾化室拆下。

2）旋下吸样管及喷嘴，用洗涤剂清洗，然后重新安装复原。

3）关闭燃气阀，按通空压机，吸样开关放置“开”处，将毛细管插入溶液中，观察其雾化效果。如不吸样或雾化效果差，可调整吸样管与喷嘴的相互位置，使其产生雾化效果，然后旋紧螺母加以固定。

4）将雾化室重新装入仪器，在吸样的情况下，燃烧头端部可明显观察到气雾现象。

（3）空气压缩机工作时，将空气中的水分压缩凝聚在过滤减压阀内，长期积水，会影响仪器的正常使用。在使用一阶段后（数月），可抬高仪器，旋动仪器正下方的过滤减压阀放水阀门，在启动空气压缩机的状况下，积水会自动排放，然后反方向旋紧，使空气压缩机投入正常使用。

6.7.13 水泥中碱含量是如何计算的？水泥行业的相关标准中对碱含量是如何要求的？

水泥中的碱含量是指水泥中的氧化钾和氧化钠的总和，以 R_2O 表示，其计算公式为：

$w(R_2O) = 0.658 \times w(K_2O) + w(Na_2O)$。

GB 175—2007/XG 1—2009《通用硅酸盐水泥》标准中，对碱含量提出了要求，但不是强制性指标，双方共同协商。

若使用活性骨料，用户要求提供低碱水泥时，水泥中的碱含量应不大于0.60%或由买卖双方协商确定。

特种水泥标准中把碱含量作为一项重要指标加以控制，如GB 200—2003《中热硅酸盐水泥、低热硅酸盐水泥、低热矿渣硅酸盐水泥》中规定碱含量小于0.75%；GB 10238—2005《油井水泥》中规定碱含量小于0.75%；根据工程的特殊需要，对碱含量的要求比标准规定还要严格。

6.8 其他仪器分析方法

6.8.1 原子吸收光谱法

6.8.1.1 原子吸收光谱分析的基本原理是什么?

物质中的原子、分子永远处于运动状态。这种物质的内部运动，在外部可以以辐射或吸收能量的形式表现出来，而光谱就是按照波长顺序排列的电磁辐射。按照电磁辐射的本质，可分为分子光谱和原子光谱，原子光谱分为原子发射光谱、原子吸收光谱和原子荧光光谱。按照外部表现形式，光谱可分为连续光谱、带光谱和线光谱。原子吸收光谱分析采用的光谱属于线光谱。原子吸收光谱的波长区域在近紫外和可见光区。

其分析原理是：当光源灯（空心阴极灯）辐射出的待测元素的特征谱线（强度为I_0）通过样品的蒸气时，被蒸气中待测元素的基态原子所吸收（吸收后的强度为I），发射谱线被减弱的程度A与蒸气中待测元素基态原子的浓度N_0有关，通过预先用标准样品制作的工作曲线，查得样品中待测元素的含量。

测量原理是符合朗伯-比耳光吸收定律：

$$A = -\lg(I/I_0) = -\lg T = K N_0 L$$

式中 A——吸光度；

I_0——入射光强度；

I——透射光强度；

T——透射比；

K——吸收系数；

N_0——蒸气中被测元素基态原子的浓度；

L——光通过原子化蒸气的厚度。

当原子蒸气的厚度L和吸收系数K一定时，吸光度A与原子蒸气中被测元素的基态原子浓度成正比。在一般火焰原子吸收光谱分析中，火焰的温度低于3000K，火焰中激发态原子数目极少，可以认为原子蒸气中被测元素的基态原子数实际上等于被测元素的原子总数，而被测元素的原子总数与试样中被测元素的浓度成正比，因此，在仪器条件稳定时，吸光度

A 与试样中被测元素的浓度 c 的关系可表示为：

$$A = K'c$$

式中 c——试样中被测元素的浓度；

K'——与元素浓度无关的常数；

A——吸光度。

由于 K' 值是一个与元素浓度无关的常数（实际上是标准曲线的斜率），只要通过测定标准系列溶液的吸光度，绘制工作曲线，根据同时测得的试样溶液的吸光度，在标准曲线上即可查得试样溶液中待测元素的浓度，所以，原子吸收光谱法是相对分析法。

6.8.1.2 原子吸收分光光度计有哪些主要结构?

原子吸收分光光度计主要由四部分组成（图 6-6）。

（1）光源。光源的作用是辐射待测元素特征波长的光。对光源的要求是能辐射锐线，共振线有足够的强度且稳定。当前应用最广泛的是空心阴极灯。为保证灯发射的稳定性，需要提供稳定电流的电源。

（2）原子化系统。原子化系统的作用是使试样中的待测元素变成基态原子，以便对光源来的特征波长的光产生吸收。使试样原子化的方法有火焰原子化法和非火焰原子化法两种。应用最多的为火焰原子化系统，由雾化器、雾化室、燃烧器和火焰等四部分组成。

雾化器的作用是将试样溶液变成雾，使其与助燃气、燃气在室内充分混合均匀，然后进入燃烧器上方的火焰中。燃烧器目前一般使用单缝燃烧器。常用乙炔-空气火焰、丙烷-空气火焰、乙炔-氧化亚氮火焰等。乙炔-空气火焰使用长为 100mm、缝宽为 0.5mm 的单缝燃烧器。火焰提供能量，使试验溶液中待测元素的离子变成基态原子。

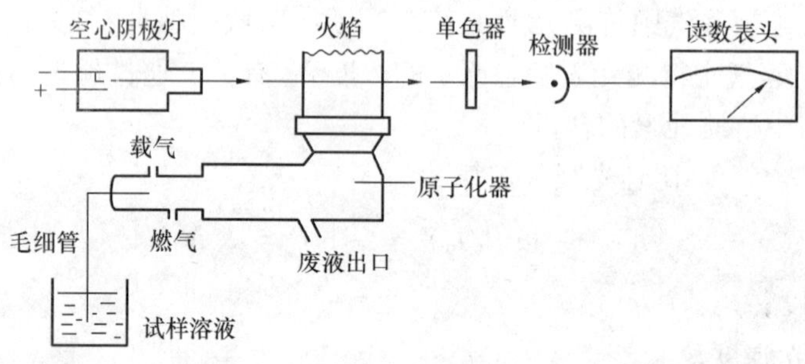

图 6-6 原子吸收光谱仪示意图

（3）分光系统。分光系统的作用是将待测元素的吸收线与其他谱线分开。原子吸收所用的吸收线是锐线光源发出的共振线，其谱线比较简单，对仪器的色散能力、分辨能力要求较低。一般元素可用棱镜或光栅分光。

（4）检测系统。检测系统主要由检测器、放大器、对数转换器、读数系统构成。通常用光电倍增管作检测器，将微弱的光信号转变成电信号，再经放大器放大，滤掉其他辐射产生的直流信号，经过对数转换后由指示仪表指示。现代原子吸收分光光度计中，还设有自动调零、自动校准、标尺扩展、背景校正、自动进样及自动处理数据等装置，操作更为简便，测定精度更高。

6.8.1.3　原子吸收光谱分析中如何选择适宜的仪器工作条件?

（1）选择分析线波长：根据所测元素的含量和干扰情况进行选择。如所测元素含量低，干扰少，可选用该元素的共振线亦即灵敏线作分析线。如测量的元素含量高，在不受干扰的情况下也可选用次灵敏线作分析线。

（2）选择光谱通带：对于谱线简单的元素，用较宽的通带；谱线复杂的元素，用窄通带，以提高对谱线的分辨率。

（3）选择灯电流：一般商品空心阴极灯均标示有允许使用的最大工作电流及可使用的灯电流范围。但通常仍需通过实验选定最佳灯电流。在保证放电稳定和合适的光强度输出的情况下，尽量选用低的工作电流。

（4）选择助燃气和燃气流量：首先选定火焰类型，然后通过实验确定助燃气与燃气流量的比例。

（5）选择燃烧器高度：所谓燃烧器高度是指光源发射光的光轴与燃烧器之间的距离。调节燃烧器的高度使光源辐射的特征波长光通过基态原子最佳浓度区域，以获得最高灵敏度和最佳的选择性。

6.8.1.4　原子吸收光谱法中有哪些干扰？如何消除？

（1）化学干扰：是原子吸收分光光度分析中的主要干扰因素，其产生的原因是被测元素不能全部从它的化合物中解离出来，从而使参与对锐线吸收的基态原子数目减少，影响测定结果的准确性。一般可以加入释放剂，使干扰元素与其生成更稳定的化合物，而将被测元素从其与干扰元素生成的化合物中释放出来。例如，铝与镁生成 $MgAl_2O_4$ 难熔晶体，使镁难于原子化。此时可加入释放剂氯化锶，它可与铝结合生成稳定的 $SrAl_2O_4$ 而将镁释放出来。在测定铁、镁、锰、钾、钠时，均加入锶作释放剂。

（2）物理干扰：主要是电离干扰。待测元素在火焰中吸收能量后，除了进行原子化外，还使部分原子电离，从而降低了火焰中基态原子的浓度，造成结果偏低。测定钾、钠时，如果使用乙炔-空气火焰，因温度高，电离干扰显著。可加入消电离剂，如氯化铯。铯在火焰中极易电离产生高密度的电子，可抑制钾、钠的电离而消除干扰。

6.8.1.5　原子吸收光谱法操作要点有哪些?

（1）保证空心阴极灯的质量，定期更换。

（2）保证火焰燃烧的稳定性：一般选择乙炔作为燃气，空气为助燃气。调节好燃气与助燃气的比例，使火焰达到最佳状态，保证测试结果的重复性。

（3）雾化器的雾化效果是保证测试结果稳定性的关键因素。注意雾化器的雾化效果，当雾化效果达不到要求时，进行清洗，必要时更换。

（4）测试试样的同时，进行空白试验，并对测试结果进行校正。

6.8.1.6　用原子吸收光谱法测定试样中的镁、铁、钾、钠、锰时如何制备试验溶液?

（1）氢氟酸-高氯酸分解

称取约0.1g试样，精确至0.0001g，置于铂坩埚（或铂皿）中，用0.5 mL～1 mL水润湿，加5 mL~7 mL氢氟酸和0.5 mL高氯酸，置于电热板上蒸发。近干时摇动铂坩埚以防试样溅失，待白色浓烟驱尽后取下放冷。加入20 mL盐酸（1+1），温热至溶液澄清，取下放冷。转移到250 mL容量瓶中，加5 mL氯化锶溶液（锶50 g/L），用水稀释至标线，摇匀。

（2）硼酸锂熔融

称取约0.1g试样，精确至0.0001g，置于铂坩埚中，加入0.4g硼酸，搅匀。用喷灯在低温下熔融，逐渐升高温度至1000 ℃使之熔成玻璃体，取下放冷。在铂坩埚内放入一个搅拌子（塑料外壳），并将坩埚放入预先盛有150 mL盐酸（1+10）并加热至45 ℃的200 mL烧杯中，用磁力搅拌器搅拌溶液，待熔块全部溶解后取出坩埚及搅拌子，用水洗净，将溶液冷却至室温，移至250 mL容量瓶中，加5 mL氯化锶溶液（锶50 g/L），用水稀释至标线，摇匀。

（3）酸溶样（只适用于酸溶性水泥试样）

准确称取0.1g试样，精确至0.0001g，置于塑料杯中，用少量水润湿，加入5 mL盐酸（1+1），待试样全部溶解后，加入0.5 mL氢氟酸（40%），使试验溶液澄清，再加入25 mL硼酸溶液（50 g/L）。将溶液移至250 mL容量瓶中，加入5 mL氯化锶溶液（锶50 g/L）。若用乙炔-空气火焰，并用该溶液直接测定氧化钾和氧化钠时，再加5 mL氯化铯溶液（铯50 g/L），用水稀释至标线，摇匀。

6.8.1.7　用原子吸收光谱法测定试样中的镁、铁、钾、钠、锰时的试验条件是什么？

用原子吸收光谱法测定试样中的镁、铁、钾、钠、锰时的试验条件见表6-8。

表6-8　原子吸收光谱法测定条件

测定元素	镁	铁	钾	钠	锰
谱线波长/nm	285.2	248.3	766.5	589.0	279.5
光源	镁空心阴极灯	铁空心阴极灯	钾空心阴极灯	钠空心阴极灯	锰空心阴极灯
火焰	乙炔-空气	乙炔-空气	①乙炔-空气 ②液化石油气-空气	①乙炔-空气 ②液化石油气-空气	乙炔-空气
溶液中盐酸体积分数/%	6	6	6	6	6
溶液中铯的质量浓度/（mg/mL）	—	—	1 （使用火焰①时）	1 （使用火焰①时）	—
溶液中锶的质量浓度/（mg/mL）	1	1	1 （使用火焰②时）	1 （使用火焰②时）	1

6.8.2　分光光度分析法

6.8.2.1　紫外-可见分光光度分析的基本原理是什么？

有色溶液对光可以产生选择性吸收，溶液之所以呈现不同的颜色，就是由于溶液中的有色质点——分子或离子选择性地吸收了某种颜色（某一波段）的光所引起的。分子对光具有选择性的吸收，是由于分子中存在活泼的处于不稳定能级的电子，这种电子在可见光的照射下可以从原来的能级即基态（E_0）跃迁到较高的能级即激发态（E_1）而产生吸收谱线。分子吸收光能（电磁波）具有量子化的特征，即分子只能吸收等于两个能级之差的能量（跃迁能）。由于某一波长的光能被吸收，而使化合物呈现颜色。利用这一特点，可以进行分光光度分析（又称比色分析），用某种特定波长的光照射试样溶液，测定该光线通过溶液后衰减的程度，进行定量分析。测定被测溶液含量时一般采用标准曲线法（工作曲线法），用分光光度计测出被测溶液的吸光度后，再在标准曲线上查得其浓度值，继而求得含量。

6.8.2.2 光吸收定律是什么?

光吸收定律符合朗伯-比耳定律。

当强度为 I_0 的平行单色光垂直通过液层厚度为 b 的溶液时，则光的一部分被有色物质的质点所吸收，一部分则透过溶液，透过溶液后光的强度减弱为 I_t，则透过光强度 I_t 与入射光强度 I_0 之比的对数（记作吸光度 A）与溶液中有色物质的浓度 c 及液层厚度 b 的乘积成正比，此即朗伯-比耳定律：

$$A = \lg(I_0/I_t) = abc$$

朗伯-比耳定律中的比例常数 a 叫做吸光系数，如以 mol/L 表示溶液的浓度，以 cm 表示液层厚度，则常数 a 称为“摩尔吸光系数”，通常用符号 ε 表示之，即：

$$A = \varepsilon bc$$

摩尔吸光系数 ε 是每一有色化合物的溶液对一定波长的光的特征常数，即 $c = 1$ mol/L 和 $b = 1$ cm 时的吸光度。从而可知，单位浓度的有色化合物溶液颜色愈深，ε 值愈大，则被测组分含量的下限可以愈低，即显色反应的灵敏度愈高。

在分光光度分析中，又常把 I_t/I_0 的比值称为透光率或透光度，以符号 T 表示，$T = I_t/I_0$。

6.8.2.3 紫外-可见分光光度计的基本结构是什么?

分光光度计是分光光度分析中的重要仪器，分光光度计的种类和型号繁多，但原理都基本相同，主要为光源、单色器、比色皿、检测器和显示系统组成。

721 型分光光度计可用于波长范围为 360 nm ~ 800 nm 的比色测定。其光程原理如图 6-7 所示。

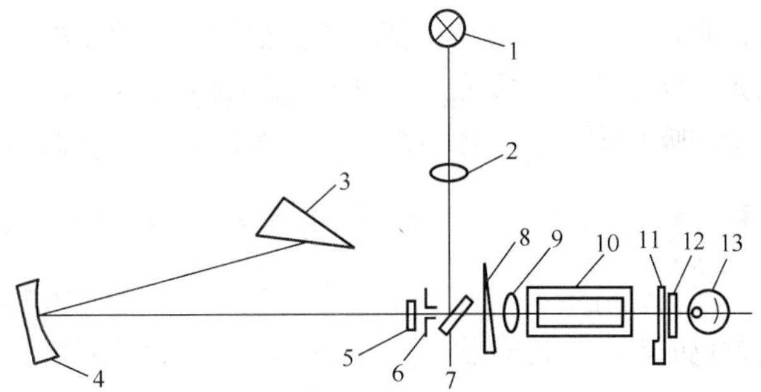

图 6-7 721 型分光光度计光程示意图

1—光源灯（12V，25W）；2—聚光透镜；3—玻璃棱镜；4—准直镜；5—保护玻璃；6—狭缝；7—反射镜；8—光栏；9—聚光透镜；10—比色皿；11—光门；12—保护玻璃；13—光电管

由光源 1 发出的光，经聚光透镜 2 会聚后，投射于平面反射镜 7 上，转 90°角反射通过狭缝 6 下部的入射狭缝，到准直镜 4（为一块凹形的玻璃球面镜）上面。由于狭缝 6 正好位于球面准直物镜 4 的焦面上，故入射光经过准直镜反射后，就以一束平行

光射向玻璃棱镜3（该棱镜背面是镀铝的），光线进入棱镜后，就在其中色散，入射角在最小偏向角，入射光在铝面上反射后并不是依原路反射回来，而是从棱镜色散出来的光线经准直物镜4反射后会聚在狭缝上部的出射狭缝上（出射狭缝与入射狭缝是共轭的），再经聚光透镜9到比色皿10，然后照射到光电管13上，经放大后由微安表指示出相应的A或T值。光栏8是一只弧形比例透光光栏，对通过的光束进行调节。11为光门，当打开仪器比色皿盒上的翻盖时，光门挡板即遮住透光孔，光束不能进入光电管，此时可进行仪器的零位调节；当将翻盖放下时，光门挡板打开，光束进入光电管，此时可调节透光度为100%，然后进行测量工作。

6.8.2.4 如何使用分光光度计进行测定？

（1）先调节好分光光度计，使其处于正常状态；

（2）配制含待测组分的标准溶液系列；

（3）用标准系列溶液上机测定，根据测定结果绘制标准曲线（工作曲线）；

（4）按规定制备试验溶液，加入显色剂，使被测物质生成有色化合物，用此试验溶液测其吸光度；

（5）根据所测吸光度，在工作曲线上查得被测组分的含量。

6.8.2.5 分光光度法中使用的比色皿怎样清洗？如何配制洗涤剂？

分光光度法中所用比色皿，一般先用自来水洗，再用蒸馏水洗。如比色皿被有机物沾污，可用盐酸（1+2）-乙醇混合液浸泡后，再用水冲洗。不能用碱溶液或氧化性强的洗涤液洗，更不能用毛刷刷洗。盐酸-乙醇合成洗涤剂，其配制体积比为1+2。

6.8.2.6 参比溶液有何作用？

参比溶液是用来调节仪器工作零点的。若参比溶液选得不恰当，则对测量读数准确度的影响较大。选择何种液体或溶液作为参比溶液，需按要求进行。

6.8.2.7 工作曲线法的基本概念是什么？

根据比耳定律，以同一强度的单色光，分别通过液层厚度相等而浓度不同的有色溶液时，则光强的减弱仅与浓度有关。如用已知浓度的系列标准比对溶液，显色后在比色计或分光光度计上测定其吸光度，并与对应的浓度绘制成工作曲线，然后再用同样的方法测出试验溶液的吸光度，从工作曲线上即可查出相应的试验溶液中被测物质的浓度。

6.8.2.8 硅钼蓝分光光度法测定可溶性二氧化硅的原理是什么？

二氧化硅的分光光度测定，通常采用硅钼蓝方法。单硅酸与钼酸铵在适当的条件下能生成黄色的硅钼酸配合物$H_8[Si(Mo_2O_7)_6]$（硅钼黄），进一步用还原剂将其还原成蓝色配合物$H_8SiMo_2O_5(Mo_2O_7)_5$（硅钼蓝）。在规定的条件下，所生成的蓝色的硅钼酸配合物的吸光度与被测溶液中二氧化硅的浓度成正比，即符合比耳定律。

（1）试样的分解。用分光光度法测定二氧化硅时，试样中的硅必须全部转入溶液并以单分子硅酸状态存在。为了获得稳定的单硅酸溶液，一般多用碳酸钾（钠）-硼砂（或硼酸）

混合熔剂（2+1）、苛性钠或苛性钾分解试样。若单独以碳酸钠熔融试样，在浸取熔融物时，如操作不当，常易析出胶体硅酸。为了避免聚合硅酸的形成，在制备试验溶液时可以采用逆酸化法，即将氢氧化钠熔融后用水浸出所制得的碱性溶液迅速地倒入稀盐酸溶液中，使溶液由碱性迅速地越过 pH=3～7 的范围，到达 pH= 0.5～2 的微酸性，这样可大大地减少聚合硅酸的形成。

（2）显色时的酸度。硅钼蓝分光光度法的关键，在于第一步硅钼黄的显色反应是否趋于完全并有足够的稳定性。黄色的硅钼酸配合物有两种形式，即 α-硅钼酸和 β-硅钼酸。两者形成的酸度亦不相同。在 pH=1.5～1.7 的溶液中，单硅酸与钼酸铵生成 β-硅钼酸，黄色较深。经二氯化锡还原后生成深蓝色的硅钼蓝，其光谱吸收峰在 81 0nm 处。在这样的酸度下，可避免某些金属离子的水解，并且容易还原为硅钼蓝。同时，β-硅钼酸被还原生成的硅钼蓝，在可见光区的吸光度也比 α-型的高，因而目前多采用 β-型。一般说来，将硅钼黄显色的酸度控制在 0.1mol/L 较为适宜。酸度过高硅钼黄显色不完全，过低则显色速度缓慢。因此，在实际工作中应根据测定的具体条件，选择适宜的酸度。

（3）显色时的温度。提高溶液的温度，可使硅钼黄配合物迅速形成。但温度的提高也使配合物不稳定。在有乙醇存在下，硅钼黄在 60 ℃～80 ℃发色最稳定，即使加热煮沸亦只有少量被破坏。而无乙醇存在时，温度对硅钼黄的影响很大，加热时硅钼黄即很快被破坏。温度对硅钼蓝的发色则基本没有影响，唯温度过低时反应速度较慢。

（4）还原成硅钼蓝的还原剂。硅钼黄在一定条件下，可被还原成硅钼蓝。常用的还原剂有二氯化锡、亚硫酸钠、硫酸亚铁铵、抗坏血酸等。选择还原剂和确定反应条件，主要考虑避免溶液中过量的钼酸铵被还原，并同时考虑消除干扰离子的影响。通常使用抗坏血酸进行还原，溶液的酸度需控制在 0.4 mol/L 以上，灵敏度亦较好，但还原的速度较慢，需放置 30 min以上。

（5）干扰情况。样品中有磷存在时，亦能与钼酸铵生成杂多酸而被还原成钼蓝，干扰硅的测定。此时可加入有机酸（草酸、酒石酸、柠檬酸）破坏磷杂多酸配合物，其中以草酸的效果最好。

硅钼蓝的最大光吸收在 810 nm 处，日常分析用 721 型分光光度计，可在 620 nm～660 nm的波长下（一般比色计用红色滤光片）测定其吸光度。

6.8.2.9　二安替比林甲烷分光光度法测定二氧化钛的原理是什么？

在水泥及其原材料的分析中，对于低含量钛的测定，应用比较普遍的是二安替比林甲烷比色法，具有较高的准确度。

二安替比林甲烷（DAPM）是一种有机碱染料，略溶于水，易溶于稀酸及氯仿、二氯乙烷、乙醇等多种有机溶剂中。二安替比林甲烷在酸性溶液中与氢离子形成复合有机阳离子：

$$\mathrm{DAPM} + \mathrm{H}^+ \rightleftharpoons \mathrm{DAPM} \cdot \mathrm{H}^+$$

此复合有机阳离子能与 $TiCl_6^{2-}$ 阴离子配位形成黄色配合物：

$$(\mathrm{Ti}_x\mathrm{O}_y)^{(4x-2y)+} \xrightleftharpoons{\mathrm{HCl}} (\mathrm{TiO})^{2+} \xrightleftharpoons{\mathrm{HCl}} (\mathrm{TiCl}_6)^{2-} \xrightleftharpoons{\mathrm{DAPM}} (\mathrm{DAPM}\cdot\mathrm{H})_2(\mathrm{TiCl}_6)(\text{黄色})$$

该黄色配合物的最大光吸收的波长为 390 nm，其摩尔吸光系数为 18000，二氧化钛的质量分数至少在 5×10^{-6}之内，其浓度与吸光度之间有良好的线性关系。

6.8.2.10 二安替比林甲烷分光光度法测定二氧化钛的试验条件是什么？

（1）显色剂的加入量：应采用过量的显色剂。对于一般水泥及其原材料中二氧化钛的测定，在100 mL溶液中加入0.5g DAPM已足够。

（2）溶液酸度：最适宜的盐酸酸度范围为0.5 mol/L～1 mol/L。如果溶液的酸度太低，一方面TiO^{2+}容易水解；另一方面，当以抗坏血酸还原三价铁离子时，由于钛氧基离子与抗坏血酸形成的微黄色配合物不易被破坏，会导致钛的测定结果偏低；如果溶液酸度太高，达1 mol/L以上时，有色溶液的吸光度将随酸度的增高而明显地下降，并且钛离子的浓度愈高，下降的幅度也愈大。

（3）钛与二安替比林甲烷显色反应较慢，需25 min以上。但显色后至少5天内吸光度不会变化。

（4）以氢氧化钠-银坩埚熔样制成的溶液，在显色时常常产生沉淀。预先加入一定量的乙醇，可防止出现沉淀。

（5）消除干扰因素

1）三价铁离子能与DAPM形成红色配合物，使测定结果产生显著的正误差。加入抗坏血酸将其还原为二价铁离子，可消除其影响。

2）由于抗坏血酸是还原剂，所以在处理试样时，应避免使用硝酸。否则测定结果将随硝酸量的增加而相应偏高。

6.8.2.11 高碘酸钾分光光度法测定氧化锰的原理和操作注意事项是什么？

用分光光度法测定锰离子，一般是单独称取试样，用硝酸、磷酸、硫酸或其混合酸分解试样，或将试样用氢氟酸-硫酸处理，或用碳酸钠-无水硼砂（质量比为2+1）于高温下熔融分解试样。然后在酸性溶液中用氧化剂（一般用高碘酸钾）将二价锰离子氧化成紫红色的高锰酸（$HMnO_4$），氧化反应式如下：

$$2Mn^{2+} + 5IO_4^- + 3H_2O = 2MnO_4^- + 5IO_3^- + 6H^+$$

氧化反应必须迅速进行，以防止部分锰只氧化成中间状态的水合二氧化锰$MnO(OH)_2$沉淀。为此，需加入磷酸，它与中间状态的三价锰离子生成可溶性的配合物，继之使其很容易被氧化成高锰酸；同时，磷酸能与溶液中的三价铁离子结合为无色的$Fe(PO_4)_2^{3-}$配合物，可消除其黄色对比色的影响。

高锰酸溶液的最大吸收波长为530nm。高锰酸的吸光度与锰的浓度（150m g/L以下时）的关系符合朗伯-比耳定律。

氯离子对测定有影响，当氯离子含量超过1mg时，会使高锰酸$HMnO_4$的颜色强度降低。因此，应避免引入氯离子。使用硫酸保持溶液的酸度，硫酸的浓度约为$c[(1/2)H_2SO_4] = 0.3mol/L$，磷酸浓度约为$c(H_3PO_4) = 0.1mol/L$。酸度过低，氧化反应进行缓慢，容易生成中间状态的$MnO(OH)_2$沉淀；酸度过高，则显色不完全。

Mn^{2+}的氧化反应在含有硫酸的热溶液中进行很快，故在氧化时应在加热条件下进行。

6.8.2.12 邻菲罗啉分光光度法测定氧化铁的原理和操作注意事项是什么？

邻菲罗啉（又称邻二氮杂菲）是测定微量铁的一种较好试剂。在pH=1.5～9.5的条件下，Fe^{2+}离子与邻菲罗啉生成极稳定的橘红色配合物。其稳定常数的对数值 $\lg K_{稳}=21.3$；摩尔吸光系数很大，$\varepsilon_{510}=11000$，可在 510nm 处测定其吸光度。

在显色前，首先用盐酸羟胺把三价铁离子（Fe^{3+}）还原为二价铁离子（Fe^{2+}）：

$$4Fe^{3+}+2NH_2OH = 4Fe^{2+}+N_2O+H_2O+4H^+$$

测定时，控制溶液酸度在 pH = 3 ~9 较为适宜。酸度高时，反应进行较慢；酸度太低，则 Fe^{2+}离子水解，影响显色。

盐酸羟胺溶液及邻菲罗啉溶液要用新配制的溶液。

6.8.2.13 磷钼蓝分光光度法测定磷的原理和操作步骤是什么？

在一定的酸性介质中，磷与钼酸铵在酸性溶液中生成淡黄色的磷钼酸盐，用抗坏血酸将其还原为亮蓝色的配合物磷钼蓝，于波长 730 nm 处测定溶液的吸光度。分析步骤如下。

称取约 0.25 g 试样（m），精确至 0.0001 g，置于铂坩埚中，加入少量水润湿，慢慢加入 3 mL 盐酸、5 滴硫酸溶液（1 +1）和 5 mL 氢氟酸，放入通风橱内低温电热板上加热，近干时摇动坩埚，以防溅失，蒸发至干，再加入 3 mL 氢氟酸，继续放入通风橱内电热板上蒸发至干。

取下冷却，向经氢氟酸处理后得到的残渣中加入 3 g 碳酸钠-硼砂混合熔剂（2 +1），在 950 ℃ ~1000 ℃下熔融 10 min，用铂坩埚钳夹持坩埚旋转，使熔融物均匀地附于坩埚内壁上，冷却后，将坩埚放入已盛有 10 mL 硫酸溶液（1 +1）及 100 mL 水并加热至微沸的 300 mL烧杯中，并继续保持微沸状态，直至熔融物完全溶解，用水洗净坩埚及盖，冷却至室温后，移入 250 mL 容量瓶中，用水稀释至标线，摇匀。

吸取 50.00 mL 上述试样溶液，放入 200 mL 烧杯中（试样溶液的分取量视五氧化二磷的含量而定。如分取试验溶液不足 50 mL，需加水稀释至 50 mL），加入 1 滴对硝基酚指示剂溶液（2 g/L），滴加氢氧化钠溶液（200 g/L）至黄色，再滴加盐酸溶液（1 +1）至无色，加入 10 mL 钼酸铵溶液(15 g/L)和 2 mL 抗坏血酸溶液(50 g/L)，加热微沸(1.5 ±0.5) min，冷却至室温后，移入 100 mL 容量瓶中，用盐酸溶液（1 +10）洗涤烧杯并用盐酸溶液（1 +10）稀释至标线，摇匀。用 10 mm 比色皿，以水作参比，在分光光度计上于波长 730nm 处测定溶液的吸光度。在工作曲线上查出五氧化二磷的含量（m_1）。

五氧化二磷的质量分数 w（P_2O_5）按下式计算：

$$w(P_2O_5)=\frac{m_1\times 5}{m\times 1000}=\frac{0.005\times m_1}{m}$$

6.8.3 电化学分析法

6.8.3.1 什么是电化学分析法？大致分为几类？

电化学分析法是利用物质的电化学性质来测定物质组成的分析方法。电化学分析法大致可以分为三大类：

（1）根据化学反应的电特性参数与溶液组分之间的关系，通过测定这些电参数，直接对溶液的组分进行定性、定量分析。如电位分析、电导分析、库仑分析及伏安分析等。这类分析的特点是快速、操作简便。缺点是准确度稍差。

（2）电化学容量分析法。与化学容量法相似，也是把一种已知浓度的试剂滴加到待测溶液中，直到所加试剂与待测物的物质的量相等。然后根据所消耗的已知浓度试剂的量，计算出样品中待测物的含量。测定精度比第一类高，但操作比较麻烦。

（3）电解分析法。此法是通过电极反应将试液中的待测组分转变为固相析出并与其他组分分离，然后再对所析出的物质进行称量或容量分析。

在水泥分析中用电化学分析法可以测定溶液 pH 值，试样中的少量氟离子、氯离子。

6.8.3.2 什么是离子选择性电极？

离子选择性电极是一类利用膜电势测定溶液中离子的活度或浓度的电化学传感器，当它和含待测离子的溶液接触时，在它的敏感膜和溶液的相界面上产生与该离子活度直接有关的膜电势。离子选择性电极也称膜电极，这类电极有一层特殊的电极膜，电极膜对特定的离子具有选择性响应。这类电极由于具有选择性好、平衡时间短的特点，是电位分析法用得最多的指示电极。

典型的离子选择性电极主要由感应膜、内参比电极、内充溶液和电极架组成。

例如，氟离子选择性电极（图 6-8）的感应膜是氟化镧单晶片（LaF_3），它只对游离的氟离子有响应。内参比电极为银-氯化银电极，内充溶液是浓度均为 0.1mol/L 的氯化钠和氟化钠溶液。

6.8.3.3 什么是参比电极？

参比电极是电位具有稳定性和重现性的电极。可以用它作为基准来测量其他电极的电位。

测定离子选择性电极产生的膜电位时需用电位恒定的单极电极作为参比电极，最常用的参比电极是饱和氯化钾甘汞电极（图 6-9）。电极内玻璃管中封一根铂丝，铂丝插入纯汞中，下置一层甘汞（Hg_2Cl_2）和汞的糊状物，外玻璃管中装入饱和氯化钾溶液。电极下端与被测溶液接触部分是熔结陶瓷芯或玻璃砂芯等多孔物质，构成溶液互相连接的通路。

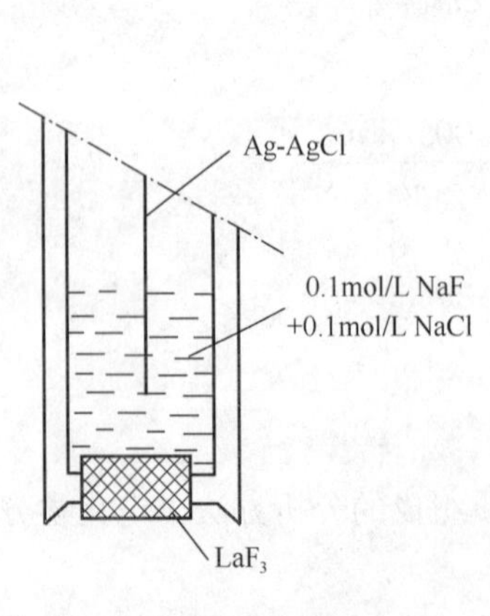

图 6-8 氟离子选择性电极

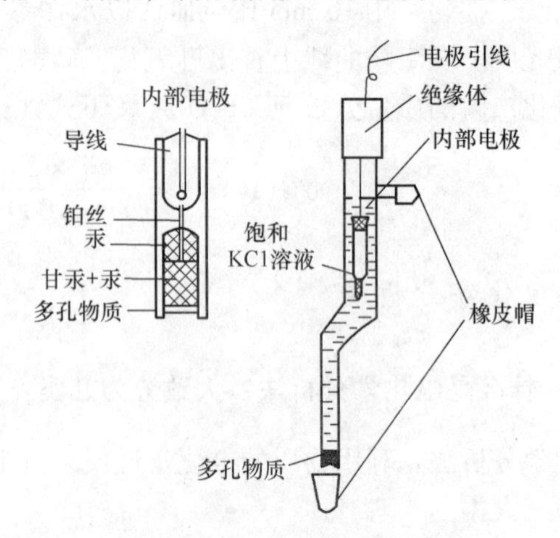

图 6-9 饱和氯化钾甘汞电极

6.8.3.4 甘汞参比电极的使用步骤及电极保存方法是什么？

（1）混凝土外加剂中氯离子的测定经常使用217型甘汞参比电极，其使用步骤如下：

1）此电极为双盐桥甘汞参比电极，第一节盐桥填充液为饱和氯化钾，第二节为用户自选（一般为硝酸铵或硝酸钾溶液）。电极在第一次使用时，去掉测量端和加液口的黑色橡胶帽或加液塞，建议将第一节盐桥在浸泡液中浸泡2h以上。

2）电极测量端向下，捏住黑色电极帽部分，轻甩数次，检查盐桥处应充满溶液没有气泡，填充液为饱和氯化钾溶液，应有适量氯化钾晶体存在。

3）在第二节盐桥中加入自选的填充液至2/3盐桥管高度，将第一节盐桥装入第二节盐桥中，并固定，使第一节盐桥与第二节盐桥的填充液充分接触。

4）将指示电极与甘汞电极夹在电极架上，用蒸馏水清洗电极头部，再用被测液溶液清洗一次，将电极分别与仪器的测量电极接口和参比电极接口连接。

5）把电极同时插入被测溶液中，将溶液搅拌均匀后，即可进行测量或校准。

6）测量完毕，将第二节盐桥中的填充液放净并清洗干净。

（2）电极若长期不使用，将第一节盐桥的加液口用电极自带加液塞或橡胶套密封，然后将橡皮套套在第一节盐桥前端处，将电极放回包装盒内，将电极插头和电极分开摆放以免氯化钾盐析时腐蚀电极插头，干燥保存。

电极若短期存放，关闭加液口，将第一节盐桥电极浸泡于浸泡液中。

6.8.3.5 用什么仪器测量电极电位？

通常使用离子计或酸度计测量参比电极与离子选择电极组成的电池电动势。要求测量仪器的输入阻抗足够高，以使从电池中流出的电流可以忽略不计。一般用于离子电极测量的仪器，其输入阻抗约为10^{11} Ω或者更高。在一般的测量中，测量精度要求为±1 mV，而在精密测量中精度最好达±0.1 mV。

6.8.3.6 测量氟离子时测量仪器如何布置？

进行离子选择性电极测量时，先用一支离子选择性电极和一支参比电极组成一个电化学电池，在被离子选择感应膜隔开的电极内外两种溶液之间即会产生一定的电位差，即所谓的膜电位，然后用高输入阻抗的毫伏计测量电池的电动势。因为参比电极的电位恒定，测得的电池电动势即为此感应膜两端之间的电位差。用于离子选择性电极测量的仪器示意图如图6-10所示。

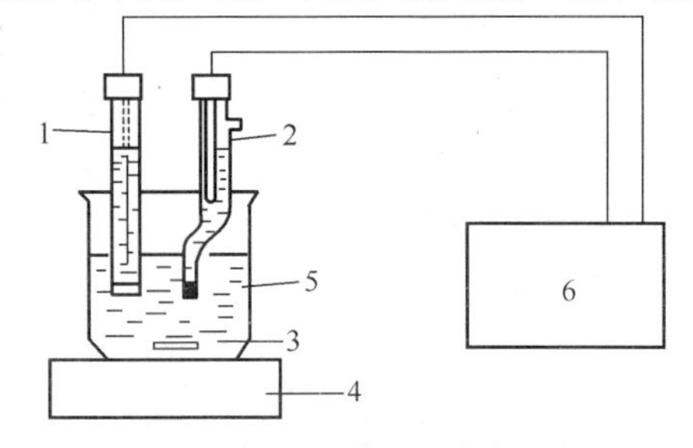

图6-10 用于离子选择性电极测量的仪器示意图

1—氟电极；2—甘汞电极；3—搅拌子；4—磁力搅拌器；5—被测溶液；6—离子计

电池电动势E只与待测溶液中被测离子i的活度α_i有关，二者之间存在能斯特（Nernst）关系：

$$E = E^{\circ} + 2.303(RT/Z_iF)\lg\alpha_i$$

即离子选择性电极的电位E与溶液中待测离子活度α_i的对数值$\lg\alpha_i$呈线性关系。然而在一般的分析中，所关心的往往是离子的浓度c。活度就是已经校正了离子间相互作用的有效浓度。活度α和浓度c

之间的关系为：

$$\alpha = \gamma c$$

式中的比例常数 γ 称之为活度系数，它表示溶液中离子间互相牵制作用的大小。

要测定试验溶液中被测离子的浓度，必须使试验溶液和标准溶液中的离子活度系数 γ 相同。

6.8.3.7 如何使试验溶液和标准溶液中的离子活度系数 γ 相同？

由于活度系数是离子强度的函数，因此，要使试验溶液和标准溶液中的离子活度系数 γ 相同，就要求保持两种溶液中离子强度相等。最常用的方法是往试验溶液和标准溶液中加入相同量的惰性电解质溶液，通常称之为“总离子强度调节缓冲液”（英文缩写为 TISAB），使两种溶液中的离子强度相等。此时，可以认为两种溶液中的活度系数 γ 相等，能斯特公式可以直接以浓度 c_i 来表示：

$$E = E^{\circ\prime} + 2.303(RT/Z_iF)\lg c_i$$

6.8.3.8 用离子选择电极法测定氟离子时的操作方法是什么？

常用工作曲线法进行对比分析。

将离子选择性电极和参比电极同时依次插入一系列以优级纯氟化钠配制的标准比对溶液中，用离子计测定相应的电动势 E 后，在半对数坐标纸上，绘制 E 对 $\lg c_{F^-}$的关系曲线，在一定的氟离子浓度范围内可得到一条直线。然后测量试验溶液的电动势，在工作曲线上查出试验溶液中氟离子的浓度。

【例】 对氟离子浓度分别为 1 μg/mL、5 μg/mL、10 μg/mL、20 μg/mL 的四杯标准比对溶液进行测定，相应的电动势为 250 mV、210 mV、192.5 mV、176 mV。可列表为表 6-9。将其绘制成工作曲线，如图 6-11 所示。

表 6-9 氟离子系列标准比对溶液测定结果

溶液浓度/(μg/mL)	1	5	10	20
电动势/mV	250	210	192.5	176
曲线上的点	*A*	*B*	*C*	*D*

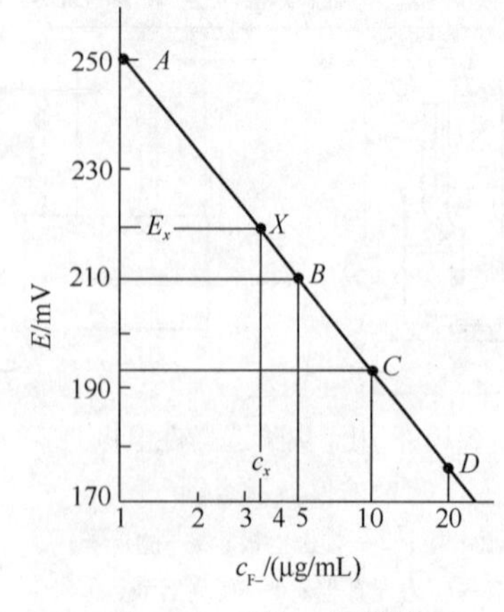

图 6-11 氟的工作曲线

在相同条件下测量试验溶液的电动势为 E_x = 220mV，在图 6-11 的纵坐标上 220 mV 处向右画水平线，与工作曲线相交于 X 点，从 X 点向下画垂线与横坐标相交于 c_x 点，即可读出 c_x = 3.5 μg/mL，此即为试验溶液中氟离子的浓度。

6.8.3.9 用离子选择电极法测定氟离子时的实验要点是什么？

（1）注意消除铁、铝等共存离子的干扰。试验溶液中共存的铁、铝等离子能和氟离子作用生成氟铁配合物、氟铝配合物，从而降低游离氟离子的浓度，使测定结果偏低。为此，需往溶液中加入柠檬酸钠配位剂，使之与铁、铝离子配位，使结合在配合物中的氟离子游离出来。配位剂溶液的浓度要适当。过高则不利于电极电位快速达到平衡。

（2）试验溶液的酸度以 pH =5 ~7 较为合适。若溶液酸度过高，氟离子同溶液中的氢离子作用，生成 HF 或 HF_2^-，使游离的氟离子浓度降低；若溶液酸度过低，溶液中的 OH^- 离子能和氟化镧单晶片上的镧离子作用，生成难溶氢氧化物 $La(OH)_3$，影响电极电位。为使溶液酸度稳定在 pH = 6 左右，加入柠檬酸钠配位缓冲溶液。

（3）溶液的温度对电极电位有影响。测定试验溶液时的温度应与制作工作曲线测定标准比对溶液时的温度尽量一致。

（4）氟电极的维护至关重要。氟离子选择性电极的氟化镧单晶片应保持清洁，防止污染。用盐酸溶样进行测定时，应将不溶残渣过滤除去。使用一段时间后，单晶片总会被污染，其现象之一就是工作曲线的斜率逐渐下降。斜率理论值为氟离子浓度从 1 μg/mL 变化至 10 μg/mL，即氟离子浓度变化 10 倍时，电位变化 59 mV，一般正常值为 55 mV ~57 mV。如直线斜率逐渐下降至低于 55 mV，则应设法清洗单晶片外端面。方法是用乙醇浸湿，将电极垂直立于绒布上，往复摩擦单晶片。必要时用最细的零号砂纸或用牙膏轻轻摩擦单晶体片，再在乙醇浸湿的绒布上摩擦，然后清洗，于风干状态下保存。测定前应将其置于加有柠檬酸钠配位缓冲溶液的稀氟离子溶液中浸泡 1h 左右，使单晶片活化。这样测量时电极电位能在 10 min 内达到平衡。测定时一般是由低浓度测至高浓度，虽然响应稍慢，但电极清洗方便，使用完毕后用去离子水洗至电位在 300 mV 以上。

（5）正确使用饱和甘汞电极。为使作为参比电极的饱和氯化钾甘汞电极的电位稳定不变，电极中应经常保持有固体氯化钾。随着不断使用，电极中的固体氯化钾会逐渐溶解，直至消失，这时，要用端头拉细且呈一定角度的滴管从电极侧部注液口处注入带固体氯化钾的饱和溶液。电极下端与被测溶液接触部分是熔结陶瓷芯等多孔物质，拔下小橡皮套后，构成内外溶液互相连接的通路。使用时为了减小扩散电位的影响，须将侧部注液口的小橡胶塞拔下，使电极中的饱和氯化钾溶液以很慢的速度滴下。停止使用时，应将侧部注液口及底部的橡胶塞、套复位，防止电极中的氯化钾呈晶体状沿电极外壁析出。

（6）保证电极电位达到平衡后再测量。电极插入溶液后要用磁力搅拌器充分搅拌一定时间，促使氟离子与氟化镧单晶片膜之间达到平衡。搅拌后，为消除溶液涡流的影响，要静置一定时间，然后再读取读数。重复读取 2 次 ~3 次，以稳定的重复性好的数值作为平衡电位。

6.8.3.10　玻璃电极的基本构造是什么？

对溶液中被测离子浓度或活度有响应的电极称为指示电极。pH 计的指示电极是 pH 电极，又称 pH 玻璃电极或玻璃电极。玻璃电极有一个以特种配方的玻璃吹制的玻璃球，壳的厚度仅 0.05 mm ~0.10 mm，球内装 0.1 mol/L 的盐酸缓冲溶液，叫做内参比缓冲液。球内缓冲液不能透过玻璃膜流出，但能响应膜外被测溶液中 H^+ 的浓度。玻璃球薄膜易碎，用罩套保护，仍能与被测溶液自由接触。将一支 Ag-AgCl 丝内参比电极插入玻璃球内参比缓冲液中，并将膜内膜外的电位响应信号引出，用于测量（图 6-12）。

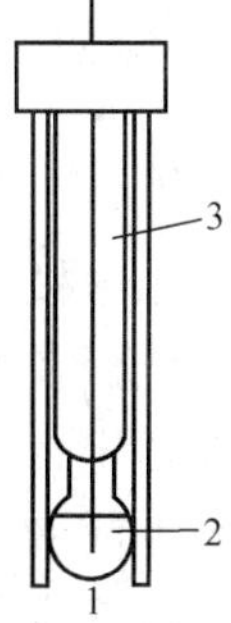

图 6-12　pH 电极
1—玻璃膜；2—HCl-NaCl 缓冲溶液；3—Ag-AgCl 参比电极

当将它和一参比电极共同浸在同一溶液中时，两电极间产生电动势，其大小与溶液的pH值有关，利用电位法测定电极的电动势，即可算出溶液的pH值。

测定溶液pH值的工作电池是由内参比电极（Ag-AgCl电极）、内部缓冲溶液（H^+浓度为0.1 mol/L）、玻璃膜、试验溶液和外参比电极（甘汞电极）等组成的，可用下式表示：

$$Ag \mid AgCl \cdot HCl(0.1mol/L) \mid 玻璃膜 \mid 试验溶液 \parallel KCl(饱和),\ Hg_2Cl_2 \mid Hg$$

$\triangle\varphi_M$　　$\triangle\varphi_L$

|←——玻璃电极——→|　　|←——甘汞电极——→|

$\triangle\varphi_M$是跨越玻璃膜产生的电位差，称为膜电位。

$\triangle\varphi_L$是流体界面电位，它是由于浓度或组成不同的溶液接触时，正负离子扩散速度不同，破坏了界面附近原来溶液正负电荷分布的均匀性而产生的，在一定条件下为一常数。电池两极间的电位差为：

$$E = K + 0.059\ pH_{试}$$

式中K值很难通过计算得到，只能采用已知pH值的缓冲溶液作标准在酸度计上进行校正。同时考虑温度对测定pH值的影响，在酸度计上设有温度补偿装置。所以，在测量试验溶液pH值之前，要先用标准缓冲溶液进行定位，然后再测量试验溶液的pH值。酸度计测得的电动势直接用pH值表示出来，不需要再进行换算。

6.8.3.11　电位滴定法的原理是什么？

电位滴定法是电位分析法中的一种，它是用测量电位变化来确定滴定终点的容量分析方法。在容量分析中的中和、氧化还原和沉淀滴定等方法，特别是氧化还原与中和法，大都可以用电位滴定法来代替。

电位滴定法之所以能在分析化学中得到广泛应用，发展很快，是由于它与指示剂法相比较具有以下优点：

（1）可用于有色的或浑浊的溶液和非水溶液以及有些反应无指示剂的溶液的滴定中；

（2）可连续滴定同一溶液中电位相距较远的几种离子，而不必将他们预先分离；

（3）指示终点的方法（电位的突跃）是客观的，而用指示剂判定终点的方法（肉眼观察颜色的变化）带有主观性，因此，电位法所测结果更为准确。

6.8.3.12　电位滴定法测定混凝土外加剂中氯离子含量的基本原理是什么？

将银电极和参比电极浸入同一被测溶液中，用银离子标准滴定溶液进行滴定，用电位计测定两电极在溶液中组成的原电池的电势的变化。作为参比电极的甘汞电极在滴定过程中电位保持恒定，而作为指示电极的银电极的电位则随着溶液中银离子浓度的变化而变化。在化学计量点前滴入硝酸银溶液，银离子与氯离子生成溶解度很小的氯化银白色沉淀，溶液中银离子的浓度变化缓慢，因而两电极间电势的变化也很缓慢。而在化学计量点时氯离子全部生成氯化银沉淀，这时滴入少量硝酸银溶液，溶液中银离子的浓度即发生急剧变化，两电极间的电势随之发生突变，从而指示滴定终点的到达。根据银离子标准滴定溶液的消耗量及其浓度以及试料的质量，即可计算试样中氯离子的含量。滴定过程中，电位的变化情况见图6-13（a），其一次和二次微商曲线见图6-13（b）和（c）。

6.8.3.13 电位滴定法测定混凝土外加剂中氯离子含量的操作步骤是什么?

(1)仪器:电位测定仪或酸度计;银电极;甘汞电极。

(2)试剂:

1)氯化钠标准溶液(0.1000 mol/L) 准确称取5.8443 g已于130 ℃~150 ℃烘干2h的光谱纯氯化钠,用蒸馏水溶解并稀释至1 L,摇匀。

2)硝酸银标准滴定溶液(0.1 mol/L) 称取17 g分析纯固体硝酸银($AgNO_3$),用蒸馏水溶解,放入1 L棕色容量瓶中稀释至标线,摇匀,用氯化钠标准溶液(0.1000 mol/L)对硝酸银溶液进行标定。

硝酸银标准滴定溶液(0.1 mol/L)浓度的标定:

用移液管吸取10.00 mL的氯化钠标准溶液(0.1000 mol/L)放入300 mL烧杯中,加200 mL蒸馏水,加4 mL硝酸溶液(1+1),在电磁搅拌下,用硝酸银标准滴定溶液以电位滴定法测定终点。过第一终点后,在同一溶液中再加入10.00 mL氯化钠标准溶液(0.1000 mol/L),继续用硝酸银标准滴定溶液滴定至第二个终点,用二次微商法计算出硝酸银标准滴定溶液消耗的体积V_{01},V_{02}。

10.0 mL氯化钠标准溶液(0.1000 mol/L)消耗硝酸银标准滴定溶液的体积V($AgNO_3$)按下式计算:

$$\longrightarrow V(AgNO_3) = V_{02} - V_{01}$$

硝酸银溶液的浓度按下式计算:

$$c(AgNO_3) = c(NaCl) \times V(NaCl)/V(AgNO_3)$$
$$= c(NaCl) \times V(NaCl)/(V_{02} - V_{01})$$

(3)分析步骤:

准确称取0.5000 g~5.000 g外加剂试样(视试样中氯含量而定)放入烧杯中,加入200 mL蒸馏水和4 mL硝酸溶液(1+1),使溶液呈酸性,搅拌至完全溶解。如不能完全溶解,可用快速定性滤纸过滤,并用蒸馏水洗涤残渣至无氯离子为止。

用移液管移取10.00 mL氯化钠标准溶液(0.1000 mol/L),放入烧杯中,加入一支磁力搅拌子,将烧杯放在磁力搅拌机上,开动搅拌机并插入银电极及甘汞电极,两电极与电位计或酸度计相连接,用硝酸银标准滴定溶液(0.1 mol/L)缓慢滴定,记录电势和对应的滴定管读数。

由于接近化学计量点时,电势增加很快,此时要缓慢滴加硝酸银标准滴定溶液,每次定量加入0.1 mL,当电势发生突变,表示终点已过,此时继续滴入硝酸银标准滴定溶液,直至电势趋向变化平缓。得到第一个终点时硝酸银标准滴定溶液消耗的体积V_1。

在同一溶液中,用移液管再移取10.00 mL氯化钠标准溶液(0.1000 mol/L)(此时溶液的电势降低),放入烧杯中,继续用硝酸银标准滴定溶液滴定,直至第二个终点出现,记录电势和对应的硝酸银标准滴定溶液消耗的体积V_2。

空白试验:同“硝酸银标准滴定溶液(0.1 mol/L)浓度的标定”。

(4)结果计算:

用二次微商法计算结果。通过电势对体积的二次导数(即$\Delta^2E/\Delta V^2$)变成零的办法来求出滴定终点。假如在临近终点时,每次加入的硝酸银溶液体积是相等的,此函数($\Delta^2E/$

ΔV^2）必定会在正负两个符号发生变化的体积之间的某一点变成零，对应这一点的体积即为终点体积，可用内插法求得[图6-13(c)]。在自动电位滴定仪中可自动记录电位滴定曲线，并自动运算和显示到达滴定终点时的滴定剂体积。

外加剂中氯离子所消耗的硝酸银标准滴定溶液的体积 V 按下式计算：

$$V=\frac{(V_1-V_{01})+(V_2-V_{02})}{2}$$

外加剂中氯离子的质量分数 w(Cl)按下式计算：

$$w(\mathrm{Cl})=\frac{cV\times 35.45}{m\times 1000}$$

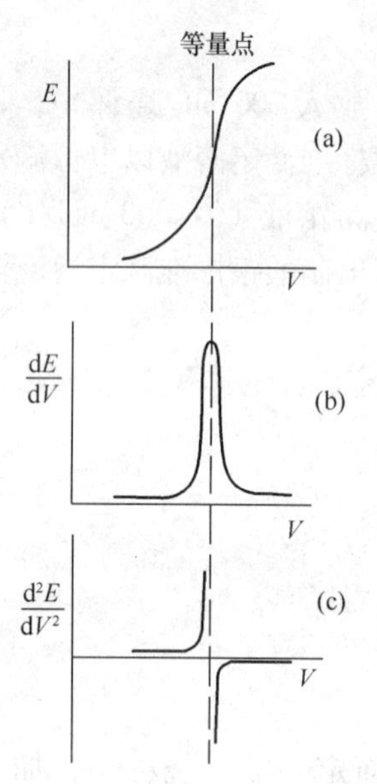

图6-13　电位滴定曲线

式中　c——硝酸银标准滴定溶液的浓度，mol/L；

V——外加剂中氯离子所消耗硝酸银标准滴定溶液的体积，mL；

m——外加剂试料的质量，g；

V_{01}——空白试验中10.00 mL氯化钠标准溶液（0.1000 mol/L）、200 mL蒸馏水、4 mL硝酸溶液（1+1）所消耗的硝酸银标准滴定溶液的体积，mL；

V_{02}——空白试验中滴定到第一终点后再加10.00 mL氯化钠标准溶液，总计20.00 mL氯化钠标准溶液所消耗的硝酸银标准滴定溶液的体积，mL；

V_1——试验溶液中10.00 mL氯化钠标准溶液（0.1000 mol/L）、200 mL蒸馏水、4 mL硝酸溶液（1+1）所消耗的硝酸银标准滴定溶液的体积，mL；

V_2——试验溶液中滴定到第一终点后再加10.00 mL氯化钠标准溶液，总计20.00 mL氯化钠标准溶液（0.1000 mol/L）所消耗的硝酸银标准滴定溶液的体积，mL。

用1.565乘氯离子的质量分数，即得外加剂中等物质的量的无水氯化钙的含量：

$$w(\mathrm{CaCl_2})=1.565\times w(\mathrm{Cl})$$

试样数量不应少于三个，结果取平均值。

6.8.3.14　试举一例说明用二次微商法确定电位滴定终点的办法。

（1）空白试验及硝酸银标准滴定溶液浓度的标定（表6-10）。

表6-10　空白试验及硝酸银标准滴定溶液浓度的标定

加10 mL氯化钠标准溶液（0.1000mol/L），200 mL水，4 mL HNO_3				再加10 mL氯化钠标准溶液（0.1000mol/L）			
滴加硝酸银溶液体积 V_{01}/mL	电势 E/mV	$\Delta E/\Delta V$ mV/mL	$\Delta^2 E/\Delta V^2$ mV^2/mL^2	滴加硝酸银溶液体积 V_{02}/mL	电势 E/mV	$\Delta E/\Delta V$ mV/mL	$\Delta^2 E/\Delta V^2$ mV^2/mL^2
10.30	242			20.20	240		
10.40	253	110	300	20.30	251	110	200
10.50	267	140	-100	20.40	264	130	-100
10.60	280	130		20.50	276	120	

用内插法计算：

第一终点时　　$V_{01}=10.40+0.10\times\frac{300}{300+100}=10.48$（mL）

第二终点时　　$V_{02}=20.30+0.10\times\frac{200}{200+100}=20.37$（mL）

$AgNO_3$ 标准溶液浓度：

$$c(AgNO_3)=\frac{10.00\times0.1000}{20.37-10.48}=0.1011\ (mol/L)$$

（2）称取外加剂样品的质量为 0.7697 g，加 200 mL 蒸馏水，溶解后加 4 mL 硝酸溶液（1+1），用硝酸银标准滴定溶液滴定，数据列于表 6-11。

表 6-11　用硝酸银标准滴定溶液滴定

加 10 mL 氯化钠标准溶液（0.1000mol/L）200 mL 水，4 mL HNO_3				再加 10 mL 氯化钠标准溶液（0.1000mol/L）			
滴加硝酸银溶液体积 V_1/mL	电势 E/mV	$\Delta E/\Delta V$ mV/mL	$\Delta^2E/\Delta V^2$ mV^2/mL^2	滴加硝酸银溶液体积 V_2/mL	电势 E/mV	$\Delta E/\Delta V$ mV/mL	$\Delta^2E/\Delta V^2$ mV^2/mL^2
13.30	244			23.20	241		
13.40	256	120	100	23.30	252	110	100
13.50	269	130	-200	23.40	264	120	-100
13.60	280	110		23.50	275	110	

用内插法计算：

第一终点时　　$V_1=13.40+0.1\times\frac{100}{100-(-200)}=13.43$（mL）

第二终点时　　$V_2=23.30+0.1\times\frac{100}{100-(-100)}=23.35$（mL）

消耗 $AgNO_3$ 标准溶液体积：

$$V=\frac{(13.43-10.48)+(23.35-20.37)}{2}=2.97\ (mL)$$

所以，氯离子质量分数：

$$w(Cl)=\frac{35.45\times0.1011\times2.97}{0.7696\times1000}=1.38\%$$

6.8.3.15　为什么电位滴定法标定硝酸银标准滴定溶液的浓度及测定试样时要连续测定两个终点？

第一终点是用硝酸银标准滴定溶液滴定 10.00 mL 氯化钠标准溶液、200 mL 水、4 mL 硝酸溶液所得，所消耗的硝酸银标准滴定溶液的体积 V_{01} 中，除了滴定 10.0mL 氯化钠标准溶液所消耗的体积之外，还包含着 200mL 水和 4mL 硝酸溶液中的氯离子空白所消耗的体积。第一终点后再加入 10.00mL 氯化钠标准溶液，继续滴定得到第二个终点，硝酸银标准滴定溶液总的消耗体积为 V_{02}。而从第一终点至第二终点所消耗的硝酸银标准滴定溶液的体积 $V_{02}-V_{01}$，才是滴定 10.0mL 氯化钠标准溶液所消耗的体积（20mL 水和 4mL 硝酸中的空白已含在 V_{01} 中）。故真正与 10.00mL 氯化钠溶液反应的硝酸银标准滴定溶液的体积是 $V_0=V_{02}-V_{01}$。所以，硝酸银溶液的浓度按下式计算：$c=c_1V_1/V_0=c_1V_1/(V_{02}-V_{01})$。

6.9 其他成分的测定

6.9.1 矿物和岩石中的水分有哪几种形态？如何测定？

矿物和岩石中的水分，一般以附着水和化合水两种形态存在。

（1）附着水。附着水不是物质的固有组成部分，其含量不定。通常存在于物质的表面或孔隙中，形成很薄的薄膜。某种物质吸附水分的多少，除了与其自身性质有关外，还与其细度以及周围空气的湿度有密切关系。样品磨得愈细，其表面积愈大，吸附的水分愈多；周围空气的湿度越高，吸附的水分也越多。

附着水分通常在105 ℃～110 ℃下就能除掉。所以测定矿物岩石中的附着水分，一般都是把试样在105 ℃～110 ℃烘干至恒量，根据失去的质量来计算其含量。

天然二水石膏由于其失去结晶水的温度较低（于80 ℃～90 ℃即开始变成半水石膏），故测定其附着水通常是在（45±3）℃的温度下进行。一定不要在105 ℃～110 ℃烘干。

由于附着水分含量随着周围空气湿度的变化而变化，而这种变化相应地反映在试样中其他组分的质量分数上，所以在分析工作中通常使用风干试样。附着水和化合水的含量以及这两种水分的总含量，都是以风干试样为基础进行计算的。

必须指出，用上述方法测出的附着水，往往与试样中附着水分的真实含量有一定的差别。因为在105 ℃～110 ℃不一定能完全把其中的附着水分除净，在个别的情况下，甚至在较高的温度下也还会有少量的附着水残留在试样中；另一方面，在105 ℃～110 ℃也可能除掉一部分化合水。因此，要严格地在除去附着水的温度和除去化合水的温度之间划分出明显的界限，从而准确地分别测定每一种水分，并不经常是可能的。

（2）化合水。与附着水相反，化合水是物质的组成部分之一。化合水有结晶水和结构水两种形式。结晶水是以H_2O分子的状态存在于物质的晶格中，如石膏（$CaSO_4 \cdot 2H_2O$）、光卤石（$KCl \cdot MgCl_2 \cdot 6H_2O$）等，就具有结晶水。一般矿石中的结晶水结合的能力并不很强，通常在400 ℃以下加热便可完全除去。结构水是以化合状态的氢或氢氧基的形式存在于物质的晶格中，结合得相当牢固，其失去水分所需的温度与各种物质的结构有关，一般需加热到300 ℃～1300 ℃才能分解并放出水分。有些矿物如滑石、十字石、黄晶、绿帘石、云母等，须在更高的温度下加热才能完全失去水分。

在水泥原料分析中，由于样品组成一般比较简单，其化合水的含量通常是根据试料在灼烧后所减少的质量来测定的。而对矿物组成较为复杂的试样，如含有低价氧化物或易挥发性的氯、氟、硫和有机物等组分的试样，采用上述测定方法就会引入较大的误差。为得到准确的结果，对于化合水含量较低的矿物多用化合水管灼烧法测定；对化合水含量较高的试样则用直接吸收法测定。

6.9.2 水泥中不溶物的主要来源是什么？

水泥中的不溶物系指在特定的测定条件下加热试样，既不溶于盐酸，也不溶于氢氧化钠溶液的组分。其主要来源是水泥熟料、石膏及所掺加的混合材。一般回转窑正常生产的水泥熟料中，不溶物的含量通常都在0.1%左右。其主要成分为硅、铁、铝的化合物。熟料中的不溶物主要是由原料带入的某些难熔矿物（如晶质石英），经高温煅烧，仍有一小部分未起化合反应而形成的。其量的多少与原料的矿物组成、生料的细度和均匀性以及热工制度等一系列因素有关。P·I型和P·Ⅱ型硅酸盐水泥，对不溶物含量均有规定。

6.9.3 水泥中不溶物的测定要点是什么？

测定不溶物含量时严格掌握所规定的实验条件至关重要，因为不溶物不同于化学成分，对其含量只能进行相对测定，测定结果与实验条件密切相关。

（1）用酸分解试样时，须先加入约25mL水，并立即搅拌，使试料分散，再在搅拌下加入盐酸，以避免二氧化硅呈胶体析出，使过滤不易进行。

（2）盐酸的加入量为5mL，用水稀释至50mL，其最终浓度相当于盐酸溶液（1+9）。

（3）加热时间要严格控制为15 min。

（4）加热方式尤为重要，应该在沸水浴上加热，使烧杯伸入水浴的内部空间，而不能与水接触，底部及侧部全部被水蒸气所包围，以保证加热温度稳定在100 ℃。如将烧杯坐于水浴箱的出气孔上，则烧杯受热面积太小，加热温度不足，结果将偏高。如将烧杯直接在电炉上加热，加热温度过高，结果将严重偏低。

（5）用酸处理后的残渣，继续用100 mL氢氧化钠溶液（10 g/L）处理，在沸水浴上加热15 min（从加入氢氧化钠溶液起计时）。其间搅动滤纸及残渣两三次使碱溶物尽量溶解。

（6）过滤时，如果滤液浑浊不清，必须再次过滤。

（7）必须进行空白试验，对测定结果进行校正。

6.9.4 烧失量的含义是什么？测定要点是什么？

烧失量通常是把试样放在铂坩埚或瓷坩埚中，于950 ℃～1000 ℃的温度下灼烧至恒量后测得的。在高温下灼烧时，试样中许多组分将发生氧化、还原、分解以及化合等一系列反应。如有机物、硫化物和某些低价化合物之被氧化；碳酸盐、硫酸盐之分解；碱金属化合物之挥发以及附着水、化合水、二氧化碳之被排除等等。诸如此类的变化，将引起试样中化学组成的显著改变。因此所测得的“烧失量”实际上是试样中各种化学反应所引起的质量增加和减少的代数和。测定要点如下。

（1）灼烧温度与灼烧时间。烧失量与灼烧温度和灼烧时间有直接关系。譬如，某些挥发性组分有时只是局部或大部分挥发：如某些硅酸盐在100 ℃时已开始失去其结晶水，但只有在700 ℃～800 ℃时结晶水才能完全失去；碳酸盐在600 ℃左右开始分解，而只有温度上升至900 ℃以上并保持一定的时间才能将二氧化碳完全放出；硫酸钙在900 ℃～1000 ℃时开始分解，在1300 ℃～1400 ℃时才能分解完全。由此可知，烧失量实际上是试样在一定实验条件下所表现出来的性质，所以正确控制灼烧温度和灼烧时间是非常必要的。

（2）测定烧失量时应使用电阻丝加热的马弗炉，不应使用硅碳棒电炉，因其炉内为还原性气氛，不符合烧失量测定的要求。

（3）升温程序。测定烧失量时如用马弗炉，应从低温开始加热，在950 ℃～1000 ℃下保持30 min～40 min；如用喷灯灼烧，则应先在喷灯的微弱火焰上加热10 min～15 min，然后再提高温度灼烧20 min～30 min。如直接在高温下灼烧，则因试样中挥发性物质的猛烈排出而使试样有飞溅的可能。

（4）某些试样如黏土、膨润土、石灰石等，在灼烧后吸水性很强，灼烧后从马弗炉取出后要立即放入干燥能力较强的干燥器中冷却，称量时也必须迅速，以免灼烧后的试料吸收空气或干燥器中的水分而增加质量，致使分析结果偏低。

（5）测定烧失量用的瓷坩埚，应洗净后预先在950 ℃～1000 ℃下灼烧至恒量。不应不预先恒量，而灼烧后将残渣扫出来直接称量，因为灼烧物有可能与瓷坩埚反应而造成测定误差。

（6）矿渣水泥的烧失量须对硫化物氧化而引起的误差进行校正。

6.9.5 为什么要对矿渣硅酸盐水泥烧失量的测定结果进行校正？

对矿渣水泥试样的烧失量测定结果，需对因硫化物氧化而引起的误差进行校正。其公式的推导如下：

在灼烧过程中，矿渣水泥中的硫化物（如硫化钙）吸收空气中的氧生成硫酸盐：

$$CaS + 2O_2 = CaSO_4$$

因而，灼烧后试料中的硫酸盐含量比灼烧前增加。试样中硫酸盐的含量通常以三氧化硫（SO_3）的质量分数表示。1个负二价硫离子（S^{2-}）吸收2个氧分子（4个氧原子），吸收了4×氧的相对原子质量16＝64个单位（相对原子质量的单位，下同）的氧，生成1个硫酸根离子（SO_4^{2-}），或1个三氧化硫分子，增加的质量为：1×硫的相对原子质量32＋3×氧的相对原子质量16＝80个单位。因此，硫化物吸收空气中氧的质量分数＝（64/80）×灼烧后三氧化硫增加的质量分数＝0.8×灼烧后三氧化硫增加的质量分数。即：硫化物吸收氧的校正值为：

硫化物吸收空气中氧的质量分数＝0.8×（水泥试料灼烧后测得三氧化硫的质量分数－水泥试料未经灼烧时三氧化硫的质量分数）

校正后的烧失量质量分数 w（SO_3）＝测得的烧失量质量分数＋硫化物吸收空气中氧的质量分数。

6.9.6 矿渣水泥、铁矿石类试样的烧失量为什么会出现负值？

烧失量是将试样放在一定温度（一般是900 ℃～950 ℃）下，规定一定灼烧时间（一般为30 min～40 min）内，试样所失去的质量在试样中所占的分数。烧失量也称灼减量。

在矿渣水泥和铁矿石类试样中，含有较多的低价化合物，如氧化锰、氧化亚铁、三氧化二铁等，它们在高温灼烧时会被氧化成高价氧化物。例如：

$$4FeO + O_2 \xlongequal{\triangle} 2Fe_2O_3$$

$$6Fe_2O_3 \xlongequal{\triangle} 4Fe_3O_4 + O_2$$

这些反应的发生，都使试样的质量增加，以致在按公式计算烧失量时出现了负值。因此，矿渣水泥、铁矿石一类试样一般不做烧失量的测定。如测定矿渣水泥的烧失量，则需要对其结果进行校正。

6.9.7 称量法测定水泥中二氧化碳的基本原理是什么？

用磷酸分解试样，碳酸盐分解放出二氧化碳，由不含二氧化碳的气流载带至一系列的U

形管，先除去硫化氢和水分，然后被碱石棉吸收，通过吸收后质量的增加来计算试样中二氧化碳的含量。详见 GB/T 176—2008《水泥化学分析方法》。

6.9.8 如何测定高炉矿渣试样中的氧化亚铁？

测定高炉矿渣试样中的氧化亚铁，是在隔绝空气（通二氧化碳）的条件下用硫酸分解试样，然后用重铬酸钾标准滴定溶液滴定生成的亚铁离子。

准确称取 1 g ~ 1.5 g 已在 105 ℃ ~ 110 ℃烘干过的试样，精确至 0.0001 g，放入 300 mL 干燥的锥形瓶中，加入 0.5 g ~ 1 g 碳酸钠，再加 20 mL ~ 30 mL 新煮沸过的冷水。用双孔胶塞塞紧，此塞的两孔中插有弯成直角的两支玻璃管，一支通入瓶底，与二氧化碳气体发生器（或二氧化碳钢瓶）相连接；另一支仅通到瓶塞下面（图 6-14）。如以盐酸与大理石（或方解石）在气体发生器中制取二氧化碳，为了除去二氧化碳气流中可能含有的硫化氢气体，应使其预先通过盛有硫酸铜溶液（50 g/L）的洗气瓶。

测定时，首先向锥形瓶内通入二氧化碳约 3 min，使试样充分搅起，避免结块。然后将溶液加热至沸，并继续通入二氧化碳。取下瓶塞，注入 100 mL 硫酸（1 + 3），立即将瓶塞塞好。将锥形瓶内的溶液煮沸 30 min 后停止加热。在持续通入二氧化碳的情况下，用冷水将溶液冷却。然后向锥形瓶中注入 100 mL 冷水，加 15 mL 硫酸 - 磷酸混合酸及 2 滴二苯胺磺酸钠指示剂溶液（10 g/L），用重铬酸钾标准滴定溶液 $\{c\,[\,(1/6)\ K_2Cr_2O_7\,]\ = 0.025$ mol/L$\}$ 滴定至呈现蓝紫色。

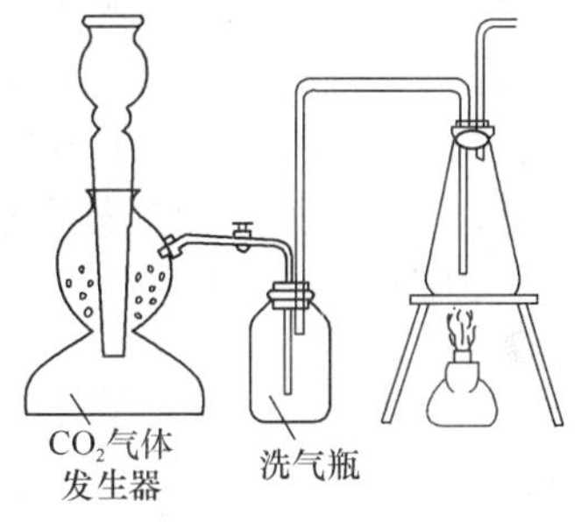

图 6-14 氧化亚铁的测定装置

6.9.9 如何测定水泥中混合材料的掺加量？

混合材料的掺加种类繁多，各地的混合材料成分相差很大，故水泥组分的定量测定十分困难。曾经使用过的方法很多，但没有一种方法是通用的，特别是当混合材料的成分变动时，仅测定一种成分的含量，由此推断混合材料的掺加量，所造成的测定误差都较大。

随着 X 射线荧光分析仪以及计算机在水泥企业的逐渐普及，通过测定几种成分的含量，求解联立方程，可以比较快速、准确地测定水泥中各组分的含量。

例如，可以按表 6-12 设熟料、沸石、石膏、粉煤灰、出磨水泥化学成分的代码。

表 6-12 水泥各组分的化学成分代码一例

	SiO_2	Al_2O_3	Fe_2O_3	CaO	SO_3	掺加量/%
熟料	X_1	Y_1	Z_1	P_1	Q_1	A
沸石	X_2	Y_2	Z_2	P_2	Q_2	B
粉煤灰	X_3	Y_3	Z_3	P_3	Q_3	C
石膏	X_4	Y_4	Z_4	P_4	Q_4	D
出磨水泥	X_5	Y_5	Z_5	P_5	Q_5	100

则有下列方程组成立：

$$\begin{cases} X_1A + X_2B + X_3C + X_4D = 100X_5 \\ Y_1A + Y_2B + Y_3C + Y_4D = 100Y_5 \\ Z_1A + Z_2B + Z_3C + Z_4D = 100Z_5 \\ P_1A + P_2B + P_3C + P_4D = 100P_5 \\ Q_1A + Q_2B + Q_3C + Q_4D = 100Q_5 \\ A + B + C + D = 100 \end{cases}$$

如混合材料是双掺（例如沸石和粉煤灰），连同熟料和石膏，共4个未知数（A、B、C、D）。解上述6组联立方程中的任意4组（即测定硅、铝、铁、钙、硫5种成分中的3种，得出3个联立方程，加最后一个方程共4个方程），即可解出A、B、C、D的值（采用不同的方程组合，得到的结果会略有差异）。如果是单掺，仅需测定上述5种成分中的2种即可。

所选择的被测定的成分，可以是上述5种，也可以根据所掺加的混合材料的性质，选择与水泥熟料成分相差较大的其他成分。例如，掺有大量还原性物质的矿渣、钢渣、铁合金渣等工业废渣的水泥，可以选择测定还原值；掺有大量页岩、粉煤灰、炉渣、煤矸石等火山灰质材料及矿渣的水泥，可以选择测定耗酸值。GB/T 12960—2007《水泥组分的定量测定》则是选择测定盐酸不溶渣、EDTA不溶渣的含量，是目前我国所使用的各种混合材料含量测定方法中适应性较强的方法。各水泥企业可根据所用混合材料的情况，选择适当的分析方法，并对其可靠性进行验证，形成文件。

GB/T 12960—2007《水泥组分的定量测定》的基本原理是先采用选择溶解法将矿渣、粉煤灰、火山灰质材料等组分从水泥中分离出来（称为不溶渣），通过公式计算其含量，然后用常规方法测定水泥中三氧化硫，计算水泥中石膏的含量，再测定水泥中二氧化碳的含量，计算水泥中石灰石的含量，最后利用差减法计算水泥中熟料的含量。

6.9.10　硫化物的测定原理是什么？

在水泥熟料、窑灰、高炉矿渣以及其他某些水泥原料中，常常含有硫化物。它一般以硫化钙、硫化锰、硫化亚铁等形式存在。通常以碘量法进行测定。

碘量法测定水泥中硫化物硫的含量，是以盐酸分解试样。即在试样中加入$SnCl_2-HCl$使试样分解，反应如下：

$$FeS + 2HCl = FeCl_2 + H_2S\uparrow$$
$$MnS + 2HCl = MnCl_2 + H_2S\uparrow$$
$$CaS + 2HCl = CaCl_2 + H_2S\uparrow$$

其中$SnCl_2$的作用是消除Fe^{3+}的干扰，防止在酸性溶液中Fe^{3+}将H_2S氧化成单质硫。

反应生成的H_2S被$Zn-NH_3$吸收液吸收，生成ZnS沉淀。然后在吸收液中加入过量KIO_3标准滴定溶液（内含碘化钾KI），在H_2SO_4介质中，ZnS沉淀溶解生成H_2S，并与KIO_3和KI在酸性溶液中反应析出的I_2作用，剩余的I_2用$Na_2S_2O_3$标准滴定溶液滴定。其仪器装置见图6-1。其反应式与题6.5.4.1三氧化硫的测定中（3）至（5）相同。

6.9.11　蒸馏分离试样中氟的原理和注意事项是什么？

（1）原理

各类试样与磷酸共热时，其中的含氟矿物（如萤石中的CaF_2）被酸分解，形成氢氟酸。通入水蒸气将其蒸馏分离。氟主要以氢氟酸形式逸出，约占80%：

$$CaF_2 + 2H^+ = Ca^{2+} + 2HF\uparrow$$

部分氢氟酸与试样中的二氧化硅反应生成四氟化硅：

$$SiO_2 + 4HF = SiF_4 + 2H_2O$$

继而与氢氟酸反应生成氟硅酸逸出：

$$SiF_4 + 2HF = H_2SiF_6\uparrow$$

（2）注意事项

1）蒸馏的温度以205 ℃～210 ℃为宜。过低，试样分解不完全；过高，磷酸有可能被蒸出，而使结果偏高。

2）采用快速蒸馏装置（图6-15），可减少馏出液冷却回流现象，提高蒸馏速度。一般试样，称取0.15g，可在12 min内蒸馏完毕；氟含量高的试样，称取0.07 g，可在15 min内蒸馏完毕。氟含量高的试样蒸馏完毕后，冷凝管内壁上常常残留一些氟（约0.1%），可用20mL左右水洗涤内壁，洗液合并于馏出液中。

3）往反应管中加入磷酸时，最好用一小玻璃漏斗将磷酸导入反应管中，这样不会将磷酸沾在反应管磨口处。否则，盖上磨口塞加热蒸馏时，黏附于磨口处的磷酸会把磨口塞牢牢黏住而无法打开。

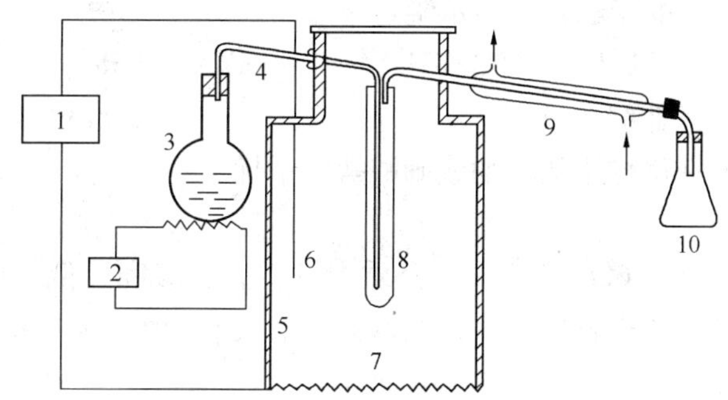

图6-15 蒸馏分离氟的装置图

1—温度指示控制仪；2—调压变压器和电炉；3—水蒸气发生器；
4—蒸气输入管；5—炉罩；6—温度控制热敏元件；
7—电炉；8—石英蒸馏管（ϕ20mm×200mm）；
9—石英冷凝管；10—蒸馏液承接瓶

6.9.12 用中和法测定馏出液中的氟的原理和适用范围是什么？

中和法是用氢氧化钠标准滴定溶液滴定馏出液中的氢氟酸和氟硅酸，反应式如下：

$$HF + NaOH = NaF + H_2O$$

$$H_2SiF_6 + 2NaOH = Na_2SiF_6 + 2H_2O$$

生成的Na_2SiF_6水解生成氢氟酸，继续被氢氧化钠溶液滴定：

$$Na_2SiF_6 + 2H_2O = 2NaF + 4HF + SiO_2$$

蒸馏分离时，生成1分子H_2SiF_6时消耗了6分子氢氟酸；滴定时，1分子H_2SiF_6消耗6分子氢氧化钠，相当于6分子氢氟酸，故蒸馏时生成氟硅酸的比率对测定结果无影响。

中和滴定时通常采用酚酞做指示剂。如试样中含有较高含量的碳酸盐或硫化物，为改善终点，消除馏出液中碳酸或氢硫酸对终点的干扰，可采用溴甲酚绿－甲基红混合指示剂，变色点 pH 值为 5.1，终点颜色由酒红到绿色，变化敏锐。

中和法可以测定各种氟含量不同的试样，但不适用于含氯化物或硝酸盐的试样，因其能生成盐酸或硝酸，干扰测定。这时应采用镧-EDTA 容量法测定馏出液中的氟。

6.9.13 用镧-EDTA 容量法测定馏出液中的氟的原理和实验要点是什么?

（1）测定原理

往蒸馏液中加入过量的硝酸镧溶液，使镧离子与氟离子生成溶解度极小的氟化镧沉淀：

$$La^{3+} + 3F^- \!=\!=\!= LaF_3 \downarrow$$

剩余的镧以偶氮胂 M（用 H_4R 代表）为指示剂，用 EDTA 标准滴定溶液返滴定。

终点前过量的镧离子与指示剂发生下述反应生成镧－偶氮胂 M 配合物而显蓝绿色：

$$\underset{\text{(紫红色)}}{H_4R} + La^{3+} \!=\!=\!= \underset{\text{(蓝绿色)}}{LaR^-} + 4H^+$$

用 EDTA 返滴定镧离子时的反应如下：

$$La^{3+}\text{（剩余）} + H_2Y^{2-} \!=\!=\!= LaY^- + 2H^+$$

终点时稍过量的 EDTA 夺取镧－偶氮胂 M 配合物中的镧离子使指示剂游离出来而发生变色，由蓝绿色变为稳定的紫红色，指示滴定终点的到达：

$$\underset{\text{(蓝绿色)}}{LaR^-} + 2H^+ + H_2Y^{2-} \!=\!=\!= LaY^- + \underset{\text{(紫红色)}}{H_4R}$$

镧-EDTA 容量法不受试样中氯化物或硝酸盐的干扰。

（2）实验要点

1）滴定反应宜在 pH = 6.8 的近中性介质中进行。若酸度过低，镧易形成氢氧化镧沉淀；若酸度过高，氟易形成难解离的氢氟酸。为使溶液 pH 值稳定在 6.8 左右，需往试验溶液中加入 pH =6.8 的三乙醇胺－盐酸缓冲溶液。

2）滴定至近终点时，因氟化镧沉淀对剩余镧离子产生吸附作用而造成返色现象，应加强搅拌，缓慢滴定。对于氟含量高的试样，应以 EDTA 滴定至终点后（返色缓慢时），再过量 3mL ~ 5mL EDTA 溶液，摇动，放置 1 min，再用硝酸镧标准滴定溶液缓慢地滴定至蓝色出现。

3）在计算结果时，EDTA 标准滴定溶液与硝酸镧标准滴定溶液的体积比 K 值，应根据滴定方式，分别采取实际标定值。

① 用 EDTA 返滴定剩余的镧离子至终点（由蓝绿色转变为稳定的紫红色）时，体积比用 K_1 值，$K_1 = 5.00/V_0$，5.00 为标定时加入硝酸镧标准滴定溶液的体积（mL），V_0 为 EDTA 标准滴定溶液滴定硝酸镧时消耗的体积（mL）；

② 如以 EDTA 标准滴定溶液滴定到终点后，再过量 3mL ~ 5mL，加入的总体积为 V_1（mL），再用 V_2（mL）的硝酸镧标准滴定溶液返滴定剩余的 EDTA 到溶液颜色由紫红色变为纯蓝色，体积比用 K_2 值，K_2 = 硝酸镧消耗总体积/EDTA 消耗总体积 = $(5.00 + V_2)/V_1$。

由于用硝酸镧滴定至纯蓝色生成 La-R 配合物，要多消耗一些硝酸镧标准滴定溶液，故 K_2 比 K_1 稍大一些。

6.9.14　水泥及原材料中可溶性六价铬的测定方法原理和操作步骤是什么？

（1）测定原理

将水泥或原材料用ISO标准砂和水拌成水泥砂浆，经过一定时间搅拌后抽滤，将滤液调整到一定酸度范围内，用二苯卡巴肼显色，用分光光度计在540nm处测量吸光度，在工作曲线上查出铬（VI）的含量。

（2）试剂和材料

1）盐酸（HCl）。

2）丙酮（CH_3COCH_3）。

3）稀盐酸（1.0 mol/L）。

4）稀盐酸（0.04 mol/L）。

5）铬（VI）储备液：称取0.1414g已在（140±5）℃烘干至恒量的重铬酸钾，溶于水，转移至1000mL容量瓶中，用水稀释至刻度，摇匀。此溶液Cr（VI）含量为50mg/L。

6）铬（VI）标准溶液：吸取50mL上述储备液转移至500mL容量瓶中，用水稀释至刻度，摇匀。此溶液Cr（VI）含量为5mg/L。此标准溶液不得储存，现用现配。

7）标准曲线的绘制：吸取1.0mL、2.0mL、5.0mL、10.0mL和15.0mL现配的铬（VI）标准溶液（5mg/L）放入50mL容量瓶中。每瓶加入5.0mL二苯卡巴肼指示剂溶液、5mL盐酸溶液（0.04mol/L），用水稀释至刻度，摇匀。每升溶液分别含有0.1 mg，0.2 mg，0.5 mg，1.0 mg，1.5mg Cr（VI）。加入指示剂溶液15 min～30 min后，以试剂空白为参比，测量540nm处的吸光度。根据不同铬（VI）浓度时的吸光度，绘制标准曲线。

8）指示剂溶液：称取0.125g二苯卡巴肼（$(C_6H_5NHNH)_2CO$（1，5-diphenylcarbazide），用25mL丙酮溶解，转移至50mL容量瓶内，用水稀释至刻度，摇匀。此指示剂的使用期限为一周。

9）ISO标准砂：采用中国ISO标准砂。

（3）仪器与设备

1）分析天平，精确至±0.0005g；架盘天平，精确至±1g。

2）水泥胶砂搅拌机：按照GB/T 17671－1999要求。

3）分光光度计：能够在540nm时测量溶液的吸光度。

4）比色皿：光程10mm。

5）玻璃量具：容量瓶，50mL、500mL和1000mL；移液管，1.0 mL、2.0 mL、5.0 mL、10.0 mL、15.0 mL和50.0mL。

6）pH计：精度为±0.05。

7）过滤设备：过滤设备由一个布氏漏斗（直径205mm）安装在一个2L的抽滤瓶上，瓶底装满砂子，漏斗铺好滤纸，瓶内有一低口烧杯放于砂床上盛接滤液。过滤设备与真空泵相连（见图6-16）。

（4）试样的制备

按照GB/T 12573方法进行取样，用样品分配器或用四分法称取大约1000g待测样品，经0.08mm方孔筛筛析。将此待测样品转移到一个密封的洁净干燥的容器中，摇动使样品混合均匀。

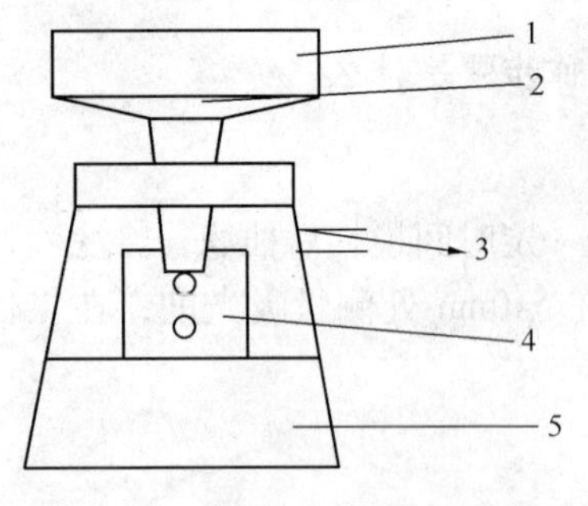

图6-16　过滤装置的装配示意图

1—布氏漏斗；2—滤纸；
3—接真空泵；4—小烧杯；5—沙子

注：在制造滤纸过程中可能被少量铬（VI）污染，挑选滤纸时需要进行空白试验以确保滤纸适用。

(5) 分析步骤

1) 试料：质量比例为一份试样，三份 ISO 标准砂，和半份水（即水/水泥比例为 0.50）。

注 1：水必须采用分析等级的水。

每一批都要含有(450 ±2) g 水泥(m)，(1350 ±5) g 标准砂和(225 ±1) g 水(V_1)。

注 2：若待测水泥样品为快凝水泥，水/水泥比例为 0.5 的砂浆在分析时可能不易充分过滤。在这种情况下，允许增加水的用量，从而提高水灰比。

2) 空白试验：使用等量的试剂，不加入样品，按照相同的测试步骤进行空白实验，从而对得到的分析测试结果进行校正。

3) 试验：

① 砂浆的混合　使用架盘天平称量水泥、标准砂和水，当水以体积加入时，精度要求为 ±1 mL。采用水泥胶砂搅拌机将每份砂浆进行机械搅拌。搅拌的各阶段计算时间时要保证搅拌器开关的时间在 ±2 s 内。

搅拌步骤如下：

将水和水泥放入搅拌锅中，注意避免水和水泥的损失。

水与水泥接触后立即打开搅拌器低速搅拌，同时开始计时，搅拌 30 s。在第二个 30 s 内迅速均匀地加入标准砂。将搅拌器调至高速，再继续搅拌 30 s。

停止搅拌 90 s，在头 30 s 内用一个橡胶或塑料棒将粘附于器壁上或沉在容器底部的砂浆刮到搅拌锅中部。

继续高速搅拌 90 s。

注：通常这种搅拌操作均采用机械，也允许对操作与时间采用人工控制。

② 过滤　每次使用时，确保过滤设备(抽滤瓶、布氏漏斗、滤纸和低口烧杯)是干燥的。安装好布氏漏斗，放好滤纸(不要事先润湿滤纸)。打开抽真空设备，将水泥砂浆倒入布氏漏斗中，以最大功率抽 10 min 得到至少 15 mL 滤液。如果此时不到 15 mL，继续抽滤直至得到足够量用于测试的滤液。

注：如果滤液浑浊且不能通过简单的过滤去除，可以采用离心分离机和覆有细孔膜的漏斗过滤。如果滤液仍有部分浑浊，此样品的空白应为没有加入指示剂溶液的样品的滤液。

③ 铬(VI)的测定　在过滤后 8h 内，移取 5.0mL(V_2)滤液放入 100mL 烧杯中。加 5mL 指示剂溶液和 20mL 水后摇动。立即用 1.0 mol/L 盐酸溶液(通常需要 0.2mL 到 0.5mL 即 5 滴到 15 滴)调整溶液 pH 值至 2.1 ~2.5 之间。将溶液转移至 50mL(V_3)容量瓶中，用水稀释至刻度，摇匀。放置 15 min ~30 min。

以程序空白为参比，在 540nm 处测量溶液的吸光度。

通过标准曲线查出试验溶液中水溶性铬(VI)的浓度，单位为 mg/L。

(6) 结果计算

通过水泥(干燥)的质量，用下列公式计算铬的含量：

$$K = C \times (V_3/V_2) \times (V_1/m) \times 10^{-4}$$

式中　K——试样中水溶性铬的质量分数,%；

C——由标准曲线得出的铬(Ⅵ)的浓度，mg/L；

V_1——砂浆的体积，mL；

V_2——滤液的体积，mL；

V_3——容量瓶的体积，mL；

m——砂浆中水泥的质量，g。

注1：V_3/V_2 是待测滤液的稀释倍数。

注2：V_1/m 是水泥砂浆的水灰比，通常为0.50。

(7) 重复性和再现性

对于水溶性铬含量在0.0001%和0.0005%之间的水泥：

(干燥)质量的重复性标准偏差为0.000015%。

(干燥)质量的再现性标准偏差为0.000040%。

6.10　烟道气体的分析

6.10.1　气体分析仪在新型干法水泥生产工艺中有何作用?

在新型干法水泥生产的质量控制中，气体分析仪一般用于测定窑尾烟室、分解炉、一级预热器出口废气中的CO、O_2、NO_x 等成分的含量，以及电收尘器入口、煤磨袋收尘器出口气体中CO、O_2 等成分的含量。准确测定这些气体含量对保证正常生产具有重要作用。

(1) 能及时判断热工系统中空气与燃料的配比是否合适、煤的燃烧是否正常。烟道气中的氧气主要来自没有用完的空气，一般称为过剩空气。过剩空气多了，煅烧温度就要降低，热耗量增大；过剩空气少了，容易产生不完全燃烧，热耗量也要增大。一般过剩空气系数为1.1～1.25较为适宜。

烟道气中一氧化碳多了，表示窑内还原气氛严重，热损失增加，应及时加以调整。

(2) 安全生产的需要。若检测出废气中CO含量过高，则表明煤磨系统有部分煤粉已经自燃。此时应尽快向相关容器内喷入 N_2 或 CO_2，防止燃爆事故的发生。若袋收尘器入口气体中CO含量偏高，将对收尘器的安全形成极大威胁。

(3) 环境保护的需要。若废气中含有较多的CO及 NO_x，不仅浪费能源，而且会对大气造成污染。它的测定会及时提醒操作人员对其进行严格控制。

按照测定位置的温度与环境，气体分析仪可分为高温型和低温型两种。两种分析仪的制造难度及成本的差距都较大。

与一般的测试相比，气体分析的难度较高，要求技术较严，尤其是对高温气体。气体分析仪在现代水泥生产中已经显示了重要作用。但是，如果企业对这些仪表缺乏管理的技术力量，不能使它发挥应有的作用，其结果就适得其反。这是不少企业没有配备这类仪表或使用效果不佳的原因所在。

6.10.2　气体物料如何取样?

常压气体的取样是将取样工具双连球一端的胶皮管口(如图6-17所示)用弹簧夹封闭，在采样位置反复挤压吸气球，被采气体即进入贮气球中。需用气样量稍大时，在胶皮管上接一个球胆，即可进行取样。还可用吸气瓶、取样管、气袋等工具取样。

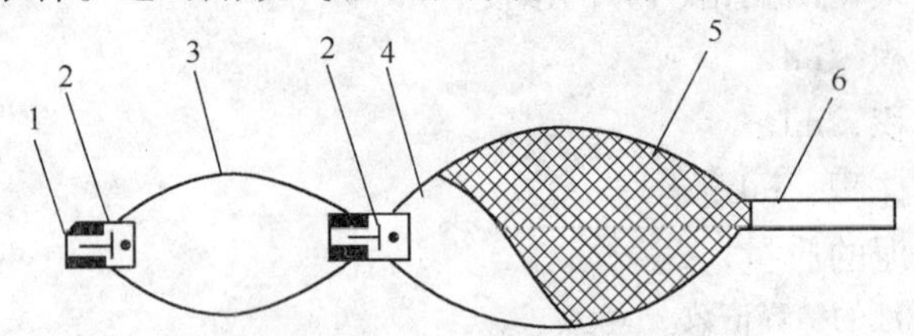

图 6-17 双连球构形

1—气体进口；2—止逆阀；3—吸气球；4—贮气球；5—防爆网；6—胶皮管

6.10.3 烟道气体的分析所用试剂与仪器是什么？

（1）试剂

1）KOH 溶液（质量分数 $w=33\%$）：称取 100 g 氢氧化钾溶于 200 g 水中。

2）焦性没食子酸碱性溶液：称取 25 g 焦性没食子酸溶于 75 mL 水中，称取 20 g 氢氧化钾溶于 160 mL 水中，使用前将两种溶液混合，混匀。

3）氯化亚铜氨性溶液：称取 50 g 氯化铵溶于 250 mL 水中，加入 40 g 氯化亚铜（CuCl），迅速移入预先装有铜丝的瓶中，塞紧瓶塞。此溶液应无色。使用前加入 300 mL 氨水，混匀。

4）饱和 NaCl 封闭液：将 350 g 氯化钠溶于 1L 水中，过滤后，加入 4 滴 ~5 滴甲基红指示剂溶液（2g/L）。再加 5 mL ~ 10 mL 硫酸溶液（1 + 1）酸化，通入二氧化碳气体使其饱和。

（2）仪器

奥式气体分析仪（带有 3 个吸收瓶）。如图 6-18 所示。

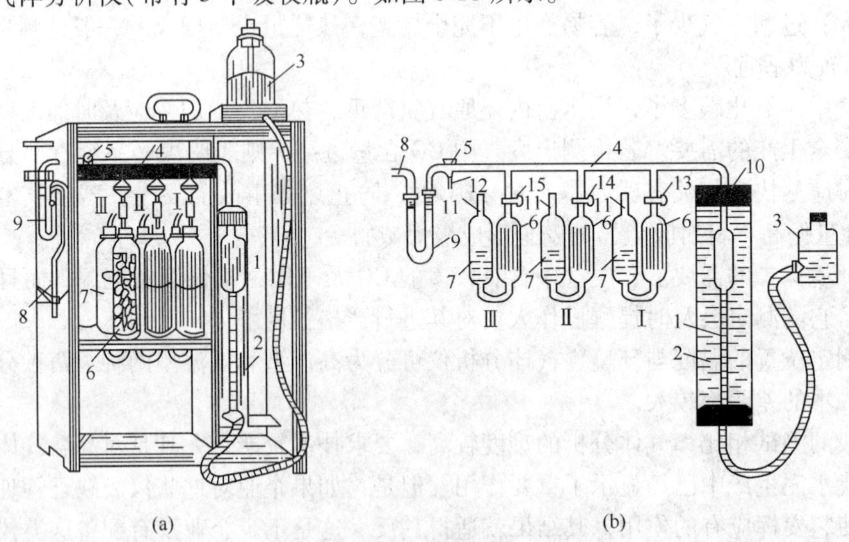

图 6-18 奥氏气体分析仪与图解

（a）分析仪的结构；（b）分析仪的图解

1—量气管；2—水套；3—水准瓶；4—梳形管；5—三通旋塞；6—吸收瓶的作用部分；7—吸收瓶的承受部分；8—管；9—装过滤物质的 U 形管；10—塞子；11—承受部分的支管；12—出气管；13、14、15—二通旋塞；Ⅰ、Ⅱ、Ⅲ—吸收瓶

6.10.4 烟道气体分析的原理是什么?

气体的化学分析法有吸收法和燃烧法，通常采用前者。吸收分析法是利用各种气体物质的化学性质不同，使气体试样依次与吸收剂溶液发生化学反应，而其他组分不发生反应。如果吸收前后气体试样的温度、压力与吸收后的相同，则气体试样体积与吸收后剩余气体的体积之差即等于被测组分的体积，即可计算被测组分的体积分数。

对于不同的气体物质，选用不同的吸收剂。

（1）取样后先用氢氧化钾溶液吸收酸性氧化物气体 RO_2（二氧化碳、二氧化硫）。反应式如下：

$$CO_2 + 2KOH = K_2CO_3 + H_2O$$

（2）然后用焦性没食子酸的氢氧化钾溶液吸收氧气。氧气为氧化性气体，可与还原性焦性没食子酸的碱性溶液反应。在配制溶液时，焦性没食子酸（又称邻苯三酚，学名1，2，3-三羟基苯）与氢氧化钾反应：

$$C_6H_3(OH)_3 + 3KOH = C_6H_3(OK)_3 + 3H_2O$$

在测定时氧气与其发生下述反应，生成六氧基联苯钾：

$$2C_6H_3(OK)_3 + 0.5O_2 = (KO)_3C_6H_2—C_6H_2(OK)_3 + H_2O$$

（3）一氧化碳有还原性，最后被氯化亚铜氨性溶液吸收：

$$2[Cu(NH_3)_2]Cl + 2CO + 2H_2O = 2Cu + (NH_4)_2C_2O_4 + 2NH_4Cl$$

根据气体试样体积的变化情况，分别求得上述三种气体的体积分数。

（4）氮气在通常状况下是惰性气体，无适当的液体吸收剂，用差减法求得氮气的体积分数。

根据上述四种气体的体积分数，计算空气过剩系数。

6.10.5 烟道气体分析的操作步骤是什么?

（1）校准量气管

量气管上标有刻度，但并不一定与标明的体积数准确相等，须按照校准碱式滴定管的方法进行校准。

（2）洗涤与安装仪器

将气体分析仪的各部件洗净，吹干。如果是新仪器则先用热碱液洗，然后用水冲洗，再用热铬酸洗液洗，最后用水洗净，用蒸馏水冲洗数次后吹干，按图6-17安装在分析仪的框架上。连接时，细玻璃管口之间应连接紧密。所有的旋塞都应涂抹一薄层凡士林，使其能灵活旋转。

（3）注入溶液

将KOH溶液注入吸收瓶Ⅰ中，焦性没食子酸碱性溶液注入吸收瓶Ⅱ中，氯化亚铜氨性溶液注入吸收瓶Ⅲ中。吸收瓶Ⅲ的承受部分预先放有适量铜丝。吸收剂的注入量应稍大于吸收瓶总容积的1/2。向各吸收瓶的承受部分注入5 mL～8 mL液体石蜡或矿物油，以隔绝空气。将封闭液注入水准瓶中，使水准瓶置于桌面上时封闭液能达到瓶的近颈部。

在恒温水套管中注满清洁的水。

（4）检查仪器是否漏气

首先将三通旋塞5打开，使外界气体通入，提高水准瓶3至水准瓶中之封闭液进入量气管l中零位线时，关闭活塞5，将水准瓶放置在仪器右上角，观察量气管内液面有无变动，如无变动则说明仪器不漏气。启开活塞5，将量气管中之气体排出一半时，即将活塞5关住，打开吸收瓶Ⅰ上之活塞，同时放低水准瓶3，使吸收瓶Ⅰ内之液面上升至液位标记线，关闭吸收瓶Ⅰ之活塞。如此以同样的操作将Ⅱ、Ⅲ吸收瓶之气体排出，然后再取样分析。

(5) 取样

将充满气体的球胆接上气体分析仪。气样在引入量气管之前，经过一个内盛过滤物质的U形管，以除去气样中所含水分及杂质。经过滤之气样再经梳形管并借水准瓶位置的降低而达到量气管内，待反复7次送入与压出，则水准瓶内之封闭液为该气体所饱和。再重新放低水准瓶后开启活塞5至量气管中液位在刻度100以下1 mL~2 mL时，立即关闭活塞5，用右手提取水准瓶至其液面与100 mL刻度平齐，此时量气管中气压比外界高，可同时用左手转动活塞5至量气管内液面上升到100 mL刻度时，立即关闭活塞5，则所取气样体积为准确的100 mL。

(6) 吸收

先提高水准瓶，打开吸收瓶Ⅰ(内盛KOH溶液)之活塞，继续提高水准瓶至量气管内液面上升至零位线为止，放低水准瓶，再将气样抽回量气管中，如此反复7次。当气样中RO_2全部被吸收后，将吸收瓶Ⅰ内液面升至液位标线，立即关闭吸收瓶Ⅰ上之活塞。提起水准瓶，使水准瓶内液面与量气管中液面相平齐，读出量气管液面刻度读数后再重新吸收一次，直至两次读数相差不足0.1mL为止，由此可得气样被吸收的体积为RO_2之体积。以同样的操作，依次将气样压入吸收瓶Ⅱ及Ⅲ，可求出O_2及CO的体积。

6.10.6 烟道气体的分析结果如何计算?

气样中RO_2、O_2、CO、N_2的体积分数按下式计算：

$$\varphi(RO_2) = \frac{100 - V_1}{100} \times 100\%$$

$$\varphi(O_2) = \frac{V_1 - V_2}{100} \times 100\%$$

$$\varphi(CO) = \frac{V_2 - V_3}{100} \times 100\%$$

$$\varphi(N_2) = 100\% - (RO_2 + O_2 + CO)\%$$

式中 V_1、V_2、V_3——在气体分析器第Ⅰ、Ⅱ、Ⅲ组吸收瓶吸收后量气管上的最终读数，mL。

根据烟道气成分分析结果，按下式计算空气过剩系数：

$$\alpha = \frac{\varphi(N_2)}{\varphi(N_2) - \frac{79}{21}[\varphi(O_2) - 0.5\varphi(CO)]}$$

式中 $\varphi(N_2)$、$\varphi(O_2)$、$\varphi(CO)$——烟道气分析所得各气体成分的体积分数；

α——空气过剩系数；

79，21——空气中N_2和O_2各占的体积分数；

0.5——碳生成CO时氧气的消耗量。

所得结果应保留至一位小数。

6.10.7　进行烟道气体分析时的注意事项有哪些？

（1）为保证气体分析结果的代表性和可靠性，同一个测点，应重复多次取样分析，或同一个截面应选多个测点取样分析，取各次或各点分析所得数值的算术平均值作为该点或该截面烟气分析的最后结果。

（2）分析过程应避免环境温度有过度波动而导致气体的容积发生变化，引起分析误差。环境温度以20 ℃或稍高为宜，因焦性没食子酸吸收O_2的速度随温度的降低而减小，在15℃以下时，吸收O_2的速度极为缓慢，会使分析结果不准确。

（3）吸收CO的时间不宜太长，以防已被吸收的CO再释放出来。

（4）把握好水准瓶升降的位置和速度。

（5）分析过程中，须经常检查仪器的严密性。

（6）分析烟道气时，因为吸收前后温度和压力变化很小，故无须进行温度、压力的校正。

（7）封闭液的作用是使气样进入或排出量气管、吸收瓶等部件，并使气体处于封闭系统之中。封闭液不得吸收气样中的任一组分，以防测定结果失真。一般分析可使盐类的饱和溶液作封闭液，可将气体在其中的溶解度降到最低。在使用前应将待测气样逐入封闭液中，使其溶解的量达到饱和，以阻止气样在测定过程中溶解于封闭液。封闭液中还应加入甲基红或甲基橙指示剂，以便于观察液位的变化和量气管体积的数值，并可借以及时发现碱性吸收剂的倒流事故。封闭液的红色消褪时，应更换新的封闭液。

6.10.8　如何对气体分析仪进行日常维护？

（1）每日观察气体分析仪的显示是否正常；

（2）气体分析仪控制柜内电器部件及各点压力是否工作正常；

（3）冷凝水排放是否正常；

（4）过滤器是否干净；

（5）反吹装置是否工作正常；

（6）清除取样探头内的粉尘；

（7）根据平日观察的压力和显示的数据，判断是否有漏气现象；

（8）取样管伴热带是否工作正常。

7　水泥原材料和燃料的分析

7.1　水泥原材料的质量控制分析

7.1.1　用于水泥生产中的常用原材料有哪几类？对其主要质量的要求是什么？

用于生产通用硅酸盐水泥的原材料有：石灰质原料、黏土质原料、校正原料和混合材料四类。对其一般质量要求是：

（1）石灰质原料：一级品 $w(CaO) \geq 48\%$，$w(MgO) < 2.5\%$，$w(Na_2O + K_2O) < 1.0\%$，$w(SO_3) < 1.0\%$。

（2）黏土质原料：$n = 2 \sim 4$，$p = 1.5 \sim 3.5$；$w(MgO) < 3.0\%$，$w(K_2O + Na_2O) < 4.0\%$，$w(SO_3) < 2.0\%$。

（3）校正原料：

1）硅质校正原料：$w(SiO_2) > 80\%$，硅酸率$(n) > 4.0\%$，$w(R_2O) < 4.0\%$。

2）铝质校正原料：$w(Al_2O_3) > 30\%$。

3）铁质校正原料：$w(Fe_2O_3) > 40\%$。

（4）缓凝剂：

1）天然石膏：品位（G 类或 M 类 2 级以上）≥75%。

2）工业副产石膏：w（$CaSO_4$）≥75%。

（5）混合材料：

1）矿渣：质量系数≥1.2，$w(MgO) < 10\%$。

2）高炉矿渣粉：活性指数，7d≥75，28d≥95。

3）粉煤灰：w(烧失量) <8%，$w(SO_3) < 3\%$。

4）火山灰质材料：w(烧失量)≤10%，$w(SO_3) \leq 3.5\%$，28d 抗压强度比≥65%。

5）非活性混合材：只要求对水泥无危害，对凝结时间、安定性等性能无影响。

6）窑灰：应符合 JC/T 742 的规定，加入量不超过普通水泥质量的 5%。

（6）水泥助磨剂：匀质性指标合格。加入量不大于水泥质量的 0.5%。

7.1.2　对石灰质原料质量的要求是什么？

石灰质原料是生产水泥的主要原料之一。凡是以碳酸钙或氧化钙、氢氧化钙为主要成分的原料都称为石灰质原料。石灰质原料在高温煅烧下发生分解反应，生成氧化钙，放出二氧化碳，它是水泥熟料中氧化钙的主要来源。对石灰质原料质量的一般要求见表 7-1。

石灰石二级品和泥灰岩在一般情况下均须与石灰石一级品搭配使用。当以煤为燃料时，搭配后的 CaO 含量要求达到 48% 以上。

表 7-1 石灰质原料的质量指标

类别		w(CaO)/%	w(MgO)/%	$w(R_2O)$/%	$w(SO_3)$/%	w(燧石或石英)/%
石灰石	一级品	>48	<2.5	<1.0	<1.0	<4.0
	二级品	45~48	<3.0	<1.0	<1.0	<4.0
泥灰岩		35~45	<3.0	<1.2	<1.0	<4.0

7.1.3 为什么对石灰质材料中氧化镁的含量有限量要求？

（1）MgO 对产品质量的影响。高镁熟料会使水泥砂浆和混凝土产生破坏性的镁膨胀，因此，要严格控制水泥原料中的 MgO 含量。但世界各国对水泥（熟料）中 MgO 的限量不尽相同：如，比利时限量最低，3%；哥伦比亚限量最高，7%。我国规定，P·Ⅰ、P·Ⅱ、P·O水泥要求 w（MgO）≤5.0%，如果压蒸安定性试验合格，可以放宽至6.0%；对其他品种的水泥：P·S·A、P·P、P·F、P·C 水泥，要求w（MgO）≤6.0%，如果w（MgO）>6.0%，需进行水泥压蒸安定性试验并合格。对 P·S·B 水泥不作规定。

（2）MgO 对生产操作的影响。当 MgO<3.2%时，除一部分 MgO 与熟料矿物结合成固溶体并存在于中间相外，多余的 MgO 近似于 Fe_2O_3 的作用，可降低液相出现的温度，增加液相量，有利于煅烧；当 w(MgO)介于 3.2% ~4.2%之间时，使液相表面张力降低过多，迫使煅烧温度下降，煅烧范围变窄，不利于f-CaO 的吸收，使熟料中飞砂较多，增大了操作的难度。若 MgO 含量更高，如 w(MgO)>4.2%，窑内将出现结大球和黄心料，窑头飞砂现象严重。此时若降低铁的含量，则效果更差。

有的企业应用高镁石灰石的体会是：熟料中 w(MgO)每升高 1%，熟料 28d 抗压强度下降约 1.5MPa。但通过及时调整配方和加强煅烧操作，会减少其危害。

一般情况下，水泥用石灰石中的 w(MgO)以不超过 3%为宜。

7.1.4 为什么对石灰质材料中碱的含量有限量要求？

我国多年来水泥生产的实践证明，熟料中 $w(K_2O+Na_2O)\geqslant1.5\%$时，熟料的物理性能开始显著恶化，并出现结皮、结圈等煅烧操作问题；若碱含量再升高，上述情况则更为严重。世界上许多水泥工作者认为，熟料中碱含量以 1.0% ~1.5%为佳。当熟料中碱含量在限量边界波动时，应特别注意调整硫－碱比，以控制挥发性物质的挥发，改善熟料的性能。

我国对水泥用石灰石矿勘探规范规定：$w(K_2O+Na_2O)\leqslant0.6\%$。这一限值只能做参考，因为当石灰石和黏土中的碱含量均达到规范的极限值时，按石灰石、黏土和铁粉三组分配料所得的熟料中的碱含量必定超过 1.5%。故对具体的矿山，还应结合使用的其他原材料中的碱含量综合确定。对于有生产低碱水泥要求的企业，可根据需要将限量指标降到 0.4%或更低。设置旁路放风的企业，碱限量指标可适当放宽。

7.1.5 天然石灰质原料有哪些？

（1）石灰石，是石灰岩的俗称，又称“青石”。其主要成分是碳酸钙($CaCO_3$)，主要矿物是方解石。纯净的石灰石为白色，因含杂质，常为灰白色、灰色或黑灰色。石灰石中常含有少量白云石、燧石、石英及黏土等杂质。白云石主要成分为 $CaCO_3\cdot MgCO_3$，它是石灰石中氧化镁的主要来源。燧石与石英的主要成分都是二氧化硅，硬度较高，不易磨细，致使煅烧困难。所以对石灰石中氧化镁、燧石及石英含量都应严格加以控制。

（2）白垩，由方解石碎屑组成，富含生物遗骸，是一种生物化学沉积岩。主要成分为碳酸钙，含量可达90%以上。纯净者为白色，因含杂质而呈现淡灰、淡黄、黄褐、褐红等颜色。暗黑色的白垩质量较差，有时碳酸钙含量达不到80%，不利于生料配料。白垩质软，多为土状结构，极易破碎和粉磨。

（3）大理石碎屑，大理石因盛产于云南大理而得名。大理石碎屑为大理石加工厂的废料，其成分也是碳酸钙，它是由石灰石、白云石、方解石、蛇纹石等受到高温接触变质或区域变质作用而重结晶的产物。大理石一般呈白色，往往含有碳酸镁或铁锰化合物及含碳物质等杂质。有的碳酸镁含量很高，与白云石近似，这种大理石不宜用作水泥原料。

（4）泥灰岩，属化学沉积岩，是石灰岩与黏土的天然混合物，碳酸钙含量为60%～80%。个别的泥灰岩成分与水泥生料接近，可以直接烧制水泥。但大多数泥灰岩的碳酸钙含量偏低，使用时需与高钙石灰石搭配，以弥补其氧化钙之不足。

（5）料姜石，是在钙质较高的黄土地带，经风化淋滤作用形成的钙质结核，形状似生姜，故称钙质料姜石。有的料姜石氧化钙的含量高达50%以上，硬度较高。

（6）贝壳，贝类的外壳，含碳酸钙90%左右，主要产于沿海地区，是一种良好的石灰质原料。不足之处是含水量高，一般在15%～18%，需烘干后使用。另外，贝壳上附有较多的镁、钠和钾的氯化物，这些均为水泥生产的有害成分，需要用水冲洗处理后使用。

7.1.6 可作为石灰质原料的工业废渣有哪些?

（1）电石渣，它是化工厂使用电石（CaC_2）与水反应制取乙炔气（C_2H_2）后排出的废浆，原始水分含量高达85%～95%，主要成分为氢氧化钙。

（2）赤泥，它是烧结法生产氧化铝时所排出的废渣。以浆体排出的赤泥约含75%～83%的水分。赤泥的主要化学成分是二氧化硅、三氧化二铝、三氧化二铁和氧化钙等，其中氧化钙的含量达40%～50%。还有氧化钾、氧化钠，总量约2.4%～4.5%。

（3）糖滤泥，它是以碳酸法制糖时排出的废渣，主要成分为碳酸钙，含有50%的水分。

（4）白泥，造纸厂的废渣，主要成分是氧化钙，其次是二氧化硅、三氧化二铝、三氧化二铁，含量均较低。还含有有害成分氧化钠和硫酸钠。

上述几种废渣都含有大量水分，使用时需经压滤脱水处理并烘干。用工业废渣作石灰质原料必须以科学的态度进行研究、实验，掌握规律后方可使用。

7.1.7 石灰质原料主要成分的分析方法要点是什么?

石灰质原料中主要成分的分析，按照国家标准GB/T 5762—2012《建材用石灰石、生石灰和熟石灰化学分析方法》分为标准法和代用法，其主要操作要点列于表7-2中。

表7-2 石灰质原料的化学分析方法

成　分	标 准 法	代 用 法
烧失量	1g试样，950℃～1000℃灼烧1h	
SiO_2	氯化铵称量法：0.6g试样，碳酸钠烧结，盐酸溶解，加氯化铵蒸干，1000℃灼烧沉淀。沉淀以氢氟酸处理，失去的质量为二氧化硅	氟硅酸钾容量法：氢氧化钾－银（镍）坩埚熔样，不分取；氯化钾过饱和沉淀－氟硅酸钾容量法

续表

成分	标准法	代用法
试验溶液制备	称量法测定二氧化硅时制备：保留滤液；残渣以焦硫酸钾熔融，盐酸溶解，并入主滤液，得250mL溶液A	氢氧化钠－银坩埚熔融：0.5g～0.7g试样，5g～7g氢氧化钠，650℃熔融15 min，制成250mL溶液D
Fe_2O_3	分光光度法：抗坏血酸将三价铁离子还原为二价铁离子，与邻菲罗啉生成红色配合物，于510mm处测定吸光度	1）EDTA直接滴定法：50mL溶液D，pH＝1.8～2.0，70℃，S.S.指示剂，EDTA滴定 2）原子吸收光谱法
Al_2O_3	EDTA直接滴定法：50mL溶液A或D，Cu－EDTA＋PAN指示，pH＝3，EDTA直接滴定，稳定亮黄色为终点，扣除铁的含量	1）EDTA直接滴定法：滴定完铁的溶液，pH＝3，Cu－EDTA＋PAN指示，EDTA直接滴定 2）铜盐返滴定法：滴定完铁的溶液，加入过量EDTA，70℃～80℃，pH＝3.8～4.0，PAN指示，铜盐溶液返滴定
CaO	EDTA滴定法（除硅）：25mL溶液A，TEA掩蔽铁、铝，pH值大于13，CMP指示，EDTA滴定	EDTA滴定法（带硅）：25mL溶液D，氟化钾掩蔽硅，TEA掩蔽铁、铝，pH值大于13，CMP指示，EDTA滴定钙
MgO	原子吸收光谱法；氢氟酸－高氯酸处理除硅，制得溶液B；或氢氧化钠熔融制得溶液C。 以锶盐消除硅、铝、钛的抑制干扰，以原子吸收光谱仪，乙炔－空气火焰，于285.2nm处测定吸光度	EDTA滴定差减法：25mL溶液D，氟化钾掩蔽硅，Tart、TEA掩蔽铁、铝，pH＝10，K－B指示，EDTA滴定氧化钙＋氧化镁合量，差减得氧化镁
TiO_2	分光光度法：25mL溶液A，抗坏血酸掩蔽铁，酸性溶液中，以二安替比林甲烷显色，420nm处测定吸光度	
R_2O		原子吸收光谱法
P_2O_5		磷钼蓝分光光度法
全硫	硫酸钡称量法	库仑滴定法
氯离子	硫氰酸铵容量法	磷酸蒸馏－汞盐滴定法；（自动）电位滴定法
MnO	高碘酸钾氧化－分光光度法	原子吸收光谱法
CO_2	碱石棉吸收称量法	自动光电滴定法
f-SiO_2		磷酸分离法（推荐性方法）：浓磷酸－氟硼酸分离，以氟硼酸阻止硅酸凝聚

注：CMP为钙黄绿素－甲基百里香酚蓝－酚酞混合指示剂；TEA为三乙醇胺；Tart为酒石酸钾钠；S.S.为磺基水杨酸钠。

7.1.8 GB/T 5762—2012《建材用石灰石、生石灰和熟石灰化学分析方法》对原标准进行了哪些修订？

GB/T 5762—2012《建材用石灰石、生石灰和熟石灰化学分析方法》标准代替GB/T 5762－2000《建材用石灰石化学分析方法》，与GB/T 5762—2000相比主要变化如下：

(1) 试样的制备——由“全部通过孔径为0.08mm方孔筛”改为“全部通过孔径为150μm方孔筛”。

(2) 氧化镁的测定（基准法）——增加了氢氧化钠熔融－原子吸收光谱法；取消了硼

酸锂熔融－原子吸收光谱法。

（3）增加了全硫的测定——硫酸钡称量法（基准法）和库仑滴定法（代用法）。

（4）增加了氯离子的测定——硫氰酸铵容量法（基准法）、磷酸蒸馏－汞盐滴定法（代用法）和（自动）电位滴定法（代用法）。

（5）增加了一氧化锰的测定——高碘酸钾氧化－分光光度法（基准法）和原子吸收光谱法（代用法）。

（6）五氧化二磷的测定——由正丁醇-三氯甲烷萃取-磷钼黄分光光度法改为“磷钼蓝分光光度法”。

（7）增加了二氧化碳的测定——碱石棉吸收称量法（基准法）和自动光电滴定法（代用法）。

（8）增加了生石灰中（CaO + MgO）含量的测定——盐酸滴定法。

（9）增加了有效钙的测定——蔗糖钙－盐酸滴定法。

（10）增加了石灰石碳酸钙滴定值的测定——盐酸返滴定法。

（11）游离二氧化硅的测定由附录 A 改为正文。

（12）增加了三氧化二铁的测定——原子吸收光谱法（代用法）。

（13）增加了氧化钾和氧化钠的测定——原子吸收光谱法（代用法）。

7.1.9 黏土质原料有哪些？

黏土质原料是指化学组成以二氧化硅为主，铝含量（以三氧化二铝计）在 20% 以下，铁含量（以三氧化二铁计）在 10% 以下的水泥生产原料。天然黏土质原料的种类很多，有黏土、黄土、页岩等，某些接近黏土成分的煤矸石、粉砂岩、粉煤灰、高炉矿渣等工业废渣也可作为代用原料。主要硅质原料有以下几种。

（1）黏土。矿物组成主要是高岭石（$Al_2O_3 \cdot 2SiO_2 \cdot 2H_2O$）、长石（$K_2O \cdot Na_2O \cdot Al_2O_3 \cdot 6SiO_2$）和云母（$K_2O \cdot 3Al_2O_3 \cdot 6SiO_2$）等，有的还含有赤铁矿等。黏土的主要特征是它的颗粒级配中细颗粒（<0.005mm）占大多数，达 40% ~70%，塑性较好。

（2）黄土。矿物组成主要是石英，其次是长石、方解石、石膏等。黄土的化学成分主要是二氧化硅和三氧化二铝。黄土中的碱（K_2O、Na_2O）主要由云母、长石带入，一般在 3.5% ~4.5%之间，它的塑性较差。

（3）页岩。是黏土受压粘结而成的黏土岩，其主要矿物为石英、长石、云母、方解石及其他岩石碎屑。页岩的化学成分与黏土很接近。用页岩代替黏土时，要注意页岩的塑性较差。

（4）煤矸石。是煤矿生产中采掘出来的一种含炭质废石。煤矸石为黑色，煅烧后呈红色。煤矸石的发热量为 4200 kJ/kg ~8400 kJ/kg，化学成分为 SiO_2 40% ~70%，Al_2O_3 17% ~34%。

（5）粉煤灰。是热电厂排出的灰渣。其主要成分是二氧化硅和三氧化二铝。三氧化二铝含量一般在 30% 左右，可以与含二氧化硅高、含三氧化二铝低的原料搭配使用。粉煤灰中含有一定的碳粒，发热量约为 7000kJ/kg。

7.1.10 主要黏土质原料的大致化学成分是什么？

主要黏土质原料的大致化学成分见表 7-3。

表 7-3　黏土质原料的大致化学成分（质量分数/%）

成分	黏土	煤矸石	砂岩	页岩	沸石	粉煤灰	矿渣
SiO_2	40~65	39~45	95~99	62~68	60~70	49~59	28~50
Al_2O_3	15~40	10~15	0.3~0.5	10~21	12~15	25~35	5~30
Fe_2O_3	微~5	1~8	0.1~0.3	2	1~2	3~6	0.3~1
CaO	0~5	18~38	0.05~0.15	1~3	1~5	3~6	30~45
MgO	微~3	8~10	0.01~0.05	微~0.5	0.5~1.5	0.8~1.8	2~15
K_2O+Na_2O	<4	3	0.2~1.5	5~8	3	23	2

7.1.11　对黏土质原料的品质要求是什么？

黏土质原料的质量指标见表 7-4。

表 7-4　黏土质原料的质量指标

级　别	硅酸率 n	铝氧率 p	$w(MgO)/\%$	$w(R_2O)/\%$	$w(SO_3)/\%$
一级品	2.7~3.5	1.5~3.5	<3.0	<4.0	<2.0
二级品	2.0~2.7 或 3.5~4.0	不限	<3.0	<4.0	<2.0

黏土质原料应尽量不含碎石、卵石；粗砂含量应小于5%。

一般要求黏土质原料中碱含量低于4.0%，生料中碱含量不大于1.0%。当生产低碱硅酸盐水泥要求水泥中碱含量($Na_2O+0.658K_2O$)不得大于0.60%时或用悬浮预热器窑、窑外分解窑生产硅酸盐水泥时，则要求降低黏土质原料的碱含量。

氯离子(Cl^-)易引起新型干法窑悬浮预热器结皮，应限制氯离子(Cl^-)含量，一般要求生料中氯离子含量不超过0.015%

7.1.12　硅质原料化学分析方法的要点是什么？

硅质原料的化学分析方法，按照行业标准 JC/T 874—2009《水泥用硅质原料化学分析方法》，分为标准法和代用法，其主要操作要点列于表 7-5 中。硅质原料中硅的含量较高，标准法采用盐酸二次蒸干法，氢氟酸处理灼烧后称量残渣，还要从滤液中回收可溶性二氧化硅。铁的测定，标准法采用二氯化锡－三氯化铁还原－重铬酸钾滴定法，代用法采用 EDTA 直接滴定法。该方法也适用于高岭土、长石、珍珠岩、膨润土、火山灰等试样的分析。

表 7-5　硅质原料的化学分析方法

成　分	标　准　法	代　用　法
烧失量	2 g 试样，1100 ℃灼烧 30 min~60 min	1g 试样，950 ℃灼烧 30 min~60 min
试验溶液制备	盐酸二次蒸干法测定 SiO_2 时制备：滤液保留；氢氟酸处理后残渣以焦硫酸钾熔融，盐酸溶解，并入主滤液，得 250 mL 溶液 A	氢氧化钠－银坩埚熔样：0.5 g 试样，6 g~7 g氢氧化钠熔融，制成 250 mL 溶液 B
SiO_2	盐酸二次蒸干法：碳酸钠熔融－盐酸分解，二次蒸干，1200 ℃灼烧。沉淀以氢氟酸处理，失去的质量为 SiO_2。吸取 25 mL 溶液 A，以硅钼蓝分光光度法测定可溶性 SiO_2 加和得总 SiO_2	氟硅酸钾容量法：分取 50 mL 溶液 B，氯化钾近饱和沉淀－氟硅酸钾容量法测定硅

续表

成　分	标　准　法	代　用　法
Fe_2O_3	重铬酸钾滴定法：氢氟酸处理试样，盐酸溶解残渣。二氯化锡－三氯化钛将三价铁离子还原为二价铁离了，二苯胺磺酸钠指示，重铬酸钾滴定	EDTA 直接滴定法：25mL 溶液 B，pH = 1.8 ~ 2.0，70 ℃，S. S. 指示，EDTA 滴定铁
TiO_2	二安替比林甲烷分光光度法：25 mL 溶液 A，抗坏血酸掩蔽铁，酸性溶液中显色，于 420 nm 处测定吸光度	二安替比林甲烷分光光度法：25 mL 溶液 B，抗坏血酸掩蔽铁，酸性溶液中显色，于 420 nm 处测定吸光度
Al_2O_3	铜盐返滴定法：25 mL 溶液 A，加入过量 EDTA，pH 值为 4，PAN 指示，硫酸铜返滴定，扣除铁、钛	铜盐返滴定法：滴定完铁的溶液，加入过量的 EDTA，70 ℃ ~80 ℃，pH = 3.8 ~ 4.0，PAN 指示，硫酸铜返滴定
CaO	EDTA 滴定法（除硅）：50 mL 溶液 A，TEA 掩蔽铁、铝，pH 值大于 13，CMP 指示，EDTA 滴定钙	EDTA 滴定法（带硅）：25 mL 溶液 B，以氟化钾掩蔽硅，TEA 掩蔽铁、铝，pH > 13，CMP 指示，EDTA 滴定钙
MgO	EDTA 滴定差减法：50 mL 溶液 A，以 Tart 和 TEA 掩蔽铁、铝，pH 值为 10，K－B 指示，EDTA 滴定氧化钙＋氧化镁，差减得氧化镁	EDTA 滴定差减法：25 mL 溶液 B，以氟化钾掩蔽硅，Tart、TEA 掩蔽铁、铝，pH = 10，K－B 指示，EDTA 滴定氧化钙＋氧化镁，差减得氧化镁
全硫	硫酸钡称量法：0.5 g 试样，4 g ~ 5 g 氢氧化钾熔融，氨水沉淀除去铁，稀释至 200 mL，以氯化钡沉淀	
碱	火焰光度法：0.1 g 试样，氢氟酸－硫酸处理，沉淀分离铁、铝、钙、镁，稀释至 250 mL，火焰光度法测定	

注：CMP 为钙黄绿素－甲基百里香酚蓝－酚酞混合指示剂；TEA 为三乙醇胺；Tart 为酒石酸钾钠；S. S. 为磺基水杨酸钠。

7.1.13　什么是校正原料？

校正原料是为了增加生料中某种必要的氧化物含量而选择的以该氧化物为主要成分的原料。校正原料可以是天然产的，也可以是人工制成的。校正原料通常分为铁质、硅质和铝质等三种。校正原料的质量指标见表 7-6。

表 7-6　校正原料的质量指标

校正原料	硅酸率 n	$w(SiO_2)/\%$	$w(R_2O)/\%$
硅质	>4.0	70 ~90	<4.0
铝质	$w(Al_2O_3)>30\%$		
铁质	$w(Fe_2O_3)>40\%$		

7.1.14　什么是铝质校正原料？有哪些品种？

铝质校正原料是用以补充配合生料中氧化铝成分不足的原料。一般采用的有低品位矾土、煤渣、煤矸石等。一般要求铝质校正原料中的氧化铝不低于30%。

（1）铝矾土。铝矾土又称铝土或矾土。是包括三水铝石、一水硬铝石、一水软铝石、赤铁矿、高岭石、绿泥石、蛋白石等多种矿物的混合物。化学成分变化很大。除含有氧化铝结晶水外，还含有氧化硅、氧化铁、氧化钛、氧化钙等杂质，常含有稀有元素镓。通常呈致密块状、豆状、鲕状等集合体。因胶结物质的不同，铝土矿呈灰白、灰黄、黄褐、暗红等色。常有棕色斑点，无光泽。铝土矿可按其所含氧化铝矿物和其他主要矿物的不同而分类。水泥工业可利用某些含铝量不高的铝土矿(低品位铝土矿)作为铝质校正原料。

（2）煤渣。又名炉渣。是块煤燃烧后的残渣，一般呈疏松状或团块状。煤渣的氧化铝含量一般较高，可作为铝质校正原料。煤渣的成分波动较大，使用时要注意采取预均化措施。

（3）粉煤灰、煤矸石的成分与煤渣相似，也可作为铝质校正原料。

7.1.15 什么是铁质校正原料？有哪些品种？

铁质校正原料是用来补充水泥生料中铁含量不足的原料，要求其三氧化二铁的含量一般在20%~70%之间。常用的铁质原料有铁矿石及其尾矿，硫铁矿煅烧残渣——俗称铁粉。

7.1.16 铁质原料的化学分析方法的要点是什么？

铁质原料除在水泥生料配料计算时需进行全分析外，通常只测定三氧化二铁的含量。与其他原料的分析相类似，铁质原料中硅的测定采用氟硅酸钾容量法；钙、镁采用EDTA配位滴定法。

铁质原料化学成分分析的重点：一是铁，二是铝，三是钙、镁。

（1）因铁的含量很高，铁的测定，标准法采用盐酸-二氯化锡分解试样，残渣用硫酸-氢氟酸处理后，合并于滤液中，用三氯化钛还原，重铬酸钾滴定；代用法采用EDTA配位-铋盐返滴定法(因铁的含量高，不能采用EDTA直接滴定法)。

（2）铝的测定，为防止高含量铁、钛等元素的干扰，标准法采用氟化铵置换-EDTA配位滴定法；代用法采用单独称样，以氢氧化钠熔融，先除去大部分铁和钛，滤液以铜盐返滴定；残渣溶解后再次沉淀铁，回收残渣中的铝，以铜盐返滴定，两次结果相加。

（3）因试样中铁的含量很高，EDTA配位滴定钙、镁时，需先用氨水沉淀除去大部分铁、铝，再加掩蔽剂掩蔽残余的铁、铝。

铁质原料的分析方法按照行业标准JC/T 850—2009《水泥用铁质原料化学分析方法》，分为标准法和代用法，其主要操作要点列于表7-7中。

表7-7 铁质原料的分析方法操作要点

成分	标准法	代用法
烧失量	1 g试样，950 ℃~1000 ℃灼烧1h	
试验溶液制备	硝酸溶样：0.5 g试样，40 mL硝酸(1+1)溶解，过滤；残渣用3 g~4 g硼砂-碳酸钠于950 ℃~1000 ℃熔融20 min，溶解于主滤液中，制成250 mL溶液A 氢氧化钠-银坩埚熔样：0.3 g试样，10 g氢氧化钠熔融，盐酸分解，制成250 mL溶液B	

续表

成分	标准法	代用法
SiO_2	氟硅酸钾容量法：分取50 mL溶液B，氯化钾过饱和沉淀-氟硅酸钾容量法	氟硅酸钾容量法：氢氧化钾-镍坩埚熔样，不分取，氯化钾近饱和沉淀-氟硅酸钾容量法
Fe_2O_3	重铬酸钾滴定法：盐酸-二氯化锡分解试样，残渣以氢氟酸处理，焦硫酸钾熔融，合并于主滤液中。钨酸钠指示，三氯化钛还原；二苯胺磺酸钠指示，重铬酸钾滴定，紫色为终点	EDTA配位-硝酸铋返滴定法：25 mL溶液A或50 mL溶液B，pH值约1.5，加入过量EDTA，铋盐溶液返滴定，半二甲酚橙指示，黄色变橙红色为终点
Al_2O_3	氟化铵置换法：用代用法中和滴定完铁(EDTA配位-硝酸铋返滴法)的溶液，苦杏仁酸掩蔽钛，pH = 4时加入过量EDTA；pH = 6.0，用铅盐溶液滴定剩余EDTA；加氟化铵置换，半二甲酚橙指示，铅盐溶液返滴定，黄色变橙红色为终点	铜盐返滴定法：0.1 g试样，4 g～5g氢氧化钠熔融，加热水溶解铝酸盐，过滤使铝与存在于残渣中的铁、钛等分离；滤液pH值为1.8，PAN指示，铜盐返滴定；残渣以盐酸溶解、氨水沉淀并过滤除去铁，回收残渣中的铝，滤液以铜盐返滴定；两次结果加和
CaO	EDTA滴定法：25 mL溶液A或50 mL溶液B，以氨水除去铁、铝；TEA掩蔽残余铁、铝，CMP指示，pH大于13，EDTA滴定钙	
MgO	EDTA滴定差减法：25mL溶液A或50mL溶液B，以氨水除去铁、铝；Tart、TEA掩蔽残余铁、铝，pH = 10，K-B指示，EDTA滴定钙镁合量，差减得镁	
全硫	称量法：0.2 g试样，氢氧化钾－镍坩埚熔样，以氨水沉淀除去铁、铝；硫酸钡称量法测定三氧化硫	
碱	火焰光度法：0.2 g试样，氢氟酸－硫酸处理，沉淀分离铁、铝、钙、镁，稀释至100mL，火焰光度法测定	

注：CMP为钙黄绿素－甲基百里香酚蓝－酚酞混合指示剂；TEA为三乙醇胺；Tart为酒石酸钾钠；S.S为磺基水杨酸钠。

7.1.17 铁质原料试样中三氧化二铝的测定为什么要采用氟化铵置换-EDTA返滴定法？

铁质原料试样中，三氧化二铁的含量比较高，也含有一定量的锰。三氧化二铝的测定，采用氟化铵置换－EDTA返滴定法，可以有效地防止铁、锰离子的干扰。氟化铵置换-EDTA返滴定法测定范围广，在三氧化二铝含量1%～99%的范围内都可以得到理想的结果。在测定中，要事先用苦杏仁酸掩蔽钛离子，使其不干扰测定。

7.1.18 铁质材料(铁粉)中三氧化二铁的快速测定方法是什么？

(1) 分析步骤

称取0.1000 g试料，置于250 mL锥形瓶中，加入10 mL磷酸-硫酸-高氯酸混合酸，置于电炉上加热至冒SO_3白烟，取下，稍冷，加入30 mL盐酸溶液(1+4)，摇荡。滴加二氯化锡溶液(50g/L)将Fe^{3+}离子还原为Fe^{2+}离子至溶液呈微黄色，加入5滴～8滴钨酸钠溶液

(25%)，在摇动下加入 $TiCl_3$ 溶液(5%)至出现蓝色后，用水稀释至体积为 120 mL ~ 150 mL。加入1滴硫酸铜溶液(50 g/L)，摇荡至蓝色褪去。加入2滴二苯胺磺酸钠指示剂溶液(5 g/L)，立即用重铬酸钾标准滴定溶液(0.02505 mol/L)滴定至出现稳定的紫红色，消耗重铬酸钾标准滴定溶液的体积为 VmL。

(2) 三氧化二铁的质量分数 $w(Fe_2O_3)$ 按下式计算：

$$w(Fe_2O_3) = V(\%)$$

磷酸-硫酸-高氯酸混合酸的配制方法：先按磷酸 + 硫酸 + 水 = 1 + 1 + 2 的体积比小心混合后（在搅拌下将1体积浓硫酸缓慢注入盛于玻璃烧杯中的2体积水中，再加入1体积浓磷酸），再按每10体积加入1体积高氯酸，混合均匀。

在还原 Fe^{3+} 离子为 Fe^{2+} 离子的操作过程中，也可以只用二氯化锡溶液还原至溶液呈无色后立即用水稀释，滴定。

7.1.19 测定铝质原料试样中的铁、铝时的注意事项是什么?

铝质原材料试样中三氧化二铝的含量较高，样品的处理比较困难，一般采用铂坩埚-硼砂-碳酸钠在汽油喷灯上熔样测定铁、铝、钛、钙、镁氧化物含量，采用铂坩埚－碳酸钾在汽油喷灯上熔样测定二氧化硅。

在铝质原料试样铁、铝的测定中，选择铋盐返滴定法测定三氧化二铁，选择 EDTA 常温滴定－锌盐（铅盐）返滴法测定三氧化二铝。在测定中的注意事项是：

(1) 测定铁时

1) 测定三氧化二铁时，要保证 pH 值在 1.5 的范围内。若 pH 值低于 1.5，终点颜色变化不明显，结果偏低；若 pH 值高于 1.5，三氧化二铝干扰测定，使三氧化二铁的测定结果偏高。

2) 测定三氧化二铁时，要保证测定温度不低于 20 ℃，温度过低，反应进行缓慢，使测定结果偏低。

3) 用硝酸铋标准滴定溶液滴定的终点颜色要根据三氧化二铁的含量多少而定：三氧化二铁含量低时，终点颜色变化比较敏锐，红色较深；三氧化二铁含量高时，终点颜色变化不明显，以终点颜色不变为滴定终点。

(2) 测定三氧化二铝时

1) EDTA 标准滴定溶液的加入量要保证足够并过量 10 mL ~ 15 mL。EDTA 标准滴定溶液加入量不足时，滴定终点不明显，测定结果偏低；EDTA 标准滴定溶液的量超过要求量时，滴定终点颜色也不明显，消耗的乙酸锌（乙酸铅）标准滴定溶液过多，造成浪费。

2) 加入 EDTA 标准滴定溶液时的 pH 值要保证在 3.5 左右，一般采用加入 pH = 4.3 的乙酸－乙酸钠缓冲溶液来调整溶液的 pH 值，并煮沸 3 min，以保证三氧化二铝与 EDTA 标准滴定溶液完全反应。用乙酸铅标准滴定溶液滴定前再将溶液 pH 值调节至 5.5，并冷却至室温，使铅 EDTA 充分配位。

3) 第一次返滴定不用记录消耗量，第二次返滴定时记录消耗乙酸锌（乙酸铅）标准滴定溶液的消耗量。

4) 第一次返滴定和第二次返滴定的终点颜色要保持一致，以保证结果的准确性。

5) 半二甲酚橙指示剂易变质，在测定过程中会产生指示剂封闭现象，所以，要及时更换半二甲酚橙指示剂，保证指示剂的正常使用状态。

7.1.20 对于高硅、高铝和高铁试样如何得到氧化钙、氧化镁的准确结果？

高硅、高铝和高铁试样中氧化钙的测定方法：吸取一定量的被测试样溶液，放入400 mL玻璃烧杯中，加入15 mL氟化钾溶液（20 g/L），搅拌约2 min左右，加入10 mL三乙醇胺溶液（1+2），搅拌2 min，溶液出现黄色，加入一定量的氨水（1+1），搅拌，使黄色变浅，加入200 mL水，充分搅拌，加适量的CMP混合指示剂，用EDTA标准滴定溶液慢慢滴定至绿色荧光消失，将近终点时，如果需要，补加适量的CMP混合指示剂，当绿色荧光消失，呈现红色，30 s之内不出现返色现象即为终点。

高硅、高铝和高铁试样中氧化钙、氧化镁合量的测定方法：吸取一定量的被测试样溶液，放入400 mL玻璃烧杯中，加入15 mL氟化钾溶液（20 g/L），搅拌约2 min左右，加入2 mL酒石酸钾钠溶液（100 g/L），搅拌2 min左右，加入10 mL三乙醇胺溶液（1+2），搅拌2 min，加入200 mL水，充分搅拌，如果溶液出现黄色，加入一定量的氨水（1+1），搅拌，使黄色变浅，加入25 mL氨水－氯化铵缓冲溶液（pH=10），用EDTA标准滴定溶液慢慢滴定至氧化钙的消耗量时，加入适量的K－B混合指示剂，继续用EDTA标准滴定溶液慢慢滴定至近终点时，如果需要，补加适量的K－B混合指示剂，滴定的终点颜色只是保证溶液酒红色消失，继续滴定溶液颜色变化突变为蓝色，不再发生变化即为终点。

7.1.21 什么是硅质校正原料？

硅质校正原料是用以补充配合生料中氧化硅成分不足的原料。当水泥厂采用硅酸率低的红壤或页岩作原料时，需掺入硅质校正原料。采用较多的是砂岩和粉砂岩。也有采用河沙、硅藻石、硅藻土和蛋白石的。硅质校正原料的氧化硅含量要求在80 %以上。

砂岩是由直径0.1 mm～2 mm的砂粒经胶结变硬的碎屑沉积岩。主要矿物为石英，其次为长石、云母等。砂岩的胶结物主要有稀土质、石灰质、硅质和铁质等，颜色主要取决于胶结物，有灰、黄、褐、白等色。砂岩氧化硅含量比黏土高，硬度大，塑性差，由于用量少，对粉磨、成球、锻烧不会有多大影响。

粉砂岩是由0.01 mm～0.1 mm的粉砂胶结变硬而成的碎屑沉积岩。主要矿物有石英、长石、云母、黏土矿物等。胶结物常有黏土质、硅质、铁质及碳酸盐质矿物。颜色呈淡黄、淡红、淡棕、褐红、紫红等色。质地疏松，在水中可以泡软，是水泥工业较好的硅质校正原料。

使用河砂作硅质校正原料要注意不要选用结晶颗粒粗大的石英河沙。如非使用不可，在使用时要降低生料细度，还要掺入一定量的矿化剂，以提高水泥熟料的易烧性能。

硅藻土、硅藻石、蛋白石也是很好的硅质校正原料。

7.1.22 天然石膏的分类与等级是如何规定的？

GB/T 5483—2008《天然石膏》中对天然石膏的技术要求是：

（1）附着水　天然石膏产品的附着水含量质量分数不大于4%。

（2）规格　不大于400 mm，如有特殊要求，由供需双方商定。

（3）分类与等级　应符合表7-8的规定。

表 7-8 天然石膏产品的分类与等级

级别	石膏(G)	硬石膏(A)	混合石膏(M)
	$CaSO_4 \cdot 2H_2O$	$CaSO_4 + CaSO_4 \cdot 2H_2O$ [且 $CaSO_4/(CaSO_4 + CaSO_4 \cdot 2H_2O)$ ≥0.80(质量比)]	$CaSO_4 + CaSO_4 \cdot 2H_2O$ [且 $CaSO_4/(CaSO_4 + CaSO_4 \cdot 2H_2O)$ <0.80(质量比)]
特级	≥95%	—	≥95%
一级	≥85%		
二级	≥75%		
三级	≥65%		
四级	≥55%		

7.1.23 天然石膏产品的品位是如何计算的?

G 类产品的品位计算如下:

$$G_1 = 4.7785 \times W$$

A 类和 M 类产品的品位计算如下:

$$G_2 = 1.7005 \times S + W$$

$CaSO_4$ 含量计算如下:

$$X_1 = 1.7005 \times S - 4.7785 \times W$$

式中 G_1——G 类产品的品位,%;
G_2——A 类和 M 类产品的品位,%;
X_1——$CaSO_4$ 质量分数,%;
W——结晶水的质量分数,%;
S——三氧化硫的质量分数,%。

7.1.24 硫结圈是怎样生成的?如何防止回转窑硫结圈?

一般情况下,硫碱圈是不常见的。其生成原因,是煤灰或生料中含有较高含量的 SO_3 和 Na_2O、K_2O,在分解带 930 ℃左右的温度下,生成易熔的硫酸盐而结圈。

为了防止硫结圈的生成,应尽量使用含硫、碱成分较少的原燃材料。

7.1.25 GB/T 5484—2012《石膏化学分析方法》对原标准进行了哪些修订?

本标准代替 GB/T 5484—2000《石膏化学分析方法》,其主要修订情况如下:

(1) 适应范围由“适应于天然石膏、硬石膏”改为“适应于天然石膏、硬石膏和工业副产石膏”。

(2) 增加了收到基和干燥基的定义。

(3) 报告中附着水、膏状试样含水量的分析结果以收到基(以收到状态时的石膏为基准)表示;其他分析结果以干燥基(以除去附着水的石膏为基准)表示。

(4) 试样的制备分为附着水试样的制备和化学分析试样的制备。附着水试样的制备根据收到基样品的粒度和附着水的多少制备成所需的附着水试样的细度(6mm 以下、3mm 以下或 150μm 以下);化学分析试样的制备由“0.080mm 方孔筛筛析”改为“全部通过孔径为 150μm

方孔筛”。

(5) 增加了膏状试样含水量的测定——干燥差减法。

(6) 测定附着水时，由“称取约1g试样”改为按照不同的试样细度(6mm以下、3mm以下或150μm以下)称取不同的试样质量。

(7) 三氧化硫的测定分为“天然石膏、硬石膏和不含有亚硫酸钙的工业副产石膏”和“含有亚硫酸钙的工业副产石膏”。

(8) 增加了二氧化硫的测定——碘量法。

(9) 增加了氯离子的测定——硫氰酸铵容量法(基准法)、磷酸蒸馏-汞盐滴定法(代用法)和(自动)电位滴定法(代用法)。

(10) 五氧化二磷的测定由正丁醇-三氯甲烷萃取-磷钼黄分光光度法改为“磷钼蓝分光光度法”。

(11) 增加了二氧化碳的测定——碱石棉吸收称量法(基准法)和自动光电滴定法(代用法)。

(12) 增加了pH值、水溶性五氧化二磷、水溶性氧化镁、水溶性氧化钾和氧化钠、水溶性氯离子、水溶性氟离子的测定。

7.1.26　测定石膏水分(附着水、结晶水)时对测定温度有何规定?

GB/T 5484—2012《石膏化学分析方法》规定，石膏附着水的测定温度为(45±3)℃，若超过此温度，石膏($CaSO_4 \cdot 2H_2O$)中的结晶水将有部分分解，造成误差。石膏中结晶水的测定温度为(230±5)℃，若测定温度过低或过高，将导致测定结果误差大，尤其是含杂质较多的石膏更为明显。

7.1.27　什么是工业副产石膏? 常见的工业副产石膏有哪些?

工业副产石膏是指工业生产排出的以硫酸钙为主要成分的副产品的总称，又称为化学石膏或合成石膏。常见的工业副产石膏有:

磷石膏　合成洗衣粉厂、磷肥厂等制造磷酸时的废渣。

氟石膏　制造氢氟酸时的废渣。

脱硫石膏　电厂对燃料燃烧后排放的废气进行脱硫净化处理而得的一种石膏。

模型石膏　陶瓷等工业制备模型后的废料。

钛石膏　是采用硫酸法生产钛白粉时，加入石灰（或电石渣）以中和大量的酸性废水所产生的以二水石膏为主要成分的废渣。

盐石膏　也称肖皮子，是沿海制盐厂制盐时的副产品。

柠檬酸渣　又称钙泥，是化工厂生产柠檬酸的废渣。

硼石膏　制取硼酸的废渣。

7.1.28　对工业副产石膏的品质有何要求?

GB/T 21371—2008 对工业副产石膏品质的要求是:

硫酸钙含量（质量分数）≥75%;

附着水含量由买卖双方商定;

粒度不大于300mm，如有特殊要求由买卖双方商定；

放射性物质应符合GB 6566的规定；

对水泥的性能影响应符合表7-9规定。

表7-9 工业副产石膏对水泥的性能影响

试验项目	性能比对指标（与比对水泥相比）
凝结时间	延长时间小于2h
标准稠度需水量	绝对增加幅度小于1%
沸煮安定性	结论不变
水泥胶砂流动度	相对降低幅度小于5%
水泥胶砂抗压强度	3d、28d降低幅度均不大于5%
钢筋锈蚀	结论不变
水泥与减水剂相容性	初始流动性降低幅度小于10%； 经时损失率绝对增加幅度小于5%

7.1.29 脱硫石膏、磷石膏有何特性？在水泥生产工艺上如何利用？对水泥性能有何影响？

目前，作为水泥的缓凝剂，企业使用较多的是电厂为脱硫而产生的废渣，称为脱硫石膏。它是一种含水较多（10%～12%）的粉状工业副产品。细度很细，SO_3的含量较高，完全可以代替天然石膏用作水泥的缓凝剂。

但是，脱硫石膏不适于用提升机提料，也不适于在储存仓内久存。最好的办法是采用皮带机或铲车将其直接送入配料小仓，不会引起棚料或堵塞。也有的企业在小仓内增加强制性的双轴螺旋铰刀，事实证明也是有效的。

磷石膏是湿法生产磷酸时的废渣，其主要成分是二水硫酸钙（$CaSO_4 \cdot 2H_2O$），其中还含有可溶性或不溶性的P_2O_5，以及氟、铁、铝、镁等以化合物形式存在的杂质，外观呈浅灰白色。

掺磷石膏的水泥对混凝土的工作性能和强度无不良影响，与掺天然石膏的水泥相比，对水泥的标准稠度用水量、抗折强度、抗压强度均无明显影响，但凝结时间会显著延长；与萘系、聚羧酸、糖钙减水剂相容性较好，而与氨基磺酸盐减水剂相容性稍差。

7.1.30 用于水泥中的工业副产石膏的品位是如何计算的？

用于水泥中的工业副产石膏的品位按以下公式计算：

磷石膏、钛石膏、硼石膏、盐石膏和柠檬酸渣中的硫酸钙含量（以质量分数表示）$w(CaSO_4 \cdot 2H_2O)$，数值以%表示，按下式计算：

$$w(CaSO_4 \cdot 2H_2O) = 4.7785 \times w(H_2O^+)$$

氟石膏中的硫酸钙含量（质量分数）$w(CaSO_4)$，数值以%表示，按下式计算：

$$w(CaSO_4) = 1.7005 \times w(SO_3) - 3.7785 \times w(H_2O^+)$$

脱硫石膏中的硫酸钙含量（质量分数）w 发dℓ（$CaSO_4 \cdot 2H_2O + CaSO_4$），数值以%表示，按下式计算：

$$w(CaSO_4 \cdot 2H_2O + CaSO_4) = w(H_2O^+) + 1.7 \times w(SO_3)$$

式中 $w(H_2O^+)$——结晶水的质量分数；

$w(SO_3)$——三氧化硫的质量分数。

7.1.31　简述石灰石、水泥生料和水泥熟料中氧化钙、氧化镁的快速测定方法。

准确称取0.5000 g试样，放入干燥的烧杯中，用少量水冲散颗粒，加入15 mL氟化钾溶液（150 g/L），10 mL盐酸溶液（1+1），盖上表面皿，在小电炉上加热至沸，保持微沸2 min~3 min，取下，用水冲洗烧杯内壁和表面皿，将溶液及洗液转移至250 mL容量瓶中，稀释至刻度，摇匀。

（1）氧化钙的快速测定

吸取25 mL被测试样溶液，放入400 mL烧杯中，加200 mL水，5 mL三乙醇胺溶液（1+2），搅拌，加入适量的CMP混合指示剂，加入氢氧化钾溶液（200 g/L）至绿色荧光出现，再过量7 mL~8 mL，用EDTA标准滴定溶液滴定至绿色荧光消失，溶液显红色。

（2）氧化钙、氧化镁合量的测定

吸取25 mL被测试样溶液，放入400 mL的玻璃烧杯中，加水至200 mL左右，加入1 mL酒石酸钾钠溶液（100 g/L），搅拌均匀，加入5 mL三乙醇胺溶液（1+2），搅拌均匀，加入25 mL pH=10的氨水-氯化铵缓冲溶液，加入适量的K-B混合指示剂，用EDTA标准滴定溶液慢慢滴定至酒红色消失，溶液变成纯蓝色。

7.1.32　生料中游离二氧化硅的含量和细度对水泥生料的易烧性有何影响？

有研究表明：

（1）生料的易烧性是多种因素作用的结果，与$f\text{-}SiO_2$的含量没有线性反比关系。

（2）当$f\text{-}SiO_2$的粒径在45μm以上时，它的存在才会使生料的易烧性变差；如果$f\text{-}SiO_2$的粒径小于45μm，对生料的易烧性没有影响。

（3）当$f\text{-}SiO_2$的粒径相同时，$f\text{-}SiO_2$的含量越高，生料的易烧性就越差。

（4）相同组分的配料，如果生料粒度较粗，则80 μm筛余中$f\text{-}SiO_2$含量较高，易烧性差；如果生料磨得较细，则80 μm筛余中$f\text{-}SiO_2$含量较低，易烧性好。

总之，应将含有$f\text{-}SiO_2$的原料磨至45 μm以下，有利于减少它对易烧性的影响。

7.1.33　为什么要控制水泥原料中游离二氧化硅的含量？

游离二氧化硅在水泥原料中通常以结核状、燧石状出现。在黏土质原料中通常以卵石、碎石、砂粒状存在。在煅烧时，同样的燃烧温度，石英粒度大的生料化合力差，致使游离氧化钙增加。游离二氧化硅含量高的熟料会影响水泥强度。

结晶SiO_2在水泥烧成中要消耗较多能量。石灰石中的CaO与黏土中的SiO_2在高温下结合成C_2S，必须具备两个条件：即两种物质的物质的量恒等；两种反应物具有较高的亲和能力。而结晶的SiO_2在系统受热过程中的表现不符合这两个条件，故要消耗较多的能量。

（1）当系统在900 ℃~950 ℃时，石灰石在固相期呈沸腾分解，颗粒周围形成CaO云团，而此时结晶石英还只有少量溶出$[SiO_4]^{4-}$，即两个反应物的物质的量明显地不等，而使烧成反应难以进行。

（2）随着温度的升高，结晶SiO_2溶出的$[SiO_4]^{4-}$越来越多，与云团外围的CaO形成C_2S屏蔽层，使固相反应无法进行完全，尤其是SiO_2粒度较粗时更为明显。此时，只有少

量活性的 SiO_2、$[SiO_4]^{4-}$ 还能主动扩散。所以，两者的亲和性无法一致。

7.1.34 什么是混合材料?

为了增加水泥产量，节约能源，降低成本，改善和调节水泥的某些性能，综合利用工业废渣，减少环境污染，在磨制水泥时，可以掺加数量不超过国家标准规定的混合材料。

混合材料按其性质可分为两大类：活性混合材料和非活性混合材料。

（1）活性混合材料。凡是天然的或人工制成的矿物质材料，磨成细粉，加水后其本身不硬化，但与石灰加水调合成胶泥状态，不仅能在空气中硬化，并能继续在水中硬化，这类材料称为活性混合材料或水硬性混合材料。

生产通用硅酸盐水泥时，GB 175—2007/XG 1—2009 规定的活性混合材料主要有以下三类：

1）粒化高炉矿渣（GB/T 203）、粒化高炉矿渣粉（GB/T 18046）。

2）粉煤灰（GB/T 1596）。

3）火山灰质混合材料（GB/T 2847）。

（2）非活性混合材料。又称填充性材料，包括其活性指标低于以上技术标准要求的粒化高炉矿渣、粒化高炉矿渣粉、粉煤灰、火山灰质混合材料以及石灰石和砂岩，其中，石灰石中的 Al_2O_3 的含量应不高于 2.5%。

（3）符合 JC/T 724 要求的窑灰。

7.1.35 如何测定用于水泥中的火山灰质混合材料的火山灰性?

用于水泥中的火山灰质混合材料必须符合国家标准 GB/T 2847—2005《用于水泥中的火山灰质混合材料》的技术要求。人工的火山灰质混合材料烧失量不得超过 10%，三氧化硫不得超过 3%，火山灰性实验必须合格。

目前，我国采用国际标准化组织推荐的弗拉蒂尼法评价火山灰质混合材料的火山灰活性（图 7-1）。弗拉蒂尼方法的原理是，在图中画出一条 40 ℃（接近于成型时混凝土制品中的温度）时氢氧化钙的溶解度曲线，作为判断火山灰质混合材料活性的界限。掺有火山灰质混合材料的水泥水化后生成氢氧化钙。如果混合材料具有火山灰活性，其活性组分（二氧化硅和三氧化二铝）将与氢氧化钙充分反应，则液相中剩余的氢氧化钙浓度将低于氢氧化钙饱和溶液中氢氧化钙的浓度，即实验点将落在曲线下方；相反，如果混合材料不具有火山灰活性或活性较低，其活性成分不能与氢氧化钙充分反应，则液相中剩余的氢氧化钙浓度较高，即实验点将落在曲线上方或曲线上。

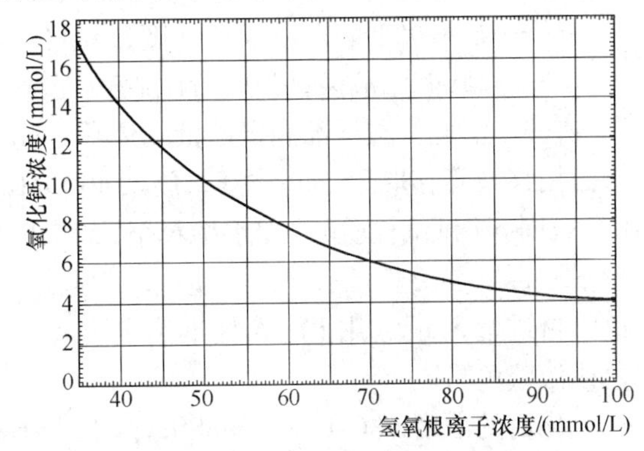

图 7-1 评定火山活性的曲线图（弗拉蒂尼图）

方法的要点是在化验室中模拟混合材掺加量为 30% 的水泥硬化后的情况。为此，将被测定的火山灰质混合材料试样与硅酸盐水泥以质量比 3∶7 相混合，放入塑料瓶中，在（40 ± 1）℃的恒温箱内加速养护 8d 后，测定与硬化了的火山灰水泥块达到平衡的液相中的总碱度（以 OH^- 浓度表示）和氧化钙的浓度，二者均以毫摩尔每升（mmol/L）表示。然后在弗拉蒂尼图上标出与实验结果相对应的点。如果实验点落在曲线下方，表示混合材料具有火山灰（活）性；反之，如果实验点落在曲线上方或曲线上，则需重作实验，不过此时塑料瓶应在恒温箱内放置15 d。取出测定，如果实验点落在曲线下方，则认为该混合材料火山灰性实验仍为合格；否则，为不合格，即不具有火山灰（活）性。

实验时温度必须严格控制在（40 ±1）℃的范围内。温度若偏高，则测得的火山灰性增强。

7.1.36　火山灰性实验中所用两种材料应满足什么要求？

一是火山灰质混合材料的含水量小于1%，细度0.08mm方孔筛筛余为5% ~7%。火山灰质混合材料粉磨得越细，活性反应趋势越强。为了正确评价混合材料的火山灰活性，统一规定火山灰质混合材料的细度，必须严格执行。

二是硅酸盐水泥的沸煮安定性必须合格，28 d抗压强度高于42.5 MPa，比表面积为290 m^2/kg ~310 m^2/kg，石膏掺入量以 SO_3 计为1.5% ~2.5%。

氧化钙、氧化钾、氧化钠含量高的混合材料不宜使用此法，因为混合材料自身会放出氢氧化钙或碱性物质，影响结果的判断。

7.1.37　火山灰性实验的步骤是什么？

将塑料瓶洗净、干燥（如用玻璃锥形瓶，干燥后在内壁均匀涂上一层石蜡），冷却。用移液管吸取100 mL蒸馏水注入瓶中，盖紧（或塞紧），放入（40 ±1）℃的恒温箱中烘1h。精确称取（20 ±0.01）g待实验的火山灰质混合材料掺加量为30%的水泥，通过粗径漏斗迅速将水泥注入瓶中，立即盖（塞）紧。激烈摇晃20s，防止水泥结块粘住瓶底。将瓶子再次放入恒温箱中，保证瓶底放平，使瓶底形成一层均匀的水泥层。为防止瓶内温度明显下降，在恒温箱外的操作应尽快完成。在恒温箱内放置8d后，将溶液迅速过滤入磨口锥形瓶中，加塞，冷却滤液至室温，充分摇匀。

用移液管移取25 mL滤液，放入300 mL锥形瓶中，加水稀释至100 mL左右。加1滴甲基橙指示剂溶液（1g/L），用盐酸标准滴定溶液（0.1 mol/L）滴定至溶液呈橙红色。总碱度（mmol/L）按下式计算：

$$总碱度 = 40cV_1$$

式中　c——盐酸标准滴定溶液的浓度，mol/L；

40——25mL滤液换算为lL的比值；

V_1——消耗盐酸标准滴定溶液的体积，mL。

另用移液管移取25 mL滤液，放入400 mL烧杯中，滴加盐酸溶液(1 +1)使溶液呈酸性(用广范围pH试纸检验)，加水稀释至250 mL左右，加1 mL三乙醇胺溶液(1 +2)，再加入适量甲基百里香酚蓝指示剂，在搅拌下用滴定管加入氢氧化钾溶液(200 g/L)至出现稳定的蓝色，再过量3 mL，用EDTA标准滴定溶液[c(EDTA) =0.015 mol/L]滴定至蓝色消失(呈无色或淡蓝色)。

氧化钙的浓度 c(CaO)(mmol/L)按下式计算：

$$c(CaO) = 40\ T_{CaO}\ V_2/56.08$$

式中 T_{CaO}——EDTA 标准滴定溶液对氧化钙的滴定度，mg/mL；

V_2——滴定时消耗 EDTA 标准滴定溶液的体积，mL；

56.08——氧化钙的摩尔质量，g/mol；

40——25mL 滤液换算为 1L 的比值。

7.1.38 如何测定工业废渣的活性？

工业废渣指 GB/T 203、GB/T 18046、GB/T 1596 和 GB/T 2847 标准以外的可用于水泥混合材料的工业废渣，如粒化铁炉渣、粒化铬铁渣等。其活性的测定按照 GB/T 12957—2005 的规定进行。其测定原理是：工业废渣细粉与石膏细粉混合均匀与水混合后，潜在水硬性的材料能在湿空气中凝结硬化，并在水中继续硬化。

工业废渣要在 105 ℃ ~110 ℃下烘干至含水量低于 1%，然后磨细至 80 μm 筛余 1% ~3%。二水石膏符合 GB/T 5483 二级以上的品质要求，且磨细至 80 μm 筛余 1% ~3%。硅酸盐水泥符合 GB 175—2007/XG 1—2009 的有关要求，28d 抗压强度应大于 42.4MPa，比表面积在(350 ± 10)m^2/kg。仪器设备应符合 GB/T 1346 的有关要求。

将工业废渣细粉和二水石膏细粉按质量 80: 20(或 90: 10)的比例充分混合均匀，以配制成试验样品。称取(300 ±1)g 制备好的试验样品，按 GB/T 1346 试验方法确定的标准稠度净浆用水量制备成净浆试饼。试饼在温度(20 ±1) ℃、相对湿度高于 90% 的养护箱内养护 7 d 后，放入(20 ±1) ℃水中浸水 3d，然后观察浸水试饼形状完整与否。如其边缘保持清晰完整，则认为工业废渣具有潜在水硬性。

7.1.39 用水泥胶砂 28 d 抗压强度比确定工业废渣活性的试验如何进行？

在硅酸盐水泥中掺入 30% 的工业废渣细粉，用其 28 d 抗压强度与该硅酸盐水泥 28 d 抗压强度进行比较，以确定其活性高低。

工业废渣要在 105 ℃ ~110 ℃下烘干至含水量低于 1%，然后磨细至 80 μm 筛余 1% ~3%。由硅酸盐水泥和工业废渣细粉及适量石膏细粉混合而成试验样品。其中工业废渣细粉的含量为 30%，其余为硅酸盐水泥。通过外掺适量石膏，调整试验样品中 SO_3 含量与对比水泥 SO_3 含量相同，相差不大于 0.3%。样品应充分混匀。

仪器设备应符合 GB/T 17671 及 GB/T 2419 的有关规定。

水泥胶砂强度试验方法按 GB/T 17671—1999 进行，分别测定试验样品 28 d 抗压强度（R_1）和对比样品（即硅酸盐水泥）28 d 抗压强度（R_2）。对于难于成型的试体，加水量可按 0.01 水灰比递增，且水泥胶砂流动度应不小于 180 mm。胶砂流动度的测定按 GB/T 2419 进行。

抗压强度比 K 按下式计算，计算结果保留至整数：

$$K = (R_1/R_2) \times 100$$

7.1.40 为什么碱是水泥的有害成分？

生产水泥的许多原材料中都含有钾、钠的盐类。用其配制的生料在煅烧过程中，一部分碱在高温下挥发，剩下的氧化钾、氧化钠主要存在于熟料的玻璃相中。如果含量较高，还可能形成含碱矿物，或与 SO_4^{2-} 形成 K_2SO_4 或 Na_2SO_4。

据一些资料报道，钾、钠在水泥熟料煅烧工艺中如果含量适中，有利于熟料矿物的形成，改善烧成条件，甚至还可以提高水泥的抗压强度，这是其有利的一面，但总的来讲，钾、钠在水泥中是一种有害成分，主要有以下两个方面的原因。

一是在水泥熟料煅烧方面，钾、钠与硫酸根离子 SO_4^{2-} 生成 K_2SO_4 或 Na_2SO_4，该两种盐黏度很高，在旋窑的窑尾堆积，极易将预热器堵住，下料不畅，造成停窑，或者在窑的烧成带和预分解带过渡部位易形成“大蛋”或窑内“结圈”，使生产被迫停止，影响水泥熟料的生产。所以对于带有旋风预热器的窑的厂家应特别注意原材料中对于钾、钠含量的控制。

二是在任何工程建筑中都存在着碱－集料反应，导致建筑物的混凝土发生严重的因膨胀而破坏的现象。特别是配制混凝土时若用的是活性集料，则碱－集料反应十分显著。在20世纪80年代之前我国水泥品种主要是矿渣水泥、火山灰水泥等掺加大量混合材料的32.5级和42.5级水泥，碱含量低。近年来水泥企业大量生产普通水泥和硅酸盐水泥，碱含量高，碱－集料反应在个别工程上开始有所发现，给混凝土建筑物带来很大危害。

7.1.41　碱-集料反应有哪几种类型？

一般按集料活性成分分为碱-碳酸盐反应和碱-硅酸盐反应。

（1）碱-碳酸盐集料反应

这种集料成分主要是“硅酸镁石灰石”，其碱-集料主要反应为：

$$CaMg(CO_3)_2 + 2OH^- = CaCO_3 + Mg(OH)_2 + CO_3^{2-}$$

体积膨胀的计算值为239%。

镁质石灰岩在北京地区分布较广。在北部山区尤其是昌平一带较多，在西北部山区储量也很高。因此，用此种岩石生产的碎石以及这一带河床内的砂石，不可避免地含有镁质石灰岩。初步研究表明这一带的砂、石碱-集料反应有比较明显的迹象。

（2）碱-活性硅酸盐集料反应

此类反应是主要的碱-集料反应。经研究，在含有以上的活性二氧化硅的粗细集料（如蛋白石、燧石、砂质页岩、鳞石英、玉髓、方石英、中性或碱性火成岩——安山岩等）都会与水泥中的碱发生反应，生成膨胀性的硅酸钠（钾），使 SiO_2 结构遭到破坏，使工程建筑物吸水泡胀，内部产生很大的膨胀力，破坏性裂缝能在数天、数月甚至数年后出现，大大降低建筑工程的耐久性，危险性极大。

7.1.42　混凝土中碱的主要来源有哪些？

（1）来自水泥。煅烧制备水泥熟料的原材料，主要是石灰石、铁粉和黏土。这些原料中或多或少都存在一定量的碱性成分，尤其是黏土。黏土中的长石、云母中含有碱，是带给水泥熟料中碱的主要来源。黏土的碱含量一般为6%～10%。在水泥熟料高温煅烧时，相当部分的碱在窑内会挥发掉，随同窑灰的废气逸出。在一般干法直筒窑中，会挥发掉20%～50%，在湿法窑中会挥发掉40%～80%。然而目前在北京周围所（扩）建的大小型水泥厂（如冀东水泥厂、邯郸水泥厂、琉璃河水泥厂、南大荒水泥厂等）都是窑外分解干法工艺，随热废气挥发的碱经过几个旋风筒去加热生料，无形中又有相当量的碱沉淀下来，吸附在生料颗粒表面，使水泥含碱量增高。再加上北方地区黏土中碱含量较高，致使水泥厂生产的水泥含碱量高，一般都在1%左右。留在水泥熟料中的碱会生成硫酸钾或硫酸钠和氯化钾或氯化钠，即含碱的复盐。

（2）来自外加剂。现代混凝土成分中，除传统的水泥、砂、石、水外，外加剂已成为必不可少的第五种组分。外加剂大都是无机盐和有机的表面活性物质。而大部分是钠和钾的化合物，如减水剂中萘磺酸钠等。尤其是膨胀剂中碱含量都较高，再加上掺量大（10% ~ 14%），碱含量高的问题尤其突出。一般价格适宜的外加剂中均含钾或钠，它们的主要成分是钾或钠的化合物，这是混凝土中碱的一个重要来源。

（3）来自砂石料。砂石岩表面纯净，一般不会带来碱。但是砂石中经常夹带黏土，黏土中总是会有碱的。所以在冲洗不干净的砂石中，也会带来少量的碱。

（4）来自混凝土的掺合料。现代混凝土为了节省水泥和增加和易性，或多或少都掺加一些活性填充材料，如粉煤灰、硅粉、沸石粉等。这些掺合料中也含有一定的钾和钠。

7.1.43 避免和控制碱-集料反应的途径有哪些？

（1）使用低碱水泥。混凝土中的碱主要是由水泥带来的，一般要求最好使用碱含量在0.60%以下的低碱水泥。根据有关政策和规范的要求，掺加外加剂的混凝土碱含量限制在1.00%以下，而不加外加剂的混凝土中碱含量限制在0.70%以下，这之中是水泥带来的。水泥中碱含量愈高，给混凝土带来的危害愈大。因此水泥生产企业应从原材料、配料、制作工艺等方面采取措施，尽量降低碱含量。今后在水泥市场上，哪家的水泥碱含量低，哪家就能占领市场，建筑施工企业会优先选用含碱量低的水泥。

（2）使用冲洗干净的砂、石料。如上所述，含有黏土的不干净的砂、石，因黏土中有碱存在，在一定程度上给混凝土带来碱。同时含有泥土的砂、石对混凝土的各种性能，尤其是强度和耐久性会造成不利的影响。

（3）使用低碱外加剂。若以每吨混凝土水泥用量进行计算，每吨水泥允许外加剂带入的碱含量都有一定的限制。目前使用的外加剂绝大多数都含有碱。如果外加剂本身碱含量高，但是掺量低，碱的含量也不会超过限量。如果外加剂本身碱含量不高，但是掺量高于5%，例如膨胀剂，带入混凝土中的碱含量照样会超过规定。为避免碱-集料反应，一定要选用低碱外加剂。

（4）掺加火山灰质活性混合材料。火山灰质活性混合材料是指粉煤灰、沸石粉、煅烧煤矸石粉及天然火山灰粉等材料。试验表明，在混凝土中掺加某些磨细的火山灰质混合材料，具有抑制膨胀的作用，因为这些磨细的活性混合材料具有很大的比表面积。在反应初期它们可以吸附碱，使混凝土中碱的浓度降低。如前所述，由于碱浓度的降低，氧化钙就能通过胶层渗入，与活性硅石反应生成不膨胀型的氧化钙-碱-二氧化硅的复盐。而无限膨胀型的碱-二氧化硅复盐极少或不能生成。这样，就抑止了膨胀，避免了对混凝土的破坏作用。

7.2 煤的工业分析

7.2.1 煤样如何采取？

（1）采样的基本原则

1）采样人员：采样人员应经严格培训并持合格证方能上岗。

2）采样记录：建立采样台账，台账内容包括采样时间、燃煤站、车号、车数、采样人以及整个采样过程必要的文字说明，以证明过程的客观性、代表性。

3）采样工具：用撮瓢或铁锹采样，撮瓢或铁锹的开口尺寸不小于被采样煤最大粒度的2.5 倍 ~3.0 倍。

4）采样原则：按照“均匀布点，使每一部分都有机会被采到”的原则分布子样点采样。

5）采样单元：按品种、批次以实际进厂数量为一个采样单元；一天内有多个批次的同种煤进厂应分别单独采样。

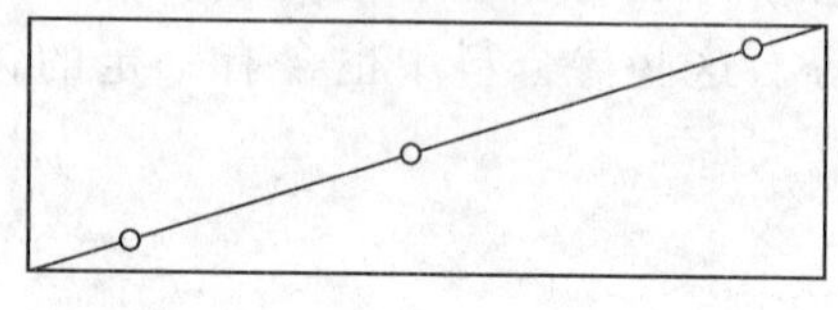

图 7-2　三点子样分布示意图

（2）不同地点的采样方法

1）进厂火车原煤

在火车顶部按图 7-2 所示，于车箱内沿斜线方向采取 3 个子样。斜线的始末两点应位于距车角 1 m处，各车的斜线方向应一致。沿斜线方向用宽 110 mm、长 170 mm 的平头短柄铁铲铲取 3 铲，约 3 kg，装袋。按产地每批取样一次。每批 10 节以下车箱时，每节都取，总质量 30 kg；每批 20 节以下车箱时，每隔一节取一个样品；每批 30 节以上车箱时，每隔两节取一个样品。

2）汽车顶部取样：在汽车上按斜线 3 点或 5 点布置子样，首尾两点距车角 0.5 m，循环采取子样。批量为 1000 t 一个子样。

3）坑道内取样：先除掉 0.2 m 的表层，根据煤堆的形状，依据均匀布点的原则，将子样分布在煤堆的顶、腰和距地 0.5 m 的底部沿坑道采样。

4）倒运落地原煤

根据煤堆的不同堆形，取样点均匀地布置在顶、腰、底或顶、底等部位上，底部距地面 0.5 m。确定取样点后，先除去 0.1 m 厚的表层煤，然后挖 0.3 m 深的坑，边挖边采煤样。每个样品的最小质量为 5 kg。每堆煤的质量为 1000 t 以下时，每 1000 t 取 40 个（灰分含量低于 20% 时）或 80 个（灰分含量高于 20% 时）。每堆煤总质量超过 1000 t 时，子样数目按下式计算：

$$m = n\sqrt{\frac{M}{1000}}$$

式中　n——规定的子样数目（灰分 ≤20% 时取 40 个，灰分 >20% 时每 1000 t 取 80 个）；

M——实际发运煤量，t；

m——实际应采的子样数目。

根据现场煤堆的实际情况和以上要求，将所取子样合并、装袋即为实验室样品。

7.2.2　煤样的制备过程有哪些？

煤样的制备过程如图 7-3 所示。

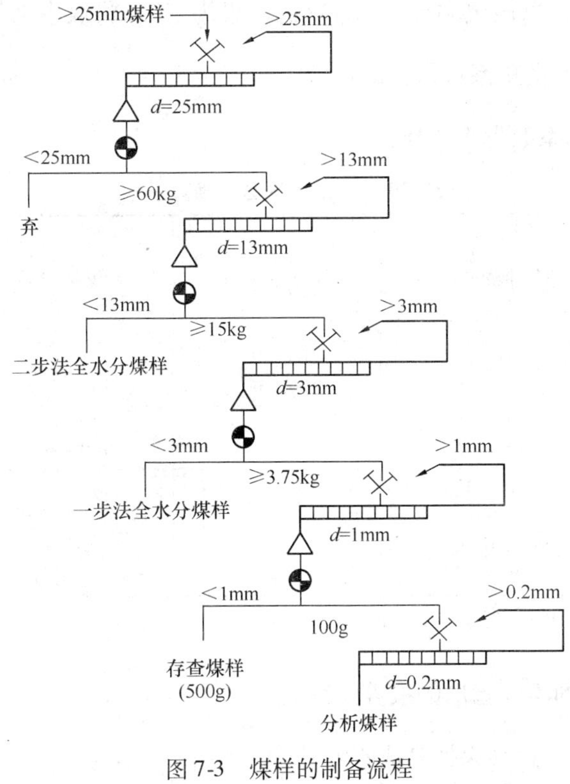

图 7-3 煤样的制备流程

破碎 筛分 d 筛孔内径 掺合 缩分

7.2.3 煤炭部门对煤的工业分析基准有何规定?

在煤的分析试验中，煤样基准的含义，是表示以什么状态的试样为基础得出的分析结果。由于不同状态下的试样中所包含的基础物质不一样，所以就有不同的试样基准。水泥用煤分析中常用的试样基准有四种(图 7-4)。

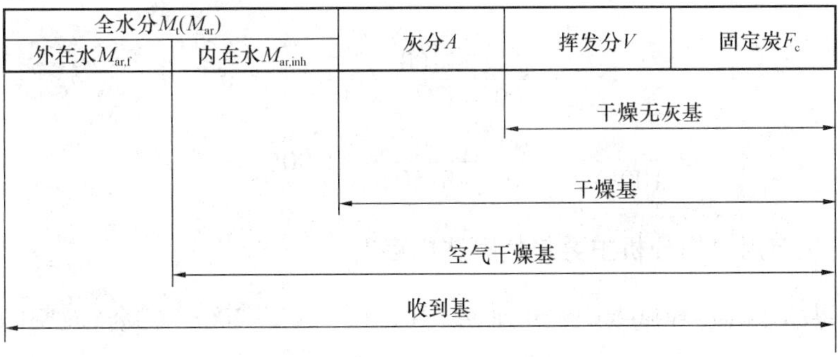

全水分$M_t(M_{ar})$		灰分A	挥发分V	固定炭F_c
外在水$M_{ar,f}$	内在水$M_{ar,inh}$			

干燥无灰基

干燥基

空气干燥基

收到基

图 7-4 煤的状态图

空气干燥基(X_{ad})：以煤中水分与空气湿度达到平衡状态时的煤为基准(煤样粒度小于 0.2mm)；

收到基(X_{ar})：以收到状态时的煤为基准(内含有水分及灰分)；

干燥基(X_d)：以假想无水状态的煤为基准(假想水分为零)；

干燥无灰基(X_{daf})：以假想无水、无灰状态的煤为基准(将煤中水分和灰分都扣除)。

7.2.4 煤的不同基准的换算系数是什么?

煤的不同基准换算系数见表7-10。

表7-10 煤的不同基准换算系数

系数 需要基 / 已知基	空气干燥基(X_{ad})	收到基(X_{ar})	干燥基(X_d)	干燥无灰基(X_{daf})
空气干燥基(X_{ad})		$\frac{100-M_{ar}}{100-M_{ad}}$	$\frac{100}{100-M_{ad}}$	$\frac{100}{100-(M_{ad}+A_{ad})}$
收到基(X_{ar})	$\frac{100-M_{ad}}{100-M_{ar}}$		$\frac{100}{100-M_{ar}}$	$\frac{100}{100-(M_{ar}+A_{ar})}$
干燥基(X_d)	$\frac{100-M_{ad}}{100}$	$\frac{100-M_{ar}}{100}$		$\frac{100}{100-A_d}$
干燥无灰基(X_{daf})	$\frac{100-(M_{ad}+A_{ad})}{100}$	$\frac{100-(M_{ar}+A_{ar})}{100}$	$\frac{100-A_d}{100}$	

注：表中X分别代表水分M、挥发分V和灰分A。

7.2.5 试举例说明煤的不同基准的换算关系。

1) 将空气干燥基(X_{ad})结果换算成干燥基(X_d)结果

某一煤样的$A_{ad}=18.50\%$，$M_{ad}=1.50\%$。按表7-10相应公式计算煤样A_d：

$$X_d=\frac{100}{100-M_{ad}}\times X_{ad}$$

$$A_d=\frac{100}{100-1.50}\times 18.50\%=18.78\%$$

2)将空气干燥基(X_{ad})结果换算成干燥无灰基(X_{daf})结果

某一煤样的$V_{ad}=8.00\%$，$M_{ad}=1.50\%$，$A_{ad}=18.50\%$。按表7-10相应公式计算煤样的V_{daf}：

$$X_{daf}=\frac{100}{100-(M_{ad}+A_{ad})}\times X_{ad}$$

$$V_{daf}=\frac{100}{100-(1.50+18.50)}\times 8.00\%=10.00\%$$

7.2.6 水泥厂生产用煤的分析主要包括哪些内容?

(1) 进厂煤的水分、粒度及煤的工业分析(GB/T 212—2008)、全硫(GB/T 214—2007)和氯离子含量;

(2) 入窑或出磨煤粉的细度、水分、工业分析;

(3) 煤灰成分的化学分析(GB/T 1574—2007);

(4) 煤的发热量的测定(GB/T 213—2008)。

其中，煤的工业分析包括：水分、灰分、挥发分和固定碳的分析。企业没有条件测定煤的元素组成时，可利用煤的工业分析数据计算煤的热值。水分和灰分是无热值组分，它们是采购时需要严格控制的部分，而且在生料配料时必须予以考虑。挥发分和固定碳是产生热值的有用组分，它们决定了燃煤的使用价值和价格。

使用煤工业分析结果计算的煤发热量误差较大，不能正确反映熟料生产实际热耗和企业的管理水平。因此，建议有条件的企业，应采用氧弹仪直接测定煤的发热量。

7.2.7　如何确定煤粉的细度指标?

原煤的种类千差万别，衡量它的特性指标也众多。其中，细度的确定主要依据煤的挥发分含量，可用一个简单的经验公式来计算：

$$200\text{ 目}(75\ \mu m)\text{筛余量} \leqslant 0.5 \times w(\text{挥发分})(\%)$$

如果企业采用的是 80 μm 方孔筛筛余，则公式变为：

$$80\ \mu m\text{ 筛余量} \leqslant 0.4 \times w(\text{挥发分})(\%)$$

例如，挥发分含量为30%的煤，细度指标的筛余量可以小于12%；挥发分含量为20%的煤，细度指标的筛余量可为8%。但目前很多企业不论什么煤，一律都要求磨至8%，这种做法并不科学。如果原煤的挥发分不足10%，细度筛余量可磨至4%。

为了保证煤粉的燃烧速度，国外有专家建议，对煤粉中的粗颗粒进行规定，300μm 的筛余量 <0.2%，150μm 的筛余量 <0.5%，以保证煤粉的均匀性。

7.2.8　煤粉磨得过细有何不利?

在强调煤粉的燃烧速度时，人们往往习惯性地将煤粉细度压得很低，其实煤粉过细并不一定合理。原因是：

（1）未充分考虑煤的挥发分对燃烧速度的影响。煤粉的燃烧速度虽然与煤粉的细度有着密不可分的关系，但更与煤的挥发分有关。一般地讲，煤的挥发分越高，煤粉的细度应越粗些。这将有利于提高煤磨的产量，降低电耗。

（2）过细的煤粉在输送与存储过程中，防爆的安全难度很大。煤粉爆炸的倾向是随着挥发分的含量的增高及煤粉细度的变细而增加的，随着水分及惰性粉尘（生料粉）的增加而减小的。

另外，在易氧化杂质（二硫化铁 >2%）存在时，随着煤粉厚度的增加，煤粉自燃的风险将会增大，如果强力搅拌，可能会引起爆炸。

7.2.9　煤的灰分来源及有害影响是什么?

煤的灰分，是在煤中所有可燃物质完全燃烧以后，煤中矿物质在一定温度下产生一系列分解、化合等复杂反应后留下的残渣。

煤中矿物质的来源有三种：一是原生矿物质，即成煤植物中所含的无机元素，它在煤中的含量很少；二是次生矿物质，它是在煤的形成过程中由外界混入或与煤伴生的，这种矿物质的含量一般也较少；三是外来矿物质，是煤炭开采和加工处理过程中混入的矿物质。原生矿物质和次生矿物质总称为内在矿物质，这两种矿物质通常很难靠选煤方法除去。外来矿物质可用洗选的方法除去。

煤的灰分是降低煤炭质量的物质，在煤炭加工利用的各种场合中都会带来有害影响。首先，灰分的存在，不但降低了煤中可燃成分的含量，而且在燃烧过程中还吸热升温并进行分解，消耗热量。

其次，在熟料煅烧过程中，煤灰也作为原料中的一种组分参加了化学反应。如果所用煤粉中灰分含量波动不大，还不致影响生料配料的稳定性，对窑的热工制度干扰不大。即使如此，由于煤中灰分的分布不均匀，水泥熟料中各种矿物的分布也将受到影响，存在微观饱和比差别，造成 C_2S 和 *f*-CaO 成堆分布，不利于熟料质量的均齐。如果进厂原煤灰分含量高或者分布不均匀，或者波动较大，它就成了稳定入窑生料成分、稳定烧成工艺参数和稳定熟料质量的大敌。

7.2.10 煤中氮、氧、氯、氟、硫等组分对生料煅烧有何影响?

煤中所含的氮、氧、氯、氟、硫等元素均为有害组分。其危害性如下：

氮　煤中氮的含量很少，几乎没有。氮是惰性物质，不参与燃烧反应。煤燃烧时，约有25%的氮转化为污染环境的氮氧化物，成为烟气的成分排入大气中。

氧　煤中的氧不但不参与燃烧反应，而且与碳、氢等可燃物质以化合物的形态存在，降低煤的发热能力。

氯　煤中氯含量一般在0.1%以下，仅个别的会达到0.2%。氯的含量能间接地反映煤中钾、钠的含量。原燃材料中的氯，在回转窑与预热器系统内循环富集到一定程度时，会使预热器结皮堵塞，破坏窑系统的热工制度，甚至导致停窑。

氟　煤在燃烧时，氟几乎全部转化为挥发性化合物 SiF_4，经雨淋等环境作用会固定在土壤和水中，能被庄稼和蔬菜吸收。如果人畜食用了这些粮食和蔬菜会引起中毒。

硫　一切有机硫、无机硫和单质硫都是可燃的。煤燃烧时（800 ℃ ~900 ℃）生成 SO_2、SO_3 气体，其中一部分被煤灰中的碱性成分吸收而被固定，另一部分会冷凝在预热器壁上产生结皮，给正常生产带来麻烦；其余的则被排入大气中，污染环境。

7.2.11 煤中的水分分为几种?

根据水在煤中存在的形态，分为游离水和化合水。化合水是以化合方式同煤中的矿物质结合的水，也叫结晶水。结晶水需在200 ℃以上才能分解放出；游离水是以物理吸附的方式存在于煤中的，在105 ℃ ~110 ℃的温度下，经过1 h ~2 h后，一般即可逸出。

煤的工业分析测定的水分是游离水，不包括结晶水。水泥用煤只测定全水分、收到基煤样水分和空气干燥基煤样水分。全水分是指进厂煤的水分，收到基煤水分是指在生产过程中使用的煤的水分，空气干燥基煤样水分是进行煤工业分析时所测定的煤样水分。

7.2.12 进厂煤的全水分包括哪些水分?

进厂煤的全水分包括进厂煤的外在水分与内在水分。

（1）外在水分。根据GB/T 483—2007，外在水分是“在一定条件下煤样与周围空气湿度达到平衡时失去的水分”。是指在开采、运输、储存以及洗煤时，在煤的表面上附着的水以及被煤表面大毛细管（孔径大于0.1μm）所吸附的水。这种水以机械方式与煤结合，其蒸气压与纯水蒸气压相等。将煤置于空气中干燥时，煤中的外在水极易蒸发，直至煤表面的水蒸气压与空气相对湿度平衡为止。此时失去的水分就是外在水分。失去外在水分的煤样即空气干燥基煤样。

（2）内在水分。根据 GB/T 483—2007，内在水分是"在一定条件下煤样与周围空气湿度达到平衡时保持的水分"，指以物理化学方式与煤结合的水分，其中一部分是以吸附的方式和机械方式凝结在煤的小毛细管（孔径小于0.1 μm ）中。内在水分的蒸气压小于纯水蒸气压，因而在室温下这部分水不易失去。内在水分也称固有水分。外在水分与内在水分均是煤中游离水。

7.2.13 测定进厂煤的全水分时对煤样有什么要求？

粒度 <13 mm 的全水分煤样，煤样不少于 3 kg；粒度 <6 mm 的煤样，煤样不少于 1.25 kg。

称取煤样之前，应将密封容器中的煤样充分混合至少 1 min。

7.2.14 在空气流中测定进厂煤样全水分的两步法和一步法的操作步骤是什么？

（1）两步法 称取一定量的粒度 <13 mm 的煤样，先在温度不高于 40 ℃的环境下干燥到恒量（这时测得的是外在水分）；再将煤样破碎到粒度 <3 mm，于 105 ℃ ~110 ℃下，在空气流中干燥到恒量（这时测得的是内在水分）。根据煤样两步干燥后的质量损失计算出全水分的含量。其操作步骤见 GB/T 211—2007《煤中全水分的测定方法》。

（2）一步法 称取一定量的粒度 <13 mm（或 <6 mm）的煤样，于 105 ℃ ~110 ℃下，在空气流中干燥到恒量，根据煤样干燥后的质量损失计算出全水分的含量。其操作步骤如下：

1）粒度 <13 mm 的煤样全水分的测定

① 在预先干燥和已称量过的浅盘内迅速称取粒度 <13 mm 的煤样（500 ±10）g（称准至0.1g），平摊在浅盘中。

② 将浅盘放入预先加热到 105 ℃ ~110 ℃的空气干燥箱中，在鼓风条件下，烟煤干燥 2h，无烟煤干燥 3h。

③ 将浅盘取出，趁热称量（称准至 0.1g）。

④ 进行检查性干燥，每次 30 min，直到连续两次干燥煤样的质量减少不超过 0.5g 或质量增加时为止。在后一种情况下，采用质量增加前一次的质量作为计算依据。

2）粒度 <6mm 的煤样全水分的测定

① 在预先干燥和已称量过的称量瓶内迅速称取粒度 <6mm 的煤样 10g ~12g（称准至 0.001g），平摊在称量瓶中。

② 打开称量瓶盖，放入预先已加热到 105 ℃ ~110 ℃的空气干燥箱中，烟煤干燥 2h，褐煤和无烟煤干燥 3h。

③ 从干燥箱中取出称量瓶，立即盖上盖，在空气中放置约 5 min，然后放入干燥器中，冷却到室温（约 20 min），称量（称准至 0.001g）。

④ 进行检查性干燥，每次 30 min，直到连续两次干燥煤样的质量减少不超过 0.01g 或质量增加时为止。在后一种情况下，采用质量增加前一次的质量作为计算依据。

结果的计算：按下式计算煤中的全水分的质量分数 M_t（以% 表示）：

$$M_t = \frac{m_1}{m} \times 100 \tag{7-1}$$

式中　m_1——煤样干燥后的质量损失，g；

m——称取的煤样质量，g。

测定结果精密度：全水分 < 10% 时，重复性限 0.4%；全水分 ≥10% 时，重复性限0.5%。

7.2.15　煤样在运输过程中水分的损失如何补正？

在测定全水分之前，应首先检查煤样容器的密封情况。然后将其表面擦拭干净，用工业天平称准到总质量的0.1%，并与容器标签所注明的总质量进行核对。如果称出的总质量小于标签上所注明的总质量（不超过1%），并且能确定煤样在运送过程中没有损失时，应将减少的质量作为煤样在运送过程中的水分损失量，计算水分损失百分率，并按下述公式进行水分损失补正，求出补正后的全水分值：

$$M'_t = M_t + \frac{100 - M_1}{100} \times M_t \tag{7-2}$$

式中　M'_t——煤样全水分的质量分数，%；

M_1——煤样在运送过程中的水分损失百分率，%；

M_t——不考虑煤样在运送过程中的水分损失时测得的水分的质量分数，%。

当 M_1 大于1%时，表明煤样在运送过程中可能受到意外损失，则不可补正，但测得的水分可作为试验室收到煤样的全水分。在报告结果时，应注明“未经水分损失补正”，并将容器标签和密封情况一并报告。

7.2.16　收到基煤样中的水分如何测定？

取生产工艺过程中使用的煤，粒度破碎至6 mm以下，用已知质量的浅盘（用镀锌铁板或铝板制成，可容纳50 g煤样，且单位面积负荷不超过1 g/cm^2）称取50 g（精确至0.1 g）煤样，并将其摊平。

将装有煤样的浅盘放入预先鼓风并加热到105 ℃~110 ℃的干燥箱中，在不断鼓风的条件下烟煤干燥1 h~1.5 h，无烟煤干燥1.5 h~2 h。从干燥箱中取出浅盘，趁热称量。

应用煤（收到基）水分测定结果按下式计算：

$$M_{ar} = \frac{m_1}{m} \times 100 \tag{7-3}$$

式中　M_{ar}——煤样的应用水分的质量分数，%；

m_1——煤样干燥后失去的质量，g；

m——煤试料的质量，g。

7.2.17　空气干燥基煤样中的水分如何测定？

GB/T 211—2007《煤中全水分的测定方法》给出了两种测定方法：A法（通氮干燥法）和B法（空气干燥法）。A法适用于所有煤种，B法仅适用于烟煤和无烟煤。在仲裁分析中应使用A法。通氮干燥可以防止煤样中的物质与空气中的氧气发生反应而使水分的测定结果偏高。

此处介绍B法。

在预先干燥并已称量过的煤工业分析专用称量瓶内称取粒度 <0.2mm 的空气干燥煤样（1 ±0.1） g（称准至 0.0002 g），平摊在称量瓶中。

打开称量瓶盖，放入预先鼓风并已加热到 105 ℃ ~110 ℃的干燥箱中，在一直鼓风的条件下，烟煤干燥 1 h，无烟煤干燥 1 h ~1.5 h。

从干燥箱中取出称量瓶，立即盖上盖，放入干燥器中冷却至室温（约 20 min）后称量。

进行检查性干燥，每次 30 min，直到连续两次干燥煤样的质量减少不超过 0.0010g 或质量增加时为止。在后一种情况下，采用质量增加前一次的质量为计算依据。水分在 2.00% 以下时，不必进行检查性干燥。

空气干燥煤样的水分按下式计算：

$$M_{ad} = \frac{m_1}{m} \times 100 \tag{7-4}$$

式中　M_{ad}——空气干燥煤样水分的质量分数，%；

m_1——煤样干燥后失去的质量，g；

m——称取的空气干燥煤试料的质量，g。

水分测定的重复性限见表 7-11。

表 7-11　水分测定的重复性限

水分（M_{ad}）/%	重复性限/%
<5.00	0.20
5.00 ~10.00	0.30
>10.00	0.50

7.2.18　空气干燥法测定煤中水分的要点是什么？

（1）煤样的粒度。测定全水分时，取进厂煤，粒度要破碎至 13mm 以下；测定收到基水分时，取生产工艺过程中使用的煤，粒度破碎至 6 mm 以下；测定空气干燥基水分，粒度应在 0.2 mm 以下，回转窑可取入窑煤粉。

（2）盛放试料的容器要按规定使用。测定全水分或收到基水分，使用薄铁板或铝板制成的容器。试料摊平后，大约每平方厘米 0.8 g 试料。煤样厚度不可过厚或过薄。测定空气干燥基水分，要使用矮型玻璃称量瓶，直径 40 mm，高 25 mm，带磨口塞。

（3）加热温度要严格控制在 105 ℃ ~110 ℃。

（4）加热时间：全水分，烟煤 2 h，无烟煤 3 h；收到基水分，烟煤 1 h ~1.5 h，无烟煤 1.5 h ~2 h；空气干燥基水分，烟煤 1 h，无烟煤 1 h ~1.5 h。

（5）放入称量瓶之前预先鼓风，是为了使温度均匀。将装有煤样的称量瓶放入干燥箱前 3 min ~5 min 即开始鼓风。加热时一定要一直鼓风，使烘箱中的水蒸气及时排至箱外，以免水蒸气在试料内外达到平衡，影响水分自试料表面排出，使水分测定结果偏低。

（6）注意加热后的试料在空气中的冷却方式。全水分和收到基水分，要趁热称量；空气干燥基水分，取出称量瓶后，要立即盖好盖，放入干燥器中，冷却至室温后称量。

7.2.19　煤中的灰分如何测定？

煤的灰分是指煤在规定条件下完全燃烧后，煤中矿物质在一定温度下，经分解、氧化、化合、燃烧等一系列反应后所剩下的残留物。缓慢灰化法测定灰分的步骤如下：

（1）在预先灼烧至质量恒定的灰皿中，称取粒度小于0.2 mm的空气干燥煤样(1±0.1)g，称准至0.0002 g，均匀地摊平在灰皿中，使其每平方厘米的质量不超过0.15 g。

（2）将灰皿送入炉温不超过100 ℃的马弗炉恒温区中，关上炉门并使炉门留有15 mm左右的缝隙。在不少于30 min的时间内将炉温缓慢升至500 ℃，并在此温度下保持30 min。继续升温到(815±10) ℃，并在此温度下灼烧1 h。

（3）从炉中取出灰皿，放在耐热瓷板或石棉板上，在空气中冷却5 min左右，移入干燥器中冷却至室温(约20 min)后称量。

（4）进行检查性灼烧，每次20 min，直到连续两次灼烧后的质量变化不超过0.0010 g为止。以最后一次灼烧后的质量为计算依据。灰分低于15.00%时，不必进行检查性灼烧。

空气干燥基煤样灰分按下式计算：

$$A_{ad} = \frac{m_1}{m} \times 100 \qquad (7\text{-}5)$$

式中 A_{ad}——空气干燥煤样的质量分数,%；

m_1——灼烧后残留物的质量，g；

m——称取的空气干燥煤试料的质量，g。

灰分测定的重复性限和再现性限见表7-12。

表7-12 灰分测定的重复性限和再现性限

灰分/%	重复性限 A_{ad}/%	再现性临界差 A_d/%
<15.00	0.20	0.30
15.00～30.00	0.30	0.50
>30.00	0.50	0.70

7.2.20 煤中灰分的测定要点是什么？为什么要在500 ℃的温度下保持30 min？

（1）要使用标准灰皿，煤样要均匀摊平在灰皿中，每平方厘米煤试样量不超过0.15 g。

（2）要使用电阻丝发热体制成的马弗炉，保持炉膛内为氧化性气氛。不要使用硅碳棒电炉，因为其炉膛内为还原性气氛，使煤试料矿物质中某些成分的氧化还原反应不能进行完全，影响灰分的测定结果。

（3）要防止煤中硫对测定结果的影响。标准方法中规定，将盛有煤样的灰皿放入高温区(815 ℃)加热之前，先在加热至500 ℃的高温炉中(留15 mm缝隙)加热30 min，使煤样中的硫生成二氧化硫逸去。此时，煤中的碳酸钙不会分解生成氧化钙，故不会发生下述反应：

$$2SO_2 + 2CaO + O_2 = 2CaSO_4$$

二氧化硫的逸出，保证了测定结果不偏高。待煤样不再冒烟，硫已被完全除去。此时，再将煤样推入(815±10) ℃的高温区灼烧60 min。

7.2.21 煤中的挥发分如何测定？

煤的挥发分是指煤样在规定条件下隔绝空气加热(900 ℃加热7 min)，并进行水分校正后的挥发物质产率。

煤的挥发分测定是一项规范性很强的试验，其测定结果完全决定于人为规定的条件。试料的质量、焦化温度、加热速度和加热时间以及试验所用的挥发分坩埚及坩埚托架等，其中任何一个条件均能在一定程度上影响挥发分产率。测定步骤如下：

（1）在预先于900 ℃温度下灼烧至质量恒定的带盖瓷坩埚中，称取粒度小于0.2 mm的空气干燥煤样(1 ±0.01) g(称准至0.0002 g)，然后轻轻振动坩埚，使煤样摊平，盖上盖，放在坩埚架上。

褐煤和长焰煤应预先压饼，并切成约3 mm的小块。

（2）将马弗炉预先加热至920 ℃左右。打开炉门，迅速将放有坩埚的架子送入恒温区，立即关上炉门并计时，准确加热7 min。坩埚及架子放入后，要求炉温在3 min内恢复至(900 ±10) ℃，此后保持在(900 ±10) ℃，否则此次试验作废。加热时间包括温度恢复时间在内。

（3）从炉中取出坩埚，放在空气中冷却5 min左右，移入干燥器中冷却至室温(约20 min)后称量。

空气干燥煤样的挥发分 V_{ad} 按下式计算：

$$V_{ad} = \frac{m_1}{m} \times 100 - M_{ad} \tag{7-6}$$

式中　V_{ad}——空气干燥煤样挥发分的质量分数，%；

m_1——煤样加热后减少的质量，g；

m——称取的空气干燥煤试料的质量，g；

M_{ad}——空气干燥煤样水分的质量分数，%。

挥发分测定结果的重复性限和再现性临界差见表7-13。

表7-13　挥发分测定结果的重复性限和再现性临界差

挥发分/%	重复性限 V_{ad}/%	再现性临界差 V_d/%
<20.00	0.30	0.50
20.00 ~40.00	0.50	1.00
>40.00	0.80	1.50

7.2.22　煤中挥发分的测定要点是什么？

（1）必须使用标准挥发分坩埚，其盖的下部能进入坩埚，可将坩埚内部与炉膛内的空气隔绝，以免空气中的氧气进入坩埚而使测定结果偏高。决不能使用测定烧失量的普通坩埚测定煤的挥发分。

（2）挥发分坩埚要放在用镍铬丝焊成的符合标准要求的坩埚架上，使埚底部距离炉膛底板20 mm ~30 mm，利用炉膛中的热气流对坩埚加热，此时热电偶所指示的温度即为炉膛内热气流的温度(900 ±10) ℃。决不能将坩埚直接放在炉膛底板上加热，否则，因炉膛底板内装有电阻丝发热体，炉膛底板的温度要高出很多，必将使测定结果明显偏高。

（3）严格控制加热时间为7 min。应掌握下述几个要点：①将坩埚放入已升温至920 ℃的马弗炉炉膛底板上即开始计时。②关好炉门，立即将温度控制器的预控制温度调整至900 ℃。炉温应在3 min内恢复至(900 ±10) ℃，否则，此试验应作废。加热时间包括温度恢复时间在内。③当加热至6 min 50 s时，做好准备，一旦到达7 min，立即拉开炉门，快速将坩埚及其架子取出，在空气中冷却5 min左右，移入干燥器中冷却至室温后称量。

（4）加热温度一定要准确。要定期对温度控制器进行检定。

7.2.23 煤的焦渣特征如何分类？

在利用煤的工业分析结果计算煤的发热量时，要用到测定挥发分时所得焦渣的特征。焦渣特征按下列规定加以区分：

（1）粉状——全部是粉末，没有互相黏着的颗粒。

（2）黏着——用手指轻碰即成粉末或基本上是粉末，其中较大的团块轻轻一碰即成粉末。

（3）弱黏结——用手指轻压即碎成小块。

（4）不熔融黏结——以手指用力压才裂成小块，焦渣上表面无光泽，下表面稍有银白色光泽。

（5）不膨胀熔融黏结——焦渣形成扁平的块，煤粒的界限不易分清，焦渣上表面有明显银白色金属光泽，焦渣下表面银白色光泽更明显。

（6）微膨胀熔融黏结——用手指压不碎，焦渣的上、下表面均有银白色金属光泽，但焦渣表面具有较小的膨胀泡（或小气泡）。

（7）膨胀熔融黏结——焦渣上、下表面有银白色金属光泽，明显膨胀，但高度不超过 15 mm。

（8）强膨胀熔融黏结——焦渣上、下表面有银白色金属光泽，焦渣高度大于 15 mm。

为了简便起见，通常用上列序号作为各种焦渣特征的代号，用 *CRC* 表示。

7.2.24 煤中固定碳的质量分数如何计算？

空气干燥基煤样中固定碳的质量分数按下式计算：

$$FC_{ad} = 100 - (M_{ad} + A_{ad} + V_{ad}) \tag{7-7}$$

式中 FC_{ad}——空气干燥基固定碳的质量分数，%；

M_{ad}——空气干燥基煤样水分的质量分数，%；

A_{ad}——空气干燥基煤样灰分的质量分数，%；

V_{ad}——空气干燥基煤样挥发分的质量分数，%。

7.2.25 煤中的全硫如何测定？为什么要在碳酸钠中加入氧化镁构成艾士卡试剂？

全硫是煤中无机硫和有机硫的总和。测定方法主要有三种，艾氏卡法（称量法）、库仑滴定法和高温燃烧-中和法。其中艾氏卡法是国家标准 GB/T 214—2007 规定的全硫测定仲裁法。

艾氏卡法测定煤中全硫，是用艾氏卡试剂（氧化镁和无水碳酸钠以质量比 2∶1 的混合物）与煤样均匀混合，在高温、通风的条件下灼烧进行烧结，使各种形态的硫都转化成可溶于水的硫酸钠和硫酸镁，然后以氯化钡进行沉淀。氧化过程反应式如下：

$$2Na_2CO_3 + 2SO_2 + O_2 = 2Na_2SO_4 + 2CO_2$$

$$2MgO + 2SO_2 + O_2 = 2MgSO_4$$

氧化镁熔点较高，能使半熔融物保持疏松状态，可防止碳酸钠在灼烧时发生熔合而阻止空气流通，使空气易于进入煤样中，从而使煤中的炭燃烧生成的气体易于逸出，煤粒燃烧完全，同时，煤中的硫亦全部转化为二氧化硫并进一步被空气中的氧气氧化为硫酸盐。

试样测定步骤：

在容积为30 mL 的坩埚内称取粒度小于0.2 mm 的空气干燥煤样约1 g(精确至0.1 mg)，约2 g(精确至0.1 g)艾氏卡试剂(MgO 与 Na_2CO_3 的质量比 =2∶1)，仔细混合均匀，再用约1g(精确至0.1g)艾氏卡试剂覆盖。

将装有煤样的坩埚移入通风良好的马弗炉中，在1 h ~2 h 内将马弗炉温度从室温逐渐升至800 ℃ ~850 ℃，并在该温度下保持1 h ~2 h。将坩埚从炉中取出，冷却至室温，用玻璃棒将坩埚中的灼烧物仔细搅松捣碎（如发现未烧尽的煤粒，应在800 ℃ ~850 ℃下继续灼烧0.5 h)，然后转移到400 mL 烧杯中。用热水冲洗坩埚内壁，将洗液收集于烧杯中，加入100 mL ~150 mL 煮沸过的水，充分搅拌。如果此时尚有黑色颗粒漂浮在液面上，表明煤中的硫氧化不完全，则本次测定作废。

将烧杯中的煮沸物用中速滤纸过滤，先在杯中用热水冲洗残渣3 次，然后将残渣移入滤纸中，用热水仔细清洗至少10 次，洗液总体积保持在250 mL ~300 mL。用硫酸钡称量法测定。

以下测定步骤、空气干燥煤样中全硫的质量分数 $S_{t,ad}$ 的计算，以及库仑滴定法和高温燃烧－中和法测定硫的方法，与水泥中三氧化硫的测定方法相同。

7.2.26　什么是煤的发热量？其单位是什么？如何将“卡”换算成“焦耳”？

煤的发热量（热值）是正确评价动力用煤质量和厂矿企业计算煤耗的重要指标。煤的发热量用量热计（发热量测定仪）直接进行准确测定。

热量单位为焦耳(J)。

1 焦耳(J) =1 牛顿(N) ×1 米(m) =1 牛·米(N·m)

过去热量常用卡（cal）表示。1 卡是指1g 纯水温度升高1 ℃时所吸收的热量。由于水的比热随温度的不同而不同，因而不同温度下的1 卡所代表的真实热量也不相同。因此，有几种表示方法。一是“$卡_{20℃}$”，即1 g 纯水的温度从19.5 ℃升高至20.5 ℃时所吸收的热量，我国使用的即为这种“卡”。二是“$卡_{15℃}$”，即1g 纯水的温度从14.5 ℃升高至15.5 ℃时所吸收的热量，德国等用的是这种“卡”。三是“国际蒸汽卡：$卡_{IT}$”，这是1956 年蒸汽性质国际会议上定义的“卡”。因此，卡的定义在各国中很不统一。

在国际单位制（SI）和我国计量法中已不再使用单位“卡”，改用焦耳表示。其换算关系为：1 $卡_{20℃}$ =4.1816 焦耳；1 $卡_{15℃}$ =4.1855 焦耳；1 $卡_{IT}$ =4.1868 焦耳。

在将我国过去的一些文献、资料和书籍中使用的“$卡_{20℃}$”换算为焦耳时，可近似采用1 $卡_{20℃}$ =4.18 焦耳。

7.2.27　氧弹热量仪的测定原理是什么？什么是煤的高位发热量和低位发热量？

氧弹量热法基本原理是：将一定量的空气干燥煤试样放在氧弹热量计中，在充有过量氧气的弹筒内燃烧，氧弹热量计的热容量通过在相近条件下燃烧一定量的基准量热物质苯甲酸来确定，根据试样燃烧前后量热系统温度的升高值，对点火热等附加热进行校正后即可求得试样的弹筒发热量。

（1）（空气干燥煤试样）弹筒发热量 $Q_{b,ad}$

单位质量的煤试样在充有过量氧气的氧弹内燃烧，其燃烧产物组成为氧气、氮气、二氧化碳、硝酸、硫酸、液态水以及固态的灰时放出的热量称为弹筒发热量。

（2）（空气干燥煤试样）恒容高位发热量 $Q_{gr,v,ad}$

按照 GB/T 213—2008《煤的发热量测定方法》，恒容高位发热量的定义为：单位质量的煤试样在充有过量氧气的氧弹内燃烧，其燃烧产物组成为氧气、氮气、二氧化碳、二氧化硫、液态水以及固态灰时放出的热量。

这种定义是一种假设的情况。是扣除了煤在氧弹中燃烧与在空气中实际燃烧情况不同的两种热量后的校正结果。煤在窑中燃烧，一是硫只生成二氧化硫而不会生成硫酸，二是氮仍是游离态氮而不会生成硝酸。因此，从实测的弹筒发热量中，一要减去稀硫酸的生成热同二氧化硫生成热之差，二要减去稀硝酸的生成热，得到的就是高位发热量。

因为弹筒发热量是在氧弹筒恒定容积的条件下测得的，由此计算出的高位发热量也相应地称为恒容高位发热量。

（3）（空气干燥煤试样）恒容低位发热量 $Q_{net,v,ad}$

按照 GB/T 213—2008《煤的发热量测定方法》，恒容低位发热量的定义为：单位质量的试样在恒容条件下，在过量氧气中燃烧，其燃烧产物组成为氧气、氮气、二氧化碳、二氧化硫、气态水以及固态灰时放出的热量。

煤在氧弹中燃烧与在大气中燃烧的另一不同之处是：在氧弹中燃烧时，水蒸气凝结为液态水；而在大气中燃烧时，全部水（包括燃烧生成的水和煤中原有的水分）呈蒸汽状态随燃烧废气排出。二者发热量之差即水的汽化热。

因此，在校正了前两种热量后得到的恒容高位发热量的基础上，再减去水的汽化热后得到的发热量即为恒容低位发热量。“恒容低位发热量”在实际应用中更具有实用意义。因为在水泥回转窑内的煤燃烧所放出的只能是低位发热量，计算熟料热耗时应取低位发热量。

目前，很多水泥企业尚不具备采用氧弹仪方法实测热值的条件，只是利用公式计算热值，而所用公式出处不一致，使同一煤样的热值计算结果出入很大，不能正确反映熟料生产实际热耗和企业的管理水平。有关国家规范规定，煤的热值应以氧弹仪实测值为基准。各生产企业应积极创造条件，逐步实现用氧弹仪测定煤的热值。只有在没有氧弹仪的情况下，才可采用煤炭科研院提出的相关公式近似计算煤的热值。

7.2.28 氧弹热量仪测定煤的热值时对试验室条件的要求是什么？

（1）进行发热量测定的试验室应为单独房间，不得在同一房间内同时进行其他试验项目。

（2）室温以不超出 15 ℃ ~30 ℃范围为宜。室温应保持相对稳定，每次测定室温的变化不应超过 1 ℃。

（3）室内应无强烈的空气对流，试验过程中应避免开启门窗。

（4）试验室最好朝北，避免阳光照射。否则，热量计应放在不受阳光直射的地方。

7.2.29　氧弹热量仪中恒温筒及氧弹的构造是怎样的?

发热量测定仪是由氧弹、内筒、外筒、搅拌器、温度传感器、试样点火装置、温度测量和控制系统以及水构成。发热量测定仪恒温筒结构示意图见图7-5，氧弹结构示意图见图7-6。

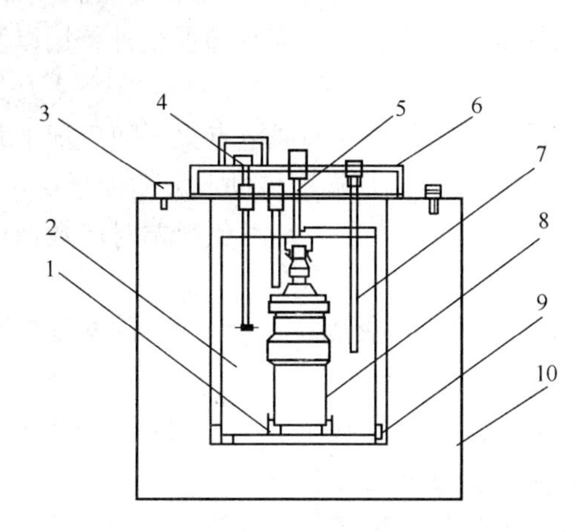

图7-5　发热量测定仪恒温筒结构示意图

1—氧弹支架；2—内筒；3—进出水孔；4—搅拌电机；5—点火电极；6—翻盖；7—探头；8—氧弹；9—内筒支架；10—外筒

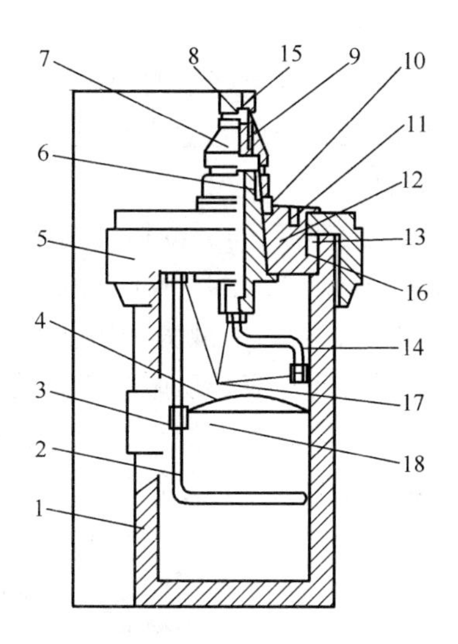

图7-6　氧弹结构示意图

1—弹筒；2—坩埚架；3—转套；4—挡火罩；5—弹盖；6—进气嘴；7—连接体；8—浮动钉；9—内压钉；10—上绝缘垫；11—上密封盖；12—绝缘套；13—压环；14—点火电极；15—O形橡胶密封圈；16—O形橡胶密封圈；17—六角螺母M3；18—半圆头螺钉M3×5

7.2.30　氧弹热量仪测定煤的热值时所用的试剂和材料有哪些?

（1）氧气：纯度99.5%，不含可燃成分，不允许使用电解氧。

（2）苯甲酸：基准量热物质，经计量机关检定，并标明标准热值。

（3）氢氧化钠标准滴定溶液[c(NaOH)=0.1mol/L]：称取4 g氢氧化钠，溶解于1000 mL经煮沸冷却后的水中，混合均匀，装入塑料瓶中。用苯二甲酸氢钾基准试剂进行标定。

（4）甲基红指示剂溶液（2g/L）：称取0.2 g甲基红溶解于100 mL乙醇中。

（5）点火丝：直径0.1 mm左右的镍铬丝或其他已知热值的金属丝或棉线。如使用棉线，应使用粗细均匀、不涂蜡的白棉线。

（6）所用试剂不低于分析纯，所用水符合GB/T 6682中规定的三级水要求。

7.2.31　恒温式发热量测定仪的操作步骤是什么?

在燃烧皿中称取0.9 g～1.1 g（精确至0.1 mg）粒度小于0.2 mm的空气干燥煤样。然后可按恒温式或绝热式发热量测定仪操作方法的要求分别进行。

恒温式发热量测定仪操作方法如下：

（1）取一段已知质量的点火丝，把两端分别接在两个电极柱上，弯曲点火丝使之接近试样，并与试样保持良好接触。往氧弹中加入10 mL蒸馏水。小心拧紧氧弹盖，往氧弹中缓缓充入氧气，直到压力至2.8 MPa～3.0 MPa，充氧时间不得少于15 s。当钢瓶中氧气压力降到5.0 MPa以下时，充氧时间应酌量延长；压力降到4.0 MPa以下时，应更换新的钢瓶氧气。

（2）水量用称量法测定。如用容量法，需对温度变化进行校正。

（3）把氧弹放入装好水的内筒中，然后接上点火电极插头，装上搅拌器和量热温度计，并盖上外筒的盖子。靠近量热温度计的露出水银柱的部位，应另悬一支普通温度计，用以测定露出柱的温度。

（4）开动搅拌器，5 min后开始计时和读取内筒温度（t_0）并立即通电点火。随后记下外筒温度（t_j）和露出柱温度（t_e）。外筒温度至少读至0.05 K，内筒温度借助放大镜读至0.001 K。读取温度时，视线、放大镜中线和水银柱顶端应位于同一水平上，以免视差对读数产生影响。每次读数前，应开动振荡器振动3 s～5 s。

（5）观察内筒温度，如在30 s内温度急剧上升，则表明点火成功。点火1 min 40 s后读取一次内筒温度（$t_{1'40''}$），读至0.01 K即可。

（6）接近终点时，开始按1 min间隔读取内筒温度。读数前开动振荡器，读准至0.001 K。以第一个下降温度作为终点温度（t_n）。试验主阶段至此结束。

（7）停止搅拌，取出内筒和氧弹，开启放气阀，放出燃烧废气。打开氧弹，用蒸馏水充分冲洗氧弹内各部分、放气阀、燃烧皿内外和燃烧残渣。把全部洗液收集于烧杯中供测硫用。

7.2.32 绝热式发热量测定仪的操作步骤是什么？

（1）取一段已知质量的点火丝，把两端分别接在两个电极柱上，弯曲点火丝使之接近试样，并与试样保持良好接触。往氧弹中加入10 mL蒸馏水。小心拧紧氧弹盖，往氧弹中缓缓充入氧气，直到压力至2.8 MPa～3.0 MPa，充氧时间不得少于15 s。当钢瓶中氧气压力降到5.0 MPa以下时，充氧时间应酌量延长；压力降到4.0 MPa以下时，应更换新的钢瓶氧气。

（2）水量用称量法测定。如用容量法，需对温度变化进行校正。

（3）把氧弹放入装好水的内筒中，然后接上点火电极插头，装上搅拌器和量热温度计，并盖上外筒的盖子。靠近量热温度计的露出水银柱的部位，应另悬一支普通温度计，用以测定露出柱的温度。

（4）开动搅拌器和外筒循环水泵，开通外筒冷却水和加热器。当内筒温度趋于稳定后，调节冷却水流速，使外筒加热器每分钟自动接通3次～5次。

调节好冷却水后，开始读取内筒温度，借助放大镜读至0.001 K。每次读数前，开动振荡器振动3 s～5 s。当以1 min为间隔连续3次读数极差不超过0.001 K，即可通电点火，此时温度即为点火温度t_0。否则调节电桥平衡钮，直至内筒温度达到稳定，再行点火。

点火6 min～7 min，再以1 min间隔读取内筒温度，直至连续3次读数极差不超过0.001 K为止。取最高的一次读数为终点温度t_n。

（5）关闭搅拌器和加热器，然后停止搅拌，取出内筒和氧弹，开启放气阀，放出燃烧废气。打开氧弹，用蒸馏水充分冲洗氧弹内各部分、放气阀、燃烧皿内外和燃烧残渣。把全部洗液收集于烧杯中供测硫用。

7.2.33 自动发热量测定仪的操作步骤是什么？

（1）取一段已知质量的点火丝，把两端分别接在两个电极柱上，弯曲点火丝使之接近试样，并与试样保持良好接触。往氧弹中加入10 mL 蒸馏水。小心拧紧氧弹盖，往氧弹中缓缓充入氧气，直到压力至2.8 MPa~3.0 MPa，充氧时间不得少于15s。当钢瓶中氧气压力降到5.0 MPa 以下时，充氧时间应酌量延长；压力降到4.0 MPa 以下时，应更换新的钢瓶氧气。

（2）按仪器操作说明书进行其余步骤的试验，然后停止搅拌，取出内筒和氧弹，开启放气阀，放出燃烧废气。打开氧弹，用蒸馏水充分冲洗氧弹内各部分、放气阀、燃烧皿内外和燃烧残渣。把全部洗液收集于烧杯中供测硫用。

（3）弹筒发热量 $Q_{b,ad}$ 试验结果可直接打印或显示。

7.2.34 如何由仪器的显示值计算空气干燥试样的弹筒发热量 $Q_{b,ad}$？

$$Q_{b,ad} = \frac{EH[(t_n + h_n) - (t_0 + h_0) + C] - (q_1 + q_2)}{m} \tag{7-8}$$

式中 $Q_{b,ad}$——空气干燥试样的弹筒发热量，J/g；

E——发热量测定仪的热容量，J/K；

H——贝克曼温度计的平均分度值；使用数字显示温度计时，$H=1$；

t_0——点火时温度，K；

t_n——终点时温度，K；

h_n——t_n 的毛细孔径修正值，使用数字显示温度计时，$h_n=0$。

h_0——t_0 的毛细孔径修正值，使用数字显示温度计时，$h_0=0$；

C——冷却校正值，K（注：绝热式发热量测定仪：$C=0$）；

q_1——点火热，J；

q_2——如包纸等产生的总热量，J；

m——试料的质量，g。

7.2.35 如何将弹筒发热量换算为空气干燥试样的恒容高位发热量 $Q_{gr,ad}$？

$$Q_{gr,ad} = Q_{b,ad} - (94.1S_{b,ad} + \alpha Q_{b,ad}) \tag{7-9}$$

式中 $Q_{gr,ad}$——空气干燥试样的恒容高位发热量，J/g；

$Q_{b,ad}$——空气干燥试样的弹筒发热量，J/g；

$S_{b,ad}$——由弹筒洗液测得的试样的含硫量，%；

94.1——空气干燥试样中每1.00%硫的校正值，J；

α——硝酸生成热校正系数：

当 $Q_b \leq 16.70$ MJ/kg 时，$\alpha=0.0010$；

当 16.70 MJ/kg $< Q_b \leq 25.10$ MJ/kg 时，$\alpha=0.0012$；

当 $Q_b > 25.10$ MJ/kg 时，$\alpha=0.0016$。

在需要测定弹筒洗液中硫含量 $S_{b,ad}$ 的情况下，把洗液煮沸2 min~3 min，取下稍冷后，以甲基红为指示剂，用氢氧化钠标准滴定溶液滴定，求出洗液中的总酸量，然后按下式计算弹筒洗液中硫的质量分数 $S_{b,ad}$（%）：

$$S_{b,ad} = 1.6 \times \left(\frac{cV}{m} - \frac{aQ_{b,ad}}{60}\right) \tag{7-10}$$

式中 c——氢氧化钠标准滴定溶液的浓度，mol/L；

V——滴定时消耗氢氧化钠标准滴定溶液的体积，mL；

60——1 mmol 硝酸的生成热数值，J；

m——试料的质量，g；

α——硝酸生成热校正系数［见式 7-9 注］；

1.6——(1/2) H_2SO_4 对 S 的换算系数。

7.2.36 如何将煤的空气干燥基恒容高位发热量换算为干燥基的恒容高位发热量？

按照下式进行换算：

$$Q_{gr,d} = Q_{gr,ad} \times \frac{100}{100 - M_{ad}} \tag{7-11}$$

式中 $Q_{gr,d}$——干燥基试样的恒容高位发热量，J/g；

$Q_{gr,ad}$——空气干燥基试样的恒容高位发热量，J/g；

M_{ad}——空气干燥基试样中水分的质量分数，%。

7.2.37 如何将空气干燥基低位发热量（$Q_{net,ad}$）换算为收到基低位发热量（$Q_{net,ar}$）？

$$Q_{net,ar} = Q_{net,ad} \times \frac{100}{100 - M_{ar}} \tag{7-12}$$

式中 $Q_{net,ar}$——煤的收到基试样低位发热量，J/g；

$Q_{net,ad}$——煤的空气干燥基试样低位发热量，J/g；

M_{ar}——煤的收到基试样水分的质量分数，%。

7.2.38 如何对不同水分基的试样进行换算？

煤的各种不同水分基的恒容低位发热量 $Q_{net,v,M}$ 按下式换算：

$$Q_{net,v,M} = (Q_{gr,v,ad} - 206H_{ad}) \times \frac{100 - M}{100 - M_{ad}} - 23M \tag{7-13}$$

式中 $Q_{gr,v,ad}$——空气干燥基煤的恒容高位发热量，J/g；

M——煤样水分的质量分数，%；干燥基 $M = 0$，空气干燥基 $M = M_{ad}$。

H_{ad}——煤试样中氢元素的质量分数，%。

7.2.39 煤的发热量的测定结果如何报出？

弹筒发热量和高位发热量的结果计算到 1 J/g，取两次重复测定的平均值按 GB/T 8170 数字修约规则修约到最接近的 10 J/g 的倍数，测定结果以“兆焦每千克（MJ/kg）”或“焦耳每克（J/g）”表示。

高位发热量测定结果 $Q_{gr,M}$（折算到同一水分基）的重复性限为 120 J/g，再现性限为 300 J/g。

两次测定结果之差小于重复性限或再现性限，则取两次测定结果的算术平均值报出。如超过，则需测定第三次，然后根据平行结果的验收程序进行判断。

7.2.40 利用煤的工业分析结果计算煤的热值的公式为何进行了修改?

煤的发热量是评价煤质的一项重要指标，是水泥生产计算熟料热耗及标准煤耗的主要依据。目前我国一些无量热仪的水泥企业仍在利用经验公式计算煤的发热量。

原建材工业部于 1980 年做了统一规定，采用煤炭科学研究院 20 世纪 60 年代末期推导的一套计算烟煤、无烟煤和褐煤低位发热量的经验公式。这一套公式于 1981 年列为国家标准（GB 2589—81）。后来在实际应用中发现，有的公式有一定的缺陷和局限性，如烟煤发热量与水分、灰分，挥发分和焦渣特征有关，但当时推导这一公式时，没有把焦渣特征定量纳入公式，而是根据焦渣特征的大小分组列出 K 值，在计算煤的发热量时，根据焦渣特征大小，查出 K 值再纳入公式。这不仅计算麻烦，而且因 K 值呈台阶式变化，对某些挥发分在边界处的煤样，其计算误差就会增大。

在“七五”期间，煤炭科学研究院研究推导出一套新的计算烟煤、无烟煤和褐煤的低位发热量经验公式，新创立的煤炭发热量经验公式与旧公式相比，其精度有一定的提高。可以用这两套公式分别进行计算，以便在生产实际应用中对新旧公式进行比较。

7.2.41 以前利用煤的工业分析结果计算无烟煤低位发热量的经验公式是什么?

$$Q_{net,ad} = K - 86M_{ad} - 92A_{ad} - 24V_{ad} \tag{7-14}$$

式中 $Q_{net,ad}$——空气干燥基低位发热量，cal/g；

M_{ad}——空气干燥煤样水分，%；

A_{ad}——空气干燥煤样灰分，%；

V_{ad}——空气干燥煤样挥发分，%；

式中 K 值与 $V_{daf校}$ 的对应值见表 7-14。

表 7-14 无烟煤公式 K 值与 $V_{daf校}$ 的对应值表

$V_{daf校}$/%	≤3	>3～5.5	>5.5～8.0	>8.0
K	8200	8300	8400	8500

其中由干燥无灰基的挥发分 V_{daf} 和干燥基灰分 A_d 计算 $V_{daf校}$ 的校正公式如下：

$$\begin{aligned}
V_{daf校} &= 0.80V_{daf} - 0.1A_d && (A_d 30\% \sim 40\%)\\
V_{daf校} &= 0.85V_{daf} - 0.1A_d && (A_d 25\% \sim 30\%)\\
V_{daf校} &= 0.95V_{daf} - 0.1A_d && (A_d 20\% \sim 25\%)\\
V_{daf校} &= 0.80V_{daf} && (A_d 15\% \sim 20\%)\\
V_{daf校} &= 0.90V_{daf} && (A_d 10\% \sim 15\%)\\
V_{daf校} &= 0.95V_{daf} && (A_d < 10\%)
\end{aligned} \tag{7-15}$$

若有条件测定氢（H）值，可用由 H 值取 K 值的方法（见表 7-15）计算结果精度更高一些。

表 7-15　无烟煤公式 K 值与 H_{daf} 的对应值表

H_{daf}/%	≤0.6	>0.6~1.2	>1.2~1.5	>1.5~2.0
K	7700	7900	8050	8200
H_{daf}/%	>2.0~2.5	>2.5~3.0	>3.0~3.5	>3.5~4.1
K	8300	8350	8450	8550

7.2.42　以前利用煤的工业分析结果计算烟煤低位发热量的经验公式是什么？

$$Q_{net,ad} = 100K - (K+6)(M_{ad} + A_{ad}) - 3V_{ad}(-40M_{ad})^{*} \tag{7-16}$$

注：* 只在 $V_{daf} \leqslant 35\%$，同时 $M_{ad} > 3\%$ 时，减去此项。

式中 K 值与 V_{daf} 和焦渣特征的对应值见表 7-16。

发热量的单位为 kcal/kg。

表 7-16　烟煤公式 K 值与 V_{daf} 和焦渣特征对应值表

焦渣特征 \ K V_{daf}/%	>10~13.5	>13.5~17	>17~20	>20~23	>23~29	>29~32	>32~35	>35~38	>38~42	>42
1	84.0	80.5	80.0	78.5	76.5	76.5	73.0	73.0	73.0	72.5
2	84.0	83.5	82.0	81.0	78.0	78.0	77.5	76.5	75.5	74.5
3	84.5	84.5	83.5	82.5	81.0	80.0	79.0	78.5	78.0	76.5
4	84.5	85.0	84.0	83.0	82.0	81.0	80.0	79.5	79.0	77.5
5~6	84.5	85.0	85.0	84.0	83.5	82.5	81.5	81.0	80.0	79.5
7	84.5	85.0	85.0	85.0	84.5	84.0	83.0	82.5	82.0	81.0
8	—	85.0	85.0	85.5	85.0	84.5	83.5	83.0	82.5	82.0

7.2.43　以前利用煤的工业分析结果计算褐煤低位发热量的经验公式是什么？

$$Q_{net,ad} = 100K - (K+6)(M_{ad} + A_{ad}) - V_{ad} \tag{7-17}$$

发热量的单位为 kcal/kg。式中 K 值与 V_{daf} 的对应值见表 7-17。

表 7-17　褐煤公式 K 值与 V_{daf} 的对应值表

V_{daf}/%	>37~45	>45~49	>49~56	>56~62	>62
K	68.5	67.0	65.0	63.0	61.5

7.2.44　计算煤低位发热量的新公式包括哪两套方法？

新创立的公式有两套方法，一是利用工业分析结果计算无烟煤、烟煤和褐煤低位发热量公式（见题 7.2.45）；二是利用元素分析结果计算各种煤的低位发热量公式（见题 7.2.46）。利用元素分析结果计算的发热量精度更高。

7.2.45　利用工业分析结果计算煤的低位发热量的新公式是什么？

（1）计算烟煤低位发热量新公式

$$Q_{net,ad} = 35860 - 73.7V_{ad} - 395.7A_{ad} - 702.0M_{ad} + 173.6CRC\ (\mathrm{J/g}) \tag{7-18}$$

或者用卡制表示：

$$Q_{ned,ad} = 8575.63 - 17.63V_{ad} - 94.64A_{ad} - 167.89M_{ad} + 41.52CRC(cal/g) \quad (7\text{-}19)$$

式中　$Q_{net,ad}$——空气干燥基低位发热量，J/g；

V_{ad}——空气干燥煤样挥发分，%；

A_{ad}——空气干燥煤样灰分，%；

M_{ad}——空气干燥煤样水分，%；

CRC——焦渣特征。

（2）计算无烟煤低位发热量新公式

$$Q_{net,ad} = 34814 - 24.7V_{ad} - 382.2A_{ad} - 563.0M_{ad}(J/g) \quad (7\text{-}20)$$

或者用卡制表示：

$$Q_{net,ad} = 8325.46 - 5.92V_{ad} - 91.41A_{ad} - 134.63M_{ad}(cal/g) \quad (7\text{-}21)$$

如果有条件测定氢值，或者从固定用煤矿区取得矿区以往氢值的平均值，用下式计算的无烟煤低位发热量精度更高：

$$Q_{net,ad} = 32346.8 - 161.5V_{ad} - 345.8A_{ad} - 360.3M_{ad} + 1042.3H_{ad}(J/g) \quad (7\text{-}22)$$

或者用卡制表示：

$$Q_{net,ad} = 7735.52 - 38.63V_{ad} - 82.70A_{ad} - 86.16M_{ad} + 249.27H_{ad}(cal/g) \quad (7\text{-}23)$$

（3）计算褐煤低位发热量新公式

$$Q_{net,ad} = 3172.9 - 70.5V_{ad} - 321.6A_{ad} - 388.4M_{ad}(J/g) \quad (7\text{-}24)$$

或者用卡制表示：

$$Q_{net,ad} = 7588.69 - 16.85V_{ad} - 76.91A_{ad} - 92.88M_{ad}(cal/g) \quad (7\text{-}25)$$

7.2.46　利用元素分析结果计算煤的低位发热量的新公式是什么？

（1）需要采用全硫计算低位发热量的公式

$$Q_{net,ad} = 6984 + 275.0C_{ad} + 805.7H_{ad} + 60.7S_{t.ad} - 142.9O_{ad} - 74.4A_{ad} - 129.2M_{ad}(J/g) \quad (7\text{-}26)$$

或者用卡制表示：

$$Q_{net,ad} = 1670.14 + 65.77C_{ad} + 192.68H_{ad} + 14.52S_{t.ad} - 34.17O_{ad} - 17.79A_{ad} - 30.90M_{ad}(cal/g) \quad (7\text{-}27)$$

（2）不需要全硫计算低位发热量的公式

$$Q_{net,ad} = 12808 + 216.6C_{ad} + 734.2H_{ad} - 199.7O_{ad} - 132.8A_{ad} - 188.3M_{ad}(J/g) \quad (7\text{-}28)$$

或者用卡制表示：

$$Q_{net,ad} = 3062.84 + 51.80C_{ad} + 175.57H_{ad} - 47.76O_{ad} - 31.76A_{ad} - 45.04M_{ad}(cal/g) \quad (7\text{-}29)$$

上述两个公式的计算精度很相近，但对全硫较高时（$S_{t,ad} \geq 3\%$），以采用含硫公式为宜。式中的 C_{ad}、H_{ad}、O_{ad}分别为空气干燥煤样中碳、氢、氧的质量分数（%）。

7.2.47　以前计算高灰分（$A_d > 45\%$）煤低位发热量的经验公式是什么？

（1）高灰分无烟煤低发热量公式

$$Q_{net,ad}=330.3FC_{ad}+146.36V_{ad}-25.1M_{ad}-10.45A_{ad}(J/g) \tag{7-30}$$

或者用卡制表示：

$$Q_{net,ad}=79FC_{ad}+35V_{ad}-6M_{ad}-2.5A_{ad}(cal/g) \tag{7-31}$$

（2）高灰分烟煤低位发热量公式

$$Q_{net,ad}=338.7FC_{ad}+196.5V_{ad}-12.54A_{ad}-25.1M_{ad}(J/g) \tag{7-32}$$

或者用卡制表示：

$$Q_{net,ad}=81FC_{ad}+47V_{ad}-3A_{ad}-6M_{ad}(cal/g) \tag{7-33}$$

（3）高灰分褐煤低位发热量公式

$$Q_{ne,ad}=418.2K_3-4.1816(K_3+6)(M_{ad}+A_{ad})(J/g) \tag{7-34}$$

或者用卡制表示：

$$Q_{net,ad}=100K_3-(K_3+6)(M_{ad}+A_{ad})(cal/g) \tag{7-35}$$

式中的 K_3 值为常数，由 V_{daf} 值确定，两者关系如下：

V_{daf}（%）	≤55	>55～65	>65
K_3 值	60	55	50

7.2.48 计算煤的低位发热量的公式是什么？

（1）由空气干燥基低位发热量计算应用基低位发热量的公式

按以上公式计算的空气干燥基低位发热量（$Q_{net,ad}$），在水泥用煤计算标准煤耗时，还必须按下式换算成收到基低位发热量（$Q_{net,ar}$）：

$$Q_{net,ar}=Q_{net,ad}\times\frac{100-M_t}{100-M_{ad}}-23\times\left(M_t-M_{ad}\times\frac{100-M_t}{100-M_{ad}}\right)(J/g) \tag{7-36}$$

或者用卡制表示：

$$Q_{net,ar}=Q_{net,ad}\times\frac{100-M_t}{100-M_{ad}}-5.4\times\left(M_t-M_{ad}\times\frac{100-M_t}{100-M_{ad}}\right)(cal/g) \tag{7-37}$$

（2）由空气干燥基高位发热量计算应用基低位发热量的公式

$$Q_{net,ar}=(Q_{gr,ad}-206H_{ad})\times\frac{100-M_t}{100-M_{ad}}-23M_t(J/g) \tag{7-38}$$

式中 $Q_{net,ar}$——应用基（收到基）煤的低位发热量，J/g；

$Q_{gr,ad}$——分析基（空气干燥基）煤的高位发热量，J/g；

M_t——应用基水分的质量分数，%；

M_{ad}——分析基水分的质量分数，%；

H_{ad}——分析基氢含量的质量分数，%。

7.2.49 将实物煤耗折算成标准煤耗的公式是什么？

$$标准煤耗\ m_r=\frac{实物煤耗\times Q_{net,ar}}{29300}(kg标煤/t熟料)(J/g) \tag{7-39}$$

式中 $Q_{net.ar}$——应用基低位发热量，J/g；

29300——标准煤的发热量，J/g。

或者用卡制计算：

$$标准煤耗\ m_r = \frac{实物煤耗 \times Q_{net,ar}}{7000}(kg\ 标煤/t\ 熟料)(cal/g) \tag{7-40}$$

式中　$Q_{net.ar}$——应用基低位发热量，cal/g；
　　7000——标准煤的发热量，cal/g。

7.2.50　试举例说明烟煤标准煤耗的计算过程。

某厂烟煤的 $M_t = 10.50\%$，$M_{ad} = 2.71\%$，$A_{ad} = 23.20\%$，$V_{ad} = 26.41\%$，焦渣特征为5，实物煤耗290 kg/t熟料。试求 $Q_{net,ad}$、$Q_{net,ar}$和标准煤耗值。

解：(1) 先根据空气干燥基煤样的工业分析结果（水分M_{ad}和灰分A_{ad}），按照表7-10所示之换算系数，求得干燥无灰基的挥发分质量分数V_{daf}：

$$V_{daf} = \frac{100}{100-(M_{ad}+A_{ad})} \times V_{ad} = \frac{100}{100-(2.71+23.20)} \times 26.41\% = 35.65\%$$

(2) 根据V_{daf}和焦渣特征为5，查表7-16，得$K=81.0$。将有关数据代入式（7-16）：

$$\begin{aligned} Q_{net,ad} &= 100K-(K+6)(M_{ad}+A_{ad})-3V_{ad}(-40M_{ad})^* \\ &= 100 \times 81.0-(81.0+6)(2.71+23.20)-3 \times 26.41 \\ &= 8100-2254-79 = 5767(kcal/kg\ 煤) \end{aligned}$$

注：因 $V_{daf} = 35.65\% > 35\%$，故不减去$40M_{ad}$这一项。

(3) 按照式（7-37）卡制公式将空气干燥基低位发热量$Q_{net,ad}$换算为收到基低位发热量$Q_{net,ar}$：

$$\begin{aligned} Q_{net,ar} &= Q_{net,ad} \times \frac{100-M_t}{100-M_{ad}} - 5.4 \times \left(M_t - M_{ad} \times \frac{100-M_t}{100-M_{ad}}\right) \\ &= 5767 \times \frac{100-10.50}{100-2.71} - 5.4 \times \left(10.50 - 2.71 \times \frac{100-10.50}{100-2.71}\right) \\ &= 5305-43 = 5262(kcal/kg\ 煤) \end{aligned}$$

(4) 根据式（7-40）计算标准煤耗：

$$标准煤耗\ m_r = \frac{实物煤耗 \times Q_{net,ar}}{7000} = \frac{290 \times 5262}{7000} = 218(kg\ 标煤/t\ 熟料)$$

7.2.51　试举例说明褐煤标准煤耗的计算过程。

设某厂用褐煤 $M_{ad} = 20.79\%$，$A_{ad} = 13.92\%$，$V_{ad} = 45.74\%$，$M_t = 37.0\%$，实物煤耗600 kg/t熟料，试求 $Q_{net,ad}$、$Q_{net,ar}$和标准煤耗值。

解：(1) 根据表7-10计算干燥无灰基煤样的挥发分质量分数：

$$V_{daf} = \frac{100}{100-(20.79+13.92)} \times 45.74\% = 70.06\%$$

(2) 根据 $V_{daf} = 70.06$，查表7-17，得$K=61.5$。代入式（7-17）计算空气干燥基低位发热量：

$$\begin{aligned} Q_{net,ad} &= 100K-(K+6)(M_{ad}+A_{ad})-V_{ad} \\ &= 100 \times 61.5-(61.5+6)(20.79+13.92)-45.74 \\ &= 6150-2343-45.74 = 3761\ (kcal/kg\ 煤) \end{aligned}$$

（3）按照式（7-37）将空气干燥基低位发热量 $Q_{net,ad}$ 换算为收到基低位发热量 $Q_{net,ar}$：

$$Q_{net,ar} = Q_{net,ad} \times \frac{100 - M_t}{100 - M_{ad}} - 5.4 \times \left(M_t - M_{ad} \times \frac{100 - M_t}{100 - M_{ad}}\right)$$

$$= 3761 \times \frac{100 - 37.0}{100 - 20.79} - 5.4 \times \left(37.0 - 20.79 \times \frac{100 - 37.0}{100 - 20.79}\right)$$

$$= 2991 - 111 = 2880(\text{kcal/kg 煤})$$

（4）根据式（7-40）计算标准煤耗：

$$\text{标准煤耗 } m_r = \frac{\text{实物煤耗} \times Q_{net,ar}}{7000} = \frac{600 \times 2880}{7000} = 247(\text{kg 标煤/t 熟料})$$

7.2.52　试举例说明无烟煤标准煤耗的计算过程。

已知无烟煤的工业分析结果为：$M_{ad} = 0.99\%$，$A_{ad} = 23.46\%$，$V_{ad} = 4.35\%$，$M_t = 4.00\%$，实物煤耗 280 kg/t 熟料。试求 $Q_{net,ad}$、$Q_{net,ar}$和标准煤耗。

解：（1）根据空气干燥基煤样的工业分析结果（水分 M_{ad}和灰分 A_{ad}），按照表 7-10 计算干燥无灰基煤样的挥发分和干燥基灰分质量分数：

$$V_{daf} = \frac{100}{100 - (0.99 + 23.46)} \times 4.35\% = 5.76\%$$

$$A_d = \frac{100}{100 - 0.99} \times 23.46\% = 23.69\%$$

（2）按照式（7-15），根据干基灰分 $A_d = 23.69\%$，求出 $V_{daf校}$ 值：

$$V_{daf校} = 0.95 \times 5.76 - 0.1 \times 23.69 = 3.10$$

（3）根据 $V_{daf校} = 3.10$，查表 7-14 得 K 值：$K = 8300$。代入式（7-14）：

$$Q_{net,ad} = K - 86M_{ad} - 92A_{ad} - 24V_{ad}$$

$$= 8300 - 86 \times 0.99 - 92 \times 23.46 - 24 \times 4.35 = 5952\ (\text{kcal/kg 煤})$$

（4）根据式（7-37）得：

$$Q_{net,ar} = Q_{net,ad} \times \frac{100 - M_t}{100 - M_{ad}} - 5.4 \times \left(M_t - M_{ad} \times \frac{100 - M_t}{100 - M_{ad}}\right)$$

$$= 5952 \times \frac{100 - 4.00}{100 - 0.99} - 5.4 \times \left(4.00 - 0.99 \times \frac{100 - 4.00}{100 - 0.99}\right) = 5755(\text{kcal/kg 煤})$$

（5）根据式（7-40）计算标准煤耗：

$$\text{标准煤耗 } m_r = \frac{\text{实物煤耗} \times Q_{net,ar}}{7000} = \frac{280 \times 5755}{7000} = 230\ (\text{kg 标煤/t 熟料})$$

8　水泥生产控制分析

8.1　水泥生产的基本知识

8.1.1　什么是胶凝材料？它们如何分类？

凡能在物理、化学作用下从浆体变成坚固的石状体，并能胶结其他物料，且有一定机械强度的物质统称为胶凝材料，又称胶结料。胶凝材料分为无机和有机两大类。沥青和树脂属于有机胶凝材料。无机胶凝材料按硬化条件，可分为水硬性和非水硬性两种。前者在拌水后既能在空气中硬化，又能在水中硬化，如水泥；后者不能在水中硬化，而只能在空气中硬化(气硬性胶凝材料)，如石灰、石膏等。

8.1.2　什么是水泥？水泥如何分类？

凡细磨成粉末状，加入适量水后可成为塑性浆体，既能在空气中硬化，又能在水中硬化，并能将砂、石材料牢固地胶结在一起的水硬性胶凝材料，称为水泥。

按水泥的用途及性能可分为三类：

(1) 通用水泥。即土建工程常用的水泥。这类水泥有六种：硅酸盐水泥(P·I或P·II)、普通硅酸盐水泥(P·O)、矿渣硅酸盐水泥(P·S·A或P·S·B)、火山灰质硅酸盐水泥(P·P)、粉煤灰硅酸盐水泥(P·F)和复合硅酸盐水泥(P·C)。

(2) 专用水泥。指有专门用途的水泥，如道路硅酸盐水泥、G级油井水泥等。

(3) 特性水泥。指某种性能比较突出的水泥，如快硬性硅酸盐水泥、低热矿渣硅酸盐水泥、膨胀硫铝酸盐水泥。

水泥按其主要水硬性物质名称可分为六类：

(1) 硅酸盐水泥（旧称波特兰水泥）。

(2) 铝酸盐水泥。

(3) 硫铝酸盐水泥。

(4) 铁铝酸盐水泥。

(5) 氟铝酸盐水泥。

(6) 火山灰质水泥。以火山灰性或潜在水硬性材料以及其他活性材料为主要组分的水泥。

8.1.3　水泥有哪些主要技术特性？

按需要在水泥命名中标明的主要技术特性有：

(1) 快硬性　分为快硬和特快硬两类。

(2) 水化热　分为中热和低热两类。

(3) 抗硫酸盐腐蚀性　分为中抗和高抗两类。

（4）膨胀性　分为膨胀和自应力两类。

（5）耐高温性　铝酸盐水泥的耐高温性以水泥中三氧化二铝含量分级。

8.1.4　水泥窑的类型和作用是什么？

水泥窑窑型主要有两大类：一类是窑筒体卧置（略带斜度），并能作回转运动的称为回转窑（也称旋窑）；另一类窑筒体是立置不转动的称为立窑，现已被淘汰，由先进的预分解工艺回转窑所取代。

水泥窑是一个反应器，水泥生料在水泥窑内经受高温煅烧，经过一系列的物理、化学变化，便成为熟料。水泥窑的工作是由气体流动、燃料燃烧、热量传递、熟料烧成和物料运动等过程所组成的。

水泥窑是一个熔炉，是燃烧设备和传热设备。为了使生料能充分反应，窑内烧成温度要求达到1450 ℃，使整个物料处于部分熔融状态。窑内高温是由燃料在窑内燃烧产生的，燃烧产生的热量通过辐射、对流和传导三种基本传热方式，将热量传给物料。

水泥窑也是个输送设备，在回转窑内，物料从窑尾部加入，由于窑筒体是倾斜安装的，当窑转动时，物料不断地由窑尾向窑头运动，由窑头卸出，

为使燃料在水泥窑内能进行正常燃烧，必须送入助燃的空气；燃烧产生的烟气和物料反应产生的水汽及二氧化碳等所组成的废气，需要从窑内排出，因此必须要有气体输送设备向窑内鼓进空气，并排出废气。

水泥窑的工作就是使燃料能充分燃烧，燃烧产生的热量能有效地传给物料，物料接受热量后发生一系列物理、化学变化，最后形成熟料。

8.1.5　什么是新型干法水泥生产工艺？

我国新型干法水泥生产，是相对于传统干法水泥生产而言的。一百多年来，水泥熟料煅烧的窑炉经过了蛋窑、立窑、干法中空窑、湿法窑、半干法窑（立波尔窑）、预热器窑、预分解窑等七种形式。每次窑炉形式的改变，都是一次技术进步，都伴随着产量、质量的提高、能耗的降低、劳动生产率的提高和环境保护的改善。原来的干法、湿法、半干法生产工艺曾以各自的特点和优势共存了数十年。而预分解窑成功问世后，就以强劲的生命力迅猛发展，它的高质量、高效率、低热耗和环保的优势，使得传统回转窑无法比拟。预分解窑将预热和碳酸钙的分解移至窑外，不仅使高温气体与物料在悬浮状态下进行直接热交换，而且在带预热器的窑上再加设一个分解炉，在吸热反应最强烈的分解炉内再烧一把火，进行无焰的接触燃烧，使经过分解炉的生料粉中的碳酸钙绝大部分分解为氧化钙，再进煅烧窑进行煅烧，因此大幅度地提高了窑的产量和全窑的热效率。

为了与传统的干法水泥工艺相区别，我国水泥界人士称预分解工艺为新型干法工艺，而国外则把它准确定义为预分解工艺（pre - calcining process），简称 PCP。

在近 30 多年来我国水泥预分解工艺得到了不断的提升和完善，其产量已占据绝对优势，相关的先进技术和设备，如辊压立磨技术、大型物料预均化技术、在线检测与自动化控制技术、原燃材料综合利用技术和余热发电技术，陆续在预分解工艺中得到应用，取得了显著的经济效益和社会效益。实践证明，这些技术使预分解工艺如虎添翼；预分解工艺为这些先进的相关技术提供了广阔、理想的应用平台。可以说，预分解工艺是当今世界上最先进的水泥

生产工艺，对水泥工业的发展发挥着无可替代的重要作用。

8.1.6 回转窑干法的生产工艺流程是什么?

回转窑干法（中空干法、窑外分解）生产的典型工艺流程见图8-1。

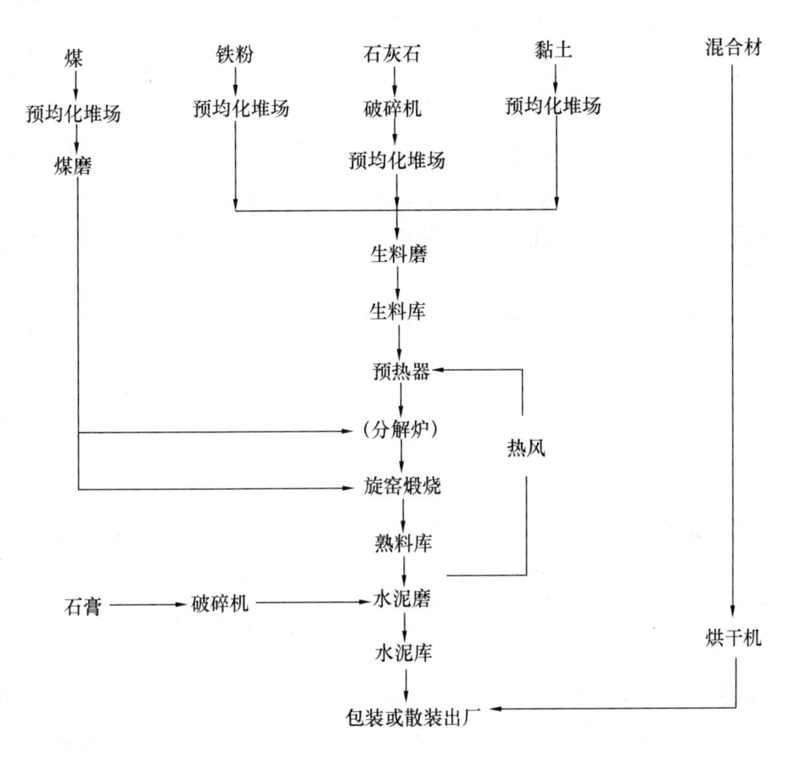

图8-1 干法生产的工艺流程示意图

8.1.7 硅酸盐水泥熟料中的主要化学成分是什么?

水泥的质量主要取决于熟料的质量。优质熟料应该具有合适的矿物组成和岩相结构。控制熟料的化学成分，是水泥生产的中心环节之一。

硅酸盐水泥熟料中的主要成分是氧化钙(CaO)、二氧化硅(SiO_2)、三氧化二铝(Al_2O_3)、三氧化二铁(Fe_2O_3)四种氧化物。它们在熟料中的总量在95%以上。另外还有其他少量氧化物，如氧化镁(MgO)、三氧化硫(SO_3)、二氧化钛(TiO_2)、五氧化二磷(P_2O_5)、氧化钾(K_2O)、氧化钠(Na_2O)等，总量占熟料的5%以下。

据统计，硅酸盐水泥熟料中，四种主要氧化物质量分数的波动范围一般是：

CaO： 62%～67%

SiO_2： 20%～24%

Al_2O_3： 4%～7%

Fe_2O_3： 2.5%～6%

由于水泥品种、原料成分以及工艺过程的差异，水泥熟料中各主要氧化物的含量也可能不在上述范围内，例如白色硅酸盐水泥熟料中Fe_2O_3的含量必须低于0.5%。

8.1.8 硅酸盐水泥熟料中各氧化物的作用是什么?

水泥熟料的化学成分主要是由各种原料和燃料引入的氧化物，其作用分别是:

(1) 氧化钙 是熟料中最主要的化学成分，它是生成 C_3S、C_2S、C_3A 和 C_4AF 等矿物必不可少的组分。如果适当提高 CaO 的含量，可使熟料中 C_3S 的含量增加，提高水泥的强度，加速水泥的硬化过程。但若 CaO 含量过高且煅烧操作不当，易出现较多的游离氧化钙，影响水泥的安定性。

(2) 二氧化硅 是熟料中的主要成分之一，它是保证熟料中 CaO 以化合状态存在，形成 C_3S 和 C_2S 等硅酸盐矿物。SiO_2 含量要保持适度，如 SiO_2 太少，则熟料中生成的硅酸盐矿物少，水泥强度不高；如 SiO_2 过多，生成的 C_2S 也多，由于 C_2S 的晶形转变，熟料会发生大量粉化，使质量下降。

(3) 氧化铝和氧化铁 Al_2O_3 和 Fe_2O_3 与 CaO 化合成 C_3A 和 C_4AF。C_3A 首先与 CF 反应生成 C_4AF，剩余的才以 C_3A 矿物存在。

Al_2O_3 对熟料煅烧有助熔作用。当 Al_2O_3 含量增加时，水泥的凝结及硬化速度变快，但后期强度增长变慢，抗硫酸盐性能差。当 Al_2O_3 含量过高时，窑内液相黏度高，不利于 C_3S 的形成，易结大块。

Fe_2O_3 具有降低烧成温度和液相黏度的作用，其含量若适当，对煅烧有利；若其含量过多，水泥凝结、硬化变慢，且易结瘤和结大块，不利于煅烧。

(4) 氧化镁 熟料中 MgO 主要来源于石灰石中的白云石($CaCO_3 \cdot MgCO_3$)。熟料中 MgO 一般以如下两种形式存在:

1) 一部分固溶于 C_4AF 和 C_3S 等矿物和玻璃体中，固溶总量在 1.3% ~2.9%之间，能降低熟料液相生成温度，增加液相数量，降低液相的黏度，有利于熟料形成，还能改善熟料色泽，但含量不能超过一定范围 (5%)。

2) 没有固溶的、呈游离状态的 MgO 则以方镁石形式存在。方镁石比 *f*-CaO 还难水化，需要经过很长时间之后才能水化生成 $Mg(OH)_2$，体积膨胀 148%，使水泥石遭到破坏。方镁石除影响水泥安定性和强度等质量外，还会对预分解烧成系统的生产稳定运行产生不良影响。

(5) 三氧化硫 熟料中的 SO_3 主要是由黏土和煤粉等原燃材料带入的，而水泥中的 SO_3，除熟料引入外，主要由作为缓凝剂的石膏引入。适量的 SO_3 可调节水泥的凝结时间并可提高水泥的强度，但过多的 SO_3 则会造成水泥安定性不良，使水泥构件遭到破坏。这是由于水泥硬化后，SO_3 与含水铝酸钙作用生成硫铝酸钙，产生内部应力，使体积显著膨胀的缘故。所以国家标准规定，通用水泥中 SO_3 含量不得超过 3.5%。

(6) 碱含量($Na_2O + 0.658K_2O$) 水泥熟料中的碱主要是由黏土引入的。在熟料煅烧过程中，黏土中的一部分碱在高温下挥发掉，而另一部分碱则留在熟料中。熟料中的碱属于有害成分，它能使水泥凝结时间不正常、强度下降、水泥石表面褪色。若含量过高，甚至会发生碱 - 集料反应，使水工混凝土膨胀、裂纹或崩溃。需要说明的是，碱 - 集料反应必须是在使用活性集料且有水的情况下才会发生。

(7) 游离氧化钙 当生料配料不当、生料细度过粗或煅烧不良时，熟料中就出现没有被吸收的以游离状态存在的氧化钙，即 *f*-CaO。在烧成温度下，烧死的游离氧化钙结构比较致密，水化很慢，通常要在加水3 d以后反应才比较明显。游离氧化钙水化生成氢氧化钙时，体积膨胀97.9%，在硬化水泥石内部造成局部膨胀应力，因此，随着游离氧化钙含量的增加，首先是抗拉、抗折强度的降低，进而3 d以后强度倒缩，严重时甚至引起安定性不良，使水泥制品变形或开裂，导致水泥浆体的破坏。为此，应严格控制游离氧化钙的含量。新型干法熟料中的游离氧化钙的含量应≤1.5%。

(8) 烧失量　并不是熟料的化学成分。但对熟料进行化学分析时，常把烧失量作为化学成分来对待。熟料总会有一定的烧失量，这是由于熟料煅烧不完全，或局部还原气氛过重造成的。烧失量实际上是熟料中各种化学反应导致质量增加和损失的代数和。一般情况下，烧失量大，熟料质量差。

8.1.9　硅酸盐水泥熟料中主要的矿物组成是什么？

在硅酸盐水泥熟料中，CaO、SiO_2、Al_2O_3、Fe_2O_3 等并不是以单独的氧化物形式存在，而是以两种或两种以上的氧化物反应组合成各种不同的氧化物的集合体，即以多种熟料矿物的形态存在。这些熟料矿物结晶细小。因此，可以说硅酸盐水泥熟料是一种多矿物组成的、结晶细小的人造岩石。

硅酸盐水泥熟料中的四种主要矿物及其含量范围为：

硅酸三钙：$3CaO \cdot SiO_2$，可简写为 C_3S；42%～60%；

硅酸二钙：$2CaO \cdot SiO_2$，可简写为 C_2S；15%～32%；

铝酸三钙：$3CaO \cdot Al_2O_3$，可简写为 C_3A；4%～11%；

铁铝酸四钙：$4CaO \cdot Al_2O_3 \cdot Fe_2O_3$，可简写为 C_4AF；10%～18%。

另外，还有少量的游离氧化钙(*f*-CaO)、方镁石(即结晶氧化镁 *f*-MgO)、含碱矿物、玻璃体等。

通常，熟料中硅酸三钙和硅酸二钙的含量占72%～78%，称为硅酸盐矿物；铝酸三钙和铁铝酸四钙占20%～24%。在煅烧过程中，后两种矿物与氧化镁、碱等，在1250℃～1280℃开始逐渐熔融成液相，以促进硅酸三钙的顺利形成，故称为熔剂矿物。

8.1.10　硅酸三钙(C_3S)的性质是什么？在熟料中是否硅酸三钙越多越好？

硅酸三钙主要由硅酸二钙和氧化钙反应生成，是硅酸盐水泥熟料的主要矿物，其含量通常占熟料的50%以上。在硅酸盐水泥熟料中，硅酸三钙并不以纯的形式存在，晶体中常含有少量 MgO 和 Al_2O_3 等氧化物，形成固溶体，称为阿利特(Alite)，简称A矿。

C_3S 加水调和后，凝结时间正常，水化较快，早期强度高，强度增进率较大。其28 d强度、一年强度是四种矿物中最高的。它的体积干缩性也较小，抗冻性较好。因此，通常都希望熟料中有较多的 C_3S。但它的水化热较高，抗水性较差，抗硫酸盐侵蚀能力也较差。另外，由于在煅烧过程中，C_3S 的形成需要较高的烧成温度和较长的烧成时间，这给熟料的煅烧操作带来了困难。因此，在实际生产中不能不切实际地追求 C_3S 的含量，否则将导致有害成分游离氧化钙增多，反而会降低熟料质量。

8.1.11　硅酸二钙(C_2S)的性质是什么？

硅酸二钙由氧化钙和二氧化硅反应生成。在熟料中的含量一般为20%左右，是硅酸盐水泥熟料的主要矿物之一。在烧成温度较高、冷却较快的熟料中，由于C_2S中固溶进少量的Al_2O_3、Fe_2O_3、MgO等，通常都可保留β型。这种β-C_2S被称为贝利特(Belite)，简称B矿。

C_2S水化速度较慢，凝结硬化缓慢，早期强度较低，但28 d以后，强度仍能较快增长，在一年后其强度可接近C_3S的强度。增加粉磨后水泥的比表面积，可以明显提高C_2S的早期强度。

C_2S水化热低，体积干缩性小，抗水性和抗硫酸盐侵蚀能力较好。

纯C_2S在1450 ℃以下易发生多种晶形转变，尤其在低于500 ℃时，由于$\beta-C_2S$转变为密度更小、活性很低的$\gamma-C_2S$时，体积膨胀10%，导致熟料粉化，且使熟料强度大大降低。这种现象在通风不良、液相量较少、还原气氛较浓、冷却较慢的生产工艺中较为多见。

8.1.12 铝酸三钙(C_3A)的性质是什么?

铝酸三钙水化速度、凝结硬化很快，放热多，如不加石膏等缓凝剂，易使水泥急凝。铝酸三钙硬化也很快，它的强度3d内就大部分发挥出来，故早期强度较高，但绝对值不高，以后几乎不再增长，甚至倒缩。铝酸三钙的干缩变形大，抗硫酸盐性能差，脆性大，耐磨性差。

8.1.13 铁铝酸四钙(C_4AF)的性质是什么?

铁铝酸四钙称为才利特(Celite)或C矿。它的水化速度在早期介于铝酸三钙与硅酸三钙之间，但随后的发展不如硅酸三钙。它的强度早期类似于铝酸三钙，而后期还能不断增长，类似于硅酸二钙。它的水化热低，干缩变形小，耐磨，抗冲击，抗硫酸盐侵蚀能力强。

铁铝酸四钙和铝酸三钙在煅烧过程中熔融成液相，可以促进硅酸三钙的形成，这是它们的一个重要作用。如果物料中熔剂矿物过少，易生烧，氧化钙不易被吸收完全，导致熟料中游离氧化钙含量增加，影响熟料质量，降低窑的产量，增加燃料消耗。但如果熔剂矿物过多，在回转窑内易结大块，甚至结圈等。液相的黏度随C_3A/C_4AF之比的增减而增减，铁铝酸四钙多，液相黏度低，有利于液相中离子的扩散，促进硅酸三钙的形成，但如果铁铝酸四钙过多，易使烧结范围变窄，不利于窑的操作。对于工艺条件一般的水泥熟料煅烧窑而言，熟料中含有一定量的C_3A对于形成旋窑窑皮是必要的。

8.1.14 熟料的率值在水泥生产控制中有什么作用?

熟料中的各种氧化物并不是单独存在，而是在高温下通过固相反应、固液相反应后以矿物的形式存在。因此在生产控制中，不仅要控制熟料中各氧化物的含量，还应控制各氧化物之间的比例即率值。这样可以比较方便地表示化学成分和矿物组成之间的关系，明确地表示对水泥的性能及对煅烧的影响，因此，在生产中，常用率值作为生产控制的一种指标。率值通常包括石灰饱和系数KH值、硅酸率n值和铝氧率p值。

8.1.15 石灰饱和系数的含义是什么?

石灰饱和系数一般简称为饱和比，常用符号KH表示。它表示水泥熟料中的氧化钙总量减去饱和酸性氧化物(Al_2O_3、Fe_2O_3、SO_3)所需的氧化钙后，剩下的与二氧化硅化合的氧化钙的含量与理论上二氧化硅与氧化钙化合全部生成硅酸三钙所需要的氧化钙含量的比值。简言之，饱和比 *KH* 表示熟料中氧化硅被氧化钙饱和生成硅酸三钙的程度。

多年水泥生产实践和研究结果表明：水泥生料在煅烧过程中，CaO 首先为酸性氧化物 Al_2O_3、Fe_2O_3、SO_3 所饱和而生成 C_3A、C_4AF 等熔剂矿物，剩下的再与 SiO_2 结合生成硅酸盐矿物。SiO_2 虽然也是酸性氧化物，但不完全被 CaO 所饱和而全部生成 C_3S，而是还生成部分 C_2S。生成的 C_3S 和 C_2S 的比例，与生产工艺条件包括煅烧条件紧密相连。饱和比的表达式如下：

$$KH = \frac{(CaO - f\text{-}CaO) - 1.65Al_2O_3 - 0.35Fe_2O_3 - 0.7SO_3}{2.8(SiO_2 - f\text{-}SiO_2)}$$

从理论上讲，当 $KH = 1.00$ 时，熟料矿物中只有 C_3S、C_3A、C_4AF，而无 C_2S；当 $KH > 1.00$ 时，无论生产工艺条件多完善，总有游离氧化钙存在；当 $KH = 0.67$ 时，熟料矿物只有 C_3A、C_4AF、C_2S 而无 C_3S。因此，*KH* 值应控制在 0.67～1.00 之间，这样，应无 *f*-CaO 存在。但在实际生产中，由于被煅烧物料的性质、煅烧温度、液相量、液相黏度等因素的限制，理论计算和实际情况并不完全一致。因此，*KH* 值一般控制在 0.87～0.96 之间。*KH* 值过高，工艺条件难以满足需要，*f*-CaO 会明显增加，熟料质量反而下降；*KH* 值过低，C_3S 过少，熟料质量也会很差。

当 *f*-CaO、*f*-SiO_2 和 SO_3 含量很低时，饱和比表示式可简写为：

$$KH = \frac{CaO - 1.65Al_2O_3 - 0.35Fe_2O_3}{2.8SiO_2}$$

当熟料中 Al_2O_3 含量较低，而 Fe_2O_3 含量较高，即 $Al_2O_3/Fe_2O_3 < 0.64$ 时，熟料矿物组成为 C_3S、C_2S、C_4AF 和 C_2F，则：

$$KH = \frac{CaO - 1.10Al_2O_3 - 0.7Fe_2O_3}{2.8SiO_2}$$

8.1.16 硅酸率的含义是什么？

硅酸率又称硅率，用 *n* 表示（欧美国家以 *SM* 表示），是水泥熟料中 SiO_2 与 $Al_2O_3 + Fe_2O_3$ 之间的比值，代表熟料中硅酸盐矿物和熔剂矿物之间的比值。其表达式如下：

$$n = \frac{SiO_2}{Al_2O_3 + Fe_2O_3}$$

n 值一般控制在 1.7～2.7 之间，多在 2.1±0.3 的范围内。

n 值过高，表示硅酸盐矿物多，对水泥熟料的强度有利，但意味着熔剂矿物较少，液相量少，将给煅烧造成困难；*n* 值过低，则对熟料强度不利，且熔剂矿物过多，易结大块、炉瘤、结圈等，也不利于煅烧。

8.1.17 铝氧率的含义是什么？

铝氧率又称铝率或铁率，以 *p* 表示（欧美国家以 *IM* 表示），是水泥熟料中 Al_2O_3 和 Fe_2O_3 之间的比值，即 $p = Al_2O_3/Fe_2O_3$，反映了熟料中的 C_3A 和 C_4AF 的相对含量。

熟料中 p 值一般控制在0.8～1.9之间，多在1.3±0.3范围内。白色硅酸盐水泥熟料的 p 可达10，抗硫酸盐水泥熟料和低热硅酸盐水泥熟料的 p 值则低至0.7。白水泥的 p 值高，是为避免 Fe_2O_3 对白色的污染；后两种水泥熟料的 p 值低，是为了减少 C_3A 造成的耐硫酸盐能力低和水化热高的缺陷。

在生产实际中应视具体情况选择 p 值。在熔剂矿物 C_3A+C_4AF 含量一定时，p 值高，意味着 C_3A 含量高，C_4AF 含量低，液相黏度增高，C_3S 形成较困难，且熟料的后期强度、抗干缩性、耐磨性等均受影响；相反，如果 p 值过低，则 C_3A 量少，C_4AF 量多，液相黏度降低，这对保护好旋窑的窑皮不利。

8.1.18 如何由化学成分计算率值？

以C、S、A、F分别代表CaO、SiO_2、Al_2O_3、Fe_2O_3，忽略 f-CaO、f-SiO_2。

$$KH=\frac{C-1.65A-0.35F-0.7SO_3}{2.8S}(p\geqslant 0.64)$$

$$KH=\frac{C-1.1A-0.7F-0.7SO_3}{2.8S}(p<0.64)$$

$$n=\frac{S}{A+F}$$

$$p=\frac{A}{F}$$

8.1.19 如何由化学成分计算矿物组成？

（1）当 $p\geqslant 0.64$ 时

$$C_3S=4.07C-7.60S-6.72A-1.43F-2.86SO_3$$

$$C_2S=8.60S+5.07A+1.07F+2.15SO_3-3.07C=2.87S-0.754C_3S$$

$$C_3A=2.65A-1.69F=2.65(A-0.64F)$$

$$C_4AF=3.04F$$

$$CaSO_4=1.70SO_3$$

（2）当 $p<0.64$ 时

$$C_3S=4.07C-7.60S-4.47A-2.86F-2.86SO_3$$

$$C_2S=8.60S+3.38A+2.15F+2.15SO_3-3.07C=2.87S-0.754C_3S$$

$$C_2F=1.70(F-1.57A)$$

$$C_4AF=4.77A$$

$$CaSO_4=1.70SO_3$$

8.1.20 如何由矿物组成计算化学成分？

$$SiO_2=0.2631C_3S+0.3488C_2S$$

$$Al_2O_3=0.3773C_3A+0.2098C_4AF$$

$$Fe_2O_3=0.3286C_4AF$$

$CaO = 0.7369C_3S + 0.6512C_2S + 0.6227C_3A + 0.4616C_4AF + 0.4119CaSO_4 + f\text{-}CaO$

$SO_3 = 0.5881CaSO_4$

8.1.21 如何由矿物组成计算率值？

$$KH = \frac{C_3S + 0.8838C_2S}{C_3S + 1.3256C_2S}$$

$$n = \frac{C_3S + 1.3256C_2S}{1.4341C_3A + 2.0464C_4AF}$$

$$p = \frac{1.1501C_3A}{C_4AF} + 0.6383$$

8.1.22 如何由率值计算化学成分？

$$Fe_2O_3 = \frac{\Sigma}{(2.8KH + 1)(p + 1)n + 2.65p + 1.35}$$

$$Al_2O_3 = p \cdot Fe_2O_3$$

$$SiO_2 = n(Al_2O_3 + Fe_2O_3)$$

$$CaO = \sum - (SiO_2 + Al_2O_3 + Fe_2O_3)$$

式中　$\Sigma = SiO_2 + Al_2O_3 + Fe_2O_3 + CaO$

8.1.23 如何由化学成分及率值计算矿物组成？

$$C_3S = 3.80SiO_2 \cdot (3KH - 2)$$

$$C_2S = 8.61SiO_2 \cdot (1 - KH)$$

当 $p \geqslant 0.64$ 时：

$$C_3A = 2.65(Al_2O_3 - 0.64Fe_2O_3) = 2.65Fe_2O_3(p - 0.64)$$

$$C_4AF = 3.04Fe_2O_3$$

当 $p < 0.64$ 时：

$$C_4AF = 4.77Al_2O_3$$

$$C_2F = 1.70(Fe_2O_3 - 1.57Al_2O_3) = 1.70Fe_2O_3 \cdot (1 - 1.57p)$$

8.1.24 应如何选择熟料的率值？

熟料的石灰饱和系数、硅率、铝率三个率值是相互影响、相互制约的，不能片面强调某一率值而忽视其他两个率值，必须相互结合。如石灰饱和系数较高，则硅率和铝率就要相应低一些，以保证硅酸三钙的顺利形成。

（1）*KH* 值的选择

在 *f*-CaO 含量相差不多的情况下，适当提高 *KH* 值，C_3S 的含量也随之增加。但 *KH* 值太高，则熟料的易烧性变差，如果其他措施配合不当，C_2S 吸收 CaO 形成 C_3S 的反应就不完全，会使 *f*-CaO 含量偏高，安定性不良，熟料质量反而下降。配料方案的选择应根据工厂的生产条件和能力，在生料的易烧性较好、煤质均匀、稳定的情况下，应适当提高熟料的 *KH*

值，可有效地提高熟料的强度。

（2）选择与 *KH* 值相适的 *n* 值

熟料的 *n* 值表示硅酸盐矿物与熔剂矿物之间的关系。为使熟料有较高的强度，选择 *n* 值时必须保证熟料中有一定数量的硅酸盐矿物，选择 *n* 值一定要与 *KH* 值相适应。一般要避免以下情况：

1）*KH* 值高，*n* 值也偏高。熟料中硅酸盐矿物多，熔剂矿物少，易烧性差，易造成熟料中 *f*-CaO 含量高，熟料质量差。

2）*KH* 值低，*n* 值偏高。熟料中 C_3S 含量少，C_2S 含量多，熟料强度不高，易造成熟料粉化。

3）*KH* 值低，*n* 值也偏低。熟料中硅酸盐矿物少，熔剂矿物太多，熟料强度低，且在烧成过程中，因液相量多而易引起熟料结大团，不易烧透，*f*-CaO 含量高，熟料质量差。

一般 *KH* 值过高时，物料难烧，这时可适当降低 *n* 值，增加易烧性。

（3）铝率的选择

在选择铝率 *p* 值时，也要与 *KH* 值相适应。一般情况下，当 *KH* 值选择比较高时，要相应地降低 *p* 值，这样有利于 C_3S 的生成。*p* 值的选择与液相黏度和熟料的凝结时间有关。在铝率的选择上，可采用高铝配料方案，也可采用高铁配料方案。

1）高铝配料方案：熟料中 C_3A 含量高，熟料早期强度高，但液相黏度高，不利于 C_3S 生成。

2）高铁配料方案：熟料中 C_4AF 含量较多，可降低液相出现的温度及液相黏度，有利于石灰吸收反应的进行，促使 C_3S 形成，提高熟料强度。采用高铁配料方案产生的液相量较多，易形成大块，易长窑皮。当煤的质量较差，而 KH 值又较高时，宜采用高铁配料方案。

总之，在选择熟料率值或矿物组成时，既要考虑到熟料的质量，又要考虑到物料的煅烧；既要考虑各率值或矿物组成的绝对值，又要考虑它们之间的相互关系和相互制约。

8.2 水泥生料的质量控制

8.2.1 物料中的水分如何测定？

物料水分的测定主要是测定物料中附着水分的质量分数。物料水分对其化学分析结果影响较大，在实际生产中，必须加强检测和控制。在生料配料计算中，一般采用分析基化学分析结果，算出各物料的分析基配比，再通过各物料的水分，换算出实际应用中各物料的配比。

（1）用干燥箱测定水分

用1/10 的天平准确称取50 g（*m*）试样，倒入小盘内，放于105 ℃ ~110 ℃的恒温控制干燥箱中烘干1 h，取出冷却后，称量（m_1）。

物料中水分的质量分数按下式计算：

$$w（水分）=(m-m_1)/m$$

式中 *m*——烘干前试料的质量，g；

m_1——烘干后试料的质量，g。

（2）用红外线干燥器测定水分

用1/10的天平，称取50 g试样，置于已知质量的小盘内，放在250W红外线灯下3 cm处烘干10 min左右（湿物料需烘干20 min～30 min）。取下，冷却后称量，计算公式同上。

用红外线烘干水分时，严防灯泡与冷物接触，以免引起灯泡爆裂。

注意事项：

1）石膏附着水分测定时烘干温度应为（45±3）℃，不得使用红外线灯。

2）生料球烘干前应先轻轻捣碎到粒度小于1 cm，然后再按上述方法测定。

3）大块样品应先破碎到2 cm以下再测定。

8.2.2 何为生料的易烧性？如何选择配料方案提高生料的易烧性？

生料的易烧性，是指在窑的实际操作中，熟料煅烧的难易程度。一般是以生料在一定温度下，经过一定时间煅烧后，熟料中所含游离氧化钙的多少来表示。游离氧化钙越多，则易烧性越差；游离氧化钙越少，则易烧性越好。在选定矿山和确定配料方案时，一般都应做此项工作。

在研究生料易烧性时，人们提出了不少经验公式，其中一个比较简单而实用的公式是：

$$K = [(3KH - 2)n(p + 1)]/(2p + 10)$$

式中 K——不同方法计算的易烧性指数；

KH——生料的饱和比；

n——生料的硅酸率；

p——生料的铝氧率。

从上式可以看出，配料方案对易烧性有很大的影响：

（1）KH值与n值都高，则K值大，肯定是难烧的生料，设计配料方案时要慎重；

（2）提高p值会略微降低K值，这是由于分母中p前面的系数比分子中p值前面的系数大；

（3）欲保持K不变（即易烧性不变），p值与n值就得呈同步增减趋势。国外不少窑外分解窑的配料方案就符合这个规律，其n值高达2.8，p值提高到1.7。

除了配料方案以外，生料的易烧性还与生料中$f\text{-}SiO_2$含量及细度、颗粒组成、烧成制度及液相量、液相性质等有关。具体到每个企业，要结合当地的原燃材料资源，选择既能适应用户对水泥性能的需求，又能让本厂工艺、装备与之适应的配料方案。

8.2.3 如何测定水泥生料的易烧性？

水泥生料的易烧性是指水泥生料按一定制度煅烧后的氧化钙被吸收参加反应的程度。其测定原理是，按一定的煅烧制度对一种水泥生料进行煅烧后，测定其游离氧化钙（$f\text{-}CaO$）含量，用该游离氧化钙的含量表示该生料的煅烧难易程度。游离氧化钙含量愈低，易烧性愈好。

（1）试验设备

1）ϕ305 mm×305 mm试验球磨机；

2）预烧用高温炉：额定温度不低于1000 ℃；

3）煅烧用高温炉：额定温度不低于1600 ℃，仪表精度不低于1.0级；

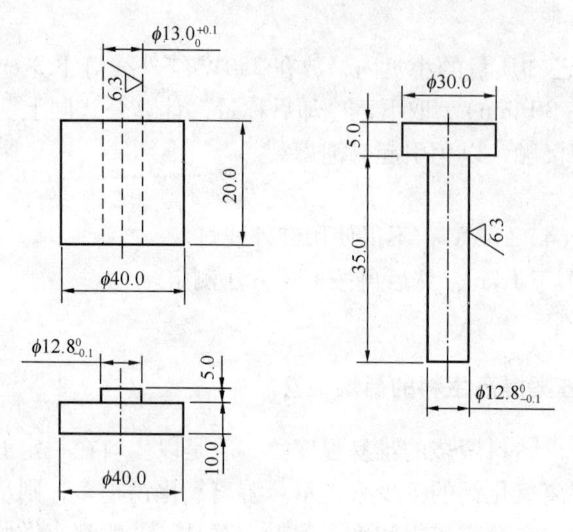

图 8-2　试体成型模具（单位：mm）

4）电热干燥箱；

5）平底耐高温容器、坩埚夹钳；

6）试体成型模具（见图 8-2），材质为 45 号钢。

（2）试样的制备

1）以试验制备的生料或掺适量煤灰混匀的工业生料作为试验生料。试验室使用 ϕ305 mm × 305 mm 的球磨机制备生料；一种生料一次制备约 1 kg；同一配比生料的细度系列中，应包括 80μm 筛筛余（10 ± 1)% 的细度；所有生料的 200 μm 筛余不得大于 1. 5%。

2）取 100 g 同一配比同一细度的均匀生料，置于洁净容器中，边搅拌边加入 20 mL蒸馏水，拌和均匀。

3）每次取（3. 6 ±0. 1）g 湿生料，放入试体成型模内，手工锤制成 ϕ13 mm × 13 mm 的小试体。

（3）试验温度

可按下列温度对试体进行煅烧：1350 ℃；1400 ℃；1450 ℃。若有特殊需要时，也可增设一档其他温度。

（4）试验步骤

将试体放在 105 ℃ ~110 ℃的电热干燥箱内烘干 60 min 以上。取 6 个相同试体为一组，均匀且不重叠地直立于平底耐高温容器内。将盛有试体的容器放入恒温在 950 ℃的预热高温炉内，恒温预烧 30 min。将预烧完毕的试体随同容器立即转移到恒温至试验温度的煅烧高温炉内，恒温煅烧 30 min，容器尽可能放置在热电偶端点的正下方。煅烧时间从开门放样起计时到开门取样为止。

将煅烧后取出的试体置于空气中自然冷却，将冷却后的 6 个试体一起研磨至全部通过 80μm 筛，装入贴有标签的磨口小瓶内。测定其游离氧化钙的含量。

试验结果的表示方法是以各试验温度煅烧后试样的游离氧化钙含量作为易烧性试验结果。两次对比试验结果的允许绝对误差如下：*f*-CaO 含量≤3. 0% 时为 0. 30%；*f*-CaO 含量 > 3. 0% 时为 0. 40%。

8. 2. 4　如何确定生料细度的控制指标?

对生料粒径分布范围的要求，与水泥截然不同，希望生料的颗粒分布范围越窄越好。其确定原则如下：

（1）一般情况下，生料磨得细些，有利于窑内物料之间的化学反应。但只要在窑的允许煅烧范围内，生料粒度宜于粗些。一般企业习惯控制生料细度为 80μm 筛筛余 15%，但不一定是最经济最合理的指标。目前，国内有的生产线，把生料细度调整到 20% 以上，其窑的煅烧效果仍未受到影响，而且提高了磨机的产量，降低了电耗。

（2）能否放宽生料细度指标的关键，是生料中200 μm筛余量的大小。实践证明，如果生料中200 μm筛余量控制在1.5%以内，窑的煅烧情况仍然很好，80μm筛余就有放宽的潜力。目前，国内大多数企业仍只检验生料80 μm筛余，而对200 μm筛余不太关心，或者重视不够。其实，在某种程度上，检验200 μm筛余的实际作用比检验80 μm筛余还要重要。

（3）在生料的组成中，如果方解石的粒径大于125 μm，石英的粒径大于45 μm，都会明显影响熟料的烧成速度。这些成分含量较高时，放宽80 μm筛余时要慎重考虑。

总之，各厂生料细度的最佳控制范围不可互相比照，应由各厂的原料试验及生产实践来确定。

8.2.5 铝片还原－重铬酸钾滴定法快速测定生料中氧化铁的原理和步骤是什么？

在制备生料的过程中，需要测定生料中三氧化二铁的含量，以控制铁质校正材料的配比。

目前，生产控制中测定三氧化二铁的方法，除仪器分析外，多数是采用重铬酸钾氧化还原滴定法，主要有铝片还原－重铬酸钾滴定法和三氯化钛还原－重铬酸钾滴定法。以前使用的二氯化锡还原－重铬酸钾滴定法，因使用二氯化汞剧毒试剂，污染环境，损害人体健康，已逐渐被上述无汞测定法所取代。

（1）方法原理

生料试样用磷酸加热分解，其中的氧化铁溶解生成三价铁离子（因磷酸的配位能力较强，铁离子与磷酸生成配合物）：

$$Fe_2O_3 + 6H^+ = 2Fe^{3+} + 3H_2O$$

加入盐酸溶液，使铁离子从与磷酸的配合物中释放出来，然后以铝片将三价铁离子还原为二价铁离子：

$$\underset{(黄色)}{3Fe^{3+}} + Al = \underset{(无色)}{3Fe^{2+}} + Al^{3+}$$

以二苯胺磺酸钠为指示剂，用重铬酸钾标准滴定溶液滴定二价铁离子：

$$6Fe^{2+} + Cr_2O_7^{2-} + 14H^+ = 6Fe^{3+} + 2Cr^{3+} + 7H_2O$$

根据重铬酸钾标准滴定溶液的浓度和滴定时消耗的体积，计算试样中三氧化二铁的含量。

（2）分析步骤

准确称取0.5 g试样(m)，置于250 mL锥形瓶中，加入少许固体高锰酸钾(或3滴～5滴质量浓度为10g/L的高锰酸钾溶液)，用少许水冲洗瓶壁，加入5 mL磷酸，将锥形瓶置于电炉上加热至有烟雾产生(中间应摇动数次，此时溶液应是紫色或绛紫色并呈油状)，取下稍冷，加入20 mL盐酸溶液(1+1)，加热微沸，以驱尽氯气，溶液呈黄色。加入0.13 g～0.16 g铝片(箔)，不断摇动锥形瓶，待铝片(箔)刚好全部溶解后(溶液呈无色)，取下，立即用水冲洗锥形瓶内壁，并稀释至150mL，加入5滴二苯胺磺酸钠指示剂溶液(2g/L)，用重铬酸钾标准滴定溶液[c (1/6) $K_2Cr_2O_7$] = 0.03000 mol/L滴定至紫色，消耗的体积为V(mL)。

试样中三氧化二铁的质量分数按下式计算：

$$w(Fe_2O_3) = \frac{c \times V \times 79.85}{m \times 1000}$$

式中　c——重铬酸钾(1/6)$K_2Cr_2O_7$ 标准滴定溶液的浓度，mol/L；

V——滴定时消耗重铬酸钾标准滴定溶液的体积，mL；

79.85——(1/2)Fe_2O_3 的摩尔质量，g/mol；

m——试料的质量，g。

8.2.6　铝片还原-重铬酸钾滴定法快速测定生料中氧化铁的注意事项是什么?

（1）分解试样时加入高锰酸钾的作用是除去生料中的单质碳和少量有机物，否则单质碳等会干扰测定并影响终点的观察。高锰酸钾的加入量以溶样后略有剩余为宜，不必加得太多，否则当加入盐酸溶液将剩余的高锰酸钾除去时会产生过多的氯气，对人体有害，并且应在通风橱内操作。其反应式如下：

$$2KMnO_4 + 16HCl = 2KCl + 2MnCl_2 + 5Cl_2\uparrow + 8H_2O$$

加入盐酸溶液有两个作用：一是使铁离子从其与磷酸的配合物中释放出来；二是将剩余的高锰酸钾分解除去。

（2）用磷酸分解试样时，中间要不断地摇动锥形瓶，加热至溶液无气泡，液面上有雾气，溶液呈油状。应控制电炉温度和溶样时间。若温度过高，时间过长，则会产生部分偏磷酸(HPO_3)，包裹三价铁离子，致使测定结果偏低；反之，若加热时间短，温度低，试样分解和氧化反应不完全，也影响测定结果，

（3）用铝片（箔）还原三价铁离子后，应立即用水稀释至约 150 mL，用重铬酸钾标准滴定溶液滴定。如放置时间太长，在热的酸性介质中，二价铁离子会被空气中的氧气重新氧化成三价铁离子，致使测定结果偏低。其离子反应式如下：

$$4Fe^{2+} + O_2 + 4H^+ = 4Fe^{3+} + 2H_2O$$

（4）金属铝片（箔）的加入量应固定，一般为 0.13 g～0.16 g。

（5）金属铝片（箔）中可能含有微量铁，另外滴定时二苯胺磺酸钠指示剂被氧化，由无色到紫色，也要消耗少量重铬酸钾。因此，要选用纯度较高的铝片（箔），而且每一批铝片（箔）都应进行空白试验。进行空白试验时溶液中必须有少量三价铁离子存在（其中不得有二价铁离子），才能得到明显的终点，因为三价铁离子对重铬酸钾氧化二苯胺磺酸钠指示的反应有诱导作用。所以在进行空白试验时，用重铬酸钾标准滴定溶液滴定前，先加入少量三价铁离子，再加入二苯胺磺酸钠指示剂，然后用重铬酸钾标准滴定溶液滴定。计算试样中三氧化二铁质量分数时，应扣除空白试验消耗的重铬酸钾标准滴定溶液的体积。

8.2.7　三氯化钛还原－重铬酸钾滴定法快速测定生料中氧化铁的原理和步骤是什么?

（1）方法原理

试样用磷酸加热分解后，在盐酸介质中以钨酸钠为指示剂，滴加三氯化钛溶液将三价铁离子还原为二价铁离子。反应式如下：

$$Fe^{3+} + Ti^{3+} + H_2O = Fe^{2+} + TiO^{2+} + 2H^+$$

当三价铁离子被定量还原为二价铁离子之后，稍过量的三氯化钛即将无色的钨酸钠还原为五价钨的氧化物，俗称“钨蓝”，显示蓝色。反应式如下：

$$2WO_4^{2+} + 2Ti^{3+} + 2H^+ = W_2O_5 \downarrow + 2TiO^{2+} + H_2O$$

稍过量的三价钛离子在铜离子的催化作用下，可被空气氧化除去，以溶液的蓝色刚好褪去为标志。

最终以二苯胺磺酸钠为指示剂，用重铬酸钾标准滴定溶液滴定。

（2）分析步骤

准确称取0.5 g试样，置于250 mL锥形瓶中，加入少许固体高锰酸钾，用少许水冲洗瓶壁。加入5 mL磷酸，将锥形瓶置于电炉上加热至有烟雾产生(中间应摇动数次)，取下稍冷，加入20 mL盐酸溶液(1+1)，加热微沸，以驱尽氯气，此时溶液呈黄色。将溶液稀释至60 mL左右，加入5滴~6滴钨酸钠溶液(250 g/L)，滴加三氯化钛溶液(体积分数1.5%)至呈蓝色，用水稀释至约150 mL，滴加1滴硫酸铜溶液(5g/L)。摇动，待蓝色褪去，加5滴二苯胺磺酸钠指示剂溶液(2 g/L)，用重铬酸钾标准滴定溶液[$c(1/6)K_2Cr_2O_7$]=0.03000 mol/L滴定至紫色。

8.2.8　三氯化钛还原-重铬酸钾滴定法快速测定生料中氧化铁的注意事项是什么？

（1）溶液中过量三氯化钛的存在，可防止二价铁离子被空气重新氧化，因而铁被还原后放置时间的长短对测定结果的影响不大。

（2）二价铜离子能起催化作用。如没有二价铜离子催化，则溶液的蓝色（钨蓝）很难褪去。铜盐溶液加入1滴即可，不宜过多。

（3）三氯化钛溶液易被空气氧化，因此配好溶液后，要在其上部加一层液状石蜡，以隔绝空气进行保护。

（4）在测定铁含量较高的试样时，若只用三氯化钛还原，则因往溶液中引入较多的钛盐，在以水稀释试验溶液时，钛氧基离子(TiO^{2+})会发生水解而生成大量$TiO(OH)_2$沉淀，影响终点的观察。因此可采用二氯化锡-三氯化钛联合还原法，即先滴加二氯化锡溶液(50 g/L)至呈浅黄色，再以钨酸钠为指示剂，滴加三氯化钛溶液(体积分数1.5%)至呈蓝色。

8.3　水泥熟料的质量控制

8.3.1　在GB/T 21372—2008《硅酸盐水泥熟料》中对熟料的基本化学性能和特性化学性能分别规定了哪些要求？

在GB/T 21372—2008《硅酸盐水泥熟料》中，规定低碱、中抗硫酸盐、高抗硫酸盐、中热和低热水泥熟料，应符合表8-1和表8-2中的特性化学性能要求。

表8-1　水泥熟料基本化学性能

f-CaO /%	MgO [a] /%	烧失量/%	不溶物/ %	SO_3 [b]/%	$3CaO \cdot SiO_2 + 2CaO \cdot SiO_2$ [c]/%	CaO/SiO_2 质量比
≤1.5	≤5.0	≤1.5	≤0.75	≤1.5	≥66	≥2.0

注：a. 当制成Ⅰ型硅酸盐水泥的压蒸安定性合格时，允许放宽到6.0%。

b. 也可以由买卖双方商定。

c. $3CaO \cdot SiO_2$，$2CaO \cdot SiO_2$ 按下式计算：

$3CaO \cdot SiO_2 = 4.07CaO - 7.60 SiO_2 - 6.72 Al_2O_3 - 1.43 Fe_2O_3 - 2.85SO_3 - 4.07f\text{-}CaO$

$2CaO \cdot SiO_2 = 2.87SiO_2 - 0.75 \times 3CaO \cdot SiO_2$

表 8-2　水泥熟料特性化学性能

类　型	$Na_2O + 0.658K_2O$[a] /%	$3CaO \cdot Al_2O_3$[b] /%	f-CaO /%	$3CaO \cdot SiO_2$ /%	$2CaO \cdot SiO_2$ /%
低碱水泥熟料	≤0.60	—	—	—	—
中抗硫酸盐水泥熟料	—	≤5.0	≤1.0	<57.0	—
高抗硫酸盐水泥熟料	—	≤3.0	—	<52.0	—
中热水泥熟料	≤0.60	≤6.0	≤1.0	<55.0	—
低热水泥熟料	≤0.60	≤6.0	≤1.0	—	≥40

注：a. 或由买卖双方协商确定。

b. $3CaO \cdot Al_2O_3$ 按下式计算：$3CaO \cdot Al_2O_3 = 2.65Al_2O_3 - 1.69Fe_2O_3$

8.3.2　在水泥熟料质量控制中为什么要对烧失量进行控制？

熟料烧失量也是衡量熟料质量的一项重要指标。国家标准 GB/T 21372—2008《硅酸盐水泥熟料》规定：熟料烧失量（质量分数）≤1.5%。烧失量高，说明窑内物料化学反应进行得不完全，还有一部分碳酸钙或煤粒没有分解或燃烧。熟料烧失量高，不仅严重影响熟料本身的质量，而且影响粉磨后的水泥质量，如水泥的烧失量、强度等，甚至影响到制成的水泥混凝土的耐久性。所以，对熟料的烧失量要加以控制。

8.3.3　为什么要求出窑熟料必须急冷？

出于以下几个原因，出窑熟料必须急冷，冷却速度越快越好。

（1）保证熟料质量。熟料出窑后可能发生如下物理、化学变化：

在 1250 ℃左右，$C_3S \rightarrow C_2S + CaO$；在 525 ℃ ~600 ℃发生晶形转变，$\beta\text{-}C_2S \rightarrow \gamma\text{-}C_2S$。晶形转变后，体积膨胀10%，造成熟料粉化。这两种反应都是在熟料慢冷时才会发生，形成的二次游离氧化钙及 $\gamma\text{-}C_2S$ 矿物都会使熟料质量严重下降。

在急冷时，熟料液相来不及结晶，而大部分转变成玻璃体，即使结晶，也比普通冷却时的结晶粒小，故通过急冷保持了熟料本来的质量。同时，急冷使 MgO 及 C_3A 大部分固定在玻璃体中，有利于改善熟料的安定性及抗化学侵蚀性能。

（2）节约能源，降低熟料热耗。只有冷却速度快，才能保证大量的热在篦冷机的高温段就被冷却空气所吸收，使二、三次风温提高，为窑内提供热量。

（3）减少“雪人”故障。因为慢速冷却易使熟料在晶形转化后粉化，所产生的细粉会在窑口处循环，反复聚集而结为“雪人”，影响煅烧操作。

（4）提高水泥粉磨效率。急冷的熟料颗粒必然产生热应力和裂纹，从而改善熟料的易磨性，为水泥粉磨的节能增产创造了条件。

8.3.4　熟料中游离氧化钙的含量控制在什么范围内比较合适？控制岗位的责任如何划分？

在保证熟料质量和经济效益的前提下，熟料中 f-CaO 的合理控制范围应是 0.5% ~2.0%

之间，加权平均值1.1%左右。如果熟料中*f*-CaO含量低于0.5%或高于2.0%，在企业应视为不合格品。即放宽上限指标，增加考核下限。

由于各厂的实际情况千差万别，所以，各厂的质量管理人员一定要紧紧围绕熟料质量目标及本厂的工艺特点，制定出不影响熟料强度及水泥安定性所允许的最高*f*-CaO含量上限，以及最大限度地节约热耗的下限。

需要说明的是，若出现熟料质量不合格时，应当分清责任。对于熟料中*f*-CaO的含量偶然高于2.0%，则属于中控室的操作问题。此时要立即采取措施，例如适当减少喂料、分解炉喂煤或窑尾排风等，力争在最短时间内，使窑内火焰、系统温度等各项参数恢复正常。

若熟料中*f*-CaO反复出现不合格，中控室操作人员已无法正常控制，则说明该窑已带病运转。此时应由企业的总工组织力量，对有可能产生的问题，针对性地逐项解决。如原燃材料成分波动、生料细度跑粗、预热器系统频繁塌料等。

对于熟料中*f*-CaO的含量低于0.5%，主要是生料的*KH*值或CaO含量控制偏低造成的，应由化验室负责。化验室应及时调整配料方案，尽快恢复到合理的控制范围。

8.3.5 游离氧化钙与熟料立升重有何相关关系？如何有效地判断熟料的煅烧情况？

在表征熟料的质量上，*f*-CaO是熟料的化学属性，它表明生料经过煅烧后尚有多少CaO未与硅、铝、铁等反应生成有用矿物。而熟料的立升重是熟料的物理表征，它表明生料煅烧后形成熟料的致密程度。二者的对应关系是：只要煅烧得好，*f*-CaO就低，致密度就高，立升重就高；反之，立升重低时，致密度差，*f*-CaO也可能会高。

熟料的致密度并非只与煅烧温度有关，还与熟料在烧成带停留时间的长短有关。在其他条件不变的情况下，将喷煤管向窑内多伸入一点，熟料的立升重就会明显增高，但熟料中的*f*-CaO并不会减少。这正是中空窑的熟料立升重测定结果比预分解窑高，而*f*-CaO并不见得低的原因。又比如，配料中铁含量的多少也会影响立升重的高低，而*f*-CaO却受着配料中钙含量高低的制约，也影响二者的相关性。

由此可见，用预分解窑生产熟料，检测立升重的意义已经不大。为了节约检验成本，提高检验的实效性，熟料立升重的例行检验完全可以取消或改为抽检。

除了检测熟料中*f*-CaO和立升重等项目外，采取现场观察熟料质量的措施很有必要。如观察有无黄心料、熟料中的细粉量、出窑熟料温度、熟料粒度的均齐程度、熟料中含有多少窑皮等，这是判断熟料煅烧情况最直接、简单、可靠、迅捷的办法。

8.3.6 水泥熟料中游离氧化钙含量的测定为何要在无水介质中进行？

熟料中的氧化钙绝大多数与硅等元素结合生成硅酸盐矿物，少量以游离状态存在。测定时为了避免硅酸盐矿物水化生成氢氧化钙而干扰游离氧化钙的测定，须在无水介质中进行，常采用丙三醇-乙醇法（甘油-酒精法）、乙二醇法和乙二醇-乙醇快速法。

测定原理是：在加热搅拌下，水泥熟料试样中的游离氧化钙与丙三醇生成弱碱性的丙三醇钙（以硝酸锶为催化剂）或乙二醇钙，使酚酞指示剂呈红色。以酚酞为指示剂，以苯甲酸－无水乙醇标准滴定溶液滴定。

8.3.7 丙三醇-乙醇法测定水泥熟料中游离氧化钙含量的注意事项是什么？

（1）熟料矿物遇水后能发生水化等反应，给游离氧化钙的测定带来误差，因此游离氧化钙的测定是非水溶液操作，要求所用试剂应无水、密封，容器须干燥。

（2）乙醇的体积分数不足99.5%时，须蒸馏后使用。

（3）甘油的脱水温度不得超过180 ℃。

（4）用于标定苯甲酸-无水乙醇标准滴定溶液滴定度的高纯碳酸钙试剂必须在950℃～1000℃灼烧恒量后方可使用。一次用不完下次再用时，也须在950℃～1000℃灼烧后使用，不要放置时间太久后使用。

（5）配好的甘油－无水乙醇溶液，放置一段时间后红色会消失，使用前须用0.1 mol/L氢氧化钠溶液中和至微红色，使其呈弱碱性。

8.3.8 丙三醇-乙醇法和乙二醇法测定熟料中游离氧化钙的异、同点有哪些？

相同点：均为非水滴定，试样和所用容器均要保持干燥、无水；均采用酚酞作指示剂，以苯甲酸-无水乙醇标准滴定溶液滴定；为了加快反应速度，均使用催化剂[$Sr(NO_3)_2$或KNO_3]；

不同点：甘油法需要反复煮沸，滴定两次以上；乙二醇法一般煮沸、滴定一次即可，不需要反复滴定。个别情况，如*f*-CaO含量特别高时，可增加一次煮沸、滴定。

8.3.9 为什么高钙粉煤灰中的游离氧化钙测定不能用甘油－酒精法？

高钙粉煤灰中的*f*-CaO含量一般在3.5%以上。使用甘油－酒精法测定其*f*-CaO有如下缺点：

（1）尽管使用硝酸锶作催化剂，反应速度仍偏慢。煮沸与滴定次数多达5次～6次，耗时45 min以上。

（2）*f*-CaO与甘油反应生成丙三醇钙时要析出水，这些水在反复煮沸的过程中又与某些矿物发生水化反应生成$Ca(OH)_2$，使测定结果偏高；而$Ca(OH)_2$与甘油反应生成丙三醇钙再次析出水，使某些矿物不断水化。这样反复循环反应，滴定时很难达到终点，使结果偏高。

为此，建议用乙二醇法测定高钙粉煤灰中*f*-CaO的含量，不仅测定速度快，而且准确。

8.3.10 怎样安全回收用过的甘油－乙醇溶液中的乙醇？

将生石灰（氧化钙）于950 ℃下灼烧2 h～3 h，冷却后放入铜蒸馏锅内，其放入量约为铜锅体积的1/3。将用过的甘油－乙醇溶液放入锅中，盖好锅盖，浸泡1 d～2 d后，取下锅盖，装上回流冷凝器，在70 ℃～80 ℃的温度下加热蒸馏。当乙醇蒸气出口处的温度计显示78 ℃时，开始将馏出液收集于干燥的玻璃瓶中，瓶口塞上装一硅胶干燥管。蒸馏过程中一定要有专人看管，以防加热过猛，乙醇冲出而引起火灾。蒸馏液的温度不要超过78 ℃。当乙醇的蒸出量减少时，应停止加热。

8.3.11 乙二醇法测定水泥熟料中游离氧化钙含量的步骤是什么？

称取约1 g试样（m），置于干燥的内装有一根搅拌子的200 mL锥形瓶中，加入40 mL

乙二醇(每升溶液中含 5mL 甲基红－溴甲酚绿混合指示剂溶液)，盖紧锥形瓶，用力摇荡，在 65 ℃～70 ℃水浴上加热 30 min，每隔 5 min 摇荡一次(也可用机械连续振荡代替)。用安有合适孔隙干滤纸的烧结玻璃过滤漏斗抽气过滤(如果过滤速度慢，应在烧结玻璃过滤漏斗上紧密塞一个带有钠石灰管的橡皮塞)。用无水乙醇或热的乙二醇仔细洗涤锥形瓶和沉淀共三次，每次用量 10 mL。卸下滤液瓶，用盐酸标准滴定溶液(0.1 mol/L，对氧化钙的滴定度为 T_{CaO})滴定至溶液颜色由褐色变为橙色，消耗盐酸标准滴定溶液的体积为 V mL。

游离氧化钙的质量分数 $w(f\text{-CaO})$ 按下式计算：

$$w(f\text{-CaO}) = \frac{T_{CaO} \times V}{m \times 1000}$$

8.3.12 乙二醇－乙醇快速法测定水泥熟料中游离氧化钙含量的步骤是什么？

在无水乙醇溶液中，游离氧化钙与乙二醇于温度 100 ℃～110 ℃下，可在 2 min～3 min 内定量反应生成乙二醇钙，使酚酞指示剂呈红色。然后用苯甲酸－无水乙醇标准滴定溶液滴定至红色消失。借助于专门设计的游离氧化钙测定仪，边加热边搅拌，可达到快速、准确的目的。该仪器还配有冷却水循环及定时系统。

准确称取 0.4 g 试样(视游离氧化钙含量而定)，置于干燥的 250 mL 锥形瓶中，加入 15mL～20 mL 乙二醇－乙醇溶液(体积比 2＋1)，摇动锥形瓶使试样分散，放入一枚搅拌子。装上小型冷凝管，置于游离氧化钙测定仪上，接通循环泵电源，使其工作，开启仪器后面的总电源开关，指示灯亮。先以较低的转速搅拌溶液，同时升温，电压表指针指在 220 V 左右的位置上。当冷凝下的回流液开始滴下时，开始定时，降温，电压表指在 150 V 左右，稍增大转速。到达计时 3 min 时，萃取完毕，取下锥形瓶，用无水乙醇吹洗一圈，用苯甲酸－无水乙醇标准滴定溶液滴定至红色消失，关闭仪器总电源开关。

8.4 水泥的质量控制

8.4.1 GB 175—2007/XG 1—2009《通用硅酸盐水泥》对原标准进行了哪些修订？

GB 175—2007《通用硅酸盐水泥》自实施之日起代替 GB 175—1999《硅酸盐水泥、普通硅酸盐水泥》、GB 1344—1999《矿渣硅酸盐水泥、火山灰质硅酸盐水泥、粉煤灰硅酸盐水泥》、GB 12958—1999《复合硅酸盐水泥》三个标准。与该三项标准相比，本标准修订内容如下：

(1) 全文强制改为条文强制；

(2) 增加了通用硅酸盐水泥的定义；

(3) 将各品种水泥的定义取消；

(4) 将组分与材料合并为一章；

(5) 普通硅酸盐水泥中“掺活性混合材料时，最大掺量不超过 15%，其中允许用不超过水泥质量 5% 的窑灰或不超过水泥质量 10% 的非活性混合材料来代替”改为“活性混合材料掺加量为 >5% 且≤20%，其中允许用不超过水泥质量 8% 且符合本标准第 5.2.4 条的非活性混合材料或不超过水泥质量 5% 且符合本标准第 5.2.5 条的窑灰代替”；

（6）将矿渣硅酸盐水泥中矿渣掺加量由“20%～70%”改为“>20%且≤70%”并分为A型和B型，A型的矿渣掺量>20%且≤50%，代号P·S·A；B型的矿渣掺量>50%且≤70%，代号P·S·B；

（7）将火山灰质硅酸盐水泥中火山灰质混合材料掺量由“20%～50%”改为“>20%且≤40%”；

（8）将复合硅酸盐水泥中混合材料总掺量由“应大于15%，但不超过50%”改为“>20%且≤50%”；

（9）材料中增加了粒化高炉矿渣粉；

（10）取消了复合硅酸盐水泥中允许掺加粒化精炼铬铁渣、粒化增钙液态渣、粒化碳素铬铁渣、粒化高炉钛矿渣等混合材料以及符合附录A新开辟的混合材料，并将附录A取消；

（11）增加了M类混合石膏，取消了A类硬石膏；

（12）助磨剂允许掺量由“不超过水泥质量的1%”改为“不超过水泥质量的0.5%”；

（13）普通水泥强度等级中取消了32.5和32.5R；

（14）将矿渣硅酸盐水泥、火山灰质硅酸盐水泥、粉煤灰硅酸盐水泥和复合硅酸盐水泥中“熟料中的氧化镁含量”改为“水泥中的氧化镁含量”，其中要求P·S·A型、P·F型、P·C型水泥中氧化镁含量不大于6.0%，并加注b说明：“如果水泥中氧化镁含量大于6.0%时，应进行水泥压蒸试验并合格”；对P·S·B型水泥无要求；

（15）增加了氯离子限量的要求，即水泥中氯离子含量不大于0.06%；

（16）将各强度等级的普通硅酸盐水泥的强度指标改为和硅酸盐水泥一致，将各强度等级复合硅酸盐水泥的强度指标改为和矿渣硅酸盐水泥、火山灰质硅酸盐水泥、粉煤灰硅酸盐水泥一致；

（17）增加了45 μm方孔筛筛余不大于30%作为选择性指标；

（18）增加了选择水泥组分试验方法的原则和定期校核要求；

（19）将“按0.50水灰比和胶砂流动度不小于180 mm来确定用水量”的规定的适用水泥品种扩大为火山灰质硅酸盐水泥、粉煤灰硅酸盐水泥、复合硅酸盐水泥和掺火山灰质混合材料的普通硅酸盐水泥；

（20）编号与取样中增加了年生产能力“200×10^4t以上”的级别，即：200×10^4t以上，不超过4000t为一个编号；将“120万吨以上，不超过1200吨为一个编号”改为“120×10^4t～200×10^4t，不超过2400t为一个编号”；

（21）将“出厂水泥应保证出厂强度等级，其余技术要求应符合本标准有关要求”改为“经确认水泥各项技术指标及包装质量符合要求时方可出厂”；

（22）增加了出厂检验项目；

（23）取消了废品判定；

（24）不合格判定中取消了细度和混合材料掺加量的规定，将判定规则改为“检验结果符合本标准7.1、7.3.1、7.3.2、7.3.3条技术要求为合格品。检验结果不符合本标准7.1、7.3.1、7.3.2、7.3.3条中任何一项技术要求为不合格品”；

（25）检验报告中增加了“合同约定的其他技术要求”；

（26）交货与验收中增加了“安定性仲裁检验时，应在取样之日起10 d以内完成”；

（27）包装标志中将“且应不少于标志质量的98%”改为“且应不少于标志质量的

99%”（原版 GB 175—1999、GB 1344—1999、GB 12958—1999 中第 9.1 条，本版第 10.1 条）；

（28）包装标志中将“火山灰质硅酸盐水泥、粉煤灰硅酸盐水泥和复合硅酸盐水泥包装袋的两侧印刷采用黑色”改为“火山灰质硅酸盐水泥、粉煤灰硅酸盐水泥和复合硅酸盐水泥包装袋的两侧印刷采用黑色或蓝色”。

2009 年发布的修改单 GB 175—2007/XG 1—2009 对 GB 175—2007 正文进行了修改，内容如下：

（1）删除第 2 章“规范性引用文件”中“JC/T 420 水泥原料中氯离子的化学分析方法”；

（2）“8.4 氯离子按 JC/T 420 进行试验”改为“8.4 氯离子按 GB/T 176 进行试验”。

8.4.2 出磨水泥的质量控制项目有哪些？

水泥制成的质量控制是水泥生产的最后一道工艺过程，水泥制成的质量控制是确保出厂水泥符合国家标准的重要环节。

对出磨水泥的控制项目通常有：三氧化硫、氧化镁、氯离子、凝结时间、安定性、强度。硅酸盐水泥和普通硅酸盐水泥要控制烧失量，硅酸盐水泥还要控制不溶物含量。选择性指标则有碱含量、细度。

（1）三氧化硫

通用硅酸盐水泥标准中规定，矿渣硅酸盐水泥中三氧化硫的质量分数≤4.0%，其余硅酸盐水泥中三氧化硫的质量分数≤3.5%。

（2）氧化镁

GB 175—2007/XG 1—2009《通用硅酸盐水泥》中，将矿渣硅酸盐水泥、火山灰质硅酸盐水泥、粉煤灰硅酸盐水泥和复合硅酸盐水泥中“熟料中的氧化镁含量”改为“水泥中的氧化镁含量”，其中要求 P·S·A 型、P·P 型、P·F 型、P·C 型水泥中的氧化镁含量不大于 6.0%，并加注说明，“如果水泥中氧化镁含量大于 6.0% 时，应进行水泥压蒸试验并合格”；对 P·S·B 型水泥无要求。

生产硅酸盐水泥和普通水泥时，对出磨水泥中氧化镁含量应每日测定一次。如果氧化镁含量较高，应增加监测次数。

（3）氯离子

GB 175－2007/XG 1—2009《通用硅酸盐水泥》标准中增加了对氯离子含量的要求，其限量是水泥中的氯离子的含量小于 0.06%。

（4）安定性、凝结时间、强度

出磨水泥的凝结时间、安定性和强度，都要符合国家标准要求，如果有的性能不符合要求，应采取必要的措施（例如均化的方法）补救，确保出厂水泥的质量。

（5）烧失量

国家标准中规定了硅酸盐水泥和普通硅酸盐水泥中的烧失量指标，P·I 水泥不得大于 3.0%，P·Ⅱ水泥不得大于 3.5%，P·O 水泥不得大于 5.0%。主要是由于水泥中组分材料品种增多，如石灰石、窑灰及部分石膏等的品位下降，为保证水泥中石灰石的掺量在标准规定的范围之内，所以对水泥的烧失量要加以限制。

（6）水泥细度

水泥细度对水泥质量和经济效益有着重要作用。新的水泥标准的实施对水泥企业产品质量提出了新的要求。我国水泥细度粗是我国水泥质量同国外水泥质量差别的一个突出问题。水泥磨制细度、颗粒组成和颗粒形状对充分利用水泥活性和改善水泥混凝土性能具有重要作用。

水泥粉磨得越细，其比表面积愈大，与水拌和后水化速度就愈快，强度愈高，特别是早期强度更有明显提高；另外，当熟料中游离氧化钙含量较高时，将水泥磨细些可使其较快地消解，从而改善水泥的安定性。但不恰当地提高水泥粉磨细度，会降低磨机产量，使电耗增加。另外，如果将水泥磨得过细，使用时需水量增加，也会影响水泥石的致密性，造成水泥石强度降低。只有根据本厂的具体条件，合理制定水泥细度指标，才能在保证水泥质量的基础上，取得良好的经济效益。

水泥细度一般控制在 0.080 mm 方孔筛筛余 10% 以下，或比表面积大于 300 m^2/kg。细度每小时测定一次。

（7）碱含量

GB 175—2007/XG 1—2009《通用硅酸盐水泥》将碱含量列为选择性指标，若使用活性集料，用户要求提供低碱水泥时，水泥中的碱含量以 $R_2O(Na_2O+0.658K_2O)$ 计算值表示应不大于 0.60%，或由买卖双方协商确定。特种水泥标准中把碱含量作为一项重要指标加以控制，如 GB 200—2003《中热硅酸盐水泥、低热硅酸盐水泥、低热矿渣硅酸盐水泥》和 GB 10238—2005《油井水泥》中规定碱含量小于 0.75%。有些工程因特殊需要，对碱含量的要求比标准规定的还要严格，例如我国的三峡工程，对中热硅酸盐水泥中的碱含量规定不得高于 0.55%，并与国家水泥质量监督检验中心签订了现场质量监督检验合同，对碱含量进行现场控制。

（8）混合材料掺加量

混合材料的掺加量要根据生产的水泥品种、熟料质量和混合材料的品种、质量来确定。工厂应通过试验研究，进行综合分析，确定混合材料的品种及其掺加量，不同水泥品种其混合材料的掺加量均应符合国家标准的规定。

8.4.3 筛析法测定水泥细度有哪些不足之处？

筛析法测定水泥细度具有简单、方便的优点，但不足之处是筛余分数只表示大于某一尺寸（如 80 μm 或 45 μm）颗粒的质量分数。与比表面积法相比有以下不足：

（1）筛析法所用的筛子，其孔径大小有一定的限度，特别是 40 μm 以下的颗粒，无法用筛析法进行测定。而 40 μm 以下的水泥颗粒对强度的影响却很大。

（2）水泥颗粒形状不规则，颗粒级配变化也很大，不能从筛析结果看出水泥的真正细度。

（3）对不同颗粒级配的物料，其筛余量可能相同，而比表面积却可能相差很大。

测定水泥细度，用筛析法不如用比表面积法。测定比表面积更符合水泥生产实际情况，对正确指导生产具有重要作用。

8.4.4 水泥的比表面积与筛余一般控制在什么范围内为好？

从配制水泥混凝土的综合性能情况看，42.5 强度等级的水泥，比表面积宜控制在

360 m^2/kg ~ 380 m^2/kg，80 μm 筛筛余宜控制在 1% ~2%，45 μm 筛筛余为 10% ~16%。

8.4.5 水泥颗粒的大小与水化有怎样的关系？水泥粉磨得越细越好吗？

现在多数企业在实际生产中，是采用比表面积测定仪和 80μm、45μm 方孔筛测定出磨、出厂水泥的细度。一般来说，水泥越细，比表面积越大，水化速度越快。粗颗粒水泥只能在表面水化，未水化部分只起填充作用。

水泥颗粒的大小与水化速度的关系是：

0 μm ~ 10 μm，水化最快；

3 μm ~ 30 μm，水化、活性最好；

＞60 μm，水化缓慢；

＞90 μm，表面水化，只起微集料的作用。

水泥过细，也有不足之处：水泥浆体达到同样流动度时，需水量过多，使水泥混凝土中空隙率增加，强度下降。实验表明，水泥中小于 10μm 的颗粒大于 60% 时，7d、28d 强度开始下降，单位产品电耗成倍增加。因此，水泥粉磨细度应与水泥品种与强度等级相配合，根据熟料质量与粉磨设备等具体条件而定，不宜磨得过细。通常，通用水泥的比表面积为 300 m^2/kg ~ 360 m^2/kg。

8.4.6 为什么水泥标准中对三氧化硫的含量进行了限定？

水泥中的 SO_3 主要是由磨制水泥时为调节水泥的凝结时间而加入石膏引入的。适量的石膏可以调节水泥的凝结时间。因为水泥熟料的矿物中，铝酸三钙（C_3A）水化速度非常快，将水泥熟料磨成细粉加水混合后会很快凝结，致使建筑施工中的搅拌、运输、振捣、砌筑等工序无法进行。磨制水泥时加入石膏后，在石灰－石膏溶液中，石膏与水化铝酸钙生成水化硫铝酸钙，溶解度非常低，从而降低了液相中 C_3A 的浓度，阻止了水化很快的 C_3A 所引起的快凝作用。生成的水化硫铝酸钙包覆在水泥颗粒表面，形成一层不易透水的薄膜，减缓了 C_3A 和 C_3S 等熟料矿物的水化作用，从而延缓了水泥的凝结过程。适量的石膏还可提高水泥的强度，特别是在矿渣水泥中，石膏起硫酸盐激发作用，对改善水泥性能有利，因为石膏中的 SO_3 能与 C_3A、C_4AF 生成针状的硫铝酸钙，其水化产物强度较高，且含结晶水多，能在同样水灰比条件下降低水泥石的空隙率，从而提高水泥石的强度和耐蚀性。但是，水泥中 SO_3 含量也不能过高，否则会使水泥强度下降，特别是在后期，它会与水化铝酸钙生成含水硫铝酸钙，结晶时体积增大，产生膨胀应力，严重时会使混凝土产生胀裂现象。所以，要严格控制水泥中三氧化硫的含量。生产中可通过一系列小磨试验，找出石膏掺量与水泥凝结时间、安定性、强度的关系，确定石膏的适宜掺加量。特别是使用一些石膏的代用材料时，应进行试验对比后确定。出磨水泥中的三氧化硫含量，要求每两小时测定一次。

8.4.7 为什么水泥标准中对氧化镁的含量进行了限定？

水泥中的氧化镁是一种有害成分，它与硅、铁、铝化合物的化学亲和力很小，它在熟料煅烧过程中，一般不参与化学反应，大部分以游离态的方镁石存在。如果原料中氧化镁含量过高，烧成的熟料中就会存在未化合的氧化镁，以游离状态存在，呈结晶状。它的水化速度很慢，数月乃至数年才能与水作用生成 $Mg(OH)_2$，同时体积膨胀 148%，使水泥石遭到破坏。因此，国家标准中规定了氧化镁的最高允许含量：P·I、P·II、P·O 水泥中氧化镁质量分数≤5.0%，如果水泥压蒸试验合格，则可放宽至 6.0%；其余硅酸盐水泥中氧化镁质量分数≤6.0%，如果高于 6.0%，需进行水泥压蒸安定性试验并合格。氧化镁非常难于水化，仅通过沸煮还不能确定其安定性是否合格，需在高温高压下进行蒸压，使氧化镁加速水化，如果安定性合格，则水泥的后期安定性才能得到保证。

8.4.8 为什么水泥标准中对氯离子的含量进行了限定?

氯离子是水泥中一种有害的微量成分，GB 175—2007/XG 1—2009《通用硅酸盐水泥》标准中规定值为不大于 0.06%。若氯离子含量过高，会对水泥混凝土中的钢筋产生锈蚀作用，对水泥混凝土的结构造成严重的破坏。目前，在水泥生产中，有的企业假借助磨剂之名，盲目掺入盐类（如食盐）的现象时有发生。因此，现行水泥标准修订时，增加了对氯离子含量的要求。其限量是参照混凝土设计应用规范确定的。正常情况下，水泥中氯离子主要来源于原料。原料中的氯在熟料烧成过程中大部分挥发，残留的氯离子含量很少，所以，如果水泥中氯离子含量较高. 则可认为是主要来源于使用的各种外加剂。因此，标准中对于水泥中的氯离子含量规定了小于 0.06% 的指标，此项技术指标已经严于欧洲标准。标准中同时加注说明："当有特殊要求时，该指标由买卖双方协商确定"。这样，既能够保证水泥混凝土的耐久性，又为水泥生产协同处置固体废弃物保留了合理的空间。

8.4.9 为什么水泥标准中对碱含量作了规定?

碱对水泥的性能产生影响。水泥中碱溶出快，能增加液相的碱度，加快水化速度，激发水泥中混合材的活性，提高水泥的早期强度。但碱含量高时，水泥后期强度提高很慢。

碱含量高时对水泥的性能还有下述不利影响：水泥水化时产生的氢氧化钾和氢氧化钠会消耗石膏，破坏石膏的缓凝机理，使水泥发生早凝、结块及需水量增加；另外，水泥中的碱能和活性集料发生碱 - 集料反应，产生局部膨胀，引起建筑物开裂变形，甚至崩溃。

8.4.10 如何对出磨水泥进行质量管理?

加强对出磨水泥质量的管理，是为了确保出厂水泥质量的稳定。对出磨水泥的管理主要抓好以下几项工作：

（1）严格控制出磨水泥的各项质量指标。对于生产工艺条件较差、质量波动较大的厂，应尽量缩小出磨水泥的取样时间和检验吨位，增加检验频次，掌握质量的波动情况，以便及时调整和在出厂前进行合理搭配。

（2）严格出磨水泥入库制度。水泥库应有明显标识，出磨水泥应严格按化验室指定的库号和时间入库，并作好入库记录。每班必须准确测定各水泥库的库存量并做好记录。

（3）出磨水泥要有一定的库存量。一般情况下，水泥库存量不应少于 5 d，以便根据入库水泥的 3 d 强度和其他质量指标来确定出厂水泥的质量。同时，也可根据入库水泥的质量情况，在库内进行必要的均化，如机械倒库及多库搭配等措施，如能用空气搅拌更好，以稳定出厂水泥的质量，减小标准偏差。

（4）出磨水泥不得在磨尾直接包装或水泥出磨后在"上入下出"的库底直接包装，以防止质量不合格的水泥出厂。同一库不得混装不同的品种、标号的水泥。

（5）出磨水泥必须按产品标准中对所要求的物理性能进行检验。

（6）加强水泥的均化，采用空气搅拌、机械倒库或多库搭配等均化措施，提高均匀性，减小标准偏差。企业每季度应进行一次均匀性试验，努力实现单包水泥各项质量指标达到产品标准要求。

8.4.11　水泥出厂的三个主要依据是什么?

确认水泥出厂的三个主要依据是：（1）出磨水泥的质量；（2）出磨水泥与出厂水泥的强度关系；（3）出厂水泥的检验结果。

8.4.12　某厂P·O 42.5水泥，上月标准偏差为1.2 MPa，试确定出厂水泥28 d抗压强度目标控制值为多少?

28 d抗压强度目标控制值≥水泥国家标准规定值+富裕强度值$+3s=42.5+2.0+3\times1.2=48.1$(MPa)。

式中2.0为通用硅酸盐水泥28 d抗压强度富裕值，s为月(或一统计期)平均28d抗压强度标准偏差。

8.4.13　对出厂水泥必须进行的基本理化性能测定的内容是什么?

根据国家标准规定，通用硅酸盐水泥必须对凝结时间、安定性、强度、不溶物、烧失量、三氧化硫、氧化镁、氯离子进行测定。不溶物仅限于P·Ⅰ、P·Ⅱ水泥，烧失量仅限于P·Ⅰ、P·Ⅱ和P·O水泥。其他理化性能，如细度、碱含量，标准稠度用水量、比表面积等，根据使用要求进行测定。

8.4.14　为什么要控制出厂水泥的温度?

关于出厂水泥的温度，现在已引起水泥企业和施工单位的重视。为了改变水泥与外加剂的相容性，降低混凝土拌合物的入模温度，减少混凝土的开裂，在气温较高的季节，应控制出厂水泥的温度低于65 ℃。生产优质水泥的企业应增设水泥冷却设备，在夏季或使用单位有要求（如修筑高速公路）时，降低出厂水泥的温度。

8.4.15　用标准偏差表述产品质量的含义是什么?

标准偏差是表征一组数据离散程度的统计学概念，它通过数据群中每个数据与给定值的偏差大小，反映出生产工况与所要求控制目标的偏离程度。如果各班检验结果的平均值在给定范围内，且标准偏差值小于规定值，此时的产品质量不仅合格，而且控制稳定。

当然，标准偏差不能完整表达变化的实际情况，比如它不能简单地把发展趋势和连续波动区别开来。另外，在计算标准偏差前，应从数据组中剔除那些显著的离群数据。

在我国，一些外资或中外合资的水泥企业，对产品质量的管理与控制多使用平均值与标准偏差，辅以最大值、最小值进行统计。而我国大多数水泥企业仍然仅使用合格率进行生产考核与统计。这两种方法反映了管理思想上的差异。相比而言，前者更具有科学性，更有利于产品质量的稳定和提高。

8.4.16 用标准偏差表达质量特征的条件是什么?

标准偏差在表示质量特征的分散性上具有优越性，但并非所有场合都能使用标准偏差。下述情况需要考虑能否使用标准偏差表述产品、半成品的质量。

（1）使用标准偏差的前提是必须有足够数量的连续性计量数据，而且其分布服从或近似服从正态分布。如果质量检验数据为计点数据，即离散变量（如水泥安定性），则标准偏差无法应用。另外，当统计数据较少时，往往不足以体现正态分布，计算出的标准偏差可靠性差。

（2）对特别重要的质量参数，必须要求用合格率100%表述考核时：如出厂水泥28 d抗压强度合格率、出厂水泥富裕强度合格率，都要求100%，此时必须用合格率法进行考核统计。在这种情况下，在评价优质水泥时，还是要进一步以标准偏差来衡量质量的稳定性。在过去的行业检查评比中，即是以28 d抗压强度标准偏差及变异系数作为主要指标，而不再仅仅追求几个100%的合格率。在水泥出厂同样是100%合格的情况下，用户希望水泥强度的波动要小，即抗压强度要在较小的范围内波动，这就是标准偏差越小越好的含义。

8.4.17 如何对出厂通用硅酸盐水泥的质量进行管理?

出厂水泥的管理是水泥厂质量控制中最后的也是最重要的一关。企业必须严格执行水泥国家标准及有关法规条例，确保出厂水泥全部合格。

（1）出厂水泥质量控制的要求

1）出厂水泥物理性能和化学性能合格率100%。即水泥的各项技术要求，如氧化镁、三氧化硫、烧失量、氯离子、凝结时间、安定性、强度等必须满足相应品种标号的国家标准或行业标准的规定。

2）28 d抗压富裕强度合格率100%。即确保出厂水泥28 d抗压富裕强度：通用硅酸盐水泥，2.0 MPa以上；白色硅酸盐水泥、中热硅酸盐水泥、低热矿渣硅酸盐水泥1.0MPa以上；道路硅酸盐水泥、钢渣水泥2.5MPa以上。

3）28 d抗压强度目标值合格率100%。28 d抗压强度目标值≥水泥国家标准规定值+富裕强度值$+3s$。s为月（或一统计期）平均28 d抗压强度标准偏差。

4）28 d抗压强度月（或一统计期）平均变异系数合格率100%。强度等级32.5者小于4.5%；强度等级42.5者小于3.5%；强度等级52.5及以上者小于3.0%。

5）均匀性合格率100%。即月（或一统计期）均匀性试验的28 d抗压强度变异系数小于3.0%。

6）混合材掺量合格率100%。即混合材掺量在控制值±2%。

7）水泥包装袋品质符合GB 9774规定，合格率100%。

8）袋装水泥袋重合格率100%。

（2）水泥出厂的依据

为使水泥厂的生产正常进行，加快水泥贮库的周转，不可能等水泥28 d强度测定结果出来后再出厂，而是参考有关质量指标提前出厂。决定水泥出厂的依据一般考虑下列因素：

1）熟料质量：熟料质量是水泥质量的基础，在日常质量控制中，要摸清熟料3d到28 d强度的增长率，掌握熟料各龄期强度以及化学成分、率值的变化对强度的影响。还要特别注意，熟料小磨试验与水泥大磨生产由于工艺条件不同所反映在强度上的差异。

2）出磨水泥质量：为有效地控制出厂水泥的质量，必须对出磨水泥按班次或库号进行全项检验，用以指导水泥出库管理工作。如果各库中的水泥质量有差别，甚至有的指标不合格，应根据检验结果和入库数量进行合理的搭配、混合或存放，以使出厂水泥合格并达到规定要求的标号及强度目标值。

3）出磨水泥与出厂水泥的强度关系：掌握出磨水泥与出厂水泥之间的强度关系，就可根据出磨水泥的强度推算出出厂水泥的强度，控制水泥的出厂。它们之间的关系因厂而异，与水泥的性能、试样的采取方法及水泥均匀性、存放期等有关，各企业可在生产实践中，通过大量的数据统计分析，找出出磨水泥与出厂水泥强度之间的对应关系。但出磨水泥的检验数据不能作为出厂水泥的质量检验数据。

4）根据出厂水泥的检验结果：水泥出厂前必须按国家标准规定的编号、吨位取样，进行全套物理、化学性能检验，确认各项指标全部符合国家标准及有关规定时，方可由化验室通知出厂。水泥出厂的强度等级一般应根据实测的3 d强度，并根据本厂水泥强度的递增规律推算出28 d强度后确定。用这种方法控制出厂水泥的企业，必须有稳定的生产条件，健全的质量管理体系，化验室能确切地掌握水泥强度的发展规律。

8.4.18　怎样衡量出厂水泥的均匀性？

根据JC/T 578—2009，每个品种水泥随机抽取一个编号，取10个分割样进行强度试验，计算28d抗压强度的标准差s_t和变异系数C_t；以月为单位，单一品种的任一强度等级水泥每月应不少于30个连续编号，每3个（或3天）连续编号中至少有一个做重复试验，直至10个试样，计算重复试验的标准差s_e和变异系数C_e。然后从分割样的标准差s_t和变异系数C_t中扣除，得出s_c和C_v，作为评定水泥强度匀质性的依据。C_v应不大于3.0%。

8.4.19　水泥质量的等级划分执行什么标准？

通用水泥质量等级划分的依据是各品种水泥的强度、凝结时间和氯离子含量。JC/T 452—2009《通用水泥质量等级》规定的优等品、一等品、合格品具体指标如下：

（1）优等品　水泥产品标准必须达到国际先进水平，且水泥实物质量水平与国外同类产品相比达到近5年内的先进水平。3 d抗压强度应分别≥24.0 MPa*、22.0 MPa，28 d抗压强度≥48.0 MPa；凝结时间≤300 min*、330 min；氯离子质量分数$w(Cl^-)\leq 0.06\%$。

（2）一等品　水泥产品标准必须达到国际一般水平，且水泥实物质量水平达到国际同类产品的一般水平。3 d抗压强度应分别≥20.0 MPa*、17.0 MPa，28 d抗压强度≥46.0 MPa*、38.0 MPa；凝结时间≤360 min*、420 min；氯离子质量分数$w(Cl^-)\leq 0.06\%$。

（3）合格品　按我国现行水泥产品标准组织生产，水泥实物质量水平必须达到现行产品标准的要求。

注：带*者为P·Ⅰ、P·Ⅱ、P·O水泥；不带*者为另外四种通用硅酸盐水泥。

水泥均匀性：28 d抗压强度≤$1.1\overline{R}$。$\overline{R}$为同品种同强度等级水泥28 d抗压强度上月平均值。对于62.5级（含）以上水泥不作此要求。

企业生产通用硅酸盐水泥的质量，必须保证合格品，稳定一等品，争取优等品。建议水泥包装标识中应有水泥的质量等级。

8.4.20 如何对水泥包装进行管理？

水泥包装是水泥出厂管理的一个重要环节，必须严格执行国家标准及有关规定。

（1）包装质量。“水泥可以散装或袋装，袋装水泥每袋净含量为50 kg，且应不少于标志质量的99%，随机抽取20袋总质量（含包装袋）应不少于1000 kg。其他包装形式由供需双方协商确定。”但有关袋装质量要求，必须符合上述原则规定。这是因为：

1）在施工中，往往是按每袋水泥50 kg计算配制混凝土，质量不足会降低混凝土的标号，影响工程质量，超过则造成水泥不应有的浪费；

2）袋装水泥出厂一般均按袋数计算发放数量，每袋水泥超过或不足都会给供需双方带来经济损失。

（2）袋重合格率。以20袋为一抽样单位，在总质量不少于1000 kg的前提下，20袋分别称量，计算袋重合格率，小于49 kg者为不合格。当20袋总质量少于1000 kg时，即袋重不合格（袋重合格率为零）。

抽查袋重时，质量数值应记录至0.1 kg。计算平均净重时，应先随机取10个纸袋称量并计算其平均值，然后由实测袋重减去纸袋平均质量。袋重合格率可按下列公式计算：

$$\text{袋重合格率} = \frac{\text{净重为49kg以上的包数}}{\text{总的抽查包数}} \times 100\% \quad (\text{20袋总质量} \geqslant 1000\ \text{kg})$$

企业化验室要严格执行袋重抽查制度，每班每台包装机至少抽查20袋，同时考核20袋总质量和单包质量，计算袋重合格率。

（3）水泥包装袋的技术要求。GB 9774《水泥包装袋》中规定了水泥包装袋的技术要求：

1）制袋材料。制袋材料（指制袋基材及粘合剂）对水泥强度无不良影响。

纸袋应由4层或4层以上符合GB 7968的3层或3层以上符合QB/T 1460—2006的纸袋纸制成，允许增加再生纸，但不得加在最外层或最里层。各类编织材料必须复合成复合材料。覆膜塑编袋应有内衬纸，其编织布覆膜技术要求及物理性能应符合GB 8947的要求。其他材料袋的材料应符合相应材料标准的要求。水泥包装袋如有内衬纸则必须使用纸袋纸。

2）牢固度。水泥包装袋的力学性能以牢固度表示，其数值以跌落试验不破次数表示，其要求列于表8-3中。

表8-3 水泥包装袋的牢固度指标

等级	优等	一等	合格
牢固度	≥12	≥9	≥6

3）外观。平整、无裂口、无脱胶、无粘膛、印刷清晰。

4）适用温度。包装袋适用温度指包装袋包装水泥时的水泥的最高温度。

包装袋适用温度依材料而定，除纸袋以外，其他材料袋均需通过试验确定，其适用温度要求不得低于60 ℃。

5）防潮性能。水泥包装袋防潮性能分A、B两级。水泥包装袋防潮性能不得低于B级。

水泥生产企业要积极采用国家主管部门优选推广使用的包装袋型，严禁使用两层新纸加两层再生纸或更低档次的各种包装物。

（4）包装袋的标志。水泥袋上应清楚标明：执行标准、水泥品种、代号、净含量、强度等级、生产许可证标志（QS）及编号、生产者名称和地址、出厂编号、包装日期。

包装袋两侧应根据水泥的品种采用不同的颜色印制水泥名称和强度等级，硅酸盐水泥和普通水泥采用红色；矿渣水泥采用绿色；火山灰水泥、粉煤灰水泥和复合水泥采用黑色或蓝色。

出口水泥的包装标志也应执行国家标准或按合同约定执行。

包装袋若由经销单位提供，企业在签订合同时应要求需方提供的包装袋标志项数符合标准规定，否则企业不应提供货源。

说明：

1）获准认证产品可将认证标志标识在包装袋上，未经认证产品不得使用认证标志；

2）不掺火山灰质混合材的水泥不印“掺火山灰”字样；

3）包装日期及编号也可打印在纸袋背面；

4）产品等级系指 JC/T 452 标准所分等级，由企业自愿确定是否分等。

必须注意，水泥国家标准中对包装标志中的水泥品种、强度等级、生产者名称和出厂编号不全者判定为不合格品。

8.4.21　如何对散装水泥进行质量管理？

水泥的散装运输，运价低、耗损少、节省纸袋，从而节约大量优质木材并可大大减轻工人的劳动强度和环境污染，便于实现机械化和自动化，是水泥包装发展的必然趋势。在实际应用中由于散装水泥在出厂时间与编号、贮存条件、使用周期等方面不同于袋装水泥，如有的散装水泥出厂后立即使用，更应加强和重视对散装水泥的质量管理。

散装水泥的质量控制包括下述内容：

（1）凡有散装水泥的企业，除建造必要的水泥贮库外，还必须建造专门的散装库。散装库的个数视散装量而定，每个贮库的容量以本厂每个编号的吨位数为宜。

（2）以散装为主的企业，各道工序的质量控制比袋装水泥出厂的企业更要严格些，要提高半成品的质量合格率，降低熟料的 *f*-CaO，保证熟料质量及出磨水泥安定性合格率。

（3）出磨水泥不允许直接打入散装库，应先输入水泥贮库，经检验出磨水泥安定性及其他质量指标均合格后，通过均化后入散装库，确保散装水泥的均匀性。

（4）入散装库的水泥，应进行过筛处理以防止装车堵塞。如改变品种、标号时往散装库输送水泥前，应先开机将绞刀等输送设备所存的余灰输入包装小仓，避免出厂散装水泥中混入不同品种、标号的或不合格的水泥。

（5）散装水泥库底应设置卸料及返料输送系统，即一旦将不合格的水泥打入散装库，可将水泥卸出送回水泥贮库；其二，为使出厂散装水泥质量均匀，减小标准偏差，也可利用回料系统进行倒库搭配。

（6）散装水泥出厂时，必须在装车的同时按本厂每编号吨位数取样进行全套物理、化学性能检验。不准用出磨水泥的检验替代出厂水泥的检验。散装水泥的取样可在散装库顶部水泥入口处或散装下料口处设置自动取样器进行取样，此方法简便可靠。

(7) 散装水泥出厂时，必须向用户提交与袋装标志内容相同的卡片。化验室应按国家标准要求及时向用户寄发出厂质量报告单。

8.4.22 如何严格水泥出厂手续?

(1) 水泥按编号经检验确认合格后，由化验室主任或出厂水泥专管人员签发“水泥出厂通知单”一式两份。一份交销售部门作为发货依据，一份由化验室存档。未经检验的或不合格的水泥任何人无权通知或发货出厂。

(2) 销售部门必须严格按化验室“水泥出厂通知单”通知的编号、标号、货位及数量验证无误后发货，并做好发货明细记录（内容应包括发货日期、提货单位、品种标号、出厂编号、数量及车号等，要有发货人签字)。不允许超吨位发货。

(3) 在发货的同时要认真填写水泥出门证，注明品种标号、编号、数量、提货单位，以利于产品的可追溯性。厂值班门卫负责出门证的收取工作，按出门证的内容认真核对所有车辆拉运的出厂水泥品种、标号、数量等。如发现货证不符，应立即报告厂有关部门，进行调查处理。

(4) 水泥发出后，销售部门必须将编号、发货单位、发货数量填写“出厂水泥回单”，一式两份，一份交化验室，一份由销售部门存档。

(5) 当用户需要时，化验室按销售部门提供的发货单位，在水泥发出日起7 d内寄发除28 d强度以外的各项试验结果。28 d强度数值，应在水泥发出日起32 d内补报。

水泥出厂试验报告其内容应包括国家标准规定的该品种标号的各项技术要求及试验结果，混合材料名称和掺加量，窑型。该试验报告应盖有“化验室检验专用章”并由化验室主任签字方可有效。

(6) 交货时水泥的质量验收可抽取实物试样以其检验结果为依据，也可以水泥厂编号水泥的检验报告为依据。采取何种方法验收由买卖双方商定，并在合同或协议中注明。

以抽取实物试样的检验结果为验收依据时，买卖双方应在发货前或交货地共同取样和签封。取样方法按GB 12573进行，取样数量为20 kg，缩分为两等份。一份由卖方保存40d，一份由买方按标准规定的项目和方法进行检验。

在40d以内，买方检验认为产品质量不符合本标准要求，而卖方又有异议时，则双方应将卖方保存的另一份试样送省级或省级以上国家认可的水泥质量监督检验机构进行仲裁检验。

以水泥厂同编号水泥的检验报告为验收依据时，在发货前或交货时买方在同编号水泥中抽取试样，双方共同签封后保存三个月；或委托卖方在同编号水泥中抽取试样，签封后保存三个月。在三个月内，买方对水泥质量有疑问时，则买卖双方应将签封的试样送省级或省级以上国家认可的水泥质量监督检验机构进行仲裁检验。

(7) 在成品库或栈台上存放一个月（指从成型日期算起）以上的袋装水泥，化验室应发出停止该批水泥出厂通知，并现场标识。出厂前必须重新取样检验，确认合格后才能签发出厂通知单。受潮结块者，不准出厂。

(8) 水泥安定性不合格或某项品质指标达不到国家标准的袋装或散装水泥，一律不准借库存放（外单位在水泥厂内建设的由企业负责管理的专用仓库，水泥厂在专用码头和铁路中转站建的库与企业水泥库同等看待)。

8.5　X射线荧光分析在水泥生产控制中的应用

8.5.1　概述

8.5.1.1　用X射线荧光分析仪控制水泥生产具有哪些优点?

（1）分析元素种类多。除少数几种轻元素外，元素周期表中几乎所有的元素均能使用X射线荧光分析进行测定。

（2）分析的元素浓度范围广。从常量组分到痕量杂质都能分析。

（3）可分析各种形态的试样，如固体、粉末、液体以至气体试样，且分析试样可不被破坏。

（4）分析速度快。多道分析仪可在几分钟内同时测定试样中最多28种元素的含量。

（5）谱线干扰少，结果准确。

（6）与计算机联用可实现自动分析。在线分析应用日益广泛，特别是在现代化水泥厂的应用中取得了显著的效果。

用于水泥厂生料配料控制及产品分析的多道X射线荧光分析仪一般至少安装7道，即硅、铝、铁、钙、镁、钾、硫道。生产控制中，首先根据原料的化学成分及生料所欲达到的率值（石灰饱和系数及硅率），选好设定值。生料磨开动后每隔一定时间（一般为0.5h）连续自动取出一个试样，自动制样（磨细后压片）后，送入X射线荧光光谱仪进行分析，大约1.5 min后得出硅、铁、铝、钙等元素的含量，输入计算机进行计算并与设定值比较后，给出调整信号至生料车间，自动调节皮带喂料机的喂料速度。大约2h后配出的生料即可达到并稳定在所需要的率值附近。其控制回路示意图如图8-3所示。

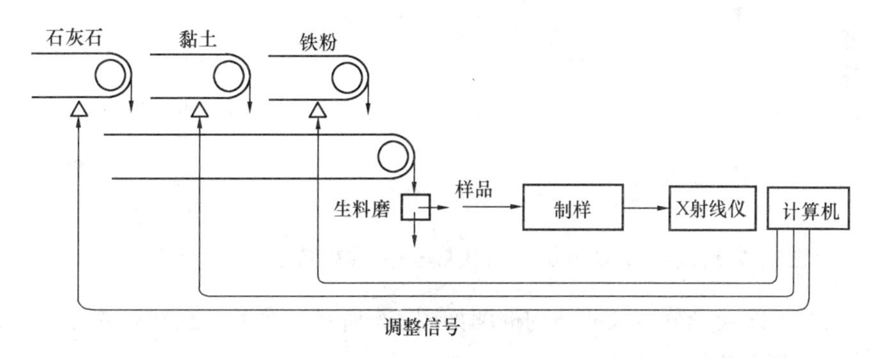

图8-3　水泥生料质量控制回路示意图

X射线荧光光谱仪的采用，为大型水泥厂生料配料的全自动化控制提供了重要保证，成为大型水泥厂生产全自动化控制的重要组成部分。虽然其投资较高，但因采用X射线荧光光谱仪而确保了水泥质量，其投资在数年内即可收回。

价格比大型X射线荧光光谱仪便宜得多的是放射性同位素X射线荧光钙铁分析仪或多元素分析仪。采用钙铁分析仪只能测定水泥生料中钙铁两种元素的含量，尚需辅之以其他方法，才能较好地进行水泥生料配料的控制。采用多元素分析仪，则可对水泥生料进行率值控制，提高水泥生料的合格率。

8.5.1.2　什么是特征 X 射线？它是如何产生的？

特征 X 射线是由试样元素的原子内层轨道上电子的跃迁产生的。X 射线管发射出的高能一次 X 射线射到试样片上以后，把试样原子内层轨道上的电子轰击出去，使其成为二次电子，原子内层轨道上出现空穴，处于激发态，极不稳定，这时外层轨道上的电子立即跃入内层轨道空穴，使原子恢复到基态。外层轨道电子的能量高于内层轨道电子的能量，外层电子跃入内层空穴时，多余的能量即以电磁辐射形式发出。这种电磁辐射的波长位于 X 射线区域，因而形成特征 X 射线（图 8-4）。

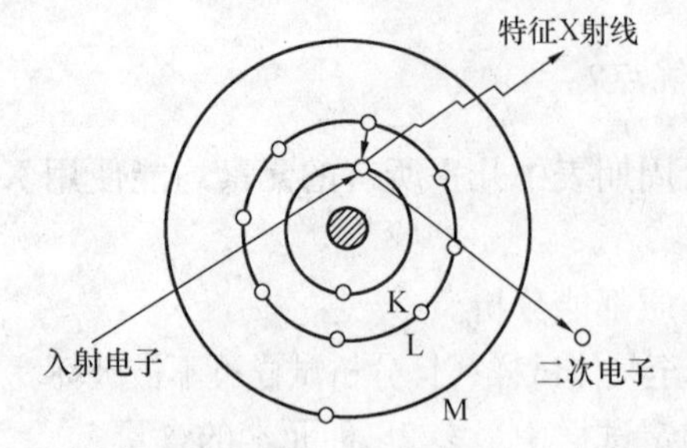

图 8-4　特征 X 射线的形成

特征 X 射线光子的能量严格地等于发生跃迁的两个电子层之间的能量差。设某一元素的原子中 K 层空穴由 L 层电子跃迁补充，E_K 和 E_L 分别为该原子 K 层和 L 层电子的能量，λ 为产生的特征 X 射线的波长，则 X 射线光子的能量为

$$\Delta E = E_L - E_K = hv = hc/\lambda$$

所以，X 射线的波长为

$$\lambda = hc/(E_L - E_K)$$

每种元素的原子中各电子层的能量是固定的，独特的，各种元素彼此间皆不相同，因此，各种元素产生的特征 X 射线的波长亦不相同。例如，水泥中主要元素发出的特征 X 射线（K_α 线，L 层电子到 K 层空穴跃迁时产生）的波长如表 8-4 所示。

表 8-4　水泥中主要元素特征 X 射线波长（K_α 线）

元素	Mg	Al	Si	S	K	Ca	Ti	Fe
λ/nm	0.9888	0.8339	0.7126	0.5373	0.3744	0.3360	0.2750	0.1937

对同名谱线而言，原子序数越大的元素产生的特征 X 射线的波长越短，能量越高。

8.5.2　仪器的结构及维护

8.5.2.1　波长色散 X 射线荧光分析仪主要由哪些部件构成？

波长色散 X 射线荧光分析仪的结构框图如图 8-5 所示。多道 X 射线荧光光谱仪结构示意图（带扫描道）如图 8-6 所示。

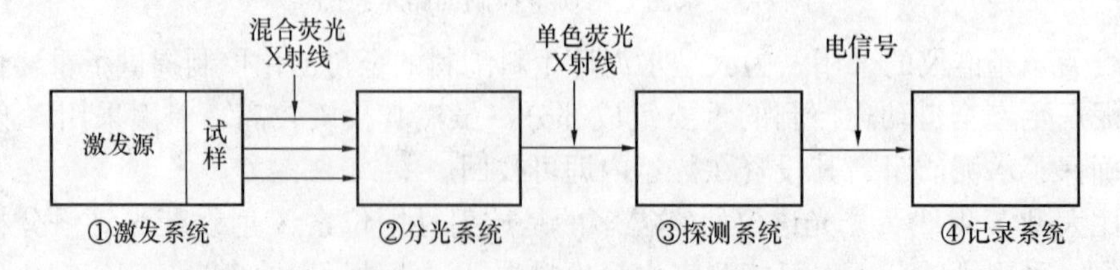

图 8-5　波长色散型 X 射线荧光分析仪结构框图

（1）激发系统：一般仪器以 X 射线管产生的一次 X 射线为激发源。

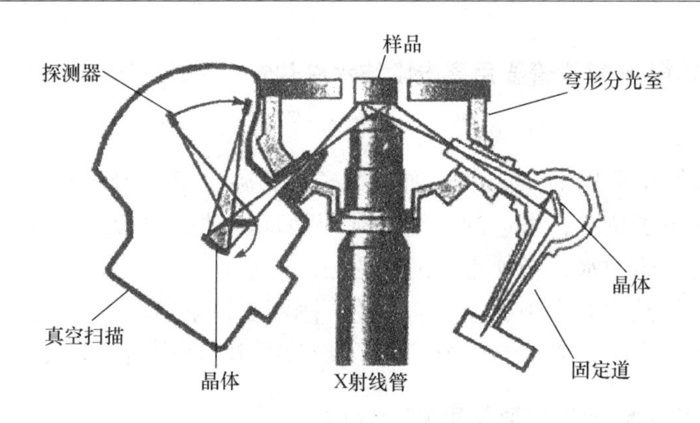

图 8-6　多道 X 射线荧光光谱仪结构示意图
（左侧为扫描道，右侧为固定道的一道）

（2）分光系统：一般分光系统由准直器、色散元件等组成。色散元件通常是平面晶体或凹面晶体。如采用凹面晶体为分光晶体，因其兼具色散和聚焦作用而无需另用上述准直器，所以辐射损失将大大减少。目前多道 X 射线荧光分析仪均采用凹面晶体作为分光晶体。

（3）探测系统：是将 X 射线辐射能转变为电脉冲信号的能量转换装置，常用的有正比计数管和闪烁计数器。能量色散仪器多采用半导体探测器（需用液态氮冷却）。

正比计数管中充有惰性气体氖或氩以及甲烷的混合气体，其中氖或氩的体积分数 90%，甲烷的体积分数 10%，故这种混合气体称之为 P10 气体。在入射 X 射线粒子的作用下氖或氩原子发生电离，将 X 射线光子的能量转变为电信号。正比计数管根据充气方式不同可分为封闭式和流气式两种。

（4）记录系统：主要是记录来自探测器的微弱电脉冲信号，由放大、脉冲高度分析、读示三部分组成。对记录系统的基本要求是响应时间要比探测器能够分辨两个相邻脉冲的时间短，否则不能达到精确记录光子数的目的。

8.5.2.2　X 射线荧光光谱仪安装前需要做哪些准备？

（1）按仪器说明书要求准备化验室，包括三相（15 A～20 A）、单相（50 A）电源，接地线电阻值 10 Ω 以下，铺设防静电地板（最佳），安装空调（保持室内恒温）以及除湿设备等，熟悉仪器操作说明书。

（2）准备 CWY 参数净化交流稳压电源或 UPS 不间断电源。电源功率依据所用仪器及配套设备功率计算后决定。

（3）根据生产需要，准备制作工作曲线的系列标准样品。经化学分析定值，做出相应的工作曲线。

（4）仪器安装时，要求制造商帮助做好工作曲线，这一点尤为重要。

8.5.2.3　X 射线荧光光谱仪工作环境的温度和湿度的标准范围是多少？

环境温度要求控制在 20℃～25℃之间，湿度最高不能超过 70%。这些安装工程师都是特别强调的。达不到要求时很可能缩短 X 射线管的使用寿命。

8.5.2.4 为什么端窗 X 射线管要用高电阻纯水冷却？含有离子交换树脂的循环水装置有何用途？

X 射线管阴极灯丝发出的高能电子射向靶子后，除少量能量转化为 X 射线之外，99%以上的能量都转换成了热能，大量的热能必须用循环流动的水带走，否则 X 射线管会被熔化。冷却水不能用一般的水，必须是高纯度的去离子水，否则一旦导电，X 射线管就可能报废。离子交换树脂就是除去水中的导电离子的，刚刚更换了循环水的时候电导率较高，运行一段时间后电导率就会降下来，这表征着离子交换树脂已经将离子除去。

8.5.2.5 为什么 X 射线荧光仪要使用 P10 气体？

在 X 射线光子射入正比计数管引起管内氖气发生电离以后，电子向阳极丝运动，同时氖离子则向阴极外壳运动，撞击在金属外壳上会使金属原子发出所不需要的次级电子或紫外辐射，造成干扰；另外，氖离子向阴极的运动速度比电子向阳极的运动速度慢得多，氖离子会在阳极丝附近形成一个阳离子鞘。此时如又有 X 射线光子射入窗口，则阳离子鞘会阻碍氖原子发生电离。为维持探测器正常工作，必须尽快将上一次的放电予以“淬灭”，使氖离子鞘尽快消失而恢复为氖原子。基于上述两个原因，往正比计数管中填充了一定比率的淬灭剂，一般使用甲烷（CH_4）。

8.5.2.6 如何对 X 射线管进行日常维护？

工作中要按照说明书的规定，保证向 X 射线管提供正常工作的必要条件。如途中突然自动断路，应依次检查下列各条件是否正常：

（1）自来水流速与入水温度是否正常；

（2）真空室温度是否正常；

（3）真空室压力是否正常；

（4）X 射线管电源回路连锁保护线路中的继电器是否正常吸合。

如上述条件均正常，则可能是偶然因素所致。此时，可关掉 220V 电源，再接通，一般可重新启动 X 射线管。否则，需要按照题 8.5.2.8 所列的现象判断 X 光管是否已损坏。

8.5.2.7 为什么要对 X 射线管进行“老化”？老化对 X 射线管的寿命有影响吗？

（1）闲置一段时间后首次开机，一定要缓慢地从低压 10 kV 起，逐步升高电压和电流，每次间隔 5 min，每次升高 5 kV，直至额定电压，此过程称之为 X 射线管进行“老化”。新型仪器基本上都有自动老化功能。之所以要进行老化的原因是，X 射线管闲置一段时间后，其内部的真空度会有所降低，如果不老化而直接升到较高的电压和电流值，管内会产生高压放电，严重时会导致 X 射线管损坏。

（2）每次开、关机时对 X 射线管都会有一定程度的损害，老化和关机时的冷却如果做得不好，都会对 X 射线管的寿命有影响。所以一两个小时不用时，不要关闭仪器，而是把 X 射线管的功率降下来，降至电压 20 kV，电流 10 mA，其他部分也不必关闭，以保持其热稳定状态，可以随时进行分析。

8.5.2.8　何时需要更换 X 射线管?

如果有下述几种现象，则可能是 X 射线管已经损坏：

(1) 其他条件均正常，但高压加不上去，且极不稳定；

(2) 将 X 射线管倒置，会有油从螺钉处漏出；

(3) 铍窗明显破裂；

(4) 用万用电表测量，证明灯丝烧断。

更换 X 射线管后，旋转 X 射线管的高压及电流调节旋钮，逐级提高电压。首先 10 kV，保持 5 min 后，每隔 5 min 升高 5 kV，直至额定电压。

更换 X 射线管后，由于其发射的初级 X 射线的能量及其与探测器之间的相对位置等均会发生变化，因而需重新制作所有的工作曲线。

8.5.2.9　何时需要更换封闭式正比计数管?

封闭型正比计数管有一定的寿命。随着填充气体（P10 气体：氖气或氩气 90%，甲烷 10%）中甲烷气体的不断消耗，计数管的性能逐渐变坏，最后彻底损坏。判断正比计数管是否损坏之前，应先检查探测器高压、脉冲高度分析器的基线和窗宽、计数管外壳与前置放大器之间的接触情况等是否正常。如一切正常，则根据下述现象可判断正比计数管已经损坏：

(1) 某分析道的计数率越来越低，则该道计数管的性能可能变坏。

(2) 某分析道的计数率不稳定，重复性很差。可用同一试样片连续测定 20 次进行判断。如 20 次测定值的标准偏差 s 与 20 次平均值 N 的计数统计误差 $\sqrt{N}$ 二者之间相差不大（在同一数量级上），则表明仪器工作状态稳定；如二者相差太大（不在同一数量级上），则表明仪器的稳定性很差。

(3) 在某道电学线路卡脉冲输出接口处接入示波器观察脉冲形状，发生畸变，幅度降低，或不稳定。

(4) 某分析道根本没有脉冲信号输出。

(5) 某分析道正比计数管使用时间已经一年以上。

更换新的正比计数管时，注意使计数管的长方形窗口与出射狭缝平行。更换过程中绝对不要拧动调节分光晶体角度的任何螺钉。更换新的计数管后需重新制作所有的工作曲线。

8.5.3　定量分析

8.5.3.1　X 射线荧光定量分析方法依据的原理是什么?

设一次 X 射线以一定角度入射到试样表面，当各种实验条件固定不变时，产生的荧光 X 射线的强度与待测元素在试样中的质量分数成正比。如果事先已经通过系列标准样品建立了二者之间的关系，即可据此关系进行定量分析。因此，X 射线荧光定量分析的首要条件就是首先制备一组标准样品，用化学分析方法准确测定其中各元素的质量分数，作为制作工作曲线的基础。然后，用一元线性回归方程求得一条合格的回归曲线。

8.5.3.2　X 射线荧光光谱分析中的试样制备为什么特别重要？

当前 X 射线荧光分析仪器的测量性能已非常精确，足够满足一般分析测试的要求，而来自测量过程中的分析误差可以认为多半是由制样引起的，因此，对试样的制备和处理必须引起高度的重视。因为，X 射线荧光分析是一种比较分析，也就是说 X 射线荧光分析的结果是和标准样品比较后所得到的。因此，所有待测试样的物理性质，如质量吸收系数、密度、颗粒度、表面情况等，都必须和标准样一致。另外，任何一种试样的制备方法，都必须保证其具有较好的重现性。此外，试样制备方法还应具有快速、价格低廉和不引入显著的系统误差（如来自稀释剂的玷污）等特点。制备后的样品应该具有以下特性：能代表要分析测试的整体材料；表面平整光滑，样品均匀；如有可能，样品厚度应达到所需的“无限”厚度。

8.5.3.3　标准样品的制备原则是什么？为什么要用本厂的原料或产品配制？

（1）标准样品的基体应与待测试样的大致相同。通常采用本厂实际使用的原材料或产品、中间产品，辅之以纯化学试剂或已知准确数据的标准样品，由人工进行配制，主要目的是尽量减小基体效应的影响。

（2）系列标准样品中各元素的质量分数要有各自的变化梯度，其质量分数的范围要覆盖实际试样所可能达到的整个范围。一般要制备十个左右的标准试样。有的水泥企业仅用实际生产线上取出的若干个样品作为标准样品，因其成分的变化范围很窄，例如生料中氧化钙的含量大都在40%左右，从而无法制作正常的工作曲线，采用一元线性回归法得到的工作曲线的相关系数 r 必定很小。为保证测定结果的准确性，必须以实际生料为基础，往其中配入不同量的化学试剂，制备一系列标准样品，使氧化钙的含量从35%延伸到45%（或至少为38%至42%），其准确含量需由水平较高的分析人员用化学分析方法测定，这样制作出的工作曲线才具有实用价值。

（3）标准样品与待测试样的物理与化学状态、颗粒度、填充度等应相似。

（4）标准样品的物理状态与化学性质要稳定，不变质，能长期保存。

8.5.3.4　如何用“二端点法”配制系列标准样品？

采用这种方法可以简化制作过程。首先，以本厂的生料配比为基础，使主成分氧化钙、二氧化硅的质量分数分别向平均值高低两个方向各延伸几个百分点，确定主成分的波动范围。然后用本厂的石灰石、黏土、铁粉或矾土配制出高端和低端两个样品。

例如，某厂生料的主成分氧化钙、二氧化硅、三氧化二铝、三氧化二铁的平均含量分别为42%、14%、2.2%和2.4%。选择氧化钙、二氧化硅含量的波动范围为5%～6%；三氧化二铝、三氧化二铁的波动范围为2%～3%。从而确定系列标准样品高低二端点主成分的含量，如表8-5所示。

表 8-5　高低端样品主成分化学成分的预期值/%

	氧化钙	二氧化硅	三氧化二铝	三氧化二铁
高钙端点样品	45	11	2.2	3.4
低钙端点样品	39	16	4.2	1.4

该厂水泥原料的化学成分如表8-6所示。

表8-6 水泥原料化学成分/%

成 分	SiO_2	Al_2O_3	Fe_2O_3	CaO	MgO	K_2O	Na_2O	Loss
石灰石1	1.81	0.30	0.20	54.16	0.55	0.04	0.02	42.71
石灰石2	2.40	0.84	0.22	49.91	3.80	0.10	0.04	42.50
黏土	68.20	14.35	5.42	1.40	2.16	2.59	1.32	3.42
铁粉	28.10	5.94	59.80	0.40	1.03	0.32	0.04	2.98
矾土	7.80	86.00	—	—	—	—	—	—

根据计算，用石灰石1（占83%）、黏土（占12%）、铁粉（占5%）配制高钙端点样品S_1，用石灰石2（占78%）、黏土（占21%）、矾土（占1%）配制低钙端点样品S_{11}。

然后，分别以高端样品：低端样品的比例=1∶9、2∶8、…9∶1，将高、低两端样品混合，配制出9个中间标准样品。连同两端的样品，总计11个样品。用标准化学分析方法对其化学成分进行准确定值（表8-7）。

表8-7 S_1 ~ S_{11}系列标准样品的化学分析结果/%

样品	S_1	S_2	S_3	S_4	S_5	S_6	S_7	S_8	S_9	S_{10}	S_{11}
Loss	36.05	35.80	35.61	35.35	35.13	34.97	34.73	34.48	34.27	34.01	33.79
SiO_2	11.13	11.59	12.04	12.57	13.07	13.79	14.26	14.77	15.28	15.83	16.41
Al_2O_3	2.14	2.47	2.67	2.90	3.14	3.35	3.54	3.86	4.08	4.16	4.55
Fe_2O_3	3.82	3.63	3.44	3.14	2.86	2.61	2.42	2.13	1.94	1.58	1.37
CaO	45.10	44.49	43.87	43.23	42.73	42.00	41.43	40.82	40.23	38.62	39.06
MgO	0.81	1.16	1.35	1.64	1.91	2.25	2.47	2.62	2.97	3.17	3.43

用这样配制出的系列标准样品制作工作曲线，会取得较好效果，还能简化配制手续。

8.5.3.5 如何制备测试用的样品片？

在硅酸盐分析中，大多是将试样制成粉末，然后采用直接压片法或熔融法将其制成样品片。两种方法各有优缺点。压片法操作简单快速，但是由于矿物成分和颗粒度很难与标样一致，所以各种干扰严重，致使测量精度和准确度较差。

熔融法操作复杂，技巧性较强，但是通过熔融，可以消除颗粒度的影响；通过熔剂稀释，又使基体影响下降，所以测量精度和准确度较好。究竟选择哪一种方法为好，要根据对制样速度要求、样品材料种类、元素测量范围和对测量精度和准确度的要求等来综合考虑决定。

8.5.3.6 用粉末压片法制作X射线荧光分析用的试样片的主要步骤是什么？

粉末压片法的制样步骤大体为：干燥和焙烧、混合和研磨、压片。

（1）干燥和焙烧。其目的是除去吸附水，提高制样的精度。焙烧可改变矿物的结构，如将黏土类矿物高岭土、含石英砂的陶土和膨润土在1200 ℃焙烧，使其均转化为莫来石，从而可以克服矿物效应对分析结果的影响。焙烧还可除去结晶水和碳酸根离子。但若试样中存在还原性物质，在空气中焙烧时也会引起氧化。

（2）研磨。直接用粉末压制成试样片进行分析存在严重的颗粒效应和矿物效应。为了降低这两种效应，必须将粉末试样研磨至一定细度。

（3）压片。将研磨至一定细度的粉末样品放入压片机中，压制成用于分析的试样片。

为了得到重现性合格并且耐用的分析片，试样压片也不是轻而易举的事，必须要事先进行一些试验，并注意有关细节。

8.5.3.7　研磨的条件试验有哪些内容？

试样发出的荧光X射线的强度不仅与该元素的浓度有关，而且与试样的粒度有关，在某一临界粒度以下，射线强度是恒定的，粒度大于临界值后，则强度降低。而试样的粒度与研磨条件有关，因此研磨的条件试验的内容主要包括被研磨的试样量及研磨时间等。

（1）每次研磨时试样的加入量　可以以20 g试样为基点进行试验，根据研钵的容积和压片所需的试样量，确定每次试样的加入量，然后再进行下面的条件试验。主要是为了保证每次研磨后能得到相同的颗粒度。

（2）研磨的时间　可以以3 min为基点进行试验。通常其细度最好在200目以上（0.074 mm以下），可用200目筛进行筛分，也可压片后测定不同研磨时间所得射线强度，绘制强度－时间曲线，找到强度不再随时间的延长而增强的最短研磨时间。

（3）助磨剂的种类和加入量　在研磨水泥生料时加入助磨剂三乙醇胺可取得较好效果。一般称取10 g生料试样，加1滴～3滴三乙醇胺，在振动磨上研磨3 min，即可得到理想的细度。

（4）粘结剂的种类和加入量　若试样自身的粘结性较差，在研磨前，按一定比例称取试样和粘结剂，混合后研磨，或事先将粘结剂研磨至与粉末试样相近的细度，压片前加入试样中搅拌均匀。例如，在水泥生产控制中若需定时测定水泥中三氧化硫的含量，为防止试样表面细粉的飞散，可在压片前往水泥粉末试样中掺加一定量的粘结剂以增加粘结性。选择粘结剂时必须注意，粘结剂中不能含有干扰元素，对分析线的吸收要少，同时还必须在真空和射线辐照条件下具有良好的稳定性以及不致产生元素间的相互干扰。粘结剂可选用具有分散效应和粘结作用的“荧光专用助磨剂”，也可采用硼酸、淀粉、甲基纤维素、石蜡等。采用石蜡效果较好。常用的粘结剂及掺入的质量参见表8-8。

表8-8　研磨时常用粘结剂的加入量

粘结剂	配方	粘结剂	配方
微晶纤维素	5 g试样+2 g粘结剂	硼酸	5 g试样+2 g粘结剂
低压聚乙烯	5 g试样+2 g粘结剂	硬脂酸	10 g试样+0.5 g粘结剂
石蜡	15 g试样+1 g粘结剂		

8.5.3.8　压片的条件试验有哪些内容？

试样发出的荧光X射线的强度还与试样片的堆积密度、表面光洁度等有关。压片的条件试验的目的是为了使压成的试样片堆积密度一致。压片试验条件主要包括加入模具中的试样量、施加的压力及维持压力的时间。

（1）加入模具中的试样量。加入模具中的试样量要适量。若量过少，则样片很难压实；若量过多，则压制不成与钢环上表面在同一水平线上的均匀样片。一般钢环内径 33 mm 时，加入模具内的试样量应大于 7 g，通常称取 10 g。

（2）压力的数值及维持压力的时间，因样品的种类而异，需通过试验予以确定。对大多数样品而言，压力机活塞直径 33 mm 时，压力 20 t ~ 30 t，持续 10 s ~ 20 s。释放压力时要缓慢，以防因骤然减压而使样片表面产生裂纹或凹凸不平。取出样片后如表面光滑，无裂纹，则压制成功。吹去表面的浮灰，在背面编号，保存和使用。

确定压片条件并制得压片后，还需检查压片操作的重现性，即用同一试样制备 3 份 ~ 5 份样片，测定其主元素强度至少 10 次，求出其相对标准差 RSD，只有 RSD≈0.2%，并且具有一定厚度（3 mm ~ 5 mm），才能使用这个制样条件。

8.5.3.9　粉末压片时的注意事项有哪些？

（1）注意钢环的质量。为便于保存压制的样片，防止样片边缘损坏，通常使用铝杯、钢环或塑料环。最常用的是钢环（直径 30mm ~ 40mm，高 3mm ~ 5mm）。所用钢环不要变形。如发生变形则应弃去。钢环要保持洁净，避免沾染杂物。

（2）每次倒入模具中的试样量要经过称量，以使压成的样片的堆积密度保持一致。

（3）压成的样片要表面光洁，无凹陷，无裂纹，否则应弃去重压。

（4）压片如碱含量高，要贮存于干燥器中。

（5）对压片机要及时打扫清理，定期对压片机加润滑油，并作好润滑记录。对模具中的活塞部分要特别加以保护，勿使其受到外物的撞击，保持其端面的光滑平整和洁净，滑动部分与模具的腔体之间要有较好的密合性。

8.5.3.10　典型的熔样制片操作包括哪些步骤？

含有有机物及硫化物的试样应在熔融前在 450 ℃以上加热，使其分解或氧化。

在熔样过程中使用的试样及所有试剂都必须准确称量，误差在 0.0002g ~ 0.0003g 之间。

首先在分析天平上称取试样，如 0.7000g，将其放在一个干净的瓷坩埚里，称取 8.0000 g已选定的熔剂（如四硼酸锂，或混合熔剂），放入干净的瓷坩埚里。如需氧化剂，再称取 1.0000 g 选定的氧化剂（如硝酸锂），将其放入盛放试样的容器内，用细玻璃棒将试样和氧化剂充分拌匀（注意细玻璃棒上的沾物不能丢弃）。将约 1/2 量的熔剂倒入上述试样和氧化剂混合物中，并用同一细玻璃棒将它们拌匀，将沾在玻璃小棒上的物质全部移入混合物中。将剩余的熔剂的 1/2 倒入用于熔融的铂坩埚内，使其在底部形成一熔剂层，然后将试样、熔剂和氧化剂的混合物移入，将剩余的熔剂全部撒在顶部。最后将选定的已配成溶液的脱模剂如溴化铵溶液（400 g/L）滴入 4 滴（浓度高时可减少滴数，以减少误差），分散滴在熔剂顶部（最好不接触到试样）。将铂坩埚送入熔样炉按选定的熔融条件熔融。

上述步骤是一个完整的包括使用氧化剂的步骤，因为使用氧化剂必须先和试样混匀，否则仍可能损坏坩埚。如不使用氧化剂，上述步骤可以简化，只要将试样和熔剂混匀即可。有些人员的操作更为简单，仅将试样和熔剂倒在一起即开始熔融。这也并非不可以，但要注意试样的粒度要细。不管怎样操作，下列原则必须遵守，即：各种物质必须严格准确称量以及整个操作过程不能有损失和玷污。

8.5.3.11 熔样法制样片的条件试验包括哪些内容?

熔融法制样片的条件试验包括:

(1)确定要加入的熔剂的种类、质量和试样-熔剂比(稀释比)。稀释比取决于试样在该熔剂中的溶解度以及待测元素被稀释的程度,通常在1/10至1/5间。在高度稀释的情况下(熔剂质量为试样质量的50倍以上),所得熔片中试样元素的矿物效应将被忽略,工作曲线的线性极好。但由于高度稀释,强度将受到严重影响甚至无法测出。

(2)熔融温度及冷却条件。

(3)脱模剂的种类及用量。

(4)氧化剂或稀释剂的加入种类及用量。

(5)确定熔样条件并制得熔片后,还需检查熔融制片操作的重现性,即用同一试样制备3份~5份熔片,测其主元素强度至少10次,求出其相对标准差*RSD*,只有$RSD \leqslant 0.2\%$,并且具有一定厚度(3 mm~5 mm),才能使用这个制样条件。

8.5.3.12 熔融法制样片对熔剂的基本要求是什么?

(1)在一定温度下能很快地将试样完全熔融,熔融温度不是很高,很易达到;

(2)熔融物易从坩埚中取出或倒出,剥离性好,便于下一步浇铸成型;

(3)浇铸成的玻璃体具有一定的机械强度,稳定,不易破裂和吸水;

(4)熔剂中不含有待测元素或干扰元素;

(5)制得的样片荧光X射线产额高。

8.5.3.13 熔融法制样片常用的熔剂有哪些?

熔融法中使用的熔剂主要是硼酸盐,其中主要是四硼酸钠($Na_2B_4O_7$)和四硼酸锂($Li_2B_4O_7$)及其与相应的偏硼酸盐($LiBO_2$)的混合物。

(1)无水四硼酸钠($Na_2B_4O_7$,俗名硼砂) 四硼酸钠是一种很好的熔剂,熔点仅741℃,用它制成的玻璃片不会结晶和开裂。但其缺点也很明显,首先,它较易吸湿,用它制成的玻璃片必须放入干燥器内,而且不能长期保存使用;其次,它不能用于要测钠的试样的熔融;第三,硼砂系强碱弱酸盐,不适用于强碱性试样的熔融。钠的质量吸收系数高,给镁的测定带来影响。在水泥生产控制分析中,如果不用X射线荧光法测定钠(钾、钠通常使用火焰光度法进行测定),则采用价廉的硼砂($Na_2B_4O_7$)做熔剂已能满足要求。此外要注意,不能使用含结晶水的硼砂($Na_2B_4O_7 \cdot 10H_2O$)。

(2)无水四硼酸锂($Li_2B_4O_7$) 纯四硼酸锂的熔点很高,为930 ℃。因此,它可用作处理各种材料,特别是难熔的高温材料,吸湿性小。但它的黏度高、流动性差,熔融前试样需较好地分散,以免熔融时因凝聚而使熔解不完全[有时为了降低黏度而加入一些Li_2CO_3(1/7~1/6)]。此外,熔片较易开裂和易产生析晶,不易消除元素间的影响,价格贵,不易脱水。

(3)无水四硼酸锂($Li_2B_4O_7$)与偏硼酸盐($LiBO_2$)的混合物 硼酸锂熔剂的熔点较高,其中纯四硼酸锂的熔点最高,为930℃;而偏硼酸锂的熔点最低,为845℃。它的吸湿性很小,熔片易保存;是强有力的熔剂,制得的样片具有较高的机械强度;而且由于锂是最轻的金属元素，对射线的吸收较少，所以测定轻元素的试样时都使用它。混合熔剂是指四硼酸锂和偏硼酸锂的混合物。二者的混合，既保留了四硼酸锂单一熔剂的优点，又克服了它的缺点，有效地防止了析晶和开裂，特别在试样中像 Si 这样的酸性元素含量较高时更是如此。

（4）混合剂中四硼酸锂和偏硼酸锂的比例有多种，偏硼酸锂的比例越大，熔点越低（因为它的熔点最低，为 845℃），开裂和发生析晶的可能性越小。其中以 1/1、2/1 和 12/22 为最常用，这三种比例的熔剂现在国内外都有商品供应。过去硼酸锂混合熔剂国内没有供应，分析人员必须将四硼酸锂和偏硼酸锂分别称量然后混合，机械混合不易均匀，而且费时费事，限制了它的使用。使用混合熔剂的目的是为了降低熔样温度，改善熔融体的流动性，也可以用单一熔剂做实验，进行对比，如果单一熔剂效果可以的话，不必用混合熔剂，因为使用混合熔剂操作麻烦，还会带来称量和配比上的误差，总之，越简单越好。

8.5.3.14　四硼酸锂、偏硼酸锂等熔剂应符合哪些技术要求？

（1）水分含量 0.05% ~0.15%，不能太高。如不能确知水分含量，则需对熔剂进行预处理。

（2）粒度为 100 μm ~700 μm。粒度细的较好熔融，但称量时易带电、飞扬，熔融时有保护气或其他气流时，易损失；粒度太粗则不易和试样混合均匀。

（3）纯度要 99.9% 以上，纯度越高越好；但纯度越高价格越贵。要根据情况选择，只要所含杂质不影响分析结果即可。

（4）密度要在 1.45 g/cm^3 左右。密度高的比较好，尤其是使用小坩埚时，如果密度太低则用量要加大，可能坩埚容纳不下，搅匀时会溅出，影响分析结果。一般珠状的比粉状的要好。

（5）如果使用混合助熔剂最好选用预熔的，不要预混的（预混的熔融时可能会产生偏析）。

（6）烧失量要一致；烧失量越小越好。

8.5.3.15　对熔剂应怎样进行预处理？

熔剂中总有一些水分或易挥发物质，各批熔剂中其含量不尽相同，所以要进行预处理。

（1）将若干瓶三级无水硼砂倒在一个大容器里，充分混合均匀，分别装入瓷蒸发皿中，放入 700 ℃的高温炉中加热 2 h，除去水分，取出，用振动磨磨细，再将全部加热过的硼砂充分混匀，放入 110 ℃的烘箱中烘干 4 h，然后分装于试剂瓶中，编号，贮存于干燥器中，作为一批，以消除因试剂变化而引起的误差。

（2）对硼砂均匀性进行检查。随机抽取若干瓶（瓶数的 1/5 至 1/3）处理好的硼砂，从中称取 5 克左右，放入已灼烧恒量过的铂坩埚中，于 1100 ℃的高温炉中熔化 10 min，取出，放入干燥器中冷却至室温后称量，测定其烧失量。各瓶硼砂之间的烧失量相差若小于 0.2%，即认为已混合均匀。

（3）加入氧化剂。将 19 份质量的硼砂与 1 份质量的五氧化二钒（或其他氧化剂）预先混合均匀。混合物熔点约为 740 ℃。加入少量五氧化二钒的作用是熔样时可将试样中的硫化物和低价氧化物氧化。

（4）熔样时的稀释比（试样与熔剂质量的比例）一般采用 1∶20。如试样为 0.3 g，则加

6 g熔剂。有时也采用1:10的稀释比。轻元素的灵敏度低，应采取较低的稀释比（如1:5，1:2），但稀释比越低，越不易消除元素间的干扰，故很少采取1:1的稀释比。

（5）每预处理一批新的熔剂后，要用其熔融制备1~2个标准试样片，与该标准试样的原熔片进行对比分析。如强度变化不大，可仍用该系列标准试样的原来一套熔片制备的工作曲线；如强度变化较大，则需用新熔剂重新熔融制备系列标准试样片，并重新制作各元素的工作曲线。

8.5.3.16 熔融法制样时使用的氧化剂有哪些?

有些试样中含有少量的有机物质和未被氧化的元素（如金属，硫，碳等），当熔融时这些物质将腐蚀铂坩埚。因此，需预先加入氧化剂，将这些物质氧化成氧化物。常用的氧化剂有 V_2O_5，NH_4NO_3，$NaNO_3$，$LiNO_3$ 等。NH_4NO_3 的沸点较低，仅210℃，在低温就分解，效果不理想，而且吸湿严重，使操作不便。如有硫存在，它将使硫氧化成 SO_2 而不是 SO_3，从而引起挥发损失。所以一般不推荐使用。$NaNO_3$ 和 $LiNO_3$ 都是很好的氧化剂，但因为 $NaNO_3$ 中含有 Na，使用它时就不能测定试样中的钠，所以通常推荐使用 V_2O_5 或 $LiNO_3$ 作为氧化剂。

8.5.3.17 熔融法制样时使用的稀释剂有哪些?

为了降低熔体的黏度，增强流动性，有时在熔融前加入稀释剂，它的加入还会引起熔点的降低（约100 ℃左右）。通常使用的是 LiF 和 Li_2CO_3。要注意，由于氟化物 LiF 有少量的挥发，可能引起试样中试样含量的变化，从而引起分析误差。而 Li_2CO_3 是一个较好的稀释剂，熔融时除了降低玻璃体的黏度和熔点外，由于它分解时产生的 CO_2 气泡有助于搅拌熔体，因此被推荐使用。通常稀释剂在使用单一熔剂时使用，因为单一熔剂黏度高，而使用混合熔剂时不需使用。

8.5.3.18 熔融法制样时使用的脱模剂有哪些?

熔融法制样中常用的脱模剂有 NH_4I，NH_4Br，LiBr。熔融后它们都会有一定的残余量（约5%质量），因此必须控制其加入量，并考虑残余物质对分析物质的影响。其中铵盐挥发点较低，因而挥发快，使用量要加倍（如40 mg）。

脱模剂用量要视具体情况而定，如：熔剂种类，脱模剂种类，熔融温度，坩埚的新旧等等。总的原则是在能脱模的前提下，使用最少量的脱模剂，一般约为20 mg~100 mg。当熔融时如有氧化剂加入使氧化气氛较浓时，溴化物及碘化物都将部分被氧化而挥发损失，加入量需增加。残余溴的 $BrL_{\alpha1,2}$ 线将干扰 $AlK_{\alpha1,2}$ 线；而残余碘的 $I\ L_{\beta2}$ 线将干扰 $TiK_{\alpha1,2}$ 线，而I碘的 K_β 线将干扰 BaK_α 线。

8.5.3.19 熔片后发现玻璃片中有零星气泡、白斑、熔片呈浅褐色（浅黄色），原因何在?

（1）零星气泡可能是流动性不好造成的，也可能是坩埚底面被轻微腐蚀造成的。如有不熔物，需要提高温度，或者使用熔点更低的混合熔剂，以提高流动性，或能有所改善。

（2）为避免出现不熔物，建议提高熔融温度，且可增强流动性，避免气泡的产生。黄色斑迹出现的原因是助熔剂加入量过多。

（3）增大稀释比或者选用混合熔剂。

8.5.3.20　熔融制片时使用什么样的坩埚及模具？

坩埚及模具材料：通常采用95%铂－5%金的合金，其优点是其壁对熔融物的黏附现象比纯铂要少，不会被熔剂浸润，熔融物很容易从坩埚中倒出和脱模。使用时注意要防止银、镍、铜等元素对坩埚的侵蚀作用。若用燃气喷灯熔融，注意坩埚外壁切忌放在还原焰上，以免铂与碳反应生成碳化铂而使坩埚脆裂。不要放在碳化硅电炉内熔融，因为碳化硅在高温状态下对坩埚的损害十分严重。使用温度不要超过1200 ℃。

坩埚使用一段时间后（通常熔融50个样品后），底面会变得粗糙，会影响试样片表面的光洁度，从而可能吸收和遮蔽初级和次级荧光X射线束。分析线的波长越长，对试样片表面光洁度的要求也越高，并且要求待测试样和标准试样片的表面光洁度尽可能相同。

必要时采取下述方法对坩埚底表面进行抛光。先用粒度为5 μm的金刚石研磨膏抛光，然后再用粒度为2.5 μm的金刚石研磨膏抛光，用清水洗净，在960 ℃下灼烧2 h，取出后放在冷水中急冷，贮存于干燥器中。抛光前，最好用钢材或铜材制作一个底座，使坩埚恰好可以放在里面并被卡住，再用钢材或铜材制作一个研磨柱体，上段细圆柱体直径约8 mm～10 mm，可以卡在台钻的钻头夹具中，下段圆柱体直径与坩埚的内径相近略小，底面粘上一块绒布。这样，抛光时在研磨面上加些金刚石研磨膏，再加些甘油，启动台钻，用手动控制研磨柱体的下降幅度，轻轻地对坩埚进行抛光，然后用水清洗。

8.5.3.21　熔融制片时的注意事项有哪些？

（1）试样与标准样品的稀释比必须一致　如果稀释比不同，基体对分析线的总吸收系数也不同，所测结果必然产生误差。例如，0.8 g试样＋3.6 g熔剂制成的样片的某一元素的计数决不等于0.4 g试样＋3.6 g熔剂制成的样片的计数的2倍。

（2）要称取灼烧后的干基试样　试样若有较大的烧失量（例如水泥生料），在1100℃下熔融时烧失部分会损逸；制成样片后，在X射线的照射下，烧失部分也会逸出。在各次测定中，烧失的情况不会完全一致，故应将烧失部分事先灼烧除去，以灼烧后的干基为基准，称取一定的质量，再加熔剂进行熔融。理论上应在1100 ℃下灼烧，但实际中通常是在950℃下灼烧0.5 h以上（二者相差约0.2%）。然后用灼烧后的试样熔融制片。测得熔片中待测试样灼烧基各元素的含量w_z后，再根据下式计算分析基试样中各元素的含量w_f：

$$w_f = w_z[1 - w(\text{Loss})]$$

式中　w（Loss）——烧失量的质量分数；

w_f——分析基试样中某元素的质量分数；

w_z——灼烧基试样中某元素的质量分数。

水泥熟料或水泥试样的烧失量一般都不大，而且当生产工艺过程稳定时，其烧失量的变化也不大，由于烧失量的变化而引起的误差可以忽略，故熔融制片法比较适用于水泥熟料或水泥试样。

（3）熔融温度　一般在900 ℃～1300 ℃之间进行熔融。在900 ℃～1000 ℃下试样虽可熔融，但所需时间较长，且熔融物流动性差，黏附坩埚壁严重。最好是在1100 ℃下熔融，熔融物流动性好，且所需时间较短。如果熔融温度不够，熔化、分解和化学反应不完全，制成的试样片会不透明，有气泡，不能获得均一的、无矿物效应的试样片；如果熔融温度过高，会使熔剂过多地挥发，导致试样片中被测元素的浓度增高。因此，采用液化石油气自动熔样机时，液化石油气与助燃气的流量比要恒定；使用马弗炉时炉温要恒定。熔融时间要严格控制。

（4）熔融时间　熔融时间要严格控制，以制得均匀一致的熔体。一般熔融 10 min ~ 15 min。制备标准样品样片与待测试样样片时，熔融的时间要相同。如熔融时间延长，则因熔体中熔剂硼砂不断挥发，而导致主成分如氧化钙的分析结果偏高。用过的试样片不宜再次熔融重新制片，因为熔融两次，熔剂挥发量增多，会使测定结果偏高，而且再次熔融时很难赶走微小的气泡。

（5）冷却　在熔融即将到达预定时间前 1 min 时，将铂-金铸模预热。到达预定时间后，将坩埚中的熔体迅速倒入预热的铸模中，对铸模停止加热，立即用压缩空气从下方向铸模底部吹气进行强制冷却。这样熔体冷却后能够形成圆形玻璃片并与铸模脱离，可得到底部表面十分光洁的分析用试样片。在另一表面上贴好标签，注明编号。

8.5.3.22　在熔融制样过程中哪些因素对测量结果的准确度有较大影响？如何消除这些影响？

（1）主要是表面烧损和表面不平整，对测量结果的影响较大。在送入仪器测定前，可用无水乙醇擦拭熔片分析面，以除去可能吸附的灰尘。

（2）样品的预氧化对测定结果的准确度（特别是对 SO_3）影响也很大，另外试样的组成情况对全铁的影响也不小。

（3）当 XRF 综合稳定度均优于 0.1% 时，XRF 分析误差主要由样品所引起，更确切地说，是由于制样产生的样品高度误差以及样品定位误差所引起。有关实验表明，采用铂－金坩埚铸型的自动熔样机制备的玻璃熔片，表面曲率的变化导致的样品定位误差可高达 100μm。有些粉末压片后分析表面可能因膨胀而出现弯曲（例如硅含量高的样品），富含碳酸钙的样品有时也可能发生弯曲。近来，一些 XRF 主力厂商纷纷将其新仪器由上照射方式改为下照射方式，一是简化 XRF 结构，更重要的考虑则是减小样品定位误差。

8.5.3.23　如何制作工作曲线？

制备好标准样品片后，按分析测定条件，依次（单道式）或同时（多道式）测定其荧光 X 射线的强度，以强度对标准样品片中待测定元素的质量分数绘制工作曲线。在大型 X 射线荧光光谱仪中可由计算机自动“绘制”工作曲线并储存起来。

绘制工作曲线时，一般采用最小二乘法配出一条回归直线。其相关系数 r 越接近 1，表明各点之间的线性关系越好。在水泥试样的分析中，氧化钙和二氧化硅工作曲线的相关系数 r 要大于 0.98，其余元素工作曲线的相关系数 r 要大于 0.95。如达不到上述值，可舍弃 1 ~ 2 个离散点，或对离散度大的标准试样的化学成分或荧光 X 射线强度重新测定。

工作曲线绘制好以后，要用 1 ~ 2 个国家一级或二级标准物质进行验证，如结果符合要求，则制作的工作曲线可以用做定量分析。

8.5.3.24　测量样品时间越长，测量结果就越准确吗？

测量时间是根据被检测元素中计数率最低的元素的含量来确定的（通常是镁元素；如果仪器能测定钠，则计数率最低的是钠元素）。因为在多道仪器中，所有的分析道是同时被测量的，不同的元素，荧光X射线的产额是不同的，在试样中的质量分数也是不同的，体现在计数率上也各不相同。在相同的时间里，各分析道的总计数不相同。统计学的研究证明，在射线测量中，当总计数达到相当大的数值 N 时，其测量的绝对偏差为 $\sqrt{N}$，相对偏差为 $\sqrt{N}/N = 1/\sqrt{N}$，也就是说，总计数 N 越大，其相对偏差就越小。因此，在确定测量时间时，要使被测元素中计数率最小的分析道的总计数达到这样一个数值，这时所得到的测量偏差符合要求。

测试时间和测量结果的准确性不是纯线性关系，有点类似二次曲线，有最佳的测试时间，不同品牌的仪器最佳测试时间是不同的，应通过试验予以确定。

8.5.3.25　什么是颗粒效应？如何减小颗粒效应？

硅酸盐试样是一种多矿物组成、物理化学状态不均一的混合物，基体效应显著。基体效应一般包括三种效应，即颗粒效应、矿物效应和元素间效应。

颗粒效应，指粉末中颗粒度、颗粒度分布、颗粒形状以及颗粒内部不均匀性引起的物理效应。例如，在水泥生料中，由于石灰石、黏土、石英砂、铁粉等原料之间的硬度差异较大，而且在磨制过程中会在颗粒表面产生电荷，从而引起这种颗粒被另一种颗粒优先围绕，产生严重的颗粒效应，对硅、钙的测定影响颇大。由于颗粒效应，受X射线辐照的有效体积中所含待测元素的颗粒数量会发生变化，受一次X射线辐照时所发出的荧光X射线的强度也就会发生变化，从而带来分析误差。对于一个水泥厂来说，当原料来源固定以及磨机生产较为稳定时，颗粒效应不太显著。而对于来源复杂的样品，则必须设法消除颗粒效应，通常的方法是充分粉磨与熔融。

8.5.3.26　什么是矿物效应？如何减小矿物效应？

矿物效应属于物理化学效应的范畴，它是由于物质的化学成分相同，但因结晶条件的差异而使其晶体结构不同所引起的。不同的结晶形态能产生不同的荧光X射线强度，从而引起误差。水泥生料及其原料，由于产地不同，而具有不同的矿物结构。水泥熟料，由于煅烧条件的不同，所形成的矿物相的结构也不同。对于特定的水泥厂而言，在矿山一定、生产稳定、工艺技术相对稳定的情况下，矿物效应不显著。如材料来源复杂时，须设法消除这一影响。若将矿物充分粉磨至10 μm~15μm极小的颗粒时，可达到此目的。但最有效的措施是采用熔融法。

8.5.3.27　什么是元素间效应？如何减小元素间效应？

元素间效应，是指试样中待测元素之外其余元素对待测元素荧光X射线强度的影响效应，又叫吸收-增强效应，其起因如下。

（1）基体吸收初级X射线束，而这些初级X射线束刚好位于待测元素吸收限的短波侧，因而影响初级 X 射线束对待测元素谱线的激发（吸收效应）。

（2）基体吸收待测元素发出的荧光 X 射线（吸收效应）。

（3）某些基体元素发出的特征荧光 X 射线的波长恰好位于待测元素吸收限的短波侧，因而也可激发出待测元素的特征谱线（增强效应）。

在水泥厂生产过程中，各类原材料及成品、半成品的成分变化不是很大时，基体效应也大体相同。特别是熔融制片时，试样片的基体变得大致相同，基体效应趋于一致，故待测试样片与标准试样片之间基体效应的差别可以忽略。但不同类的试样之间化学成分差别很大，必须按类分别制备各自的系列标准试样和各自的工作曲线，而不能混用。一般要制作预配料、水泥生料、熟料、水泥、黏土、旁路灰等若干标准试样和各自的工作曲线，而且待测试样的稀释比要与标准试样的相同。

基体成分变化较大时，现代仪器会采用数学公式利用计算机对基体效应进行校正。

加入大量熔剂制成的试样片中基体成分均以钠、硼、氧等轻元素为主（使用硼砂做熔剂时），它们在各试样片中的含量大体一致，因此标准试样片与待测试样片的基体效应大致相同，因基体不同而给分析结果造成的影响大大减弱。

8.6 中子活化分析仪在生产控制中的应用

8.6.1 为什么中子活化分析是目前控制水泥生产质量的最佳方法？

传统的过程质量控制均为事后检测，质量波动幅度大，往往给生产控制带来被动局面，特别是大型化、自动化的干法水泥厂，对水泥生产过程质量控制提出了更高的要求，传统的质量控制方法逐渐显示出其局限性，即使是 X 射线荧光分析仪也要滞后 40 min 左右，还不算是十分理想的控制分析方法。

1985 年美国水泥工业出现了一种新型的用于水泥生料质量控制系统的连续式在线分析仪，即中子活化分析仪。后来，通过逐渐改进，性能得到提高。中子活化分析仪的出现，预示着水泥工业生料制备系统和质量控制系统将有一个新的飞跃。现在世界上一些发达国家的水泥企业已经使用这种仪器，我国也有水泥企业引进这种仪器进行水泥生料的质量控制分析，取得显著效果。我国已有专业公司生产这种仪器，性能得到进一步改进和提高。这是目前水泥生料质量控制最理想的分析方法。

8.6.2 中子活化分析的原理是什么？

在线瞬时中子活化分析仪（Prompt Gamma Neutron Activation Analysis，简称 PGNAA）的工作原理是，利用裂变物质同位素锎（Cf^{252}）组成的中子源或电控中子管所发射的热中子来轰击物料中的原子核，原子核因捕获热中子而增加的质量立即转化为能量，并以 γ 射线的辐射形式释放出来（图 8-7）：

不同元素的原子核捕获和结合热中子的能力是不同的，其辐射出的 γ 射线的能量也不相同（图 8-8）。例如，钙元素发射的 γ 射线的能量为 4.42MeV 和 6.42MeV，硅元素发射的 γ 射线的能量为 3.7MeV 和 4.9MeV。而其辐射强度（表现在仪器的单位时间脉冲数上）则与物料中该元素的含量成正比。因而可以进行定量分析。

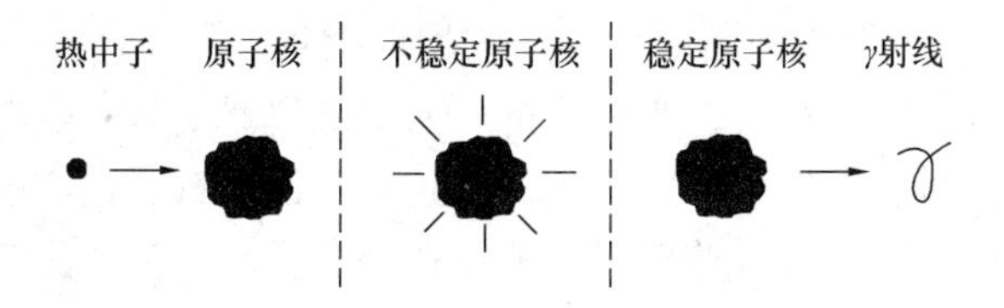

图 8-7　中子活化原子核瞬时发射 γ 射线的过程

控制水泥生料质量时，将该仪器的中子源安装在物料皮带运输机的下方（图 8-9），发出的热中子向上照射物料流，各元素发出的 γ 射线由设置在皮带运输机上方的探测器收集后，用专门的电子设备进行放大，处理转化成能谱进行识别，通过统计、积分计算，与标准模块进行对比，修正后用数字显示物料各化学成分的含量，即可在仪表上直接读出物料流瞬时（每分钟）的化学成分。

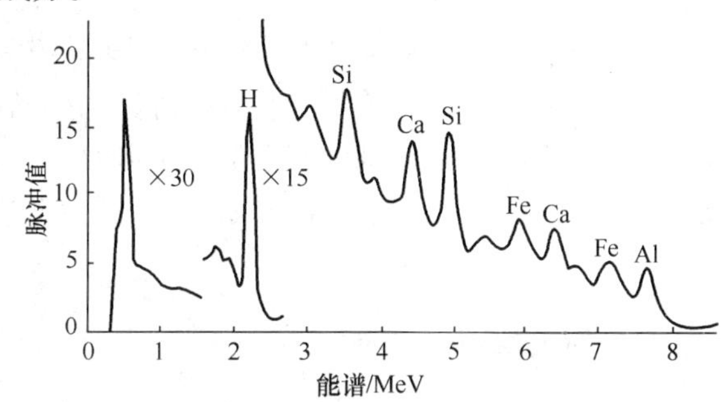

图 8-8　中子活化技术的典型能谱

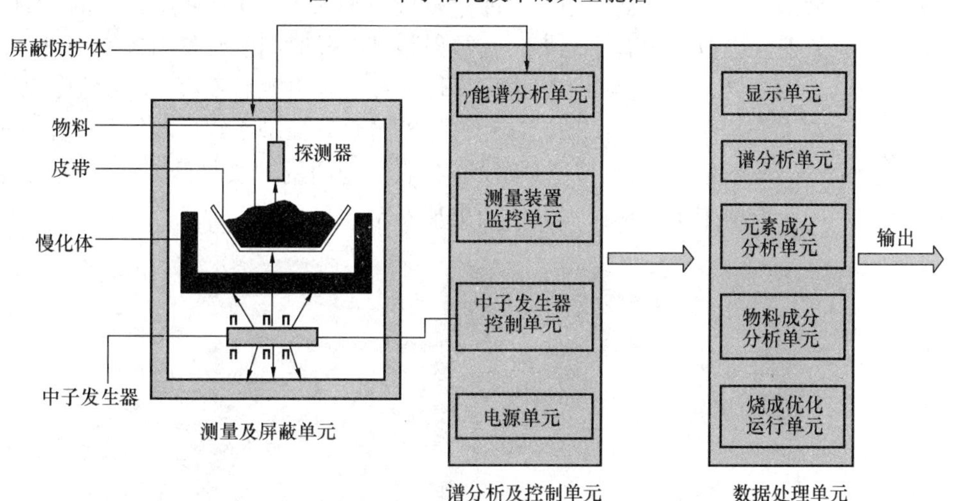

图 8-9　水泥生料在线中子活化控制系统配置示意图

8.6.3　用中子活化分析仪控制水泥生产的优点是什么?

（1）中子流可以穿透 500 mm ~ 800 mm 的物料层，对破碎后的块状水泥原料的料流直接进行在线连续、无损的扫描分析，而不必将其粉碎至细粉，物料的最大允许粒度可达 100 mm。无须取样、制样，而是实时检测、连续测量，无滞后，能以最快的时间和最小的偏差更新配比控制的设定值，从而杜绝了人工瞬时取样和人工制样造成的人为误差。这是其他任何分析方法（包括 X 射线荧光分析法）所无法比拟的。

（2）可以实现对物料流的在线、实时分析。如将此仪器安装在生料磨前，连续测定喂入生料磨前的块状物料，即在皮带机上的石灰石、砂岩、铁矿石、铝矾土等混合物料流的化学成分，并根据生料成分的三率值自动控制各种原料的喂料量，整个测定与自动调整喂料量的过程可在 1 min 内完成，真正实现了在线与瞬时的分析和控制，可以大幅度提高生料的合格率，提高水泥熟料质量，并可降低生料均化库堆均化作业的要求，简化均化库的设计，节省大量投资，取得显著的经济效益。

（3）如将这种分析仪器安装于破碎机与预均化堆场之间，将能取代取样站，实现对破碎机喂料比例的后馈控制以及预均化堆场料堆成分的前馈控制。可以直接搭配使用低品位原料，提高原料的利用率，减少对原料预均化堆场的依赖。还可以用在原煤进厂皮带上，搭配不同品质的煤，充分利用劣质煤。

（4）测量精度高，特别是近来开发的人工电控中子源，产生的中子能量较高，为 14MeV，可以测定硅、铝、铁、钙、镁、硫、钾、钠、钛、锰、氧、氢、氮等元素，没有天然中子源的半衰期，性能稳定，其发射强度不随时间的推移而改变，大大提高了检测精度。

中子活化分析仪一次性投资虽然较大，但因此而取得的经济效益，可以在一年半左右的时间内将其投资全部收回。

8.6.4 中子活化分析仪的射线对人体有伤害吗？

中子活化分析仪四周安装有防护装置，对人体的辐射危害很小。

如果是使用天然中子源的仪器，中子的能量较低，平均 2 MeV；使用碘化钠探测器，易受水分的影响；放射性同位素因有半衰期，其放射强度会随时间的延长而逐渐变化。

如果使用电控中子管，更加提高了安全可靠性。在切断电源后不再产生中子，无任何放射性，维护和运输十分方便。特殊防护设计和自诊断及自动保护系统，确保装置工作时周围环境的绝对安全。当皮带停止运行、皮带上没有物料、通道的门被打开或按下紧急按钮时，电控中子管立即停止发射中子，使仪器的使用更加安全。

9　化验室安全管理制度

9.1　化验室为什么要注意环境保护工作？

首先，化验室是企业的重要组成部分，对本企业“三废”的排放负有重要的监控责任；其次，化验室在分析检测时，也或多或少地产生一些废水、废渣、废气，既污染环境，也损害自己和他人的健康。此外，化验室还存在着噪声、粉尘的污染及有害物质的排放，所以，化验室必须高度重视环境保护工作。

9.2　化学分析人员为什么要注意安全防护？

化学分析人员在工作中，要接触各种化学试剂、试样及化验过程中各种化学反应所产生的气体、蒸气、烟雾等。这些物质中有些对人体有毒害作用，有些还具有易燃易爆性质。同时，各种仪器、电器、机械设备在使用中也可能存在危险性。因此，化学分析人员必须学习化验安全防护知识，并掌握一定的防护急救技能，做好安全防护工作。

9.3　化验室安全防护工作应有哪些措施？

（1）安全教育措施。即加强安全宣传和教育，不断提高有关人员的安全意识及操作技能，懂得操作中的不安全因素，掌握防止事故与排除事故的方法，提高自我防护能力，减少事故造成的伤害及损失。

（2）安全技术措施。即从技术上防止事故的发生，从根本上消除危险因素，是安全生产的最大保障。具体安全措施有预测预报、个人防护、局部防护及整体防护等各种技术措施，如防火、防爆、防毒、防电击、防割伤、防烫伤及烧伤等，以及紧急救护措施。

（3）安全管理措施。即制定各种安全生产（工作）及劳动保护规章制度、安全技术操作规程、安全管理及工作标准，并使之实施，使工作人员明确要求、各尽其职、安全生产。

9.4　如何严格执行安全技术操作规程？

（1）试验人员要熟悉有关的操作规程、仪器设备的性能和使用方法，严格按操作规程进行操作。

（2）试验人员进入化验室必须穿工作服，必要时戴工作帽。离开化验室时应脱去工作服，禁止穿着工作服进入食堂或其他公共场所。在进行有可能碰伤、刺激或烧伤眼睛的操作时，必须戴上防护镜。在接触浓酸、浓碱时，应戴上胶皮手套。

（3）在化验室内，禁止吸烟、进食。不准将试验器皿（如烧杯、瓷盘等）当做茶具和餐具。禁止赤膊、穿拖鞋、短裤进入化验室。与化验无关的人员不应在化验室久留。同时，也不允许化验人员在化验室做与化验工作无关的事情。禁止喧哗打闹，保持秩序井然。

（4）化验室所用的一切化学试剂，盛装瓶上必须贴有与内容相符的明显标签，以表明试剂的名称和浓度。不准以品尝的方法鉴别未知的化学试剂。试验中的一切药品不得带出室外，用剩的药品应如数归还。

(5) 开启易挥发的试剂瓶（如浓盐酸、浓硝酸、浓氨水、乙醚、丙酮等）时，决不可将瓶口对着他人和自己。开启时，最好在通风橱中进行。在夏季室温较高时，应先将这些试剂瓶经流水冷却后，在瓶口处盖上湿布再打开。在配制能产生有害气体（如 H_2S、SO_2、NO_2、Cl_2 等）的试剂时，也需在通风橱中进行。

(6) 化验室的各种贵重仪器、设备、器皿（包括铂器皿、银坩埚、玛瑙研钵等）、剧毒试剂（如氰化物、砷化物、二氯化汞等）均应设专人负责保管，并制定单独的安全操作规程。

(7) 取下正在加热至近沸的水和溶液时，应先用烧杯夹将其轻轻摇动后再取下，以防爆沸（为防止爆沸，应视情况，在加热前往溶液中加入一小片滤纸，或瓷坩埚碎片，以生成汽化中心）。从高温炉中取出高温物体（如坩埚、瓷舟等）时，必须待其稍冷后方可移至干燥器中继续冷却。

(8) 从橡皮塞上装拆玻璃管时，必须包裹以毛巾，并着力于靠近橡皮塞或需折断处。

(9) 化验室除特殊设备的特殊要求外，室温应保持住 13 ~ 30 ℃。室温过低或过高时，应采取调温措施（开关空调或通风），否则，对安全不利（如易冻裂、易燃、易爆试剂的保存），对仪器的准确度、化学反应速度、有机溶剂的挥发、萃取率等均有直接影响。

(10) 移动、开启大瓶液体试剂时，特别是强酸、强碱或其他腐蚀性液体，要将瓶放在铺有橡胶板的地上，小心打开瓶塞。严禁锤、砸、敲、打，以防破裂。从大瓶中分装时，应用虹吸管移取。

(11) 稀释浓硫酸时，一定要在烧杯等耐热、耐酸的容器内进行（决不能在原试剂瓶中稀释），必须将浓硫酸缓缓倒入水中，且边加边搅拌。如发现温度过高，应等降温冷却后再继续稀释（决不可将水倒入浓硫酸中），以免发生喷溅事故，对人身造成伤害。

(12) 化验室存放易燃液体（汽油、酒精等）的量不应超过 1L；绝不允许任意混合化学试剂，以免发生事故。

(13) 化验室停止供电、供水、供汽、供气时、应立即将电源、水源、蒸汽和燃气的开关全部关上，以防恢复供电、水、汽、气时因开关未关而发生事故。离开化验室时应检查水、电、门、窗及各种开关及阀门是否关闭，以确保安全。

(14) 开启高压气瓶的阀门时应缓慢，以防仪器被冲坏或引起着火、爆炸。不得将出气口对准他人。

(15) 严禁将一切不溶固体物质倒入水池，以防堵塞。浓的酸、碱残液经中和、稀释后才能倒入下水道，以防腐蚀水管。

(16) 化验室应配备适宜的消防器材。试验人员要会使用这些消防器材，并掌握一定的消防知识。万一发生事故，要沉着、冷静，尽快采取积极措施，避免事故蔓延、扩大。

9.5 如何使用和维护通风橱?

通风橱是试验室中最常用的一种局部排风设备，其主要功能就是排除试验中产生的各种有毒、有害气体。目前通风橱种类繁多，结构各异，有自然通风式、狭缝式、顶抽式、旁通式和补风式五种类型。

通风橱使用效果的好坏，除了正确地设计、安装之外，还与合理的使用和保养有很大关系。通风橱在使用和维护方面，应注意以下几点：

（1）在试验开始以前，必须确认通风橱处于正常运行状态，然后才能进行试验操作。

（2）试验结束后，至少还要继续运行 5 min 以上才可关闭通风橱的风机，以排除管道内的残留气体。也可考虑安装排风时间延时器，确保通风机延迟关闭。

（3）试验时，在距玻璃视窗 150 mm 内不要放任何设备，通风橱应有足够的空间，不影响空气的流动。前面的视窗要尽量关闭使用。

（4）产生有害物质的试验装置应放在橱内距操作口大于 150 mm 的地方，防止有害物的逸出。

（5）通风橱内的试验装置不应遮挡排风狭缝。

（6）通风橱内部应经常保持清洁、密闭，且要定期清理打扫。

（7）为使玻璃门滑动灵活，应定期在滑轮上注润滑油。

（8）通风机（或排风扇）、风管及有关附件，都应定期检查、检修。

9.6　对危险化学品如何实施安全管理？

化验室对化学药品应根据 AQ 3013—2010《危险化学品从业单位安全标准化通用规范》中的规定采取相应措施：危险化学品库房符合安全标准的要求，库内有应急预案。根据应急预案，配有专门的洗眼器和急救箱。危险化学品按危险性进行分类、分区、分库储存。剧毒化学试剂要在保险柜中存放，并建立领用制度，需要多少领多少。化学药品库要有两个以上专人保管，做到双锁双保管。库内有隔热、降温、通风等设施，消防设施齐全，配有专用的足够的灭火装置。楼梯通道要有紧急出口并配有紧急应急灯，保证消防通道畅通。采用相应等级的防爆电器和防腐蚀电器。有效处理废弃物品或包装容器。对于废液要有专门的处理措施和处理办法，保证不直接排到下水道中污染水源。化学药品的溶液配制要根据配制方法在通风橱中安全操作，试剂瓶要有标签，标明化学药品的实际状态和浓度及有效期。通风橱和试验台内禁止存放多余的化学药品。

9.7　化学药品应如何领用与保管？

（1）化学试剂应分类存放，专人保管，非保管人员未经允许不准随便进入药品库，严禁将火种带入药品库。

（2）设专人配制各种试验用药品及各类溶液。化学试剂和药品由专职配药人员领取。除配药人员外，不经领导批准一律不准从药品库领用各类药品和试剂。

（3）各类药品、试剂的领用、配制和使用应有完整的记录。从药品库领出的药品试剂要随时存入药品柜内加锁，专人保管。

（4）各岗位工作人员应清楚了解本岗位所用药品和试剂的物理和化学性质、毒性和腐蚀性及防护措施。

（5）化验室所有试剂和药品一律不能食用。

（6）未经批准和允许，所有试剂和药品一律不准携离化验室。

9.8　化验室化学试剂的分类及安全存放条件是什么？

第一类：易燃液体（易燃类），这类液体极易挥发成气体遇明火即燃烧，常见的有乙醚、汽油、丙酮、苯、乙酸乙酯、甲苯、甲醇、乙醇、二甲苯和异丙醇、醋酸丁酯等。这类试剂的存放处要求阴凉通风，理想的存放温度为 -4 ℃ ~ +4 ℃，室温最高不能超过 30 ℃，特别要注意远离火源。

第二类：剧毒性危险品（剧毒类），此类专指由消化道侵入人体极小量即能引起中毒致死的试剂，如氰化钾、氰化钠及其他氰化物，氧化砷、二氯化汞及其他极毒汞盐、某些生物碱等。此类试剂要存放在阴凉干燥的地方，与酸类隔离并应设专柜加锁。

第三类：强腐蚀性危险品（强蚀类），指对人体皮肤、黏膜、眼、呼吸道及金属等有极强腐蚀性的液体和固体，如硫酸、硝酸、盐酸、氢氟酸、乙酸酐、磷酸、氢氧化钾、氢氧化钠、硫化钠等。此类试剂存放处要求阴凉通风，并与其他药品隔离放置。应选用抗腐蚀性材料制作料架，料架不宜过高，以保证存放安全。

第四类：燃烧爆炸性固体（燃爆类），其中遇水反应十分强烈、爆炸燃烧的有：钾、钠、锂、钙、电石等。其他引火点低，受热、受冲击摩擦或与氧化剂接触能引起燃烧甚至爆炸的有：硫化磷、赤磷、镁磷、镁粉、锌粉、铝粉等。此类试剂存放处的室内温度不应超过 30 ℃，理想温度在 20 ℃以下。与易燃物、氧化剂均需隔离，最好用防爆料架，万一失火，不致扩大影响。

第五类：强氧化剂（强氧类），这类药品都是过氧化物或有强氧化能力的含氧酸及其盐，在适当条件下会发生爆炸，并可与有机物、镁、铝、硫等易燃固体形成爆炸混合物。属于此类的试剂有硝酸铵、硝酸钾、高氯酸、高氯酸盐、重铬酸钾及其他重铬酸盐、高锰酸钾及其他高锰酸盐、氯酸钾、过硫酸铵、过氧化钠、过氧化钾等。此类试剂存放处要求阴凉通风，最高温度不能超过 30 ℃，理想温度为 20 ℃以下，要与酸类、木屑、炭粉、硫化物、糖类等易燃物、可燃物、易被氧化物质进行隔离，并注意散热。

第六类：贵重药品（贵材类），凡单价较贵的特纯试剂和稀有金属、元素及其化合物、黄金、铂金制品均属此类。此类物质应与一般药品分开，便于存取和加强管理。

第七类：其他类，不属于以上几类的不易燃烧、爆炸、无腐蚀、无毒的一般试剂属于此类，保管时应注意避光，避高温，加强管理以免变质失效。

9.9　化验室在安全生产标准化达标创建过程中需要进行哪些事项?

根据《水泥企业安全生产标准化评定标准》内容，化验室根据企业的安全生产目标情况承担相应的安全生产目标分解任务，在化验室内部，成立安全生产标准化达标自评小组，配合安全生产部根据员工的不同岗位分工制定相应的安全生产岗位责任制，并签订安全生产岗位责任书。化验室岗位一般有：水泥工艺岗位、质量控制检验工岗位、统计员岗位、取样工岗位、物理检验工岗位、化学分析检验工岗位和 X 射线荧光检测岗位。成立安全生产小组，班组长为第一安全责任人，班组配备兼职安全员。建立定期例会制度，不断提高员工的安全意识和作业风险意识。编写化验室设备设施安全操作规程，其内容应包括：双辊破碎机、颚式破碎机、圆盘粉碎机、全封闭隔声试验小磨、自动混筛机、单双层两用振筛机、伏虎式混料机、水泥净浆搅拌机、水泥胶砂流动度测定仪、行星式水泥胶砂搅拌机、水泥胶砂振动台、成型振实台、电动抗折机、水泥压力试验机、沸煮箱、水泥快速强度养护箱、电子分析天平、电热恒温鼓风干燥箱、自动量热仪、智能马弗炉、定硫仪、高纯水制备器、水泥组分测定仪、钙铁分析仪、火焰光度计、X 射线荧光光谱仪、振动磨、电热熔融机、水泥中二氧化碳测定仪、氯离子测定仪、多功能破碎缩分联合制样机、水泥细度负压筛析仪、水泥标准养护箱、水泥快速养护箱、水泥游离氧化钙测定仪、水冷机、压样机、粉状物料自动取样器、通风橱、蒸馏水器、煤的工业分析快速测定仪、自动养护水箱等的安全操作规程。编制化验室年度安全生产投入计划书，将化验室安全投入列入企业年度的计划内，同步统计整理本年度的化验室安全生产投入报表；制定化验室专项应急预案，包括：火灾、灼烫、爆炸及地震等。按照计划制定演练计划和组织演练，及时形成演练结果评估报告。组织对化验室职工进行“三级教育”和按照计划进行安全生产方面的培训，并对培训结果进行考核。

9.10 隐患排查和危险源辨识的内容是什么?

按照隐患排查制度，对化验室进行定期的隐患排查和危险源辨识，根据不同的隐患，制定相应的排查制度和排查方法，控制、消除、监控或减少隐患带来的安全事故。根据作业条件危险性评价法（LECD 法）确定化验室危险源级别。根据隐患排查结果，确定作业风险，并对作业风险进行评价，采取必要措施严加防范，最终形成化验室部门危险源辨识与风险评价表。并不断持续改进，反复排查隐患和危险源辨识，不断完善和更新危险源辨识与风险评价表。表 9-1 是采用 LECD 法所确定的 L、E、C 分值与 D 值的关系。

表 9-1 作业条件危险性评价法的 L、E、C 分值与 D 值的关系

L—发生事故的可能性大小		E—人体暴露在危险环境中的频繁程度		
分数值	事故发生的可能性	分数值	暴露于危险环境的频繁程度	
10	完全可以预料	10	连续暴露	
6	相当可能	6	每天工作时间内暴露	
3	可能，但不经常	3	每周一次，或偶然暴露	
1	可能性小，完全意外	2	每月一次暴露	
0.5	很不可能，可以设想	1	每年几次暴露	
0.2	极不可能	0.5	非常罕见地暴露	
0.1	实际不可能			
C—发生事故产生的可能后果		W—危险性分值		
分数值	发生事故产生的可能后果	D 值	危险程度	风险等级
100	大灾难，死亡 10 人以上	大于 320	极其危险，不能继续作业	E
40	灾难，死亡 3 人以上（含 3 人），10 人以下	160 ~ 320	高度危险，要立即整改	D
15	非常严重，死亡 2 人以下	70 ~ 160	显著危险，需要整改	C
7	严重，重伤	20 ~ 70	一般危险，需要注意	B
3	重大，致残	小于 20	稍有危险，可以接受	A
1	引人注目，需要救护			

安全生产标准化创建达标工作，是我国在安全方面的重要国策，即将列入《中华人民共和国安全生产法》的条款中，以法律形式对企业进行约束和强制执行。任何单位任何个人都不能存在任何蒙混过关的幻想，必须扎扎实实地搞好这项工作，并不断持续改进，为劳动者创造一个安全健康的工作环境，保证劳动者的人身安全，保障劳动者的职业健康，建立和谐社会，为人类文明做出贡献。

9.11 何谓“隐患”？何谓“隐患排查”？

隐患即安全生产事故隐患（以下简称事故隐患），是指生产经营单位违反安全生产法律、法规、规章、标准、规程和安全生产管理制度的规定，或者因其他因素在生产经营活动中存在可能导致事故发生的物的危险状态、人的不安全行为和管理上的缺陷。

事故隐患分为一般事故隐患和重大事故隐患。一般事故隐患，是指危害和整改难度较小，发现后能够立即整改排除的隐患；重大事故隐患，是指危害和整改难度较大，应当全部或者局部停产停业，并经过一定时间整改治理方能排除的隐患，或者因外部因素影响致使生产经营单位自身难以排除的隐患。

隐患排查是指生产经营单位组织安全生产管理人员、工程技术人员和其他相关人员对本单位的事故隐患进行排查的行为。

企业是隐患排查工作的责任主体，排查方法是定期组织安全生产管理人员、工程技术人员和其他相关人员排查本单位的事故隐患，并鼓励、发动职工发现事故隐患。

9.12 何谓“风险评价”？化验室都存在哪些“作业风险”？

风险是指发生危险事件或有害暴露的可能性，与随之引发的人身伤害或健康损害的严重性的组合。

风险评价是对危险源导致的风险进行评估、对现有控制措施的充分性加以考虑以及对风险是否可接受予以确定的过程。

化验室在作业过程中可能存在以下风险：火灾、触电、灼烫、机械伤害、中毒、粉尘、噪声、其他伤害（如：滑倒摔伤、化学灼伤、试剂瓶坠落、玻璃器皿割伤和扎伤等）等。

另外，在取样时还可能存在高处坠落、车辆伤害等风险。

9.13 在安全生产标准化现场评审中，化验室的现场评审扣分项有哪些？

扣分项见表9-2。

表9-2 安全生产标准化评审时化验室现场评定扣分表

考评内容	标准分值	评定办法
安全紧急疏散通道安装紧急应急照明装置	1	没有安装紧急应急照明装置的，不得分
颚式破碎机皮带轮安装防护罩	2	没有安装防护罩的，不得分
化学药品库有应急预案，有通风装置，药品柜上双锁，化学药品按照其化学性质分类、分开存放，通风橱或者操作台内化学药品存放符合相关规定	2	有一处不符合要求的每处扣1分，此条款最多扣2分
氧气瓶、乙炔气瓶装置固定，氧气瓶、乙炔气瓶和液化石油气瓶分开房间放置使用	1	氧气瓶、乙炔气瓶装置未固定扣1分，氧气瓶、乙炔气瓶和液化石油气瓶在同一个房间扣1分
高温炉接线不得外露，不应靠近炉体太近，应符合防火距离要求	1	高温炉接线外露扣1分，接线靠炉体太近扣1分
小磨房内安装通风设施，有粉尘和噪声职业危害警示牌	2	小磨房内没有安装通风设施扣1分，没有粉尘和噪声职业危害警示牌扣1分

续表

考评内容	标准分值	评定办法
振实台操作时操作人员佩戴护耳器	1	振实台操作时操作人员未佩戴护耳器扣1分
剧毒药品领用有相关领用记录	1	剧毒药品领用没有相关领用记录扣1分
火焰光度计、量热仪和测硫仪不得安装在同一间化验室内	1	火焰光度计、量热仪和测硫仪被安装在同一间化验室内扣1分
配置洗眼器，配置小型救护药箱	1	未配置洗眼器，未配置小型救护药箱的缺少一项扣1分
有化学药品废液处置方案及/或处理方法	1	化学药品废液没有处置方案或处理方法的扣1分
小电炉接线符合相关规定执行避免发生火灾	1	小电炉接线不符合相关规定执行的扣1分

9.14　化验室废液处理时应注意哪些事项?

化验室废液处理时应执行GB/T 29422—2012《水泥化学分析废液处理方法》(2013年7月起实施)。化验室废液不同于工业废水，化验室废液的成分及质量稳定性差，且种类繁多、浓度高，所以处理时的危险性相对也高。处理时应注意以下事项：

(1) 充分了解处理方法。化验室废液的处理方法因其特性而异，一定要充分了解相应废液的处理方法后，再尝试处理，否则极易发生意外。

(2) 应注意避免皮肤直接接触致毒废液。大部分的化验室废液触及皮肤仅有轻微的不适，少部分腐蚀性废液会伤害皮肤，有一部分废液则会经由皮肤吸收而致毒。因此，在搬运或处理废液时需要特别注意，不可接触皮肤。

(3) 防止毒性气体的产生。化验室废液处理时，如操作不当会产生有毒气体。例如，氰类与酸混合会产生剧毒的氢氰酸；漂白水与酸混合会产生氯气和次氯酸；硫化物与酸混合会产生剧毒的硫化氢。

(4) 防止爆炸性物质的产生。化验室处理废液时，应完全按照已知的处理方法进行处理，不可任意混合其他废液，否则会有发生爆炸的危险。例如，胺类与漂白水的混合；硝酸银与酒精的混合；丙酮在碱性条件下与氯仿的混合等，极易产生爆炸性物质。此外，过氧化物极易因热、摩擦、冲击而引起爆炸。故在废液处理前，应将过氧化物先行消除。

(5) 其他应注意事项：

1) 尽量避免同时处理大量废液，防止因反应大量放热而发生意外；

2) 处理剂应缓慢倒入废液中，防止发生剧烈反应。必要时，可在水溶性废液中加水稀释，以缓和反应程度，降低反应速度。加入处理剂后，应充分搅拌。

9.15　含钡的废液如何处理?

往含有钡离子的废液中加入一定量的硫酸盐或硫酸溶液，把钡离子转化为硫酸钡沉淀后，滤液可以直接排放。其处理步骤如下。

处理一次硫酸钡称量法测定三氧化硫后的废液需要称取1.0 g无水硫酸钠(精确至0.1 g)，或需要4.0 mL硫酸溶液(1+9)(精确至0.1 mL)。在搅拌下将无水硫酸钠或硫酸溶液（1+9）缓慢加入到盛有钡离子废液的烧杯中，温热4h或放置12 h~24 h。在溶液中加入2滴~3滴酚酞指示剂溶液（10 g/L），用氢氧化钠溶液（50 g/L）中和至溶液出现粉红色，静置至溶液澄清，过滤后，取1滴~2滴滤液置于表面皿上，加1滴硫酸溶液（1+9），如果无沉淀生成，可将滤液直接排放；如有沉淀生成，需再加几毫升硫酸溶液（1+9）处理滤液。

9.16 含铬的废液如何处理？

没有回收价值的废铬酸洗液，不能直接倒入下水道中，因废洗液中仍含有大量的Cr^{6+}，其毒性较Cr^{3+}要强100倍，如流入江、河、湖、海会污染水源。另外，废洗液中仍含有浓度较高的废酸，倒入下水道会腐蚀管道。

用亚铁将含铬废液中的铬（Ⅵ）还原为铬（Ⅲ）离子，再把铬（III）离子转化为$Cr(OH)_3$沉淀。取一定量含铬废液，如果废液中有黄色的六价铬（Ⅵ），加入适量的硫酸亚铁铵固体至黄色褪去，加2滴~3滴酚酞溶液（10 g/L），用氢氧化钠溶液（50 g/L）中和至溶液出现粉红色，调节溶液的pH值至8左右，使Cr^{3+}转变成$Cr(OH)_3$沉淀，然后每100 mL溶液中加入1 g活性炭，静置沉淀12 h~24 h，过滤后将滤液直接排放，残渣埋于地下。

9.17 含汞的废液如何处理？

往含汞废液中加入硫化物，使汞生成稳定的硫化汞，调节溶液至pH=8.0~9.0，并加入吸附剂使硫化汞沉淀完全，过滤后往滤液中加入硫酸亚铁或硫酸亚铁铵，使多余的硫化物完全转化为硫化亚铁沉淀。

取一定量含汞废液，每100 mL废液中加入0.2 g硫化钠固体，搅拌溶解，用氢氧化钠溶液（50 g/L）调节溶液至pH=8.0~9.0（用pH试纸或酸度计检验）。然后每100 mL废液中加入0.5 g活性炭，盖上表面皿，静置12 h~24 h。过滤后每100 mL滤液中加入0.5 g硫酸亚铁或硫酸亚铁铵固体，搅拌溶解，使硫离子完全转化成硫化亚铁，过滤后将滤液直接排放，残渣埋于地下。

9.18 含铜的废液如何处理？

往含铜废液中加入硫化亚铁，使铜离子转化成硫化铜沉淀。

取适量含铜废液放入烧杯中，每100 mL废液中加入3.3 g硫化亚铁固体，用氢氧化钠溶液（50 g/L）调节溶液至pH=8.0~9.0（用pH试纸或酸度计检验）。静置12 h~24 h，过滤后将滤液直接排放，残渣埋于地下。

9.19 含酸、碱的废液如何处理？

采用酸碱中和的方法处理酸、碱废液。

将废酸溶液用一定浓度的氢氧化钠溶液中和至中性（pH=7左右），用pH试纸或酸度计检验。

将废碱溶液用一定浓度的盐酸溶液中和至中性（pH=7左右），用pH试纸或酸度计检验。

9.20 化验室的废渣如何处理?

化验室产生的废渣（固体废物），主要包括多余样品、分析产物、消耗或破损的试验用品（如玻璃器皿）、残留或失效的化学试剂等。这些固体废物成分复杂，涵盖各类化学、生物污染物，尤其是不少过期失效的化学试剂，处理时稍有不慎，很容易导致严重的环境污染。

对于化验室中的少量废渣（如生活、工作垃圾），可直接倒入垃圾箱，有毒废渣可深埋于地下。固体可燃废物可分类收集后及时焚烧。固体非可燃废物经分类收集后，先加漂白粉进行氯化消毒，然后再作最终处理。

9.21 在化验室内工作如何防止中毒?

(1) 所有试剂瓶均应设置标签，保管剧毒性药品应设专柜，应做到“双人双锁”，须与一般药品分开。

(2) 严禁试剂入口，用移液管移取有毒液体时，不能用嘴吸取。如需以鼻鉴别试剂时，严禁用鼻子接近瓶口鉴别，只能用手将瓶口的气体煽动到鼻子处嗅别。

(3) 严禁餐具和仪器互相代用。

(4) 对于有毒气体和蒸气，如氮的氧化物、溴、氯、硫化氢、挥发性酸碱等，必须在通风橱内进行处理，头部应在通风橱外面，否则可能引起危害健康的中毒等人身事故。

(5) 注意遵守个人卫生和个人防护规则，严禁在使用毒物或有可能被毒物污染的房间存放食物、饮食或吸烟。

(6) 根据国家劳动保护条例，接触毒物的工种应适当缩短工作日和增加必要的营养，以增进工作人员对毒物的抵抗力。

(7) 大气压力计、水银温度计等装有水银。如果破损，水银会散落各处。长期吸入汞蒸气会造成慢性中毒。对于溅落的汞，应尽量拣拾起来。颗粒直径大于1 mm的汞可以用吸气球或真空泵抽吸的拣汞器拣起来。拣过汞的地点可以洒上200 g/L的三氯化铁溶液、多硫化钙、硫磺或漂白粉，干后扫除。为了减少汞液面的蒸发，可在大气压力计等汞的液面上覆盖甘油或水。

9.22 试验室里如有人急性中毒应如何急救?

原则上应立即送医院急救或请医生来诊治，并报上级领导。在送医院之前，应迅速查明中毒原因，针对具体情况，采取以下急救措施：

(1) 急性呼吸系统中毒　应将中毒者迅速撤离现场，移到通风良好的地方，令其呼吸新鲜空气。如有休克、虚脱或心肺机能不全等现象，必须先做抗休克处理，如人工呼吸，给予氧气、兴奋剂（浓茶、咖啡等）。

(2) 由口服中毒　立即用30 g/L～50 g/L的小苏打水，或1∶5000的高锰酸钾溶液，或15 mL～25 mL硫酸铜溶液（10 g/L）或硫酸锌溶液进行催吐，使之迅速将毒物吐出，直至吐物中无毒物为止。再服些解毒剂，如蛋清、牛奶、橘子汁等。

(3) 皮肤、眼、鼻、咽喉受到毒物侵害　应立即用大量自来水冲洗，然后送医院处理。

(4) 有毒气体中毒　应将中毒者移至空气新鲜流通的地方，进行人工呼吸－输氧。二氧化硫刺激眼部，用 $NaHCO_3$（小苏打）水溶液（20 g/L～30 g/L）充分洗涤。若是咽喉中毒，用 $NaHCO_3$ 水溶液（20 g/L～30 g/L）漱口，或吸入 $NaHCO_3$ 水溶液的热蒸气，并饮牛奶或氧化镁悬浊液（15 g/L）。

（5）酸中毒　饮入 $NaHCO_3$ 溶液（20 g/L）洗胃，吃氧化镁（每杯水二匙），先半杯，然后每隔 10 min 吃 1 杯催吐。

（6）碱中毒　内吸醋酸溶液（1%），再吸硫酸铜溶液（10 g/L）以引起呕吐。生物碱中毒，可灌入活性炭水浊液以催吐。

（7）汞的化合物中毒　误入时，用炭粉洗胃，服大量牛奶（1 L）或鸡蛋清解毒。

（8）苯中毒　误入消化系统时，内服催吐剂催吐，洗胃，对吸入者进行人工呼吸、输氧。

（9）酚中毒　饮石灰水催吐。

（10）氟化物中毒　服氯化钙溶液（20 g/L）催吐。急性中毒时，要进行人工呼吸并给氧，注射兴奋剂，同时给予高铁血色素解毒剂，吸入 0.5 mL 亚硝酸戊酯或亚硝酸丙酯（在操作毒品前应做好解毒品的配制和准备），还需用 $NaHCO_3$ 水溶液（20 g/L）或 1∶500 的高锰酸钾溶液洗胃，并催吐。如通过皮肤中毒，速用 $NaHCO_3$ 水溶液（20 g/L）洗净。

（11）磷化物中毒　磷化物毒品有磷化氢、三氯化磷、五氯化磷等，误入时，速用硫酸铜溶液（1 g/L）催吐剂催吐。在操作磷的工作场所，应戴上用硫酸铜溶液（50 g/L）湿润的口罩。

（12）砷化物中毒　砷化物毒性特别强，误入时，用炭粉、硫酸铁（250 g/L）和氧化镁混合液（6g/L）洗胃，再服用食糖。

9.23　如何防止燃烧和爆炸？

（1）化验室中存放易燃液体的量不应超过 1 L。易燃液体应存放在室内阴暗低温的地方，切不可放在喷灯、电炉或其他火源的附近。夏天室温高，必要时将其放在冷水里。大量易燃物应保存在通风良好的砖墙或土墙砌的仓库中。

（2）开启易挥发的试剂瓶时（如盐酸、氨水、低沸点有机物等）不可使瓶口对着自己或他人，在室温较高的情况下应先将试剂瓶在冷水里冷却一段时间再打开瓶塞。

（3）在试验过程中，对于易挥发及易燃的液态有机物有必要加热时，应在水浴或严密的电热板上缓缓进行，严禁用火焰或电炉直接加热。

（4）蒸馏可燃性物质时，加入一小块碎瓷片或沸石，使其成为气化中心，可防止爆沸。应首先将冷水充入冷却器内并确信冷却水流已持续不断时，再开始加热。如需往蒸馏器内补充液体，应先停止加热，放冷后再补充。特别是如果忘记加碎瓷片，一定要在溶液冷却后才能加入，万不可往热的溶液中加入碎瓷片，严防瓶内溶液暴沸喷出，引起火灾。

（5）身上或手上沾有易燃物或衣服上落有氧化剂液滴时，应立即清洗干净，不能接近火源，以防着火。

（6）高温物体，如灼热的坩埚等要放在不能起火的安全地方。高温炉、烘箱等应放在水泥台面或砂石台面上，低温加热器可放在分析台上，但下面要铺垫石棉板或耐火方砖，酒精灯下面也应铺垫石棉板或方砖。

（7）爆炸类药品，如苦味酸、高氯酸及高氯酸盐、过氧化氢及高压气体等，应放在低温处保管，不能与其他易燃品放在一起。

（8）在使用危险物品工作时，应使用预防爆炸或降低其危害后果的仪器和设备。必要时要用金属－有机玻璃或塑料所制的安全罩套进行防护。

（9）在任何情况下，对于危险物质都必须取用能保证实验结果的精确性、可靠性的最小量来进行试验，并且不能用火直接加热。

9.24 如何防止发生火灾事故？

化验室在有火灾风险的场所应采取以下措施，防止火灾事故发生：

（1）设置“禁止烟火”标识牌，禁止烟火；

（2）做好安全教育培训，提高员工的火灾预防意识和技能；

（3）定期组织内部安全检查，做好电器设施、线路检查，有问题及时处理，消除火灾隐患；

（4）加强对易燃物品的管理，及时消除火灾隐患，如药品库内不得存放易燃物品；

（5）配置消防器材，定期检查，确保消防器材完好、有效；

（6）防止电器设施过负荷运转。电器设备应装有地线和保险开关，导线容量要足够，切勿使裸露导线发生短路现象；使用烘箱和高温炉时，不得超过允许温度，当无人时应立即关掉电源。

（7）化验室内严禁吸烟。

9.25 化验室如果发生了火灾如何灭火？

（1）如突然失火，应将门窗关闭，防止因空气流动而使火势蔓延，并将室内易燃、干燥物小心搬离火源，迅速选用适当的灭火器将刚起的火焰扑灭。

（2）当确认无法扑灭火灾时要立刻报警，火警电话119。要确保自身安全。

（3）平时要注意偶然着火的可能性，准备使用于各种情况的灭火材料，包括灭火沙、石棉布、各类灭火器。备用灭火器须按时检验和调换药液。万一不慎发生火灾，应针对起火原因，采取相应措施，迅速扑灭。化验室中应常年放置有效期内的灭火器。平时，实验人员都应学会各种灭火器的使用方法。易溶于水的物质燃烧时可用水灭火。不溶于水的油类及有机溶剂（如汽油、苯、过氧化钠、碳化钙等）等可燃物燃烧时，切记不要用水去灭火，否则会加剧燃烧。此时只可用砂、二氧化碳灭火器灭火。

（4）加热试样或实验过程中起火时，应立即用湿布或石棉覆盖，将火熄灭，并拔出电炉插头，必要时切断总电源。

（5）电线着火时，须关闭总电源，再用二氧化碳灭火器熄灭燃烧的电线，不许用水或泡沫灭火器熄灭燃烧的电线。

9.26 发生化学灼伤、创伤、中毒时如何急救？

（1）灼伤

1）火灼：皮肤发红为一度灼伤，涂以95%的酒精并浸纱布盖于伤处或用水止痛法。

皮肤起泡为二度灼伤，除上述方法外，还可用高锰酸钾溶液（30 g/L～50 g/L）或新制丹宁溶液（50 g/L），用纱布浸湿包扎。以上两种灼伤也可在伤处立即涂以獾油，效果良好。

皮肤灼焦破为三度灼伤，需用消毒棉包扎后去医院治疗。

2）酸灼：强酸溅在皮肤上，先用大量水冲洗，然后用碳酸氢钠溶液（50g/L）清洗伤处。

3）氢氟酸灼伤：立即用水冲洗伤口至苍白色，并涂以甘油 + 氧化镁糊（2:1），或用冰冷的饱和硫酸镁溶液清洗后包扎好，严防氢氟酸侵入皮下和骨骼中。

强酸溅入眼睛内：先用大量水冲洗，然后用碳酸氢钠溶液（50 g/L）冲洗，随即到医院治疗。

4）碱灼：强碱溅在皮肤上，用大量水冲洗，然后用硼酸溶液（30 g/L）或醋酸溶液（20 g/L）冲洗，严重者去医院治疗。

5）氢化物灼：先用高锰酸钾溶液冲洗，然后再用硫酸铵溶液冲洗。

6）溴灼：用1体积25%氨水 +1 体积松节油 +10 体积95%酒精的混合液处理。

7）磷灼：用硫酸铜酒精溶液（30 g/L）润湿纱布包扎（不可用水配制）。

8）铬酸灼：用水冲洗，然后用硫化铵溶液漂洗、包扎。

9）苯酚灼：用水冲洗后，再用4体积72%的酒精与1体积1 mol/L三氯化铁混合溶液冲洗、包扎。

10）氯化锌、硝酸银灼：用水冲洗，然后用硫化铵溶液漂洗、包扎。

（2）创伤

若伤口内没有玻璃碎片等，伤口不大，出血不多，可擦以碘酒，然后涂红汞药水，撒上磺胺消炎粉后包扎。

9.27 如何防止发生触电事故？

化验室的电器设备种类较多，为防止触电事故的发生，保障作业人员的安全，应做到：

（1）做好安全教育培训，向员工宣传、培训安全用电知识，提高员工的安全用电意识和技能；

（2）配电箱安装漏电保护器，设备本体做好接地、接零保护；

（3）员工在使用电器设备时，应遵守安全操作规程；

（4）穿戴好绝缘鞋、手套等劳保防护用品；

（5）设置“当心触电”安全警示牌；

（6）做好日常安全检查，发现电器、线路破损（如电线、电缆、插座、插头等）应及时维修、更换；

（7）定期组织员工学习触电、电气火灾等事故案例，吸取事故教训，防止类似事故发生。

9.28 发现试验室有人触电应如何急救？

首先使触电者脱离电源。为此，应立即拉下电闸或用木棍将触电者从电源上拨开，注意不要使触电者摔伤。然后检查触电者呼吸或心跳情况，若呼吸停止，应立即通知医疗部门，同时进行人工呼吸；如心跳停止，应进行心跳挤压按摩。触电处的皮肤如因高温、火花烧伤，要防止感染。应注意，在急救触电者时，一般不要注射强心剂和让其喝兴奋剂。

9.29　如何安全使用高压气瓶？

化验室中一般存有氧气瓶、乙炔气瓶、液化石油气瓶和P10气体瓶等。

（1）高压气瓶必须存放在阴凉、干燥、远离热源的房间，并且要严禁明火，防曝晒。除不燃性气体外，其他气瓶一律不准放入实验楼内。使用中的气瓶要直立放置，并固定在牢靠处。决不允许将氧气瓶、乙炔气瓶和液化石油气瓶放在空间狭小的一个房间里，以防引起爆炸。P10气体一般存放在X射线荧光分析仪的附近，保持恒定的温度。

（2）搬运气瓶要轻拿轻放，防止摔掷、敲击、滚滑或剧烈震动。搬前要将钢瓶的安全帽戴好，以防不慎摔断瓶嘴发生事故。钢瓶外部必须具有两个橡胶防震圈。乙炔瓶严禁横卧滚动。

（3）气瓶应定期进行技术检验和耐压试验。

（4）易起聚合反应的气体钢瓶，如乙烯、乙炔等，应在贮存期限内使用。

（5）高压气瓶的减压器要专用，安装时螺口要旋紧，至少旋进7圈螺纹，不得漏气。开启高压气瓶时操作者应站在气瓶出口的侧面，并且气瓶出口不得对准他人。动作要慢，以减少气流摩擦，防止产生静电。

（6）瓶内气体不得全部用尽，一般应保持0.2 MPa～1 MPa的余压，以备充气单位检验取样，并防止其他气体倒灌。

（7）使用氧气钢瓶时，严禁在出气口阀门上涂抹润滑油，以防油脂遇氧气发生爆燃。

10 定量分析中常用的统计技术

10.1 总体和样本

10.1.1 基本概念

10.1.1.1 统计学研究的内容是什么？

统计学是通过对样本的计算和分析，对总体相应情况作出判断的一门科学。它包括两类问题：一类是如何从总体中抽取样本，一类是如何根据对样本的整理、计算和分析，对总体的情况作出判断。

10.1.1.2 什么叫总体？

研究或统计分析的对象的全体元素组成的集合称为总体。总体具有完整性的内涵，是由某一相同性质的许多个别单位（元素或个体）组成的集合体。当总体内所含个体个数有限时，称为有限总体；当总体内所含个体个数无限时，称为无限总体。在统计工作中，可以根据产品的质量管理规程或实际工作需要，选定总体的范围，如每个月出厂的建材，某一批进厂煤或原材料，都可视为一个总体。

总体的性质取决于其中各个个体的性质，要了解总体的性质，理论上必须对全部个体的性质进行测定，但在实际中往往是不可能的。一是在多数情况下总体中的个体数目特别多，可以说接近于无穷多，例如出厂的水泥，即使按袋计数，也不可能对所有的袋进行测定；二是组成总体的个体数是无限的，例如对一种新分析方法的评价分析，每次测定结果即为一个个体，可以一直测定下去永无终止；三是有些产品质量的检测是破坏性的，不允许对其全部总体都进行检测。

基于总体的这种情况，在实际工作中只能从总体中抽取一定数量的、有代表性的个体组成样本，通过对样本的测量求出其分布中心和标准偏差，借助于数理统计手段，对总体的分布中心 μ 和标准偏差 σ 进行推断，从而掌握总体的性质。

10.1.1.3 什么叫样本及样品？

来自总体的部分个体的集合，称为样本。从总体获得样本的过程称为抽样。样本中的每个个体称为样品。样本中所含样品的个数，称为样本容量或样本大小。若样本容量适当大，并且抽样的代表性强，则通过样本检测得到的分布特征值，就能很好地代表总体的分布特征值。

例如在水泥生料配制过程中，为控制生料的质量，每小时从生料生产线上采取一个样品，进行硅、铁、铝、钙的测定。每天共采取 24 个样品，构成了该日配制的生料总体的一个样本。对该样本中的24个样品的化学成分进行测定，可计算出该日配制的生料三率值的平均值。还可推广到整个生料库，将该生料库容纳的全部生料作为一个总体，其中每小时采取的样品之和作为样本，根据样本中所有样品的分析结果，计算该生料库中全部生料的三率值。又如，欲求得上月出厂水泥28 d抗压强度的标准偏差，须以上月生产的全部水泥为一个总体，例如，某水泥企业上月生产了20000 t水泥（年生产能力10万t至30万t），按照GB 175—2007/XG 1—2009的规定，将每400 t作为一个编号，共分为50个编号，从每个编号的水泥中取得一个质量约为12 kg的样品（这12 kg样品应从20个不同部位中随机抽取，混合均匀后作为一个样品），共取得50个样品，构成上月生产的出厂水泥总体的样本，样本容量为50。对每个样品进行28d抗压强度的测定，按照公式计算得出上月出厂水泥28 d抗压强度的标准偏差，作为确定当月出厂水泥28 d抗压强度控制值下限的依据。

10.1.1.4　数据及其分类和特点有哪些?

通过检验分析或调查总体所得到的数字或符号记录称为数据。根据数据本身的特性、测定对象和数据的来源的不同，检验数据可分为计量值数据和计数值数据两类。

凡具有连续性的数据或可以利用各种计量分析仪器、量具测量得到的数据，如长度、质量、温度、化学成分、试件抗压强度等，属于计量值数据；凡不能用测量工具和仪器进行测量，而是用计数的方法得到的非连续性的数据，如产品合格率、废品个数、表面缺陷、疵点个数等，属于计数值数据。

10.1.2　在统计学中样本分布的特征值

10.1.2.1　样本分布的特征值有哪些?

总体的分布特征值一般是很难得到的，数理统计中往往通过样本的分布特征值来推断总体的分布特征值。在实际应用中，为了对总体情况有一个概括的全面了解，需要用几个数字表达出总体的情况。这少数几个数字在数理统计中称为特征值。因此，在进行统计推断前确定样本分布的特征值，具有重要的实用价值。

常用的样本分布特征值分为两类：一是位置特征值；二是离散特征值。

10.1.2.2　常用的表示样本位置的特征值有哪些?

位置特征值一般是指平均值，它是分析计量数据的基本指标。在测量中所获得的检测数据都是分散的，必须通过平均值将它们集中起来，反映其共同趋向的平均水平，也就是说平均值表达了数据的集中位置，所以，对一组测定值而言，平均值具有代表性和典型性。位置特征值一般包括算术平均值、几何平均值、加权平均值、中位数、众数五个参数。

10.1.2.3　什么叫算术平均值？算术平均值有何特点?

算术平均值的计算十分简单。它利用了全部数据的信息，具有优良的数学性质，是实际中应用最为广泛的反映样本集中趋势的度量值。

将一组测定值相加和，除以该组样本的容量（测定所得到的测定数据的个数），所得的商即为算术平均值。设有一组测定数据，以x_1、$x_2 \cdots x_n$表示。这组数据共由n个数据组成，其算术平均值为：

$$\bar{x} = (x_1 + x_2 + \cdots + x_n)/n$$

或表示为：

$$\bar{x} = \sum_{i=1}^{n} x_i/n \tag{10-1}$$

式中 n——样本的容量；

$\sum_{i=1}^{n}$——在数理统计中，大写希腊字母 Σ 表示加和。Σ 下方的 $i=1$，表示从第一个数据开始加和，一直加和到 Σ 上方所表示的第 n 个数据。

10.1.2.4 什么叫加权平均值？如何确定每个测量值的权？

加权平均值是考虑了每个测量值的相应权的算术平均值。将各测量值乘以与其相应的权，将各乘积相加后，除以权数之和，即为加权平均值。其计算公式如下：

$$\bar{x}_w = \frac{W_1x_1 + W_2x_2 + \cdots + W_nx_n}{W_1 + W_2 + \cdots + W_n} = \frac{\Sigma W_ix_i}{\Sigma W_i} \tag{10-2}$$

式中 x_1、$x_2 \cdots x_n$——各测量值；

$\bar{x}_w$——加权平均值；

W_1、$W_2 \cdots W_n$——各测量值相应的权；

ΣW_i——各相应权的总和；

ΣW_ix_i——各测量值与相应权乘积之和。

根据实际情况，加权平均值有以下几种计算方法。

（1）数量上的加权平均值

【例】 水泥企业计算某一时期内熟料的综合抗压强度时，应采用加权平均值。某水泥厂有三台煅烧窑。其中1号窑年产50万t熟料，抗压强度为58.5 MPa；2号窑年产60万t熟料，抗压强度为57.8 MPa；3号窑年产80万t熟料，抗压强度为59.2 MPa。

则该厂全年水泥熟料综合抗压强度的加权平均值为：

$(50 \times 58.5 + 60 \times 57.8 + 80 \times 59.2) / (50 + 60 + 80) = 11129/190 = 58.57$（MPa）

（2）不同测量精度的加权平均值

不等精度测量时，由于获得各个测量结果的条件有所不同，各个测量结果的可靠性不一样，因而不能简单地取各测量结果的算术平均值作为最后的测量结果，应让可靠程度高的测量结果在最后的结果中占的比率大一些，可靠性低的占的比率小一些。

权的大小取决于测量值的可靠程度，而测量值的可靠程度又取决于它们的各自的方差。方差愈小，可靠程度越高，权也就越大。因此，在不等精度测量列 x_1，$x_2 \cdots x_m$ 中，测量值的权与其相对应的方差成反比。即：

$$p_1 : p_2 : \cdots : p_m = \frac{1}{\sigma_1^2} : \frac{1}{\sigma_2^2} : \cdots : \frac{1}{\sigma_m^2} \tag{10-3}$$

式中 p_i——各测量值的权；

σ_i——各测量值的标准偏差，$i = 1, 2 \cdots m$。

【例】 有两个试验室用精度不同的量具测量同一物体的厚度，分别得到下述结果。欲得出其平均值，采用加权平均的办法。

$$\bar{x}_1 = 1.53\ \text{mm},\ \sigma_1 = 0.06\ \text{mm}$$

$$\bar{x}_2 = 1.47\ \text{mm},\ \sigma_2 = 0.02\ \text{mm}$$

显然，第二个试验室的测定精度高，其权数亦应大。两次测量的权数分别为：

$$p_1 = 1/(0.06)^2 = 300$$

$$p_2 = 1/(0.02)^2 = 2500$$

两次测量结果的加权平均值为：

$$(1.53 \times 300 + 1.47 \times 2500)/(300 + 2500) = 1.48(\text{mm})$$

此外还有“重要程度”的加权平均值。

10.1.2.5　什么叫中位数？在定量分析中，中位数有何作用？

中位数也是表示频率分布集中位置的一种特征值。其意义是将一批测量数据按大小顺序排列，居于中间位置的测量值，称为这批测量值的中位数。当测量值的个数 n 为奇数时，第 $\frac{1}{2}(n+1)$ 项为中位数；当测量值的个数 n 为偶数时，位居中央的两项之平均数即为中位数。

【例】 对出磨水泥每2小时测定一次三氧化硫质量分数，某日共得12个测量值（%）：2.86、2.91、2.65、2.70、2.82、2.73、2.88、2.92、2.75、2.84、2.77、2.85。求这组测量值的中位数。

解： 将12个测量值从小到大（或从大到小）依次排列为：

2.65、2.70、2.73、2.75、2.77、2.82、2.84、2.85、2.86、2.88、2.91、2.92

测量值个数12为偶数，中位数是居于中间位置的两个测量值的算术平均值，中位数为：

$$\tilde{x} = \frac{2.82 + 2.84}{2} = 2.83 \tag{10-4}$$

中位数 $\tilde{x}$ 不受极端测量值的影响，计算方法比较简便，但准确度不高，多在数理统计和生产过程控制图中使用。在报出平行测定结果时，还经常用到中位数。

10.1.2.6　什么叫均方根平均值？

均方根平均值又叫几何平均值（u），是各测量值平方之和除以测量值个数所得商值的平方根。其计算公式如下：

$$u = \sqrt{\frac{x_1^2 + x_2^2 + \cdots + x_n^2}{n}} = \sqrt{\frac{\Sigma x_i^2}{n}} \tag{10-5}$$

式中　x_1、$x_2 \cdots x_n$——各测量值；

n——测量值的个数；

Σx_i^2——各测量值平方之和。

均方根平均值能较为灵敏地反映测量值的波动。

【例】 某班对出磨水泥细度的测量值（筛余%）为：7.2、7.3、7.4、8.8、7.9、7.6、7.4、7.5 。求该班出磨水泥的平均细度。

解： 用均方根平均值计算平均细度为：

$$u=\sqrt{\frac{7.2^2+7.3^2+7.4^2+8.8^2+7.9^2+7.6^2+7.4^2+7.5^2}{8}}=\sqrt{\frac{468.5}{8}}=7.7(\%)$$

如用算术平均值计算平均细度为7.6%，均方根平均值大于算术平均值，反映出该班测量值中出现了一个波动较大的值，即8.8%。

10.1.2.7　常用的表示一组数据离散特征值的参数有哪些?

离散特征值用以表示一组测定数据波动程度或离散性质，是表示一组测定值中各测定值相对于某一确定的数而言的偏差程度。一般是把各测定值相对于平均值的差异作为出发点进行分析。常用的离散特征值有极差、平均绝对偏差、方差、标准（偏）差、变异系数等。

10.1.2.8　什么叫极差?

极差是最简单最易了解的表示测量值离散性质的一个特征值。极差又称全距，或范围误差，即在一组测量数据中最大值与最小值之差，常用R表示：

$$R=x_{\max}-x_{\min} \tag{10-6}$$

【例】 测得六块试体的抗压强度为58.7、57.8、59.2、59.8、58.4、58.8（MPa），求此组试体抗压强度值的极差。

解： 极差为：

$$R=x_{\max}-x_{\min}=59.8-57.8=2.0(\text{MPa})$$

极差是位置特征值，极易受到数列两端异常值的影响。测量次数n越大，其中出现异常值的可能性越大，极差就可能越大，因而极差对样本容量的大小具有敏感性。另外，极差只能表示数列两端的差异，不能反映数列内部频数的分布状况，不能充分利用数列内的所有数据。

尽管如此，极差在不少场合还是用来表示数列的离散程度。在正常情况下，只希望得知产品品质的波动情况时，经常使用极差；在对称型分布中，使用极差表示数列的离散程度更为便捷，这时两极端的平均值非常接近于整个数列的平均值。有时还可以利用极差近似计算标准偏差。

10.1.2.9　什么叫平均绝对偏差?

一组测量数据中各测量值与该组数据平均值之偏差的绝对值的平均数，称为平均绝对偏差。其计算公式如下：

$$\bar{d}=\frac{\sum|x_i-\bar{x}|}{n}=\frac{\sum|d_i|}{n} \tag{10-7}$$

式中　$\bar{d}$——平均绝对偏差；

d_i——某一测量值x_i与平均值$\bar{x}$之差，$d_i=x_i-\bar{x}$。

【例】 以氟硅酸钾容量法测定某水泥熟料样品中二氧化硅的质量分数（%），所得结果为：21.50、21.53、21.48、21.57、21.52。计算该组测量结果的平均绝对偏差。

解： 该组测量值的平均值为：

$$\bar{x}=\frac{1}{5}\times(21.50+21.53+21.48+21.57+21.52)=21.52$$

平均绝对偏差为：

$$\bar{d} = \frac{1}{5} \times (0.02 + 0.01 + 0.04 + 0.05 + 0) = 0.024$$

平均绝对偏差是衡量数列离散程度大小的方法之一，比较适合于处理小样本，且不需精密分析的情况。与极差相比，平均绝对偏差比较充分地利用了数列提供的信息。但因其计算比较繁琐，在大样本中很少应用。与标准偏差相比，平均绝对偏差反映测量数据离散性的灵敏度不如标准偏差高。

10.1.2.10　什么叫方差？

方差是指各测量值与平均值的偏差平方和除以测量值个数而得的结果。采用平方的方法可以消除正负号对差值的影响。

如以 σ^2 代表总体方差，其计算公式为：

$$\sigma^2 = \Sigma(x_i - \mu)^2/N \tag{10-8}$$

式中　x_i——每个测量值（变量）；

μ——总体平均值；

N——总体所有变量的个数。

在实际工作中，总体方差很难得到，往往用样本的方差 s^2 来估计总体的方差。s^2 的计算公式如下：

$$s^2 = \frac{\Sigma(x_i - \bar{x})^2}{n - 1} \tag{10-9}$$

式中　x_i——样本中每个测量值（变量）；

$\bar{x}$——样本平均值；

n——样本容量。

利用方差这一特征值可以比较平均值大致相同而离散度不同的几组测量值的离散情况。

【例】　某厂有两台水泥磨，在同一班里各自测定了出磨水泥的细度（筛余%），数据如下。计算各自的平均值和方差。

1 号磨：7.4、7.5、7.6、8.0、7.9、7.6、7.6、7.5

2 号磨：6.0、6.4、6.8、7.8、8.0、8.2、8.9、9.0

解：1 号磨平均值：$\bar{x}_1 = \frac{1}{8} \times (7.4 + 7.5 + 7.6 + 8.0 + 7.9 + 7.6 + 7.6 + 7.5) = 7.64$

各次测量值与平均值之差依次为：

−0.24、−0.14、−0.04、0.36、0.26、−0.04、−0.04、−0.14

方差：$s_1^2 = \frac{1}{8 - 1}(0.24^2 + 2 \times 0.14^2 + 3 \times 0.04^2 + 0.36^2 + 0.26^2)$

$$= \frac{1}{7} \times 0.2988 = 0.0426$$

2 号磨平均值：$\bar{x}_2 = \frac{1}{8} \times (6.0 + 6.4 + 6.8 + 7.8 + 8.0 + 8.2 + 8.9 + 9.0) = 7.64$

各次测量值与平均值之差依次为：

−1.64、−1.24、−0.84、−0.16、0.36、0.56、1.26、1.36

$$方差: s_1^2 = \frac{1}{8-1}(1.64^2 + 1.24^2 + 0.84^2 + 0.16^2 + 0.36^2 + 0.56^2 + 1.26^2 + 1.36^2)$$

$$= \frac{1}{7} \times 8.84 = 1.26$$

两台磨出磨水泥的细度平均值相等，$\bar{x}_1 = \bar{x}_2$，但方差却相差很大，$s_1^2 = 0.043$，$s_2^2 = 1.26$，显然，1 号磨出磨水泥的细度质量指标要优于 2 号磨。

10.1.2.11 什么叫标准偏差？σ 和 s 有何区别？

标准偏差又称“标准差”或“均方根差”。在描述测量值离散程度的各特征值中，标准偏差是一项最重要的特征值，一般将平均值和标准偏差二者结合起来即能全面地表明一组测量值的分布情况。

（1）总体的标准偏差 σ 的计算公式如下：

$$\sigma = \sqrt{\frac{\sum(x_i - \mu)^2}{N}} \tag{10-10}$$

式中 x_i——单个变量（测量值）；

μ——总体平均值；

σ——总体标准偏差；

N——总体变量数。N 应趋向于无穷大（$N \to \infty$），至少要≥20。

（2）样本标准偏差 s

一般情况下是难以得到总体标准偏差 σ 的，通常用样本的标准偏差 s 来估计总体的标准偏差 σ。一般用贝塞尔公式计算样本的标准偏差 s：

$$s = \sqrt{\frac{\sum(x_i - \bar{x})^2}{n-1}} \tag{10-11}$$

式中 s——样本标准偏差；

$\bar{x}$——样本平均值；

$n-1$——样本自由度（记为 f），n 为样本容量。

说明：

1）“样本标准偏差”又称为“实验标准偏差”，可以简称为“标准差”。用英文斜体小写 s 表示，不要用正体，也不要用大写。由上述公式可知，希腊字母 σ 表示总体标准偏差，一般是不知道的，或由大量数据得到其近似值；英文斜体小写字母 s 表示样本标准偏差，可以通过贝塞尔公式进行计算。

2）在贝塞尔公式中，分母为样本自由度 f，自由度等于样本容量减去 1，$f = n-1$，这是与总体标准偏差计算公式的不同之处。所谓自由度，从物理意义出发可以理解为在有限的样本中，自由度等于样本总数减去处理这些样本时所外加的限制条件的数目。此处样本总数为 n，外加的贝塞尔公式限制条件是算术平均值 $\bar{x}$。如果已知（$n-1$）个样本值，再求出算术平均值 $\bar{x}$，则第 n 个样本值也就可以确定下来，因此，在 n 个样本中真正独立的只有 $(n-1)$ 个。贝塞尔公式在数学上是可以得到证明的（此处从略）。

标准偏差对数据分布的离散程度反映得灵敏而客观，在统计推断、假设检验、统计抽样检验、离群值的判断等数理统计工作中起着重要作用。标准偏差恒取正值，不取负值。标准偏差是有度量单位的特征值，例如，标准偏差的单位可以是兆帕（MPa）。标准偏差只与各测量值与平均值的离差大小有关，而与测量值本身大小无关。

10.1.2.12 如何利用带有函数功能的袖珍式计算器根据贝塞尔公式计算标准偏差？

【例】水泥熟料中二氧化硅质量分数的10次测定结果（%）为：21.50、21.53、21.48、21.57、21.52、21.56、21.52、21.53、21.46、21.48。计算该组数据的标准偏差。

解：不同型号的计算器按键的位置不同，但其计算程序大同小异。现以SHARPEL－514型计算器为例，其计算步骤如下。

（1）按“ON/C”键接通计算器电源或清零。

（2）依次按“2ndF”键和“STAT”（底板上印）键，显示屏上显示“STAT”，计算器进入统计功能状态。

（3）将第一个测量值输入计算器：“0.215”，按“M＋”键（底板上印的是“DATA”），显示屏上的“0.215”消失，显示“1”，表示第一个数据“0.215”已经输入完毕。依次输入第二个数据“0.2153”，按“M＋”键，显示“2”…直至输入完毕，显示“10”。

如有若干个数据相同（设为m个），则可在键盘上键入该数据后，按乘号“×”和数字“m”键，再按“M＋”键。本例中“0.2152”出现两次，键入“0.2152”后，依次按乘号键“×”和“2”，再按“M＋”，则可将2个“0.2152”一次输入计算器的统计程序中。这种操作在处理大样本中重复出现若干次的数据时十分方便。

在键入某一测量值时，如出现差错，按“CE”键，即可将刚刚键入的错误数据删去。此时千万不要误按“ON/C”键，否则已经输入的正确数据将被全部删除。

（4）全部测量值输入完毕后，按“x→M”键（底板上印的是$\bar{x}$），则显示样本平均值$\bar{x}$；按“RM”键（底板上印的是s），则显示样本标准偏差s。

计算完毕后，关闭计算器（按“OFF”键），或按“ON/C”键清零，接着计算另一组测量值的平均值和标准偏差。

10.1.2.13 如何利用PC计算机Office Excel程序中的函数计算功能计算标准偏差？

（1）在A栏中自上而下输入该组数据（假如为例中的10个数据）

（2）将光标移至表的顶部fx处，双击鼠标左键，显示：

选择类别　输入“统计”

（3）选择函数　光标移至“STDEV”，双击鼠标左键，显示：

STDEV　Number 1：输入A1：A10

屏幕上即显示：该组数据的标准偏差为0.0354%。

10.1.2.14 在生产质量控制图的制作中如何采用简化方法计算标准偏差？

当样本量n足够大时，可以用极差大致求得符合正态分布规律的一组数据的标准偏差s（表10-1）：

$$s = R/d_2 \tag{10-12}$$

以上例为例，10次测定结果的极差为$R = 21.57\% - 21.46\% = 0.11\%$，测定次数$n = 10$。查表10-1可得$1/d_2 = 0.3249$，则标准偏差$s = R/d_2 = 0.11\% \times 0.3249 = 0.0357\%$。与用

贝塞尔公式计算的结果0.0354%非常接近。

表10-1　由极差 R 求标准差的换算系数 $1/d_2$

n	2	3	4	5	6	7	8	9	10	11	12	13
$1/d_2$	0.8865	0.5907	0.4857	0.4299	0.3946	0.3698	0.3512	0.3367	0.3249	0.3152	0.3069	0.2998
n	14	15	16	17	18	19	20	21	22	23	24	25
$1/d_2$	0.2935	0.2880	0.2831	0.2787	0.2747	0.2711	0.2677	0.2647	0.2618	0.2592	0.2567	0.2544

10.1.2.15　什么叫变异系数？如何计算变异系数？

相对于平均值的标准偏差，又称为“变异系数”。当两个或两个以上测量值数列平均值相同而且单位也相同时，直接用标准偏差比较其离散程度是非常适宜的，但如果平均值不同，或单位不同时，仅用标准偏差就不能比较其离散程度。为了将平均值的因素考虑进去进行定量比较，引入“相对标准偏差”的概念，其表达式为：

$$C_V = \frac{s}{\bar{x}} \times 100\% \tag{10-13}$$

【例】　A组建材抗压强度测量值为：58.8、58.7、58.6、58.5、58.4、58.3 MPa；B组建材抗压强度测量值为48.8、48.7、48.6、48.5、48.4、48.3 MPa。试求两组的平均值、标准偏差和变异系数。

解： A组平均值 $\bar{x}_A = 58.6$ MPa，标准偏差 $s_A = 0.187$ MPa；B组平均值 $\bar{x}_B = 48.6$ MPa，标准偏差 $s_B = 0.187$ MPa。

A组的变异系数　$C_V = \frac{0.187}{58.6} = 0.32\%$

B组的变异系数　$C_V = \frac{0.187}{48.6} = 0.38\%$

两组测量值各自的平均值不同，但标准偏差 s 却相等。但从变异系数看，显然A组的离散程度小于B组，其抗压强度的质量波动较小。

变异系数不受平均值大小的影响，可用来比较平均值不同的几组测定值数列的离散情况。变异系数没有单位，可用于比较不同度量单位的测定值数列的离散情况。在检查某计量检测方法的稳定性时，常用变异系数表示重复测定结果的变异程度。例如GB/T 17671—1999《水泥胶砂强度检验方法（ISO法）》中规定：对于28 d抗压强度的测定，一个合格的试验室的重复性以变异系数表示，可要求在1%～3%之间；在合格试验室之间的再现性，用变异系数表示，可要求不超过6%。《水泥企业质量管理规程》中对42.5级出厂水泥的质量要求之一是，28 d抗压强度月（或一统计期）平均变异系数（C_V）目标值不大于3.5%，均匀性试验的28 d抗压强度变异系数（C_V）目标值不大于3.0%。

10.2　数据的正态分布

10.2.1　什么叫随机变量？

量可分为常量和变量。常量是取固定数值的量，如圆周率 $\pi = 3.1416$，自然常数 e =

2.718 等。变量是数值可以变化的量，它是相对于常量而言的。随机变量是变量的一种类型，随机变量的数值变化是由随机因素的作用而发生的。随机变量在相继取值的过程中，下一个数值的大小是不可能预测的。建材产品质量的测定结果，都是一种随机现象，反映质量或测定结果的数字数据即是一种随机变量。

数字数据又有计量值数据、计数值数据（又分为计件值数据和计点值数据）之分，各自服从一定的分布规律。计量值数据一般服从正态分布（及由此而导出的χ^2分布、t分布和F分布）；计数值数据一般服从二项分布、泊松分布等。

10.2.2　什么叫频数、频率及概率？

随机变量是一种随着机会而改变，并且有一定规律的变量。

在相同的条件下重复n次试验，某一事件A出现的次数n_A称为事件A出现的频数。

事件A出现的频数与试验总数之比称为事件A出现的频率。频率本身是随机变量。

对于给定的随机事件A，如果随着试验次数的增加，事件A发生的频率f_n（A）稳定在某个常数上，在其附近左右摆动，则把这个常数记为P（A），称为事件A的概率。

概率可以看做是频率在理论上的期望值，它从数量上反映了随机事件发生的可能性的大小，频率在大量重复试验的前提下可近似地作为这个事件的概率。概率意义上的“可能性”是大量随机事件现象的客观规律，与我们日常所说的“可能”“估计”是不同的。也就是说，单独一次结果的不肯定性与大量重复试验积累结果的有规律性，才是概率意义上的“可能性”。事件A的概率是事件A的本质属性。

10.2.3　随机变量分布的统计规律是什么？

人们经过长期的生产实践，发现随机变量（如产品的质量）服从一定的统计规律。

（1）随机变量具有变异性（不一致性）

人们在长期生产实践和科学试验中发现，由于影响产品质量的因素（人员、机械、原料、方法、环境）无时无刻不在变化着，所以，产品的质量（或试验结果）都是在一定程度上波动的。例如，水泥企业要求出磨生料中氧化钙的质量分数为38.0%，但不管采取何种措施，都不可能使其恰好为38.0%，而是在一定范围内波动。

（2）随机变量的变异具有规律性（分布）

产品质量的变异不是漫无边际的，而是在一定范围内服从一定规律的变异。例如，水泥企业对出磨生料中氧化钙的质量分数进行定时检测，则会发现数据的分布是有一定规律的，在设定值38.0%附近出现的数据最多，远离38.0%的数据出现得少，大大远离38.0%的数据出现得极少。图10-1所反映的实际上就是质量数据（随机变量）的分布情况。对一组计量值试验数据而言，那些有大有小的测定值的出现次数与总数之比——频率，随测定值的大小而呈现一定的规律，这种规律在统计学上叫做频率分布。

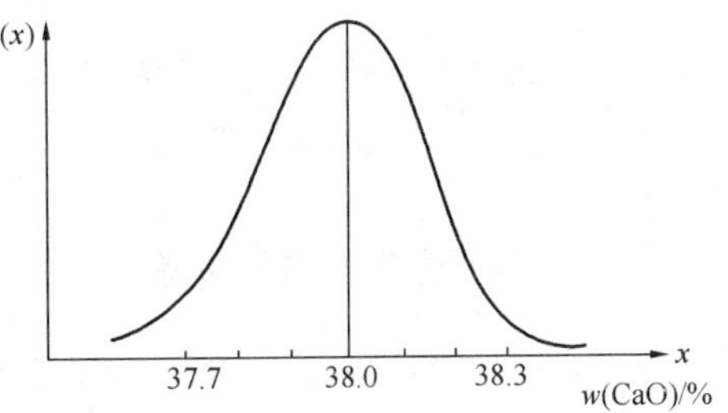

图10-1　出磨生料氧化钙含量的分布图

10.2.4 何谓正态分布？其主要特征是什么？

产品的质量数据，以及大多数物理化学试验中的测定值（或由此推演得到的数值，如偏差）的频率分布，一般都符合或近似符合于一种叫正态分布的规律。按照这种分布，可以很方便地处理很多问题，所以在测定结果的处理中，多以此为理论根据。

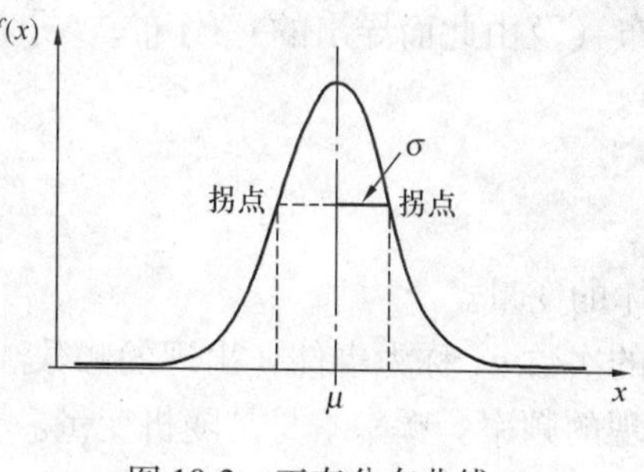

图 10-2 正态分布曲线

正态分布曲线的形状如图 10-2 所示。从所示的正态分布曲线可见：

（1）正态分布曲线如同扣放的一口钟，所以又称为钟形曲线；

（2）正态分布曲线在 $x=\mu$ 处有对称轴，且有最大值（最大频数）；μ 称为分布中心；

（3）正态分布曲线以 x 轴为渐近线，频数 $f(x)$ 永远为正值；

（4）正态分布曲线的拐点（凸曲线与凹曲线的交点）到对称轴的距离为 σ。σ 称为标准偏差；

（5）正态分布曲线向 $\pm\infty$ 两个方向无限延伸。

图 10-3 反映了分布中心 μ 的影响。分布中心 μ 表征了质量特性分布中心的位置。

图 10-4 反映了标准偏差 σ 的影响。标准偏差 σ 表征了质量特性值的离散程度。标准偏差越小，曲线越窄，表明数据的集中程度越高；反之，标准偏差越大，曲线越宽，表明数据的分散程度越高。

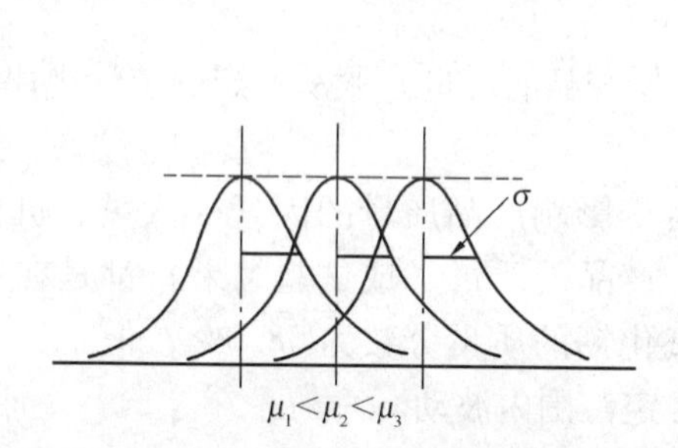

图 10-3 μ 值不同、σ 值相同时的正态分布曲线

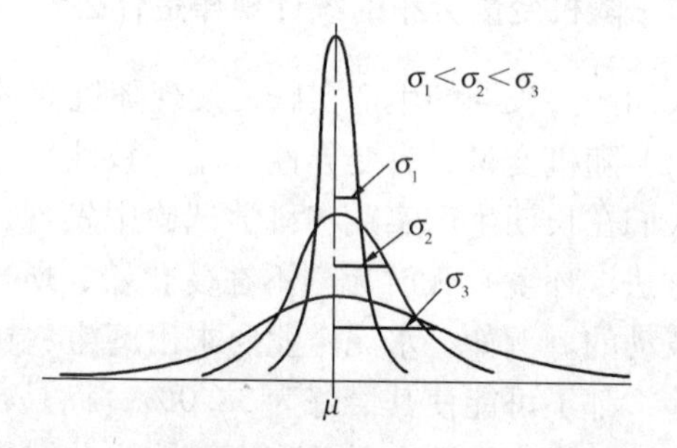

图 10-4 μ 值相同、σ 值不同时的正态分布曲线

10.2.5 样本平均值 $\bar{x}$ 的分布是怎样的？如何计算？

如果将一个容量较大（例如 500 个样品）的样本，按检测顺序每 5 个数据（$n=5$）分为一组，求各组的平均值 $\bar{x}_i$（$i=1\sim100$），则可求得 100 个平均值 $\bar{x}$。这 100 个平均值的大小并不完全相同，其分布是有随机性的，但是其分布大体呈现正态分布。

如果按检测顺序每 10 个数据（$n=10$）分为一组，求各组的平均值，可求得 50 个平均值 $\bar{x}$。这 50 个平均值的大小也不完全相同，其分布也呈现正态分布，而且其离散程度要比 $n=5$ 时要小，亦即其分布曲线变陡且窄。

如果每 25 个数据（$n=25$）分为一组，求各组的平均值，可求得 20 个平均值 $\bar{x}$。这 20

个平均值的分布为正态分布，其离散程度比 $n=10$ 还要小（图 10-5）。

根据上述现象可知，平均值 $\bar{x}$ 的分布具有下述特点：如果随机变量 x 服从正态分布 $N \sim (\mu, \sigma^2)$，则从中抽取的若干样本的各自平均值 $\bar{x}$ 也呈现正态分布，各样本总平均值为 μ，标准偏差为 $\sigma_{\bar{x}} = \sigma/\sqrt{n}$（图 10-6）。这是因为在每个组内，已经对数据进行了平均，各组间的离散程度会减小。

如果变量 x 本身并不完全呈现正态分布，但只要样本容量足够大（一般大于等于 4），即可认为其平均值的分布接近于正态分布。

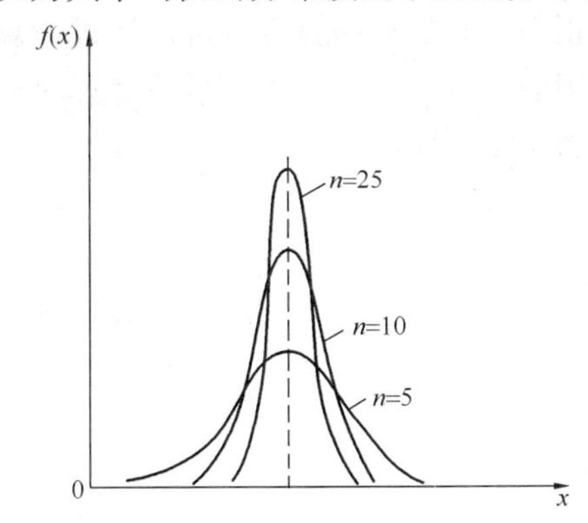

图 10-5　样本含量不同时的 $\bar{x}$ 的分布图形

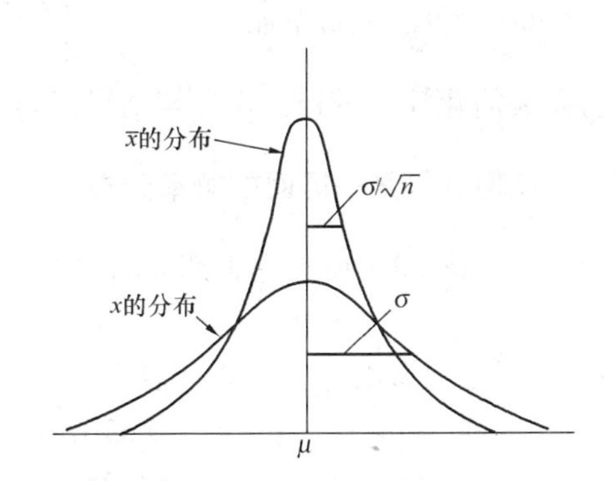

图 10-6　x 的分布和 $\bar{x}$ 的分布

分布中心 μ 和标准偏差 σ 称为正态分布的特征值。在研究产品的质量特性、测量结果的误差时，是重点关注的对象。

10.2.6　什么叫正态分布的概率分布？

从理论上讲，正态分布曲线是向正、负无穷大两个方向无限延伸的。但在实际工作中，质量特性值的取值总是在一个有限的范围内。在质量保证工作、测试工作中，必须了解其变异的幅度及发生这样幅度变异的概率。例如，在 $[x_1, x_2]$ 区间内的质量数占全部质量数的比率，实际就是在 $[x_1, x_2]$ 区间内的正态分布的概率。

正态分布的密度函数永远取正值，$f(x) > 0$。测定值的相对频率的总和等于 1（也可以表示为 100%），而正态分布曲线（由 $-\infty$ 到 $+\infty$）同 x 轴所围成的面积即代表各种测定值出现的概率的总和，所以也应等于 1。

因为正态分布曲线的范围是从 $-\infty$ 到 $+\infty$，故任一测定值落在某一有限区间内的概率总是小于 1。因而，在 $[x_1, x_2]$ 区间内的正态分布的概率为：曲线下面和线段 x_1x_2 以上所画阴影部分面积的大小。它表明了测定值 x 落在 a 到 b 区间里的可能性的大小（参见图 10-11），即通常所说的概率（或几率），一般记为 $P(a < x < b)$。

10.2.7　为什么要进行正态分布的标准变换？

正态分布曲线随分布中心 μ 和 σ 的不同而不同，对于不同的产品质量或测试工作，所能见到的正态分布会有千千万万，甚至无穷多个。面对无穷多个正态分布是难以一一计算的。为了研究方便，需要对正态分布进行标准变换，把千千万万个正态分布转换为一个正态分布——标准正态分布。

若随机变量 x 服从正态分布，其分布中心为μ，标准偏差为σ，可记为$x \sim N(\mu, \sigma^2)$。

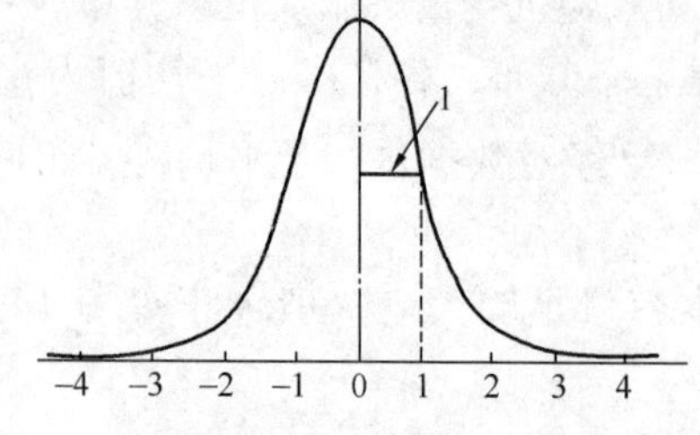

图 10-7　标准正态分布曲线

对随机变量 x 的每一个数值 x_i 做如下变换：

$$x_{ti} = \frac{x_i - \mu}{\sigma} \tag{10-14}$$

则随机变量 x_t 服从正态分布，可记为 $x_t \sim N(0, 1)$。标准正态分布的分布中心为“0”，标准偏差为“1”。其分布曲线图形如图 10-7 所示。

对于标准正态分布的概率计算，可以通过计算机将结果作成数学用表——正态分布表。具体计算时通过查正态分布表简化计算过程，对计算结果再利用数学变换进行还原。

10.2.8　如何计算某一区间的概率分布?

（1）计算图 10-8 所示阴影部分的概率：$P(x = u) = \Phi(x = u)$。符号 Φ 表示查正态分布表。

1）查正态分布表-1（附录 D 表 D-10）

$u = -4$ 时，$\Phi(u = -4) = 0.0^4 3167$（$0^4$ 表示 4 个 0，下同）

$u = -3$ 时，$\Phi(u = -3) = 0.0^2 1350 = 0.001350 = 0.1350\%$

$u = -2$ 时，$\Phi(u = -2) = 0.02275 = 2.275\%$

$u = -1$ 时，$\Phi(u = -1) = 0.1587 = 15.87\%$

$u = 0$ 时，$\Phi(u = 0) = 0.5000 = 50.00\%$

2）有的参考书只有正态分布表-2（附录 D 表 D-11），即只有 u 为正值的情况，这时如 u 为负值，先按其相反数 $-u$，由正态分布表-2（附录 B-10）查得其概率 $\Phi(x = -u)$，再从 1 中减去此值，即得所求 u 为负值时的概率。其公式为：$P(x = u) = \Phi(x = u) = 1 - \Phi(x = -u)$。其原因是正态分布曲线以 y 轴为对称轴左右对称。

【例】　求 $u = -2$ 时的概率（图 10-8）。

解：由正态分布表-2（附录 D 表 D-11）查得 $\Phi(u = 2) = 0.97725$，所以 $\Phi(u = -2) = 1 - \Phi(u = 2) = 1 - 0.97725 = 2.275\%$

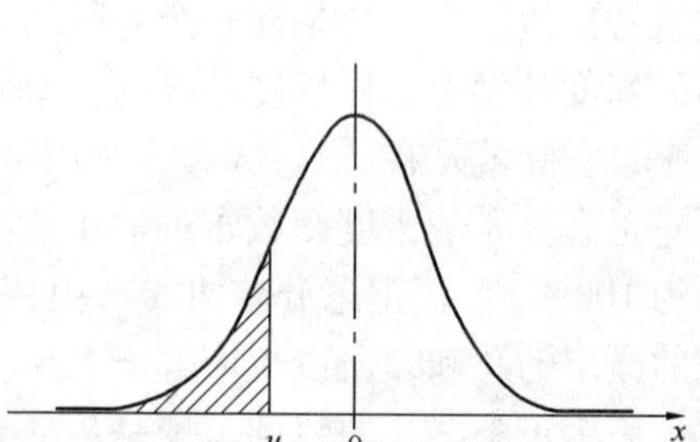

图 10-8　$u < 0$ 的情形

（2）计算图 10-9 所示阴影部分的概率。

查正态分布表-2（附录 D 表 D-11）：

$u = 1$ 时，$\Phi(u = 1) = 0.8413 = 84.13\%$

$u = 2$ 时，$\Phi(u = 2) = 0.97725 = 97.725\%$

$u = 3$ 时，$\Phi(u = 3) = 0.9^2 8650 = 99.8650\%$

$u = 4$ 时，$\Phi(u = 4) = 0.9^4 6833 = 99.996833\%$

（3）计算图 10-10 所示 u_1 至 u_2 之间阴影部分的概率

$P(u_1 \leqslant x \leqslant u_2) = \Phi(u_1 \leqslant x \leqslant u_2) = \Phi(x = u_2) - \Phi(x = u_1)$

$u_1 = -1, u_2 = 1$ 时，$\Phi(-1 \leqslant x \leqslant 1) = \Phi(x = 1) - \Phi(x = -1) = 0.8413 - 0.1587 = 0.6826$

$u_1 = -2, u_2 = 2$ 时，$\Phi(-2 \leqslant x \leqslant 2) = \Phi(x = 2) - \Phi(x = -2) = 0.97725 - 0.02275 =$

0.9545

$u_1 = -3, u_2 = 3$ 时，$\Phi(-3 \leqslant x \leqslant 3) = \Phi(x=3) - \Phi(x=-3) = 0.998650 - 0.001350 = 0.9973$

$u_1 = -4, u_2 = 4$ 时，$\Phi(-4 \leqslant x \leqslant 4) = \Phi(x=4) - \Phi(x=-4) = 0.9^46833 - 0.0^43167 = 0.9999$

对任何正态分布而言，一定区间内的概率均可从正态分布表中查出或计算。

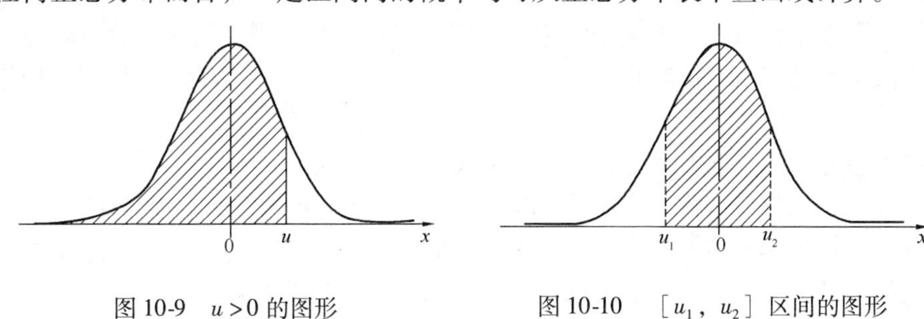

图 10-9　$u>0$ 的图形　　图 10-10　$[u_1, u_2]$ 区间的图形

10.2.9　正态分布的一个重要结论是什么？

经过查表计算，可以得到任一单次测定值在区间 $(\mu - K\sigma, \mu + K\sigma)$ 内出现的概率，如表10-2所示。

表 10-2　任一单次测定值在各区间内出现的概率

$K = \frac{x-\mu}{\sigma}$	$P(\mu - K\sigma < x < \mu + K\sigma)$	$K = \frac{x-\mu}{\sigma}$	$P(\mu - K\sigma < x < \mu + K\sigma)$
0.67	0.50	2.00	0.9545
1.00	0.6826	2.58	0.99
1.28	0.80	3.00	0.9973
1.65	0.90	3.29	0.999
1.96	0.95	4.00	0.9999

如将上表数据绘制成图形，则如图10-11所示。从而可得到正态分布的一个重要结论：即单次测定值出现在平均值 $\pm\sigma$ 范围内的概率为68.26%，出现在平均值 $\pm 1.96\sigma$ 范围内的概率为95%，出现在平均值 $\pm 2\sigma$ 范围内的概率为95.45%，出现在平均值 $\pm 3\sigma$ 范围内的概率为99.73%，出现在平均值 $\pm 4\sigma$ 范围内的概率为99.99%。

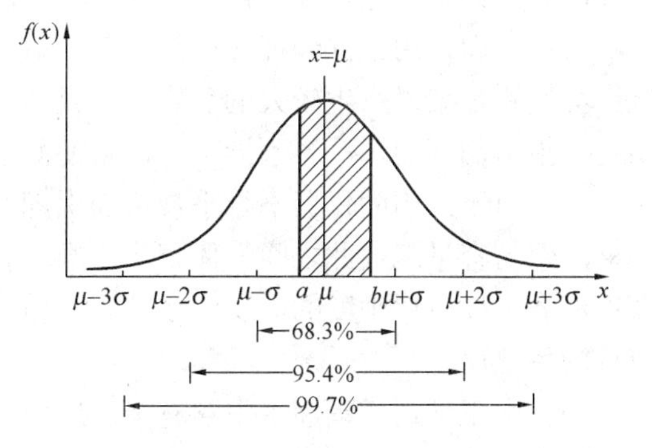

图 10-11　正态概率分布的重要结论

其中，以95%的概率（对应平均值 $\pm 1.96\sigma$ 的范围，或近似为平均值 $\pm 2\sigma$ 的范围）作为“置信度”（置信水平），应用得最为普遍，是确定测量结果重复性限、再现性限、统计抽样检验结论、离群值的判断、不确定度的评定等数理统计方法中最为重要的一个数值。

10.3 误差及其表示方法

10.3.1 什么是误差？它和偏差有什么关系？

检测值与真值之间的差异称为检测值的观测误差，简称为误差。通常一个物理量的真值是不知道的，需要采用适当的方法测定它。检测值并不是被检测对象的真值，只是真值的近似结果。真值虽然通常是不知道的，但是可以通过恰当的方法估计检测值与真值相差的程度。

通常把误差分为系统误差和随机误差两种类型。

误差（error）和偏差（deviation）是两个不同的概念。偏差是测量值相对于平均值的差异（绝对偏差，标准偏差等），或两个测量值彼此之间的差异（极差等）；而误差是测量值与真值之间的差异。由于实际中真值往往是不知道的，习惯上常将平均值作为真值看待，因此有些人常将误差与偏差两个不同的概念相混淆。在把平均值当做真值时，实际上是包含了一个假设条件，即在测量过程中不存在系统误差。如果实际情况并非如此，即在测量过程中存在较大系统误差时，其算术平均值不能代表真值，因此，在数理统计和测量过程中，要注意误差和偏差这两个概念之间的区别。

10.3.2 何谓系统误差？它是怎样产生的？如何消除？

在一定试验条件下，系统误差是一种有规律的、重复出现的误差。在每次测定中，此种误差总是偏向于某一个方向，其大小几乎是一个恒定的数值，所以系统误差也叫做恒定误差。在化学分析中产生这种误差的主要原因，大体有如下几个方面：

（1）由于分析方法本身所造成的系统误差。例如，用氯化铵称量法测定普通水泥熟料中的二氧化硅时，由于沉淀中吸附了铁、铝、钛等杂质和混有不溶物而使测定结果偏高，并且当试样中不溶物的含量增高时，偏高的幅度亦随之相应增大。特别是水泥熟料中的不溶物含量较高时，如采用通常酸溶样的方法，将给测定结果造成可观的正误差。

另一方面，用氟硅酸钾容量法测定二氧化硅时，当样品中不溶物的含量高时，用酸溶解试样会使测定结果产生较大的负误差。此外，在各类试样成分的配位滴定中，溶液 pH 值、温度、指示剂等的选择若不恰当，都将使测定结果产生一定的系统误差。

（2）由于使用的仪器不合乎规格而引起的系统误差。例如，一些要求准确刻度的量器，如移液管与容量瓶彼此之间的体积比不准确；滴定管本身刻度不准确或不均匀；天平的灵敏度不能满足称量精确度的需要，或砝码的质量不够准确等，都会给分析结果带来一定的正的或负的系统误差。

（3）由于试剂或蒸馏水中含有杂质所引起的系统误差。例如，用以标定 EDTA 标准滴定溶液浓度的基准试剂的纯度不够或未烘去吸附水，使所标定的标准滴定溶液浓度值偏高，以致引起分析结果的系统偏高；在蒸馏水中含有某些杂质，也常常使测定结果产生一定的系统误差。

（4）由于分析人员个人的习惯与偏向所引起的系统误差。例如，读取滴定管的读数时习惯于偏高或偏低；判断滴定终点时有人习惯于颜色深一些，有人习惯于颜色浅一些等等。

在实际工作中，应根据具体的操作条件进行具体的分析，以便找出产生系统误差的根本原因，并采取相应的措施避免或减小系统误差。

10.3.3 何谓随机误差？它是怎样产生的？如何减小？

随机误差是在试验过程中由一些不定的、偶然的外因所引起的误差。它与系统误差不同，反映在几次同样的测定结果中，误差的数值有时大、有时小，有时正、有时负。

如果测定的次数不是太多，看上去这种不定的可大可小、可正可负的误差，好像没有什么规律性。但当我们在同样条件下，对同一个样品中的某一组分进行足够多次的测定时，就不难看出随机误差的出现具有如下规律：

（1）正误差和负误差出现的概率大体相同，也就是产生同样大小的正误差和负误差的概率大体相等；

（2）较小误差出现的概率大，较大误差出现的概率小；

（3）很大的误差出现的概率极小。

经过长期的科学试验和理论分析，证明上述随机误差的规律性完全服从统计规律，因此可用数理统计方法来处理随机误差的问题。

10.3.4 误差的表示方法有哪几种？

（1）真误差 E

真误差为测量值与真值之差。

单次测定值误差
$$E = x - \mu_0 \tag{10-15}$$

多次测定值误差
$$E = \bar{x} - \mu_0 \tag{10-16}$$

式中　x——单次测定值；

$\bar{x}$——多次测定值的算术平均值；

μ_0——真值（标准值）。

相对误差 H：

$$H = \frac{E}{\mu_0} \times 100\% \tag{10-17}$$

由于真值一般难以求得，故可以认为误差只在理论上是存在的，常在数理统计推导中使用。

（2）残余误差 d

残余误差又称“残差”、“剩余误差”。某一测量值与用有限次测量得出的算术平均值之差称为残差。

$$d = x_i - \bar{x} \tag{10-18}$$

残差可以通过一组测量值计算得出，因而在误差计算中经常使用。例如标准样品的证书值，质检机构的测量值，某一参数的目标值，经常被当做标准值用来估计测量值的残差。

（3）引用误差

引用误差为仪器的示值绝对误差与仪器的量程或标称范围的上限之比值。

引用误差 $\gamma = \Delta Y/Y_N$。ΔY 为绝对误差，Y_N 为特定值，一般称之为引用值，它可以是计量器具的量程、标称范围的最高值或中间值，也可以是其他某个明确规定的值。引用误差一般用百分数表示，有正负号。

对于同样的绝对误差，随着被测量 Y 的增大，相对误差会减小。被测量越接近于特定值，测量的准确度越高。所以，使用引用误差确定准确度级别的仪表时，应尽可能使被测量的示值落在量程的2/3以上。

引用误差是一种简便实用的相对误差，一般只在评定多档和连续分度的计量器具的误差时使用。电学计量仪表的级就是用引用误差来确定的，分别规定为0.1，0.2，0.5，1.0，1.5，2.5，5.0七级，例如仪表为1.0级，则说明该仪表最大引用误差不会超过1.0%。

很多书籍中经常使用平均误差、标准偏差、极差等方式表示误差。这几种表示方法在10.1.2中已经介绍，此处不再重复。实际上按照严格的定义，这几种方法均为“偏差”的表示方法，使用时应注意其与“误差”的区别。当真值未知，或不与真值（标准值）进行比较时，其所得各次测量值之间的差别均应称之为“偏差”，而非“误差”。

10.3.5 随机误差的分布符合什么规律？

在大多数材料的物理性能或化学成分的测试中，测试结果总是在一定程度上波动，其波动情况一般都符合或近似符合正态分布的规律。按照这种分布，可以很方便地处理测试中或测试完毕后所遇到的很多问题，所以，在建筑材料的测试中多以此为依据。

因为正态分布曲线中的分布中心 μ 是无限多次测定值的平均值（理论值），所以单次测定值 x_i 的随机误差为 $x_i - \mu$。如果以 ε 表示随机误差，则误差的正态分布曲线如图10-12所示。

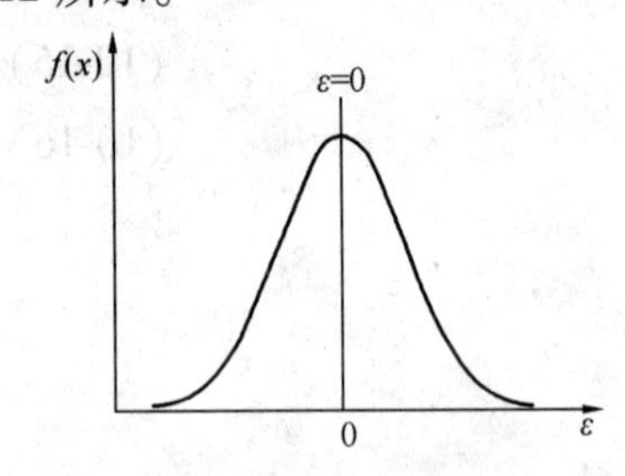

图10-12 误差的标准正态分布曲线

从图10-12可以看出，当误差 $\varepsilon=0$ 时，纵坐标 $f(x)$ 达到最大值，也就是误差为0的测定值出现的概率最大。当 $\varepsilon \neq 0$ 时，出现的概率 $f(x)$ 则按指数函数下降，其下降的幅度取决于 σ 的大小。如图10-4所示，σ 越小，概率曲线下降的幅度越大，曲线就越窄，表明数据越集中在平均值的附近，误差小，测定的精度越高；相反，σ 越大，概率曲线下降的幅度越小，曲线就越宽，表明数据越分散，误差大，测定的精度越低。

从表10-2所列结果可以看出，测定值 x 落在 $(\mu - 3\sigma)$ 到 $(\mu + 3\sigma)$ 区间里的概率为99.73%，即误差出现在 $\pm 3\sigma$ 范围以外的概率仅有0.27%，或者说在370次测定中，误差超出 $\pm 3\sigma$ 范围以外的机会只有1次。假如认为在有限测定次数中（通常为5、10或20次）某一测定值出现的概率为0.3%已属极小，则可认为超出 $\pm 3\sigma$ 的误差一定不属于随机误差，而为过失误差。当然，选择 $\pm 3\sigma$ 完全是任意的，在不同情况下，完全可以另行规定，例如可以选择 $\pm 2\sigma$。在实际应用中，根据具体条件以及不同的目的和要求，可以定出一个合理的误差范围，凡超出此范围的，即可认为不属于随机误差，此时便应引起注意，查找原因以求解决。

10.3.6 什么是“接受参照值”？

“接受参照值”是指用作比较的经协商同意的标准值。它来自于下述几个方面：

（1）基于科学原理的理论值或确定值；

（2）基于一些国家或国际组织的实验工作的指定值或认证值；例如，由科学家们准确测定的物理量，如光在真空中的传播速度，元素的相对原子质量；

（3）基于科学或工程组织赞助下合作实验工作中的同意值或认证值；例如，化学成分分析中使用的国家级标准样品的证书值；

（4）当(1)(2)(3)不能获得时，则用(可测)量的期望值，即规定测量总体的均值。

还有回收试验中准确加入的某物质的质量等，均可视为“参照值”。这样，如果“接受参照值”能够准确地知道，就可以对测量值的准确度进行定量描述。

10.3.7 什么叫“准确度”？用什么度量测定结果的准确度？

准确度是指“测试结果与接受参照值间的一致程度”。

根据系统误差的概念，可以用系统误差度量测定结果的准确度。系统误差大，准确度就低；反之，系统误差小，准确度就高。另外，随机误差的大小也影响准确度，因此，测量结果的准确度是反映系统误差和随机误差合成值大小的程度，用测量结果的最大可能误差来表示。

10.3.8 什么叫测定结果的“精密度”？表示精密度的参数有哪些？

“精密度”是指在规定条件下，独立测试结果间的一致程度。只有随机误差影响精密度。

在不同的场合，可以用不同的偏差形式表示精密度。常用的有：绝对偏差、相对偏差、算术平均偏差、相对平均偏差、实验标准偏差 s、变异系数（相对标准偏差）C_v、极差 R 或置信区间 $\pm t \cdot \frac{s}{\sqrt{n}}$。有时也用“允许差”表示精密度。其中，能更好地表示精密度的是实验标准偏差 s 以及通过它引申出来的重复性标准差和再现性标准差。在测量方法标准中均应给出重复性限和再现性限以判断平行测量结果的精密度是否符合要求。

10.3.9 准确度与精密度之间有什么关系？

精密度高是准确度高的必要前提。如果在一组测量值中，不存在系统误差，但每次测量时的随机误差却很大，因为测量次数有限，所得测量值的算术平均值会与真值相差较大，这时测量结果的精密度不高，准确度也是不高的。

因此，精密度的高低取决于随机误差的大小，与系统误差的大小无关；而准确度的高低既取决于系统误差的大小，也与随机误差的大小有关。

可以用打靶的例子说明精密度与准确度的关系（图 10-13）。

图 10-13 中 A，B，C 表示三个射击手的射击成绩。网纹处表示靶眼，是每个射击者的射击目标。由图可见，图 A 的精密度与准确度都很好；图 B 只射中一边，精密度很好，但准确度不高；图 C 则各点分散，准确度与精密度都不好。在科学测量中，没有靶眼，只有设想的“真值”。平时进行测量，就是想测得此真值。

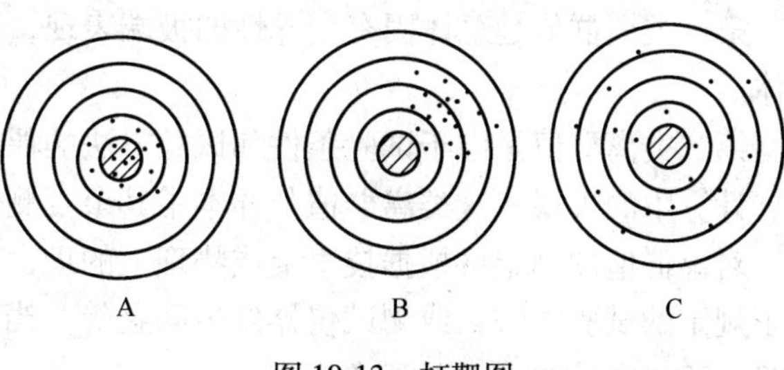

图 10-13 打靶图

10.3.10 测定值与各种误差之间有什么关系？

图 10-14 系统地表示测定值与总体均值、样本均值、真值（接受参照值）之间的关系及与其相对应的各种误差、随机误差、系统误差、残差之间的关系。

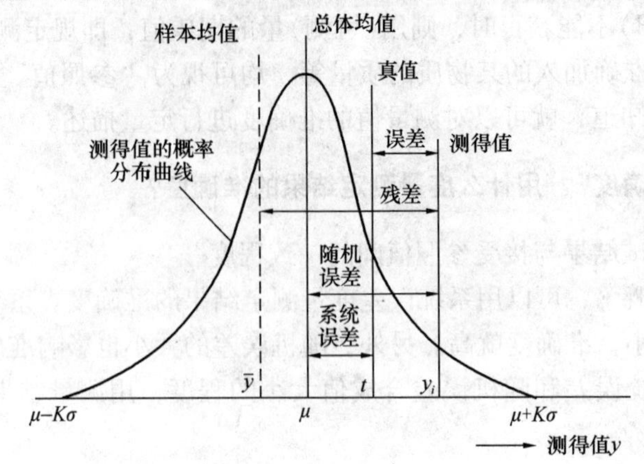

图 10-14 测量误差的示意图

10.4 正态样本离群值的检验及取舍

10.4.1 什么叫离群值、歧离值、统计离群值？什么叫检出水平、剔除水平？

（1）离群值（outlier）：样本中的一个或几个观测值，它们离开其他观测值较远，暗示它们可能来自不同的总体。离群值按显著性的程度分为歧离值和统计离群值。

（2）歧离值（straggler）：在检出水平下显著，但在剔除水平下不显著的离群值。

（3）统计离群值（statistical outlier）：在剔除水平下统计检验为显著的离群值。

（4）检出水平（detection level）：为检出离群值而指定的统计检验的显著性水平。除非根据国家标准 GB/T 4883—2008 达成协议的各方另有约定外，α 值应为 0.05。

（5）剔除水平（deletion level）：为检出离群值是否高度离群而指定的统计检验的显著性水平。剔除水平 α^* 的值应不超过检出水平 α 的值。除非根据国家标准 GB/T 4883—2008 达成协议的各方另有约定外，α^* 值应为 0.01。

10.4.2 离群值的来源有哪些？

第一类离群值是总体固有变异性的极端表现，这类离群值与样本中其余观测值属于同一总体。

第二类离群值是由于试验条件和试验方法的偶然偏离所产生的结果，或产生于观测、记录、计算中的失误。这类离群值与样本中其余观测值不属于同一总体。

对离群值的判定可根据技术上或物理上的理由直接进行，例如当试验者已经知道试验偏离了规定的试验方法，或测试仪器发生问题等。当上述理由不明确时，可用国家标准 GB/T 4883—2008 规定的方法进行判断。

离群值的三种情形：

单侧情形：根据实际情况或以往经验，离群值均为高端值或均为低端值。

双侧情形：根据实际情况或以往经验，离群值可为高端值，也可为低端值。

若无法认定单侧情形，按双侧情形处理。

10.4.3　什么叫做 4*d* 检验法？

（1）将测得的一组数据，按大小顺序排列 x_1、$x_2 \cdots x_n$，其中 x_1 为可能出现的偏小数据，x_n 为可能出现的偏大数据。

（2）假设 x_n 为离群值，将其除去后，将其余数据相加，按式（10-1）计算（$n-1$）个数据的算术平均值 $\bar{x}'$。

（3）按式（10-7）计算（$n-1$）个数据的平均绝对偏差 $\bar{d}$。

（4）计算离群值与 $\bar{x}'$ 之差的绝对值 D：

$$D = |\text{离群值} - \bar{x}'| \tag{10-19}$$

（5）将 D 值与 $\bar{d}$ 比较，如 D 大于 $\bar{d}$ 的 4 倍，即 $D > 4\bar{d}$，则该离群值可弃去。

【例】　今有 11 次平行测定的分析数据：30.18、30.23、30.21、30.15、30.28、30.31、30.56、30.32、30.38、30.35、30.19（%），问其中 30.56 这一数据是否应该舍去？

解：（1）除去离群值 30.56 这一数据后，求其余 10 个数据的平均值：

$$\bar{x}' = \frac{30.18 + 30.23 + 30.21 + 30.15 + 30.28 + 30.31 + 30.32 + 30.38 + 30.35 + 30.19}{11 - 1}$$

$$= 30.26(\%)$$

（2）求平均绝对偏差：

$$\bar{d} = \frac{0.08 + 0.03 + 0.05 + 0.11 + 0.02 + 0.05 + 0.06 + 0.12 + 0.09 + 0.07}{11 - 1}$$

$$= 0.068(\%)$$

（3）求 D：

$$D = |\text{离群值} - \bar{x}'| = |30.56 - 30.26| = 0.30(\%)$$

（4）将 D 与 $4\bar{d}$ 比较

$$0.30 > 4 \times 0.068 = 0.27$$

故 30.56（%）这一数据是离群值，应予以舍去。

4*d* 检验法的优点是简单易记，不需要计算标准偏差，也不需要查表。该法只适用测量次数较多（$n > 10$）的情况。如测量次数较少（$n = 5 \sim 10$），可改为当 $D > 2.5\bar{d}$ 时，将离群值弃去。本法的缺点是当测量次数较少（如 $n < 10$）（使用 4*d* 检验法）或 $n < 5$（使用 2.5*d* 检验法）时，即使存在误差大的数据，应该剔除的却无法剔除。

10.4.4　什么叫做 *Q* 检验法？

（1）先将数据按大小顺序排列，计算最大值与最小值之差（极差）；

（2）求出离群值与其近邻值的差；

（3）求 Q 值：

$$Q = \frac{|\text{离群值} - \text{与离群值最接近的值}|}{x_{\max} - x_{\min}} \tag{10-20}$$

式中　x_{max}——最大值；

　　　x_{min}——最小值。

（4）将计算得到的 Q 值与 Q 检验临界值表（表 10-3）中查得的 $Q(n,a)$ 值比较，若 $Q > Q(n,a)$，则舍去该离群值。

表 10-3　Q 检验临界值表

测定次数 n ＼ 显著性水平 α	0.10	0.05	0.01	0.005
3	0.886	0.941	0.988	0.997
4	0.679	0.765	0.889	0.926
5	0.557	0.642	0.780	0.821
6	0.482	0.560	0.698	0.740
7	0.434	0.507	0.637	0.680

此处 α 值为显著性水平，可以看成是由于舍去该离群值而犯错误的概率，故应适当选取 α 值。如 α 取得太小，有可能使误差大的应该剔除的离群值被保留下来；如 α 取得的太大，则有可能把不应剔除的数据也舍去。在一般测试中检验离群值时，不管用哪种检验方法，通常取 $\alpha = 0.01$，只有在测试方法很成熟或对测量结果要求较高时，对 α 值可选用0.05。

Q 检验法只适用于测量次数较少（$n < 10$）的情况。

【例】 求水泥标样中钛含量的标准值，由同一试验室分析 7 次，得到以下结果（按大小顺序排列）：0.22、0.23、0.24、0.28、0.30、0.31、0.48（%），问偏差较大的 0.48 这一数据是否应舍去？

解：（1）计算极差：

$$极差 = x_{max} - x_{min} = 0.48 - 0.22 = 0.26$$

（2）计算离群值与其近邻值之差：

$$离群值 - 近邻值 = 0.48 - 0.31 = 0.17$$

（3）计算 Q 值：

$$Q = \frac{|离群值 - 与离群值最接近的值|}{x_{max} - x_{min}} = \frac{0.17}{0.26} = 0.65$$

（4）取 $\alpha = 0.01$，查 Q 值表：$Q(7,\ 0.01) = 0.637$

（5）将计算得的 Q 值与 $Q(n,\alpha)$ 值比较：$0.65 > 0.637$，$Q > Q(n,\alpha)$

故在显著性水平 α 为 0.01 时，0.48% 这一数据应该舍去。

10.4.5　对于离群值的检验，GB/T 4883—2008 推荐的是哪几种方法？

GB/T 4883—2008《数据的统计处理和解释　正态样本离群值的判断和处理》推荐的是奈尔（Nair）检验法、格拉布斯（Grubbs）检验法、狄克逊检验法和偏度-峰度检验法。

10.4.6　奈尔（Nair）检验法的检验步骤是什么？

当已知总体标准差 σ 时，使用奈尔（Nair）检验法。奈尔检验法的样本量 $3 \leqslant n \leqslant 100$。

其原理是：离群值与平均值之差，用总体标准偏差 σ 衡量，不应太大。

该检验方法适用于测定值较多，或测定值比较稳定的情况。其检验步骤如下：

（1）将测定值由小到大排列：$x_{(1)} \leqslant x_{(2)} \leqslant \cdots x_{(n-1)} \leqslant x_{(n)}$；计算平均值 $\bar{x}$，标准差已知为 σ；

（2）单侧情形

1）计算出统计量 R_n 或 R'_n 的值。

上侧情形： $$R_n = [x_{(n)} - \bar{x}]/\sigma \tag{10-21}$$

下侧情形： $$R'_n = [\bar{x} - x_{(1)}]/\sigma \tag{10-22}$$

2）确定检出水平 α（一般为5%），在 GB/T 4883—2008 附录 A 的表 A.1 奈尔检验的临界值表中查出临界值 $R_{1-\alpha}(n)$。

3）当上侧情形 $R_n > R_{1-\alpha}(n)$ 或下侧情形 $R'_n > R_{1-\alpha}(n)$ 时，判定 $x_{(n)}$ 或 $x_{(1)}$ 是离群值；否则判未发现 $x_{(n)}$ 或 $x_{(1)}$ 是离群值。

4）对于检出的离群值 $x_{(n)}$ 或 $x_{(1)}$，确定剔除水平 α^*（一般为1%），在 GB/T 4883—2008 附录 A 的表 A.1 奈尔检验的临界值表中查出临界值 $R_{1-\alpha^*}(n)$；当上侧情形 $R_n > R_{1-\alpha^*}(n)$ 或下侧情形 $R'_n > R_{1-\alpha^*}(n)$ 时，判定 $x_{(n)}$ 或 $x_{(1)}$ 是统计离群值，否则判未发现 $x_{(n)}$ 或 $x_{(1)}$ 是统计离群值［即 $x_{(n)}$ 或 $x_{(1)}$ 为歧离值］。

（3）双侧情形

1）计算出统计量 R_n 与 R'_n 的值。

2）确定检出水平 α（一般为5%），在 GB/T 4883—2008 附录 A 的表 A.1 奈尔检验的临界值表中查出临界值 $R_{1-\alpha/2}(n)$。

3）当 $R_n > R'_n$，且 $R_n > R_{1-\alpha/2}(n)$ 时，判定最大值 $x_{(n)}$ 为离群值；当 $R'_n > R_n$，且 $R'_n > R_{1-\alpha/2}(n)$ 时，判定最小值 $x_{(1)}$ 为离群值；否则判未发现离群值；当 $R_n = R'_n$ 时，同时对最大值和最小值进行检验。

4）对于检出的离群值 $x_{(1)}$ 或 $x_{(n)}$，确定剔除水平 α^*（一般为1%），在 GB/T 4883—2008 附录 A 的表 A.1 奈尔检验的临界值表中查出临界值 $R_{1-\alpha^*/2}(n)$；当 $R'_n > R_{1-\alpha^*/2}(n)$ 时，判定 $x_{(1)}$ 为统计离群值，否则判未发现 $x_{(1)}$ 为统计离群值［即 $x_{(1)}$ 为歧离值］；当 $R_n > R_{1-\alpha^*/2}(n)$ 时，判定 $x_{(n)}$ 为统计离群值，否则判未发现 $x_{(n)}$ 为统计离群值［即 $x_{(n)}$ 为歧离值］。

【例】 检验如下 16 个混凝土抗压强度回弹测定值（MPa）中的最小值是否为离群值。标准差已知为 $\sigma = 8.4$。

解： 将回弹值由小到大排列：25.4，28.4，33.7，39.9，40.1，42.7，43.9，44.5，46.8，48.1，49.6，49.9，50.0，51.2，52.3，53.0。

求其平均值 $\bar{x} = 43.7$

确定检出水平为 $\alpha = 0.05$

计算 R'_n： $$R'_n = \frac{43.7 - 25.4}{8.4} = 2.179$$

以 $n = 16$、$\alpha = 0.05$ 查 GB/T 4883—2008 附录 A 的表 A.1 奈尔检验的临界值表得 $R_{1-\alpha}(16) = R_{0.95}(16) = 2.644$

因 $R'_n < R_{1-\alpha}$，故判定最小值 25.4 不是离群值。

如判定是离群值，则再用 $R_{1-\alpha^*}$ 检验（α^* 一般为0.01）是否为统计离群值。如为统计离群值，则此值可以考虑剔除。

10.4.7 格拉布斯（Grubbs）检验法的实施步骤有哪些?

在未知标准差的情形下可使用格拉布斯（Grubbs）法或狄克逊（Dixon）法。可根据实际要求选定其中一种检验法。格拉布斯检验法的实施步骤如下。

将测定值由小到大排列：$x_{(1)} \leqslant x_{(2)} \leqslant \cdots x_{(n-1)} \leqslant x_{(n)}$；并计算平均值 $\bar{x}$ 和标准差 s（式10-11）。

（1）单侧情形

1）计算出统计量 G_n 或 G'_n 的值。

上侧情形： $$G_n = [x_{(n)} - \bar{x}]/s \tag{10-23}$$

下侧情形： $$G'_n = [\bar{x} - x_{(1)}]/s \tag{10-24}$$

2）确定检出水平 α（一般为0.05），在GB/T 4883—2008附录A的表A.2格拉布斯检验的临界值表中查出临界值 $G_{1-\alpha}(n)$。

3）当上侧情形 $G_n > G_{1-\alpha}(n)$ 或下侧情形 $G'_n > G_{1-\alpha}(n)$ 时，判定 $x_{(n)}$ 或 $x_{(1)}$ 是离群值；否则判未发现 $x_{(n)}$ 或 $x_{(1)}$ 是离群值。

4）对于检出的离群值 $x_{(n)}$ 或 $x_{(1)}$，确定剔除水平 α^*（一般为0.01），在GB/T 4883—2008附录A的表A.2格拉布斯检验的临界值表中查出临界值 $G_{1-\alpha*}(n)$；当上侧情形 $G_n > G_{1-\alpha*}(n)$ 或下侧情形 $G'_n > G_{1-\alpha*}(n)$ 时，判定 $x_{(n)}$ 或 $x_{(1)}$ 是统计离群值，否则判未发现 $x_{(n)}$ 或 $x_{(1)}$ 是统计离群值［即 $x_{(n)}$ 或 $x_{(1)}$ 为歧离值］。

（2）双侧情形

1）计算出统计量 G_n 与 G'_n 的值。

2）确定检出水平 α（一般为0.05），在GB/T 4883—2008附录A的表A.2格拉布斯检验的临界值表中查出临界值 $G_{1-\alpha/2}(n)$。

3）当 $G_n > G'_n$ 且 $G_n > G_{1-\alpha/2}(n)$ 时，判定最大值 $x_{(n)}$ 为离群值；当 $G'_n > G_n$ 且 $G'_n > G_{1-\alpha/2}(n)$ 时，判定最小值 $x_{(1)}$ 为离群值；否则判未发现离群值。当 $G_n = G'_n$ 时，应重新考虑限定检出值的个数。

4）对于检出的离群值 $x_{(1)}$ 或 $x_{(n)}$，确定剔除水平 α^*（一般为0.01），在GB/T 4883—2008附录A的表A.2格拉布斯检验的临界值表中查出临界值 $G_{1-\alpha*/2}(n)$；当 $G'_n > R_{1-\alpha*/2}(n)$ 时，判定 $x_{(1)}$ 为统计离群值，否则判未发现 $x_{(1)}$ 为统计离群值［即 $x_{(1)}$ 为歧离值］；当 $G_n > G_{1-\alpha*/2}(n)$ 时，判定 $x_{(n)}$ 为统计离群值，否则判未发现 $x_{(n)}$ 为统计离群值［即 $x_{(n)}$ 为歧离值］。

【例】 对某样品中的锰的质量分数的8次测定数据，从小到大依次排列为：0.1029，0.1033，0.1038，0.1040，0.1043，0.1046，0.1056，0.1082。检验这些数据中是否存在上侧离群值。

解：经计算，上述8个数据的平均值 $\bar{x} = 0.1046$，标准偏差 $s = 0.001675$

上侧情形：$G_8 = [x_{(8)} - \bar{x}]/s = (0.1082 - 0.1046)/0.001675 = 2.149$

确定检出水平 α（一般为0.05），在GB/T 4883—2008附录A的表A.2格拉布斯检验的临界值表中查出临界值 $G_{1-\alpha}(n) = G_{0.95}(8) = 2.032$。

因为 $G_8 = 2.149 > 2.032 = G_{0.95}(8)$，判定 $x_{(8)}$ 为离群值。

对于检出的离群值 $x_{(8)}$ 确定剔除水平 $\alpha^* = 0.01$，在 GB/T 4883—2008 附录 A 的表 A.2 格拉布斯检验的临界值表中查出临界值 $G_{0.99}(8) = 2.221$，因 $G_8 = 2.149 < 2.221 = G_{0.99}(8)$，故判为未发现 $x_{(8)}$ 是统计离群值［即 $x_{(8)}$ 是歧离值］。

10.4.8　狄克逊（Dixon）检验法的实施步骤有哪些？

当使用狄克逊检验法时，若样本量 $3 \leqslant n \leqslant 30$，其临界值见 GB/T 4883—2008 附录 A 中的表 A.3 或 A.3′狄克逊检验临界值表；若样本量 $31 \leqslant n \leqslant 100$，其临界值见 GB/T 4883—2008 附录 C 中的表 C.1 和 C.2。

（1）单侧情形

1）计算出下述统计量的值（表 10-4）。

表 10-4　狄克逊检验法的计算公式

样本量 n	检验高端离群值	检验低端离群值
3 ~ 7	$D_n = r_{10} = \dfrac{x_{(n)} - x_{(n-1)}}{x_{(n)} - x_{(1)}}$	$D'_n = r'_{10} = \dfrac{x_{(2)} - x_{(1)}}{x_{(n)} - x_{(1)}}$
8 ~ 10	$D_n = r_{11} = \dfrac{x_{(n)} - x_{(n-1)}}{x_{(n)} - x_{(2)}}$	$D'_n = r'_{11} = \dfrac{x_{(2)} - x_{(1)}}{x_{(n-1)} - x_{(1)}}$
11 ~ 13	$D_n = r_{21} = \dfrac{x_{(n)} - x_{(n-2)}}{x_{(n)} - x_{(2)}}$	$D'_n = r'_{21} = \dfrac{x_{(3)} - x_{(1)}}{x_{(n-1)} - x_{(1)}}$
14 ~ 30	$D_n = r_{22} = \dfrac{x_{(n)} - x_{(n-2)}}{x_{(n)} - x_{(3)}}$	$D'_n = r'_{22} = \dfrac{x_{(3)} - x_{(1)}}{x_{(n-2)} - x_{(1)}}$

2）确定检出水平 α，在 GB/T 4883—2008 附录 A 中的表 A.3 狄克逊检验的临界值表中查出临界值 $D_{1-\alpha}(n)$。

3）检验高端值，当 $D_n > D_{1-\alpha}(n)$ 时，判定 $x_{(n)}$ 为离群值；检验低端值，当 $D'_n > D_{1-\alpha}(n)$ 时，判定 $x_{(1)}$ 为离群值；否则判未发现离群值。

4）对于检出的离群值 $x_{(1)}$ 或 $x_{(n)}$，确定剔除水平 α^*，在 GB/T 4883—2008 附录 A 中的表 A.3 狄克逊检验的临界值表中查出临界值 $D_{1-\alpha^*}(n)$。检验高端值，当 $D_n > D_{1-\alpha^*}(n)$ 时，判定 $x_{(n)}$ 为统计离群值，否则判未发现 $x_{(n)}$ 是统计离群值［即 $x_{(n)}$ 为歧离值］；检验低端值，当 $D'_n > D_{1-\alpha^*}(n)$ 时，判定 $x_{(1)}$ 为统计离群值，否则判未发现 $x_{(1)}$ 是统计离群值［即 $x_{(1)}$ 为歧离值］。

（2）双侧情形

1）按照表 10-4 计算出统计量 D_n 与 D'_n 的值。

2）确定检出水平 α，在 GB/T 4883—2008 附录 A 中的表 A.3′狄克逊检验的临界值表中查出临界值 $\widetilde{D}_{1-\alpha}(n)$；

3）当 $D_n > D'_n$ 且 $D_n > \widetilde{D}_{1-\alpha}(n)$ 时，判定 $x_{(n)}$ 为离群值；当 $D'_n > D_n$ 且 $D'_n > \widetilde{D}_{1-\alpha}(n)$ 时，判定 $x_{(1)}$ 为离群值；否则判未发现离群值；

4）对于检出的离群值 $x_{(1)}$ 或 $x_{(n)}$，确定剔除水平 α^*，在 GB/T 4883—2008 附录 A 中的

表 A. 3′狄克逊检验的临界值表中查出临界值 $\widetilde{D}_{1-\alpha^*}(n)$。当 $D_n > D'_n$ 且 $D_n > D_{1-\alpha^*}(n)$ 时，判定 $x_{(n)}$ 为统计离群值，否则判未发现 $x_{(n)}$ 是统计离群值［即 $x_{(n)}$ 为歧离值］；当 $D'_n > D_n$ 且 $D'_n > \widetilde{D}_{1-\alpha^*}(n)$ 时，判定 $x_{(1)}$ 为统计离群值，否则判未发现 $x_{(1)}$ 是统计离群值［即 $x_{(1)}$ 为歧离值］。

【例】 测定某样品中磷的质量分数，其结果（%）共 13 次，从小到大排列依次为：1.535，1.566，1.567，1.568，1.575，1.576，1.578，1.580，1.587，1.587，1.588，1.591，1.603。其中 $x_{(1)} = 1.535$ 明显偏小。检验其是否为离群值。

解： 样本量 $n=13$，用下述公式计算 D'_n：

$$D'_n = r'_{21} = \frac{x_{(3)} - x_{(1)}}{x_{(n-1)} - x_{(1)}} = \frac{1.567 - 1.535}{1.591 - 1.535} = \frac{0.032}{0.056} = 0.571$$

选定检出水平 $\alpha = 0.05$，在 GB/T 4883—2008 附录 A 中的表 A. 3 狄克逊检验的临界值表中查出临界值 $D_{0.95}(13) = 0.521$。因为 $D'_n > D_{0.95}(13)$，判定 $x_{(1)}$ 为离群值。

确定剔除水平 $\alpha^* = 0.01$，在 GB/T 4883—2008 附录 A 中的表 A. 3 狄克逊检验的临界值表中查出临界值 $D_{0.99}(13) = 0.617$。因为 $D'_n < D_{0.99}(13)$，判定未发现 $x_{(1)}$ 为统计离群值，即 $x_{(1)}$ 为歧离值。

10.4.9 为什么格拉布斯检验法和狄克逊检验法中用检出水平 $\alpha = 0.05$ 检出离群值后，还要用剔除水平 $\alpha^* = 0.01$ 进一步检验？

检出水平 $\alpha = 0.05$ 相当于置信度为 0.95。如果这时检出了离群值 x_1，按照正态分布的重要结论，这相应于离群值 x_1 落在了平均值 $\bar{x} \pm 2s$（标准偏差）的范围之外，偏离平均值较大，成为了可疑值，即它有 95% 的可能性不属于这一组数据的范围。但它是中等离群还是严重离群呢？还要再放宽判定尺度进一步检验，这时采用剔除水平 $\alpha^* = 0.01$，相当于置信度为 0.99，用此检验 x_1 是否处于平均值 $\bar{x} \pm 3s$（标准偏差）的范围之内。如果 x_1 仍处于这一范围之外，即它有 99% 的可能性不属于这一组数据的范围，这时即认为它是统计离群值，严重离群，基本上应考虑将其剔除。如果处于二者之间，则认为它属于歧离值，属于中等离群。

10.4.10 离群值检验方法的选择原则是什么？

离群值检验方法的选择原则见表 10-5。

表 10-5 各种检验方法的选择

限定检出离群值个数	样本量较小时	样本量较大 服从正态分布时	样本量较大 不太服从正态分布时
不超过 1 个	格拉布斯法或狄克逊法（二者相差无几），建议使用格拉布斯法	偏度-峰度检验法	格拉布斯法
1 个以上	重复使用狄克逊法	重复使用偏度-峰度检验法	重复使用格拉布斯法

10.4.11　对离群值的处理规则是什么？

对检出的离群值，应尽可能寻找其技术上和物理上的原因，作为处理离群值的依据。应根据实际问题的性质，权衡寻找和判定产生离群值的原因所需代价、正确判定离群值的得益及错误剔除正常观测值的风险，以确定实施下述三个规则之一：

（1）若在技术上或物理上找到了产生离群值的原因，则应剔除或修正；若未找到产生它的技术上和物理上的原因，则不得剔除或修正。

（2）若在技术上或物理上找到产生离群值的原因，则应剔除或修正；否则，保留歧离值，剔除或修正统计离群值；在重复使用同一检验规则检验多个离群值的情形，每次检出离群值后，都要再检验它是否为统计离群值。若某次检出的离群值为统计离群值，则此离群值及在它前面检出的离群值（含歧离值）都应被剔除或修正。

（3）检出的离群值（含歧离值）都应被剔除或进行修正。

被剔除或修正的观测值及其理由应予以记录，以备查询。

注意事项：

1）离群值每次只能剔除一个，然后按剩下的数据重新计算，做第二次判断。不允许一次同时剔除多个测量值。

2）检验方法不同，结论有时不同。

10.4.12　对离群值的处理方式是什么？

按下列方式之一处理离群值：

（1）保留离群值并用于后续数据处理；

（2）在找到实际原因时修正离群值，否则予以保留；

（3）剔除离群值，不追加观测值；

（4）剔除离群值，并追加新的观测值或用适宜的插补值代替。

10.5　一元线性回归分析

10.5.1　什么叫一元线性回归分析？

在实际中，经常遇到一些互相联系的量。这些量之间有些是确定性关系，例如物理中匀速直线运动定律：$s = vt$，只要知道运动速度 v 和运动时间 t，则运动距离 s 就是唯一确定的。有些是非确定的关系，不能由一个量的值通过某个函数式计算，得到另一个量的确定值。例如水泥28d抗压强度 R_{28} 和早期抗压强度 $R_{早}$ 之间的关系。一般说来，$R_{早}$ 较高时，R_{28} 也较高；$R_{早}$ 较低时，R_{28} 也较低，但与 $R_{早}$ 相同的水泥所对应的 R_{28} 并不一定相同。通过在试验中获得的大量数据，可以找出它们之间相关的关系，解决科研和生产管理中的问题。

在仪器分析中，制作工作曲线亦是一种回归分析的过程。仪器所显示的读数和标准样品的浓度之间也不像物理中匀速直线运动定律那样，具有唯一确定的关系，也是在一定程度上波动，但具有相关关系，通过测量足够多的覆盖一定含量范围的标准样品，可以将二者之间的关系确定下来，绘制工作曲线，则可以对未知样品进行分析。

在数理统计中，把处理这类非确定性但又具有相关关系的问题称为回归分析。在质量管理中，回归分析是研究质量特性变化与潜在原因之间关系的统计方法，可用于检验生产能力、产量、质量特性以及预测试验结果等。在水泥生产质量控制中，很多质量问题中二变量、三变量之间，例如水泥生料 *KH* 值和碳酸钙滴定值、水泥熟料强度和熟料 *KH* 值、水泥 28d 抗压强度和水泥细度及混合材掺加量、水泥 28d 抗压强度和 1d 或 3d 抗压强度等之间，存在着较好的线性关系。在生产工艺较稳定的情况下，根据足够多的试验数据，通过回归分析建立起回归方程，可以通过控制某一个因素而实现对另一因素的控制。

10.5.2 试举例说明如何建立一元线性回归方程？

一元线性回归方程研究的是两个变量 x 和 y 之间的关系。x 是自变量，其值可以控制或精确测量；y 是因变量，一般是考核指标，其值随自变量 x 的取值不同而变化。如果这两个变量之间呈线性关系，则研究它们之间关系的问题称为一元线性回归分析。

现以实例说明建立 x 与 y 之间线性回归方程的方法。

【例】 在快速测定水泥抗压强度的试验中，通过强化养护得到 $R_{早}$ 与 R_{28} 之间的 20 对试验数据，如表 10-6 所示，试建立 R_{28} 对 $R_{早}$ 的回归方程。

表 10-6 水泥抗压强度 $R_{早}$ 与 R_{28} 之间的 20 对试验数据

试验号	x ($R_{早}$) /MPa	y (R_{28}) /MPa	试验号	x ($R_{早}$) /MPa	y (R_{28}) /MPa
1	13.5	51.6	11	14.2	53.2
2	13.8	51.9	12	14.9	53.8
3	13.6	52.4	13	14.5	52.6
4	13.4	51.4	14	15.2	53.8
5	14.5	53.6	15	15.4	54.0
6	14.3	52.8	16	15.2	53.6
7	14.4	52.9	17	15.4	54.2
8	14.8	52.8	18	15.2	54.1
9	14.2	52.3	19	14.5	52.9
10	14.7	52.7	20	14.8	52.5

(1) 绘制散点图确定变量之间的函数关系类型

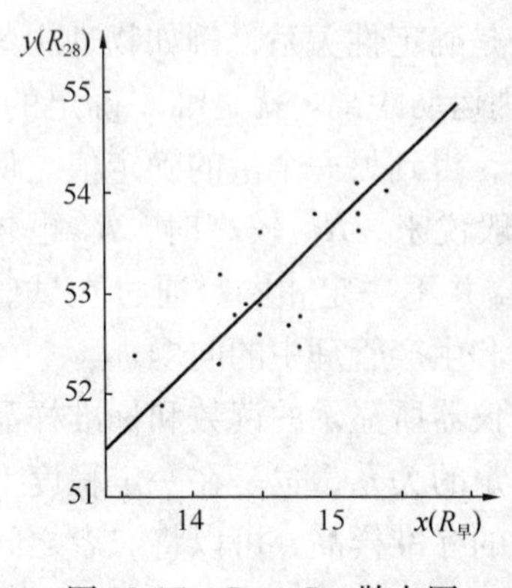

图 10-15 $R_{28}-R_{早}$ 散点图

以 $R_{早}$ 作为自变量 x，R_{28} 作为因变量 y，将每对试验数据 $(x_i、y_i)(i = 1、2\cdots20)$ 描绘在坐标系中，这些点（称试验点）组成的图称为散点图，如图 10-15 所示。观察散点图中散点分布的趋势可以看出，它们大致都落在一条直线附近，因此可认为，自变量 x 和因变量 y 之间具有线性关系。

(2) 利用最小二乘法建立回归方程

设进行了 n 次试验，取得了自变量 x 和因变量 y 之间的 n 对数据：$(x_1、y_1)$，$(x_2、y_2)\cdots(x_n、y_n)$。经过散点图判别，初步确认自变量 x 和因变量 y 之间具有线性关系，于是可用下式近似表示变量 x 和 y 之间的关系：

$$\hat{y} = b_0 + b_1 x \tag{10-25}$$

此式称为因变量 y 和自变量 x 的线性回归方程式，其中的 b_0 和 b_1 称为回归系数，$\hat{y}$ 称为因变量 y 的估计值或回归值。通常采用列表计算的方式求回归系数，其计算过程比较繁琐。利用计算机中的 Office Excel 程序中的函数功能，可以很方便地求得回归系数。其回归方程为：$\hat{y} = 35.8 + 1.18x$ 或 $\hat{R}_{28} = 35.8 + 1.18R_{早}$。

10.5.3 如何应用 PC 机的 Office Excel 程序计算一元线性回归方程的参数？

（1）进入 Office Excel 程序。

（2）将两组数据分别输入 A 栏（对应自变量 x）和 B 栏（对应因变量 y）。

1）求一元线性回归方程的斜率 b_1

将光标移至表的顶部 fx 处，双击鼠标左键，显示：

或选择类别　输入“统计”

选择函数　光标移至“SLOPE”（斜率），双击鼠标左键，显示：

SLOPE Known y's：输入B1: B20（因变量数据组位置）

Known x's：输入A1: A20（自变量数据组位置）

光标移至“确定”，双击鼠标左键，则在下方某一空栏中显示“计算结果 = 1.177145”即为该线性方程的斜率 b_1。

2）求一元线性回归方程的截距 b_0

将光标移至表的顶部 fx 处，双击鼠标左键，显示：

或选择类别　输入“统计”

选择函数　光标移至“INTERCEPT”（截距），双击鼠标左键，显示：

INTERCEPT Known y's 输入B1: B20（因变量数据组位置）

Known x's 输入A1: A20（自变量数据组位置）

将光标移至“确定”，双击鼠标左键，则在下方某一空栏中显示“计算结果 = 35.85697”即为该线性方程的截距。

10.5.4 如何应用 PC 机的 Office Excel 程序计算一元线性回归方程的相关系数 r？

（1）进入 Office Excel 程序。

（2）将两组数据分别输入 A 栏（对应自变量 x）和 B 栏（对应因变量 y）。

（3）将光标移至表的顶部 fx 处，双击鼠标左键，显示：

或选择类别　输入“统计”

选择函数　光标移至“CORREL”（相关系数），双击鼠标左键，显示：

CORREL Array 1 输入A1: A20（自变量数据组）

Array 2 输入B1: B20（因变量数据组）

将光标移至“确定”，双击鼠标左键，则在下方某一空栏中显示“计算结果 = 0.8816”即为该线性方程的相关系数 r。

10.5.5 如何对一元线性回归方程的显著性进行检验？

回归方程建立后，必须对回归方程的显著性即精度进行检验。检验的方法有三种，此处重点介绍相关系数检验法。

相关系数是衡量两个变量之间线性相关程度的一个量，用 r 表示。r 值的绝对值 $|r| \leq 1$。$r = 0$ 时，y 与 x 之间不存在线性关系；$|r| = 1$ 时，y 与 x 之间完全相关；$|r|$ 值越接近 1，y 与 x 之间的相关程度越高。

相关系数的显著性检验步骤如下：

（1）由自变量 x 和因变量 y 的观测值，计算 r 值。r 值可通过计算机 Office Excel 程序方便地求得（见题 10.5.4）。

（2）选定显著性水平 α，在表 10-7“相关系数检验表”中查自由度 $\nu = n - 2$ 时的临界值 r_α（n 是对变量 x 和 y 的观测次数，即数据个数）。

（3）判断规则：当 $|r| > r_\alpha$ 时，认为变量 x 和 y 之间的线性相关是显著的，建立的回归方程是合理的；当 $|r| \leq r_\alpha$ 时，认为两个变量之间的线性相关是不显著的，建立的回归方程没有实际意义。

【例】 对表 10-6 所示两组数据的回归方程的显著性进行检验。用计算机求得相关系数 $r = 0.88$。选定显著性水平 $\alpha = 0.01$，在表 10-7“相关系数检验表”中，查自由度 $\nu = n - 2 = 20 - 2 = 18$ 时的临界值为 $r_{0.01} = 0.5614$，因 $0.88 > 0.5614$，故认为此回归方程比较显著。

表 10-7　相关系数检验表（部分）

ν \ r_α \ α	0.10	0.05	0.01	ν \ r_α \ α	0.10	0.05	0.01
1	0.9877	0.9969	0.9999	16	0.4000	0.4683	0.5897
2	0.9000	0.9500	0.9900	17	0.3887	0.4555	0.5751
3	0.8954	0.8788	0.9587	18	0.3783	0.4438	0.5614
4	0.7293	0.8114	0.9172	19	0.3687	0.4329	0.5487
5	0.6694	0.7545	0.8745	20	0.3598	0.4227	0.5368
6	0.6215	0.7067	1.8343	21	0.3515	0 4133	0.5256
7	0.5822	0.6664	0.7977	22	0.3438	0.4044	0.5151
8	0.5493	0.6319	0.7646	23	0.3365	0.3961	0.5052
9	0.5214	0.6021	0.7348	24	0.3297	0.3882	0.4958
10	0.4973	0.5760	0.7079	25	0.3233	0.3809	0.4869
11	0.4762	0.5529	0.6835	26	0.3172	0.3739	0.4785
12	0.4575	0.5324	0.6614	27	0.3115	0.3673	0.4705
13	0.4409	0.5140	0.6411	28	0.3061	0.3610	0.4629
14	0.4259	0.4973	0.6226	29	0.3009	0.3551	0.4556
15	0.4124	0.4822	0.6055	30	0.2969	0.3494	0.4487

10.5.6　如何应用 PC 机的 Office Excel 程序计算回归后与自变量 x 某一数据相对应的因变量 y 的计算值？

得到回归方程后，可以输入一个 x 值，从公式得到一个 y 的预测值，同实测值进行对比，若二者之间的相对误差小于 5% 的数据个数占总数据个数 95% 以上者较为理想。以题 10.5.2 例中所得结果为例，对比结果列于表 10-8 中。

应用PC机的Office Excel程序可计算回归后与自变量x某一数据相对应的因变量y的计算值：

（1）进入Office Excel程序。

（2）将两组数据分别输入A栏（对应自变量x）和B栏（对应因变量y）。

（3）将光标移至表的顶部fx处，双击鼠标左键，显示：

或选择类别　输入“统计”

选择函数　光标移至“FORECAST”（预期值），双击鼠标左键，显示：

FORECAST

X　输入检验值x_1

Known y's 输入B1：B20（因变量数据组位置）

Known x's 输入A1：A20（自变量数据组位置）

（4）将光标移至“确定”，双击鼠标左键，则在下方某一空栏中显示“计算结果 = 51.74”即为与检验值x_1相对应的y_1值。依次输入x_2、x_3…值，可依次得出与其相对应的y_2、y_3…值(表10-8中的$R_{28计}$值即由此程序得出)。

【例】将从表10-6所示两组数据回归方程得到的计算值$R_{28计}$（可通过计算机求得）和试验的实测值$R_{28实}$进行对比，所得对比结果列于表10-8中。若相对误差小于5%的数据个数占总数据个数95%以上者，该线性回归方程的相关性较为理想。

表10-8　R_{28}计算值和实测值对比结果

n	$R_{28计}$	$R_{28实}$	$R_{28计}-R_{28实}$	相对误差/%	n	$R_{28计}$	$R_{28实}$	$R_{28计}-R_{28实}$	相对误差/%
1	51.7	51.6	+0.1	+0.19	11	52.6	53.2	-0.6	-1.13
2	52.1	51.9	+0.2	+0.39	12	53.4	53.8	-0.4	-0.74
3	51.8	52.4	-0.6	-1.15	13	52.9	52.6	+0.3	+0.56
4	51.6	51.4	+0.2	+0.39	14	53.7	53.8	-0.1	-0.19
5	52.9	53.6	-0.7	-1.31	15	54.0	54.0	0	0
6	52.7	52.8	-0.1	-0.19	16	53.7	53.6	+0.1	+0.19
7	52.8	52.9	-0.1	-0.19	17	54.0	54.2	-0.2	-0.37
8	53.3	52.8	+0.5	+0.95	18	53.7	54.1	-0.4	-0.74
9	52.6	52.3	+0.3	+0.57	19	52.9	52.9	0	0
10	53.15	52.7	+0.4	+0.76	20	53.3	52.5	+0.8	+1.52

注：相对误差 = [($R_{28计}-R_{28实}$)/$R_{28实}$] × 100%。

由表10-8结果可以看出，本例中各对数据相对误差绝对值均小于5%，表明推导出的回归方程相关性较好。

10.5.7　使用求得的回归方程时应注意哪些问题？

（1）回归方程一般只适用于原来的试验范围，不能随意把范围扩大。如需扩大使用范围，应有充分的理论根据或有进一步的试验数据。

（2）如使用一段时间后，经检验回归方程的剩余标准偏差 s 没有什么变化，则可继续使用。一旦标准偏差有显著变化，说明原来的规律有可能发生了变化，亦即在生产各工序的工艺上、检验上或原料等方面出现了系统性影响因素，此时应及时收集数据，重新计算回归方程。为了慎重起见，可用 F 检验或 t 检验等方法来证实前后两条回归线有无显著差异，如无显著性差异，可利用公式计算前后两组 b_0、b_1 的合并值，再得出新的合并的回归线。

附录A 《水泥企业质量管理规程》之附件8：过程质量控制指标要求

（2011年1月1日起实施）

过程质量控制指标要求

序号	类别	物料	控制项目	指标	合格率	检验频次	取样方式	备注
1	进厂原材料	钙质原料	CaO、MgO	自定	≥80%	自定	瞬时	每月统计1次
			粒度					
			水分					
		硅铝质原料	SiO_2、Al_2O_3					
		铁质原料	Fe_2O_3					
		混合材料	物理化学性能	符合相应产品标准规定	100%	1次/(年·品种)	瞬时或综合	
			放射性					
			水分	根据设备要求自定	≥80%	1次/批	瞬时	
		原煤	水分	自定		1次/批		
			工业分析	自定				
			全硫	≤2.5%				
			发热量	自定				
		石膏	粒度	≤30 mm(立磨自定)		自定或1次/批		
			SO_3	自定				
			结晶水	自定				
2	入磨物料	钙质原料	CaO	自定	≥80%	自定	瞬时	每月统计1次
			粒度	自定				
			水分	自定				
		硅铝质原料	SiO_2、Al_2O_3	自定				
		铁质原料	Fe_2O_3	自定				
		混合材料	品种和掺量	符合相应产品标准规定	100%	1次/月	瞬时或综合	
			水分	根据设备要求自定	≥80%	1次/批	瞬时	
		原煤	水分	自定				
			工业分析	自定				
			发热量	自定				
		熟料	粒度	≤30 mm		自定		
			MgO①	≤5.0%	100%	1次/24h		
		石膏	粒度	≤30 mm(立磨自定)	≥80%	自定		
			SO_3	自定		1次/月		

续表

序号	类别	物料	控制项目	指标	合格率	检验频次	取样方式	备注
3	出磨生料	生料	$CaO(T_{CaCO_3})$	控制值±0.3%(±0.5%)	≥70%	分磨1次/1 h	瞬时或连续	每月统计1次
			Fe_2O_3	控制值±0.2%	≥80%	分磨1次/2 h		
			*KH*或*LSF*	控制值±0.02(*KH*) 控制值±2(*LSF*)	≥70%	分磨1次/h~1次/24 h		
			n(*SM*)、*p*(*IM*)	控制值±0.10	≥85%			
			80 μm筛余	控制值±2.0%	≥90%	分磨1次/h~1次/2 h		
			0.2 mm筛余	≤2.0%		分磨1次/24 h		
			水分	≤1.0%		1次/周		适用回转窑
			含煤量	控制值±0.5%		分磨1次/4 h		适用立窑
4	入窑生料	生料	$CaO(T_{CaCO_3})$	控制值±0.3%(±0.5%)	≥80%	分窑1次/h	瞬时或连续	每季度统计1次
			分解率	控制值±3%	≥90%	分窑1次/周	瞬时	适用旋窑
			*KH*或*LSF*	控制值±0.02(*KH*) 控制值±2(*LSF*)	≥90%	分磨1次/4 h~1次/24 h		每季度统计1次
			n(*SM*)、*p*(*IM*)	控制值±0.10	≥95%		连续	
			全分析	根据设备、工艺要求决定	—	分窑1次/24 h		
		生料球	水分	控制值±0.5%	100%	自定	瞬时	适用于立窑，每月统计1次
			粒度分布	φ5 mm~12 mm或自定	≥90%			
			高温爆破率	≤10%	—			
			耐压力	≥500克/个	100%		瞬时或连续	
5	入窑煤粉	煤粉	水分	自定(褐煤和高挥发分煤，水分不宜过低)	≥90%	1次/4 h	瞬时或连续	每月统计1次
			80 μm筛余	根据设备要求、煤质自定	≥85%	1次/2 h~1次/4 h		
			工业分析(灰分和挥发分)	相邻两次灰分±2.0%	≥85%	1次/24 h		
			煤灰化学成分	自定	—	1次/堆		
6	出窑熟料	熟料	立升重	控制值±75 g/L	≥85%	分窑1次/8 h	瞬时	旋窑
			f-CaO	≤1.5%	≥85%	自定	瞬时或综合	旋窑
				≤3.0%		1次/4 h		立窑
				≤3.0%		1次/2 h		白水泥
				≤1.0%		1次/2 h		中热水泥
				≤1.2%		1次/2 h		低热水泥
			全分析	自定	—	分窑1次/24 h	瞬时或综合	每月统计1次
			KH	控制值±0.02	≥80%	分窑1次/8 h~分窑1次/24 h	综合样	
			n(*SM*)、*p*(*IM*)	控制值±0.1	≥85%			
			全套物理检验	其中28天抗压强度≥50 MPa(旋窑)，48 MPa(立窑)	—	分窑1次/24 h	综合样	
7	出磨水泥	水泥	45 μm筛余	控制值±3.0%	≥85%	分磨1次/2 h	瞬时或连续	45 μm筛余、80 μm筛余、比表面积可以任选一种。每月统计1次
			80 μm筛余	控制值±1.5%		分磨1次/2 h		
			比表面积	控制值±1.5 m^2/kg		分磨1次/2 h		
			混合材料掺量	控制值±2.0%	100%	分磨1次/8 h		
			MgO②	≤5.0%		分磨1次/24 h	连续	
			SO_3	控制值±0.2%	≥75%	分磨1次/4 h	瞬时或连续	
			Cl^-	<0.06%	100%	分磨1次/24 h	瞬时或连续	
			全套物理检验	符合产品标准规定，其中28天抗压富裕强度符合本表8出厂水泥规定	100%	分磨1次/24 h	连续	

续表

<table>
<tr><th>序号</th><th>类别</th><th>物料</th><th>控制项目</th><th colspan="2">指　标</th><th>合格率</th><th>检验频次</th><th>取样方式</th><th>备　注</th></tr>
<tr><td rowspan="14">8</td><td rowspan="14">出厂水泥</td><td rowspan="14">水泥</td><td>物理性能</td><td colspan="2">符合产品标准规定</td><td>100%</td><td>分品种和强度等级 1 次/编号</td><td rowspan="7">综合样</td><td></td></tr>
<tr><td rowspan="9">物理性能</td><td rowspan="6">28 d 抗压富裕强度</td><td>≥2.0 MPa</td><td rowspan="6">100%</td><td rowspan="8">分品种和强度等级 1 次/编号</td><td>通用硅酸盐水泥</td></tr>
<tr><td>≥1.0 MPa</td><td>白色硅酸盐水泥</td></tr>
<tr><td>≥1.0 MPa</td><td>中热硅酸盐水泥</td></tr>
<tr><td>≥1.0 MPa</td><td>低热矿渣硅酸盐水泥</td></tr>
<tr><td>≥2.5 MPa</td><td>道路硅酸盐水泥</td></tr>
<tr><td>≥2.5 MPa</td><td>钢渣水泥</td></tr>
<tr><td>28 d 抗压强度控制值</td><td>目标值≥水泥标准规定值＋富裕强度值＋3s③</td><td>100%</td><td rowspan="3">综合样</td><td rowspan="3">每季度统计 1 次</td></tr>
<tr><td>28d 抗压强度月（或一统计期）平均变异系数</td><td>C_{V1}④≤4.5%（强度等级 32.5）
C_{V1}④≤3.5%（强度等级 42.5）
C_{V1}④≤3.0%（强度等级 52.5 及以上）</td><td rowspan="2">100%</td></tr>
<tr><td>均匀性试验的 28 d 抗压强度变异系数</td><td>C_{V2}④≤3.0%</td><td>分品种和强度等级 1 次/季度</td></tr>
<tr><td>化学性能</td><td colspan="2">符合相应标准规定</td><td>100%</td><td>分品种和强度等级 1 次/编号</td><td>综合样</td><td>每月统计 1 次</td></tr>
<tr><td>混合材料掺量</td><td colspan="2">控制值±2.0%</td><td>100%</td><td>分品种和强度等级 1 次/编号</td><td>综合样</td><td>每月统计 1 次</td></tr>
<tr><td>水泥包装袋品质</td><td colspan="2">符合 GB 9774 规定</td><td>100%</td><td>分品种 1 次/批</td><td rowspan="2">随机</td><td rowspan="2">每季度统计 1 次</td></tr>
<tr><td>袋装水泥袋重</td><td colspan="2">每袋净含量≥49.5 kg，随机抽取 20 袋总质量（含包装袋）≥1000 kg</td><td>100%</td><td>每班每台包装机至少抽查 20 袋</td></tr>
</table>

注：1. 当检验结果的合格率低于规定值时，应该增加检验频次，直到合格率符合要求。
2. 表中允许误差均为绝对值。
①入磨物料中熟料的 MgO 含量＞5.0% 时，经压蒸安定性检验合格，可以放宽到 6.0%。
②出磨水泥中的 MgO 含量＞5.0% 时，经压蒸安定性检验合格，可以放宽到 6.0%。

③ $s=\sqrt{\frac{\Sigma(R_i-\bar{R})^2}{n-1}}$

式中 s——月（或一统计期）平均 28 d 抗压强度标准偏差；
R_i——试样 28 d 抗压强度值，MPa；
$\bar{R}$——全月（或全统计期）样品 28 d 抗压强度平均值，MPa；
n——样品数，n 不小于 20，当小于 20 时与下月合并计算。

④ $C_{Vi}=\frac{s}{\bar{R}}\times 100\%, i=1,2$

式中 C_{V1}——28 d 抗压强度月（或一统计期）平均变异系数；
C_{V2}——均匀性试验的 28 d 抗压强度变异系数；
s——月（或一统计期）平均 28 d 抗压强度标准偏差；
$\bar{R}$——全月（或全统计期）样品 28 d 抗压强度平均值，MPa。

附录B AQ/T 2006—2010《企业安全生产标准化基本规范》

通过建立安全生产责任制，制定安全管理制度和操作规程，排查治理隐患和监控重大危险源，建立预防机制，规范生产行为，使各生产环节符合有关安全生产法律法规和标准规范的要求，人、机、物、环处于良好的生产状态，并持续改进，不断加强企业安全生产规范化建设。

安全生产标准化规定的13项要素：

1 目标

企业根据自身安全生产实际，制定总体和年度安全生产目标。

按照所属基层单位和部门在生产经营中的职能，制定安全生产指标和考核办法。

2 组织机构和职责

2.1 组织机构

企业应按规定设置安全生产管理机构，配备安全生产管理人员。

2.2 职责

企业主要负责人应按照安全生产法律法规赋予的职责，全面负责安全生产工作，并履行安全生产义务。

企业应建立安全生产责任制，明确各级单位、部门和人员的安全生产职责。

3 安全生产投入

企业应建立安全生产投入保障制度，完善和改进安全生产条件，按规定提取安全费用，专项用于安全生产，并建立安全费用台账。

4 法律法规与安全管理制度

4.1 法律法规、标准规范

企业应建立识别和获取适用的安全生产法律法规、标准规范的制度，明确主管部门，确定获取的渠道、方式，及时识别和获取适用的安全生产法律法规、标准规范。

企业各职能部门应及时识别和获取本部门适用的安全生产法律法规、标准规范，并跟踪、掌握有关法律法规、标准规范的修订情况，及时提供给企业内负责识别和获取适用的安全生产法律法规的主管部门汇总。

企业应将适用的安全生产法律法规、标准规范及其他要求及时传达给从业人员。

企业应遵守安全生产法律法规、标准规范，并将相关要求及时转化为本单位的规章制度，贯彻到各项工作中。

4.2 规章制度

企业应建立健全安全生产规章制度，并发放到相关工作岗位，规范从业人员的生产作业行为。

安全生产规章制度至少应包含下列内容：安全生产职责、安全生产投入、文件和档案管理、隐患排查与治理、安全教育培训、特种作业人员管理、设备设施安全管理、建设项目安全设施“三同时”管理、生产设备设施验收管理、生产设备设施报废管理、施工和检维修安全管理、危险物品及重大危险源管理、作业安全管理、相关方及外用工管理，职业健康管理、防护用品管理，应急管理，事故管理等。

4.3　操作规程

企业应根据生产特点，编制岗位安全操作规程，并发放到相关岗位。

4.4　评估

企业应每年至少一次对安全生产法律法规、标准规范、规章制度、操作规程的执行情况进行检查评估。

4.5　修订

企业应根据评估情况、安全检查反馈的问题、生产安全事故案例、绩效评定结果等，对安全生产管理规章制度和操作规程进行修订，确保其有效和适用，保证每个岗位所使用的为最新有效版本。

4.6　文件和档案管理

企业应严格执行文件和档案管理制度，确保安全规章制度和操作规程编制、使用、评审、修订的效力。

企业应建立主要安全生产过程、事件、活动、检查的安全记录档案，并加强对安全记录的有效管理。

5　教育培训

5.1　教育培训管理

企业应确定安全教育培训主管部门，按规定及岗位需要，定期识别安全教育培训需求，制定、实施安全教育培训计划，提供相应的资源保证。

应做好安全教育培训记录，建立安全教育培训档案，实施分级管理，并对培训效果进行评估和改进。

5.2　安全生产管理人员教育培训

企业的主要负责人和安全生产管理人员，必须具备与本单位所从事的生产经营活动相适应的安全生产知识和管理能力。法律法规要求必须对其安全生产知识和管理能力进行考核的，须经考核合格后方可任职。

5.3　操作岗位人员教育培训

企业应对操作岗位人员进行安全教育和生产技能培训，使其熟悉有关的安全生产规章制度和安全操作规程，并确认其能力符合岗位要求。未经安全教育培训，或培训考核不合格的从业人员，不得上岗作业。

新入厂（矿）人员在上岗前必须经过厂（矿）、车间（工段、区、队）、班组三级安全教育培训。

在新工艺、新技术、新材料、新设备设施投入使用前，应对有关操作岗位人员进行专门的安全教育和培训。

操作岗位人员转岗、离岗一年以上重新上岗者，应进行车间（工段）、班组安全教育培训，经考核合格后，方可上岗工作。

从事特种作业的人员应取得特种作业操作资格证书，方可上岗作业。

5.4　其他人员教育培训

企业应对相关方的作业人员进行安全教育培训。作业人员进入作业现场前，应由作业现场所在单位对其进行进入现场前的安全教育培训。

企业应对外来参观、学习等人员进行有关安全规定、可能接触到的危害及应急知识的教育和告知。

5.5　安全文化建设

企业应通过安全文化建设，促进安全生产工作。

企业应采取多种形式的安全文化活动，引导全体从业人员的安全态度和安全行为，逐步形成为全体员工所认同、共同遵守、带有本单位特点的安全价值观，实现法律和政府监管要求之上的安全自我约束，保障企业安全生产水平持续提高。

6　生产设备设施

6.1　生产设备设施建设

企业建设项目的所有设备设施应符合有关法律法规、标准规范要求；安全设备设施应与建设项目主体工程同时设计、同时施工、同时投入生产和使用。

企业应按规定对项目建议书、可行性研究、初步设计、总体开工方案、开工前安全条件确认和竣工验收等阶段进行规范管理。

生产设备设施变更应执行变更管理制度，履行变更程序，并对变更的全过程进行隐患控制。

6.2　设备设施运行管理

企业应对生产设备设施进行规范化管理，保证其安全运行。

企业应有专人负责管理各种安全设备设施，建立台账，定期检维修。对安全设备设施应制定检维修计划。

设备设施检维修前应制订方案。检维修方案应包含作业行为分析和控制措施。检维修过程中应执行隐患控制措施并进行监督检查。

安全设备设施不得随意拆除、挪用或弃置不用；确因检维修拆除的，应采取临时安全措施，检维修完毕后立即复原。

6.3　新设备设施验收及旧设备拆除、报废

设备的设计、制造、安装、使用、检测、维修、改造、拆除和报废，应符合有关法律法规、标准规范的要求。

企业应执行生产设备设施到货验收和报废管理制度，应使用质量合格、设计符合要求的生产设备设施。

拆除的生产设备设施应按规定进行处置。拆除的生产设备设施涉及危险物品的，须制定危险物品处置方案和应急措施，并严格按规定组织实施。

7　作业安全

7.1　生产现场管理和生产过程控制

企业应加强生产现场安全管理和生产过程的控制。对生产过程及物料、设备设施、器材、通道、作业环境等存在的隐患，应进行分析和控制。对动火作业、受限空间内作业、临时用电作业、高处作业等危险性较高的作业活动实施作业许可管理，严格履行审批手续。作业许可证应包含危害因素分析和安全措施等内容。

企业进行爆破、吊装等危险作业时，应当安排专人进行现场安全管理，确保安全规程的遵守和安全措施的落实。

7.2　作业行为管理

企业应加强生产作业行为的安全管理。对作业行为隐患、设备设施使用隐患、工艺技术隐患等进行分析，采取控制措施。

7.3　警示标志

企业应根据作业场所的实际情况，按照GB 2894及企业内部规定，在有较大危险因素的作业场所和设备设施上，设置明显的安全警示标志，进行危险提示、警示，告知危险的种类、后果及应急措施等。

企业应在设备设施检维修、施工、吊装等作业现场设置警戒区域和警示标志，在检维修现场的坑、井、洼、沟、陡坡等场所设置围栏和警示标志。

7.4　相关方管理

企业应执行承包商、供应商等相关方管理制度，对其资格预审、选择、服务前准备、作业过程、提供的产品、技术服务、表现评估、续用等进行管理。

企业应建立合格相关方的名录和档案，根据服务作业行为定期识别服务行为风险，并采取行之有效的控制措施。

企业应对进入同一作业区的相关方进行统一安全管理。

不得将项目委托给不具备相应资质或条件的相关方。企业和相关方的项目协议应明确规定双方的安全生产责任和义务。

7.5　变更

企业应执行变更管理制度，对机构、人员、工艺、技术、设备设施、作业过程及环境等永久性或暂时性的变化进行有计划的控制。变更的实施应履行审批及验收程序，并对变更过程及变更所产生的隐患进行分析和控制。

8　隐患排查和治理

8.1　隐患排查

企业应组织事故隐患排查工作，对隐患进行分析评估，确定隐患等级，登记建档，及时采取有效的治理措施。

法律法规、标准规范发生变更或有新的公布，以及企业操作条件或工艺改变，新建、改建、扩建项目建设，相关方进入、撤出或改变，对事故、事件或其他信息有新的认识，组织机构发生大的调整的，应及时组织隐患排查。

隐患排查前应制定排查方案，明确排查的目的、范围，选择合适的排查方法。排查方案应依据：

——有关安全生产法律、法规要求；

——设计规范、管理标准、技术标准；

——企业的安全生产目标等。

8.2 排查范围与方法

企业隐患排查的范围应包括所有与生产经营相关的场所、环境、人员、设备设施和活动。

企业应根据安全生产的需要和特点，采用综合检查、专业检查、季节性检查、节假日检查、日常检查等方式进行隐患排查。

8.3 隐患治理

企业应根据隐患排查的结果，制定隐患治理方案，对隐患及时进行治理。

隐患治理方案应包括目标和任务、方法和措施、经费和物资、机构和人员、时限和要求。重大事故隐患在治理前应采取临时控制措施并制订应急预案。

隐患治理措施包括：工程技术措施、管理措施、教育措施、防护措施和应急措施。

治理完成后，应对治理情况进行验证和效果评估。

8.4 预测预警

企业应根据生产经营状况及隐患排查治理情况，运用定量的安全生产预测预警技术，建立体现企业安全生产状况及发展趋势的预警指数系统。

9 重大危险源监控

9.1 辨识与评估

企业应依据有关标准对本单位的危险设施或场所进行重大危险源辨识与安全评估。

9.2 登记建档与备案

企业应当对确认的重大危险源及时登记建档，并按规定备案。

9.3 监控与管理

企业应建立健全重大危险源安全管理制度，制定重大危险源安全管理技术措施。

10 职业健康

10.1 职业健康管理

企业应按照法律法规、标准规范的要求，为从业人员提供符合职业健康要求的工作环境和条件，配备与职业健康保护相适应的设施、工具。

企业应定期对作业场所职业危害进行检测，在检测点设置标识牌予以告知，并将检测结果存入职业健康档案。

对可能发生急性职业危害的有毒、有害工作场所，应设置报警装置，制订应急预案，配置现场急救用品、设备，设置应急撤离通道和必要的泄险区。

各种防护器具应定点存放在安全、便于取用的地方，并有专人负责保管，定期校验和维护。

企业应对现场急救用品、设备和防护用品进行经常性的检维修，定期检测其性能，确保其处于正常状态。

10.2　职业危害告知和警示

企业与从业人员订立劳动合同时，应将工作过程中可能产生的职业危害及其后果和防护措施如实告知从业人员，并在劳动合同中写明。

企业应采用有效的方式对从业人员及相关方进行宣传，使其了解生产过程中的职业危害、预防和应急处理措施，降低或消除危害后果。

对存在严重职业危害的作业岗位，应按照GBZ158要求设置警示标识和警示说明。警示说明应载明职业危害的种类、后果、预防和应急救治措施。

10.3　职业危害申报

企业应按规定，及时、如实向当地主管部门申报生产过程存在的职业危害因素，并依法接受其监督。

11　应急救援

11.1　应急机构和队伍

企业应按规定建立安全生产应急管理机构或指定专人负责安全生产应急管理工作。

企业应建立与本单位安全生产特点相适应的专兼职应急救援队伍，或指定专兼职应急救援人员，并组织训练；无需建立应急救援队伍的，可与附近具备专业资质的应急救援队伍签订服务协议。

11.2　应急预案

企业应按规定制定生产安全事故应急预案，并针对重点作业岗位制定应急处置方案或措施，形成安全生产应急预案体系。

应急预案应根据有关规定报当地主管部门备案，并通报有关应急协作单位。

应急预案应定期评审，并根据评审结果或实际情况的变化进行修订和完善。

11.3　应急设施、装备、物资

企业应按规定建立应急设施，配备应急装备，储备应急物资，并进行经常性的检查、维护、保养，确保其完好、可靠。

11.4　应急演练

企业应组织生产安全事故应急演练，并对演练效果进行评估。根据评估结果，修订、完善应急预案，改进应急管理工作。

11.5　事故救援

企业发生事故后，应立即启动相关应急预案，积极开展事故救援。

12　事故报告、调查和处理

12.1　事故报告

企业发生事故后，应按规定及时向上级单位、政府有关部门报告，并妥善保护事故现场及有关证据。必要时向相关单位和人员通报。

12.2　事故调查和处理

企业发生事故后，应按规定成立事故调查组，明确其职责与权限，进行事故调查或配合上级部门的事故调查。

事故调查应查明事故发生的时间、经过、原因、人员伤亡情况及直接经济损失等。

事故调查组应根据有关证据、资料，分析事故的直接、间接原因和事故责任，提出整改措施和处理建议，编制事故调查报告。

13 绩效评定和持续改进

13.1 绩效评定

企业应每年至少一次对本单位安全生产标准化的实施情况进行评定，验证各项安全生产制度措施的适宜性、充分性和有效性，检查安全生产工作目标、指标的完成情况。

企业主要负责人应对绩效评定工作全面负责。评定工作应形成正式文件，并将结果向所有部门、所属单位和从业人员通报，作为年度考评的重要依据。

企业发生死亡事故后应重新进行评定。

13.2 持续改进

企业应根据安全生产标准化的评定结果和安全生产预警指数系统所反映的趋势，对安全生产目标、指标、规章制度、操作规程等进行修改完善，持续改进，不断提高安全绩效。

附录C 国家级、部级水泥标准样品

序号	标准样品编号	标准样品名称
1	GSB 08-1345	水泥用石灰石成分分析标准样品
2	GSB 08-1346	水泥用铁矿石成分分析标准样品
3	GSB 08-1347	水泥用黏土成分分析标准样品
4	GSB 08-1348	水泥用萤石成分分析标准样品
5	GSB 08-1349	水泥用无烟煤成分分析标准样品
6	GSB 08-1350	水泥用烟煤成分分析标准样品
7	GSB 08-1351	水泥用矾土成分分析标准样品
8	GSB 08-1352	水泥用石膏成分分析标准样品
9	GSB 08-1353	水泥生料成分分析标准样品
10	GSB 08-1354	水泥黑生料成分分析标准样品
11	GSB 08-1355	水泥熟料成分分析标准样品
12	GSB 08-1356	普通硅酸盐水泥成分分析标准样品
13	GSB 08-1357	硅酸盐水泥成分分析标准样品
14	GSB 08-1529	矿渣硅酸盐水泥成分分析标准样品
15	GSB 08-1530	火山灰质硅酸盐水泥成分分析标准样品
16	GSB 08-1531	粉煤灰硅酸盐水泥成分分析标准样品
17	GSB 08-1532	白色硅酸盐水泥成分分析标准样品
18	GSB 08-1533	铝酸盐水泥成分分析标准样品
19	GSB 08-1534	水泥用粒化高炉矿渣成分分析标准样品
20	GSB 08-1535	水泥用火山灰质混合材料成分分析标准样品
21	GSB 08-1536	水泥用粉煤灰成分分析标准样品
22	GSB 08-1537	复合硅酸盐水泥成分分析标准样品
23	GBW 03202	水泥黑生料成分分析标准物质
24	GBW 03203	水泥生料成分分析标准物质
25	GBW 03204	水泥熟料成分分析标准物质
26	GBW 03205	普通硅酸盐水泥成分分析标准物质
27	GBW 03206	火山灰质硅酸盐水泥成分分析标准物质
28	GBW 03207	矿渣硅酸盐水泥成分分析标准物质
29	GBW 03208	粉煤灰硅酸盐水泥成分分析标准物质
30	GBW 03201a	硅酸盐水泥国家标准物质
31	GSB 08-1110	X 射线荧光分析专用系列水泥生料标准样品
32	GBW（E）130227	水泥用比表面积标准物质

续表

序号	标准样品编号	标准样品名称
33		普通水泥混合材料含量
34		矿渣水泥混合材料含量
35		水泥氯含量
36		水泥生料氯含量
37		硫铝酸盐水泥熟料
38		硫铝酸盐水泥生料
39		白色硅酸盐水泥白度系列

附录D 常用数据表

表 D-1 常用酸和氨水的密度和浓度

名　称	相对分子质量	密度/(g/cm^3)	质量分数/%	浓度(近似)*/(mol/L)
盐酸（HCl）	34.46	1.19	38	12
硝酸（HNO_3）	63.01	1.42	70	16
硫酸（H_2SO_4）	98.08	1.84	98	c[（1/2）H_2SO_4] =36
磷酸（H_3PO_4）	98.00	1.69	85	c[（1/3）H_3PO_4] =45
氢氟酸（HF）	20.01	1.13	40	22.5
高氯酸（$HClO_4$）	100.46	1.67	70	12
氢溴酸（HBr）	80.93	1.49	47	9
甲酸（HCOOH）	46.04	1.06	26	6
冰乙酸（CH_3COOH）	60.05	1.05	99.9	17
氨水（$NH_3 \cdot H_2O$）	35.05	0.91～0.90	25～28	15

* 浓度未注明基本单元者，皆以分子式所示物质为基本单元。

表 D-2 常用酸碱指示剂及其变色范围

指示剂	变色范围（pH）	颜色变化	配制方法	用量/(滴/10mL)
百里酚蓝（麝香草酚蓝）	1.2～2.8 8.0～9.6	红→黄 黄→蓝	将 100 mg 溶于 4.3 mL 氢氧化钠溶液（0.05 mol/L）中，摇匀，用水稀释至 250 mL；或 1 g 溶于 1 L 乙醇（20%）中	1～2
甲基橙	3.1～4.4	红→黄	1 g/L 的水溶液	1
溴酚蓝	3.0～4.6	黄→紫蓝	1 g/L 的乙醇溶液（20%）或其钠盐水溶液	1～3
溴甲酚蓝（溴甲酚绿）	3.8～5.4	黄→蓝	1 g/L 的乙醇溶液（20%）或其钠盐水溶液	1～3
甲基红	4.4～6.2	红→黄	1 g/L 的乙醇溶液（60%）	1～2
百里酚蓝（百里香酚蓝、麝香草酚蓝）	8.0～9.6	黄→蓝	1 g/L 的乙醇溶液（20%）	1～4
酚酞	8.2～10.0	无→红	10 g/L 的乙醇溶液（60%）	1～5
对硝基酚	5.0～7.4	无→黄	2 g/L 的水溶液	10～50

表 D-3 常用混合指示剂

指示剂溶液的组成	变色点（pH）	颜色变化	备　注
1 份 1 g/L 甲基橙水溶液 1 份 2.5 g/L 靛蓝二磺酸水溶液	4.1	紫→绿	在灯光下可以滴定。溶液保存在棕色瓶中
1 份 1 g/L 溴甲酚绿钠盐水溶液 1 份 0.2 g/L 甲基橙水溶液	4.3	橙→蓝绿	pH=3.5 黄色；4.05 绿色；4.3 浅绿

续表

指示剂溶液的组成	变色点（pH）	颜色变化	备注
3 份 1 g/L 溴甲酚绿酒精溶液 1 份 2 g/L 甲基红酒精溶液	5.1	酒红→绿	颜色变化很显著
1 份 2 g/L 甲基红酒精溶液 1 份 2 g/L 亚甲基蓝酒精溶液	5.4	红紫→绿	pH = 5.2 红紫；5.4 暗蓝；5.6 绿色。溶液保存在棕色瓶中
1 份 1 g/L 溴甲酚绿钠盐水溶液 1 份 1 g/L 氯酚红钠盐水溶液	6.1	黄绿→蓝紫	pH = 5.4 蓝绿；5.8 蓝色；6.0 蓝中带紫；6.2 蓝紫
1 份 1 g/L 溴甲酚紫钠盐水溶液 1 份 1 g/L 溴百里酚蓝钠盐水溶液	6.7	黄→紫蓝	pH = 6.2 黄紫；6.6 紫色；6.8 蓝紫
1 份 1 g/L 中性红酒精溶液 1 份 1 g/L 亚甲基蓝酒精溶液	7.0	紫蓝→绿	pH = 7.0 蓝紫。溶液保存在棕色瓶中
1 份 1 g/L 中性红酒精溶液 1 份 1 g/L 溴百里酚蓝酒精溶液	7.2	玫瑰→绿	pH = 7.4 暗绿；7.0 玫瑰；7.2 浅红
1 份 1 g/L 酚红的 50% 酒精溶液 2 份 1 g/L 氮萘蓝的 50% 酒精溶液	7.3	黄→紫	pH = 7.2 橙色；7.4 紫色；放置后颜色逐渐褪去
1 份 1 g/L 溴百里酚蓝钠盐水溶液 1 份 1 g/L 酚红钠盐水溶液	7.5	黄→紫	pH = 7.2 暗绿；7.4 浅紫；7.6 深紫
2 份 1 g/L α-萘酚酞酒精溶液 1 份 1 g/L 甲酚红酒精溶液	8.3	浅红→紫	pH = 8.2 淡紫；8.4 深紫
1 份 1 g/L 酚酞酒精溶液 2 份 1 g/L 甲基绿酒精溶液	8.9	绿→紫	pH = 8.8 浅蓝；9.0 蓝色
1 份 1 g/L 百里酚蓝的 50% 酒精溶液 2 份 1 g/L 酚酞的 50% 酒精溶液	9.0	黄→紫	从黄到绿再到紫
1 份 1 g/L 酚酞酒精溶液 1 份 1 g/L 百里酚酞酒精溶液	9.9	无→紫	pH = 9.6 玫瑰色；10.0 紫色
1 份 1 g/L 酚酞酒精溶液 2 份 2 g/L 尼罗蓝酒精溶液	10.0	蓝→红	pH = 10 紫色

表 D-4　常用基准物质及其干燥条件

基准物质	化学式	干燥温度及时间
邻苯二甲酸氢钾	$KHC_6H_4(COO)_2$	105 ℃ ~ 110 ℃ 干燥
草酸钠	$Na_2C_2O_4$	105 ℃ ~ 110 ℃ 干燥 2h
重铬酸钾	$K_2Cr_2O_7$	130 ℃ ~ 140 ℃ 加热 0.5h ~ 1h
碘酸钾	KIO_3	105 ℃ ~ 110 ℃ 烘干至恒量
硫酸亚铁铵	$(NH_4)_2Fe(SO_4)_2 \cdot 6H_2O$	室温空气干燥
氯化钠	NaCl	130 ℃ ~ 150 ℃ 烘干 2 h
氯化钾	KCl	130 ℃ ~ 150 ℃ 烘干 2 h
氟化钠	NaF	500 ℃ 灼烧 10 min，或 120 ℃ 烘干 2 h

续表

基准物质	化学式	干燥温度及时间
硝酸银	$AgNO_3$	220 ℃ ~250 ℃加热15min
硫酸铜	$CuSO_4 \cdot 5H_2O$	室温空气干燥
氧化锌	ZnO	约800 ℃灼烧至恒量
无水碳酸钠	Na_2CO_3	270 ℃ ~300 ℃烘干至恒量
碳酸钙	$CaCO_3$	105 ℃ ~110 ℃干燥2 h
二氧化钛	TiO_2	高温灼烧
三氧化二铁	Fe_2O_3	950 ℃灼烧1 h
铁铵矾	$(NH_4)_2SO_4 \cdot Fe_2(SO_4)_3 \cdot 24H_2O$	
氧化镁	MgO	600 ℃灼烧1 h
苯甲酸	C_6H_5COOH	硅胶干燥器中干燥24 h

表D-5 酸碱离解常数（25 ℃）

名称	化学式	pK			
		pK_1	pK_2	pK_3	pK_4
硼酸	H_3BO_3	9.24			
碳酸	H_2CO_3	6.35	10.33		
重铬酸	$H_2Cr_2O_7$		1.64		
氢氟酸	HF	3.17			
过氧化氢	H_2O_2	11.65			
磷酸	H_3PO_4	2.13	7.20	12.36	
氢硫酸	H_2S	7.02	13.9		
亚硫酸	H_2SO_3	1.90	7.20		
硫酸	H_2SO_4		1.99		
硫代硫酸	$H_2S_2O_3$	0.60	1.72		
硅酸	H_2SiO_3	9.91	11.81		
甲酸	HCOOH	3.75			
乙酸	CH_3COOH	4.76			
乙二胺四乙酸	$C_{10}H_{16}O_8N_2$	1.99	2.67	6.16	10.26
抗坏血酸	$C_6H_8O_6$	4.04	11.34		
苯甲酸	C_6H_5COOH	4.20			
氨水	HN_3	4.76			
乙二胺	$H_2NCH_2CH_2NH_2$	4.72	7.83		
三乙醇胺	$C_6H_{15}O_3N$	6.24			

表 D-6　国际相对原子质量表（2001 年）

元素符号	元素名称	原子序数	相对原子质量
H	氢	1	1. 00794 ±7
Li	锂	3	6. 941 *
Be	铍	4	9. 0121823（3）
B	硼	5	10. 811
C	碳	6	2. 011
N	氮	7	14. 006747（7）
O	氧	8	15. 9994 *
F	氟	9	18. 9984032（9）
Na	钠	11	22. 989768（6）
Mg	镁	12	24. 3050（6）
Al	铝	13	26. 981539（5）
Si	硅	14	28. 0855 *
P	磷	15	30. 973762（4）
S	硫	16	32. 07
Cl	氯	17	35. 4527（9）
K	钾	19	39. 0983
Ca	钙	20	40. 078
Ti	钛	22	47. 88 *
V	钒	23	50. 9415
Cr	铬	24	51. 9961
Mn	锰	25	54. 93805（1）
Fe	铁	26	55. 847 *
Co	钴	27	58. 93320（1）
Ni	镍	28	58. 69
Cu	铜	29	63. 546 *
Zn	锌	30	65. 39 ±2
As	砷	33	74. 92159（2）
Se	硒	34	78. 96 *
Br	溴	35	79. 904
Rb	铷	37	85. 4678 *
Sr	锶	38	87. 62
Zr	锆	40	91. 22
Mo	钼	42	95. 94
Ag	银	47	107. 8682（2）
Sn	锡	50	118. 69 *
I	碘	53	126. 90447（3）
Cs	铯	55	132. 90543（5）

续表

元素符号	元素名称	原子序数	相对原子质量
Ba	钡	56	137.327（7）
La	镧	57	138.9055（2）
W	钨	74	183.85 *
Pt	铂	78	195.08 *
Au	金	79	196.96654（3）
Hg	汞	80	200.59 *
Pb	铅	82	207.2
Bi	铋	83	208.98037（3）

注：各相对原子质量数值最后一位数字准至 ±1，带星号 * 的准至 ±3。括号内数字指末位数字的准确度。

表 D-7　化合物的式量表（2001 年）

化合物	式　量	化合物	式　量
$AgCl$	143.35	$K_2Cr_2O_7$	294.18
$AgNO_3$	169.88	KI	166.00
$AlCl_3$	133.3	KIO_3	214.00
Al_2O_3	101.96	$KMnO_4$	158.03
$Al(OH)_3$	78.00	K_2O	94.20
$Al_2(SO_4)_3$	342.17	KOH	56.11
$BaCl_2$	208.24	K_2SO_4	174.27
$BaCl_2 \cdot 2H_2O$	244.24	$La(NO_3)_3$	324.926
BaO	153.33	$MgCO_3$	84.32
$Ba(OH)_2$	171.32	MgO	40.31
$BaSO_4$	233.37	MnO	70.94
$CaCl_2$	110.99	MnO_2	86.94
CH_3COOH	60.05	$Na_2B_4O_7$	201.22
CH_3COONa	82.03	$Na_2B_4O_7 \cdot 10H_2O$	381.42
CaO	56.08	$NaCl$	58.44
$CaCO_3$	100.09	Na_2CO_3	105.99
$CaSO_4$	136.15	$NaHCO_3$	84.01
$CuSO_4$	159.62	Na_2HPO_4	141.96
$CuSO_4 \cdot 5H_2O$	249.68	$Na_2H_2Y \cdot 2H_2O$	372.24
$FeCl_2$	126.75	$NaOH$	40.00
$FeCl_3$	162.21	Na_2O	61.98
$FeNH_4(SO_4)_2 \cdot 12H_2O$	482.22	Na_2O_2	77.98
Fe_2O_3	159.69	$Na_2S_2O_3$	158.12
$FeSO_4$	151.91	$Na_2S_2O_3 \cdot 5H_2O$	248.2
$FeSO_4 \cdot (NH_4)_2SO_4 \cdot 6H_2O$	392.17	NH_3	17.03

续表

化合物	式　量	化合物	式　量
$HgCl_2$	271.50	NH_4Cl	53.49
H_2CO_3	62.03	$(NH_4)_2CO_3$	96.09
HCOOH	46.03	NH_4SCN	76.13
HF	20.01	$Pb(CH_3COO)_2$	325.29
HNO_3	63.02	P_2O_5	141.94
H_2O	18.02	$Pb(NO_3)_2$	331.2
H_2O_2	34.02	$Pb(CH_3COO)_2 \cdot 3H_2O$	379.34
H_3PO_4	97.99	SO_2	64.07
H_2S	34.08	SO_3	80.07
H_2SO_3	82.09	$SnCl_2 \cdot 2H_2O$	225.63
H_2SO_4	98.09	SiO_2	60.08
Hg_2Cl_2	472.09	$SnCl_2$	189.60
KCl	74.55	TiO_2	79.88
K_2CO_3	138.21	$Zn(CH_3COO)_2$	183.43
$KHC_8H_4O_4$(KHP)	204.22	$ZnSO_4$	161.46

表 D-8　水泥及其原材料的成分

名称	化学式	化学成分(质量分数/%)									
		SiO_2	Fe_2O_3	Al_2O_3	CaO	MgO	K_2O	Na_2O	R_2O	灼减	其他
黏土(高岭土、白泥)	$Al_2O_3 \cdot 2SiO_2 \cdot 2H_2O$	40~65	微量~5	15~40	0~5.0	微量~3.0			小于4.0	微量~15	
铝土矿(矾土)	$Al_2O_3 \cdot nH_2O$	40~50	小于3.0	40~80	小于1.5				小于2.0		
砂岩	SiO_2	95~99	0.1~0.3	0.3~0.95	0.05~0.15	0.01~0.05	0.2~0.3	0.01~0.03	02~1.5	0.1~0.2	
石英砂	SiO_2	98~99	0.03~1.0	0.18~1.0	0.24~0.5	微量~0.5	微量~0.5	微量~0.5	小于0.3	0.4~0.5	
(泡)沸石	$Na_2O \cdot Al_2O_3 \cdot 2SiO_2 \cdot nH_2O$	70左右	1~2	12~15	1~5	0.5~1.5	2左右	1左右		3~10	
石灰石、白垩土	$CaCO_3$	0.2~10	0.1~2.0	0.2~2.5	45~53	0.1~2.5			微量~2.0	36~43	
白云石	$MgCO_3 \cdot CaCO_3$	1~2.0	0.1~0.3	0.15~0.2	31~32	20~21			微量~2.0	47.4	
天然石膏	$CaSO_4 \cdot 2H_2O$	0.05~1.0	0.1~1.5		32~40	0.05~2.0			微量~1.0	17.7~20.9	22~45.5(SO_3)
大理石、方解石	$CaCO_3$	微量~1.0	微量~0.1	微量~0.2	54~56	1~20			微量~2.0	40~45	

续表

名称	化学式	化学成分(质量分数/%)									
		SiO_2	Fe_2O_3	Al_2O_3	CaO	MgO	K_2O	Na_2O	R_2O	灼减	其他
萤石(氟石)	CaF_2	<10									85 (CaF_2)
石灰	CaO	1~5.0	微量~3.0	微量~0.2	65~90	3~5.0			0~1.0	10~20	65~85 (*f*-CaO)
珍珠岩		70~72	2~2.5	12~15	1~3.0	微量~0.5	2~4.0	3~4.0		5~6.0	
矿棉		39~45	1~8.0	10~15	18~38	8~10				微量~1.0	
煤矸石		42~58	2~5.0	17~32	2.0	微量~2.0	2.0	2.0		14~24	
粉煤灰		49~59	3~6.0	25~35	3~6.0	0.8~1.8	1~2.0	微量~1.0			
矿渣		28~50	0.3~1.0	5~30	30~45	2~15			微量~2.0 (TiO_2)	微量~1.5 (S)	2~18 (锰矿渣含MnO)
铁矿石	Fe_2O_3(铁矿)，FeS_2(黄铁矿)		20~70								
石棉(矿)	$CaO \cdot 3MgO \cdot 4SiO_2$	40~62	0.1~4.0	0.2~12	0.5~13	2~44				0.5~17 (结晶水)	
普通水泥熟料	C_3S，C_2S，C_3A，C_4AF	20~24	3~5.0	4~7.0	63~68	1~3.0			0.5~2.0		小于2.0 (*f*-CaO)
普通水泥生料		12~15	1.5~3.0	2~4.0	41~45	1~2.5			0.5~2.0	34~37	
普通水泥		20~24	3~5.0	4~7.0	63~68	小于4.5	1~2	1.5~2.5	0.29~0.35 (TiO_2)	0.6	小于3.5 (SO_3)
快硬矾土水泥		5~15	微量~10	40~60	30~40				2~4.0 (TiO_2)		

表D-9　筛号（网目）与筛孔径大小的关系

筛号/目	5	10	20	40	60	80	100	120	170	200
筛孔/mm	4.00	2.00	0.83	0.42	0.25	0.177	0.149	0.125	0.088	0.074

注：目是指1英寸（25.4mm）筛网边长上的筛孔数目。

表 D-10　正态分布表-1

$$\Phi(u) = \frac{1}{\sqrt{2\pi}}\int_{-\infty}^{u} e^{-\frac{x^2}{2}} dx (u \leqslant 0)$$

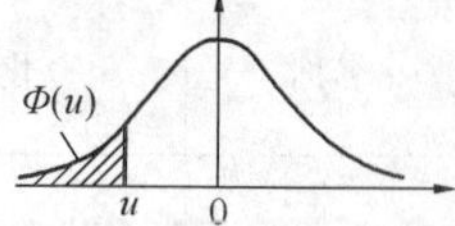

u	0.00	0.01	0.02	0.03	0.04	0.05	0.06	0.07	0.08	0.09	u
-0.0	0.5000	0.4960	0.4920	0.4880	0.4840	0.4801	0.4761	0.4721	0.4681	0.4641	-0.0
-0.1	0.4602	0.4562	0.4522	0.4483	0.4443	0.4404	0.4364	0.4325	0.4286	0.4247	-0.1
-0.2	0.4207	0.4168	0.4129	0.4090	0.4052	0.4013	0.3974	0.3936	0.3897	0.3859	-0.2
-0.3	0.3821	0.3783	0.3745	0.3707	0.3669	0.3632	0.3594	0.3557	0.3520	0.3483	-0.3
-0.4	0.3446	0.3409	0.3372	0.3336	0.3300	0.3264	0.3228	0.3192	0.3156	0.3121	-0.4
-0.5	0.3085	0.3050	0.3015	0.2981	0.2946	0.2912	0.2877	0.2843	0.2810	0.2776	-0.5
-0.6	0.2743	0.2709	0.2676	0.2643	0.2611	0.2578	0.2546	0.2514	0.2483	0.2451	-0.6
-0.7	0.2420	0.2389	0.2358	0.2327	0.2297	0.2266	0.2236	0.2206	0.2177	0.2148	-0.7
-0.8	0.2119	0.2090	0.2061	0.2033	0.2005	0.1977	0.1949	0.1922	0.1894	0.1867	-0.8
-0.9	0.1841	0.1814	0.1788	0.1762	0.1736	0.1711	0.1685	0.1660	0.1635	0.1611	-0.9
-1.0	0.1587	0.1562	0.1539	0.1515	0.1492	0.1469	0.1446	0.1423	0.1401	0.1379	-1.0
-1.1	0.1357	0.1335	0.1314	0.1292	0.1271	0.1251	0.1230	0.1210	0.1190	0.1170	-1.1
-1.2	0.1151	0.1131	0.1112	0.1093	0.1075	0.1056	0.1038	0.1020	0.1003	0.09853	-1.2
-1.3	0.09680	0.09510	0.09342	0.09176	0.09012	0.08851	0.08691	0.08534	0.08379	0.08226	-1.3
-1.4	0.08076	0.07927	0.07780	0.07636	0.07493	0.07353	0.07215	0.07078	0.06944	0.06811	-1.4
-1.5	0.06681	0.06552	0.06426	0.06301	0.06178	0.06057	0.05938	0.05821	0.05705	0.05592	-1.5
-1.6	0.05480	0.05370	0.05262	0.05155	0.05050	0.04947	0.04846	0.04746	0.04648	0.04551	-1.6
-1.7	0.04457	0.04363	0.04272	0.04182	0.04093	0.04006	0.03920	0.03836	0.03754	0.03673	-1.7
-1.8	0.03593	0.03515	0.03438	0.03362	0.03288	0.03216	0.03144	0.03074	0.03005	0.02938	-1.8
-1.9	0.02872	0.02807	0.02743	0.02680	0.02619	0.02559	0.02500	0.02442	0.02385	0.02330	-1.9
-2.0	0.02275	0.02222	0.02169	0.02118	0.02068	0.02018	0.01970	0.01923	0.01876	0.01831	-2.0
-2.1	0.01786	0.01743	0.01700	0.01659	0.01618	0.01578	0.01539	0.01500	0.01463	0.01426	-2.1
-2.2	0.01390	0.01355	0.01321	0.01287	0.01255	0.01222	0.01191	0.01160	0.01130	0.01101	-2.2
-2.3	0.01072	0.01044	0.01017	$0.0^{2}9903$	$0.0^{2}9642$	$0.0^{2}9387$	$0.0^{2}9137$	$0.0^{2}8894$	$0.0^{2}8656$	$0.0^{2}8424$	-2.3
-2.4	$0.0^{2}8198$	$0.0^{2}7976$	$0.0^{2}7760$	$0.0^{2}7549$	$0.0^{2}7344$	$0.0^{2}7143$	$0.0^{2}6947$	$0.0^{2}6756$	$0.0^{2}6569$	$0.0^{2}6387$	-2.4
-2.5	$0.0^{2}6210$	$0.0^{2}6037$	$0.0^{2}5868$	$0.0^{2}5703$	$0.0^{2}5543$	$0.0^{2}5386$	$0.0^{2}5234$	$0.0^{2}5085$	$0.0^{2}4940$	$0.0^{2}4799$	-2.5
-2.6	$0.0^{2}4661$	$0.0^{2}4527$	$0.0^{2}4396$	$0.0^{2}4269$	$0.0^{2}4145$	$0.0^{2}4025$	$0.0^{2}3907$	$0.0^{2}3793$	$0.0^{2}3681$	$0.0^{2}3573$	-2.6
-2.7	$0.0^{2}3467$	$0.0^{2}3364$	$0.0^{2}3264$	$0.0^{2}3167$	$0.0^{2}3072$	$0.0^{2}2980$	$0.0^{2}2890$	$0.0^{2}2803$	$0.0^{2}2718$	$0.0^{2}2635$	-2.7
-2.8	$0.0^{2}2555$	$0.0^{2}2477$	$0.0^{2}2401$	$0.0^{2}2327$	$0.0^{2}2256$	$0.0^{2}2186$	$0.0^{2}2118$	$0.0^{2}2052$	$0.0^{2}1988$	$0.0^{2}1926$	-2.8
-2.9	$0.0^{2}1866$	$0.0^{2}1807$	$0.0^{2}1750$	$0.0^{2}1695$	$0.0^{2}1641$	$0.0^{2}1589$	$0.0^{2}1538$	$0.0^{2}1489$	$0.0^{2}1441$	$0.0^{2}1395$	-2.9
-3.0	$0.0^{2}1350$	$0.0^{2}1306$	$0.0^{2}1264$	$0.0^{2}1223$	$0.0^{2}1183$	$0.0^{2}1144$	$0.0^{2}1107$	$0.0^{2}1070$	$0.0^{2}1035$	$0.0^{2}1001$	-3.0
-3.1	$0.0^{3}9676$	$0.0^{3}9354$	$0.0^{3}9043$	$0.0^{3}8740$	$0.0^{3}8447$	$0.0^{3}8164$	$0.0^{3}7888$	$0.0^{3}7622$	$0.0^{3}7364$	$0.0^{3}7114$	-3.1
-3.2	$0.0^{3}6871$	$0.0^{3}6637$	$0.0^{3}6410$	$0.0^{3}6190$	$0.0^{3}5976$	$0.0^{3}5770$	$0.0^{3}5571$	$0.0^{3}5377$	$0.0^{3}5190$	$0.0^{3}5009$	-3.2
-3.3	$0.0^{3}4834$	$0.0^{3}4665$	$0.0^{3}4501$	$0.0^{3}4342$	$0.0^{3}4189$	$0.0^{3}4041$	$0.0^{3}3897$	$0.0^{3}3758$	$0.0^{3}3624$	$0.0^{3}3495$	-3.3
-3.4	$0.0^{3}3369$	$0.0^{3}3248$	$0.0^{3}3131$	$0.0^{3}3018$	$0.0^{3}2909$	$0.0^{9}2803$	$0.0^{3}2701$	$0.0^{3}2602$	$0.0^{3}2507$	$0.0^{3}2415$	-3.4
-3.5	$0.0^{3}2326$	$0.0^{3}2241$	$0.0^{3}2158$	$0.0^{3}2078$	$0.0^{3}2001$	$0.0^{3}1926$	$0.0^{3}1854$	$0.0^{3}1785$	$0.0^{3}1718$	$0.0^{3}1653$	-3.5
-3.6	$0.0^{3}1591$	$0.0^{3}1531$	$0.0^{3}1473$	$0.0^{3}1417$	$0.0^{3}1363$	$0.0^{3}1311$	$0.0^{3}1261$	$0.0^{3}1213$	$0.0^{3}1166$	$0.0^{3}1121$	-3.6
-3.7	$0.0^{3}1078$	$0.0^{3}1036$	$0.0^{4}9961$	$0.0^{4}9574$	$0.0^{4}9201$	$0.0^{4}8842$	$0.0^{4}8496$	$0.0^{4}8162$	$0.0^{4}7841$	$0.0^{4}7532$	-3.7
-3.8	$0.0^{4}7235$	$0.0^{4}6948$	$0.0^{4}6673$	$0.0^{4}6407$	$0.0^{4}6152$	$0.0^{4}5906$	$0.0^{4}5669$	$0.0^{4}5442$	$0.0^{4}5223$	$0.0^{4}5012$	-3.8
-3.9	$0.0^{4}4810$	$0.0^{4}4615$	$0.0^{4}4427$	$0.0^{4}4247$	$0.0^{4}4074$	$0.0^{4}3908$	$0.0^{4}3747$	$0.0^{4}3594$	$0.0^{4}3446$	$0.0^{4}3304$	-3.9

续表

u	0.00	0.01	0.02	0.03	0.04	0.05	0.06	0.07	0.08	0.09	u
-4.0	$0.0^{4}3167$	$0.0^{4}3036$	$0.0^{4}2910$	$0.0^{4}2789$	$0.0^{4}2673$	$0.0^{4}2561$	$0.0^{4}2454$	$0.0^{4}2351$	$0.0^{4}2252$	$0.0^{4}2157$	-4.0
-4.1	$0.0^{4}2066$	$0.0^{4}1978$	$0.0^{4}1894$	$0.0^{4}1814$	$0.0^{4}1737$	$0.0^{4}1662$	$0.0^{4}1591$	$0.0^{4}1523$	$0.0^{4}1458$	$0.0^{4}1395$	-4.1
-4.2	$0.0^{4}1335$	$0.0^{4}1277$	$0.0^{4}1222$	$0.0^{4}1168$	$0.0^{4}1118$	$0.0^{4}1069$	$0.0^{4}1022$	$0.0^{5}9774$	$0.0^{5}9345$	$0.0^{5}8934$	-4.2
-4.3	$0.0^{5}8540$	$0.0^{5}8163$	$0.0^{5}7801$	$0.0^{5}7455$	$0.0^{5}7124$	$0.0^{5}6807$	$0.0^{5}6503$	$0.0^{5}6212$	$0.0^{5}5934$	$0.0^{5}5668$	-4.3
-4.4	$0.0^{5}5413$	$0.0^{5}5169$	$0.0^{5}4935$	$0.0^{5}4712$	$0.0^{5}4498$	$0.0^{5}4294$	$0.0^{5}4098$	$0.0^{5}3911$	$0.0^{5}3732$	$0.0^{5}3561$	-4.4
-4.5	$0.0^{5}3398$	$0.0^{5}3241$	$0.0^{5}3092$	$0.0^{5}2949$	$0.0^{5}2813$	$0.0^{5}2682$	$0.0^{5}2558$	$0.0^{5}2439$	$0.0^{5}2325$	$0.0^{5}2216$	-4.5
-4.6	$0.0^{5}2112$	$0.0^{5}2013$	$0.0^{5}1919$	$0.0^{5}1828$	$0.0^{5}1742$	$0.0^{5}1660$	$0.0^{5}1581$	$0.0^{5}1506$	$0.0^{5}1434$	$0.0^{5}1366$	-4.6
-4.7	$0.0^{5}1301$	$0.0^{5}1239$	$0.0^{5}1179$	$0.0^{5}1123$	$0.0^{5}1069$	$0.0^{5}1017$	$0.0^{6}9680$	$0.0^{6}9211$	$0.0^{6}8765$	$0.0^{6}8339$	-4.7
-4.8	$0.0^{6}7933$	$0.0^{6}7547$	$0.0^{5}7178$	$0.0^{6}6827$	$0.0^{6}6492$	$0.0^{6}6173$	$0.0^{6}5869$	$0.0^{6}5580$	$0.0^{6}5304$	$0.0^{6}5042$	-4.8
-4.9	$0.0^{6}4792$	$0.0^{6}4554$	$0.0^{6}4327$	$0.0^{6}4111$	$0.0^{6}3906$	$0.0^{6}3711$	$0.0^{6}3525$	$0.0^{6}3348$	$0.0^{6}3179$	$0.0^{6}3019$	-4.9

为了便于排版，表中采用了像 $0.0^{3}1385$ 和 $0.9^{3}2886$ 这种写法，分别是 0.0001358 和 0.9992886 的缩写，0^{3} 表示连续 3 个 0，9^{3} 表示连续 3 个 9。

表 D-11　正态分布表-2

$$\Phi(u)=\frac{1}{\sqrt{2\pi}}\int_{-\infty}^{u}e^{-\frac{x^2}{2}}dx\ (u\geqslant 0)$$

u	0.00	0.01	0.02	0.03	0.04	0.05	0.06	0.07	0.08	0.09	u
0.0	0.5000	0.5040	0.5080	0.5120	0.5160	0.5199	0.5239	0.5279	0.5319	0.5359	0.0
0.1	0.5398	0.5438	0.5478	0.5517	0.5557	0.5596	0.5636	0.5675	0.5714	0.5753	0.1
0.2	0.5793	0.5832	0.5871	0.5910	0.5948	0.5987	0.6026	0.6064	0.6103	0.6141	0.2
0.3	0.6179	0.6217	0.6255	0.6293	0.6331	0.6368	0.6406	0.6443	0.6480	0.6517	0.3
0.4	0.6554	0.6591	0.6628	0.6664	0.6700	0.6736	0.6772	0.6808	0.6844	0.6879	0.4
0.5	0.6915	0.6950	0.6985	0.7019	0.7054	0.7088	0.7123	0.7157	0.7190	0.7224	0.5
0.6	0.7257	0.7291	0.7324	0.7357	0.7389	0.7422	0.7454	0.7486	0.7517	0.7549	0.6
0.7	0.7580	0.7611	0.7642	0.7673	0.7703	0.7734	0.7764	0.7794	0.7823	0.7852	0.7
0.8	0.7881	0.7910	0.7939	0.7967	0.7995	0.8023	0.8051	0.8078	0.8106	0.8133	0.8
0.9	0.8159	0.8186	0.8212	0.8238	0.8264	0.8289	0.8315	0.8340	0.8365	0.8389	0.9
1.0	0.8413	0.8438	0.8461	0.8485	0.8508	0.8531	0.8554	0.8577	0.8599	0.8621	1.0
1.1	0.8643	0.8665	0.8686	0.8708	0.8729	0.8749	0.8770	0.8790	0.8810	0.8830	1.1
1.2	0.8849	0.8869	0.8888	0.8907	0.8925	0.8944	0.8962	0.8930	0.8997	0.90147	1.2
1.3	0.90320	0.90490	0.90658	0.90824	0.90988	0.91149	0.91309	0.91466	0.91621	0.91774	1.3
1.4	0.91924	0.92073	0.92220	0.92364	0.92507	0.92647	0.92785	0.92922	0.93056	0.93189	1.4
1.5	0.93319	0.93448	0.93574	0.93699	0.93822	0.93943	0.94062	0.94179	0.94295	0.94408	1.5
1.6	0.94520	0.94630	0.94738	0.94845	0.94950	0.95053	0.95154	0.95254	0.95352	0.95449	1.6
1.7	0.95543	0.95637	0.95728	0.95818	0.95907	0.95994	0.96080	0.96164	0.96246	0.96327	1.7
1.8	0.96407	0.96485	0.96562	0.96638	0.96712	0.96784	0.96856	0.96926	0.96995	0.97062	1.8
1.9	0.97128	0.97193	0.97257	0.97320	0.97381	0.97441	0.97500	0.97558	0.97615	0.97670	1.9

续表

u	0.00	0.01	0.02	0.03	0.04	0.05	0.06	0.07	0.08	0.09	u
2.0	0.97725	0.97778	0.97831	0.97882	0.97932	0.97982	0.98030	0.98077	0.98124	0.98169	2.0
2.1	0.98214	0.98257	0.98300	0.98341	0.98382	0.98422	0.98461	0.98500	0.98537	0.98574	2.1
2.2	0.98610	0.98645	0.98679	0.98713	0.98745	0.98778	0.98809	0.98840	0.98870	0.98899	2.2
2.3	0.98928	0.98956	0.98983	$0.9^{2}0097$	$0.9^{2}0358$	$0.9^{2}0613$	$0.9^{2}0863$	$0.9^{2}1106$	$0.9^{2}1344$	$0.9^{2}1576$	2.3
2.4	$0.9^{2}1802$	$0.9^{2}2024$	$0.9^{2}2240$	$0.9^{2}2451$	$0.9^{2}2656$	$0.9^{2}2857$	$0.9^{2}3053$	$0.9^{2}3244$	$0.9^{2}3431$	$0.9^{2}3613$	2.4
2.5	$0.9^{2}3790$	$0.9^{2}3963$	$0.9^{2}4132$	$0.9^{2}4297$	$0.9^{2}4457$	$0.9^{2}4614$	$0.9^{2}4766$	$0.9^{2}4915$	$0.9^{2}5060$	$0.9^{2}5201$	2.5
2.6	$0.9^{2}5339$	$0.9^{2}5473$	$0.9^{2}5604$	$0.9^{2}5731$	$0.9^{2}5855$	$0.9^{2}5975$	$0.9^{2}6093$	$0.9^{2}6207$	$0.9^{2}6319$	$0.9^{2}6427$	2.6
2.7	$0.9^{2}6533$	$0.9^{2}6636$	$0.9^{2}6736$	$0.9^{2}6833$	$0.9^{2}6928$	$0.9^{2}7020$	$0.9^{2}7110$	$0.9^{2}7197$	$0.9^{2}7282$	$0.9^{2}7365$	2.7
2.8	$0.9^{2}7445$	$0.9^{2}7523$	$0.9^{2}7599$	$0.9^{2}7673$	$0.9^{2}7744$	$0.9^{2}7814$	$0.9^{2}7882$	$0.9^{2}7948$	$0.9^{2}8012$	$0.9^{2}8074$	2.8
2.9	$0.9^{2}8134$	$0.9^{2}8193$	$0.9^{2}8250$	$0.9^{2}8305$	$0.9^{2}8359$	$0.9^{2}8411$	$0.9^{2}8462$	$0.9^{2}8511$	$0.9^{2}8559$	$0.9^{2}8605$	2.9
3.0	$0.9^{2}8650$	$0.9^{2}8694$	$0.9^{2}8736$	$0.9^{2}8777$	$0.9^{2}8817$	$0.9^{2}8856$	$0.9^{2}8893$	$0.9^{2}9830$	$0.9^{2}8965$	$0.9^{2}8999$	3.0
3.1	$0.9^{3}0324$	$0.9^{3}0646$	$0.9^{3}0957$	$0.9^{3}1260$	$0.9^{3}1553$	$0.9^{3}1836$	$0.9^{3}2112$	$0.9^{3}2378$	$0.9^{3}2636$	$0.9^{3}2886$	3.1
3.2	$0.9^{3}3129$	$0.9^{3}3363$	$0.9^{3}3590$	$0.9^{3}3810$	$0.9^{3}4024$	$0.9^{3}4230$	$0.9^{3}4429$	$0.9^{3}4623$	$0.9^{3}4810$	$0.9^{3}4991$	3.2
3.3	$0.9^{3}5166$	$0.9^{3}5335$	$0.9^{3}5499$	$0.9^{3}5658$	$0.9^{3}5811$	$0.9^{3}5959$	$0.9^{3}6103$	$0.9^{3}6242$	$0.9^{3}6376$	$0.9^{3}6505$	3.3
3.4	$0.9^{3}6631$	$0.9^{3}6752$	$0.9^{3}6869$	$0.9^{3}6982$	$0.9^{3}7091$	$0.9^{3}7197$	$0.9^{3}7299$	$0.9^{3}7398$	$0.9^{3}7493$	$0.9^{3}7585$	3.4
3.5	$0.9^{3}7674$	$0.9^{3}7759$	$0.9^{3}7842$	$0.9^{3}7922$	$0.9^{3}7999$	$0.9^{3}8074$	$0.9^{3}8146$	$0.9^{3}8215$	$0.9^{3}8282$	$0.9^{3}8347$	3.5
3.6	$0.9^{3}8409$	$0.9^{3}8469$	$0.9^{3}8527$	$0.9^{3}8583$	$0.9^{3}8637$	$0.9^{3}8689$	$0.9^{3}8739$	$0.9^{3}8787$	$0.9^{3}8834$	$0.9^{3}8879$	3.6
3.7	$0.9^{3}8922$	$0.9^{3}8964$	$0.9^{4}0039$	$0.9^{4}0426$	$0.9^{4}0799$	$0.9^{4}1158$	$0.9^{4}1504$	$0.9^{4}1838$	$0.9^{4}2159$	$0.9^{4}2468$	3.7
3.8	$0.9^{4}2765$	$0.9^{4}3052$	$0.9^{4}3327$	$0.9^{4}3593$	$0.9^{4}3848$	$0.9^{4}4094$	$0.9^{4}4331$	$0.9^{4}4558$	$0.9^{4}4777$	$0.9^{4}4983$	3.8
3.9	$0.9^{4}5190$	$0.9^{4}5385$	$0.9^{4}5573$	$0.9^{4}5753$	$0.9^{4}5926$	$0.9^{4}6092$	$0.9^{4}6253$	$0.9^{4}6406$	$0.9^{4}6554$	$0.9^{4}6696$	3.9
4.0	$0.9^{4}6833$	$0.9^{4}6964$	$0.9^{4}7090$	$0.9^{4}7211$	$0.9^{4}7327$	$0.9^{4}7439$	$0.9^{4}7546$	$0.9^{4}7649$	$0.9^{4}7748$	$0.9^{4}7843$	4.0
4.1	$0.9^{4}7934$	$0.9^{4}8022$	$0.9^{4}8106$	$0.9^{4}8186$	$0.9^{4}8263$	$0.9^{4}8338$	$0.9^{4}8409$	$0.9^{4}8477$	$0.9^{4}8542$	$0.9^{4}8605$	4.1
4.2	$0.9^{4}8665$	$0.9^{4}8723$	$0.9^{4}8778$	$0.9^{4}8832$	$0.9^{4}8882$	$0.9^{4}8931$	$0.9^{4}8978$	$0.9^{5}0226$	$0.9^{5}0655$	$0.9^{5}1066$	4.2
4.3	$0.9^{5}1460$	$0.9^{5}1837$	$0.9^{5}2199$	$0.9^{5}2545$	$0.9^{5}2876$	$0.9^{5}3193$	$0.9^{5}3497$	$0.9^{5}3788$	$0.9^{5}4066$	$0.9^{5}4332$	4.3
4.4	$0.9^{5}4587$	$0.9^{5}4831$	$0.9^{5}5065$	$0.9^{5}5288$	$0.9^{5}5502$	$0.9^{5}5706$	$0.9^{5}5902$	$0.9^{5}6089$	$0.9^{5}6268$	$0.9^{5}6439$	4.4
4.5	$0.9^{5}6602$	$0.9^{5}6759$	$0.9^{5}6908$	$0.9^{5}7051$	$0.9^{5}7187$	$0.9^{5}7318$	$0.9^{5}7442$	$0.9^{5}7561$	$0.9^{5}7675$	$0.9^{5}7784$	4.5
4.6	$0.9^{5}7888$	$0.9^{5}7987$	$0.9^{5}8081$	$0.9^{5}8172$	$0.9^{5}8258$	$0.9^{5}8340$	$0.9^{5}8419$	$0.9^{5}8494$	$0.9^{5}8566$	$0.9^{5}8634$	4.6
4.7	$0.9^{5}8699$	$0.9^{5}8761$	$0.9^{5}8821$	$0.9^{5}8877$	$0.9^{5}8931$	$0.9^{5}8983$	$0.9^{6}0320$	$0.9^{6}0789$	$0.9^{6}1235$	$0.9^{6}1661$	4.7
4.8	$0.9^{6}2067$	$0.9^{6}2453$	$0.9^{6}2822$	$0.9^{6}3173$	$0.9^{6}3508$	$0.9^{6}3827$	$0.9^{6}4131$	$0.9^{6}4420$	$0.9^{6}4696$	$0.9^{6}4958$	4.8
4.9	$0.9^{6}5208$	$0.9^{6}5446$	$0.9^{6}5673$	$0.9^{6}5889$	$0.9^{6}6094$	$0.9^{6}6289$	$0.9^{6}6475$	$0.9^{6}6652$	$0.9^{6}6821$	$0.9^{6}6981$	4.9

参 考 文 献

[1] 成都科学技术大学分析化学教研组，浙江大学化学教研组．分析化学实验[M]．北京：高等教育出版社，1982.

[2] 陈荣三，张树成，黄孟健，钱可萍．无机及分析化学(第二版)[M]．北京：高等教育出版社，1985.

[3] 盛骤，谢式千，潘承毅．概率论与数理统计[M]．第3版．北京：高等教育出版社，1985.

[4] 汪荣鑫．数理统计[M]．陕西：西安交通大学出版社，1986.

[5] 蔡铭生．法定计量单位使用手册[M]．北京：中国计量出版社，1988.

[6] 丁美荣．水泥质量及化验技术．北京：中国建材工业出版社，1992.

[7] 张铁垣．分析化学中的量和单位[M]．北京：中国标准出版社，1995.

[8] 刘珍．化验员读本(第三版)[M]．北京：化学工业出版社，1998.

[9] 夏玉宇．化验员实用手册[M]．北京：化学工业出版社，1999.

[10] 邵春山．实用水泥生产控制分析[M]．北京：中国建材工业出版社，1999.

[11] 王毓芳，郝凤．统计技术基本原理[M]．北京：中国计量出版社，2001.

[12] 吉昂，陶光仪，卓尚军，罗立强．X射线荧光光谱分析[M]．北京：科学出版社，2003.

[13] 倪竹君，夏莉娜，张绍周．水泥企业统计手册[M]．北京：中国建材工业出版社，2005.

[14] 武华东，张志伟，尹应锋．X射线荧光分析法控制出磨水泥的三氧化硫和混合材掺加量[J]．水泥，2005(4).

[15] 刘玉兵．水泥生产控制分析技术及分析仪器介绍[J]．水泥生产力，2005(4).

[16] 蔡贵珍．化验室基本知识及操作[M]．武汉：武汉工业大学出版社，2005.

[17] 中国建筑材料科学研究总院水泥科学与新型建筑材料研究所．水泥化学分析手册[M]．北京：中国建材工业出版社，2007.

[18] 张绍周，辛志军，倪竹君．水泥化学分析[M]．北京：化学工业出版社，2007.

[19] 中国建筑材料检验认证中心，国家水泥质量监督检验中心．水泥实验室工作手册[M]．北京：中国建材工业出版社．2009.

[20] 邢文卫，陈艾霞．分析化学(第二版)[M]．北京：化学工业出版社，2009.

[21] 刘文长，崔健，杨鑫．水泥及其原燃料化验方法与设备[M]．北京：中国建材工业出版社，2009.

[22] 国家工业和信息化部．水泥企业质量管理规程(2011年1月1日起实施)[S]．北京：中国建材工业出版社．2010.

[23] 王秀萍，刘世纯．实用分析化验工读本(第三版)[M]．北京：化学工业出版社，2011.

中国建材工业出版社
China Building Materials Press